THEORY OF FIRE EXTINGUISHING SYSTEMS

소화설비론

백창선 저

화수목

머 리 말

최근 제4차 산업혁명은 기술이 사회와 심지어 인간의 신체에도 내장되는 새로운 방식을 대표하는 디지털 혁명 위에 구축되었다. 제4차 산업혁명은 로봇공학, 인공지능, 나노기술, 생명공업혁명으로 획기적인 기술발전을 향상시키며 더 나은 자연 및 사회적인 환경을 이루어낼 수 있는 커다란 잠재력을 가지고 있다고 한다. 이러한 추세에 비하여 현대는 초고층 건축물과 대단위 위험시설 증가와 더불어 다양한 폭발, 화재, 붕괴 등 예고 없이 각종 재난 재해가 많이 발생하고 있어 국민의 안전에 대한 위협을 받고 있는 실정이다.

특히 소방대상물 적용되는 소방시설 등은 화재 시에 긴급하게 사용할 수 있도록 설계, 공사, 점검, 유지관리가 되어야 하며, 인명피해 및 재산손실 방지 등의 목적으로 유사시에 제 기능 발휘를 위한 성능 보장이 확보되어야 하는 특징을 가지고 있다. 또한 소방대상물 및 인구밀집과 산업의 고도화로 인한 건축물의 대한 환경여건의 급격한 발전으로 인하여 소방설비 종류의 다양화 및 첨단화가 요구되고 있는 현실이다.

따라서, 보다 화재로부터 신속하게 대응할 수 있는 첨단화된 새로운 소방시스템 및 장치 등이 요구됨에 따라 지속적인 연구개발 되어 보급되고 사용될 수 있도록 하여야 한다는 것이다. 각종 소방설비는 우리가 쉽게 사용할 수 있도록 설치되고 유지되어야 하는 것으로 화재 시 초기에 그 기능을 발휘하도록 함으로서 목적을 달성하여야 하는 특성을 가지고 있다.

이에 소방설비 중 진압을 위한 소화설비를 주축으로 크게 물계통 및 가스계통으로 분류하였으며, 소화설비의 종류별로 적응성, 기능성, 사용 용도에 따라 각각 내용서술 하였고 손쉽게 누구나 알 수 있고, 쉽게 습득하여 현장에서 지접 사용할 수 있도록 하였다.

그러므로 제4차 산업혁명의 시대에서 건축물 밀집지역, 공공주택, 공장, 사무실 등의 화재가 빈번히 발생하는 경우가 많아 첨단 소방시설을 설치, 유지함으로서 화재가 우리 주변에 쉽게 접근할 수 있도록 함으로서 예상 밖의 피해를 최소화하고, 소방시설을 첨단화하기 위한 새로운 시각에서 연구개발을 지속적으로 노력하여야 하며, 국제적인 수준의 소화설비를 구비하여 신속한 대응 체제를 구축함으로서 국민이 안전하게 생활할 수 있도록 진력하여야 한다.

2018년 2월

백 창 선

목 차

I 화 재

II 피난시설

III 소화설비

I 화 재

Ⅰ. 화 재

1.1 화재의 정의

화재란 『사람의 의도에 반하거나 방화에 의해 발생하여 소화의 필요가 있는 연소현상이며 이것을 소화하기 위하여 소화시설 또는 이것과 같은 정도의 효과가 있는 것의 이용을 필요로 하는 것을 말한다.』로 정의되고 있다.

이를 화재를 여러가지로 살펴 보면 다음과 같이 나타낼 수 있다.

① 사람의 의도에 반해 발생하여 확대, 방화, 출화하는 경우
② 열 사용목적과 다르게 물질에 연소되는 경우
③ 자연 또는 인위적인 원인에 의해 물체를 연소시키는 경우
④ 연쇄반응에 의하여 계속적으로 화재가 진행되는 경우
⑤ 열의 전도, 대류, 복사와 3가지가 결합하여 연소되는 경우
⑥ 건축물, 기타 가연물질에 의하여 연소되는 경우

1.1.1 발생원인

화재는 여러 가지의 요소가 다른 경과를 거쳐 발생한다. 이것을 대별하면 인위적으로 발생하는 화재는 화기 및 가연물 취급부주의와 방화 등으로 나눈다. 또한 자연적으로 발생하는 화재로서는 낙뢰, 화학변화, 지진 및 분화 등에 의한 것이 있다.

1.1.2 화재의 종류

① 연소대상물별
1) 일반화재(A급화재) 2) 가연성액체 또는 가연성기체(B급화재)
3) 전기화재(C급화재) 4) 금속화재(D급화재)
5) 가스화재(E급화재) 6) 식용류화재(K급화재)

② 화재장소별
1) 건물화재 2) 차량화재 3) 선박화재 4) 항공기화재

5) 특수화재　　6) 임야화재　　7) 기타화재

③ 화재원인별

1) 실화　　2) 방화　　3) 자연발화　　4) 천재발화

④ 화재연소정도별

1) 전소화재　　2) 반소화재　　3) 부분소화재　　4) 즉소화재

⑤ 기타

1) 대형화재　　2) 중요화재　　3) 특수화재

1.1.3 대형화재의 공통사항

① 소방대상물의 환경적인 요건에 의한 화재유발

소방대상물이 고정적인 것과 이동적인 것으로 대별되며, 건축물이 가지고 있는 여건 (위치, 구조, 설비 및 유지관리 사항) 등

A. 건축물의 위치 … 밀집화, 도로협소, 가연물 및 화기 근접 등

B. 건축물의 구조 … 구조 복잡화, 탈출루트 폐쇄, 내화성능 미달 등

C. 건축물의 설비 … 안전성 확보 미흡, 내화 및 방염화 미흡 등

D. 유지관리상 … 화재발생요인 제거미흡, 피난로 미확보 등

② 국민의 안전의식

A. 안전에 대한 불감증 … 자체유지관리 소홀, 인식부족

B. 초기화재 조치능력 부재 … 조작 및 안전조치 미흡, 공조체제

C. 안전 및 기술정보 전파 부진 … 소방의식 및 첨단기법 부족

D. 안전의식 희석화가 신속하게 이루어짐

1.1.4 동물이 원인이 되는 화재(출화)

① 바퀴벌레 … 배설물, 시체(콘센트)

② 쥐 … 전기배선 훼손, 배설물

③ 거미 … 둥지(버너)

④ 애완동물(개, 고양이, 토끼, 이구아나) … 털, 전기배선, 가연물을 낙하, 배설물

⑤ 날다람쥐 … 고압선 파복 훼손

1.1.5 발화 원인이 되는 물질 (화재 조사 시 증거물)

① 선풍기, 온풍기
② 휘발유통, 석유통
③ 신문지 등
④ 용접불똥
⑤ 양초, 성냥, 라이터
⑥ 볏집 등

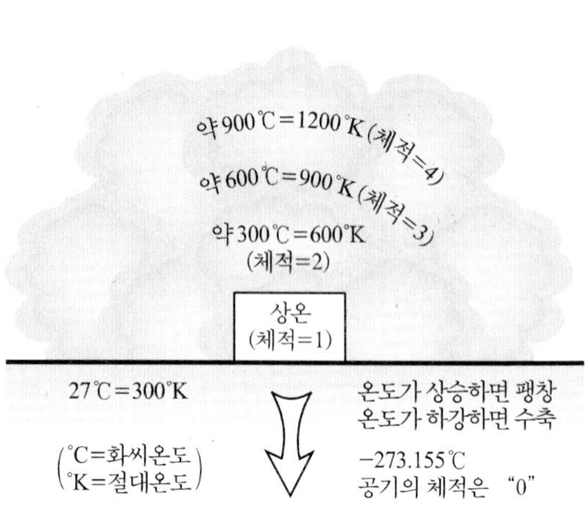

1.1.6 불의 성상과 확산

일단 불이 나면 불은 외부 공기로부터 산소를 공급받아 불꽃으로부터 되돌아온 열에 의해 연속적으로 재점화, 확산하여 다른 가연물질을 태우면서 확대해 나가는데 이러한 확대현상은 직접 물질이 화염에 접촉하면서 진행하는 것이 대부분이나 열의 이동이나 불꽃(불티)이 날아가는 현상(비산)도 있다. 이 두 가지 물리적인 상태가 단독 또는 중복해서 불이 진행하게 되는데 이 중에서 특히 열의 이동에 의해서 확대하는 경우에도 전도, 대류, 복사의 3가지 작용에 의하여 진행되는 이들 중 하나에만 의하지 않고 3가지가 동시에 작용한다.

가. 전도

열이 물질속으로 전해져 가는 현상으로 온도가 높은 쪽에서 낮은 쪽으로 이동하는 성질을 말하며 일반적으로 고체는 기체보다 열이 잘 전달된다. 예를 들어 철사 끝을 불로 가열하면 얼마 후 다른 한쪽까지 뜨거워지는 현상을 말한다.

나. 대류

가열된 공기의 움직임에 의해 열이 이동하는 현상을 말한다. 방안에 난로를 피웠을 때 따뜻한 공기가 가벼워져서 위로 올라가고 찬 공기는 아래로 내려오는 현상이 반복되어 실내가 따뜻하게 되는 현상이 그 예라 할 수 있다.

다. 복사

고열체로부터 저열체로의 열의 이동이 전도나 대류와는 달리 중간의 매개물 없이 직접 열이 이동하는 형상으로 태양열이 지상의 물체를 따뜻하게 해주는 현상이 대표적인 예다.

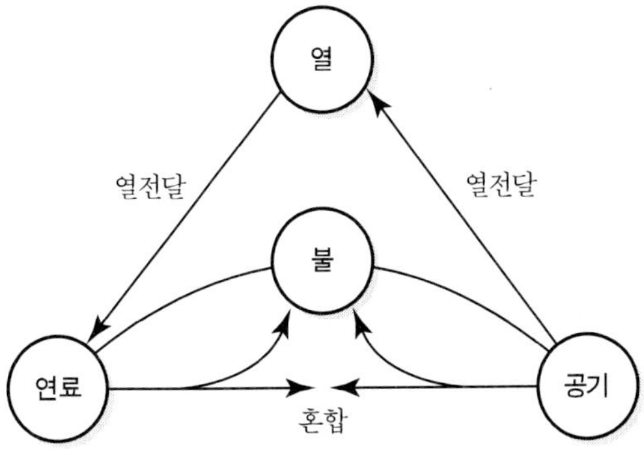

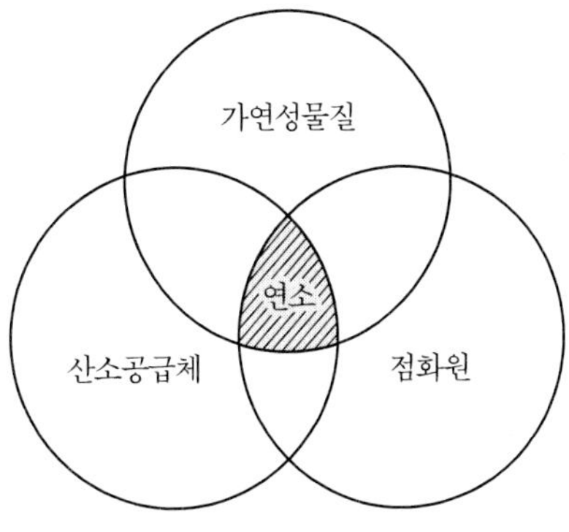

1.2 화재의 현상

1.2.1 연소의 3요소

연소란 일반적으로 공기중 또는 산소 중에서 물질이 심한 산화반응에 의하여 열과 빛을 발생하는 현상이다. 이 연소를 일으키는 조건으로서

① 가연물이 있을 것

② 열원(발화에너지)이 있을 것

③ 주위에 공기(산소)가 있을 것

의 3가지 요소가 필요하다. 이것을 연소의 3요소라 부르며 이 중 어느 하나를 결하여도 연소는 일어나지 않는다. 따라서 가연물과 공기가 혼합하여도 열이 가할 때까지는 연소는 일어나지 않는다.

1.2.2 연소의 종류

가연성 물질의 연소는 액체, 기체, 고체 등 물질의 상태와 산소공급 형태에 따라서 각기 연소형태가 다르다.

가. 액체의 연소

가연성 액체의 연소는 보통 가연성증기가 되어 연소한다. 휘발성이 없는 것과 증기압이 적은 것 등은 표면 연소한다.

예 액체연소(증발연소), 등심연소, 분해연소

나. 기체의 연소

가연성 기체는 공기중의 산소와 일정 범위 내에서 혼합된 경우에 연소한다.

예 혼합연소, 확산연소, 폭발연소

다. 고체의 연소

보통 가열되거나 열분해에 의하여 가연성가스를 발생하며 연소한다.

예 표면연소(직접연소), 분해연소, 증발연소, 자기연소(내부연소)

1.2.3 연소에 관한 정의(定義)

가. 인화점 (引火點, Flash Point)

가연성의 액체나 고체의 표면 가까이에 점화원을 두고 가연물을 천천히 가열했을 때 가연물에서 발생한 증기가 불꽃을 내면서 타기 시작하는 현상을 인화라 하고, 인화가 일어나는 최저온도를 인화점이라고 한다. 예를 들면, 등유의 인화점은 약 50℃인데 등유를 용기에 넣고 성냥불 등의 화원(火源)을 50℃ 이상으로 가열하여 가까이 대면 타기 시작한다.

예 톨로엔의 밀폐계 인화점 4.44 *centigrade* 이 온도에서 포화증기압 1.24KPa

따라서, 대기압(101.325Kpa)하에서는 $\frac{1.24}{101.325}\times 100 = 1.2vol\%$

결국 1.2vol%가 톨루엔의 LFL이다.

예 탄화수소 밀폐계 인화점 계산

$t_F = 0.683t_B - 71.7$

여기서 t_F : 밀폐계의 인화점, *centigrade*

t_B : 초기 비점, *centigrade*

나. 발화점(착화점)

가연성 물질을 주위에서부터 가열하여 일정온도에 이르게 하면 스스로 타기 시작한다. 이 현상을 발화(發火)라고 하고 이때의 최저온도를 발화점(發火點)이라고 한다.

(1) 발화의 정의

급속한 발열반응이 개시되어 전파되므로 어떤 물질이 발화를 일으키고 대기보다 상당히 높은 온도를 만들어 내는 과정 또는 미연소상태에서 연소상태로의 불연속적 전환 과정으로 가연성혼합기(물질조건)와 에너지조건(발화온도, 발화에너지)를 만족해야 한다.

(2) 발화의 형식

① 자연발화(autoignition)

- 점화용 불꽃과 같은 별도의 점화원이 없이 점화되는 것
- 연료는 일정농도 범위에 있어야 함
- 화학반응에 의해 손실되는 열 이상의 에너지를 발생시켜야 함
- 계 전체의 가열

② 인화(piloted ignition)

- 착화원에 의해 점화되는 것
- 연료조성만 만족하면 됨
- 국소적인 열원에 의한 가열

(3) 발화의 구조

- 가연성혼합기 가열->혼합기의 산화, 분해 반응 증가->열의 축적->발화온도에 도달
- 열의 축적 ; 방열속도 〈 발열속도
- 상온에서 발생되는 자연발화는 저온출화라 함

(4) 고체연료의 발화시간

- 고체연료의 착화를 결정하는 주요변수는 표면온도
- 착화시간 ; 표면이 착화온도에 도달할 때의 시간

① 얇은 재료 착화(두께< 2mm)

순열유속 = 재료 입사열 유속 -재료 방출 열유속

순열유속은 온도상승으로 고체재료 내부에너지로 변환

내부에너지 저장 속도는 재료의 열저장능력에 의존($\rho c l$)

여기서 ρ는 재료의 밀도, c는 비열, l은 재료의 두께

$$T = T_\infty + \frac{\dot{q}'' t}{\rho c l}$$

여기서 T_∞는 초기온도(실온)

T_{ig}(발화온도)에 막 도달하는 점을 임계열유속(critical heat flux)이라 하며

임계열 유속보다 높은 열유속에서의 착화시간은

$\dot{q}''_I > \dot{q}''_{critical}$ and $\dot{q}'' = \dot{q}''_I - \dot{q}''_{critical}$ 일때

$$t_{ig} = \rho c l \frac{T_{ig} - T_{\infty}}{\dot{q}''}$$

여기서 $\dot{q}''$는 복사열유속(kW/m^2) T_{ig}는 점화온도

② 두꺼운 재료 착화(두께>2㎜)

$$t_{ig} = C(k \rho c)[\frac{T_{ig} - T_{\infty}}{\dot{q}''}]^2$$

여기서 k는 재료의 열전도율

C 는 상수(재료의 물성과 무관하고 열유속에 따라 변함)

$C = \frac{\pi}{4} = 0.785$(표면열손실이 없는 이상적인 경우)

$C = \frac{2}{3} = 0.667$(표면 열손실이 있는 경우)

예 화염열류가 $25kW/m^2$일때 $\frac{1}{2}$in 두께의 합판을 방화시키기 위한 시간을 구하시오. 또한 두께 0.5㎜의 얇은 판자가 뒷면에 보온용으로 붙여진 것이 가열된다고 하면 언제 발화가 될 것인지 계산하라. 합판의 특성치는 다음과 같다.

T_{ig}=350*centigrade* $k = 0.15 \times 10^{-3} KW/m \cdot K$ $\rho = 640 kg/m^3$ $c = 2.9 KJ/kg \cdot K$

① 두꺼운 경우(0.5in)

$$t_{ig} = C(k\rho c)[\frac{T_{ig} - T_{\infty}}{\dot{q}''}]^2 = \frac{\pi}{4}(0.15 \times 10^{-3})(640)(2.9)\left[\frac{350-20}{25}\right]^2 = 38\text{sec}$$

② 얇은 경우(0.5mm)

$$t_{ig} = \rho c l \frac{T_{ig} - T_{\infty}}{\dot{q}''} = (640)(2.9)(0.5 \times 10^{-3})\left[\frac{350-20}{25}\right] = 12\text{sec}$$

다. 연소범위(燃燒範圍)

발화하여 연소가 일어나기 위해서는 연료성분과 공기가 어느 적당한 비율로 혼합되었을 때에 가능하다. 가연성 가스와 공기의 혼합비율에서 가연성가스가 너무 많거나 너무 적어도(일정 범위이상) 연소는 일어나지 않는다. 농도가 낮은 쪽의 수치를 연소하한계(燃燒下限界) 또는 폭발하한계(爆發下限界), 높은 쪽을 연소상한계(燃燒上限界)라고 하며 이 연소를 일으키는 범위를 연소범위(燃燒範圍)라 한다. 연소범위를 폭발범위, 연소한계를 폭발한계 또는 가연한계(可燃限界)라고도 한다.

1.2.4 연소요인

연소가 계속 이루어지는 것은 가연물, 공기(조연물 : 助燃物), 열(일정한 온도)의 3요소가 만족되기 때문이다. 건물화재의 경우 연소의 요인은 가연물과 공기는 건물의 규모, 구조, 용도, 구획 및 개구부 상황에 따라 크게 달라진다. 또한 온도, 습도, 풍속 등의 가상에 따라서도 영향을 받는다. 액체 가연물의 경우는 액온의 상승과 함께 연소속도가 빠르게 되고 발포(發泡)스티로폴 등의 석유계 제품류는 일정온도 이상이 되면 급격하게 연소 확대되면서 검은 연기를 발생시킨다.

1.2.5 연소형태

화재상황은 그 화재원인이 위험물이나 특수 약품류 기타 특별한 경우를 제외하고는 초기의 진행속도는 빠르지 않다. 그러나 발화원에서 발화된 화재는 연소순서에 딸라 초기, 중기, 최성기로 진행되는 과정에서는 Flash over 또는 Back draft 등의 형상과 실내에 충만된 화재와 연기는 일정한 화염 기류를 형성하면서 대류, 복사, 전도 등의 여러 요인이 상승적으로 작용하여 연소범위를 급속하게 넓혀 나간다.

가. 접염연소(接炎延燒)

불꽃이 가연물에 접촉함으로서 가연물에 착화 연소하는 현상을 말한다. 이 경우 불꽃이 직접 접촉되는 속에서는 전도와 복사, 불꽃에 가까운 곳에서는 복사에 의하여 연소한다. 불꽃과 가연물이 떨어져 있더라도 연소하는 것은 복사와 대류에 의한 것이다. 화재의 불꽃은 계속해서 변화하고 있는 것이므로 열의 전도, 복사 및 대류가 각각 복합하여 연소하는 것이다. 접염연소의 예로시 성냥이나 라이터로 담배에 불을 붙이는 경우를 들 수 있다. 물론 화재현장에서는 불꽃의 규모가 매우 크므로 접촉하는 범위나 연소의 규모가 매우 커지게 된다.

나. 대류연소(對流延燒)

열기가 대류하고 그 기류가 가연물을 가열함으로써 그 물질에 착화하여 연소에 이르게 되는 현상이다.

다. 복사연소(輻射延燒)

열원으로부터 떨어진 곳에 있는 가연물이 복사열에 의하여 연소하는 현상이다. 복사열은 육안으로는 식별할 수 없지만 불꽃이나 열 기류에 접하고 있지 않는 것이 갑자기 발화하는 것은 그 예이다.

라. 비화연소(飛火延燒)

비화라 함은 연소중인 물질이 기상, 폭발 등의 조건에 의하여 불티를 비산시켜 복사, 접염 등 직접 관계가 없는 가연물에 착화는 현상이다. 비화의 조건으로서 다음의 세 가지를 들 수 있다.

① 불티가 발생할 것

② 가연물이 있을 것

③ 바람이 있을 것

비화의 발생은 화재의 최성기에 많고 특히 강풍 시나 이상 건조 시에 풍하의 방향으로 불티가 비산하여 물건, 건물의 지붕, 산림의 초목 등 타기 쉬운 물건 위에 떨어져 비화화재를 발생시킨다. 따라서 강풍이나 이상건조 시에 발생한 화재의 경우 발생장소에서 떨어진 곳에서 2차, 3차의 비화화재가 발생하는 경우가 있다.

예 1) 갑종방화문

(1) 골구를 철재로 하고 양면에 각각 두께 0.5㎜ 이상 철판을 붙인 것

(2) 철제로서 철판의 두께가 1.5㎜ 이상일 것.

2) 을종방화문

(1) 철제로서 철판의 두께가 0.8~1.5㎜ 미만인 것

(2) 철제 및 망이 들어 있는 유리로 된 것

(3) 골구를 방화 목재로 하고, 옥내면에는 두께 1.2㎝ 이상의 석고판을, 옥외면에는 철판을 붙을 것

1.2.6 연소속도

1) 연소속도 개요

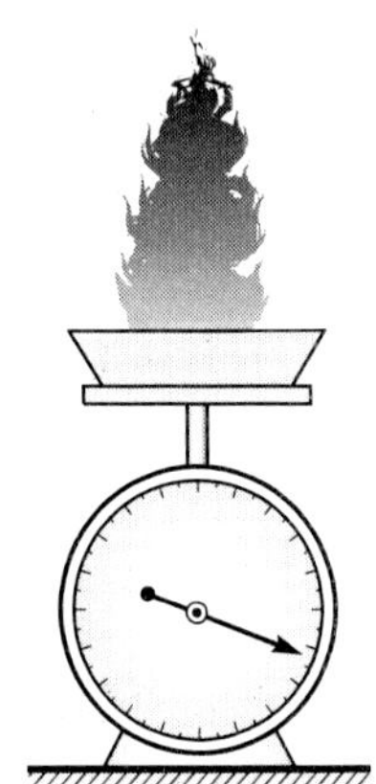

연소속도의 정의 ; 단위 시간당 소모된 가연성(액체, 고체)물질의 질량

그림은 알콜의 연소 경우로 화염의 열은 액체를 증발시키고, 그 손실되는 질량을 시간으로 기록한다. 연소속도는 g/s로 표현한다. 알콜을 발화시키기 위해서 인화점 이상으로 표면온도가 상승하여 연소면적을 넓혀가므로(화염확산) 연소속도는 비정상 상태다. 이런 비정상 상태를 정상적인 형식으로 바꾸려면 단위면적당의 연소속도인 질량연소흐름(mass burning flux, $\dot{m}''$)으로 표현한다. 즉 이런 미소 단위표면적에서 $\dot{m}''$을 가지는 전체표면적을 곱한 값의 합이 전체연소속도가 된다.

- 연소속도는 화염속으로 들어가는 연료의 질량유속 또는 열방출속도에 의존

$$\dot{q}_C = \dot{m} \cdot \chi \cdot \Delta H_C \qquad (1)$$

여기서, $\dot{q}_C$; 열방출속도, kW

$\dot{m}$; 휘발분의 질량유속, g/s

ΔH_C ; 휘발분의 연소열, kJ/g

χ ; 연소효율(불완전연소 고려)

- 적용

  액체연료 및 가연성 고체의 연소속도 정보는 화염의 크기와 화염양성 및 화재의 열방출속도 계산에 적용

2) 기화열

- 단위 면적당 질량연소속도

$$\dot{m}'' = \frac{\dot{q}''}{L_V} \qquad (2)$$

여기서 $\dot{q}''$; 연료표면으로의 순열류, kW/m^2 L_V ; 기화열, kJ/g

- 순열류는 ① 화염 ② 다른 복사열원(벽, 천정 및 나무들간의 상호작용)에 의해 발생

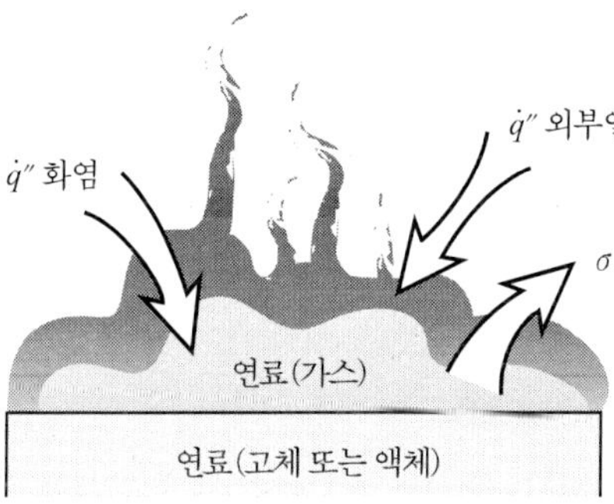

그림은 표면에서의 구성열류를 나타낸다. 재복사란 복사에너지가 표면에서 방출되기 때문이다. 액체와 열가소성 수지는 액체와 같은 양상을 되겠지만 목재와 열경화성 수지는 높은 표면온도를 가지고 있다.

- 기화열은 고체나 액체 연료를 기화시키는데 필요한 에너지

  전형적인 질량연소흐름의 범위는 5~50$g/m^2 \cdot s$

  통상 5$g/m^2 \cdot s$ 이하가 되면 화염이 소멸

  산소농도가 커지면 화염에서 열류가 커지므로 연소속도가 증가하므로

  $\dot{m}'' > 5g/m^2 \cdot s$

3) 최고연소흐름

- 앞의 질량연소속도는 연소속도를 설명하는 정량적인 도구이지만 화염열류값이 정해져야만 계산이 가능
- 2m를 넘지 않는 타고 있는 벽에서의 열류는 $25 \pm 5kW/m^2$

따라서 Nylon66 벽의 연소는(증발온도 $380centigrade$) 이때 화염의 열류 $30kW/m^2$

재복사 열류는 $ⓇT^4 = 5.67 \times 10^{-11}\left[\frac{KW}{m^2\,\text{Å}\,K^4}\right]\text{Å}\,(380+273)^4\,\text{Å}\,(K)^4$

$= 10.3\,KW/\text{m}^2$

그러므로 벽으로의 순열류는 $\dot{q}'' = 30 - 10.3 = 19.7KW/m^2$

표 6-1에서 기화열(L_V)가 $2.4kJ/g$이므로

$$\dot{m}'' = \frac{\dot{q}''}{L_V} = \frac{19.7}{2.4} = 8.2g/m^2 \cdot s$$

1.2.7 폭발의 과정

일반적인 연소에서는 가연성가스와 공기가 일정한 속도로 공급되어 안정된 불꽃을 형성하고 있을 경우 주위에는 거의 압력의 변화를 일으키지 않는데 비하여 폭발은 반응에 관계된 물질의 급격한 팽창에 따라 주위에 압력의 변화를 일으키는 것으로서 연소반응에 의하여 일으키는 급격한 압력의 상승현상(上昇現象)이다. 폭발이 일어나기 위해서는 다음의 세 가지 조건이 일치되어야 한다.

① 폭발성을 가진 가스혼합물 또는 화합물의 존재

② 폭발을 일으키는 에너지의 존재

③ 밀폐된 공간의 존재

물질의 형태에 따라 가스폭발, 분진폭발(粉塵爆發), 분해폭발(分解爆發), 혼합폭발(混合爆發) 등이 있으며 연소파(撚燒波)의 전파속도에 따라서 폭연(爆煙)과 폭굉(爆轟)으로 구분된다.

1.2.8 목재 등의 연소

목재는 대개 800℃ 전후에서 연소하지만 건물화재의 천장 부근에서는 약 1,200℃까지 상승하기도 한다. 800℃의 열이 가해지면 분해가 급격하게 일어나게 되고 가연성가스를 심하게 분출하여 서서히 가늘어져 간다. 바닥이나 기둥이 그러한 상태로 연소하고 있을 때 온도는 최고가 된다.

연기가 적고 불꽃의 끝이 파상(波狀)으로 되어 있을 때는 화재에 의하여 발생한 기류에 의

한 것이므로 맹렬하게 연소를 하고 있는 것으로 보아도 좋다.

또한, 플라스틱, 합판, 합성섬유 등은 어느 일정 온도까지는 분해를 일으키지 않는다. 그러나 일정한 온도를 넘으면 급격하게 분해하여 맹렬하게 발연하거나 자극성 가스를 발생시켜 연소한다.

1.2.9 화재의 연기

연기라 함은 가연물이 연소할 때 발생하는 생성가스, 액체미립자 및 그을음 등 고체입자가 공기 중에 부유 확산하고 있는 상태를 말한다. 그 연기 중에도 액체 및 고체미립자를 연기입자라고 말하며 연기입자는 그 표면에 각종 가스를 흡착(吸着)하기도 하고 반응하여 간단한 물질이 되기도 한다.

일반적으로 화재 시 발생하는 연기입자는 그 가연물에 따라 액체미립자를 비교적 많이 발생하는 재료와 그을음 모양의 고체입자를 많이 발생하는 재료가 있다.

가. 연기의 속도

연기의 속도는 수평방향은 약 0.5~1m/sec로서 인간의 보행속도(1.0~1.2m/sec)보다 늦다. 그러나 계단실 등 수직방향은 화재초기의 연기라도 1.5m/sec, 농연에서는 2~3m/sec로서 인간의 보행속도보다 빨라진다.

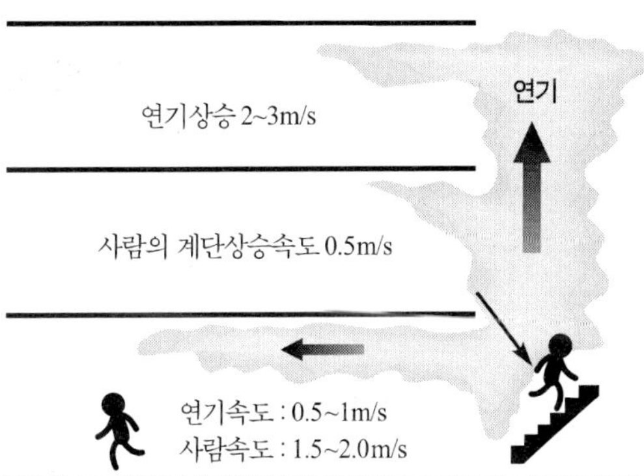

나. 연기의 유동(流動)

건물 내에서 연기가 어떻게 확산되어 가는가에 관해서는 연기를 포함한 공기의 온도에 따라서 크게 달라진다. 연기의 비중은 공기와 그다지 차이가 없지만 연기를 포함한 공기는 따뜻하기 때문에 열에 의하여 공기가 유동하고 그 공기에 포함도어 있는 연기도 확산되어지는 것이다.

1.2.10 화재와 가스

가. 연소 시 발생가스

건축재로, 의류 등의 고분자 화합물의 일반적으로 탄소(C), 수소(H), 산소(O)를 주체로 하여 황(S), 인(P), 할로겐(F, CL, Br)의 원소로 구성되어 있다. 이들 고분자 화합물이 완전 연소한 경우 최종 생성물은 다음과 같다.

탄소(C)	→	이산화탄소 (CO_2), 수소(H)	→	수증기(HO), 질소(N)	→	이산화질소(NO_2),
황(S)	→	아황산가스(SO_2), 인(P)	→	오산화 인(PO_2), 할로겐(F, CL, Br)	→	할로겐 수소(HF, HCL, HBr)

화재의 연소는 대부분 불완전 연소이며 수많은 중간생성물을 동시에 발생시킨다. 이때의 중간생성물 중에는 시안화수소(HCN)나 일산화탄소(CO) 등 인체에 강한 독성을 주는 것도 적지 않다.

특히, 연소를 생성되는 가스는 그 가스 단독의 독성만이 아니고 이들 물질이 상호관련(혼합)하여 상가작용(相加作用), 상승작용(相乘作用)에 의한 복합적인 독성을 나타낸다.

나. 화재 시 발생하는 각종 가스의 독성

(1) 일산화탄소(CO)

무색, 무취의 가연성 가스로서 체내에 흡입된 경우 혈액중의 헤모글로빈(Hb)과 결합하여 일산화 헤모글로빈(CO-Hb)을 형성한다.

그 결과 가벼운 경우는 현기증, 두통을 일으키고 중독이 되면 의식상실, 경련 등을 일으키며, CO농도가 0.5%에 이르면 수분 내에 사망하게 된다.

(2) 이산화탄소(CO_2)

공기보다 무겁고 무색, 무취의 불연성(不燃性) 가스로서 일명 탄산가스라고도 한다. 공기중에는 0.03 %정도 포함도어 있으며 동식물의 생리작용에도 유용한 성분으로 작용하기 때문에 독성은 생각보다 적지만 가스농도가 높으면 혈액중의 탄산가스 농도가 증가하게 되어 호흡수가 증가하게 되고 두통 또는 호흡곤란 등으로 사망에 이르게 된다.

(3) 시안화수소(HCN)

공기보다 약간 가볍고 무색의 특이한 냄새를 가진 가연성 가스로서 일명 청산가스라고 한다. 중독증상은 가슴을 조이는 듯한 통증과 함께 호흡곤란에 빠지게 되어 사망에 이르게 되고 시안화수소는 일반적으로 질소화합물의 연소 시에 발생하는 것이지만 보통의 연소상태에서는 발생하는 양이 매우 적기 때문에 독성에 의한 생명의 위험에 관해서는 그다지 인식되고 있지 않다.

그러나 다른 독성가스가 공존하고 있으며 비교적 저 농도의 시안화수소라도 예상외의 독성을 나타낸다.

(4) 암모니아(NH_3)

가스형태의 암모니아는 무색의 가연성가스이고 특유의 자극적인 냄새를 가지고 있다. 또 피부, 점막의 자극 및 부식성이 강하고 그 작용은 체내(體內)조직의 심부(深部)에 이르기 쉽다. 고농도의 암모니아가 눈에 접촉되면 점막을 심하게 자극하여 결막부종(結膜浮種), 각막혼탁(角膜混濁)을 초래하고 점점 시력장해의 후유증을 남기는 경우가 있으며 흡입하면 폐수종(肺水腫)을 일으키거나 호흡정지를 일으키는 경우도 있다.

(5) 아황산가스(SO_3)

가스형태의 아황산가스는 공기보다 무겁고 무색이며 자극적인 냄새를 가진 독성이 강한 가스로서 일명 아유산가스라고도 한다. 또 물과 접촉하면 아유산(H_2SO_3)으로 되고 중독은 다른 자극성가스와 마찬가지로 눈이나 호흡기 계통에 대하여 강한 자극을 준다. 또 이러한 국소자극 외에도 혈액 중에 흡수되어 순환계통 장해나 무기산(無機酸)으로서의 유해성도 있다.

(6) 염화가스(HCL)

무색의 자극성 냄새를 가진 산성가스로서 폴리염화비닐 등의 열분해에 의하여 다량으로 발생한다. 중독증상은 기도의 자극과 눈의 자극이 있고 고농도에서 장시간 노출되면 폐수종을 초래하여 사망에 이르게 된다.

1.2.11 화재와 열

열은 화재현상에 가장 기본적인 요소지만 화재현상의 규명에서는 발열현상 외에 전열(傳熱)현상으로서 취급하는 것이 필요하다. 전열현상은 복사(輻射), 전도(傳導), 대류(對流), 이류(移流)의 네 가지로 나눠어진다.

1.3 화재 발생원인

2016년도 전체화재 중 56%(13,652건)가 부주의로 인하여 발생하고 있으며, 전기적요인 19%(4,619건), 기계적요인 10%(2,451건), 원인미상 9%(2,141건) 순으로 나타났다. 부주의 화재유형을 살펴보면, 담배꽁초 방치가 30%(4,097건)로 가장 많았으며, 쓰레기 소각 16%(2,175건), 음식물 조리중 15%(2,036건), 불씨방치 12%(1,698건) 순으로 나타내고 있다.

1.3.1 전기화재

일상생활에 있어 없어서는 안 될 전기는 우리나라 화재발생 원인 중 수위를 점하고 있다. 이런 전기화재는 낡은 전기기구나 부실공사로 인해 발생도 하지만 대부분은 전기용품에 대한 지식이나 상식부족 또는 사용하는 사람의 부주의나 방심으로 인하여 전기기구의 과열 및 탄화 상태를 가져와 발생하는 경우가 날로 증가하고 있는 실정에 있으므로 전기용품을 사용 시에는 올바른 사용법의 숙지와 세심한 주의가 필요하다.

(1) 전선의 합선 또는 단락에 의한 발화

전선이나 전기기구의 절연체가 파괴되거나 두 가닥의 전선이 어떤 원인에 의해 서로 접촉하면서 순간적으로 큰 전류와 많은 열을 발생하는 경우

(2) 누전에 의한 발화

전선이나 전기기구 등이 낡아 절연 불량 등의 원인으로 전류가 건물내의 금속체를 통하여 흐르게 되어 이로 인한 저항열에 의해서 발열을 일으키는 경우

(3) 과전류(과부하)에 의한 발화

전선의 허용전류를 초과한 전류를 과전류라 하며 에어콘, 전기 다리미, 전자 레인지, 동력 등을 동시에 사용할 시 적정용량을 초과하여 불이 붙는 경우

(4) 기타 원인에 의한 발화

규격미달의 전선 또는 전기기계·기구 등의 과열, 배선 및 저기기계·기구 등의 절연불량 상태, 또는 정전기로부터의 불꽃에 의한 경우

1.3.2 담뱃불화재

부주의 화재 중 담뱃불로 인한 화재가 많이 차지하고 있다. 담뱃불의 온도는 약 섭씨 500 ℃

이고 피우고 있을 때에는 약 섭씨 800 ℃나 되는 열을 지니고 있다. 따라서 담배는 지정된 장소에서 흡연하는 습관을 가져야 하며 담배꽁초는 불씨를 완전히 제거한 후 재떨이에 버려야 한다.

금번 새로이 제정 공포된 국민보건증진법에도 다중출입장소, 공공장소, 일정규모 이상의 건축물에는 반드시 흡연장소를 지정하여 흡연토록 규정하고 있다.

- 술에 취한 채 잠자리에서 흡연
- 어른들의 무심코 버린 담배꽁초가 발화
- 담배 불씨를 완전히 끄지 않은채 휴지통에 버려서 발화
- 재떨이의 담배 불씨를 완전히 끄지 않은 채 재떨이를 쓰레기통에 비우고 퇴근하여 발화

1.3.3 방화(放火)

강력범죄인 동시에 공공안전에 관한 범죄인 방화(放火)는 최근 들어 계속적으로 증가하고 있는 실정이다. 더욱이 방화에 의한 화재는 의도적으로 발생하기 때문에 초기진압이 어려워 많은 재산과 인명피해를 가져오는 경우가 많다.

가. 주요원인

방화의 원인으로는 가정불화가 가장 많고 부부 또는 친구 등과의 싸움, 비관자살, 주벽, 정신이상 등으로 비정상적인 심리 상태에서 발생하며, 주요 방화 장소는 차량, 주택, 음식점, 점포, 작업장 순이다. 특히, 사회의 발달에 따라 보험과 관계된 방화는 더욱 지능화, 전문화되는 양상을 보이고 있다.

1.3.4 불장난화재

어린이는 놀기를 좋아하며 호기심이 많아 하고 싶은 일이 있으면 서슴없이 행하는 습성이 있다. 따라서 어린이들은 성냥, 라이타, 촛불, 모닥불, 폭죽놀이 등 손에 닿기 쉬운 것이면 무엇이든지 가지고 불장난을 하게 되므로 어린이들에 대한 어른들의 각별한 주의가 필요하다.

가. 주요원인

성냥, 라이타, 난로불, 아궁이불, 전기 다리미, 촛불놀이, 폭죽놀이, 화약놀이 등에 발화되며, 불장난하는 어린이들은 6세에서 13세 미만의 어린이가 가장 많고 부모가 외출중인 토요일 오후나 일요일, 공휴일 등 학교수업이 없는 날에 많이 발생하고 있다.

1.3.5 가스화재

현대생활에 있어 가스는 사용하기에 편리하기에 편리할뿐더러 열량이 높고 공해가 적어 가정이나 직장 등에서 주 에너지로 사용되고 있으나 잘못 다루면 가스중독 또는 폭발을 동반한 대형화재를 유발시킨다. 따라서 가스배관과 연소기 등에 대한 정기점검을 철저히 실시하고 가스사용 안전수칙을 준수하여야 한다.

가. 주요원인

공급자	사용자
• 용기 밸브의 오조작 • 용기교체 작업중 누설화재 • 잔량 가스처리 및 취급미숙 • 가스충전 작업중 누설폭발 • 고압가스 운반기준 미 이행 • 배관내의 공기치환작업 미숙 • 용기본관실 화재(연탄 등) 사용 • 배달원의 안전의식 결여	• 실내에 용기보관 가스누설 • 점화 미확인으로 누설폭발 • 환기불량에 의한 질식사 • 가스사용중 장기간 자리이탈 • 성냥불로 누설확인중 폭발 • 호스 접속불량 방지 • 조정기 분해 오조작 • 코크 조작 미숙 • 인화성물질(연탄 등) 동시 사용

1.3.6 유류화재

유류는 인화성 물질로서 주로 석유류 등을 말하며 우리생화에 많은 도움을 주지만 화재위험이 높고 불이 붙으면 순식간에 확대되므로 그 취급에 세심한 주의를 기울여야 한다.

가. 주요원인

- 석유난로에 불을 끄지 않고 기름을 넣을 때
- 석유 중 새어나온 유류의 유증기가 공기와 적당히 혼합된 상태에서 불씨가 닿을 경우
- 유류기구를 사용도중 이동할 때
- 불을 켜놓고 장시간 자리를 비울 때
- 난로 가까이에 불에 타기 쉬운 물건을 놓았을 때
- 튀김요리 중 튀김기름이 가열되어 넘치는 경우

1.4 소화의 원인

화재의 소화는 연소의 3요소 즉 가연물, 산소공급원 및 점화원(열)의 세 가지 중에서 어느 한가지 또는 둘 이상을 제거함으로서 연소반응을 중지시키는 것이며 그 방법은 다음과 같이 분류할 수가 있다.

※ 연소의 4요소

연소의 4요소란 연소의 3요소 + 「연속적인 연쇄반응」 을 말한다. 연속적인 연쇄반응은 연소의 3요소에 의해 연소현상이 진행된 후 발생하며 이러한 연쇄반응에 의해 화재는 급격히 성장하게 된다. 따라서 이러한 연쇄반응을 억제하기 위해 부촉매제(화학반을 억제제)를 이용하여 소화하는 방법이 사용되는 경우가 있다.

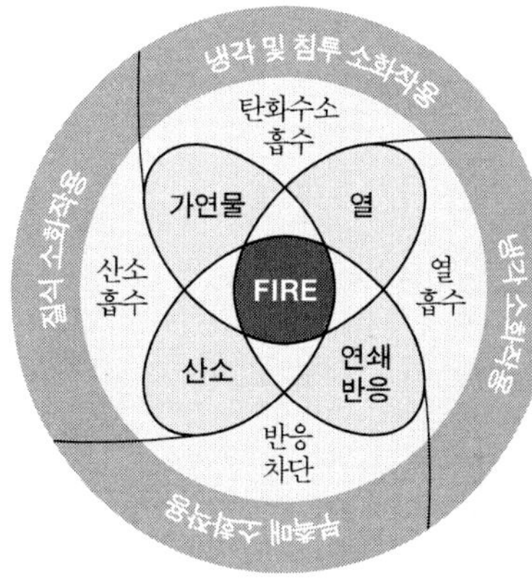

1.4.1 질식소화법(窒息消火法)

가연물의 연소에 필요한 산소를 차단하거나 그 농도를 낮추어 소화하는 방법을 질식소화라고 한다. 대부분의 가연물 화재는 산소농도 15% 이하가 되면 소화된다(공기중의 산소 체적비는 약 21%).

가. 불연성기체로 연소물을 덮는 방법

공기보다 무거운 불연성의 기체로 연소물을 위에서 덮어 산소 공급을 차단하거나 산소농도를 희박하게 하여 소화할 수 있다. 현재 사용되고 있는 것은 이산화탄소, 질소 등의 기체와 할로겐화합물(할론, FM-200 등의 청정소화약제)이 있다.

나. 불연성 폼(foam)으로 연소물을 덮는 방법

연소물을 공기나 이산화탄소, 질소 등으로 발포시킨 포로 덮어 산소의 공급을 차단하거나 산소농도를 희박하게 하여 소화할 수 있다.

유지류 등의 소화에 주로 쓰이는 폼으로는 화학포, 공기포가 있으며 이들 폼으로 연소물을 덮는 경우 폼에 섞여 있는 수분은 열에 의하여 수증기화 도고 형성된 포는 산소를 차단한다.

즉, 질소와 동시에 냉각작용이 이루어진다고 할 수 있다. 이들 포소화약제의 성능과 조성은 다음과 같다.

(1) 화학포 소화제

주로 소화기용이며 알칼리성의 A약제와 B약제를 수용액으로 혼합시켜 화학변화를 일으켜 콜로이드 상태의 수용액을 만들고 이것이 탄산가스를 포함한 폼을 형성한다.

(2) 공기포(기계포) 소화제

공기포는 유지류 화재용으로서 효과적인 소화제이며 소화약제는 3% 또는 6%의 수용액으로서 발포기를 사용하여 공기와 교반(攪拌) 혼합하여 사용한다. 소화제의 종별은 일반 기름 화재용과 알콜이나 케톤류와 같은 수용성액체의 화재에 쓰이는 것이 있다. 공기포의 발포배율은 저발포가 5~10배, 고발포가 80~100배이다.

- 탄화수소 화재용
  - 단백질 가수분해물계
    - 단백포소화제
    - 불소단백포소화제
  - 단백질 가수분해물계
    - 불소계면활성제 (수성막포 소화약제)
    - 불소단백포소화제
    - 탄화수소계 계면활성제 (합성계면활성제포소화제)
- 수용성액체 화재용
  - 단백질 가수분해물계 —— 불소단백포 소화제
  - 계면활성제계 —— 고분자겔 생성형 불소계면 활성제 포소화제

(포소화제의 종류)

다. 고체로 연소물을 덮는 방법

화재면적이 적은 경우 담요 등으로 연소물을 덮어 산소공급을 차단함으로서 소화할 수 있다. 후라이팬 화재 시 수건으로 덮는 경우 등으로서 초기소화에는 유효하다. 또한, 불연성가스나 물 속에서도 연소가 계속되는 금속화재에 건조사로 소화하는 것도 이 방법이다.

라. 연소실을 밀폐하여 소화하는 방법

창고나 선실 등 기밀성이 좋은 곳은 연소실을 밀폐하여 산소공급을 차단시킴으로서 소화하는 방법을 쓸 수도 있다.

1.4.2 희석소화법(稀釋消火法)

가연성 기체가 연소하기 위해서는 연소범위 내의 가연성 혼합기가 형성되어야 한다. 따라서 산소농도와 가연물의 조성비를 연소범위 이하로 희석시킴으로서 소화할 수가 있다. 이와 같이 가연물(기체, 액체, 고체에서 나오는 분해가스)의 농도를 엷게 하여 소화방법을 희석소화라 한다.

가. 액체의 농도를 엷게하여 소화하는 방법

연소중인 액체에 불연성의 다른 액체를 추가하여 농도를 엷게 하면 액면상(液面上)의 가연성 증기량이 감소하여 연소하한계 이하가 되어 연소가 중지된다. 예로서 메탄올, 아세톤 등의 수용성 개체가 연소하고 있는 경우에 대량방수하면 소화할 수 있다.

나. 강풍으로 소화하는 방법

연소물에 강한 바람을 대면 가연성의 증기가 바람에 날려 농도가 엷어지게 되어 소화할 수 있다.

다. 불연성 기체에 의한 희석소화법

불연성의 기체를 불꽃 속에 넣으면 산소농도가 엷어지게 되므로 소화할 수가 있다. 질식소화와 거의 같으며 이것을 이용하여 이산화탄소, 질소 등의 불활성가스를 연소실에 넣어 산소농도를 희석하여 소화한다. 예로, 지하 주차장 등의 소화설비에 이산화탄소를 사용하거나 또는 드라이아이스를 창고, 선실에 넣고 소화하는 방법이 있다.

1.4.3 제거소화법(除去消火法)

연소물이나 화원을 제거하여 소화하는 방법을 제거소화라 한다. 이 방법은 가연성물질을 파괴, 제거, 이동하여 수열면(受熱面)을 적게 하거나 완전히 이격시켜 소화하는 방법이다. 화재현장에서 대상물을 파괴 제거하여 연소를 방지하거나, 대형 화재 시 일정 범위의 건물을 제거하여 방어선을 만들어 연소를 방지하는 경우, 도시가스 누출 화재 시 밸브를 잠가 가스공급을 차단하는 것 등이 이 방법이다. 또한 산림화재를 예상하여 평소에 방화선을 설정하는 것은 이곳에서 연소를 차단시키기 위한 것이다.

1.4.4 냉각소화법(冷却消火法)

연소의 3요소 중 발화원(열)을 발화점 이하로 떨어뜨려 소화하는 방법을 냉각소화법이라 한다. 소화제에는 주로 물이 쓰이고 있다.

물에 의한 소화는 가연물을 발화점 이하로 냉각하는 데에 가장 실용적이고 일반적이라 할 수 있다. 가연물의 발화점은 물질에 따라 다르지만 대개 250℃ 이상이기 때문에 주수로 그 이하가 되게 하면 소화할 수 있다. 그러나 물과 심하게 반응하는 금속성물질 등은 소화활동 시 충분히 주의하여야 한다. 가연물을 물로 소화하는 경우 1g의 물이 증발하는데 539cal의 열을 흡수(증발잠열이라 함)하므로 최대의 냉각효과를 얻을 수가 있으며, 약 1,700배의 수증기로

체적팽창 되어 공기중의 산소 농도를 희석시킨다. 그러므로 주수에 의한 소화는 되도록 많은 양의 물이 수증기화 될수록 소화효과가 크다.

1.4.5 부촉매소화법(화학 소화법)

연소의 4요소 중 가연물의 연속적인 연쇄반응을 차단하여 소화하는 방법을 부촉매소화법이라 한다.

연속적인 연쇄반응은 가연물을 구성하는 수소분자로부터 생성되는 활성화된 수소기(H*)와 수산기(OH)의 작용에 의해 진행된다. 그러므로 연쇄반응을 제어하기 위해서는 가연물에 공급하는 점화원의 값을 활성화에너지의 값 이하가 되게 하여 가연물로부터 활성화된 수소기와 수산기가 발생하지 않도록 하여야 한다. 부촉매소화법은 가연물이 활성화되어 생산된 수소기(H*)와 수산기(OH)를 BC급·ABC급 분말, 할로겐화합물, 강화액소화제 내에 함유되어 있는 N^+·K^+·NH_4^+·F^-·Cl^-·Br^-와 반응하게 하여 더 이상 연소생성물인 CO_2·CO·수증기 등의 생성을 억제시킴으로서 소화한다.

1.5 소방관련 기초사항

1.5.1 SI단위 : 국제단위계(Le Systeme International d'Unites)

1) 기본단위
- 질량 m - kg
- 시간 t- sec(s)
- 길이 l - m → 면적(m^2, cm^2), 체적(m^3, cm^3)

2) 종속단위
- 밀도 ρ : 질량/체적(kg/m^3)
- 비체적 v : 밀도의 역수 : 체적/질량(m^3/kg)
- 속도 v : 시간당 일방향 진행거리, 벡터량 :(m/s)
- 가속도 a : 시간당 속도의 변화량, 벡터량 : 속도/시간($m/s/s = m/s^2$)

1.5.2 Newton의 운동법칙

1) 제1법칙 : 관성의 법칙

외부의 힘이 작용하지 않는 한 운동의 상태는 그대로 유지된다. 운동량은 질량과 속도의 곱으로 나타낸다. 외부에서 순간적으로 작용한 힘(충격)은 운동량을 변화시키고, 그 크기는 운동량의 변화와 같다. 하나의 물체에서 질량은 변하지 않으므로 운동량의 변화는 속도 변화로 나타난다.

$(mv_1 - mv_2)$
운동량 : 질량 × 속도→ m × v → kg·m/s

2) 제2법칙 : 가속도의 법칙

외부의 힘이 지속적으로 작용하면 그 시간동안 계속 속도변화가 발생한다.
단위시간당의 속도변화를 가속도라 한다.
가속도를 발생시키는 지속력을 힘이라 하고 질량과 가속도의 곱으로 나타낸다.
물체에 가속도를 발생시키는 원인 : 정지 → 이동
저속 → 가속

힘 F = 질량 m × 가속도 a (kg·m/s²) (운동량의 시간당 변화)
힘의 단위 kg·m/s²를 N(Newton)으로 나타낸다.
질량 1 kg에 1 m/s² 의 가속도를 내도록 하는 힘의 크기 : 1 N

$$1\ N = 1\ kg \cdot m/s^2$$

중력은 질량체에 작용하여 가속도를 발생시키며 그 크기는 9.80665 m/s²이다.
이것이 중력가속도이다.
1kg의 질량에 9.80665 m/s²의 가속도가 작용할 때의 힘의 크기는

힘 F = 1kg·9.80665 m/s² ≒ 9.8 kg·m/s² = 9.8 N = 1 kgf

즉, 지구상에서 질량 1kg에 대하여 작용하는 중력의 크기가 1kgf 이고, 이것을 중량이라 한다.

3) 중력환산계수(gc)

중력 9.8kg·m/s²을 1kgf 로 나타내기 위해서는 $\frac{kg_f}{9.8kg \cdot m/s^2}$이라는 인자를 곱해 주어야 한다. 이것이 중력환산계수이다.

보통의 환경에서는 질량과 중량의 수치가 같으므로 별 의미가 없으나, 가속도가 달라지는 경우에는 kgf로의 환산을 위해 꼭 필요하다.

4) 질량

물체의 고유량, 직접 측정은 불가능하고 작용하는 힘을 가속도로 나누어서 알 수 있다.
에너지(열량, 일) : 물체에 힘을 주어 얼마나 옮겼는가

$$1\ N \times 1\ m = 1\ kg \cdot m/s^2 \times 1\ m = 1\ kg \cdot m^2/s^2 = 1\ J$$

5) 중량 단위계 (중력단위계)

지구의 표준 중력가속도(위도 45°의 평균 해수면에서) : 9.80665 ㎨

1 kg의 질량체는 지구의 중력장 안에서 g = 9.80665 m/s^2의 가속도에 의해

1kg×9.80665 ≒ 9.8 $kg·m/s^2$ 9.8N의 힘을 받는다.

이 힘을 1kgf 라고 한다. 1kgf = 9.8N

※ 보통kgf를 kg으로 쓰는 경우가 많고, 특히 질량이라고 말하지 않으면 kgf 뜻하므로 주의를 요한다.

6) 압력 P(kg/㎡) : 누르는 힘(kg)/작용 면적(㎡)

팽창하는 유체는 모든 방향에 대해 같은 압력을 미친다. - *파스칼의 법칙*

압력의 원인이 되는 팽창은 상대적 현상으로서, 모든 외력에 대한 반발이다.

대기압은 공기의 중량이 지표면을 누르는 압력이다

1 Pa = 1 N/㎡

1 kg/㎠ = 9.8 N/㎠ = 98,000 N/㎡

표준 대기압 = 1.0332kgf/㎠ = 1.0332×98,000 = 101,300 N/㎡

= 1.013bar = 1,013mbar(어림산에서는 약 105 Pa)

물기둥(水柱) 높이 10.13m의 압력, 수은주 높이 750㎜의 압력

공학 대기압 1ata = 1kgf = 10mAq

물기둥(水柱) 높이 10m 의 압력, 수은주 높이 735㎜의 압력

절대 압력(Pa), 게이지 압력(Pg)

7) 밀도와 비중량

밀도 : 단위 체적당의 질량 : ρ = m/V

대기압 20 ℃에서 공기의 밀도 약 1.2 kg/㎥

대기압 4 ℃에서 물의 밀도 1,000 kg/㎥ = 1 g/㎤

비중량 : 단위 체적당의 무게 : γ = mg/V → $kg·m/s^2/m^3$

= w/V kgf/㎥

질량과 무게의 관계는 수치상 gc = 9.8 만큼의 환산관계가 있으므로

γ = 9.8ρ : 질량 단위로 나타낼 때

γ = ρ : 무게 단위로 나타낼 때

8) 비중

고체, 액체의 비중 : 물의 비중량에 대비한 타 물질의 비중량 비율

기체의 비중 : 공기의 비중량에 대비한 타 기체의 비중량 비율

9) 동력 (공율)

시간당 얼마의 비율로 일을 하는가

1J/s = 1W → 1J = 1W·s

1kJ = 1kW·s

3,600kJ = 1kW·h → 동력×시간 = 에너지(일량)

1마력 → 75kgf·m/s = 735W (75 × 9.8 = 735)

$$1\text{kW} = 1\text{kJ/s} = 1000\text{J/s} = \frac{1,000}{9.8}\text{kgf}\cdot\text{m/s} = 102\text{kgf}\cdot\text{m/s}$$

10) 열역학의 제 0 법칙

온도의 동등성 판단

온도의 척도 - 섭씨온도 ℃ (스웨덴의 천문학자 Andres Celsius)

- 절대온도 : K = 0℃ + 273.15

11) 물질의 상태변화

물의 압력온도 선도(얼 때 팽창하는 물질의 전형)

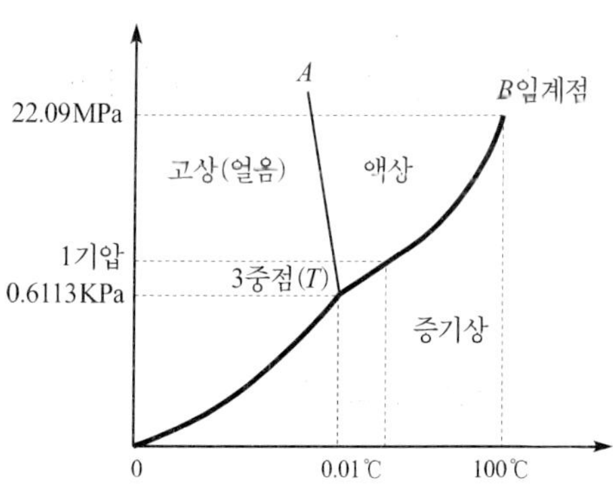

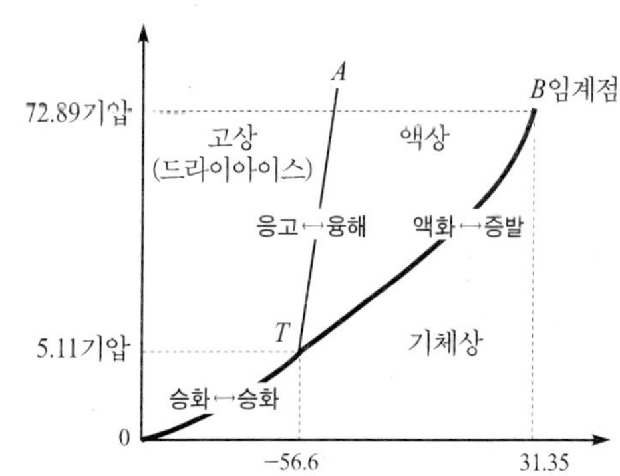

이산화탄소의 압력온도 선도(얼 때 수축하는 물질의 전형)

O-T : 승화곡선, T-B : 증발곡선, T-A : 융해곡선

※ 밀폐된 용기를 가열하면 내부의 물은 팽창하여 밀도가 낮아지고, 수증기는 계속 증발압축 되어 밀도가 높아지다가 어느 점에서 일치하게 된다. 이 점이 임계점이다.

12) 초저온 액체

액체-기체의 상변환 임계온도가 상온보다 낮으면 기체를 상온에서 압축하는 것만으로는 액체로 변하지 않는다. 이런 기체는 좀처럼 액체상으로 존재하지 않으므로 영구기체라고 부른다.

이런 기체를 액상으로 변환시키기 위해서는 임계온도 이하로 냉각한 후 압축하여 임계점 이하의 상태로 만들어야 한다. 대개 임계압력은 대단히 높기 때문에 관리의 편의를 위해서는 임계압력보다 많이 낮추어야 하고, 그러기 위해서는 온도를 많이 낮추어야 하므로 영구기체의 액화 상태는 초저온 상태가 된다.

공업적으로 초저온 상태를 만들기 위해서는 줄-톰슨 효과가 이용된다.

줄-톰슨 효과란 기체를 가는 구멍으로 분출시킬 때 온도가 변하는 현상으로, 수소의 경우에는 분출시 온도가 올라가지만 그 외의 기체는 온도가 내려가며 그 온도차는 분출 전후의 압력차에 비례하고 기체의 물성에 따라 달라진다.

공업적으로 많이 사용되는 초저온 액체로는 아래의 몇 가지를 들 수 있다.

- 액체질소 : 임계온도 -147.09℃, 임계압력 33.5기압, 상압상태의 비등점 -195.8℃
- 액체산소 : 상압상태의 비등점 90K
- 액체공기 : 액체질소와 액체산소의 혼합물, 상압상태의 비등점 -190℃
- 액체수소 : 상압상태의 비등점 23K
- 액체이산화탄소는 삼중점 압력이 5.11기압이므로 상압상태에서는 액체로 존재할 수 없고 고체(드라이아이스) 또는 기체로만 존재한다.

13) 열

경계면 온도차에 의해 전달되는 에너지 경계를 넘어설 때에만 확인 가능한 일시적 현상

14) 열역학 제1법칙

일과 열은 비례하고 서로 변환할 수 있다.

1㎉ = 427kgf·m =4186 J

정상상태(steady state) - 각 점의 상태가 시간에 따라 변하지 않는다.

정상유동과정(steady flow state)

균일상태(uniform state) - 임의의 순간 전 구간에 걸쳐 각점의 상태가 균일하다.

균일유동과정(uniform flow state)

15) 이상기체 상태방정식

실험적 관찰에 의해 밀도가 낮은 가스의 P-v-T 거동은 다음식과 같이 나타낼 수 있다.

$$Pv' = R'T \rightarrow R' = \frac{Pv'}{T} \rightarrow \frac{N \cdot m^3/mol}{m^2 \cdot K} = \frac{N \cdot m}{mol \cdot K} = \frac{J}{mol \cdot K}$$

$$R' = 8.31434 \frac{J}{mol \cdot K}$$ (실험적 결과)

여기서 v' : 기체 1 mol의 체적, mol 비체적 - 분자수가 Avogadro 수(6.023×10^{23}) 만큼 있을 때의 체적(g수로 나타낸 무게가 분자량과 같아지는 분자 수)

※ 압력이 같을 때 분자 1개가 차지하는 체적은 어느 기체나 같다.

R' : 일반기체상수(Universal gas constant)

위 식을 분자량(M)으로 나누어 주면 단위질량당의 식이 된다.

$$\frac{Pv'}{M} = \frac{R'T}{M} \rightarrow Pv = RT$$

여기서 $\frac{v'}{M} = v$: 단위질량당의 체적 즉, 비체적이고

$\frac{R'}{M} = R$: 분자량에 따라 정해지는 기체별 고유 기체상수

공기 : 분자량 28.97 $R = \frac{8.31434 J/mol \cdot K}{28.97 g/mol} = 0.287 \frac{kJ}{kg \cdot K} = 29.29 \frac{kgf \cdot m}{kg \cdot K}$

CO_2 : 분자량 44 $R = \frac{8.31434 J/mol \cdot K}{44 g/mol} = 0.189 \frac{kJ}{kg \cdot K} = 19.29 \frac{kgf \cdot m}{kg \cdot K}$

수증기 : 분자량 18 $R = \frac{8.31434 J/mol \cdot K}{18 g/mol} = 0.462 \frac{kJ}{kg \cdot K} = 47.14 \frac{kgf \cdot m}{kg \cdot K}$

전 체적에 대하여 생각하면 V = mv(질량×비체적)이므로

$Pv = RT \rightarrow PV = mRT$

$P_1V_1 = mRT_1$ 이고 $P_2V_2 = mRT_2$ 이므로

$mR = \frac{PV_1}{T_1} = \frac{PV_2}{T_2}$: 보일샤를의 법칙(Boyle's & Charles' law)

온도가 일정할 때는 보일의 법칙 : $P_1V_1 = P_2V_2$: 압력과 체적은 반비례

압력이 일정할 때는 샤를의 법칙 : $V_1/T_1 = V_2/T_2$: 온도와 체적은 비례

16) 열전달

열은 항상 온도가 높은 쪽에서 낮은 쪽으로 이동하여 열평형상태가 될 때 열전달이 멈춘다. 이러한 열전달은 전도, 대류, 복사라는 세가지 전달방식에 의하여 이루어진다.

가. 전 도(conduction)

정지하고 있는 유체의 경우에는 분자의 운동 또는 직접 충돌에 의하여, 금속의 경우에는 전자의 이동에 의하여 고온영역에서 저온영역으로 에너지교환이 일어나는 형식의 열전달이다. 열전도를 처음 수리적으로 해석한 것은 프랑스의 물리학자인 Joseph Fourier이다.

- 전도란 분자의 진동에 의해서 열이 전달되는 현상
- 물체 내에 온도구배가 존재할 때 물체의 이동 없이 열이 전달되는 현상
- 전달매개체가 반드시 필요

평판의 양면에 있어서 전도에 의한 전열량은 두 면간의 온도차에 비례하고, 면적에 비례하며 두께에 반비례한다.

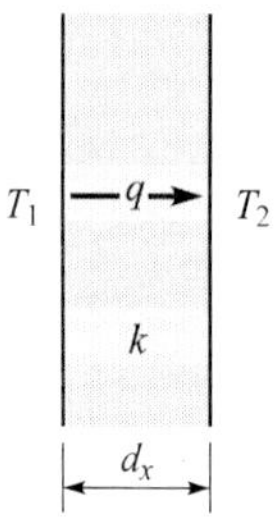

왼쪽 그림에서 양면의 온도를 T_1, T_2라 하면

$$q \propto A\frac{T_1 - T_2}{\Delta x}$$

비례상수 k를 도입하면

$$q = k \; A\frac{T_1 - T_2}{\Delta x}$$

단위면적당의 열흐름(heat flux)으로 나타내면

$$\frac{q}{A} = k \; \frac{T_1 - T_2}{\Delta x} (W/m^2)$$

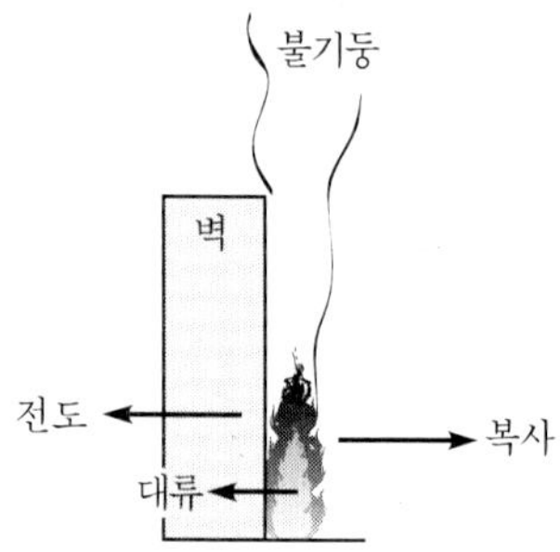

여기서 비례상수 k는 각 물질마다 고유한 수치를 가지며, 단위두께를 갖는 평판의 양면에 단위온도차가 주어졌을 때 단위시간당 전달되는 열의 양으로 정의한다.

열전도율 (heat conductiyity)k $= \dfrac{q\Delta x}{A(T_1 - T_2)} \; (\dfrac{W}{m℃})$*(W : J/s)

이상은 평판상에서 한쪽으로만 열이 전달되는 1차원 열전도를 나타낸 것이다.
만일 평판 내부의 온도분포가 거리(두께)의 함수가 된다면 다음과 같이 표현된다.

$$\frac{q}{A} = k \; \frac{\partial T}{\partial x}$$: Fourier's law of heat conduction

즉, 열전도율 k는 단위면적당의 열전달률(q/A) 및 Δx 만큼 떨어진 두 점의 온도차 ΔT = $T_1 - T_2$를 각각 측정함으로써 계산할 수 있다.

고체인 경우 : ΔT $= T_1 - T_2$가 큰 경우에도 오차가 적다.
기체, 액체인 경우 : ΔT $= T_1 - T_2$가 큰 경우에 오차가 크다.
→ 대류 복사열전달 등이 동시에 작용하므로

비열(C) : 물질의 단위 질량당 축적할 수 있는 에너지, 물질 단위 질량을 1℃ 올리는데 필요한 에너지 (J/kg℃) *– Specific heat*

열용량(ρC) : 물질의 단위 체적당 축적할 수 있는 에너지, 물질 단위 체적을 1℃ 올리는데 필요한 에너지 (J/m³℃) – 물체의 겉보기로 질량을 판단하기는 어려우므로, 체적으로 환산하면 직관적으로 이해하기 쉽다. *– heat capacity*

예 제

두께가 0.05m이고 이를 통한 온도차가 40℃에서 20℃인 폴리우레탄 폼의 벽을 통한 단위 면적당 열흐름률 즉 열류(Heat Flex)를 계산하시오. 또한 같은 조건에서의 철재류에 대해서도 열류를 계산하시오. 여기서 k값은 표 3-1의 값을 이용한다.

① 폴리우레탄 폼

$$\dot{q}'' = \dot{p}/A = (0.034\mathrm{W/m\cdot K})(40-20)/0.05\mathrm{m}$$
$$= 13.6\,\mathrm{W/m^2} = 0.0136\,\mathrm{KW/m^2}$$

② 철재류

$$\dot{q}'' = \frac{(45.8\mathrm{W/m\cdot K})(20℃)}{(0.05\mathrm{m})} = 18.320\mathrm{W/m^2} = 18.3\,\mathrm{KW/m^2}$$

나. 대 류(Convection)

대류열전달은 두가지 형태로 일어난다. 불규칙 분자 운동에 의한 에너지전달과 유체가 고체위 또는 유동로를 흐를 때 유체와 고체표면 사이에 일어나는 열전달이다.

- 물질의 이동에 수반되는 열전달
- 물질 내에 온도차가 있을 때 일어나는 열전달.
- 전달 매개체가 반드시 필요

대류에 의해 열은 기체이거나 액체인 매개체에 의해 전달된다. 그러므로 난방기에서 열이 발생하면 난로나 공기의 접촉에 의해 전도로 가열되어 실내로 흩어진다. 실내의 다른 물체가 공기를 통하여 가령되는 것의 계산은 대류에 의해 전달된다. 결국 열은 전도에 의해 공기에서 물체로 전달된다. 가열된 공기는 팽창하고 상승하고 이런 이유로 대류에 의한 열전달은 종종 위쪽으로 상승하고 공기 흐름은 어떤 방향의 대류에 의해 예를 들면 팬과 블로워 사용에 의하는 것과 같이 열을 이동하게 만든다.

기본 방정식 : $q = hA(T_w - T_\infty)$: Newton's law of cooling

h : 대류열전달계수

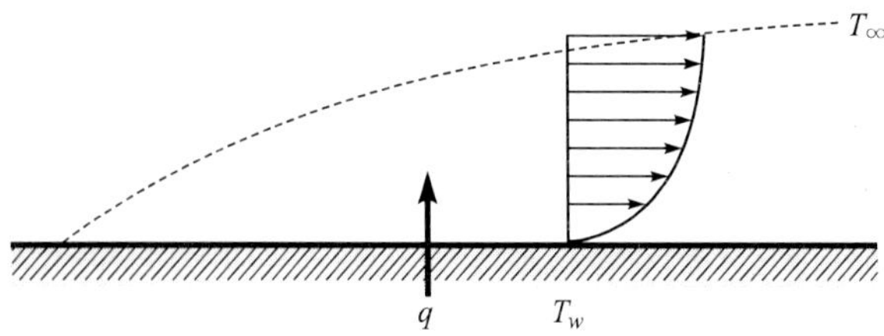

예 결빙된 물위로 흐르는 뜨거운 공기의 경우 얼음표면에서의 전도에 의한 열전달을 나타냈다.

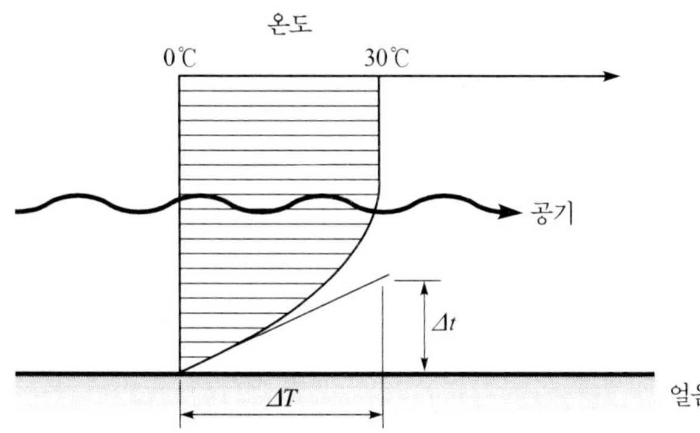

$$q = \frac{kA\Delta T}{l}$$

여기서 l은 ΔT에 해당되는 온도간의 거리다. 벽에 대한 열 유속은

$$q = \frac{q}{A} = \frac{kA\Delta T}{l}$$

온도를 상세히 측정하지 않으면 ΔT와 l은 사용할 수 없으므로 다시 아래와 같이 정리된다.

$$q = \left(\frac{k}{l}\right)(T_2 - T_1)$$

여기서 T_2는 공기의 온도 (예로 30 *centigrade*)이고
T_1은 표면온도 (예로 0 *centigrade*)이다.

예 제

난류화염으로부터 20℃이 벽으로 전달되는 대류 열유속을 구하시오.
h값은 자연대류(화염을 나타내는 부력유동)에 대한 대푯값 5W/㎡·℃를 사용한다. 시간평균 최대화염온도는 약 800℃이다.

q =(5W/㎡·℃)(800−20) = 3900W/㎡ = 3.9kW/㎡

다. 복 사(Radiation)

복사는 공간이나 물질을 통해 이동하는 에너지 형식으로 빛과 같은 전자파 , 라디오파, X-ray다. 모든 복사에너지파는 진공중에서 빛과 같은 속도로 이동한다. 물체로 이동중에 복사파는 흡수되고, 반사되고 통과한다.

- 전자파에 의한 열의 전달

열전달에서 중요시하는 파장 범위는 적외선, 가시광선, 자외선 등을 포괄하는 0.1~100㎛ 범위의 전자파이다.

- 복사 열전달의 특징
  - 전달매개체가 없고, 경로의 중간에 매개체가 있을 경우에는 전자파가 통과할 수 있는 물질이어야 한다.
  - 진공상태에서 가장 많은 복사열이 전달된다.

- Stefan-Boltzmann's law

온도 T인 흑체로부터 방출되는 복사 열유속(Radiative heat flux) E_b는

절대온도 T의 4 제곱에 비례한다.

즉, $E_b = \sigma T^4$

여기서 비례상수 σ는 Stefan-Boltzmann 상수라 하며

$$\sigma = 5.6696 \times 10^{-8} [\frac{W}{m^2 K^4}]$$

- 열유속(heat flux) : 단위면적당, 시간당의 열흐름

예 제

가열체가 외부표면 온도 50°F(260℃)에서 안전하게 작동하도록 설계되었다. 만약 표면온도가 100에서 360℃로, 240℃에서 최대 500℃까지 허용된다면 복사에 의한 증가는 얼마인가?

예 우선 Celsius 온도에 273을 더해 Kelvino 온도로 변환시켜야 한다. 그러므로 260℃은 533K로 360℃는 633K 그리고 500℃는 773K가 된다. 만약 표면이 흑체라고 가정(ε=1)하면 안전표면온도 260℃에서 표면 단위면적당 방사량은

$q = \epsilon\sigma T^4 = 1.0 \times 56.7 \times 10^{-12} \times (533)^4 = 4.6\,\mathrm{kW/m^2}$

또 각각의 온도에 대응하는 방사에너지는

$q = \epsilon\sigma T^4 = 1.0 \times 56.7 \times 10^{-12} \times (633)^4 = 9.1\,\mathrm{kW/m^2}$

$q = \epsilon\sigma T^4 = 1.0 \times 56.7 \times 10^{-12} \times (773)^4 = 20.2\,\mathrm{kW/m^2}$

라. 흑체

입사하는 모든 복사선을 완전히 흡수하는 물체. 완전흑체라고도 한다. 흡수능(吸收能)이 1, 즉 100%인 물체로, 완전흑체는 현실적으로 존재하지 않으나 백금흑(白金黑)을 비롯하여 이것

에 가까운 물체는 많다. 또 흑체가 내는 복사를 흑체복사라 하며, 흑체복사의 성질(에너지의 크기, 파장)과 흑체의 온도 사이에 간단한 관계가 성립되므로 이론적으로 깊이 연구되고 있다. 따라서 흑체의 온도가 정해지면 흑체복사의 성질이 결정되며, 반대로 흑체복사의 성질로부터 흑체의 온도를 구할 수 있다.

1) 무한히 큰 두 평판 사이의 유효복사 열 전달량

$q = \sigma A(T_1^4 - T_2^4)$

2) 유한한 크기의 두 평판 사이의 유효복사 열 전달량

$q = \sigma A F_G(T_1^4 - T_2^4)$

여기서 F_G : shape factor(≤1.0) 형상계수

벽 1이 벽 2를 볼 때의 차단율

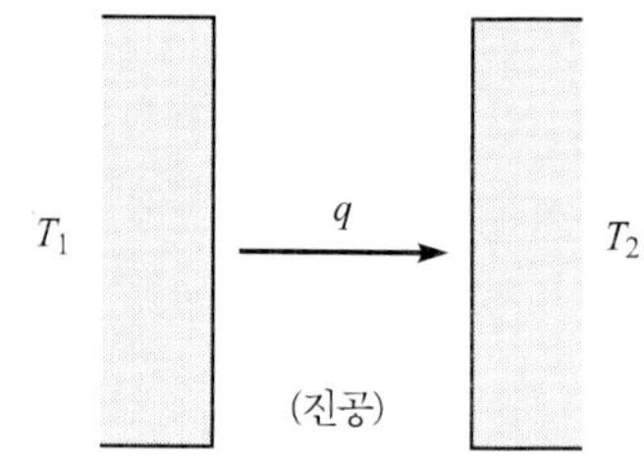

두개의 유한한 크기의 흑체 평판

3) 만약 2)의 경우 벽면이 흑체가 아닌 경우

$q = \sigma A F_G F_\epsilon(T_1^4 - T_2^4)$

여기서 F_ϵ : 방사율 계수(Emissivity factor)(≤1.0)

마. **열관류율**(coefficient of heat transmission)

단일물질로 된 매개체(벽이나 단열재 등)를 통하여 전도되는 열량을 계산하는 것은 열 전도율을 알면 그 외의 조건은 실측하여 구하는 데 어려움이 없다.

그러나 복합재료의 매개체를 통한 전열량을 구하는 것은 상당히 번거로운 일이다.

따라서, 계산과정을 단순화하기 위하여 매개체의 총체적인 열 전달성능을 대표할 수 있는 열전달지수를 구하여 활용하게 되는데 이것을 열관류율이라 한다.

이 열관류율을 사용한 열전달량은 다음 식으로 나타낸다.

$Q = KA(T_1 - T_2)$[Kcal/h, J/h, W]

여기서 K는 열관류율[Kcal/m²·℃·h]

열관류율 K와 열전도율 λ의 관계는 다음과 같다.

재료의 직렬접합형태에서 열전도율은 직렬로 풀 수가 없다.

열전도율의 역수 1/λ은 열의 전도를 방해하는 저항이 되므로, 저항의 직렬연결로 보아

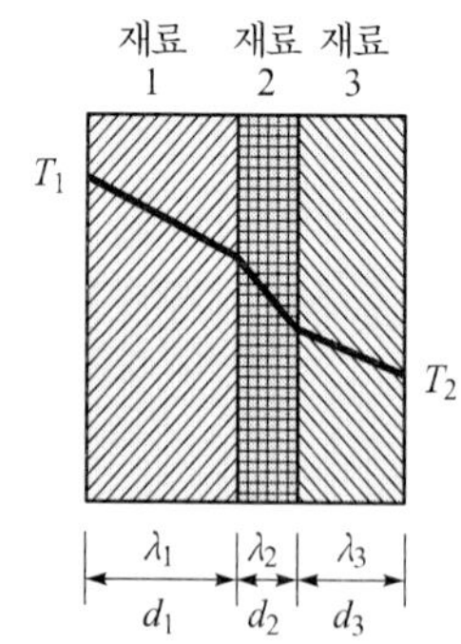

총저항을 구하면 $\frac{1}{K} = \frac{d_1}{\lambda_1} + \frac{d_2}{\lambda_2} + \frac{d_3}{\lambda_3} + \cdots$

여기서 d는 각 재료의 두께 총 저항 $\frac{1}{K}$의 역수인 K가 바로 열관류율이 된다.

1.5.3 유체역학의 제법칙

1) 연속의 법칙 - 질량 보존의 법칙

유량 $Q = A_1V_1 = A_2V_2$

2) 압력에너지

- 파스칼의 법칙
- 유체 자중에 의한 압력
- 외력에 의한 압력

3) 베르누이의 정리 - 에너지방정식

- 유체가 연속된 관로를 흐를 때 어느 단면에서도 에너지의 총량은 같다.

  에너지의 총량 : 내부에너지 + 위치, 속도, 압력 에너지

  유체의 흐름 도중 외부에 대한 열이나 일의 주고받음이 없다고 가정

  속도(운동 에너지) : $\frac{1}{2}\rho v^2$

  위치에너지 : $\rho gh = \gamma h$

  총에너지 $E = \rho gh + \frac{1}{2}\rho v^2 + P$

  → 각 항을 비중량($\gamma=\rho g$)으로 나누면 높이단위(head)로 된다.

  총 수두 $H = h_1+\frac{v_1^2}{2g}+\frac{P_1}{\gamma} = h_2+\frac{v_2^2}{2g}+\frac{P_2}{\gamma}$

  속도가 없으면(정지 유체) 높이 차가 압력 차이고,

  압력이 같으면 높이 차는 속도 차로 환산되며

  높이가 같으면 압력 차는 속도 자로 환산된다.
- 공기 흐름에서의 동압과 정압
- 유체가 연속된 관로를 흐를 때 어느 단면에서도 에너지의 총량은 같다.

  위치수두차는 유체의 자기무게(자유낙하 경향) 때문에 발생한다.

  그러나, 기체의 경우에는 자기무게가 가벼워 압력에 별 영향을 주지 않으므로 그 영향이 무시되는 경우가 많다. 공기의 경우 대기압 상태에서 γ=1.2kgf/㎥ 이지만 부력 때문에 스스로 압력으로 작용하지는 않으며, 압력이 계기압력으로 1kgf/㎠ 정도 되었을 때 높이차 1m에 대해 0.00012kgf/㎠ 정도의 압력을 나타낸다. 그러므로, 위치에너지를 무시하면

총압력 $P_t = \frac{\gamma}{2g}v_1^2 + P_1 = \frac{\gamma}{2g}v_2^2 + P_2v_2^2 + P_2$

위 식에서 $\frac{\gamma}{2g}v^2$ 을 동압(dynamic pressure)라 하고

P를 정압(static pressure)라 하며, P_t는 전압이다

전압(total pressure) = 정압 +동압

※ 압력측정법 : Pitot tube, Bourdon tube, Orifice

4) 토리첼리의 정리 - 베르누이 정리의 특수 해

유체의 속도:v = $\sqrt{2gh}$ (m/s)

실제로는 유체의 점성 마찰 때문에 약간의 수정이 생긴다.

v = c$\sqrt{2gh}$ (c : 흐름 계수, 오리피스 계수, 속도 계수)

Q = v·A = cA$\sqrt{2gh}$

5) 운동량 보존의 법칙

운동량은 보존되므로 운동량이 변화될 때는 그에 상응하는 반발력이 발생한다.

반발력 F = 질량 × 속도차 = 밀도 × 체적 × 속도차 = $\rho Q(v_2 - v_1)$

실제 노즐의 반력은 관내 압력에 의한 추진력과 운동량 변화에 의한 반발력의 차이이다.

6) 유체의 마찰

유체가 관로를 흐를 때 관로 벽과 유체의 점성 마찰에 의하여 에너지 손실이 발생하므로 관로의 위치에 따라 총 에너지는 달라진다. 즉, 베르누이 정리에 약간의 변형이 발생한다. (수정 베르누이 방정식)

총 수두 H = $h_1 + \frac{v_1^2}{2g} + \frac{P_1}{\gamma} = h_2 + \frac{v_2^2}{2g} + \frac{P_2}{\gamma} + h_f$ (h_f : 마찰 손실)

마찰 손실은 압력과는 관계가 없고 속도와 접촉면적과 관계가 있다.

속 도 : 관경이 커지면 속도는 줄어든다 : 연속의 법칙
→ 마찰 손실이 줄어든다.

관의 길이 : 관의 길이가 늘어나면 접촉 면적과 접촉 시간이 늘어난다.
→ 마찰 손실이 늘어난다.

따라서, 마찰 공식은 다음의 형태가 된다

$$h_f = \lambda \cdot \frac{l}{d} \cdot \frac{v^2}{2g}$$

여기서 λ : 관의 마찰계수　　　　l: 관의 길이

d : 관경　　　　$\frac{v^2}{2g}$: 속도 수두

관의 재질과 관경이 정하여 지면 λ, l, d 가 모두 상수화 하므로

$$hf = c\frac{v^2}{2g} = cv^2$$

→ v 값만으로 그래프에서 단위 마찰손실을 구할 수 있다

1.5.4 점성 (粘性, viscosity)과 Newton의 점성법칙(Newton's viscosity law)

유체가 유동할 때 유체의 점성 때문에 유체 내부에 전단력이 발생한다. 즉, 유체층 사이에 상대운동이 생길 때 이 상대운동을 방해하는 성질을 점성이라 한다. 유체의 점성은 분자응집력이 주된 원인으로, 빨리 움직이려는 층과 저항하려는 층과의 사이에 응집력에 의한 저항(유체마찰, Fluid friction)이 생긴다.

다음 그림과 같이 두 개의 평판이 유체를 사이에 두고 움직일 때 두 판 사이에는 유체의 점성에 기인하는 저항이 발생하고, 이 저항을 이기고 운동하는데 필요한 힘은 평판의 넓이와 상대속도에 비례하고 두 평판사이의 수직거리에 반비례한다.

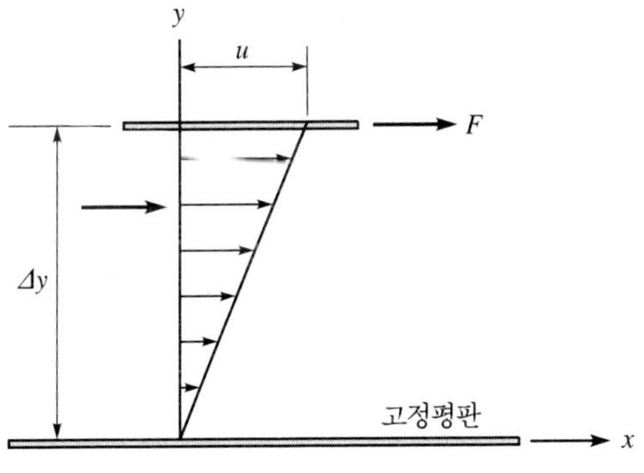

위 그림에서 두 평판 사이에 작용하는 힘은

$F \propto A\frac{u}{\Delta y}$ 단위면적당의 힘(전단응력, 마찰력)으로 나타내면

$\tau = \frac{F}{A} = \mu\frac{u}{\Delta y}$ 으로 하여 비례상수 μ를 쓸 수 있다.

이 비례상수는 유체 고유의 물성치로서 점성계수라고 부른다.

두 평판 사이의 속도 분포가 직선분포일 때에는 위 식과 같이 나타낼 수 있으나 두 판 사이의 거리가 그리 가깝지 않을 때는 속도 분포가 곡선분포를 하므로, 고정평판으로 부터의 거리에 따라 그 거리에서의 전단응력을 속도구배의 함수로 나타내야 한다.

즉, $\tau_y = \mu \dfrac{du}{dy}$ (g/cm·s = poise)

이 관계를 만족시키는 유체를 Newton 유체(Newtonian fluid)라 부른다.

점성계수를 밀도로 나눈 것이 동점성계수이다.

$\nu = \dfrac{\mu}{\rho}$ (㎠/s = stoke)

가. Bernoulli 정리의 해석

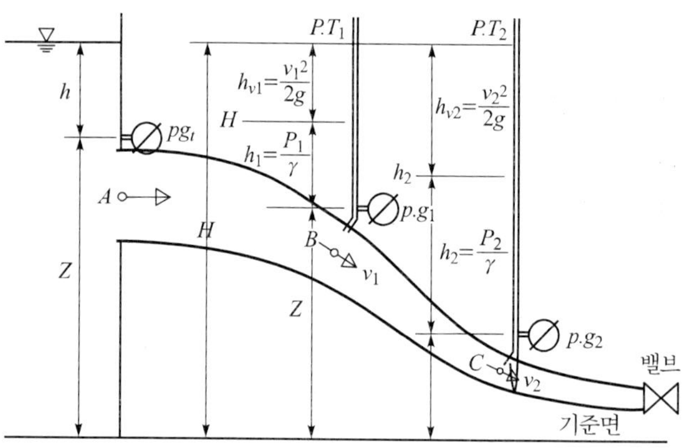

베르누이의 정리는 유체의 온도가 변하지 않고, 외부와의 열전달도 없으며, 체적이 변함으로써 외부에 대해 어떤 일을 주고받지도 않을 경우의 유체 거동에 대한 에너지 보존 법칙을 나타낸 것이다. 이런 경우 에너지에 영향을 미치는 요소는 그 위치, 외부압력, 흐름의 속도이다.

∴ 총 에너지 = 위치 에너지 + 압력에너지 + 속도에너지 ⇒ 일정

위의 그림은 왼쪽의 물탱크에 연결된(A점) 배관이 단면적도 일정하지 않고(유속이 변하고), 배관의 높이도 달라지는 경우를 나타내고 있다.

에너지의 측정을 위해 관로 중간(B, C점)에 pitot tube를 두 개(PT_1, PT_2) 꼽았고, pitot tube에는 압력계(pg_1, pg_2)를 설치하였으며, 탱크에도 압력계(pg_t)를 설치하였다. pitot tube는 끝부분이 관로에 수직으로 꼽혀 있기 때문에 유체입자의 흐름에 충격을 받지는 않고 관내 압력만을 나타낼 것이다. 탱크나 pitot tube에 작용하는 압력은 대기압뿐이므로 압력계상에

는 나타나지 않는다. 오른쪽 끝의 밸브를 잠그면 물은 흐르지 않고, pitot tube속 물의 높이는 탱크의 액면과 같아진다.

즉, 속도 에너지는 0이 되고, "위치 에너지 + 압력에너지"는 모든 부분에서 모두 같다.

그런데 이 상태에서 세 개의 압력계를 읽어보면 그 값은 모두 다를 것이다.

압력계에 나타나는 압력은 액 표면에서 압력계까지의 깊이에 해당하는 수압이 나타나게 되므로 pg_t에는 수심 h의 압력이, pg_1에는 수심(h_1 + hv_1)의 압력이, 그리고 pg_2에는 수심(h_2 + hv_2)의 압력이 나타나게 된다. 그 값들이 그 점들에서의 압력에너지이고, 그 수심들이 압력수두. 단위면적에 작용하는 수압은 그 단위면적 위에 있는 물의 무게이다.

즉, "단위면적 위의 체적×비중량 = 단위면적×수심×비중량" 인데 단위면적은 항상 "1"이므로, 결국 수압 즉 압력에너지는 "수심×비중량"이 된다. 압력수두는 압력에너지를 비중량으로 나눈 값이다.

위치에너지의 절대 값은 중력의 중심인 지구 중심까지의 거리에 중량을 곱한 값이다.

그러나 쉬워 보이는 이런 개념에 숨어있는 복잡한 두 가지의 요소를 고려하여야 한다.

첫째, 지구 중심까지의 거리를 측정하는 것도 거의 불가능하지만, 그런 복잡한 절차가 공학상 거의 무의미하다는 것이다. 공학상 필요한 것은 비교대상지점간의 에너지 차이이다. 따라서, 비교대상인 지점간의 높이차이만 알면 그 위치에너지 값의 차이를 알 수 있으므로, 임의의 기준면을 정하여 그 기준면까지의 거리를 기준거리로 하면 된다.

즉, 위치에너지는 "중량 × 기준거리"라고 보면 된다.

둘째, 연속체인 유체에서 전체의 에너지를 한꺼번에 연속적으로 해석하는 것은 불가능하므로, 특정부분의 에너지를 해석하기 위해서는 그 부분의 일정체적에 대해서 한 덩어리의 입자라고 가정하면 해석이 쉬워진다. 즉, 단위체적의 중량(비중량)을 기준거리에 곱하는 것이다.

결론적으로 위치에너지는 "비중량 × 기준거리"의 형태가 되고, 위치에너지를 비중량으로 나눈 값 즉, 기준거리를 위치수두라고 한다.

위의 그림에서 각 압력계 위치에서의 위치수두는 Z, Z_1, Z_2이다.

위치에너지는 중력에 이끌려 기준면까지 자유낙하 하려는 경향의 크기이며(단일체), 아래쪽으로 작용하는 압력이고(유체), 자유낙하의결과로 발생하는 에너지의 변환이나 속도의 변화 등으로 결과될 수 있다. 유체에 있어서 압력에너지는 위쪽 유체의 무게 때문에 받는 압력이고, 위치에너지는 아래쪽 유체에 작용하는 압력이므로, 표현형태가 본질적으로 같고, 기준면에서의 관측결과는 총 수압이라는 한 가지 형태가 된다.

속도에너지는 운동하는 질량체가 속도의 형태로 가지고 있는 에너지이다. 멈추어 있던 물체가 자유낙하 하면 속도가 생기는데, 이 속도는 없던 에너지가 생긴 것이 아니고 위치에너지가 속도 형태로 변화한다고 보면 이해하기 쉽다.

단위체적의 물체가 기준면으로부터 h 높이에 멈춰 있을 때 기준면에 대한 상대적 위치에너지는 "비중량×높이"이고 비중량은 "밀도×중력가속도"이므로 위치에너지는 "밀도×중력가속도×높이"가 된다. 즉, 위치에너지 = ρgh

이 물체가 낙하할 때 걸리는 시간 t 와 낙하거리 h 사이에는 "$h=\frac{1}{2}gt_2$"의 관계가 있다.

따라서 "ρgh"의 위치에너지를 가진 물체가 h 만큼 낙하하면

"$\rho gh = \rho g \cdot \frac{1}{2}gt^2 = \frac{1}{2}\rho(gt)^2$"이 되고, "gt=v"이므로 "$\rho gh$"의 위치에너지는 h만큼 낙하하여 "$\frac{1}{2}\rho(gt)^2 = \frac{1}{2}\rho v^2$" 의 속도에너지로 변환되었다.

공학상으로는 밀도보다 비중량을 많이 쓰므로 " $\gamma=\rho g \rightarrow \rho=\frac{\gamma}{g}$ "를 대입하면

속도에너지는 "$\frac{1}{2}\rho v^2 = \frac{1}{2}\frac{\gamma}{g}v^2$ "이 된다.

이 속도에너지도 다른 에너지와 같이 비중량으로 나누면 길이(높이) 단위가 되는데, 이것이 속도 수두이다. 즉, "속도수두 = $\frac{v^2}{2g}$"이다.

위치수두나 압력수두는 본질적으로 같은 형태이므로, 위치수두가 속도수두로 변환되듯이 압력수두도 속도수두로 변화된다. 즉, h 만큼의 높이(위치수두)차이는 $\frac{v^2}{2g}$의 속도수두차이로 변환되고,h 만큼의 깊이(압력수두) 차이 또한 $\frac{v^2}{2g}$의 수두차이로 변환된다.

따라서, h = $\frac{v^2}{2g}$이므로 " v = $\sqrt{2gh}$(대기압상태) 또는 $\sqrt{20gP}$(가압상태) " 가 된다.

다시 첫 장의 그림을 해석해 보자

밸브가 닫혀 있을 때에는 각 pitot 관의 수주 높이가 탱크의 액면과 같았지만, 밸브를 열어 관내의 액체를 유동시키면 pitot 관의 수주 높이가 달라진다. 원 Bernoulli 방정식에서는 관의 마찰손실을 생각하지 않으므로 마찰손실은 없다고 본다. 어느 정도 밸브를 열었을 때의 수주면이 각각 H_1, H_2 이면 압력계 pg_1, pg_2 에 나타나는 수압은 각각 h_1, h_2 가 된다.

처음의 총 수두 H 보다 각각 hv_1, hv_2 만큼 적어졌는데, 이것은 총 수두의 일부가 속도수두로 변환되어 "위치수두+압력수두"에서 빠져나갔기 때문이다.

이때의 속도는 각각 v_1, v_2이고, 속도수두는 각각 $hv_1 = \frac{v_1^2}{2g}$, $hv_2 = \frac{v_2^2}{2g}$이다.

즉, 총 수두 H = Z + h (탱크) = $Z_1 + h_1 + \frac{v_1^2}{2g}$ (B점) = $Z_2 + h_2 + \frac{v_2^2}{2g}$ (C점)

다음 그림의 물탱크를 해석해 본다.

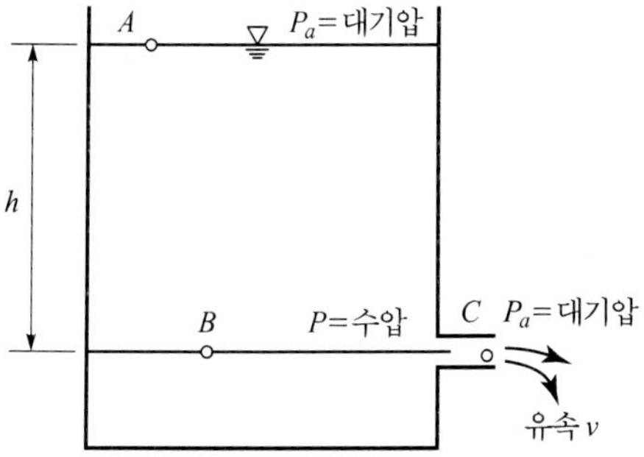

위치 \ 항목	위치수두	속도수두	압력수두
A	h	0	0 (=Pa)
B	0	0	h (=Pa+h)
C	0	$\frac{v^2}{2g}$	0 (=Pa)

위의 그림과 표에서 보듯 A, B, C 각 점에서의 총 수두는 동일하며 수두(에너지)의 형태만 다를 뿐이다. A 점에서의 위치수두와 B 점에서의 압력수두가 C 점의 속도수두로 변환되었다.

※ A 점과 C 점에는 대기압이 작용하는데 B 점에서는 어떤가?

나. 이상기체 상태방정식의 간단한 활용

PV=nRTR은 기체상수 0.082$l.atm/K.mol$

Boyle 법칙 ; PV=Constant (온도가 일정)

Charle 법칙 ; $\frac{V}{T}$=Constant (압력이 일정)

Gay-Lusac 법칙 ; $\frac{P}{T}$=Constant (부피 일정)

Avogadro 가설 ; 같은 온도와 압력에서는 가스의 종류가 달라도 부피가 같으면 같은 수의 분자를 포함한다.(6.02×10^{23}개의 분자)

P=1atm T=273.15℃ n=1mol인 경우

$$V=\frac{nRT}{P}=\frac{1\times0.0820575\times273.15}{1}=0.022414m^3 \text{ V}$$

■ 화염과 연소생성물의 부력

공기밀도 $\rho=\frac{nM_W}{V}=\frac{P\cdot M_W}{R\cdot T}=1.292kg/m^3$ (T=273.15K)

화염의 온도가 1000℃인 경우 밀도는 $1.292\times\frac{273.15}{273.15+1000}=0.277\text{kg/m}^3$

$$\frac{\Delta\rho}{\rho_\infty}=\beta\Delta T$$

밀도차의 크기 부력을 결정하는 요소

■ 간단한 활용 예

Pv' = R'T

여기서 v': 몰 비체적R': 일반기체상수

외우기 쉬운 경계조건(표준상태의 몰 비체적)

대기압(1.0332kg/㎠), 0℃(=273.15K)에서 1mole이 차지하는 체적(몰 비체적)은 약 22.414ℓ 이다.

즉, 이산화탄소 44g은 약 22,414ℓ ,44㎏은 약 22.414㎥이다.

- 일반기체상수 구하기

R' = $\frac{Pv'}{T}$ 이므로

CO_2의 R' $= \frac{1.0332\,kg/cm^2 \cdot 22.414m^3}{273.15K \cdot 1kmole} = \frac{10332kg/m^2 \cdot 22.414m^3}{273.15K \cdot 1kmole}$

$\fallingdotseq \frac{848\,kg \cdot m}{K \cdot kmole}$ $\fallingdotseq \frac{0.848\,kg \cdot m}{K \cdot kmole}$

$\fallingdotseq \frac{8.314\,N \cdot m\,(or\,J)}{K \cdot mole}$ $\fallingdotseq \frac{0.0820575\,\ell \cdot atm}{K \cdot mole}$

- 이 경계조건만 알고 있으면 웬만한 기체상태는 간단히 계산할 수 있다.

① 기체의 몰 수 계산 →총중량/분자량

② 표준상태의 체적 → 몰수 × 22.414ℓ

③ 실체적 → $\dfrac{\text{표준상태의 체적}}{\text{압력비율}(=\dfrac{\text{실제압력}\,kg/cm^3}{1.0332\,kg/cm^3})} \times \text{온도비율}(=\dfrac{\text{실제온도K}}{273.15\,K})$

※ 단, 여기서 실제 압력은 반드시 절대압력이어야 한다.

1.5.5 유체기계

1) 유체기계의 정의

유체기계(f1uid machinery)란 물이나 공기와 같은 유체를 작동물질로 하여 작동물질 사이에 에너지의 교환을 수행하는 기계이다.

유체기계는 작동물질 면에서 볼 때는 수력기계와 공기기계로 분류하고, 에너지 교환면에서 볼 때는 동력을 사용하여 일을 하는 기계와 동력을 발생하는 기계로 분류한다.

2) 유체기계의 분류

유체를 수송하는데 쓰는 일반적인 유체기계의 분류는 다음과 같다.

- 유체기계
  - 수력기계 ── 펌 프
    - 터보형
      - 원심식
      - 사류식
      - 축류식
    - 용적형
      - 왕복식
      - 회전식
    - 특수형
  - 공기기계
    - 저압식 ── 송풍기
      - FAN : 압력 1,000mmAq 이하
      - BLOWER : 압력 1,000mmAq 이상
    - 고압식 ── 압축기 ── COMPRESSOR : 압력 1kg/cm^2 이상

3) 펌프

가. 펌프의 종류

액체에 에너지를 주어 액체를 낮은 곳에서 높은 곳으로 송출하는 기계를 펌프(pump)라 정의 한다. 펌프의 전반적인 분류를 표시하면 다음과 같다.

- 펌 프
  - 터보형
    - 원심식 ── 볼류트펌프, 터빈펌프
    - 사류식 ── 사류펌프
    - 축류식 ── 축류펌프
  - 용적형
    - 베인펌프
    - 마찰펌프
  - 특수형
    - 제트펌프
    - 기포펌프

(1) 터보펌프(turbo pump)

회전차(impeller)의 형상에 따라 원심식, 사류식, 축류식으로 분류된다.

a. 원심식 : 액체가 회전차(impeller)의 입구에서 반지름방향 또는 경사방향으로 유입되고 회전차 출구에서 반지름방향으로 유출되는 구조로 된 펌프

b. 사류식 : 액체가 회전차(impeller)의 입구·출구에서 다같이 경사방향으로 유입되어 경사방향으로 유출되는 구조로 된 펌프

c. 축류식 : 액체가 회천차의 입구·출구에서 다같이 축방향으로 유입하여 축방향으로 유출하는 구조로 된 펌프이다.

이들 펌프에서는 회전차의 회전에 의하여 깃의 원심력(원심펌프의 경우), 양력(축류펌프의 경우), 원심력과 양력(사류펌프의 경우)을 이용하여 회전차의 깃 사이를 돌아나가는 사이에 액체에 압력 및 운동에너지를 공급하는 것이다.

(2) 용적펌프(positive displacement pump)

왕복식과 회전식으로 구분된다.

a. 왕복식 : 피스톤(piston) 또는 플런저 (plunger)를 실린더 내에서 왕복운동시켜 액체를 수송하는 구조로 된 펌프

b. 회전식 : 회전자(rotor)를 케이싱 안에서 회전시켜 액체를 밀어내는 형식으로 된 펌프

나. 원심펌프

한 개 또는 여러 개의 회전하는 회전차(impeller)에 의하여 액체를 수송하거나 압력을 발생시키는 펌프를 원심펌프(centrifugal pump)라고 한다. 현재 산업계에서 가장 많이 사용되는 펌프로서 소방설비분야에서도 특별한 경우를 제외하고는 대부분 원심펌프를 사용하고 있다.

(1) 기본 구성요소

회전차(impeller), 펌프 본체(casing), 안내깃, 와류실, 주축, 베어링, 축이음, 베어링 본체, 패킹상자,

a. 회전차 : 여러 개의 변곡된 깃이 달린 바퀴. 재질은 청동, 주강, 주철, 스테인리스스틸 등이다.

b. 안내깃 : 회전차에서 송출된 물을 와류실로 유도하여 속도에너지를 압력 에너지로 변환하는 장치이다.

c. 와실 : 회전차의 바깥둘레에 배치된 환상부분으로서 그 내부에 안내깃이 있다.

d. 와류실 : 와실에서 나온 물을 모아서 토출관으로 보내는 스파이럴형의 동체이다.

e. 흡입관 : 회전차의 중심부에 접속되어 1차부에서 액체를 흡입한다.

f. 푸트밸브 : 흡입관의 하단에 끼워져 있고 푸트밸브 속에 장치된 체크밸브와 밸브하단에 스트레이너(strainer)로 구성되어 흡입관 내 액체의 역류방지 기능과 불순물 침입을 방지하는 여과기능을 한다.

g. 주축 : 회전차와 고정되어 모터의 회전동력을 전달한다.

h. 패킹상자 : 주축이 케이싱을 관통하는 부분에서 액체가 새는 것을 방지하는 장치로서 중요한 기계요소이다.

(2) 원심펌프의 분류

a. 안내깃의 유무에 의한 분류

- 볼류트 펌프(vo|ute pump): 안내날개(깃)이 없다
- 터빈펌프(turbine pump): 안내날개(깃)이 있다.

일반적으로 양정이 낮은 곳에는 볼류트펌프를 사용하고, 양정이 높은 곳에는 터빈펌프를 사용한다.

b. 흡입구에 의한 분류

회전차의 한 쪽에서만 흡입되는 펌프를 편흡입펌프(single suction pump)라 하고 펌프 양 쪽에서 흡입되는 펌프를 양흡입펌프(double suction pump)라 한다. 회전차의 지름이 같을 경우 양정은 동일하지만 유량은 양흡입이 두배가 된다.

c. 단수에 의한 분류

펌프 1대에 회전차가 1개인 것을 단단(single stage) 펌프라 한다. 단단펌프로 양수할 수 있는 한계는 대개 80-100m정도이다. 더 이상의 양정이 요구될 때에는 여러개의 회전차를 일렬로 배치하여 1단에서 나온 물을 2단에서 흡입하여 가압하고 차례로 다음 단으로 송수함으로써 고압을 얻을 수 있다. 이런 펌프를 다단(multi stage) 펌프라 한다.

d. 축의 방향에 따른 분류

횡축펌프(horizontal shaft) : 보통펌프는 대부분 횡축펌프

입축펌프, 종축펌프(vertical shaft) : 깊은 우물용 펌프, 오배수 펌프

(3) 펌프의 크기

펌프의 크기는 흡입구경과 송출(토출)구경으로 나타내는 것이 원칙이지만 토출구경만으로 나타내는 경우도 많다.

예를 들면 100×80 볼류트 펌프, 또는 PMV 8003, HTM 65/6 등이다.

(4) 펌프 배관시 간과하기 쉬운 요소

a. 에어 포켓의 발생

그림 상단의 경우 레듀서를 어떻게 사용할 것인가를 잘 보여주고 있다.

b. 배관 정류길이

그림의 하단은 정류길이의 부족을 나타내는데, 정류길이의 부족은 흡입구에서 난류 발생으로 공기가 발생하기 쉬워 공동현상의 원인이 된다.

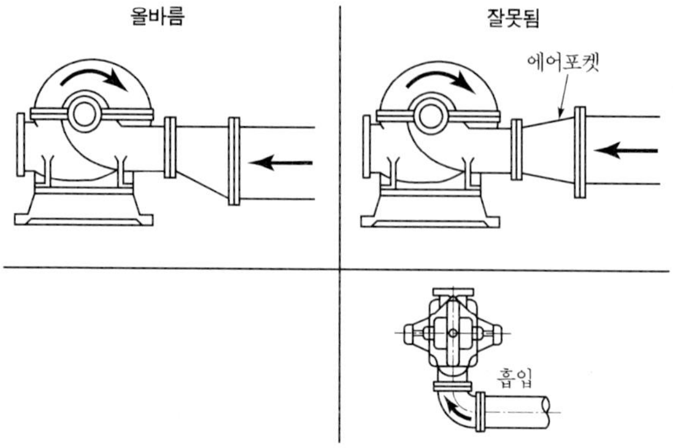

다. 펌프의 양정

펌프의 양정은 펌프의 위치를 기준으로 흡입양정과 토출양정으로 구분하며, 에너지의 변환 상태에 따라 실 양정, 손실수두, 속도수두 등으로 구성된다. 그림에서 펌프의 중심에서 상하로 나누어 흡입 수면까지의 수직 높이를 흡입 실양정(actual suction head) : Hs, 송수면까지를 토출실양정(actual discharge head or actual delivery head) : Hd라고 한다.

따라서, 실양정(Ha) = 토출실양정 + 흡입실양정

= 토출수면과 흡입수면의 높이차 = Hd + Hs

그러나 물은 흡입관과 송출관 속을 흐르기 때문에 물의 마찰저항에 이겨낼 만한 동력이 펌프에 걸리게 된다. 그러므로 흡입관 쪽의 마찰손실수두(hs)와 송출관 쪽의 마찰손실수두(hd)는 당연히 펌프가 부담하여야 할 동력이 된다. 또 그림에서와 같이 송출관이 수조에 접속되어 있을 때에는 $\frac{V_d^2}{2g}$에 상당하는 수두는 잔유속도수도로 수조에 방출되어 전부 손실이 된다. 펌프는 이 동력도 부담해야 한다.

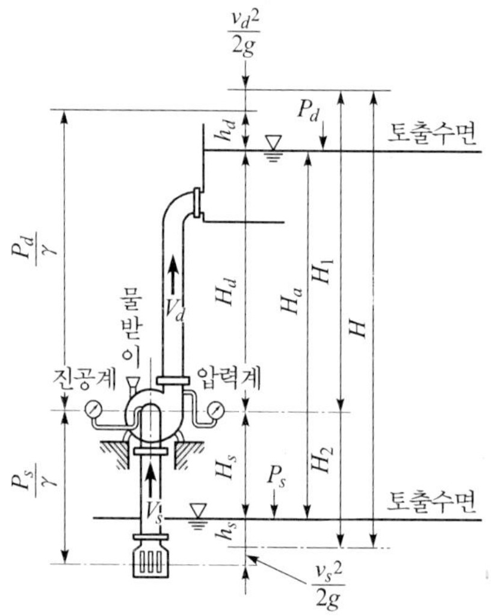

따라서 펌프로서는 실양정 Ha 외에 hs, hd 및 $\frac{V_d^2}{2g}$의 에너지를 부담하지 않으면 토출수면까지 양수할 수 없다. 이 총손실수두를 실 양정에 합친 것을 전 양정(total head) H라 한다. 전 양정을 흡입쪽과 송출쪽으로 나누어 각각 H_1, H_2라 하면 全양정은 다음과 같이 된다.

$$H = H_1+H_2 = (Hd+hd+\frac{V_d^2}{2g}) +(Hs+hs)$$

$$= Ha+(hd+hs) +\frac{V_d^2}{2g}$$

펌프의 중심과 같은 높이에 진공計와 압력계를 달았을 때, 계기의 읽음과 양정과의 관계를 알아보자. 송출구에 단 압력계의 읽음 $\frac{p_d}{\gamma}$는 다음과 같다.

$$\frac{p_d}{\gamma} = Hd+hd$$

여기서 Pd는 (kg/㎠), γ=1,000(kg/㎥)(물일 때)이다. 따라서 위식은 수두(m)가 된다.

다음에 흡입구에 단 진공計의 읽음에는 $\frac{V_s^2}{2g}$에 상당하는 속도수두가 가산되므로 진공계의 읽음 $\frac{p_s}{\gamma}$는 다음과 같이 된다.

$$\frac{p_s}{\gamma} = Hs+hs+\frac{V_s^2}{2g}$$ (*속도수두가 토출측에는 없고 흡입측에는 있다.)

이상의 계기의 읽음에서 양정을 구하면

$$H_1 = \frac{p_d}{\gamma}+\frac{V_d^2}{2g}$$

$$H_2 = \frac{p_s}{\gamma}-\frac{V_s^2}{2g}$$

따라서, $H = H_1+H_2 = \frac{p_d}{\gamma}+\frac{p_s}{\gamma}+\frac{V_d^2}{2g}-\frac{V_s^2}{2g}$

만일 $V_d = V_s$ 라 하면 $H = \frac{p_d}{\gamma}+\frac{p_s}{\gamma}$가 되고, 전 양정은 진공계와 압력계의 읽음을 합한 것이 된다. 배관조건이 복잡하지 않을 때에는 H = 1.3×Ha 정도로 잡아도 좋다.

라. 펌프에서 발생하는 여러 가지 손실

(1) 수력손실

펌프 내부에서의 유체의 흐름때문에 마찰, 와류, 충돌 등으로 인하여 발생하는 수두손실 대체로 축동력의 8-20%의 범위

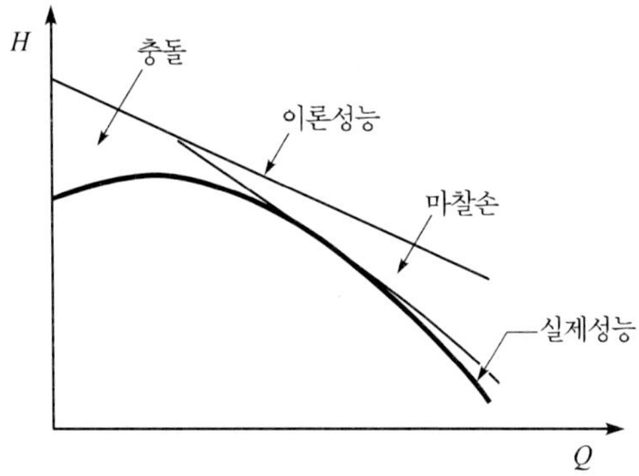

(2) 누설손실

펌프케이싱에서의 누설 때문에 발생하는 손실

(3) 기계손실

베어링과 패킹 등에서 발생하는 기계적 마찰 손실. 누설을 줄이기 위해 패킹을 세게 조이면 패킹과 축간의 마찰이 늘어나므로 기계손실이 커지게 된다. 그러므로 어느 정도의 누설은 허용하는 것이 좋다. 축동력의 약 1 %로 본다.

마. 특성곡선

원심펌프와 축류펌프의 특성을 표시하자면 보통 아래 그림에 표시한 바와 같이 회전수 N과 흡입양정 Hs.를 일정하게 하여 횡축에 유량 Q, 종축에 양정 H, 동력 L, 효율 η를 잡아 H~Q, L~Q 및 η~Q의 3곡선을 그리는데, 이것을 펌프의 특성곡선(characteristic curve)이라고 한다.

적당한 설계의 결과 구해진 특성곡선인 경우에는 효율곡선(η~Q)의 최고점, 즉 최고효율점 ηmax의 위치가 양정곡선(H~Q)상의 요구점(Hn, Qn)과 동일좌표가 되어야 한다. 여기서 Hn은 규정양정(normal head), Qn은 규정유량의 점이다.

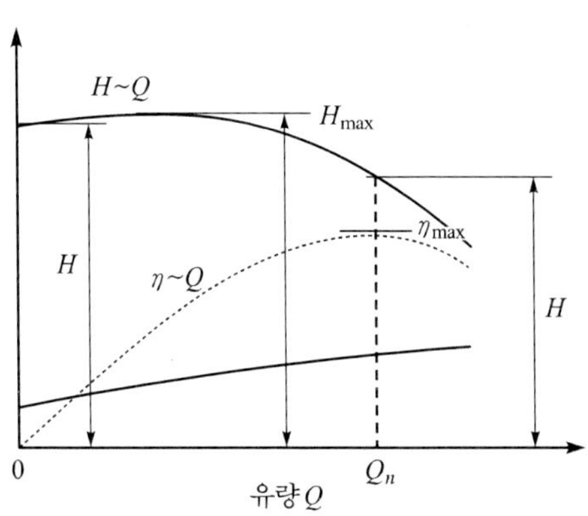

원심펌프의 특성곡선(회전수와 흡입양정이 일정할 때)

H~Q곡선이 종축과 만나는 점, 즉 Q=0일 때의 양정 H_0를 체절양정(shut off head)이라고 한다. 체절양정이 최고양정 Hmax이고, Q가 증가함에 따라 양정이 감소하는 특성곡선을 하향 특성곡선이라 한다.

바. NPSH

펌프케이싱 속의 임펠러에 도달한 물은 임펠러의 원심력에 의해 에너지를 받아 압력 또는 속도 에너지를 얻게 된다. 임펠러에 의해 밀려난 물은 토출구를 가득 채우고 있으므로 공기가 침입할 수 없어, 펌프의 흡입구 쪽은 공기의 관점에서 보아 진공상태가 되며 이 진공압에 의해 흡입구 쪽의 물이 빨려 올라오는 과정이 연속적으로 일어난다. 다른 조건을 무시한다면 수면에 작용하는 대기압에 의해 물은 이 진공 쪽으로 10.33m 가량 밀려 올라가게 되므로 펌프는 최대 10.33m의 흡입양정을 갖게 된다. 일단 물이 펌프 임펠러에 도달하기만 하면 토출에너지는 임펠러의 원심력에 의해 다시 만들어지므로, 토출 양정은 펌프의 구조와 배치에 따라 얼마든지 만들어 낼 수가 있다. 그러나 흡입 양정은 오로지 주변환경(일반적으로 대기압)에 의존하므로 흡입구 쪽의 시스템에 대해서는 기술적 배려가 필요하다.

모든 액체는 온도와 외부 압력에 따라 증발하는 정도가 달라지는데, 이 성질을 증기압이라는 용어로 나타낸다. 물은 대기압(1.0332kg/㎠a)하에서는 100℃에서 끓는데, 이때 증발 수증기에 의해서 압력이 높아지면 끓는 것이 멈추게 되고, 용기가 개방되어 증발 수증기를 계속 방출함으로써 압력이 더 높아지지 않으면 계속 끓게 된다. 만일 진공 상태에서 물의 온도가 100℃로 유지되는 경우라면 어떻게 될까? 물은 맹렬히 끓어 증발하며 수증기가 공간을 가득 채워 압력이 1.0332kg/㎠a 가 되면 끓는 것이 멈출 것이다. 즉, 끓는 물은 스스로 어느 정도의 내부압력을 가지고 외부로 튀어나가려는 성질이 있는데 그 내부압력을 증기압이라 한다. 100℃의 물은 포화증기압이 1.0332kg/㎠ a이므로 그보다 높은 주변 압력 하에서는 끓지 못하고 평온한 모습을 보이며, 겉으로만 보아서는 그 온도를 짐작할 수가 없게 된다.

6.7℃의 물은 포화증기압이 0.01kg/㎠ a이므로 대기압 하에서는 평온히 있지만 주변 압력이 0.01kg/㎠ a이하로 떨어지면 급격히 증발하고, 증발 수증기가 공간을 가득 채워 압력이 0.01kg/㎠ a가 되면 끓는 것이 멈추게 된다.

펌프의 흡입측에서는 이론적으로 진공상태를 가정하게 되는데, 바로 이 증기압 때문에 실제 진공상태는 될 수가 없다. 즉, 100℃의 물은 포화증기압이 대기압과 같으므로 스스로 흡입구 쪽 관내를 대기압으로 채우기 때문에 흡입이 전혀 불가능하고, 45.45℃의 물은 포화증기압이 0.1kg/㎠ a 이므로 증기가 관내에 0.1kg/㎠ a의 압력을 만들어 내기 때문에 실제 흡입 가능한 양정은 이론적으로(1.0332−0.1=0.9332kg/㎠ a = 9.332m)가 된다. 흡입 가능한 양정에 부담을 주는 또 다른 요인은 관 벽의 마찰 손실이다. 펌프가 정지해 있는 상태에서는 관내에 물이 이론 흡입양정 만큼 차 있겠지만, 물이 어떤 속도로 움직이든 마찰손실은 반드시 발생하므로 그 손실수두만큼의 에너지를 더해 주지 않으면 정상적인 흐름(규정 유량)은 발생하지 않는다. 그러나 주변 환경이 대기압인 상태에서는 손실수두만큼을 더해줄 수가 없으므로 그 대신 흡입 양정을 낮추어서 보정해 줄 수밖에 없다.

결국, 펌프 흡입측에서의 압력(수두) 균형은 다음과 같이 된다.

실제 흡입 가능한 양정 = 대기압 수두 - (증기압 수두 + 마찰손실 수두)

펌프가 아래쪽에 있는 수조에서 물을 빨아올릴 때에는 실제 흡입 가능한 양정 이내의 높이에 설치되어야 하며, 상온에서의 설치높이 한계는 보통 수면으로부터 7m 이내로 본다.

"실제 흡입 가능한 양정"과 "설치 높이(실 흡입양정)"의 차이는 물이 펌프 속으로 가지고 들어가는 여유 에너지가 되는 셈인데, 이 여유 에너지를 사용가능한 유효흡입양정(Available Net Positive Suction Height = Av NPSH 또는 NPSHav)이라 한다.

즉, Av NPSH = 실제 흡입가능한 양정 - 실 흡입양정
= 대기압 수두 - (증기압 수두+마찰손실 수두+실 흡입양정)
= Pata - (hv+hL+hs)

여기서 hv는 물의 온도에 따라 정해지는 수치이고

hL는 배관의 상태와 유량에 따라 정해지는 수치이며

hs는 펌프의 설치 위치에 따라 정해지는 수치로서, 펌프가 수면보다 높은위치에 있으면 Av NPSH는 작아지고, 펌프가 수면보다 낮은 위치에 있으면 Av NPSH는 커진다.

따라서, Av NPSH는 펌프의 특성과는 관련이 없이 주변 조건에 의해 결정된다.

1차측 수조가 개방상태가 아니고 압력탱크인 경우에는 위 식의 대기압 수두(Pata) 대신 탱크 수면에 작용하는 절대압력을 써야한다. 또한 펌프의 최대용량은 정격용량의 150%를 요구하므로 흡입측의 마찰손실(hL)을 구할 때는 150%의 유량으로 구하여야 한다.

펌프 케이싱 안에서 임펠러가 물을 회전시켜 에너지를 가하는 과정은 아주 복잡한 동역학적 과정을 거치는데, 임펠러에서 빠져나간 물은 새로운 에너지를 얻었지만 임펠러 내에서의 유동과정 중에는 좁은 유로를 통하여 물이 가속됨으로써 압력에너지의 손실이 발생하게 된다. 이 에너지의 손실은 임펠러에 의한 새로운 에너지를 얻기 전이므로 임펠러에 도달한 물이 가지고 있는 여유에너지를 소모하게 된다. 만일 흡입된 물이 충분한 여유에너지를 가지고 있지 못하면(Av NPSH가 너무 적으면) 임펠러 내부는 압력이 떨어져 물의 증기압 이하로 내려가게 되므로, 제일 속도가 빠른 임펠러 끝 부분에서 일부 증발이 일어나 물은 정상적으로 토출되지

못하고 다량의 증기를 발생하게 된다. 이 증기는 임펠러의 끝 부분에서 기포의 형태로 발생하였다가 비교적 단면적이 넓은 케이싱 부분에서 속도가 떨어져 급격히 소멸하게 되는데 이 때의 충격으로 캐비테이션이 발생하게 된다.

이런 현상을 막으려면 임펠러에 도달한 물이 어느 정도의 여유에너지(NPSH)를 가지고 있어야 하는데, 그 크기는 펌프의 구조에 따라 결정되는 고유 수치이다. 이 수치를 필요한 유효흡입양정(Required Net Positive Suction Height = Re NPSH 또는 NPSHre)이라 하며, 펌프의 데이터 시트에 이 수치가 나와 있으므로 펌프 및 배관 설계시에 고려해야 한다.

이론적으로 Av NPSH가 Re NPSH보다 커야만 펌프의 정상작동이 가능하다는 것을 바로 알 수가 있는데, 안전을 위하여 Av NPSH ≥1.3 Re NPSH의 관계를 요구하므로 펌프 설치높이를 결정할 때 반드시 고려해야할 요소이다.

건물의 증축시 소화전이 증설되면 기존 펌프의 유량을 늘려 사용할 때가 있는데, 기존 펌프의 성능이 성능곡선 상에서는 증설된 유량을 감당할 수가 있더라도, 흡입 배관 속의 유속이 빨라짐으로써 Av NPSH가 떨어져 Re NPSH보다 작아지면 사용할 수 없게 되는 수가 있으므로 잘 검토하여야 한다.

사. 펌프의 운전

(1) 배관계의 저항

동일한 배관에서는 유량이 많을수록(유속이 빠를수록) 마찰 저항이 커진다. 또한 같은 유량에서는 관로가 좁거나 저항요소가 많을수록 저항이 커지는데, 하나의 배관계에서는 저항과 유량은 일대일 대응관계가 있으므로, 관로의 저항을 조절하여 유량을 조절하는 대표적 기구가 밸브이다.

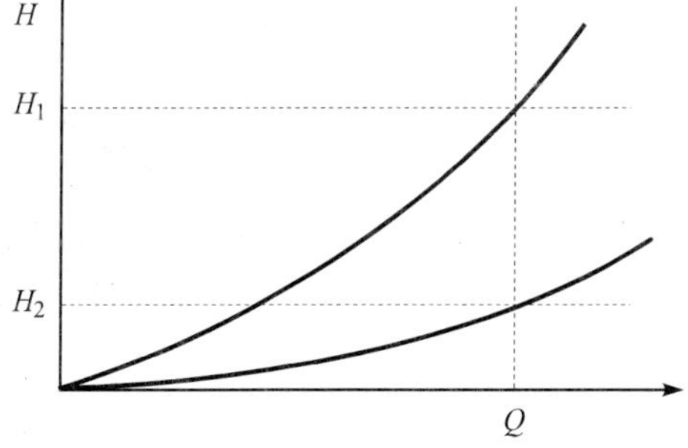

위의 그림에 두 개의 저항곡선을 나타내었는데, 동일한 유량 Q에 대해 H_2는 밸브 개방시의저항이고 H_1은 밸브 조절시의 저항이다.

(2) 펌프의 운전점

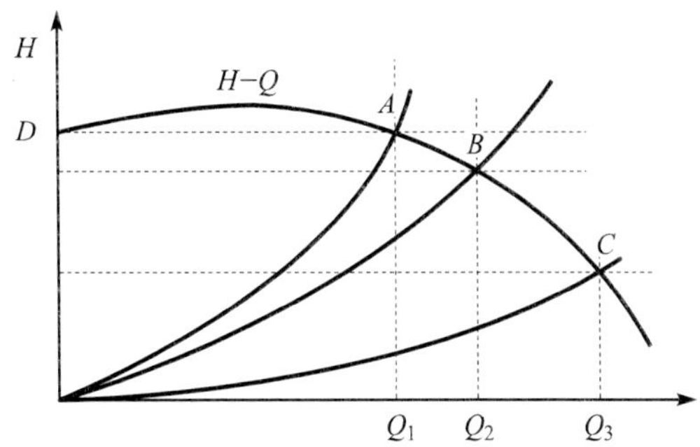

위의 그림은 배관 저항곡선과 펌프 성능곡선을 겹쳐 놓은 것이다. 일정한 유량에 대해 저항곡선과 성능곡선이 일치하는 점이 펌프의 운전점이 된다. 밸브 전개시(Q_3)에는 C점이 운전점이고, 밸브 조절에 따라 유량이 Q_2, Q_1으로 변함에 따라 운전점은 B, C로 변하게 된다.

밸브를 완전히 잠그고 운전하면 D점 즉 체절운전이 된다.

원심펌프는 체절 운전시에 동력이 최소로 되므로 전동기를 최소의 동력으로 시동할 수 있다. 따라서, 밸브를 완전히 잠근 상태에서 시동한 후 차차 열어나가는 것이 좋다. 그러나 축류펌프에서는 체절 때의 동력이 매우 크므로 그런 방법이 좋지 않다.

(3) 원심펌프의 직렬운전 : 양정의 변화가 클 때

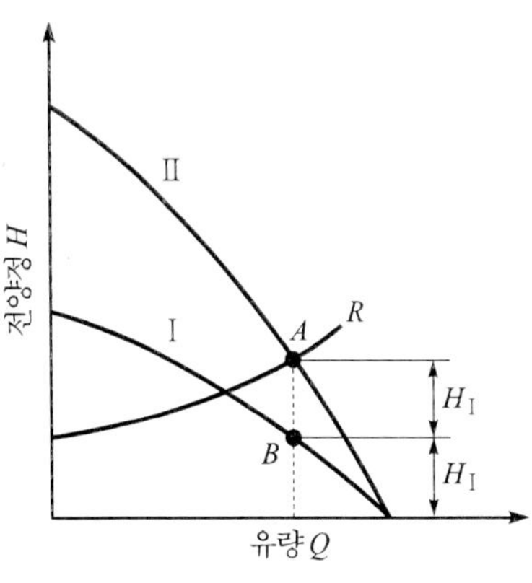

2대의 특성이 동일한 경우

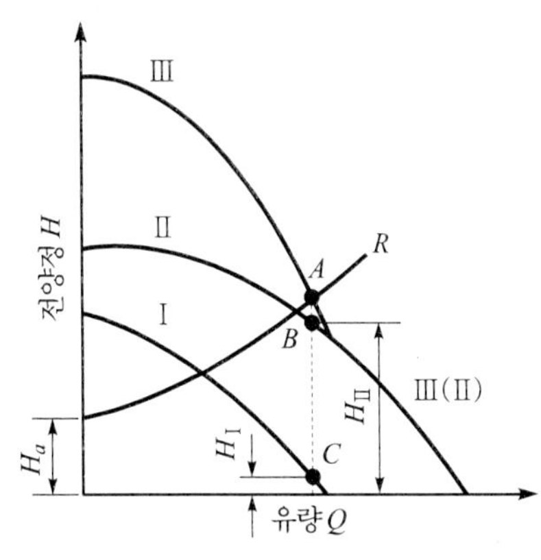

2대의 특성이 다를 경우

위의 그림 1에서 I을 단독운전일 때의 특성곡선이라 하면 같은 특성을 가진 2대의 펌프를 직렬운전 할 때의 합성 특선곡선은 II와 같이 된다. II는 I을 세로 방향으로 2배한 것과 같다.

저항곡선이 R일 때의 운전점은 A이고 각 펌프는 H_1만큼의 양정을 부담하고 있다. 이 때 두번째 펌프는 압입운전이 되므로 내압에 주의하여야 한다.

위의 그림 2처럼 특성이 I인 펌프와 II인 펌프를 직렬운전 할 때의 합성 특성곡선은 III과 같이 된다. 저항곡선이 R일 때의 운전점은 A이고 각 펌프의 운전점은 B, C이다.

(4) 원심 펌프의 병렬운전 : 유량의 변화가 클 때

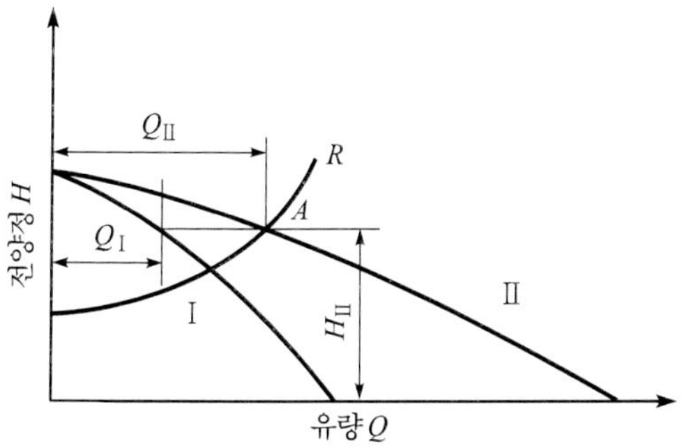

2대의 특성이 동일한 경우

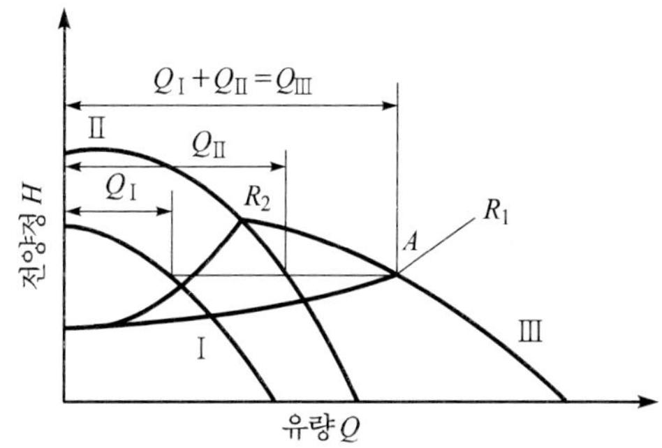

2대의 특성이 다를 경우

위의 그림 1에서 I을 단독운전일 때의 특성곡선이라 하면 같은 특성을 가진 2대의 펌프를 병렬운전 할 때의 합성 특성곡선은 II와 같이 된다. II는 I을 가로 방향으로 2배한 것과 같다.

저항곡선이 R일 때의 운전점은 A이고 각 펌프는 Q_1만큼의 유량을 부담하고 있다.

위의 그림 2처럼 특성이 I인 펌프와 II인 펌프를 병렬운전 할 때의 합성 특성곡선은 III과 같이 된다. 저항곡선이 R1일 때의 운전점은 A이고 각 펌프의 유량은 각각 Q_1, Q_2이다.

저항이 R_2 보다 커지면 I의 펌프는 양수되지 않고 II의 토출압력에 밀려 역류할 수도 있으며, 체크밸브나 푸트밸브가 있으면 체절운전이 된다.

아. 펌프에서 발생하는 여러 가지 현상

펌프속에서 발생하는 현상에는 공동현상(캐비테이션, cavitation), 수격작용(water hamering) 맥동현상(서징, surging) 등이 있다. 어느 것이나 소음과 진동을 동반하는 것이지만 이들은 각각 전혀 다른 원인에 의하여 생기는 것이다.

(1) 공동현상(cavitation)

물이 관 속을 유동하고 있을 때 흐르는 물 속 어느 부분의 정압이 그때 수온의 포화증기압 이하로 되면 부분적으로 증기가 발생하고, 물에 용입된 공기가 물과 분리되어 기포로 나타나는데 이와 같은 현상을 공동현상이라 한다. 이렇게 생긴 기포는 고압의 영역에 이르렀을 때 갑자기 파괴되어 다시 물속으로 녹아들어가 소멸되는데 이 때 심한 충격과 소음, 진동이 발생 한다. 이런 원인으로 펌프의 벽면이 침식되고 성능저하의 원인이 된다.

a. 공동현상의 발생원인

① 펌프와 흡수면 사이의 수직거리가 부적당하게 너무 길 때

② 펌프의 물이 과속으로 인하여 마찰손실이 증가할 때 .

③ 관속을 유동하고 있는 물의 어느 부분이 고온이 되어 포화증기압이 상승할 때 (체절운전)

b. 공동현상에 따른 결과

① 진동(vibration)과 소음(noise)이 발생한다.

② 양정과 효율이 저하한다.

③ 날개(깃)에 대한 침식(erosion)이 생긴다.

c. 공동현상 방지법

① 펌프의 설치높이를 낮추어 흡입양정을 짧게 한다.

② 압축펌프를 사용하고 회전차를 수중에 완전히 잠기게 한다.

③ 펌프의 회전수를 낮추어 흡입 비교 회전도를 적게 한다.

④ 단흡입보다는 양흡입의 펌프를 사용한다.

⑤ 2대 이상의 펌프를 사용한다.

⑥ 흡입관의 지름을 크게하고 밸브 등 부품의 수를 적게하여 손실수두를 줄인다.

(2) 수격작용(Water hammering)

a. 발생원인

관속의 유속이 급격히 변할 때 속도수두가 압력수두로 변환되어 배관계통에 충격이 발생하는 현상을 말한다.

b. 수격작용의 완화 및 방지법

① 관내유속을 작게 한다.

② 밸브를 펌프 토출구 가까이 설치하고 밸브 조작을 서서히 한다.

③ 밸브를 서서히 닫은 후 체절상태에서 펌프를 정지한다.

④ 펌프에 플라이 휠을 설치하여 펌프속도가 급변하는 것을 막는다.

⑤ 수격방지기를 설치한다.

(3) 맥동현상

토출압력과 토출유량이 주기적으로 변하는 현상으로 펌프에는 그다지 발생하지 않는다.

1.5.6. pump의 상사법칙

1) 유량에 대해서 $\dfrac{Q_1}{D_1^3 \cdot N_1} = \dfrac{Q_2}{D_2^3 \cdot N_2}$ (속도×단면적에 비례)

2) 전양정에 대해서 $\dfrac{H_1}{D_1^2 \cdot N_1^2} = \dfrac{H_2}{D_2^2 \cdot N_2^2}$ (속도에 제곱 비례)

3) 동력에 대해서 $\dfrac{L_1}{\gamma \cdot D_1^5 \cdot N_1^3} = \dfrac{L_2}{\gamma \cdot D_2^5 \cdot N_2^3}$ ($L = \gamma HQ \rightarrow HQ = \dfrac{L}{\gamma}$)

4) 비속도 $n_s = N\dfrac{Q^{1/2}}{H^{3/4}}$

어떤 펌프에서 단위 유량과 단위 양정을 나타낼 때의 회전수를 뜻하며, 비속도가 같은 펌프는 성능이 같은 펌프이다.

1.5.7 동력계산

FAN에서 압력은 송풍높이를 뜻하지 않고, 덕트 관로의 마찰저항을 이겨내는데 필요한 에너지를 뜻하며, 기체의 종류에 관계없이 수주압(물기둥 높이)으로 나타낸다. 따라서,

$1\ mmAq = 10^{-3}\ mAq = 10^{-4} kgf/cm^2 = 1\ kgf/m^2 = 9.8Pa$

공기동력 $L = P(mmAq) \times Q(m^3/s)$

$= P(kgf/m^2) \times Q(m^3/s) = P \cdot Q\ (kgf \cdot m/s)$

PUMP에서는 유체의 종류에 따라서 물성이 다르고, 실제 압송높이를 중요시하므로 비중량과 양정으로 압력을 계산하여야 한다. 따라서

수동력 $L = \gamma(kgf/m^3) \times H(m) \times Q(m^3/s)$

$= \gamma \cdot H(kgf/m^2) \times Q(m^3/s) = P \cdot Q\ (kgf \cdot m/s)$

$= \gamma(kgf/m^3) \times Q(m^3/s) \times H(m) = \gamma \cdot Q(kgf/s) \times H(m)$

$= \gamma\ H\ Q\ (kgf \cdot m/s)$

※ 물의 경우 γQ는 바로 무게로 환산하면 편리함
※ 양정 몇 m에 대해 초당 몇 kg의 액체를 밀어 올리는가

물의 유량을 lpm으로 나타낼 경우

Q lpm = 1 / 1000·60 Q (㎥/s) 이고 γ= 1000kgf/㎥이므로

$$L = \frac{\gamma HQ}{1000 \cdot 60} = \frac{1000HQ}{1000 \cdot 60} = \frac{HQ}{60}(kgf \cdot m/s)$$

물의 유량을 ㎥/min 으로 나타낼 경우

Q(㎥/min) = 1/60 Q(㎥/s) 이고 γ= 1000kgf/㎥이므로

$$L = \frac{\gamma HQ}{60} = \frac{1000HQ}{60}(kgf \cdot m/s) = \frac{1000HQ}{102 \cdot 60}(kW) = 0.163HQ(kW)$$

$$\text{효율}(\eta) = \frac{\text{수동력 or 공기동력}}{\text{축동력}} \rightarrow \text{축동력 } LS = L/\eta$$

원심펌프의 효율은 편흡입 60~75%, 양흡입 70~ 85%(유량에 따라 달라짐)

모터동력 Ld = k·LS (k는 연결효율로서 모터 직결식일 때 1.1~1.2 정도)

1.5.8 마찰손실 공식

Hazen-Williams 공식

$$P = \frac{4.52Q^{1.85}}{C^{1.85}d^{4.87}}$$

여기서 P : 마찰저항 (psi/ft)　　Q : 유량 (gal/min)

d : 배관의 실제 내경 (인치)　　C : 마찰손실 계수

SI 단위로는

$$Pm = \frac{6.05Q_m^{1.85}}{C^{1.85}d_m^{4.87}} \times 105$$

여기서 P : 마찰저항 (bar/m)　　Q : 유량 (lpm)

d : 배관의 실제 내경 (mm)　　C : 마찰손실 계수

Ⅱ 피난시설

Ⅱ. 피난시설

피난시설(Means of Egress)은 건물이나 구조체의 임의 위치에서 공공 도로까지 연속되고 장애가 없는 수직 및 수평 피난 경로를 말하며, 피난시설은 비상출구로의 접근로, 비상출구, 옥외대피 등 명확히 구분되는 3가지 요소로 구성되어 있다.

2.1 피난로

화재 층에 건물 점유자들의 안전한 피난을 위한 피난통로의 필요성을 규정하고 있다. 피난로는 "(1) 비상구접근로(Exit Access) (2) 피난통로(Exit) (3) 건축물의 바깥쪽으로의 출구(Exit Discharge)라는 3개의 방화구획된 부분으로 구성되어 있으며, 건물이나 구조물의 어떤 지점에서 계속 방해 받지 않고 공공도로로 피난할 수 있는 통로"로 정의된다.

2.1.1 피난로를 다른 용도 부분과 방화구획하는 것은 점유자들에게 안전한 통로를 제공하는데 있어서 중요한 사항이다. 이를 위한 피난통로의 구획과 격리에 관한 기초 원칙을 규정하고 있다.

2.1.2 피난로를 구성하는 다양한 요소들에 적용될 수 있는 기준들을 다루고 있다. 이 구성요소들에는 '해당용도 장'에서 허용되고 있는 문과 계단에서는 허용되지 않는 엇갈림 디딤판 장치와 같은 특수 요소들까지 포함된다.

2.1.3 각 부분들을 안전하게 통과할 수 있는 점유자의 예상 피난인원을 산정하는 방법과 피난로의 피난용량에 관한 내용, 한 지역에 수용할 수 있는 적정 인원수 및 수용인원계수에 대하여 설명하고 있다.

2.1.4 피난로의 수, 배치, 거리 측정 및 옥외피난에 관한 사항을 다룬다. 피난통로의 적정 수 및 비상구 접근로 위치에 대해서 다룰 뿐만 아니라, 비상구까지의 거리와 비상구의 배치에 관하여 규정하고 있다. 피난로의 조명, 비상조명등 및 적절한 표지판을

이용한 피난로의 표시들도 이와 관련된 내용들이다. 이 세부 내용은 충분한 수의 비상구를 적절하게 배치하는 것과 다양한 상황에서 이 비상구들을 잘 찾을 수 있게 하는 것은 별개의 문제라는 인식을 바탕으로 하여 다루어지고 있다.

2.1.5 각국 피난로

1) 미국의 경우 원칙적으로 어떤 층이나 임의의 지점에서 2개소 이상의 피난로를 요구하고 있으나 건축물의 높이, 층수, 바닥면적, 수용인원에 따라서 단일 피난경로를 인정하고 있다. 일정 면적 이상의 교실이나 병실, 객실에는 비상구로 통하는 2 이상의 출구를 설치하여야 한다.
2) 일본의 경우 6층 이상의 층 또는 5층 이하로서 바닥면적이 200㎡를 초과하는 층, 집회·상업시설로 이용되는 층의 바닥면적이 1,500㎡를 초과하는 경우 등에는 2 이상의 직통계단을 설치하여야 하며, 용도별로 구분하지 않고 용도로 사용 되는 층에 따라 구분하고 있다.
3) 영국의 경우 단일 피난경로가 인정되는 경우를 제외하고 500인 이하를 수용하는 층이나 층의의 부분 및 부속실에는 2 이상의 피난로를 설치하여야 한다. 500인을 초과하여 수용하는 부분에는 3개 이상의 피난경로가 요구된다.

2.1.6 보행거리

1) 미국의 경우 피난로의 배치에 관한 가장 기본적인 규정은 보호된 피난구까지의 보행거리의 제한으로 미국은 각 용도별 보행거리에 대한 규정을 가지고 있다. 중복보행거리의 제한은 국내 법규에는 없는 내용으로 2 이상의 피난로를 가능한 떨어뜨려 동일한 화재의 영향에 의해 최소 1 이상을 사용할 수 있도록 배치해야 한다는 것이다.
2) 일본의 경우는 피난로에 인접하여 막다른 복도가 있으면 피난자들이 피난로로 오판하여 실수로 진입할 가능성이 있어 막다른 통로를 금지하고 있다. 각 용도별 보행거리에 대한 규정하고 있다. 중복보행거리는 최대보행거리의 1/2로 규정하고 있다.
3) 영국의 경우 다른 2방향으로 피난경로를 선택하는 것이 가능한지 여부에 따라 최대보행거리의 제한이 다르다. 중복보행거리에 관한 규정은 피난로가 1방향만 있을 경우 최대보행거리로 제한하고 있다.

2.1.7 비상탈출구(Exit)

1) 피난통로는 방호되는 제한된 개구부가 있으며 최소한의 내화성능이 있는 건물부재로 건물의 다른 공간과 구획된 피난로의 부분이다. 피난 통로에는 문, 계단, 경사로, 방연계단실, 비상구 통로 및 옥외 발코니 등이 포함된다. 이들 피난통로 구성요소들은 기준의 방화, 치수 및 배치 기준에 대한 사양에 적합해야 한다.
2) 피난통로의 가장 단순한 형태는 옥외 지표면에 직접 연결되는 출입구나 출입문이다. 옥외로 직접 연결되는 출입구 이외의 피난통로는 방호된 보행로를 제공한다.
3) 계단의 경우는, 피난 계단실, 피난 계단실로 통하는 문, 계단실 내의 계단 및 계단참, 계단실로부터 도로 또는 건축물의 바깥쪽으로의 출구로 연결되는 문들이 피난통로에 포함된다.
4) 피난통로의 출입구는 피난통로의 한 부분으로서 보통 내화(방화)성능이 있는 문을 사용하여 방호된 지역에 방호된 출입구로 되어 있다. 그러나, 모든 방화문이 피난통로의 출입구는 아니다.
5) 호텔 방과 복도 사이의 문 또는 방화문이거나 복도 또는 로비 중간의 방화문의 경우는, 그러한 복도 또는 로비와 그 복도 또는 로비의 모든 개구부가 피난통로 요구사항에 따라 방화구획 되고 방호되지 않는 한 피난통로 부분이 되지 않는다.
6) 적절히 배치되고 시공된 각종 건물 시설들 중에 피난통로가 있을 수 있다. 이러한 예들에는 옥외 비상구 문, 비상구 통로, 수평면의 비상구, 피난계단 또는 피난 경사로들이 있다. 건물에서 실제로 나타날 수 있는 피난통로의 형태가 있다.
7) 2층의 피난통로에는 다음 항목들이 포함된다.
   가. 자기폐쇄식 방화문이 포함된 내화구조 벽으로 방호된 두 개의 피난계단.
   나. 자기폐쇄식 방화문이 포함된 내화구조 벽으로 구성된 수평면의 비상구로서, 층을 완전히 두 개의 방화구획실로 분할하는 것
8) 1층 피난통로에는 다음 항목들이 포함된다.
   가. 복도에서 외부 지표면에 직접 연결되는 두 개의 문
   나. 2층 수평면의 비상구의 수직 연장으로서 그와 유사한 수평면의 비상구
   다. 2층의 피난계단 한 개를 외부와 직접 연결시키는 비상구 통로로서 자기폐쇄식 방화문이 포함된 내화구조로 된 벽으로 해당 층의 나머지 공간과 방화구획된 것.
9) 비상탈출구가 옥외통로로의 방호되는 이동통로를 제공하기 위하여 구획구조에서 요구하는 사항에 적합하고 다음의 사항을 충족시켜야 하는 통로를 말한다.
   가. 비상탈출구가 3개 이하의 층에 연결하는 경우에는 구획의 내화성능이 최소 1시간이

상이어야 한다.

나. 비상탈출구가 4개 이상의 층에 연결하는 경우에는 구획의 내화성능이 최소 2시간이 상이어야 하며, 불연재료나 준불연재료로 이루어져야 하고 최소 2시간의 내화성능을 가지고 있는 구조로 지지되어 있어야 한다.

다. 비상탈출구의 모든 개구부는 자기폐쇄장치의 기준에 적합하도록 되어 있어야 하며 자기폐쇄장치가 설치된 방화문은 전체가 방호되어야 한다.

라. 비상탈출 통로 구획실의 개구부는 정상적으로 사용되는 공간 및 복도로부터 비상탈출 통로 구획실로 출입하는데 필요한 것과 피난 구획실로부터의 피난에 필요한 것으로 제한된다.

마. 계단에 사용되는 전선관, 필요한 비상탈출구, 독립적인 계단실의 가압을 위하여 필요한 덕트와 장비, 피난통로 구획실의 냉·난방용 배관, 스프링클러설비 배관 및 스탠드파이프 이외에 피난통로 구획실로의 관통부와 개구부는 제외한다.

2.1.8 비상구접근로(Exit Access)

비상구 접근로에는 사람들이 점유하는 방 및 공간과 피난통로에 접근하기 위해서 통과하는 문, 통로, 복도, 방호되지 않은 계단 및 방호되지 않은 경사로가 있다. 비상구 접근로에 해당되는 공간은 그림 의 음영 부분으로 표시되어 있다. 비상구에 접근하기 위하여 점유하고 통과하는 모든 공간은 피난로의 비상구 접근로 부분으로 간주한다. 그림의 음영 부분은 피난로의 다른 부분들인 비상구와 건축물의 바깥쪽으로의 출구에 비하여 비상구 접근로의 면적이 더 큰 것을 보여준다.

2.1.9 건축물의 바깥쪽으로의 출구(Exit Discharge)

어떤 피난통로는 공공도로로 직접 연결되어 있지 않기 때문에 건축물의 바깥쪽으로 의 출구는 피난통로의 끝 부분에서 공공도로까지 연결되는 보행로로 정의된다. 이 보행로는 허용되는 것과 같이 건물의 내부에 있거나 또는 외부에 위치된다. 피난통로가 통로, 뜰 또는 마당으로 열리는 경우, 공공도로 또는 동등한 안전 지역까지 안전한 보행로가 제공되어야 한다. 피난로의 이 부분이 바로 건축물의 바깥쪽으로의 출구가 된다. 건축물의 바깥쪽으로의 출구의 형태가 있다.

점유자들이 건물에서 옥외로 나가는 층은 1층뿐이기 때문에 2층에는 건축물의 바깥쪽으로의 출구가 없다. 1층의 건축물의 바깥쪽으로의 출구에는 다음 사항이 포함된다.

가. 복도의 비상구 문에서 시작하여 공공 도로(거리)까지 연속되는 외부 공간
나. 비상구 통로의 문에서 시작하여 공공 도로까지 건물 옆을 따라 연속되는 옥외 보도
다. 2층 피난계단으로부터 1층 복도의 한 부분을 통하여 피난하는 내부 보행로 1층의 한 부분을 통과해야 하는 2층의 점유자가 통과하는 1층 부분은 건축물의 바깥쪽으로의 출구가 되나, 1층 점유자가 동일한 공간을 통과할 경우, 1층 점유자에게는 그 공간이 비상구 접근로가 된다.

2.2 피난수단

피난수단의 설계목적은 인명안전성능에 필요한 요구조건을 만족시킬 수 있도록 피난성능을 확보하는 것이다.

피난성능이 확보되는 피난수단을 설계하기 위해서는 건축물의 용도별 바닥면적에 따라 허용 가능한 수용인원(이하 거주밀도(Do)라 부른다)을 정하여 그에 따른 피난구의 유형, 피난경로의 설정, 피난 비상통로 및 비상구의 수 등 각종 피난시설의 제원 및 배치기준을 결정하는 과정을 거쳐야 안전하고도 효율적인 성능을 구비할 수 있다.

2.2.1. 피난수단의 구비성능

1) 피난수단의 설치목적 및 기본요구조건

피난수단의 설치목적은 화재 시 거주자를 안전한 장소로 대피하는 데 있어서 화재로부터 부상을 당하거나 해를 입지 않도록 방호 하여야 하며 궁극적으로는 소방대의 구조 활동을 용이하도록 하기 위해 설치한다. 즉 건축물의 피난수단은 다음과 같은 기본요구조건을 갖추어야 한다.

첫째, 건물 내의 거주자는 화재의 영향을 받지 않고 적절한 시간 내에 안전한 장소로 대피 가능하도록 구축하여야 하며, 둘째, 궁극적으로 소방대의 진화 및 구조 활동을 용이하게 수행할 수 있도록 적절한 구조와 설비를 갖추어야 한다.

2) 피난시설별 세부요구 성능

피난수단은 피난시설과 피난보조시설로 크게 구분하며 피난시설에 구비되는 각종 설비는 피난지원설비로 별도로 분류하는 것이 이해하기 쉽다. 피난시설은 주로 거주자가 피난을 하는 데 있어서 사용되는 출구와 계단실 등을 일컫는 주요 구조시설로 크게 거실의 출입문(1)과 수직계

단실 또는 외부피난문(2)으로 출구를 지칭하고 양 출구를 연결하는 피난통로(3)로 크게 구분할 수 있으며 각각의 시설별로 다음과 같은 성능을 갖추도록 각국에서 법으로 규정하고 있다.

(1) 하나의 거실(또는 방화구획) 출입문 개수
   (a) 거실의 각 지점에서의 최대보행거리 기준
   (b) 수용 거주자 수 기준
   (c) 화재위험에 대한 방호성능 기준
   (d) 거실이나 방화구획에 구비되는 소방방재시스템기준

(2) 수직계단실 또는 외부 피난문
   (a) 각각의 거실 출입문에서의 최대보행거리 기준
   (b) 건물의 높이 기준
   (c) 수용 거주자 수 기준
   (d) 화재위험에 대한 방호성능 기준
   (d) 건축물 전체에 구비되는 소방, 방재시스템기준

(3) 피난통로
   (a) 거주자 전체를 수용 가능한 크기
   (b) 피난방향으로의 문 개방 및 장애물 무 적치
   (c) 피난시의 보행자 기동성을 고려한 통로길이
   (d) 화재의 확산으로부터의 일정시간동안 방호가능
   (e) 유도등과 같은 방향식별이 가능한 유도조건구비
   (f) 필요 시 비상조명등과 같은 적절한 조도 유지가능

2.2.2. 피난시설의 공학적 계획방법

피난시설의 성능을 공학적으로 계산하여 피난시설을 배치하거나 규모를 결정하는 계획방법을 공학적 계획이라 하며 그 수행 과정을 그림 1에 나타낼 수 있다. 즉 공학적인 계획방법이란 건물 내에 피난시설을 임의적으로 모델링(modeling)한 후, 모델링된 각각의 피난시설별로 이용 가능한 거주자의 인원을 산정하고 화재발생 후 그 인원이 외부로 탈출하는 데 소요되는 시간(이하 피난 소요시간이라 한다)을 구해 인명안전과 직결되는 시간(이하 인명안전위해시간)과 비교함으로써 안전성을 공학적으로 평가하는 방법이다.

공학적인 평가방법을 사용하여 피난시설을 계획하기 위해서는 가장 중요하게 사용되는 값

이 피난소요시간(tev, Evacuation Time measured from Ignition) 이다. 이 시간은 화재가 발생한 이후부터 건축물의 거주자가 피난시설을 통하여 외부출구로 탈출하는데 소요되는 시간으로서 피난개시시간(tr, Response Time measured from Ignition)에 피난행동시간(ttr, Travel Time)을 합하여 구할 수 있다.

피난개시시간이란 화재발생 후 거주자가 화재발생을 인지(감지시간)하고 실제적으로 달아나기 시작할 때까지 걸리는 시간의 합계(초기 대응 행동 시간)로서 거주자는 화재발생 후 냄새, 연기 등에 의한 인지나 비상벨, 비상명동 등의 경보에 의해 화재를 인지 후 바로 달아나기 시작하는 것이 아니라 주위를 살펴보거나 주변 정리를 위해 피난이 늦어지는 것이 상례이므로 이 시간을 일종의 반응시간으로 간주한다.

반면에 피난행동시간이란 피난을 위해 이동하는데 소요되는 시간으로 보행시간과 체류시간의 합으로서 피난을 개시한 시각부터 피난을 완료한 시각까지의 소요시간을 말한다.

피난 소요시간(tev)=피난개시시간(ta)+피난행동시간(ttr)

상기 피난 소요시간은 인명안전에 위해를 주는 시간(tlt, Life Threatening Time)과 비교하여 절대적으로 작아야 하며 추가적인 안전 여유시간(ts, Safety Margin : 40%~100%)을 고려한 값을 합한 값이 인명안전에 위해를 주는 시간보다 적어야 한다.

피난 소요시간(tev) + 안전여유시간(ts) 〈 인명안전에 위해를 주는 시간(tlt)

여기서 인명안전에 위해를 주는 시간이란 건물 내에서 거주자가 더 이상 상존할 수 없는 정도의 연기나 열기 또는 유독성가스에 의해 오염이 발생하는 시간으로 일반적으로 빠르게 확산되는 연기의 오염정도에 따라 결정되는 것이 상례이다.

안전여유시간이란 피난 소요시간과 거주자의 대피가 반드시 완료되어야 할 시간사이에서 안전을 보장하기 위해 추가적으로 필요한 여유시간을 말한다. 피난 소요시간은 대략적으로 구해지는 값이고, 거주자의 특성에 따라 변할 수 있기 때문에 보호가 요구되는 시설에서는 크게 잡을 필요가 있다. 즉 거주자의 거주특성, 예를 들면 연령, 장애여부, 취침여부 등의 조건을 고려하여 선택하여야 하며 사무공간이나 집회 공간 등의 거주자가 있는 용도의 공간에서는 적게 잡아도 큰 무리는 없다고 판단된다.

2.2.3. 피난시간의 산정

피난시설을 공학적으로 계획하기 위해서는 피난시설을 동선을 고려하여 배치한 후에 피난성능을 계산하여야 한다. 여기서 피난성능은 피난소요시간을 산정하여 그 값이 합리적으로 안전성이 확보되는 시간 내의 포함여부를 검증하여야 한다.

화재에 의한 사망자 중 4인에 1명은 비상통로에 도달하지 못하여 귀중한 목숨을 잃는 통계치로 보아도 피난 소요시간이 건물계획 및 설계상 중요한 요소기술로서 정립되고 있으며 최근에 들어 많은 대규모 실험을 통하여 계산이론을 정립하였으며 그 계산이론에 따라 많은 시뮬레이션 프로그램들이 사용되고 있는 실정이다.

1. 피난계산관련 주요용어

1) 탈출피난 (Escape)과 일시피난 (Refuge)

- 탈출피난(Escape)이란 화재 시 거주자가 건축물에서 완전히 분리되어 완전히 외부로 탈출하는 것을 말한다.
- 일시피난(Refuge)이란 거주자가 건축물내의 안전한 장소로 이동하는 것으로서 여기서 안전한 장소는 일시적으로 피난장소로 사용 가능한 안전구획을 말한다(예, 전실, 계단실, 방호로비 등을 말함)

2) 거주밀도(D_o, Occupant Density)

거주밀도는 바닥면적 당 수용하는 인원수를 말하며 계획상 거주밀도와 실제거주밀도로 구분 가능한데, 계획상 거주밀도는 피난계획을 수립할 경우에 참고로 하는 거주밀도로서 표 1: 각국의 저주밀도 비교에 의해 선정하며, 실제거주밀도는 시설을 운영하는데 있어서 피크타임에 수용되는 거주밀도를 건축물의 사용 중에 조사한 통계치에 의해 구하는 것이 상례다.

3) 피난통로상 장애물

피난통로는 건물 내의 각 지점에서 외부 또는 안전구획으로 연속적으로 결합되어 있어야 하며 또한 통로상의 폭을 줄일 수 있는 기구나 장식품 등의 장애물이나 폭 치수의 변화가 없어야 한다.

4) 비상통로 표식(표시등 또는 표지판)

- 비상통로 표식은 눈에 띄기 쉽고 주변의 조명이나 진열물품에 의해 시계를 가로막히지 않아야 함.
- 비상통로 표식의 위치는 바닥위 30㎝의 벽체에 매입형 조명을 가지면 화재시 연기에 의해 시계를 차단당할 가능성이 가장 적은 반면에 천장이나 문틀 상단부에 설치된 조명은 연기에 가려질 가능성이 크다.
- 비상구 표식 및 비상구 유도 표식은 확실한 전원에 의한 조명부를 가져야 하며 정전시에는 내장 건전지에 의해서 동력변환이 필요하다.

- 비상통로 표식의 연기 내 투과거리는 각각의 조명이 갖는 조도 레벨에 따라 구할 수 있으므로 조도 레벨을 높이는 것이 중요하며 일반적으로 발광형이 반사형보다 조도 레벨이 2배 정도 높다.

2. 피난행동시간 산출식

1) 피난행동수칙의 가정

비상상황에서 군집 거주자의 이동을 예측하기 위해 반응에 기반을 둔 방법이 수년간 연구되어 대부분의 설정이론은 주로 피난보행시간과 거주밀도와의 관계에서 유출되고 있다. 일반적으로 이런 방법들은 다음과 같은 피난행동수칙을 적용하는 것이 상례이다.

가. 화재실의 상주하는 거주자는 동시에 피난 한다.

나. 거주자의 피난유동흐름은 거주자 각자의 판단에 의해 야기되는 어떤 간섭에 의해 영향을 받지 않는다.

다. 피난에 관여하는 모든 거주자는 군집 피난 보행 시 기동성을 저해시키는 장애 상황에 초래하지 않는 것으로 간주한다.

상기 피난수칙의 가정이론은 비상대피의 유동모델에 적용되며 이 유동모델에 의해 산출된 결과가 모델링된 피난계산식이다.

2) 피난행동소요시간의 의미

피난행동시간(tt)은 피난개시를 한 후에 피난통로를 통하여 외부로 탈출하는 데까지 걸리는 시간으로 층 피난 행동시간과 수직 피난행동시간으로 나눌 수 있다. 여기서 층 피난 행동시간은 하나의 층에서 수직계단이나 외부로 통하는 피난문을 통과하는 데 걸리는 시간으로서 수평 피난보행시간에 수평 피난체류시간을 고려하여 결정하며 다음과 같은 식으로 나타낼 수 있다.

층피난행동시간(ftt)= 층피난보행시간(fttr) + 층체류시간(ftq)

수직피난행동시간(vtt)= 수직피난보행시간(vttr) + 수직체류시간(vtq)

여기서 피난행동시간은 층피난행동시간과 수직피난행동시간의 합으로 표시 가능하지만 층 피난과 수직피난은 동시에 중복되어 발생할 수 있기 때문에 연결하여 동시에 구하여야 정확한 전체피난행동시간의 산정이 가능하다.

용도	일본		영국		미국	
집회시설	극장,공회당 a) 고정석 b) 객석부 (이동식의자) c) 입석부	 n 1.5 2.0	극장, 회의장 등 a) 고정석 b) 객석부 (이동식의자) c) 입석부	 n 1.3 2.6	극장, 회의장 등 a) 고정석 b) 고밀도부분 (고정석 무) c) 저밀도부분 (고정석 무) d) 벤치의 좌석 (길이-a)	 n 1.54 0.72 2.17a
	회의실	1.50	회의실	1.0	회의실	0.72
	레스토랑	0.70	레스토랑, 바 카페 (식음료)	1.0 0.8	레스토랑	0.72
			전시홀(산업물)	0.7	전시홀	0.72
			도서관 (서고) (서고외)	0.1 0.15	도서관 (서고) (서고 외)	0.11 0.22
			갤러리,박물관	0.25		
			라운지	1.0	라운지	0.72
			수영장 (수면부) (수면부외)	0.2 0.35	수영장풀 (수면부) (수면부외)	0.22 0.36
	연회장	1.0	댄스홀	1.7	댄스홀	1.54
			체육관 인도어연습장,	0.35 0.1	체육관	0.72
상가	매장(통로포함) 연속식 점포 a) 매장 b) 통로	0.50 0.50 0.25	매장-백화점,슈퍼 매장-가구,자전거 몰(상가부) (광장부)	0.50 0.14 0.3 1.0	매장 (지상층) - *:Gross (복수의 지상층) (기타층) 몰 (연속식 점포) 창고, 발송	0.36* 0.27* 0.18* 0.35 0.36*
의료	병동부 진료부	B 0.2			병동부분 - *:Gross 진료부분 - *:Gross	0.090* 0.045*
교육	교 실(초중고)	N	교실 (초중고) 실습실험실 보육원	0.5 0.2 0.25	교실 (초중고) 기타 유치원	0.54 0.22 0.31
숙박	침실 (침대-b)	b	침실 (침대-b)	b	호텔, 방	0.054
주택	세대	b+1	세대	0.13	거실, 등	0.054
업무	사무실 a) 높이>60m b) 높이≤60m	 1.25 0.25	a) 사무실 (개방평면>60m^2) b) 기타	0.20 0.14	사무실	0.11

가. 평균보행속도(k_t)와 피난보행속도(S_{tr})

- 평균보행속도(Average Travel Speed, k_t)는 정상체력을 가진 사람이 장애물이 없는 수평통로를 수평방향으로 보행하는 속도로 약 84m/분(1.4m/초)으로 규정하며 수직공간의 평균보행속도는 수직계단의 수평투영길이를 수평으로 보행하는 속도로서 평균 약 51.8m/분(0.86m/초)으로 계단 디딤판의 구조, 즉, 단너비(G)/단높이(R)를 고려하여 다음식 k_t = 51.8(G/R)0.5로 산정한다.
- 피난보행속도(Travel Speed while Evacuated, S_{tr})는 피난이 이루어지는 상태의 거주자가 보행하는 속도를 말하는데 밀집한 상태에서 걷는 속도이므로 평균보행속도보다 현저히 감소한다. 따라서 피난보행속도는 평균보행속도에 밀집도에 의해 감소하는 영향을 감하여 결정하므로 다음 식에 의하여 산정할 수 있다.

  $S_{tr}=k_t(1-0.266D_0)$ 피난보행속도(S_{tr})

  여기서 평균보행속도(k_t)는 층바닥을 수평으로 보행할 경우 84.0m/초(1.4m/초)로 설정하며 수직통로의 계단을 보행 할 경우 수평투영거리를 보행하는 속도인 51.8m/분에다 계단 디딤판의 구조[단너비(G)/단높이(R)]에 의해 영향을 곱한 식 $k_t = 51.8(G/R)^{0.5}$으로 계산하여 결정한다.

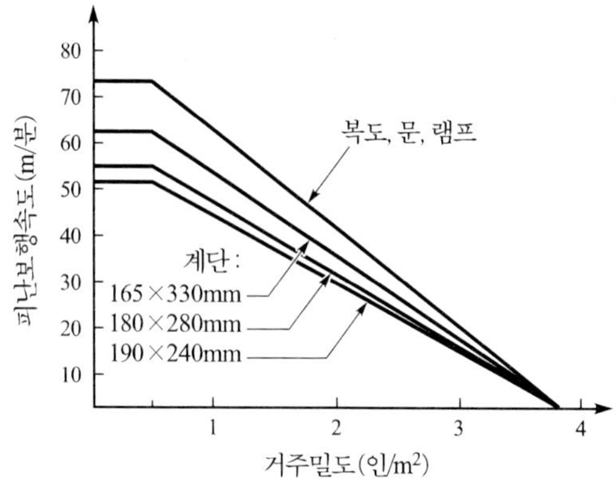

피난소요 시간계산을 위한 피난보행속도 그래프

나. 피난보행시간(t_{tr})

거주자가 거실의 출구를 통하여 수직계단이나 피난문을 통하여 외부로 완전히 피 보행하여야 하는 데 이 일정한 거리를 피난보행속도(S_{tr})로 나누면 피난보행시간을 구할 수 있다. 따라서 피난보행시간 T_{tr}은 다음 식으로 계산한다.

$T_{tr} = L/S_{tr}$ ------------- 피난보행시간(t_{tr})

여기서 보행거리는 직선거리를 채택하는 것이 상례이며 수직계단에서는 계단의 디딤판이 이어진 거리를 합한 계단의 수평투영거리를 채택한다. 여기서 피난보행속도(Sev)는 평균보행속도(k_t)에 거주밀도(D_0)를 고려하여 산정한다.

다. 유출(유동)계수(Fs)와 실제유출속도(Fa)

- 유출계수는 하나의 실이나 공간에서 출구나 통로를 빠져나갈 때 보이는 출구 또는 통로의 폭 1m당 유출되는 유출속도를 말하여 그 실에 거주하는 거주밀도와 거주자의 피난보행속도에 의해 결정되는 값으로 다음식에 의해 산정할 수 있다.

  $Fs = S_{trx}D_0$ --------- 유출(유동)계수(Fs)

  여기서 유출계수(Fs)는 그림 2에서 보듯이 거주밀도(D_0)가 계속 증가하여 1.88인/m^2까지는 꾸준히 증가하여 최대값 75인/분/m(1.25인/초/m)을 보이고 거주밀도가 1.88인/m^2을 초과하면 오히려 감소하는 추세를 보이므로 거주밀도가 1.88을 초과하는 공간계획은 유출이 어려워진다는 점을 유념할 필요가 있다.

- 실제유출속도(Actural Flow for a Exit, Fa)는 일정한 유출계수를 가진 출구나 통로 1개소당 분당 유출되는 실제통과인수를 나타내는 유출속도로서 유출계수에 통로의 유효폭을 곱하면 산출가능하다.

  $Fa = Fs \times We$ ----- 실제유출속도(Fa)

  여기서 유효폭(We)이란 출구 또는 통로의 실제의 폭(W)에 피난유출 시 장애가 되는 지장 폭(B)을 말하며 일반적으로 수평간 이동에서는 출구나 통로의 좌우측 각각 0.05m의 폭을 말하며 수평에서 수직통로 또는 수직통로에서 수평으로 나가는 출구 또는 수직통로(계단)에서는 좌우측 각각 0.15m의 폭을 지장폭으로 감안하여 식 We = W-2B으로 계산한다.

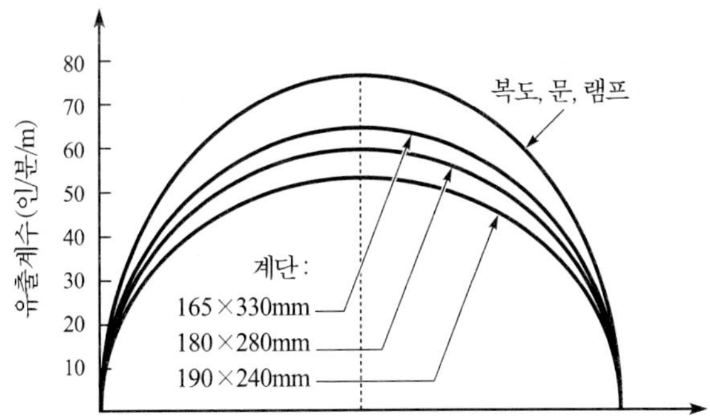

거주밀도 변화에 따른 유출계수변화

라. 체류시간 (유출시간)

체류시간(Queuing Time for a Exit, Tq)은 거주자가 한꺼번에 출구 또는 통로에 몰리기 때문에 필연적으로 발생하는 출구 또는 통로 유출시간으로서 외관상으로 병목현상에 의해 일정기간 체류한다는 의미에서 체류시간으로 지칭하는 것이다. 많은 거주자가 상존하는 건물에서는 체류시간이 피난보행시간보다 크고 피난행동시간의 대부분을 차지하는 경우가 많아 아주 중요한 시간이다. 체류시간(tq)은 1개의 출구 또는 통로를 통과하는 거주자의 인원수(N)에 실제유출속도(Fa)로 나누면 체류시간을 산정할 수 있다.

Tq=N/Fa체류시간(Tq)

여기서 체류시간은 매우 복잡한 연결고리를 가지고 있다. 즉 밀집되어 있는 거주자가 거실의 문, 복도, 계단을 순차적으로 통과하는 단계에서 각각의 유출계수를 가진 통로에서 병목현상을 동시에 보이는 경향을 갖기 때문에 체류가 중복되는 시간을 구하여 전체체류시간을 구하여야 한다.

예 제

그림의 거주밀도(인/m^2)가 주어진 일정한 크기의 거실에서 전체 거주자가 거실을 완전히 피난하는데 소요되는 수형피난 소요시간과 피난계단을 통해 외부로 피난하는데 소요되는 시간을 계산하여 보자. 단, 피난개시시간은 고려하지 않으며 거주자가 반응한 후부터 시작되는 피난행동시간만 계산한다.

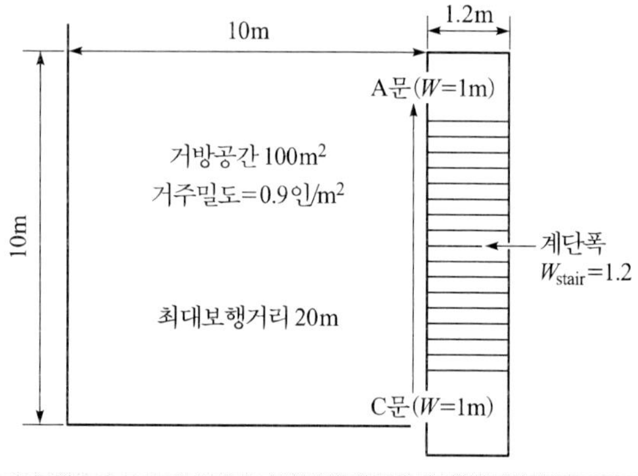

피난계산용 거실과 피난계단 현황

거실의 길이	Lr=10m
거실의 너비	Wr=10m
피난계단의 수평투영길이	Ls=10m
출입문 A의 폭	Wa=1.0m
출입문 C의 폭	Wc=1.0m

풀이 피난개시시각부터 시작되는 피난행동시간을 구하면 다음과 같다.

층피난행동시간(ftt) = 층피난보행시간(fttr) + 층체류시간(ftq)

수직피난행동시간(vtt) = 수직피난보행시간(vttr) + 수직체류시간(vtq)

- 피난행동개시시간 = 연소감지시간+경보시간+반응시간(여기서는 무시)
- 피난보행시간(ttr) = L(피난보행거리)/S(피난보행속도)
- 체류시간(tq) = No(유출거주자수)/Fa(실제 단위시간당 유출인수)
  = No/(Fs(유출계수)×We(문의 유효폭))

거실의 바닥면적	Ar=LrWr=10 x 10 = 100m^2
거주밀도	D_0=0.9인/m^2 (표 1 참조)
kt factor	kt=84(m/초)
수평보행속도	S=kt(1-0.266D0)=63.9m/분
거실의 최대보행거리	Lmax=20m
수평최대보행시간(ttr-h)	ttr=Lmax/S=0.31분

이동시간은 열린 공간에서의 보행속도를 고려한 상태에서 출구B까지 도달하는 데 소요되는 시간이지만 출구B에서 체류가 발생할 경우에는 체류시간에 포함될 수 있다. 따라서 출구 B에서의 체류시간(tq)을 구해보면 다음과 같다.

N_0(유출거주자수) = ArxD_0 = 100㎡×0.9인/㎡=90명

Fs(유출계수) = S×D_0=63.9m/분×0.9인/㎡ = 57.51인/분/m

We(문의 유효폭) = Wa-B(여유폭) = 1.0-(0.15×2) = 0.7m

Fa(실제 단위시간당 유출인수) = Fa= Fs×We = 57.51인/분/m×0.7m = 40.3인/분

수평체류시간(tq)=N0/Fa=90명 / 40.3인/분 = 2.23분

∴ 출구A를 빠져나가는 수평피난소요시간은 2.23분으로 간주할 수 있는데 그 이유는 수평보행시간이 수평체류시간(tq)에 포함될 수 있기 때문이다.

거실을 탈출한 거주자는 모두 수직계단으로 들어가 출구 C를 통하여 외부로 나가게 되는 데 이때의 모든 거주자는 수직계단에서 통과하여야 하므로 이때의 수직 피난소요시간을 구하면 다음과 같다.

계단의 너비	W = 1.2 m
계단통로의 양측단 지장폭	B = 0.15m

계단의 유효폭 We=W-2B=O.9m

계단통로의 유출계수 Fs=Fa/We=40.3/0.9=44.8people/min/m

(출구A를 통해 나오는 실제유출인수가 계단통로의 실제유출인수가 됨)

계단디딤판의 너비 G = 0.28m

계단 디딤판의 높이 Rs = 0.18m

kt factor kt = 51.8×(G/Rs)0.5 = 64.6

Sv(수직피난보행 속도) = kt (1-0.266×Ds)

또한 유출계수의 또다른 식

Fs(수직계단의 유출계수)= Sv×Ds(계단통로의 거주밀도)

상기 두개의 식을 이용한 근의 공식을 풀면 다음과 같다.

Fs = kt (1-0.266Ds) Ds 여기선 kt = 51.8×(G/Rs)0.5 = 64.6

0.266 kt Ds_2 - kt Ds + Fs = 0

17.12 Ds_2 - 64.6 Ds + 44.8 = 0

Ds = [-b±√(b2-4ac)]/2a = 0.92 또는 2.84 인/㎡

따라서 계단 통로부의 거주밀도(Ds)는 0.92 인/㎡으로 보는 것이 타당 (D0= 1.8인/㎡ 을 넘는 경우는 보행속도가 감소)

따라서 계단통로를 통하여 출구 C에 도착하는 수직보행시간은 수직계단부의 수평투영길이를 계단통로의 수직보행속도로 나누면 구할 수 있다.

계단의 수직보행속도 Sv = 64.6 (1-0.266 Ds) = 48.8m/분.

계단의 수평투영길이 Ls = 10m

계단통로 보행시간 ttr = Ls / Sv = 10 / 48.8 = 0.20분

출구B를 통과한 첫번째 사람이 출구 C에 도착하는 시간은 0.2분(피난행동개시시간 고려 않은 시간)이 걸린다.

반면에 출구C의 체류시간을 구해보면 다음과 같다.

No=90명

Fs(유출계수) = Sv×Ds=48.8×0.92=44.8

따라서 Fa(출구C의 실제유출속도) = 44.8 x 0.7 = 31.36 인/분

출구C로 유출되는 체류시간 tqc = N/ Fa=90/31.36=2.86분

∴ 마지막 사람이 출구C로 유출되는 시간은 최초의 사람이 출구 C에 도착하는 시간 0.2분에 도착한 후부터 발생하는 체류시간 2.86을 합하면 3.06분이 걸리는 것으로 산정이 가능하다.

최종적으로 거실 A에서 출구B와 출구C를 통하여 외부로 탈출하는 기간을 연속적으로 정리하여보면 아래 그림으로 나타낼 수 있다.

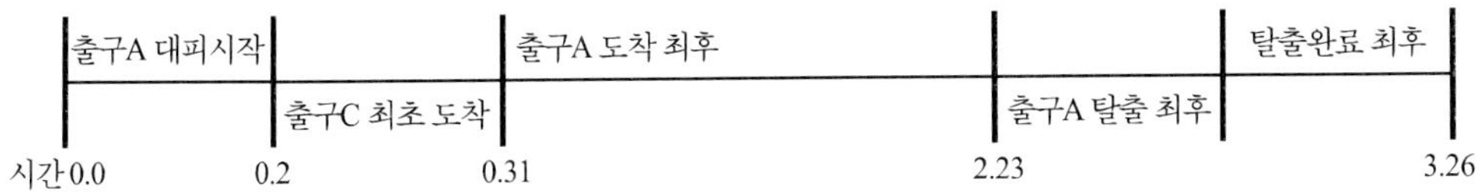

2.2.4 수평피난수단

수평피난수단은 소방대상물에 화재발생시 피난자가 1개 층의 어느 지점에서 2층의 수직피난 수단까지 도달하는데 필요한 시설로서 피난통로나 피난문의 설치개수에 적합하도록 하여야 한다.

1) 피난통로의 수용인원 및 피난문의 개수는 다음의 표에 적합하도록 되어있어야 한다.

소방대상물의 수용인원(명)	수평피난통로 및 피난문의 개수
60 미만	1
60 이상 600 미만	2
600이상	3 이상

2) 수평피난보행거리는 한 층의 어느 지점에서 수직피난수단으로 도달하는 곳까지의 거리(최저 9m, 최고 45m)를 말한다.

2.2.5 수직피난수단

수직피난수단은 수평피난수단에서 피난하는 피난인을 피난층까지 도달하도록 하는데 관련되는 시설을 적합하게 설치하여야 한다.

1) 수직피난계단의 필요 개수는 수평피난통로로 따르는 피난문의 개수에 따라 설치하여야 한다.
2) 복합용도시설에서는 1.의외에 각각의 용도별 전용 피난계단을 설지하여야 한다.
3) 수직피난계단의 유효폭은 최대 수용인원 및 용도별에 따라 설치하여야 한다.

최대수용인원수(명)	최대유효계단폭(㎜)
50 미만	800
50 이상 150 미만	1,000
150 이상 220 미만	1,100

2.3 대피공간의 용량

수평비상탈출구의 대피공간은 동일한 임대 또는 공공 장소로 확보하여야 하며 각 대피공간은 원래의 수용인원에 인접공간으로부터 예상되는 수용인원을 합산한 수용능력을 가져야한다. 인접공간의 예상인원은 대피장소로 연결되는 수평비상탈출구의 수용능력을 기준으로 결정한다. 대피공간의 수용능력은 계단실, 엘리베이터, 기타 샤프트 중정 등을 제외하고 거실면적 0.3㎡~0.4㎡당 1명으로 한다.

1) 어떤 층, 발코니, 관람석(계단식)의 열 또는 기타공간이 사용하는 피난로의 총 피난용량은 그 곳의 수용인원을 처리하기에 충분해야 한다.

가. 건물의 기하학적 형태, 용도 및 수용인원, 비상구까지의 보행거리, 비상구의 위치, 비상구의 수 및 비상구의 피난용량 등은 건축물의 피난용량의 산정을 결정하는 주요 요소들이다. 비상구 자체가 피난로의 전체 계획과 배치에 영향을 미친다. 피난로 시설이 수용할 수 있는 사람의 수는 비상구의 피난용량에 의해서만 결정되지 않고, 피난로의 각 구성요소가 수용할 수 있는 사람의 수에 의해서도 결정된다. 수용인원은 어떤 시간에서든지 가능한 상황에서 건물의 방과 공간을 점유하는 최대 예상인원수를 반영해야 한다. 특히 수용인원은 일반 용도만을 근거로 해서는 아니된다.

2) 어떤 건물 또는 그 일부든지, 수용인원은 해당용도에 사용하는 바닥면적을 아래 표에 명시된 해당용도의 수용인원계수로 나누어 산출된 사람의 수보다 작아서는 안된다. 동일한 용도에 총 면적과 순면적이 함께 주어지는 경우 총 면적이 명시된 건물의 부분에는 그 총면적에 총면적 수치를 적용하여 계산하고 순면적이 명시된 건물의 부분에는 순면적 수치를 적용하여 계산하여야 한다.

가. 수용인원은 건물 또는 공간의 사용특성과 그 용도로 사용할 수 있는 가용공간의 크기에 따라서 결정된다. 점유자의 밀도에 따라서 사용용도의 특성이 달라지기 때문에 아래 표의 수용인원계수는 각 사용 용도별로 주어져 있다. 첫째 줄의 제목은 용도(Occupancy)로 표기하지 않고, 사용용도(Use)로 표기했는데, 그 이유는 한 지역의 사용이 용도분류와 다르게 사용될 수도 있기 때문이다.

나. 예를 들면, 사무실 건물 내에 위치한 10명 미만용 회의실은 집회용도가 아니라 업무용도가 된다. 그러나, 그 수용인원은 집회용도를 근거로 하고 있다. 이것은 대학교의 교실에도 동일하여, 이 교실은 업무용도로 분류되나, 그 수용인원은 교육용도(재

래식 교실 형태) 또는 집회용도(강의실 형태)를 근거로 하고 있다.

밀도계수로서의 수용인원계수는 각 지정된 단면적에 최소한 1명이 있는 것으로 가정한다. 수치들은 총면적으로 표기된 것들과 순 면적으로 표시된 것들로 나누어져 있다. 총면적 수치는 건물 전체에 적용되며(걸물 둘레 벽 내부 면적), 순 면적 수치는 복도, 벽 점유 면적 또는 기타 점유 면적을, 포함하지 않는, 교실공간과 같은 실제 점유 면적에 적용된다.

총 바닥면적 446 ㎡의 대부분을 업무목적으로 사용하며 책상, 의자, 서류 캐비닛, 사무기기와 관련 사무실 직원들이 점유하고 있는 것을 나타내고 있다. 방 A와 B는 주로 건물의 다른 층 회사 직원들이 규칙적으로 사용하는 테이블과 의자가 있는 회의실이다. 이 방들은 같은 층의 나머지 부분과 동시에 사용될 수 있다. 각 회의실의 사용 가능한 순면적은 30 ㎡이다. 두 회의실 모두 50명 이상을 수용할 수 없기 때문에 집회용도에 해당되지 않는다. 이 경우는 업무용도 내에서 집회 목적으로 사용되는 경우라 할 수 있다.

수용인원은 공간의 사용용도(용도분류가 아닌)를 근거로 계산되기 때문에 그림에 나타난 층의 수용인원은 순면적을 근거로 하는 집회용도 수용인원계수와 총면적을 근거로 하는 업무용도 수용인원계수를 모두 사용하여 계산된다. 집회용도 공간(회의실 A와 B)의 수용인원을 먼저 계산한다. 위의 표에서 집회용도 중 많지 않는 인원수에 해당하는 순면적 계수인 1인당 1.4 ㎡가 선정된다. 이 두 개의 회의실은 다음 계산에 따라 최소 43명의 수용인원을 가정할 수 있다.

60㎡/1인당(1.4㎡)=43명

나음은 길은 층 나머지 부분의 수용인원을 계산한다. 사용용도가 업무용도이기 때문에 위의 표에서 1인당 총면적 계수 9.3㎡가 선정된다. 회의실로 사용되는 순 면적은 이미 수용인원이 할당되었기 때문에 그 면적을 총 면적에서 뺀 나머시 면직을 업무용도 면적으로 할당하여 다음과 같이 수용인원을 계산한다.

446㎡(총면적) - 60 ㎡(순 집회용도 면적) = 386 ㎡

386㎡(총업무용도면적) 1인당 9.3㎡ =42명

이 층의 수용인원은 집회용도와 업무용도 수용인원을 합하여 43+42 = 85명이 된다. 피난용량은 각 공간을 해당 수용인원계수로 나누어 산출된 인원수보다 커야 한다. 건물 운영자가 이 계산으로 산출된 수용인원이 과다하다고 주장할 지라도 이 계산은 유효하다. 그러나 건물 운영자가 수용인원계수를 이용하여 산출한 수용인원보다 더 많은 수용인원을 계획하고 있을 경우에는 피난시설의 크기가 큰 쪽의 수용인원을 기준으로 결정해야 한다. 피난로 시설을 더 크게 할 수 있도록 하기 위해서 건물 운영자가 더 많은 수용인원을 주장할 수 있도록 허용된다.

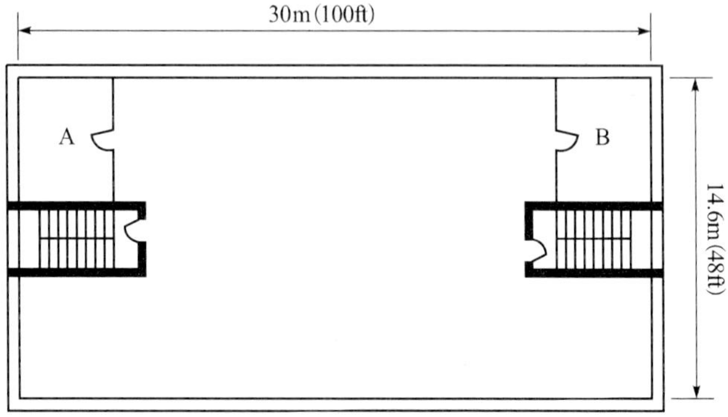

Ⅲ 소화설비

Ⅲ. 소화설비

소방시설이란?

소방시설은 화재를 탐지(감지)하여 이를 통보함으로서 피해가 우려되는 사람들을 보호하거나 대피시키고, 화재 초기단계에서 즉시 사람으로 하여금 소화활동을 할 수 있도록 하며, 자동설비 또는 수동조작에 의한 화재진압은 물론 피난을 가능하게 하여 화재로 인한 인명과 재산의 피해를 최소화하기 위한 기계·기구 및 시스템이라고 정의할 수 있으며, 소방시설은 소방법령을 기준으로 다음과 같이 분류된다.

1) 소화설비

소화설비는 물 그 밖의 소화약제를 사용하여 소화하는 기계·기구 또는 설비로서, 소화기구(소화기, 간이소화용구, 자동확산소화기)·자동소화장치·옥내소화전설비·스프링클러설비등(스프링클러설비, 간이스프링클러설비, 화재조기진압용 스프링클러설비)·물분무등소화설비(물분무소화설비, 미분무소화설비, 포소화설비, 이산화탄소소화설비, 할로겐화합물소화설비, 청정소화약제소화설비 및 분말소화설비, 강화액소화설비)·옥외소화전설비로 분류한다.

2) 경보설비

경보설비는 화재발생 사실을 통보하는 기계·기구 또는 설비를 말하며, 단독경보형감지기·비상경보설비(비상벨설비, 자동식사이렌설비)·시각경보기·자동화재탐지설비·비상방송설비·자동화재속보설비·통합감시시설·누전경보기 및 가스누설경보기로 분류한다.

3) 피난설비

피난설비는 화재발생 시 피난하기 위하여 사용하는 기구 또는 설비를 말하며, 피난기구(피난사다리, 구조대, 완강기, 간이완강기, 공기안전매트, 다수인피난장비, 승강식 피난기, 하향식 피난구용 내림식사다리)·인명구조기구(방열복, 공기호흡기, 인공소생기)·유도등(피난유도선, 피난구유도등, 통로유도등, 객석유도등, 유도표지)·비상조명등 및 휴대용비상조명등으로 분류한다.

4) 소화용수설비

소화용수설비는 화재진압에 필요한 소화용수를 공급하거나 저장하는 설비를 말하며,상수도 소화용수설비·소화수조·저수조 그 밖의 소화용수설비로 분류한다.

5) 소화활동설비

소화활동설비는 화재를 진압하거나 인명구조활동에 사용되는 설비를 말하며, 제연설비·연결송수관설비·연결살수설비·비상콘센트설비·무선통신보조설비, 연소방지설비로 분류한다.

6) 초고층소화설비

초고층건축물에 설치되는 소화설비로서 약 20층 단위로 각종 설비가 설치되고 있는 설비를 말한다. "초고층 건축물"이란 층수가 50층 이상 또는 높이가 200m 이상인 건축물을 말한다.(건축법 제84조 에 따른 높이 및 층수를 말한다).

7) 도로터널 소화설비

도로터널에 설치하는 소방시설 등은 수동식소화기, 옥내소화전설비, 물분무소화설비, 비상경보설비, 자동화재탐지설비, 비상조명등설비, 제연설비, 연결송수관설비, 무선통신보조설비, 비상콘센트설비를 설치하는 것을 말한다.

1. 소화설비

가. 소화기구

초기의 화재를 소화하는 목적으로 사용하는 기구

— 물, 기타 소화약제를 압력에 의하여 방사함으로서 소화를 하는 기구

→ 소화기·자동소화장치·간이소화용구

화재별 적응 소화기의 분류

화재의 종류	화재의 색상	적응소화기
일반화재(A급)	백색	포말, ABC분말, 물, 강화액, 산알카리
유류화재(B급)	황색	포말, BC분말, ABC분말, 강화액, CO_2, 할로겐화합물
전기화재(C급)	청색	ABC분말, BC분말, 강화액, CO_2, 할로겐화합물
금속화재(D급)	무색	분말, CO_2, 할로겐화합물, 간이소화용구
가스화재(E급)	황색	분말, CO_2, 할로겐화합물
주방화재(K급)	-	ABC분말, BC분말, 강화액 등

(1) 소화기

물, 기타 소화약제를 압력에 의하여 방사함으로서 소화를 행하는 기구로 사람이 조작하는 기구

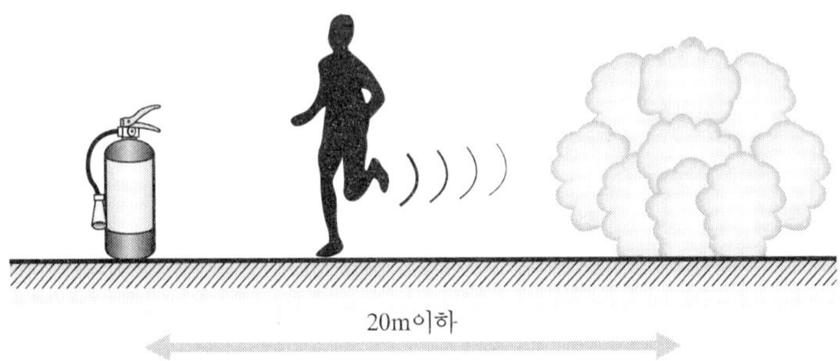

(a) 일반적 분류

1) 충전된 소화약제를 방출하는 방식에 따라 가압식과 축압식

2) 소화약제의 중량과 소화능력에 따라 대형과 소형

3) 소화기의 형태(보관방식)에 따라 휴대식, 차륜식, 멜빵식

4) 소화약제의 종류(성분)에 따라 분말, 할론, 이산화탄소, 강화액

(b) 소화기의 종류

1) 소화약제 방출방식에 따른 종류

— 축압식소화기 :용기 안에 소화약제와 방사압력원이 동시에 존재

— 가압식소화기 : 소화약제와 방사압력원(가압용가스용기) 별도로 설치

2) 소화약제의 중량 및 소화능력에 따른 종류

— 대형소화기: 다음 소화약제의 중량과 소화능력단위를 모두 만족

① 대형소화기의 소화약제 종류별 중량

물(80 L이상), 강화액(60 L이상),할로겐(30 kg이상),이산화탄소(50 kg이상),분말(20 kg이상),포(20 L이상),

② 대형소화기의 소화능력단위

A급 10단위이상, B급 20단위이상

— 소형소화기 : 대형소화기 외의 모든 소화기

(2) 소화약제의 성분에 따른 소화기의 종류

물소화기, 산·알카리소화기, 강화액소화기, 이산화탄소소화기, 할로겐화합물소화기, 포소화기 및 분말소화기 등으로 구분

(a) 분말소화기 : 분말소화기의 소화약제는 중탄산나트륨, 중탄산칼륨 또는 제1인산암모늄 등을 주성분으로 충전

1) 축압식분말소화기 제원

소화약제량 (kg)	총중량 (kg)	전 장 (mm)	방사거리 (m)	방사시간 (sec)	능력단위
0.5	1.2	258	2	5	A1, B1, C
0.7	1.7	316	3	6	A1, B2, C
1.5	2.9	340	3	9	A2, B3, C
2.5	4.4	463	4	12	A2, B4, C
3.3	5.6	490	4	13	A3, B5, C
4.5	7.3	583	5	15	A4, B6, C
6.5	9.5	530	5	17	A5, B10, C
20.0	34.9	1,400	7	26	A10, B20, C

2) 가압식분말소화기 제원

소화약제량 (kg)	총중량 (kg)	전 장 (mm)	방사거리 (m)	방사시간 (sec)	능력단위
0.7	1.8	298	3	9	A1, B1, C
1.5	3.2	370	3	12	A2, B2, C
2.5	4.5	376	4	13	A2, B3, C
3.3	5.6	423	4	14	A3, B4, C
4.5	7.5	483	5	16	A4, B5, C
6.5	10.5	510	5	18	A5, B6, C
20.0	54.5	1085	7	37	A10, B20, C

(b) 이산화탄소소화기

이산화탄소는 장기간 동안 변질, 용기의 부식 등이 없으며, 소방대상물에 오염이 없다. 다만, 인체에 영향을 주므로 좁은 공간 등에서 사용 시 주의

(c) 할로겐화합물소화기

할론1011, 할론2402, 할론1211 및 할론1301 등과 같은 소화약제를 사용하는 소화기로서 우리나라에서는 할론1211 및 할론1301 소화약제를 주로 사용

(3) 보수관리

— 설치상 주의

고온, 직사일광을 받은 장소는 피하고, 옥외에 비치할 경우에는 상자에 넣거나 커버

를 씌워 놓는 것이 좋다.

— 점검과 정비

① 안전 봉인선의 단선, 가압가스용기 봉판, 용기의 총중량 확인

② 기동레바, 노즐레바 등 작동부분 확인, 기름칠

③ 노즐이 막혀 있는지, 방사흔적 여부확인, 청소

④ 캡을 분리하고 소화약제가 굳어 있는지 확인

⑤ 축압식은 압력게이지의 지침이 녹색범위에 있는지를 확인

⑥ 외관검사시 본체 용기에 심한 녹이나 흠, 호스의 균열 확인

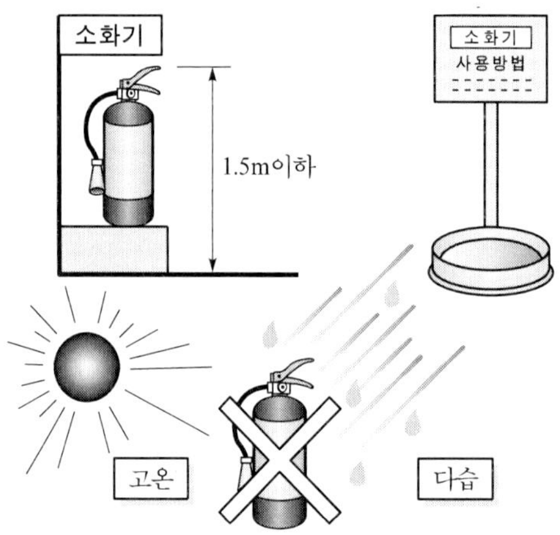

나. 자동소화장치

(1) 주거용 자동소화장치

주거용자동소화장치는 가연성가스의 누출이나 화재발생시 경보를 발하고 가연성가스의 누출을 자동으로 차단하며 화재발생시 자동으로 소화약제를 방사하여 소화하는 것으로 주로 아파트 주방에 설치됩니다.

▪ 구성 및 기능

주거용자동소화장치는 소화약제저장용기, 수신부, 탐지부, 가스누설차단장치 및 방사노즐 등으로 구성되어 있으며 가스누설을 감지하였을 때에는 자동으로 경보 및 가스를 차단하여 가스폭발 등을 예방하는 기능과 화재발생시에 경보, 가스차단 및 화재를 진압하는 기능이 있습니다.

① 수신조작부 ② 가스차단부 ③ 가스탐지부 ④ 노즐부, 온도감지부 ⑤ 소화기

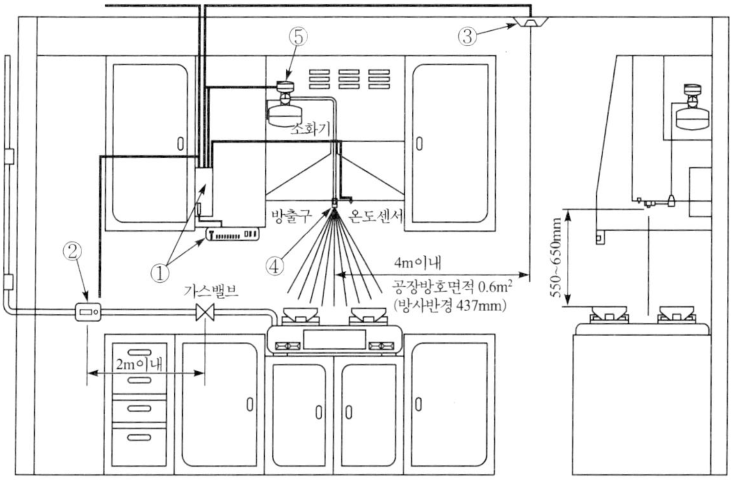

NO	Description	설치위치
1	수신부/조작부	가스렌지로부터 측면으로 0.5~1.0m
2	차단부	도면참조
3	탐지부	LNG : 천장으로부터 0.3m이내 LPG : 바닥으로부터 0.3m이내
4	온도센서/방출구	가스사용장소 중앙부
5	소화기	도면 참조

방출구 및 온도센서는 유효설치높이 범위 내 가스사용장소 중앙에 위치하도록 설치한다.

다만, 별도로 형식승인을 받은 경우에는 그 성능 인정범위 내에서 설치할 수 있다.

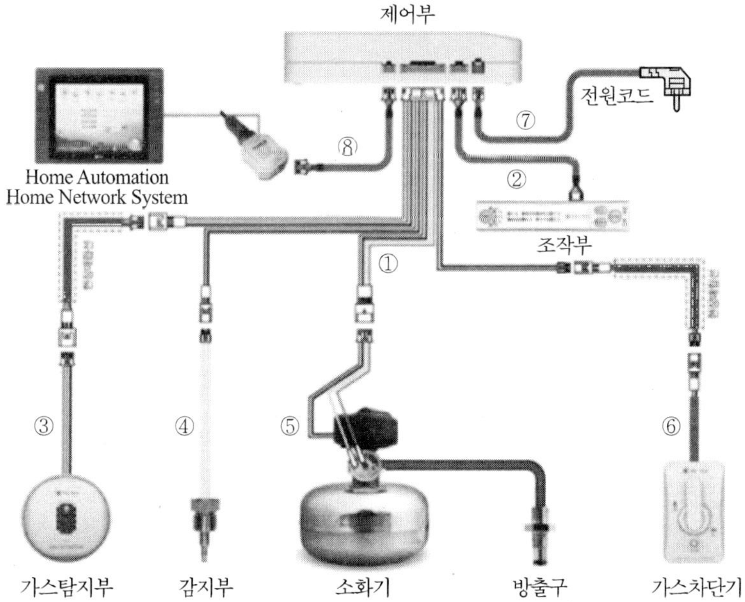

① 수신부 : 가스렌지로부터 측면으로 0.5~1M

② 차단부 : 코크밸브 이전의 배관에 설치

③ 탐지부 : LNG(천정에서), LPG(바닥에서) 0.3M이내에 설치

④ 연결후레임 ⑤ 소화기

■ 주거용자동소화장치의 분류 및 약제종류

— 방출방식에 따른 분류 • 가압형 : 가압원을 본체용기 내에 별도의 용기에 저장
• 축압형 : 가압원을 본체용기에 소화약제와 함께 저장

— 소화약제종류 : 분말, 강화액 등

■ 점검 및 정비

점검요령은 지시압력계의 바늘이 정상위치(녹색범위)에 있는지 확인하고 분사노즐이 렌지의 중심부에 위치하는지 확인하며 월1회 정도 가스탐지부에 가스를 주입하여 경보음과 동시에 가스차단기가 작동하는지 확인하십시오. 기타 점검요령은 소화기와 같은 요령에 의하며 특히 설치, 정비 및 A/S에 관한 사항은 소화기 명판에 표시된 제조업체와 상의하는 것이 좋습니다.

(2) 상업용 주방자동소화장치

상업용 주방자동소화장치는 후드, 덕트 및 레인지, 튀김기 등에서 발생하는 온도 상승을 고감도 센서로 안전하고 친환경적인 강화액(중성) 소화약제를 자동적으로 방출, 완벽히 소화하는 안정성과 신뢰성이 있는 소화장치이다.

■ 구성 : 감지부, 탐지부, 수신부, 작동장치, 가스차단장치 등

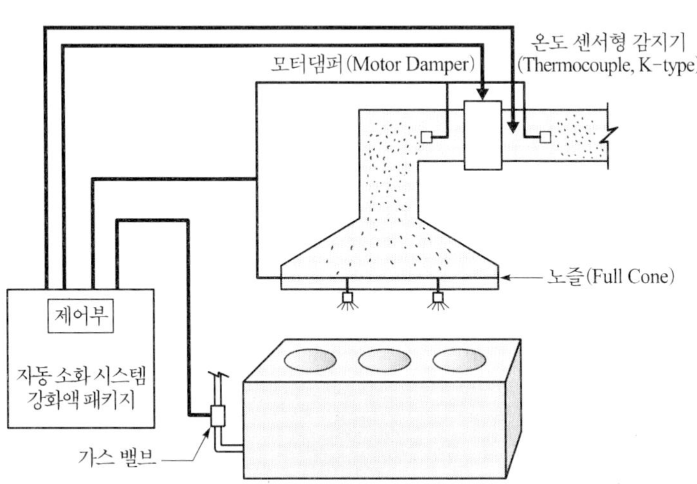

상업용 주방자동소화장치 (개략도)

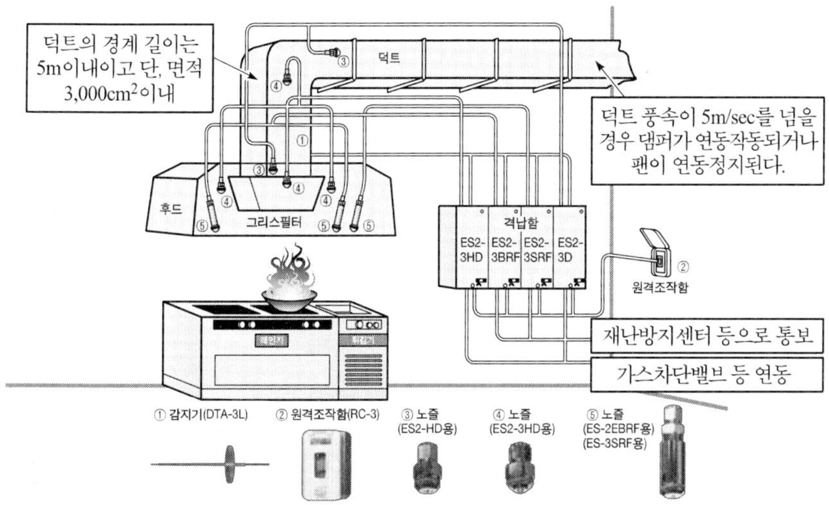

상업용 주방자동소화장치 (개략도)

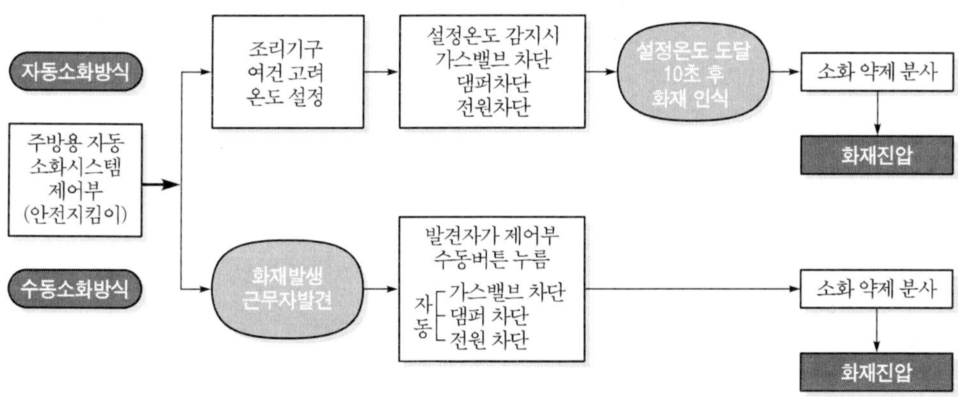

시스템 작동 원리

(3) 캐비넷형자동소화장치

열, 연기 또는 불꽃 등을 감지하여 소화약제를 방사하여 소화하는 캐비넷 형태의 소화장치를 말한다.

- 구성

  캐비넷형자동소화장치는 화재에 의하여 생기는 열 또는 연기 등을 감지하여 경보를 발하고 자동적으로 소화약제를 방사하여 소화를 행하는 고정된 소화기기를 말합니다. 캐비넷형자동소화장치는 감지부, 방출구, 방출유도관, 소화약제저장용기, 수신부, 작동장치 등으로 구성되어 있다.

■ 용도 및 소화약제

사람이 항상 거주하고 있는지의 여부에 따라 일반용(집, 사무실, 작업실, 집회실, 오락실 등에 쓰임)과 창고용(창고 등 폐쇄된 장소에 쓰임)이 있고 국내에서 생산되는 캐비넷형자동소화장치는 1병, 또는 2병의 용기에 소화약제를 저장하고 있으며 소화약제의 종류로는 이산화탄소, 하론1301, HCFC Blend A, HFC-227ea 등이 있다.

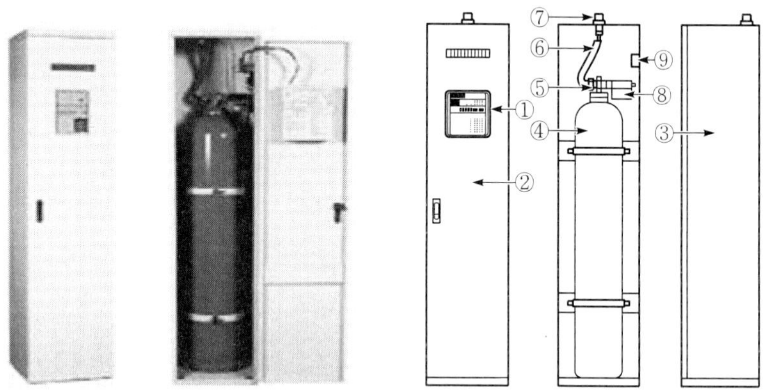

①콘트롤부 ②도어 ③외함 ④저장용기 ⑤용기밸브
⑥후렉시블튜브 ⑦방출헤드 ⑧작동장치(솔레노이드밸브) ⑨단자대 ⑩니들밸브

(4) 가스식자동소화장치

열, 연기 또는 불꽃 등을 감지하여 가스계 소화약제를 방사하여 소화하는 소화장치를 말한다.

■ 구성

(5) 분말식자동소화장치

열, 연기 또는 불꽃 등을 감지하여 분말의 소화약제를 방사하여 소화하는 소화장치를 말한다.

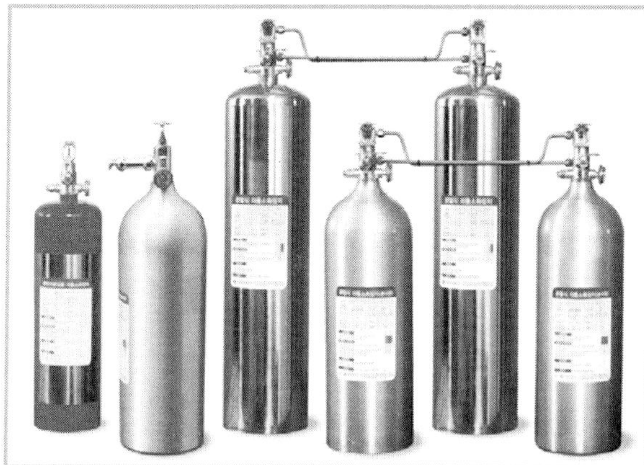

(6) 고체에어로졸식자동소화장치

열, 연기 또는 불꽃 등을 감지하여 에어로졸의 소화약제를 방사하여 소화하는 소화장치를 말한다.

■ 구성

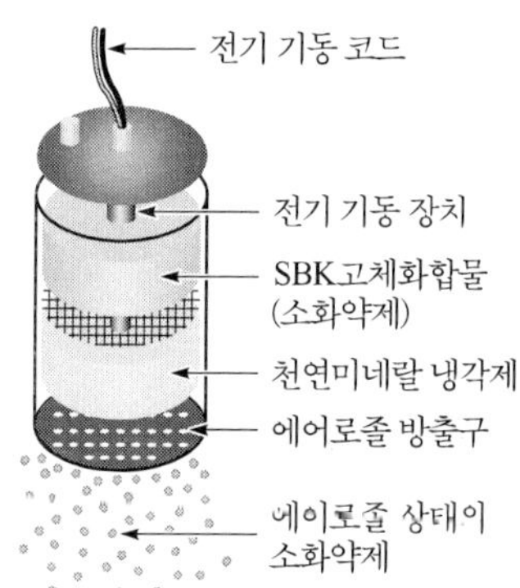

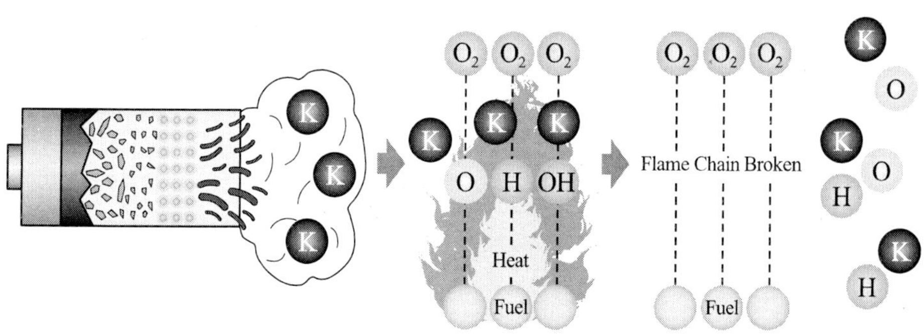

다. 소화약제

(1) 액체계통의 소화약제

(a) 물 소화약제

(b) 산, 알카리소화약제

(c) 강화액 소화약제

(d) 화학포소화약제 : 화학포소화약제는 외통제(A제)와 내통제(B제)

(e) 기계포소화약제 : 포수용액을 가압방출할 때 특수노즐을 사용하여 공기로 발포시키는 방식

(2) 고체계통의 소화약제 (분말소화약제)

(a) BC급 : 중탄산나트륨(탄산수소나트륨)을 주성분

(b) ABC급 : 인산암모늄 등 염류를 주성분. 담홍색 또는 황색

(3) 가스계통의 소화약제 : 할로겐화합물, 이산화탄소, 청정소화약제

라. 자동확산소화기 및 소화용구

(1) 투척용소화용구

(2) 자동확산소화기

(3) 에어졸식소화용구 : 소화능력단위 수치가 1단위미만

마. 방수기구

(1) 관창

소화전에 사용하는 노즐(직사 및 방사)과 소방차등에서 사용하는 관창으로 구분하고 있으나 우리나라에서는 전자와 후자를 모두 관창이라고 함

(2) 방수총

고압의 대량방수 방식에 의한 먼 거리에서의 소화작업이 필요하여 개발

(3) 소방호스

(a) 고무내장이 없는 호스 : 아마호스, 마호스

(b) 고무내장 호스 : 합성수지자켓호스, 합섬·천연교직자켓호스, 천연섬유자켓호스 등

(c) 표면가공한 고무내장호스 : 도장호스(표면 가공이 얇은 호스), 피복호스(가공층이 두꺼운 호스)

(d) 이중자켓고무내장호스(자켓이 이중으로 되어 있는 호스)

(e) 젖는호스(송수 시에 물이 조금 배어 나오는 고무내장 호스)

(4) 소방용흡수관

펌프가 양수할 때 저수조 등으로부터 소요수량을 흡입하는 도관이며 펌프차 적재용으로서 내경 76.2 ㎜(호칭75 ㎜), 길이 8~12 m, 길이 4 m의 고무 소방용흡수관이 가장 많이 사용

바 옥내소화전설비

옥내소화전설비는 건축물내의 화재 시 해당 소방대상물의 관계자·자위소방대원 또는 상시인이 이를 사용하여 화재 발화 초기에 신속하게 진압(소화)할 수 있도록 건물내에 설치되는 소화설비로서 수원·가압송수장치·배관·옥내소화전함으로 구성

사. 스프링클러설비

(1) 스프링클러헤드

(a) 스프링클러헤드의 종류

- 폐쇄형헤드
  - 후레임형
    - 하향형
    - 상향형
    - 상하양용형
  - 멀티플형
    - 하향형
- 측벽형헤드
  - 수직형
  - 수평형
- 개방형헤드
- 산업용헤드(ESFR, ELO, LO 등) — 상향형, 하향형, 측벽형

(b) 스프링클러헤드의 표시온도 및 최고주위온도 구분

- 작동온도 = 표시온도 ± 3 %이내
- 부착장소의 최고주위온도

부착장소의 최고주위온도(℃)	사용되는 스프링클러헤드의 표시온도(℃)
39 미만	79 미만
39 이상 64 미만	79 이상 121 미만
64 이상 106 미만	121 이상 162 미만
106 이상	162 이상

(c) 스프링클러헤드의 분류

■ 설치장소 및 사용목적(FM, UL 분류기준)에 의한 분류

— 스프링클러헤드(Standard Sprinkler Head)
상향, 하향, 측병형으로 설치되며 살수형태는 아래쪽으로 우산 모양이 되게 설계된 스프링클러헤드

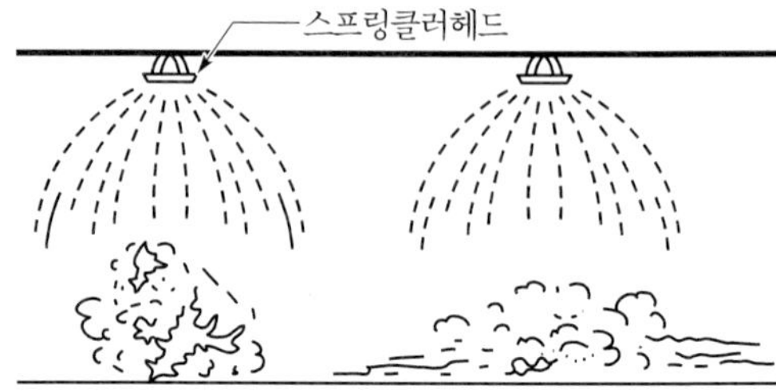

— 확장형스프링클러헤드(EC : Extended Coverage Sprinkler Head)
표준 공간보다 넓은 곳에 사용하기 위한 것으로서 감열체의 반응시간이 표준 공간에 사용되는 표준형스프링클러헤드 보다 같거나 짧고, 규정된 최소 방출유량이 장애물이 없는 천장의 규정된 적용면적에 걸쳐 살수되는 스프링클러헤드

— 주거용스프링클러헤드
주거지역에 설치할 목적으로 제작한 스프링클러헤드

— 조기화재진압형 스프링클러헤드(ESFR)
일정한 규모(13.7 m이하)의 랙크식 창고에서 화재가 발생할 경우 초기 진압에 적절하도록 조기반응형 감열체(RTI : 50이하)를 사용하고 대유량의 물을 살수하여 화재를 소화할 수 있도록 만든 스프링클러헤드

— 개방형스프링클러헤드(Open Sprinkler Head)
감열체를 갖고 있지 않고 방수구(오리피스)가 개방되어 있는 헤드

■ 살수형태에 의한 분류

— 구형스프링클러헤드(Old Style Sprinkler Head)
상향 또는 하향으로 천정에 설치되는 스프링클러헤드로서 방수량이 상향으로 40 %, 하향으로 60 %가 방수되도록 제조

— 하향형스프링클러헤드(Pendent Sprinkler Head)
방수구(오리피스) 하부에 디플렉터가 위치하고, 방출된 물이 아래로 살수되도록 설치

— 상향형스프링클러헤드(Upright Sprinkler Head)

방수구(오리피스) 위에 디플렉터가 위치하고 물이 오리피스를 통해 위로 살수되도록 설치

— 측벽형스프링클러헤드(Sidewall Sprinkler Head)

벽이나 천장 가까이에 설치되는 스프링클러헤드로서 벽 안쪽 및 1/4원 모양으로 살수되는 스프링클러헤드

(2) 자동경보장치

스프링클러헤드개방에 따른 배관내의 유수와 압력변동에 의해 벨·부저·사이렌·경종등의 음향경보를 발하여 화재발생을 알리고, 동시에 작동표시

(3) 유수검지장치

스프링클러헤드로부터 방수에 의한 유수검지 신호를 발신하는 장치로서 소화 개시를 알려주는 주요기기

(4) 일제개방밸브

개방형스프링클러설비에서 일제개방밸브의 개방에 의해 스프링클러헤드 전체 또는 임의로 구획한 부분의 스프링클러헤드 전체에서 동시에 방수

(5) 패들형 검지장치

유수검지장치와 스프링클러헤드 사이(2차측)에 설치되어 스프링클러헤드가 작동되거나 누수 등이 발생할 때에는 2차측 유수현상을 검지하여 화재발생을 알리는 기능과 제어반에 신호를 전달하여 펌프를 기동하는 역할

(6) 압력챔버(기동용수압개폐장치)

소화설비의 배관내의 압력변동을 검지하여 자동적으로 펌프를 가동 또는 정지시키는 수압개폐장치

아. 물분무소화설비

물분무소화설비의 장치 및 구성은 개방형스프링클러설비와 같으나, 사용되는 헤드가 개방형스프링클러 대신 물분무헤드인 점에 차이점이 있다. 이 설비는 화재 시 물분무헤드에서 미립자의 물을 무상으로 방사하여 소화하는 설비로서 냉각작용, 질식작용, 희석작용을 한다. 주로 가연성액체, 전기설비 등의 화재에 유효하며 소화 및 연소방지의 목적으로 사용되는 설비도 있다.

자. 포소화설비

포소화설비는 수원, 가압송수장치, 소화약제혼합장치, 포헤드(포방출구장치), 포소화약제 및 저장탱크, 배관, 화재감지장치, 유수검지장치, 일제개방밸브, 화재수신반, 제어반등으로 구성

(1) 포소화설비계통도의 설명

포원액을 포원액 탱크에 저장하고, 포원액을 혼합장치에서 적정농도의 포수용액으로 하여 포노즐, 포헤드, 또는 포발생기등으로 방수한다. 또한 화재감지용스프링클러헤드의 작동 또는 수동기동장치에 의하여 개방되면 유수검지장치, 일제개방밸브가 작동되어 포헤드에서 포수용액을 분무상태로 만들어 방사한다. 이때 포수용액은 포헤드의 작동에 의해 주변공기를 흡입하여 대량의 포가 되어 소화한다.

(2) 포소화약제의 종류

기계포(또는 공기포)로 호칭되는 단백포소화약제, 합성계면활성제계포소화약제로 크게 나누어져 있으며, 합성계면활성제계포소화약제는 수성막포소화약제와 합성계면활성제포소화약제로 분리

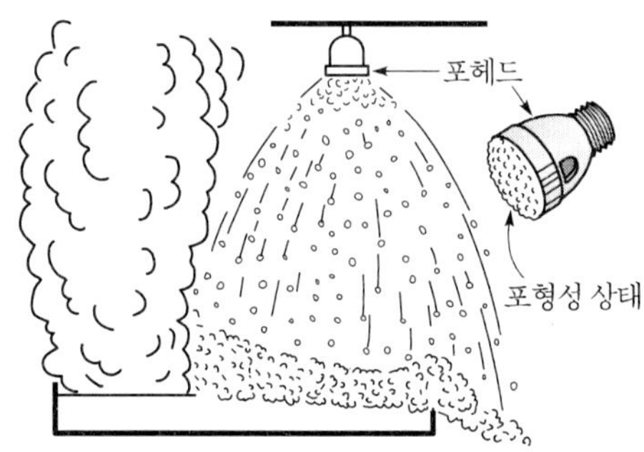

차. 이산화탄소소화설비

무색·무취의 이산화탄소(CO_2) 성상을 소화약제로 이용해서 소화대상물을 한계산소농도 이하로 하여 질식소화 시키는 설비

① 가연성 액체 및 가연성 가스,
② 변압기, 스위치, 회로차단기, 회전기기, 발전기 등의 전기설비
③ 가솔린 등의 액체연료를 사용하는 엔진
④ 종이, 목재, 섬유류 등의 일반 가연물
⑤ 고체 위험물 등

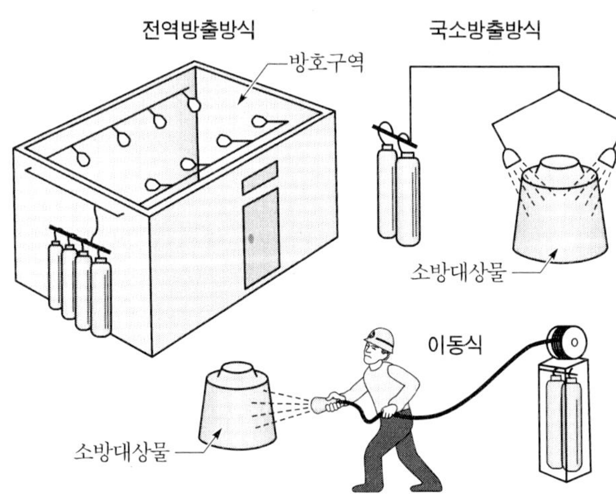

카. 할로겐화합물소화설비

- 고가의 소화약제로서 항공기, 컴퓨터실, 전기실등에 주로 많이 사용
- 최초로 항공기 탑재용 소화설비로서 개발된 것이며, 단위용적당의 소화력이 크고 또한 액체연료가 화재에 대하여 소화시간이 짧으며, 내식성이 크고 내금속부식성, 안전성, 휘발성 등이 크며 방사 후에 오염과 소화 흔적이 전혀 없음

2. 경보설비

가. 자동화재탐지설비

(1) 자동화재탐지설비의 개요

자동화재탐지설비는 화재시 발생하는 열, 연기 또는 불꽃을 이용하여 화재의 초기현상을 조기에 감지하여 소방대상물의 관계자에 통보하여 주는 설비로서 감지기, 발신기, 중계기, 수신기, 음향장치(경종) 등으로 구성

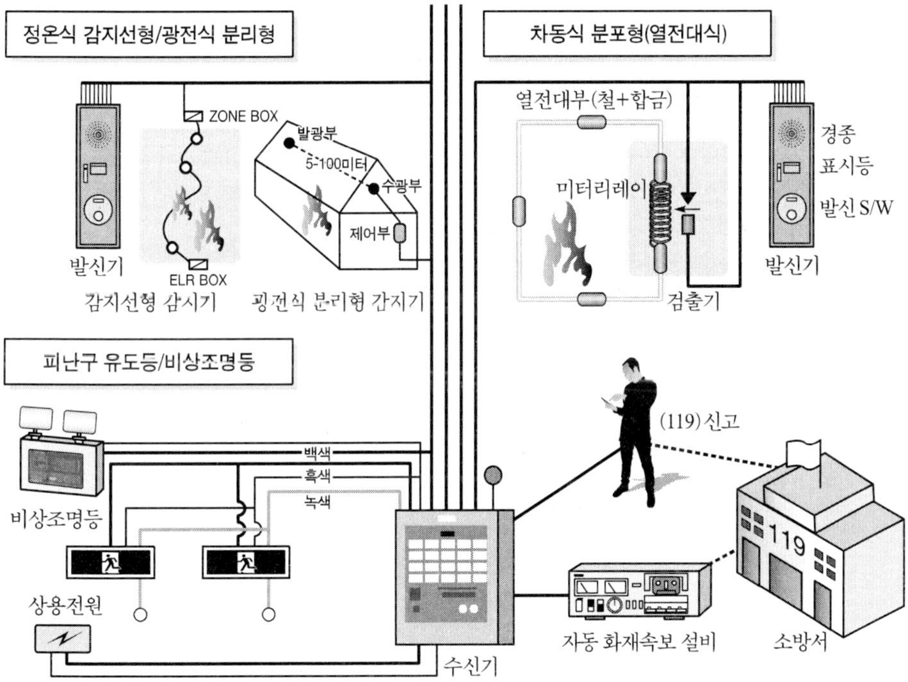

(2) 자동화재탐지설비에 사용되는 소방기기의 종류

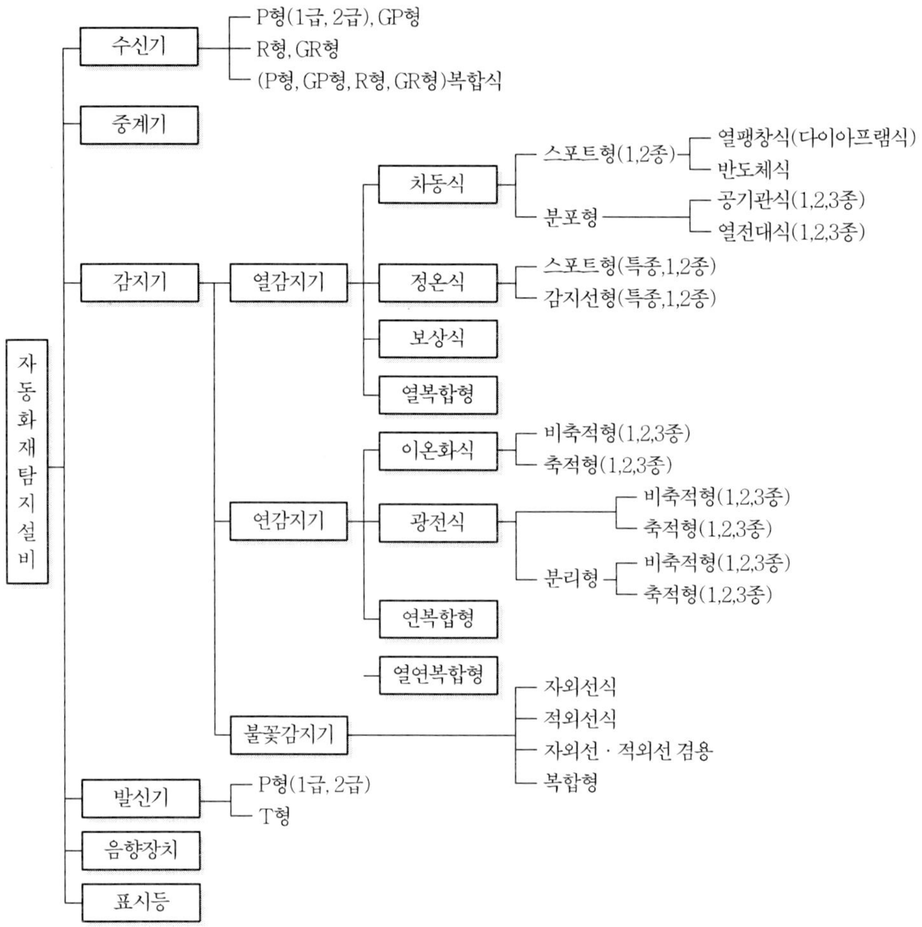

(a) 수신기

P형1급, P형2급, R형, M형, GP형, GR형, 복합형, 간이형으로 구분

(b) 중계기

중계기는 감지기나발신기에서 발신하는 화재신호나 가스누설경보기의 탐지부에서 발하는 가스누설신호를 수신하여 수신기에 중계하는 역할

(c) 감지기

① 열감지기

— 차동식스포트형감지기

일국소의 주위온도가 일정한 온도상승율 이상이 되었을 경우 작동하는 것으로

공기팽창식과 반도체식이 있다.

— 차동식분포형감지기(공기관식)

누적된 주위온도가 일정한 온도상승율 이상이 되었을 경우 작동하는 감지기로서 감지부(공기관)와 검출부로 구성

— 정온식스포트형감지기

일국소지역의 주위온도가 일정한 온도 이상이 되었을 경우에 작동하는 감지기로서 바이메탈 이용한 것과 반도체를 이용한 것이 있다.

— 정온식감지선형감지기

2개의 선을 전기적으로 절연하고 일정온도에 녹는 물질로 감싼 것으로 외관은 전선상태로 되어 있으며, 열을 받게되면 절연물이 녹아 2개의 선이 접촉(비재용형)

② 연기감지기

— 광전식감지기

감지기 주위의 공기가 일정한 농도의 연기를 포함하게 되면 연기에 의하여 광전소자의 수광량이 변화하여 작동하는 감지기로서 수광부와 발광부가 일체로 되어 있는 것과 분리되어 있는 것(분리형)이 있음

— 이온화식감지기

감지기 주위의 공기가 일정한 농도의 연기를 포함하게 되면 연기에 의하여 이온전류가 변화되어 작동하는 감지기

③ 불꽃감지기

불꽃감지기는 화재시의 불꽃에서 방사되는 불꽃의 변화가 일정량 이상이 되었을 때 회재신호를 발신하는 것으로서 자외선식, 적외선식, 자외선·적외선겸용, 복합형으로 구분

— 적외선불꽃감지기(Infrared Flame Dector : IR)

- 일반적으로 2.5 ㎛~2.8 ㎛ , 4.2 ㎛~4.5 ㎛ 파장을 검출

— 자외선불꽃감지기(Ultraviolt Flame Dector : UV)

- 일반적으로 0.18 ㎛~0.26 ㎛ 파장을 검출

(c) 발신기

P형은 수신기와 전화연락이 가능한 1급과 불가능한 2급으로 구분

(d) 경종

수신기 부근이나 내부에 설치되는 주경종과 소방대상물의 복도나 계단 등에 설치되는 지구경종

나. 가스누설경보기

가스가 누설되는 것을 탐지하여 경보하여 주는 장치로서 구조에 따라 단독형(가정용)과 분리형(영업용, 공업용)으로 구분

다. 누전경보기

전기에 기인하는 누전을 탐지하여 경보해 주는 장치로서 영상변류기(검출부)와 수신기(증폭부, 계전기부)로 구성되어 있으며, 모든 장소에 설치 가능한 1급과 경계전로의 정격전류가 60 A 이하의 장소에 설치하는 2급으로 구분

3. 피난설비

가. 유도등

유도등은 화재 발생시 관계자 및 이용자가 안전한 장소로 피난할 수 있도록 피난구 및 피난경로를 밝혀주는 "등(燈)"으로서 정상상태에서는 상용전원 (AC전원)에 의하여 켜지고 상용전원이 정전되는 경우에는 내부에 설치된 예비전원(배터리)으로 자동전환되어 램프가 켜지는 장치로서 예비전원은 충전회로에 의해 상시 충전되고 있다.

(1) 유도등은 피난구, 통로, 객석유도등으로 구분

(2) 통로유도등은 거실통로, 복도통로, 계단통로유도등으로 구분

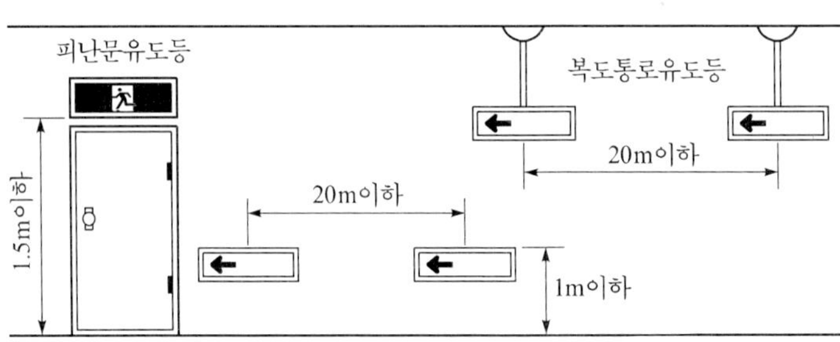

나. 비상조명등

비상조명등은 화재발생 등의 비상시 또는 정전 시에 안전하고 원활한 피난활동을 할 수 있도록 하기 위하여 평상시에는 상용전원으로 예비전원을 충전하고 있다가 정전 시에 예비전원으로 자동전환 되어 램프가 점등 되도록 설계 되어있으며 또한 예비전원을 감시하는 회로가 내장되어 예비전원의 상태를 항시 감시 할 수 있다. 비상조명등의 광원은 형광등식과 백열전구식이 있으며 또한 점등방법에 따라 예비전원으로만 점등시킬 수 있는 전용형과 상용전원으로도 점등시킬 수 있는 겸용형이 있다.

다. 금속제 피난사다리

피난사다리는 화재 시 긴급대피에 사용하는 금속제사다리를 말하며, 소방대상물에 고정·반고정하여 사용하거나 이동하여 벽등에 기대어 세우는 방식으로 사용되는 피난기구이다.

(1) 고정식피난사다리, 올림식피난사다리, 내림식피난사다리로 구별할 수 있으며 구조에 따라서는 수납식, 접는식, 신축식 등으로 구분

(2) 수납식 : 횡봉을 종봉내에 수납해 두었다가 사용할 때 횡봉을 꺼내어 사용하는 고정식사다리

(3) 접는식 : 사다리의 하부가 접는 구조로 되어 있는 고정식사다리

(4) 신축식 : 사다리의 하부가 신축할 수 있는 구조로 되어 있는 고정식사다리

라. 구조대

구조대는 포지 등을 사용하여 자루형태로 만든 것으로서 화재 시 사용자가 그 내부에 들어가서 타고 내려옴으로서 대피할 수 있는 것을 말하며, 피난계단이 화재와 연기 때문에 사용할 수 없을 때 직접 지상으로의 피난이 가능하도록 한다. 주로 피난이 늦어진 사람들의 구출을 목적으로 한 피난기구이다.

(1) 경사강하식구조대

소방대상물에 비스듬하게 고정시키거나 설치하여 사용자가 미끄럼식으로 타고 내려옴으로서 대피할 수 있는 구조대를 말한다.

(2) 수직강하식구조대

소방대상물(옥내·옥외) 또는 소방자동차등에 수직으로 설치하여 사용하며, 사용자의 강하속도를 포지본체 내부에 설치된 스프링, 스판고무 등으로 긴박하여 완화시키거나 강하방향을 연속적으로 바꾸어 감속시켜줌으로서 피난할 수 있는 구조대를 말한다.

마. 완강기

피난기구는 어떤 조건하에서도 사람의 손을 빌리지 않고 간단한 조작으로 안전하게 피난할 수 있는 것이어야만 한다. 그 목적을 위해 고안된 것이 완강기이다. 현재는 그 특성을 살려 소방대가 고층에서 구조하기 위한 구조기구로서도 사용할 수 있게 되었다.

(1) 완강기

지지대에 걸어서 사용자의 몸무게에 의하여 자동적으로 내려올 수 있는 기구중 사용자가 교대하여 연속적으로 사용할 수 있는 것을 말한다.

(2) 간이완강기

지지대 또는 단단한 물체에 걸어서 사용자의 몸무게에 의하여 자동적으로 내려올 수 있는 기구중 사용자가 교대하여 연속적으로 사용할 수 없는 일회용의 것을 말한다.

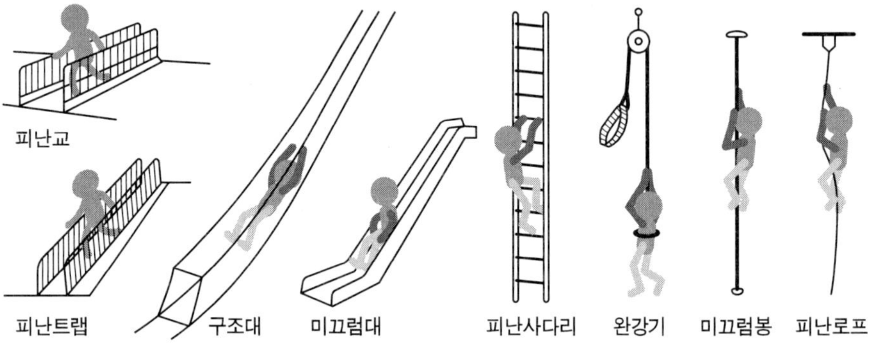

바. 공기호흡기

소화활동 시 화재로 인하여 발생하는 각종 유독가스 환경하에서 일정시간동안 인명구조활동 등에 사용할 수 있도록 제조된 압축공기식개인호흡장비로서 면체, 고압공기용기, 공급밸브, 배기밸브, 감압밸브, 등지개, 압력지시계, 경보장치, 급기호스 등으로 구성된 것을 말한다. 공기호흡기의 최고충전압력은 150 kg/㎠이상으로 충전하여 분당 40 L씩 호흡 시 용기별로 30분, 40분, 50분 이상 사용할 수 있는 용량이어야 한다.

(1) 음압형 공기호흡기

흡기 시에 열리고 흡기가 정지 했을때 및 배기할 때에 닫히는 디맨드밸브를 갖춘 공기호흡기

(2) 양압형 공기호흡기

면체내의 압력이 외기압보다 항상 일정한 압력만큼 높은 것으로서 면체내의 압력이 일정압력 이하가 되면 작동되는 압력디맨드밸브를 갖춘 공기호흡기

4. 소화활동설비

소화활동설비는 화재진압활동상 필요한 보조설비를 말하며, 제연설비·연결송수관설비·연결살수설비·비상콘센트설비·무선통신보조설비로 분류

가. 제연설비

화재 시에 발생하는 연기로 인한 피해에는 시각장해, 유독가스와 열기가스에 의한 생리적 영향 등이 있다. 즉연기속에서는 피난경로가 보이지 않고 유독가스로 인해 신체의 부자유, 열

기가스를 호흡함으로 인한 호흡기의 손상이 온다. 제연설비의 목적은 옥외로 연기를 배출하거나 피난계단 등 방호구역내에 연기의 침투를 막음으로서 피해를 감소시키고 거주자의안전한 피난을 확보하며 소방대의 소화활동을 용이하게 한다.

나. 연결살수설비

연결살수설비는 소방활동상 필요한 시설로서 송수구, 살수헤드 및 이들을 연결하는 배관 등으로 구성되고 가압송수장치가 필요없는 설비이다. 화재시 송수구에 연결되는 소방펌프자동차(송수능력은 소방펌프의형식승인및검정기술에서 정하는 B-1급 이상의 펌프로 한다)에서의 송수에 의하여 배관을 지나 해당 설비의 송수구역에 부착된 살수헤드에서 일정범위의 유량을 살수함에 따라 소방대의 유효한 소방작업 및 활동을 행할 수 있도록 설치된 연결살수설비이다.

다. 연결송수관설비

연결송수관설비는 일반적으로는 연소가 확대된 화재에 대해 소방대의 도착에 따라 소방활동을 용이하게 하기 위하여 설치하는 것이다. 연결송수관설비는 소방대상물의 외벽 등에 설치되는 것으로서 쌍구형송수구와 배관 및 소방대상물의 소정의 위치에 설치된 방수구로 구성된다. 특히 송수구는 소방펌프자동차의 접근이 용이한 장소에 설치하여야 하며, 방수구는 그 층의 모든 부분에서 방수구까지의 수평거리가 50 m 반경의 원으로 포함할 수 있는 위치(아케이드 또는 도로용으로 공유되어 있는 부분은 25 m)에 설치하여야 한다. 또한 일반소방대상물에 설치한 방수구는 계단실, 비상용 엘리베이터 승강로비, 기타 이와 유사한 장소에서 소방대가 유효하게 소방활동을 할 수 있는 위치에 설치한다.

라. 비상콘센트설비

고층 건축물은 구조상의 특수성 때문에 창문이 거의 닫혀있는 상태로 되어 있는 경우가 많아 일단 불이나면 연기가 건축물내에 가득차게 되므로 내부에 있는 사람의 피난이나 초기 소화활동에 많은 위험성이 잠재해 있다. 또한 고층부분에서는 소방펌프사다리자동차도 기능을 발휘할 수 없기 때문에 소방대의 소방활동도 저해받는 상태이다. 따라서 고층 건축물에는 당연히 다른 일반 건축물에 비해서 보다 많은 방재설비가 설치되어 있다.

마. 무선통신보조설비

지하가 터널, 광도내와 같은 장소에서 무선통신기기를 사용해서 지상과 교신을 할 경우 전파가 건축물의 벽면 등에 막히기 때문에 통화가 대단히 곤란하다. 이와 같은 장소에 미리 「안

테나」를 설치하여 지상과의 연락을 용이하게 하도록 하는 설비이다.

바. 연소방지설비

연소방지설비는 창고지역, 기타 연소위험이 있는 장소에 접하는 경우 외부에서 개구부, 창 등을 통하여 화재가 확산하지 않도록 하는데 목적이 있다. 또한 아파트나 건축물 또는 인접상가지역에서의 화재발생시 개구부등을 방호하기 위한 것과 전력, 통신용의 전선이나 가스, 냉난방용 배관 또는 이와 동등한 것을 집합적으로 수용하기 위해 설치되는 공작물 등의 화재 및 연소 등을 미연에 예방하기 위하여 설치하는 설비로서 스프링클러설비와 유사하며 구성은 송수구, 배관, 헤드 등으로 구성되어 있다.

3.1 소화기구

화재예방, 소방시설 설치유지 및 안전관리에 관한 법률(이하 "법"이라 한다) 제9조제1항 및 동법시행령(이하 "영"이라 한다) 별표1 소방시설 1. 소화설비의 가, 소화기구의 규정에 따른 소화기구로서 초기의 화재를 소화할 목적으로 사용하는 기구이다. 물, 기타 소화약제를 압력에 의하여 방사함으로서 소화를 하는 기구로 사람이 조작하는 기구를 말하며, 소화기·자동소화장치·간이소화용구 등으로 구분하고 화재별 적응소화기는 다음 표 3.1.1과 같다.

표 3.1.1. 화재별 적응소화기의 분류

화재의 종류	적응소화기
일반화재(A급)	포말, ABC분말, 물, 강화액, 산알카리
유류화재(B급)	포말, BC분말, ABC분말, 강화액, CO_2, 할로겐화합물
전기화재(C급)	ABC분말, BC분말, 강화액, CO_2, 할로겐화합물
금속화재(D급)	분말, CO_2, 할로겐화합물, 간이소화용구
가스화재(E급)	분말, CO_2, 할로겐화합물
주방화재(K급)	ABC분말, BC분말, 강화액 등

가. 적응화재

화재의 종류를 3가지로 구분하는데, A급 화재는 종이, 나무 등과 같이 타고 나서 재가 남는 일반 화재, B급 화재는 기름, 알코올 등과 같이 타고나서 재가 남지 않는 유류화재, C급 화재는 전기설비에서 일어나는 전기화재를 의미하며 적용되는 소화기도 다르게 된다. 따라서 규칙에 의해서 소화기의 표면에 그 적응성을 표시하도록 되어 있다.

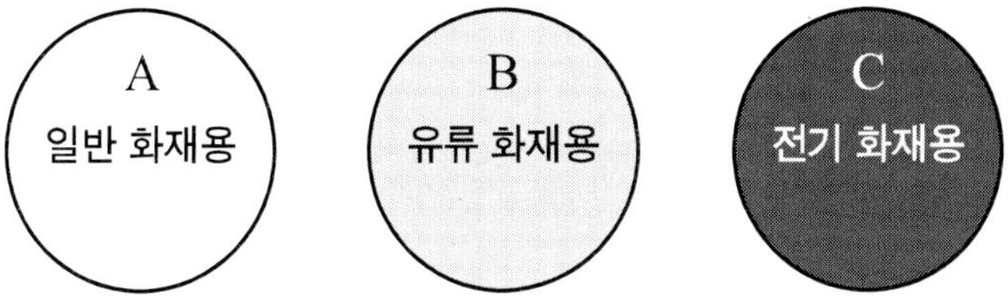

그림에서와 같이 A급화재용은 백색바탕의 원에 A일반화재용, B급화재용은 황색바탕의 원에 B급유류화재용이라 표시하고, C급화재용은 청색바탕의 원에 C급 전기화재용이라 표시한다.

나. 소화능력 단위

소화기의 소화능력에 표시하는 것으로 소화능력 단위가 사용되는데 이것은 소화기마다 시험을 거쳐 합격하여야 당해 능력단위를 인정하게 되는데 이러한 시험은 A급 화재, B급 화재 소화능력 단위시험을 실시한 결과에 의해서 능력단위를 인정하며, C급 화재에 대한 능력단위는 없고 방사된 소화약제가 절연성이면 C급 화재에 적용되는 것으로 표시된다.

다. 용어의 정의

1. "소화약제"란 소화기구에 사용되는 소화성능이 있는 고체·액체 및 기체의 물질을 말한다.
2. "소화기"란 소화약제를 압력에 따라 방사하는 기구로서 사람이 수동으로 조작하여 소화하는 다음 각 목의 것을 말한다.
   가) "소형소화기"란 능력단위가 1단위 이상이고 대형소화기의 능력단위 미만인 소화기를 말한다.
   나) "대형소화기"란 화재 시 사람이 운반할 수 있도록 운반대와 바퀴가 설치되어 있고 능력단위가 A급 10단위 이상, B급 20단위 이상인 소화기를 말한다.
3. "자동소화장치"란 소화약제를 자동으로 방사하는 고정된 소화장치로서 법 제36조 또는 제39조에 따라 형식승인이나 성능인증을 받은 유효설치 범위(설계방호체적, 최대설치높이, 방호면적 등을 말한다) 이내에 설치하여 소화하는 다음 각 목의 것을 말한다.
   가) "주거용 주방자동소화장치"란 주거용 주방에 설치된 열발생 조리기구의 사용으로 인한 화재 발생 시 열원(전기 또는 가스)을 자동으로 차단하며 소화약제를 방출하는 소화장치를 말한다.
   나) "상업용 주방자동소화장치"란 상업용 주방에 설치된 열발생 조리기구의 사용으로 인한 화재 발생 시 열원(전기 또는 가스)을 자동으로 차단하며 소화약제를 방출하는 소화장치를 말한다.

다) "캐비닛형 자동소화장치"란 열, 연기 또는 불꽃 등을 감지하여 소화약제를 방사하여 소화하는 캐비닛형태의 소화장치를 말한다.

라) "가스자동소화장치"란 열, 연기 또는 불꽃 등을 감지하여 가스계 소화약제를 방사하여 소화하는 소화장치를 말한다.

마) "분말자동소화장치"란 열, 연기 또는 불꽃 등을 감지하여 분말의 소화약제를 방사하여 소화하는 소화장치를 말한다.

바) "고체에어로졸자동소화장치"란 열, 연기 또는 불꽃 등을 감지하여 에어로졸의 소화약제를 방사하여 소화하는 소화장치를 말한다.

4. "간이소화용구"란 에어로졸식소화용구, 투척용소화용구 및 소화약제 외의 것을 이용한 소화용구를 말한다.
5. "거실"이란 거주·집무·작업·집회·오락 그 밖에 이와 유사한 목적을 위하여 사용하는 방을 말한다.
6. "능력단위"란 소화기 및 소화약제에 따른 간이소화용구에 있어서는법 제36조 제1항에 따라 형식승인 된 수치를 말하며, 소화약제 외의 것을 이용한 간이소화용구에 있어서는 별표 2에 따른 수치를 말한다.
7. "일반화재(A급 화재)"란 나무, 섬유, 종이, 고무, 플라스틱류와 같은 일반 가연물이 타고 나서 재가 남는 화재를 말한다. 일반화재에 대한 소화기의 적응 화재별 표시는 'A'로 표시한다.
8. "유류화재(B급 화재)"란 인화성 액체, 가연성 액체, 석유 그리스, 타르, 오일, 유성도료, 솔벤트, 래커, 알코올 및 인화성 가스와 같은 유류가 타고 나서 재가 남지 않는 화재를 말한다. 유류화재에 대한 소화기의 적응 화재별 표시는 'B'로 표시한다.
9. "전기화재(C급 화재)"란 전류가 흐르고 있는 전기기기, 배선과 관련된 화재를 말한다. 전기화재에 대한 소화기의 적응 화재별 표시는 'C'로 표시한다.
10. "주방화재(K급 화재)"란 주방에서 동식물유를 취급하는 조리기구에서 일어나는 화재를 말한다. 주방화재에 대한 소화기의 적응 화재별 표시는 'K'로 표시한다.

라. 소화기구의 설치기준

1. 특정소방대상물의 설치장소에 따라 별표 1에 적합한 종류의 것으로 할 것
2. 특정소방대상물에 따라 소화기구의 능력단위는 별표 3의 기준에 따를 것
3. 제2호에 따른 능력단위 외에 별표 4에 따라 부속용도별로 사용되는 부분에 대하여는 소화기구를 추가하여 설치할 것
4. 소화기는 다음 각 목의 기준에 따라 설치할 것

가. 각층마다 설치하되, 특정소방대상물의 각 부분으로부터 1개의 소화기까지의 보행거리가 소형소화기의 경우에는 20m 이내, 대형소화기의 경우에는 30m 이내가 되도록 배치할 것. 다만, 가연성물질이 없는 작업장의 경우에는 작업장의 실정에 맞게 보행거리를 완화하여 배치할 수 있으며, 지하구의 경우에는 화재발생의 우려가 있거나 사람의 접근이 쉬운 장소에 한하여 설치할 수 있다

나. 특정소방대상물의 각층이 2 이상의 거실로 구획된 경우에는 가목의 규정에 따라 각 층마다 설치하는 것 외에 바닥면적이 33㎡ 이상으로 구획된 각 거실(아파트의 경우에는 각 세대를 말한다)에도 배치할 것

다. 〈삭제〉

5. 능력단위가 2단위 이상이 되도록 소화기를 설치하여야 할 특정소방대상물 또는 그 부분에 있어서는 간이소화용구의 능력단위가 전체 능력단위의 2분의 1을 초과하지 아니하게 할 것 다만, 노유자시설의 경우에는 그렇지 않다.

6. 소화기구(자동소화장치를 제외한다)는 거주자 등이 손쉽게 사용할 수 있는 장소에 바닥으로부터 높이 1.5m 이하의 곳에 비치하고, 소화기에 있어서는 "소화기", 투척용소화용구에 있어서는 "투척용소화용구", 마른모래에 있어서는 "소화용모래", 팽창질석 및 팽창진주암에 있어서는 "소화질석"이라고 표시한 표지를 보기 쉬운 곳에 부착할 것

7. 주방용자동소화장치는 아파트의 각 세대별 주방 및 오피스텔의 각실 별 주방에 다음 각 목의 기준에 따라 설치할 것

가. 소화약제 방출구는 환기구(주방에서 발생하는 열기류 등을 밖으로 배출하는 장치를 말한다. 이하 같다)의 청소부분과 분리되어 있어야 하며, 형식승인 받은 유효설치 높이 및 방호면적에 따라 설치할 것

나. 감지부는 형식승인 받은 유효한 높이 및 위치에 설치할 것

다. 가스차단장치는 주방배관의 개폐밸브로부터 2m 이하의 위치에 설치하되, 상시 확인 및 점검이 가능하도록 설치할 것

라. 탐지부는 수신부와 분리하여 설치하되, 공기보다 가벼운 가스를 사용하는 경우에는 천장 면으로부터 30㎝ 이하의 위치에 설치하고, 공기보다 무거운 가스를 사용하는 장소에는 바닥 면으로부터 30㎝ 이하의 위치에 설치할 것

마. 수신부는 주위의 열기류 또는 습기 등과 주위온도에 영향을 받지 아니하고 사용자가 상시 볼 수 있는 장소에 설치할 것

8. 캐비넷형자동소화장치는 다음 각 목의 기준에 따라 설치하여야 한다.

가. 분사헤드의 설치 높이는 방호구역의 바닥으로부터 최소 0.2m 이상 최대 3.7m 이하

로 하여야 한다. 다만, 별도의 높이로 형식승인 받은 경우에는 그 범위 내에서 설치할 수 있다.

나. 화재감지기는 방호구역내의 천장 또는 옥내에 면하는 부분에 설치하되 「자동화재탐지설비의 화재안전기준(NFSC 203)」 제7조에 적합하도록 설치할 것

다. 방호구역내의 화재감지기의 감지에 따라 작동되도록 할 것

라. 화재감지기의 회로는 교차회로방식으로 설치할 것. 다만, 화재감지기를 「자동화재탐지설비의 화재안전기준(NFSC 203)」 제7조 제1항 단서의 각 호의 감지기로 설치하는 경우에는 그러하지 아니하다.

마. 교차회로내의 각 화재감지기회로별로 설치된 화재감지기 1개가 담당하는 바닥면적은 「자동화재탐지설비의 화재안전기준(NFSC 203)」 제7조 제3항 제5호·제8호 및 제10호에 따른 바닥면적으로 할 것

바. 개구부 및 통기구(환기장치를 포함한다. 이하 같다)를 설치한 것에 있어서는 약제가 방사되기 전에 해당 개구부 및 통기구를 자동으로 폐쇄할 수 있도록 할 것. 다만, 가스압에 의하여 폐쇄되는 것은 소화약제방출과 동시에 폐쇄할 수 있다.

사. 작동에 지장이 없도록 견고하게 고정시킬 것

아. 구획된 장소의 방호체적 이상을 방호할 수 있는 소화성능이 있을 것

9. 가스식, 분말식, 고체에어로졸식 자동소화장치는 다음 각 목의 기준에 따라 설치하여야 한다.

가. 소화약제 방출구는 형식승인 받은 유효설치범위 내에 설치할 것

나. 자동소화장치는 방호구역내에 형식승인 된 1개의 제품을 설치할 것. 이 경우 연동방식으로서 하나의 형식을 받은 경우에는 1개의 제품으로 본다.

다. 감지부는 형식승인된 유효설치범위 내에 설치하여야 하며 설치장소의 평상시 최고주위온도에 따라 다음 표에 따른 표시온도의 것으로 설치할 것. 다만, 열감지선의 감지부는 형식승인 받은 최고주위온도범위 내에 설치하여야 한다.

표 3.1.2. 설치장소의 최고주위온도에 따른 표시온도

설치장소의 최고주위온도	표시온도
39°C 미만	79°C 미만
39°C 이상 64°C 미만	79°C 이상 121°C 미만
64°C 이상 106°C 미만	121°C 이상 162°C 미만
106°C 이상	162°C 이상

라. 다목에도 불구하고 화재감지기를 감지부를 사용하는 경우에는 제8호 나목부터 마목까지의 설치방법에 따를 것

10. 이산화탄소 또는 할로겐화합물(할론 1301과 청정소화약제를 제외한다)을 방사하는 소화기구(자동확산소화장치를 제외한다)는 지하층이나 무창층 또는 밀폐된 거실로서 그 바닥면적이 20㎡ 미만의 장소에는 설치할 수 없다. 다만, 배기를 위한 유효한 개구부가 있는 장소인 경우에는 그러하지 아니하다.

3.2 소화기

3.2.1 개요

(1) 소화기의 정의

물, 기타 소화약제를 압력에 의해 방사함으로서 소화를 행하는 기구로 사람이 조작하는 기구를 말한다.

(2) 소화기의 일반적 분류

1) 충전된 소화약제의 방출방식에 따라 가압식과 축압식으로 구분한다.
2) 소화약제의 중량과 소화능력에 따라 대형과 소형의 소화기로 구분한다.
3) 소화기의 형태(보관방식)에 따라 휴대식, 차륜식, 멜빵식으로 구분한다.
4) 소화약제의 종류(성분)에 따라 분말, 할론, 이산화탄소, 강화액 등의 소화기로 분류한다.

(3) 소화기의 종류

1) 소화약제 방출방식에 따른 종류

① 가압식소화기

용기 안에 소화약제와 방사압력원(가압용가스용기)인 별도의 용기가(차륜식 및 대형소화기는 용기 외부에 설치되어 있는 형태도 있음) 설치되어 있는 상태로 되어 있으며, 레바를 작동하면 가압용가스용기가 개방되어 방사압력원(N_2, CO_2)이 가스방출도관을 통하여 소화약제저장용기 내에 가압되고 일정 압력 이상이 되면 약제방출도관 밑의 방습막을 뚫고(차륜식 및 대형소화기는 별도의 개폐밸브를 개방)소화약제가 방사되는 것을 말한다.

② 축압식소화기

용기 안에 소화약제와 방사압력원이 동시에 존재하는 것으로서 항상 축압된 상태로 있으며, 소화기의 밸브를 개방하면 소화약제저장용기 내의 약제가 약제방출도관을 통하여 방사되는 구조의 소화기를 말한다.

2) 소화약제의 중량 및 소화능력에 따른 종류

① 대형소화기 : 대형소화기는 소화약제의 중량과 소화능력단위의 2가지 조건을 다음과 같이 모두 만족하는 소화기를 말한다.

1. 대형소화기의 소화약제 종류별 중량

가. 물소화기: 80ℓ 이상

나. 강화액소화기: 60ℓ 이상

다. 할로겐화합물소화기: 30kg 이상

라. 이산화탄소소화기: 50kg 이상

마. 분말소화기: 20kg 이상

바. 포소화기: 20ℓ 이상

2. 대형소화기의 소화능력단위

가. A급 화재용 소화기는 A급 10단위 이상

나. B급 화재용 소화기는 B급 20단위 이상

② 소형소화기 : 대형소화기 외의 모든 소화기를 말한다.

(4) 소화기의 형태에 따른 종류

1) 멜빵식소화기

사람의 어깨, 다리, 허리 등에 멜 수 있도록 멜빵 끈이 부착되어 있는 형태의 수동식 소화기를 말한다.

2) 차륜식소화기

차륜을 제외한 소화기의 중량이 35kg을 초과한 것으로, 차량이나 사람이 소화기를 끌고 이동할 수 있도록 바퀴가 설치된, 차륜이 있는 형태의 소화기를 말한다.

3) 휴대식소화기

멜빵식 및 차륜식을 제외한 가장 일반적인 소화기를 말한다.

3.2.2 소화약제의 성분에 따른 소화기의 종류 및 점검요령 등

물소화기, 산·알카리소화기, 강화액소화기, 이산화탄소소화기, 할로겐화합물소화기, 포소화기 및 분말소화기 등으로서 소화약제의 특성 및 소화원리는 소화약제에서 자세히 알아보고 소화기로서의 구조, 원리 및 유지관리와 점검 등에 대하여 서술하고자 한다.

(1) 물소화기

물을 소화약제로 사용하는 소화기로 물은 모든 물질중 에서 비열, 기화잠열이 가장 크고, 냉각을 필요로 하는 화재에서 가장 가까이 있는 등 가장 좋은 소화약제로서 사용되고 있다. 그러나 물은 동결하는 등의 결점이 있어 추운 지방에서 사용하는 데는 한계가 있다. 오늘날에는 물이 갖고 있는 가장큰 장점인 냉각효과를 살리면서 다른 소화성능이 있는 물질을 첨가하는 연구가 이루어져 여러 형태로 발전한 것이 산·알카리소화기, 포소화기, 강화액소화기 등이다.

1) 구조 및 특성

물소화기는 물을 방사하는 원리에 따라 수동펌프식, 가압식 및 축압식으로 분류하며, 침윤제(인산염, 황산염, 계면활성제)가 들어 있는 물소화기에 압축되어 있는 질소가스나 수동펌프의 레바를 작동시키면 노즐을 통하여 방사되는 것이다.

① 수동펌프식

개폐용 뚜껑이 있는 소화기 용기에 공기실린더가 부착된 수동펌프를 장치한 것으로, 펌프의 핸들을 상하로 작동시키면 본체용기내의 물이 공기실린더에서 가압되어 노즐을 통하여 방사되는 구조이다.

수동펌프식소화기에 주로 사용하는 물의 양은 보통 16ℓ 정도로 방사시간은 약 90초이고 보통화재(A급) 3단위 정도의 능력이 있으며, 펌프의 주요 재질은 황동제이다. 펌프의 피스톤 내에는 항상 물이 충만 되어 있어야 한다.

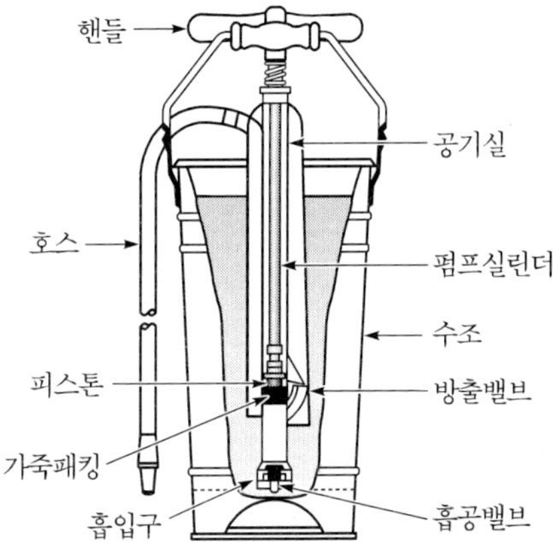

그림 3.2.1. 수동펌프식물소화기

② 가압식

주로 차륜형태의 대형소화기에 사용되며 방사원리는 가압식소화기와 같이 용기안의 소화약제인 물과 방사압력원(가압용가스용기)인 별도의 가압용기(용기외부에 설치되는 경우도 있

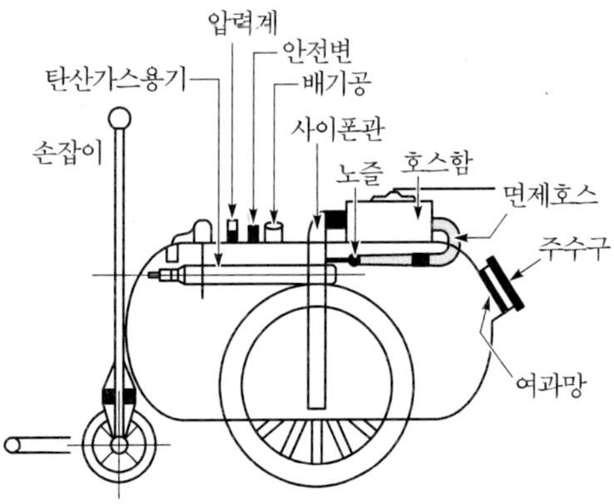

그림 3.2.2. 가압식물소화기(차륜식)

음)가 설치되어 있다. 레바를 작동하면 가압용가스용기가 개방되어, 방사압력원(N_2, CO_2)이 가스방출도관을 하여 소화약제 저장용기 내에 가압되고, 일정압력 이상이 되면 개폐밸브를 개방하여 소화약제가 방사되는 것이다. 안전밸브와 호스 및 노즐이 장치되어 있는데 노즐은 봉상주수 및 무상주수 전환식이다. 차륜형태의 경우 물의 양은 155ℓ 정도이고 방사시간은 약 200초, 방사거리는 약 15~20m이며, 보통화재(A급) 10단위 정도의 능력이 있다.

③ 축압식

용기안에 물과 방사압력이 동시에 존재하는 것으로서 항상 축압된 상태로 있다. 레버식 개폐밸브와 지시압력계가 부착되어 있으며, 밸브를 개방하면 저장용기 내의 물이 약제방출도관을 통하여 방사되는 구조로 노즐은 봉상 주수용이다.

2) 작동원리

일반적으로 물소화기의 작동원리는 분말소화기의 작동원리와 같으며, 수동펌프식물소화기의 작동원리는

㉠ 발판을 고정시키고

㉡ 소화기의 노즐이 화점을 향하게 하며

㉢ 펌프의 핸들을 상하로 움직이면서

㉣ 화점에 좌우로 방사하여 소화시킨다.

3) 보수관리

① 물은 항상 청결하게 가득 채워 둔다,

② 기능점검을 겸해서 방사를 해 보고 이상유무를 확인한다.

③ 펌프 흡입측의 여과망은 항상 이물질이 없도록 청결하게 유지한다.

④ 동절기나 기온이 0℃ 이하의 장소에 보관할 때에는 염화칼슘 등을 용해한 물을 채워서 얼지 않게 한다.(단 동절기 이후에는 새로운 물로 교체 충전한다.)

⑤ 펌프의 가스켓 부분에는 윤활유를 1년에 1회 정도 칠한다.

⑥ 축압식의 경우에는 지시압력게이지의 지침이 녹색범위에 있는지를 확인하고 다시 재충전하여야 한다. 소화기를 사용한 후 다시 사용하기 위해 용기, 밸브 등을 물로 세척하고 남아있는 소화약제 잔액은 사용하지 않아야 된다.

⑦ 재충전하기 전에는 기밀시험을 하여야 한다. 이는 용기 내에 공기를 충전한 다음 용기를 물속에 넣어 기밀이 되는지를 확인하고 재충전을 하여야 한다.

(2) 산·알카리소화기

현재 9.5ℓ 가 가장 많이 사용되고 있다. 봉상주수의 경우 능력단위는 일반화재(A급) 3단위로 방사시간은 약 60초 방사거리는 8~12m이다. 무상주수의 경우에는 보통화재(A급) 2단위로 전기화재에도 적응성이 있으며, 방사시간은 약 40초이고 방사거리는 4~8m이다.

1) 구조 및 특성

소화약제를 반응시키는 방법에 따라 전도식과 파병식으로 구분한다.

① 전도식

전도식산·알칼리소화기 본체 용기에는 탄산수소나트륨의 수용액이 충전되어 있고 별도의 황산수용액용기가 소화기 본체용기의 주입구에 설치되어 있으며 사용시 소화기 본체용기를 뒤집어 전도시키면 두수용액이 반응하여 소화약제가 방사되는 구조이다. 또한 호스연결구에는 스트레이너가 부착되어 있다.

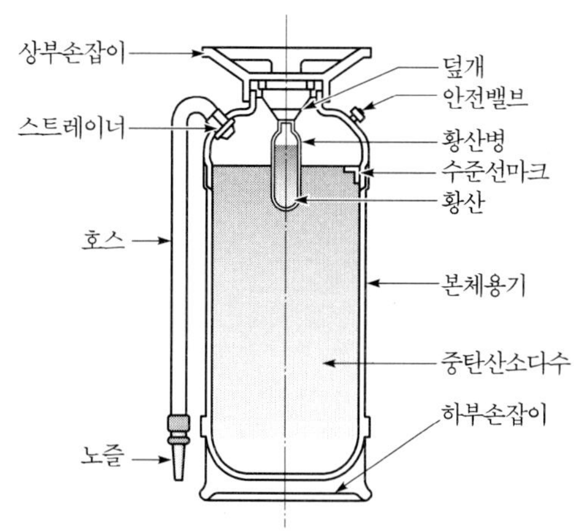

그림 3.2.3. 전도식산·알카리소화기

② 파병식

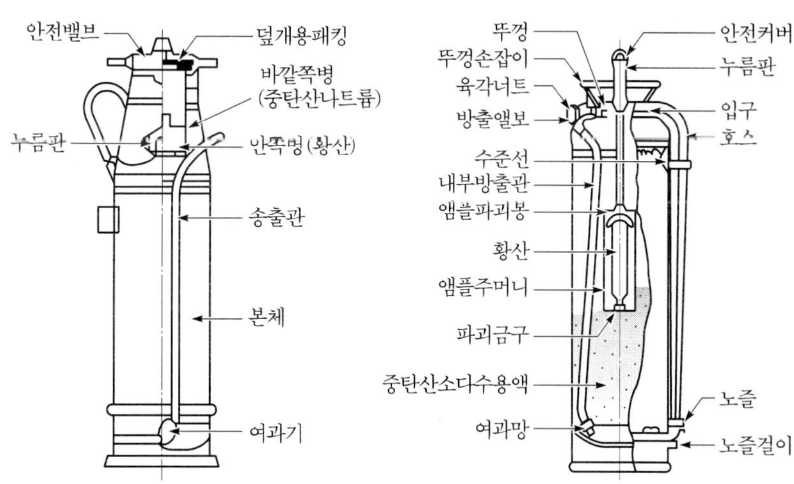

(예1) (예2)

그림 3.2.4. 파병식산·알카리소화기

파병식산·알칼리소화기에는 본체용기를 2중으로 하여 밑에는 탄산수소나트륨 수용액을, 주입구쪽에 황산수용액의 유리병이 설치된 형태이거나 황산수용액을 봉입한 유리앰플이 탄산수소나트륨수용액 용기중에 설치되어 있는 구조이다.

누름장치를 조작하여 황산수용액의 유리병을 파열시키면 탄산수소나트륨과 황산수용액이 화학반응하여 약제가 방출되며 온도상승에 의한 소화약제의 누출을 방지하기 위하여 용기 내에 공기부와 지부를 통기시키는 밸브가 설치되어 있다.

2) 보수관리

① 탄산수소나트륨 수용액은 시간이 경과하면 열화되므로 정기적으로 교환충전을 한다.

② 소화기 자체가 넘어지지 않도록 보관한다.

③ 노즐, 호스 및 여과망(스트스트레이너)의 막힘이 없도록 수시로 확인한다.

(3) 강화액소화기

물이 동절기에 어는 것을 방지하면서 소화효과를 높이기 위하여 알카리금속염 등을 첨가한 소화기이다.

봉상주수의 경우는 보통화재(A급)에 적응하고 무상주수의 경우에는 보통화재(A급), 유류화재(B급) 및 전기화재(C급)에 적응하며 능력단위는 표 3.2.1과 같다.

표 3.2.1. 강화액소화기의 능력단위

소화약제용량	능력단위	방사시간	방사거리
3ℓ	A급 1단위, B급 1단위, C급 적응	15～25초	4～10m
6ℓ	A급 2단위, B급 1단위, C급 적응	30～40초	4～10m
60ℓ	A급 10단위, B급 3단위, C급 적응	120～140초	6～10m

1) 구조 및 특성

강화액소화기는 방사원리에 따라 축압식, 가압식 및 반응압식으로 구분하며 가장 많이 사용되는 것은 축압식 형태이다. 또한 강화액은 탄산칼륨과 같은 알칼리금속류 등의 수용액을 사용하여 알칼리성이 강하고, -20℃에서도 응고하지 않아 냉한지에서도 사용이 가능하며, 용기안에 강화액이 충전되어 있어 레바를 작동하면 노즐을 통하여 방사되는 것이다.

① 축압식

용기안은 소화약제와 방사압력이 항상 축압된 상태로 있으며 소화기의 밸브를 개방하면 소화약제 저장용기내의 약제가 약제방출도관을 통하여 방사되는 구조로서 주로 소형소화기에 많이 사용된다.

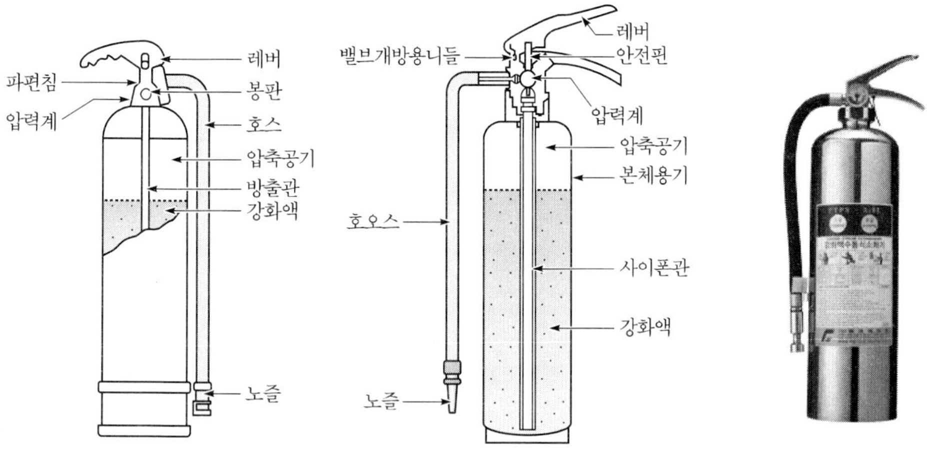

그림 3.2.5. 축압식강화액소화

② 가압식

용기안은 소화약제와 방사압력원(가압용 가스용기)인 별도의 용기가(차륜식 및 대형 소화기는 용기 외부에 설치되어 있는 형태도 있음) 설치되어 있는 상태로 되어 있으며, 레바를 작동하면 가압용가스용기가 개방되어 방사압력원(N_2, CO_2)이 가스방출도관을 통해 소화약제 저장용기 내에 가압되고 일정압력 이상이 되면 소화약제 방출도관 밑의 방습막을 뚫고(차륜식 및 대형소화기는 별도의 개폐밸브를 개방)소화약제가 방사 되는 것을 말하며 대형소화기의 경우 노즐은 봉상 및 무상 방사의 전환식이 있다.

③ 반응식

산·알카리소화기의 파병식 작동원리와 같으며 탄산수소나트륨수용액 대신 알카리금속염의 수용액인 탄산칼륨이 용해되어 있다.

2) 작동원리

① 축압식에 있어서는

㉠ 소화기의 안전핀을 제거한다.

㉡ 소화기의 노즐을 화점에 향하도록 하고

㉢ 레바를 움켜주면서 화점을 향하여 좌우로 방사함으로서 소화한다.

② 가압식에 있어서는

㉠ 소화기의 안전 커버를 제거한다.

㉡ 소화기의 노즐을 화점에 향하도록 하고

㉢ 타격용 플랜지로 타격 후

㉣ 화점을 향하여 좌우로 방사하여 소화한다.

③ 반응식에 있어서는

㉠ 소화기의 안전 커버를 제거한다.

㉡ 소화기의 노즐을 화점에 향하도록 하고

㉢ 타격용 플랜지로 타격 후

㉣ 화점을 향하여 좌우로 방사하여 소화한다.

3) 보수관리

① 사용후에는 용기, 노즐 및 스트레이너를 깨끗이 청소한 후 충전한다.

② 축압식인 경우 정기적으로 지시압력계의 압력지시치가 사용압력범위(녹색범위)에 있는지 확인한다.

③ 소화약제는 일반적으로 부식성이 강하므로 소화약제저장용기 및 밸브 등 주요 부분의 내식도장에 이상이 없는지 확인한다.

④ 소화약제 자체의 열화는 없으므로 포, 산알카리와 같이 사용연한에 따라 교체할 필요가 없는 것이 장점이다.

⑤ 다른 부분은 소화기의 일반적인 점검과 거의 같다. 그러나 현재의 소화기는 대부분 축압식이므로 총중량을 체크하고 확인하며 개폐노즐이 있는 것은 작동을 하여 점검하여야 한다.

⑥ 가압식에 대하여는 캡 등의 풀어짐과 소화약제량의 부족, 가용압가스용기의 중량 체크를 확인하여야 한다.

(4) 포소화기

포소화기는 방출방식에 따라 가압식 및 축압식으로 분류하며 방출원리에 따라 화학포 및 기계포 소화기로 분류된다. 방출방식에 따른 가압식 및 축압식은 물소화기의 방법과 같으므로 여기에서는 화학포 및 기계포에 대하여 서술하고자 한다.

1) 구조 및 특성

포소화기의 외통에는 알칼리성의 A제(탄산나트륨을 주성분으로 한 약제수용액)를 넣고 내통에는 B제(황산알루미늄의 수용액)를 넣어 사용시에 용기를 뒤집으면 내측과 외측 의 소화약제가 화학반응하여 발포되는 소화기이다.

① 화학포소화기

서로 다른 두 소화약제(용제)를 혼합시켜 방사하는 방식으로 조작방법에 따라 전도식, 파괴전도식 및 개폐전도식으로 구분하며 두 소화약제는 내통용약제와 외통용약제로 구성되어 있고, 분말상의 소화약제이지만 소화기 내에 충전할 때에는 수용액으로 충전한다. 전도식 및 파괴전도식은 산·알카리소화기의 원리와 같으며, 개폐전도식은 소화기의 용기캡에 장치된 핸들에 내통 뚜껑이 고정되어 있는 구조로서 평상시에는 내통을 밀폐해 두었다가 사용할 때는 핸들을 돌려 내통 두껑을 연후 전도시키는 형태의 소화기를 말한다. 내통용 소화약제는 황산알루미늄 소화약제를 사용하며 외통용 소화약제는 기포안정제가 첨가된 탄산수소나트륨을 주성분으로 사용하고 있다.

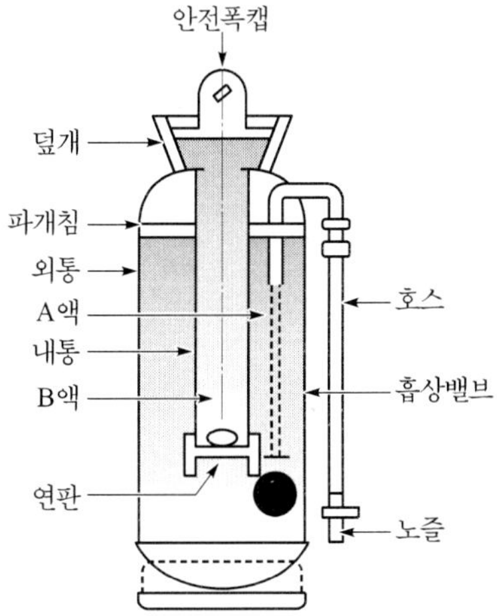

그림 3.2.6. 전도식화학포소화기

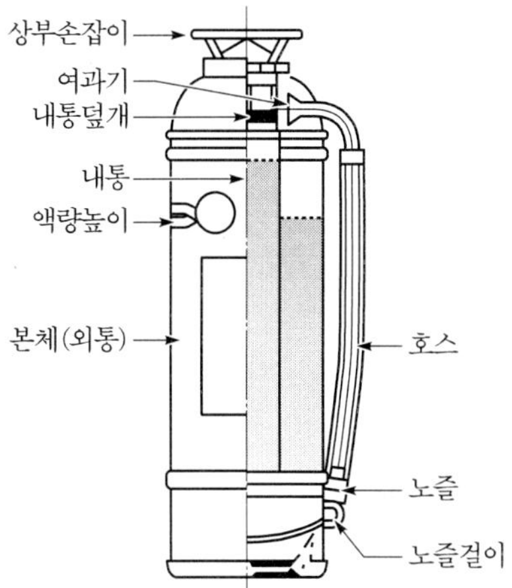

그림 3.2.7. 개폐전도식화학포소화기

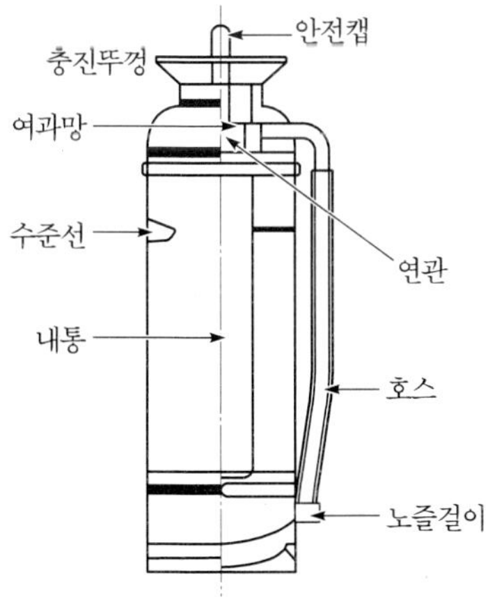

그림 3.2.8. 파괴전도식화학포소화기

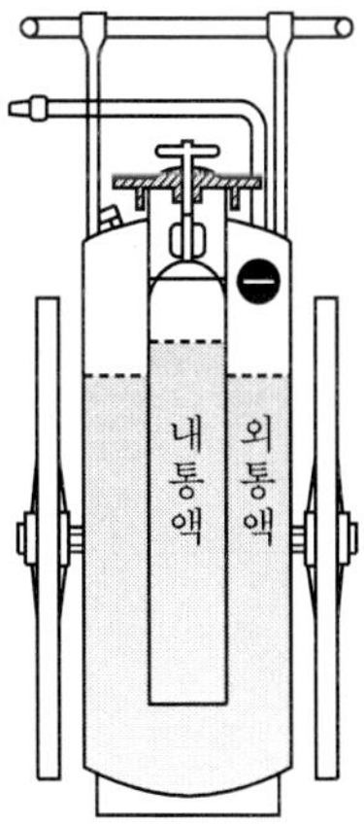

그림 3.2.9. 파괴전도식화학포소화기(차륜식)

② 기계포소화기

소화약제는 단백포, 합성계면활성제포, 수성막포 등이 있는데 소화기용으로는 주로 수성막포를 사용하며, 소화약제 농도를 3% 및 6%의 수용액으로 만들어 소화기용기내에 충전하여 사용한다. 가압방식에 따라 가압식과 축압식이 있으며 그 구조는 강화액소화기와 같으나 구조상의 특징은 노즐에서 방사될 때 공기를 흡입하여 발포한다.

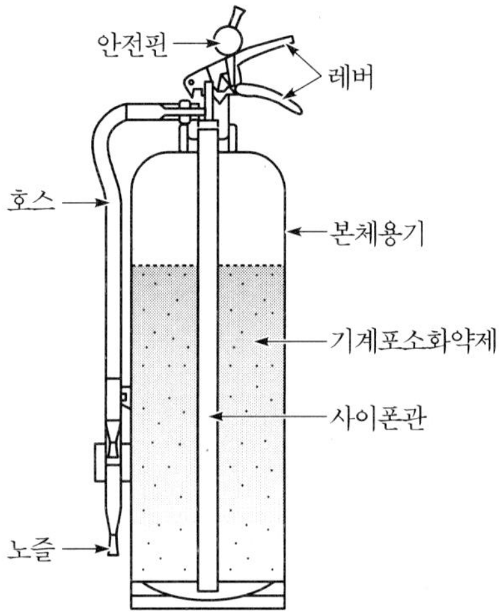

그림 3.2.10. 축압식기계포소화기

2) 작동원리

① 축압식에 있어서는

㉠ 소화기의 안전핀을 제거한다.

㉡ 소화기의 노즐을 화점에 향하도록 하고

㉢ 레바를 움켜주면서 화점을 향하여 좌우로 방사함으로서 소화한다.

② 가압식에 있어서는

㉠ 소화기의 안전 커버를 제거한다.

㉡ 소화기의 노즐을 화점에 향하도록 하고

㉢ 레바를 움켜 주면서

㉣ 화점을 향하여 좌우로 방사하여 소화한다.

3) 보수관리

① 소화기 자체가 넘어지지 않도록 잘 보관한다.

② 화학포의 경우는 1년마다 소화약제를 새로 충전하여야 한다.

③ 노즐, 호스 및 스트레이너의 막힘은 없는지 수시로 확인해야 한다.

④ 소화기 윗뚜껑(캡)은 잘 조여져 있는지 조임상태를 확인한다.

⑤ 화학포의 경우는 동절기 및 기온이 0℃ 이하인 장소에서는 보온조치를 하여 얼지 않게 하여야 한다.

⑥ 방출한 다음 호스, 노즐 등의 청소불량이 노즐의 폐쇄를 초래하는 일이 없도록 물로 세척할 필요가 있으며 기타 사항은 다른 소화기의 점검방법과 동일하다.

(5) 분말소화기

분말소화기의 종류는 중량에 따라 대형 및 소형소화기로 분류하고 소화기의 형태에 따라 휴대식·멜빵식 및 차륜식 소화기로 분류하며 작동방식에 따라 가압식 및 축압식으로 구분한다. 사용 소화약제는 중탄산나트륨, 중탄산칼륨 또는 제1인산암모늄 등을 주성분으로 충전한다. 질소가스가 충전되어 있어 레바를 작동하면 노즐을 통하여 방사되는 소화기이다.

1) 구조 및 특성

구조 및 원리는 앞에서 설명한 소화기의 종류와 같고 소화약제의 종류에 따라서는 BC급화재용과 ABC급화재용 두 가지로 구분된다. 어느 경우라도 불꽃을 동반한 화재(기체연소)에 큰 소화력을 갖는 것이 분말소화약제의 장점이고 분출하는 가스화재, 분출하는 가연성액체의 화재에도 적응된다.

① 가압식분말소화기

용기안에 분말소화약제와 방사압력원(가압용가스용기)인 별도의 용기가(차륜식 및 대형소화기는 용기 외부에 설치되어 있는 형태도 있음) 설치되어 있으며, 레바를 작동하면 가압용가스용기가 개방되고, 방사압력원(N_2, CO_2)이 가스방출도관을 통하여 소화약제 저장용기 내에 가압되어, 일정 압력이상이 되면 약제방출도관 밑의 방습막을 뚫고 (차륜식 및 대형소화기는 별도의 개폐밸브를 개방)소화약제가 방사되는 것을 말한다.

표 3.2.2 가압식분말소화기 제원

소화약제량 (kg)	총중량 (kg)	전 장 (mm)	방사거리 (m)	방사시간 (sec)	능력단위
0.7	1.8	298	3	9	A1, B1, C
1.5	3.2	370	3	12	A2, B2, C
2.5	4.5	376	4	13	A2, B3, C
3.3	5.6	423	4	14	A3, B4, C
4.5	7.5	483	5	16	A4, B5, C
6.5	10.5	510	5	18	A5, B6, C
20	54.5	1085	7	37	A10, B20, C

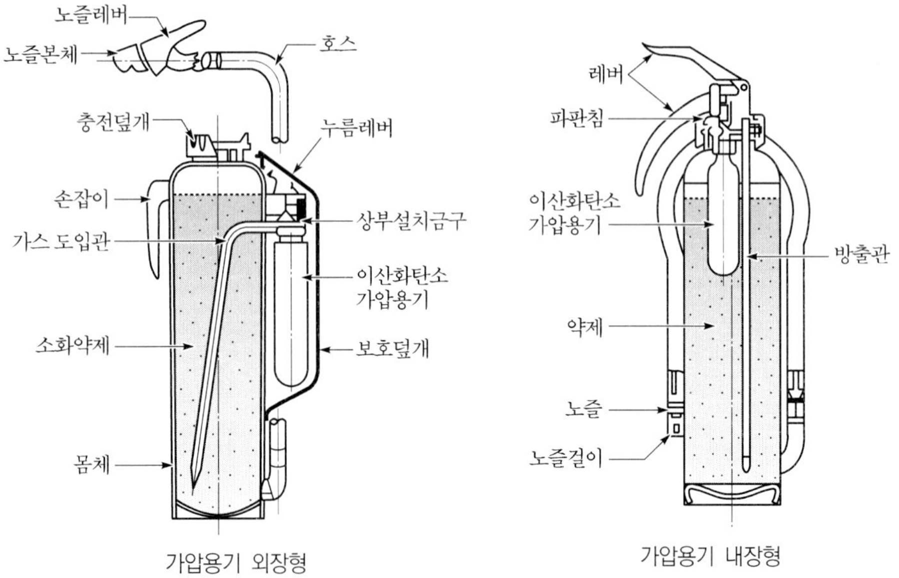

그림 3.2.11. 가압식(CO_2) 분말소화기

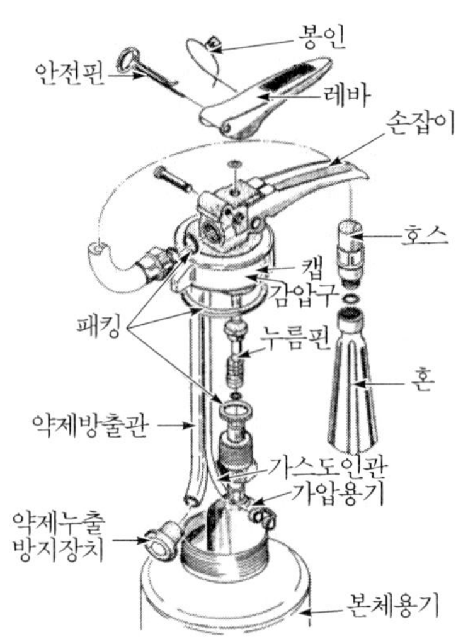

그림 3.2.12. 가압식(CO_2) 분말소화기헤드의 구조

② 축압식분말소화기

용기 안에 소화약제와 방사압력이 동시에 존재하는 것으로서 항상 축압된 상태로 있으며 소화기의 밸브를 개방하면 소화약제저장용기 내의 소화약제가 소화약제 방출도관을 통하여 방사되는 구조의 소화기를 말한다.

표 3.2.3 축압식분말소화기 제원

소화약제량 (kg)	총중량 (kg)	전 장 (㎜)	방사거리 (m)	방사시간 (sec)	능력단위
0.5	1.2	258	2	5	A1, B1, C
0.7	1.7	316	3	6	A1, B2, C
1.5	2.9	340	3	9	A2, B3, C
2.5	4.4	463	4	12	A2, B4, C
3.3	5.6	90	4	13	A3, B5, C
4.5	7.3	583	5	15	A4, B6, C
6.5	9.5	530	5	17	A5, B10, C

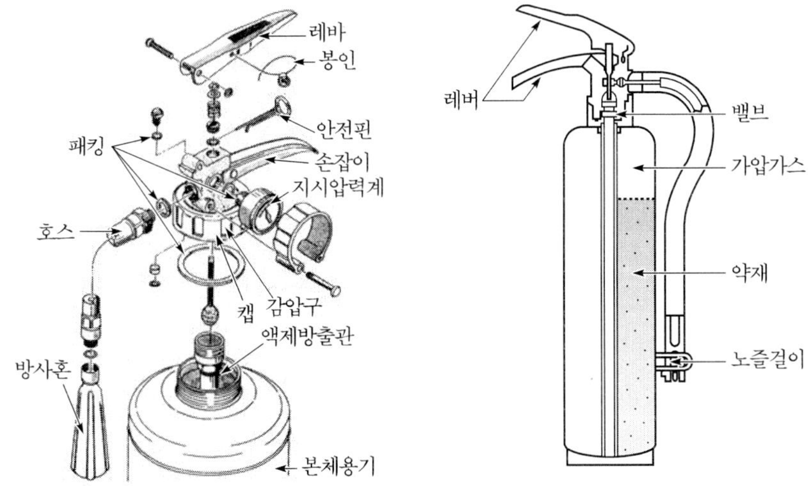

그림 3.2.13. 축압식분말소화기

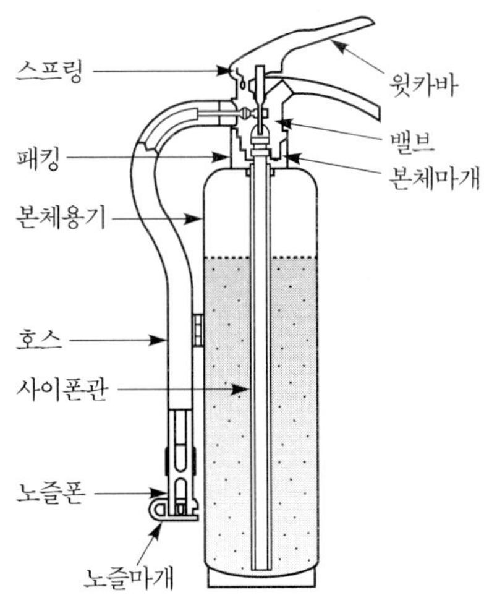

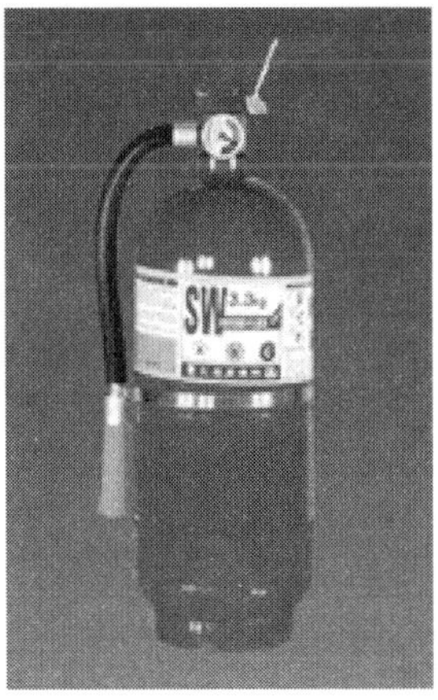

3.3kg ABC분말 소화기

그림 3.2.14. 축압식분말소화기헤드의 구조

2) 작동원리

작동방식에 있어서는 다른 소화기와 같이 가압식과 축압식으로 구분된다.

① 가압식

가. 소화기 용기본체의 내부 또는 외부에 가압용가스용기가 부착되어 있고, 사용할 때에 가스용기봉판을 파괴(소형 및 대형)하거나 또는 가스용기 밸브를 개방시켜(대형) 가압용가스를 용기본체의 하부로 투입하며 분말소화약제와 혼합하도록 하여 유동성이 좋도록 한 다음 일정압력이 되었을 때에 노즐을 통하여 방사되도록 한 것이다.

나. 가압용가스용기의 가압가스는 소형소화기(일부 대형소화기)의 경우에 있어서는 액화탄산가스 대형소화기의 경우에 있어서는 질소가스를 주로 사용하고 있다.

다. 질소가스를 사용하는 경우에는 가스도입관에 압력조정기를 사용하여 가스의 압력을 15kg/㎠로 조정하도록 되어 있다.

라. 가입식소형소화기는 주로 개방식소화기로서 손잡이를 움켜쥐면 가압용가스용기의 봉판을 누름핀이 파괴하고

㉠ 가압용기에 충전되어 있는 가압가스(CO_2)가 가스도입관을 통하여 소화약제 저장용기의 하단으로 분출되어

㉡ 분말소화약제의 유동성을 증진시켜게 되고, 어느 정도 압력이 상승되었을 때 소화약제방출관의 방습막이 파괴되어 소화약제를 방출하는 구조로 되어있다.

② 축압식

다른 종류의 소화기와 같이 용기내는 항상 가압가스(N_2)로 충압되어 있으며, 내압의유무를 확인할 수 있는 지시압력계가 부착되어 7~9.8kg/㎠의 범위를 지시하고 있는 구조이다.

3) 보수관리

① 설치상 주의

고온의 장소, 직사일광을 받은 장소는 피하여야 하며, 옥외에 비치할 경우에는 상자에 넣거나 커버를 씌워 놓는 것이 좋다. 특히 옥내에 설치할 경우 습기가 있는 곳을 피하며, 가급적 바닥에서 사용하기 편리하도록 잘 보이는 벽 등에 부착하여 두는 것이 좋다.

② 점검과 정비

가. 안전 봉인선이 끊어져 있지 않는 가를 확인하고, 끊어져 있으면 가압가스용기를 때어내고 봉판의 이상 유무를 본 다음, 용기의 총중량이 표시사항과 동일한 가를 점검기록과 대조하여 보아야 한다.

나. 기동레바, 노즐레바 등 작동부분이 원활하게 움직이는지 확인하며, 원활하지 아니

한 경우에는 작동부분이 원활하도록 기름칠 등을 하여야 한다.

다. 노즐이 막혀 있는 지와 일부 방사가 되었을 경우에는 호스 내에 소화약제가 막혀있는지를 확인하여 막혀 있을 때에는 청소를 하여야 한다.

라. 캡을 분리하고 소화약제가 굳어 있는지 확인하여야 하며, 가급적 습도가 없는 장소에서 분리하여야 한다.

마. 축압식에 있어서는 압력게이지의 지침이 녹색범위에 있는지를 확인하여야 한다.

바. 외관검사 시 본체 용기에 심한 녹이나 흠이 없는지를 확인하고 호스에 균열이 있는지를 확인하여야 한다.

③ 재충전 시 주의사항

가. 소화약제가 남아 있는 경우에는 소화약제를 제거하고 표시사항에 기록된 소화약제를 충전시켜야 한다. 특히 BC소화약제와 ABC 소화약제를 혼동하여 충전시키지 말아야 한다.

나. 작동레버에 안전장치를 한 다음 봉인을 하고 나서 가압용가스 용기를 부착하여야 하며 안전장치를 하지 않고 가스용기를 부착하면 봉판이 파괴될 우려가 있으므로주의하여야 한다.

다. 사용한 다음 잔류 약제를 청소하지 않고 놓아두는 것은 호스, 노즐 등이 소화약제로 굳어 막히는 현상이 일어나므로 밸브, 호스 등은 분리시켜 청소를 하고 소화약제를 충전하여 놓아두어야 한다.

라. 축압식의 경우 밸브 및 밸브시트를 잘 청소할 것. 또한 밸브 또는 밸브시트에 흠이 있는 경우에는 교체를 하여야 한다. 충전은 가급적 질소가스로 하여야 하며 필요시 이산화탄소로도 충전하여 압력계의 지침이 녹색범위 내에 오도록 하여야 한다. 결합부분에 누설이 없는지를 필히 확인하여야 한다.

④ 분말소화기의 내용연수

분말소화기는 2017년 1월 27일부터 10년인 경과된 것은 성능시험을 받아서 사용하거나 아니면 교체하여야 한다.

(6) 이산화탄소소화기

이산화탄소 소화기는 이산화탄소를 소화약제로 하는 소화기로 고압가스용기에 저장한 이산화탄소를 소방대상물에 방사하여 소화하는 것이다. 또한 이산화탄소(CO_2)가 고압용기에 충전되어있어 레바를 작동하면 노즐을 통하여 방사되는 것이다. 이산화탄소는 장기간 동안 변질, 용기의 부식 등이 없으며, 소방대상물에 대하여도 오염이 없다. 다만, 인체에 영향을 주므로 좁은 공간 등에서 사용 시 주의하여야 한다.

1) 구조 및 특성

용기는 250kg/㎠의 내압시험을 행한 용기를 사용하고 있다. 또한 충전비는 1.5 이상으로 하고, 안전밸브의 작동압은 일반적으로 용기내압시험 압력의 10분의 8이하로 하고 있으나, 소화기용은 200~250kg/㎠의 범위에서 파열하는 봉판식안전변을 밸브에 설치하고 있다. 밸브는 황동재질로 레버개폐식으로 되어 있고 용기 밑부분에 도달하는 사이폰관이 접속되어 있다. 밸브의 방출구에는 내압호스 또는 연결관이 접속되어 있다. 호스 및 연결관은 160kg/㎠의 수압에 견디는 강도를 가진 것으로 연결관은 방사할 때 심하게 냉각되므로 고무 등 열의 불량도체로 덮혀 있다. 호스 또는 연결관 끝부분에 노즐 및 방사혼이 부착되어 있다. 노즐은 황동제로, 혼은 합성수지 등의 전기 절연성이 있는 강인한 재료로 만들어지고 있다. 특히 이산화탄소 소화기는 다른 종류의 소화기에 비해 중량위 이동 및 취급 등에 불편함이 있으나 이산화탄소의 특성에 따라 소화 후에 오손이 없고, 대전성에도 강하므로 대부분 정밀기기, 전기기기, 차량 등에 비치하고 있다.

표 3.2.4. 이산화탄소소화기 제원

소화약제량 (kg)	총중량 (kg)	전 장 (㎜)	방사거리 (m)	방사시간 (sec)	능력단위
2.3	8.5	660	2	15	B1.C
3.2	11	530	3	15	B2.C
4.6	14	700	3	20	B3.C
6.8	20	740	3	30	B4.C
23	110	1,000	5	50	B6.C
50	205	1,500	5	65	B20.C

- 가압방식은 축압식
- 소화방법은 질식소화, 냉각소화, 유화소화
- 적응화재는 유류화재·전기화재

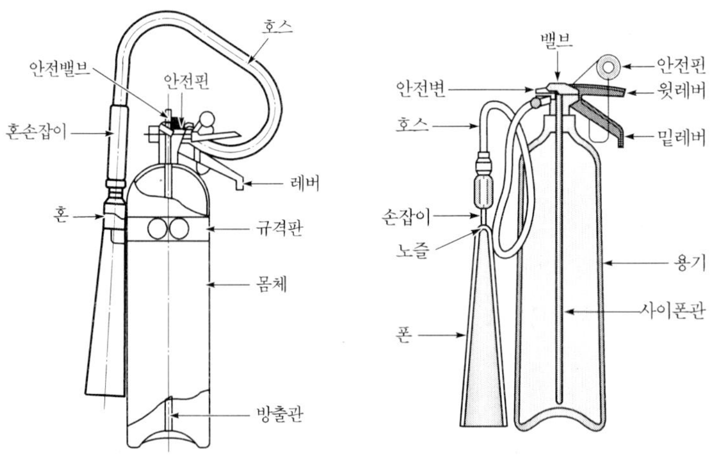

그림 3.2.15. 이산화탄소소화기 구조

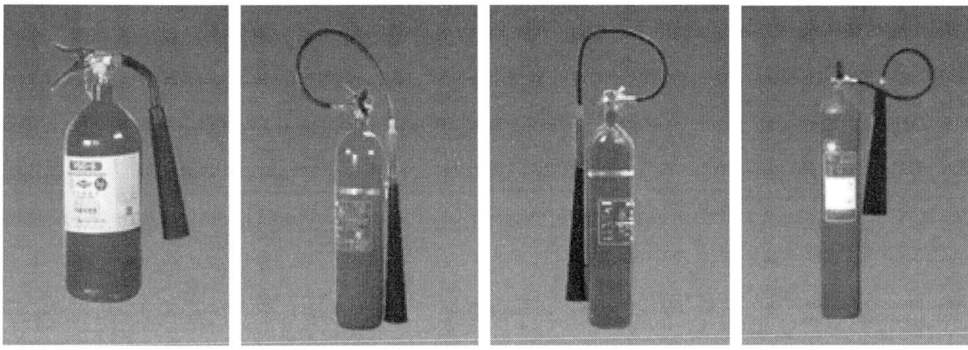

5파운드 철제 (2.3kg)　10파운드 철제 (2.3kg)　15파운드 철제 (6.8kg)　50파운드 철제 (23kg)

그림 3.2.16. 이산화탄소소화기 제품

2) 작동원리

조작방법으로서는,

㉠ 안전핀을 제거하고

㉡ 혼을 화점을 향하게 한 다음

㉢ 레바를 누르면(개방) 가스가 방사되고

㉣ 레바를 놓으면(폐쇄) 가스 방사가 중단되도록 되어 있는 소화기이다.

3) 보수관리

이산화탄소소화기의 보수관리는 외관점검과 기능점검을 실시하는 것이 바람직하다.

① 외관점검

1. 설치장소

가. 바닥면에서 1.5m 이하의 높이로 사용하기 쉽도록 하여야 한다.

나. 소화기 사용온도범위는 -20℃ ~ 40℃의 장소로 하여야 한다.

다. 직사광선 및 고온다습한 장소를 피하여 보관한다.

라. 밀폐된 장소에서는 사용을 삼가고 사용 후 즉시 환기 시켜야 한다.

2. 설치거리

가. 소방대상물 각 부분에서 보행거리 20m 이하가 되는 위치에 설치하여야 한다.

3. 소화기

가. 용기본체에 심한 변형, 부식, 손상 등이 없는지를 확인하여야 한다.

나. 밸브레버 등의 변형, 손상과 안전장치가 세트되어 있고 봉인이 떨어지지 않는 지를 확인하여야 한다.

다. 호스의 변형, 손상, 노화가 없는 지와 이음새가 풀려있는지를 확인하여야 한다.
라. 노즐 및 혼에 변형, 손상, 노화, 막힘 등이 없는지를 확인하여야 한다.
마. 안전밸브의 취출구 봉인에 손상 또는 이탈 되었는지를 확인하여야 한다.

② 기능점검

1. 3년이 경과된 소화기는 약 6개월마다 총중량을 점검하여야 한다.
2. 소화기에 표시된 총중량 이하가 되는 경우에는 정비를 하여야 한다.

(7) 할로겐화합물소화기

할론1011, 할론2402, 할론1211 및 할론1301 등과 같은 소화약제를 사용하는 소화기 중에서 할론1011 및 할론2402 소화약제를 사용하는 소화기는 우리나라에서 거의 사용되고 있지 않으므로 할론1211 및 할론1301 소화약제를 사용하는 소화기에 대하여 서술하고자 한다.

1) 구조 및 특성

① 할론 1301

자체증기압은 온도에 따라서 변화하나 상온에서는 약 14kg/㎠이기 때문에 방사압력원이 필요 없고 자체증기압으로서 방사한다. 용기 및 밸브는 고압가스안전관리법에 따라 검사에 합격한 제품을 사용하여야 하며, 밸브에 사용되는 나사규격은 이산화탄소소화기와는 달리 테이퍼나사외에 평행나사규격을 사용하여도 된다. 방사원리는 소화기의 손잡이를 움켜쥐면 누름핀이 눌려져 용기가 개방되고 소화약제는 방출관(싸이폰관)을 통하여 노즐로 방사된다. 일반적으로 국내에서 제작되고 있는 제품은 스테인레스 용기를 주로 사용하고 있으며 소화약제에 대한 내용적의 비는 0.9로 이산화탄소소화기보다 내구성에 대한 위험도가 낮다. 할론 1301소화약제 특성상 수동식소화기보다는 설비용으로 이용된다.

② 할론 1211

방사원리 및 구조는 할론1301과 같으나 할론1211는 방사압력원인 가스를 별도로 축압(축압식)하거나 가압(가압식)하여 사용하여야 한다. 축압식의 경우는 지시압력계가 부착되어 있는 것이 할론1301과 다르며 소화약제에 대한 내용적 비는 0.7이다.

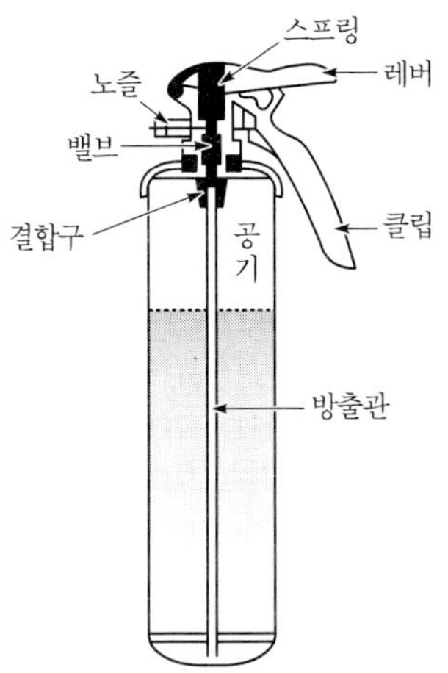

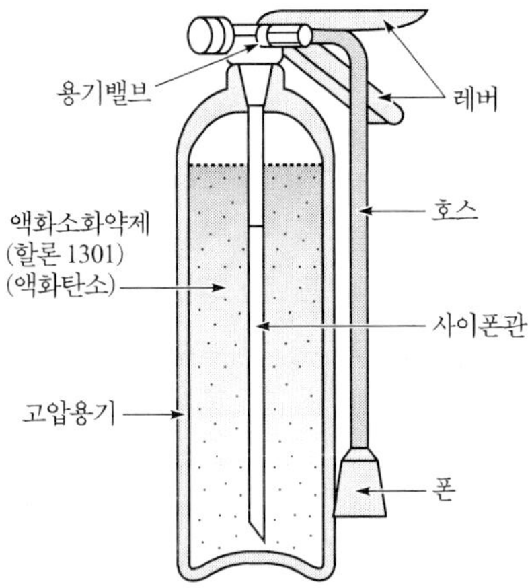

축압식 할로겐화합물 소화기

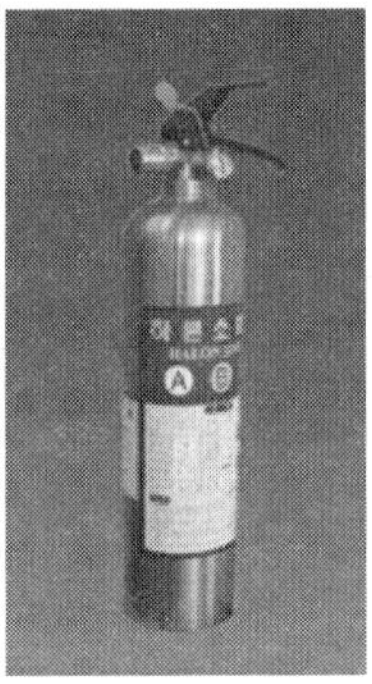

2.0kg SUS (자동차겸용)　　3.0kg SUS (자동차겸용)

그림 3.2.17. 할론1211소화기

표 3.2.5. 할론1211소화기 제원

소화약제량(kg)	총중량 (kg)	전 장(mm)	방사거리(m)	방사시간(sec)	능력단위
1	1.8	272	2	14	B1, C
2	3.8	435	3	11	A1, B2, C
3	5.0	431	3	10	A1, B3, C
4.5	7.6	406	4	17	A2, B4, C
6.8	10.6	522	4	23	A3, B5, C

- 가압방식은 축압식, 가압식
- 소화방법은 질식·제거소화, 냉각
- 적응화재는 모든 화재

2) 작동원리

조작방법으로서는,

㉠ 안전핀을 제거하고

㉡ 혼을 화점을 향하게 한 다음

㉢ 레바를 누르면(개방) 가스가 방사되고

㉣ 레바를 놓으면(폐쇄) 가스 방사가 중단되도록 되어 있는 소화기이다.

3) 보수관리 등

① 외관점검

1. 설치장소

가. 바닥에서 1.5m 이하의 높이로 용이하게 사용할 수 있도록 하여야 한다.

나. 소화기가 -20℃~40℃범위(사용온도범위 : -20℃~40℃라고 표시되어 있는 것에 한함)를 벗어나는 온도가 되지 않는 장소로 하여야 한다.

다. 이산화탄소소화기 및 할론1301소화기를 제외한 할로겐화합물소화기는 지층, 무창층, 환기에 유효한 개구부의 넓이가 바닥면적의 1/30이하이거나 바닥면적 20㎡ 이하의 장소에 설치되어서는 안되므로 이를 확인하여야 한다.

2. 설치간격

소방대상물의 각 부분에서 보행거리 20m 이하가 되는 위치마다에 설치되어 있어야 한다.

3. 소화기

가. 용기본체에 심한 변형, 침식, 녹에 의한 벗겨짐 등의 손상이 없어야 한다.

나. 밸브레버에 변형, 손상이 없고, 안전장치가 확실히 고정되어있으며 봉인이 탈락되어 있지 않아야 한다.

다. 호스에 변형, 손상, 노화가 없고 결합부가 풀려있지 않아야 한다.

라. 노즐, 혼에 변형, 손상, 노화, 막힘이 없고 결합부가 풀려있지 않아야 한다.

② 기능점검

1. 할론1211

가. 점검시료: 제조년부터 3~8년인 것은 10%, 8년이상은 20%, 오래된 것부터 윤번으로 축출하여 점검하여야 한다.

나. 소화약제가 열화가 되어있는지를 확인하여야 한다.

다. 점검은 총중량과 소화약제량을, 지시압력계는 지시치를 확인하여야 한다.

2. 할론1301

3년 이상의 것은 전수 중량을 점검하고 총중량은 표에서 나타난 것과 같이 허용범위를 넘는 것 및 외관 점검결과 정비가 필요한 것은 정비를 하여야 한다.

표 3.2.6. 총중량 허용범위

소화약제표시중량(kg)	총중량 허용범위(g)
1 미만	+100 ~ − 80
1 이상 2 미만	+200 ~ − 80
2 이상 5 미만	+300 ~ −100
5 이상 8 미만	+400 ~ −200
8 이상 10 미만	+500 ~ −300
10 이상 20 미만	+700 ~ −400
20 이상 40 미만	+1000 ~ −600
40 이상 100 미만	+1600 ~ −800
100 이상	+2400 ~ −1000

3.2.3 소화기의 점검항목

(1) 본체용기

소화기는 높은 압력으로 충전되어 있거나 사용시에 높은 압력이 가해지기 때문에 유지관리를 잘못하면 흉기로 변하는 사고로 이어질 수 있다. 또한 물 계통의 소화기는 소화약제를 충전할 때에 물과 접촉하는 기회가 많으므로 녹 발생에 주의하여야 한다. 따라서 충분하게 주의를 기울여 점검을 실시하는 것이 매우 중요하다.

1) 이산화탄소소화기 및 할론1301소화기 이외에는 용기두께가 얇기 때문에 부식·손상 등의 발생방지를 위한 충분한 육안점검과 처리 및 판단 등이 요구된다.
2) 핀홀(pinhole), 균열(crack) 발생은 육안점검으로 확인하기 어려우나 사고로 이어질 위험성이 매우 높다.

유의사항

1. 용접부의 손상 또는 현저한 변형으로 기능상 지장을 초래할 우려가 있는 것은 폐기하여야 한다.
2. 현저한 부식 및 녹이 발생한 것은 폐기하여야 한다.
3. 받침대(skirt)의 용접부분이나 용기 밑부분은 바닥의 습기 등에 의해 부식이 발생되므로 소화기를 거꾸로 하여 확인하여야 한다.

(2) 덮개(뚜껑)

축압식은 항상 축압력(최고 9.8kg/㎠)을 받으며, 가압식은 사용시 작동압력(분말소화기의 경우 15 kg/㎠정도)을 받는다. 균열(crack), 사용공구에 의한 상처 등 변형은 작동압력에 의해 위험한 사고를 초래할 수 있다.

유의사항

1. 강도상 지장이 있는 변형, 손상 등이 있는 것은 교체할 것. 또는 소화약제가 분말인 것은 기능점검을 하여야 한다.
2. 커버의 조임이 느슨한 것은 완전하게 조여주고 나사가 마모되거나 잘 조여지지 않는 것은 교체 또는 폐기하여야 한다.

(3) 호스

직사일광, 기름 등에 의해 노화하기 쉬운 고무제품 또는 합성수지제품으로, 내압력에 의한 파열이나 호스연결금구(nipple) 탈락 등의 우려가 있으므로 주위 환경상태도 충분히 고려하여 점검하여야 한다.

(4) 지시압력계

기능상 지장이 있는 변형, 손상, 지침의 작동이 원활하지 않은 것, 내부에 소화약제가 누출되어 있는 것 등은 교체할 것. 지시압력치가 녹색범위를 벗어난 것은 기능점검을 실시하여야 한다.

(5) 기타 부품

노즐, 방사혼, 노즐마개 등 기타부품이 현저한 변형, 손상, 노화 등으로 기능상 지장을 초래할 우려가 있는지 확인하여 교체 또는 기능점검을 실시한다.

(6) 소화약제

소화약제량에 따른 수동식소화기 총중량의 허용범위는 표 3.2.7과 같다. 강화액소화기, 기계포소화기, 할로겐화물소화기, 이산화탄소소화기 및 분말소화기에 대하여 적용한다.

유의사항

1. 고화, 이물질, 침전물, 변색, 오염, 악취 등이 있는 것은 교체하여야 한다.
2. 보충 또는 교체할 소화약제는 반드시 명판에 표시되어 있는 소화약제를 사용하여야 한다.
3. 이산화탄소소화기 및 할로겐화물소화기의 중량점검결과 이상이 있는 것에 대한 점검 등은 전문업체에 의뢰하여 확인하여야 한다.

(7) 가압용가스용기

이산화탄소를 충전한 것은 총중량을 측정하고, 질소가스를 충전한 것은 내부압력을 측정하였을 때 그림 3.2.18의 충전압력의 허용범위 이내이어야 한다.

표 3.2.7. 총중량의 허용범위

충전가스량(g)	허 용 범 위(g)
5 이상 10 미만	± 1
10 이상 20 미만	± 3
20 이상 50 미만	± 5
50 이상 200 미만	± 10
200 이상 500 미만	± 20
500 이상	± 30

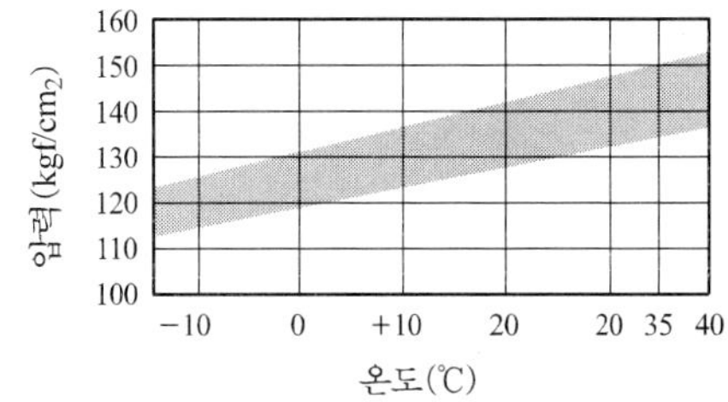

그림 3.2.18. 충전압력의 허용범위

3.2.3.1. 소화기의 소화능력단위 산정방법

1) A급화재용 소화기의 소화능력단위

소화능력단위의 수치는 S개의 제1모형을 완전히 소화한 것은 2S로, S개의 제1모형과 1개의 제2모형을 완전히 소화한 것은 2S+1로 산정.

가) 제1소화시험에 의하여 측정하며 제1모형 또는 제2모형에 의하여 행하되, 제2모형은 1개만 사용가능

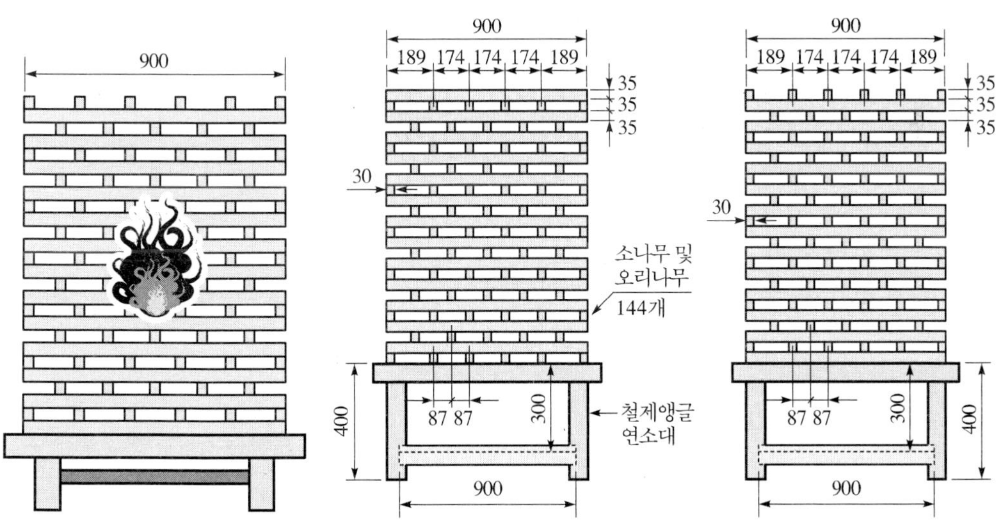

[제2모형(2단위 모형)]

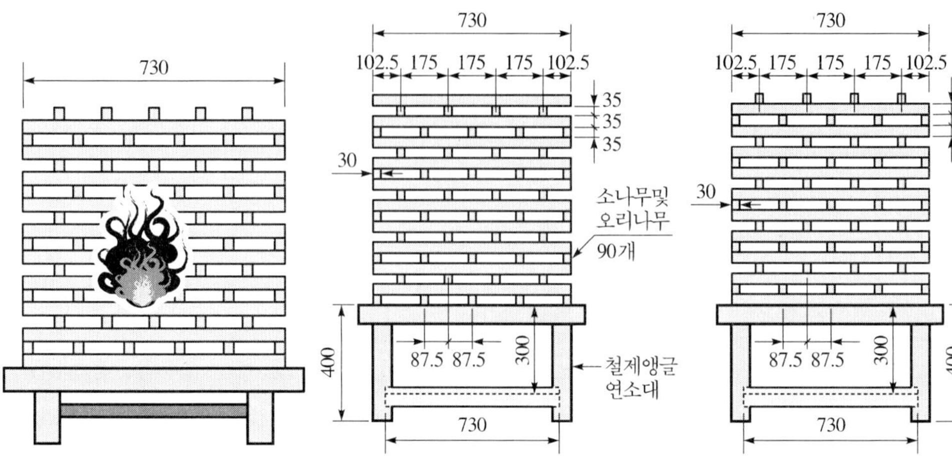

[제1모형(1단위 모형)]

나) 모형의 배열방법

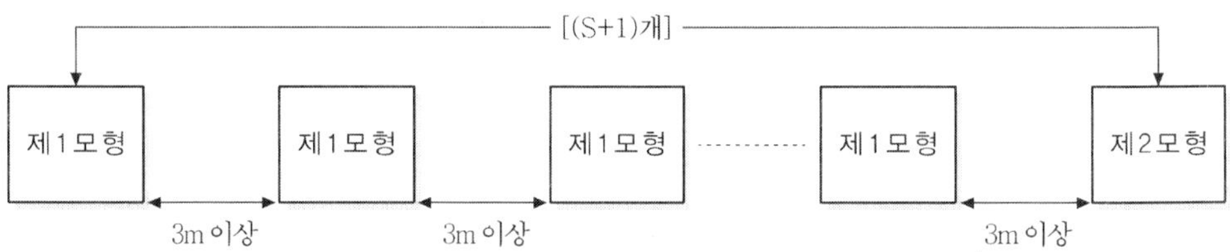

다) 제1모형의 연소대에는 3ℓ , 제2모형의 연소대에는 1.5의 휘발유를 넣어 최초의 제1 모형으로부터 순차적 점화

라) 소화는 최초의 모형에 점화 한 다음 3분 후에 불을 붙인 순으로 실시

마) 소화기를 조작하는 자는 적합한 작업복(안전모, 내열성의 얼굴가리개 및 방화복, 장갑 등)을 착용

바) 소화는 무풍상태(풍속이 초속 0.5m 이하)에서 실시, 차륜식은 고정된 상태에서 실시

사) 소화약제의 방사가 완료된 때 잔염이 없어야 하며, 방사완료 후 2분 이내에 재연 하지 않을 경우 그 모형은 완전히 소화된 것으로 본다.

2) B급화재용 소화기의 소화능력단위

능력단위의 수치는 제2소화시험 및 제3소화시험에 의하여 측정한다.

제2소화시험에서 완전히 소화한 모형번호의 수치와 제3소화시험에서 완전히 소화한 모형번호 수치의 합계 수와의 산술평균치로 한다. 이 경우 산술평균치에서 1미만의 끝수는 버린다.

가) 제2소화시험의 측정

① 모형은 모형의 종류표 중 모형번호 수치가 1이상인 것을 1개 사용

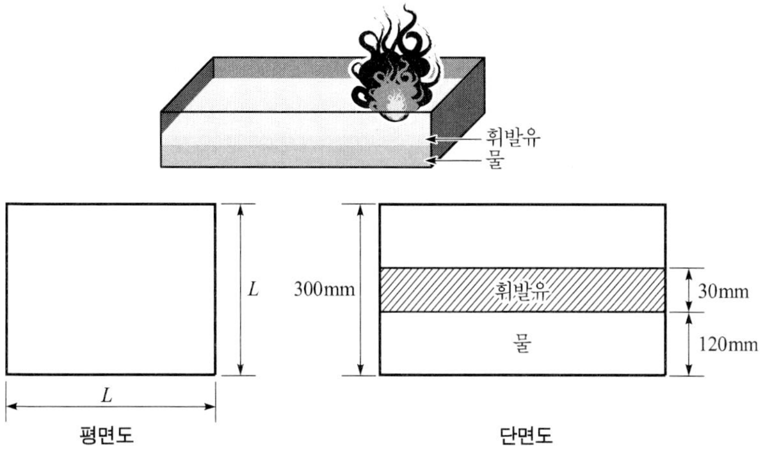

※ 모형의 종류(교재참고, ℓ 은 모형평면 한변의 치수임)

② 소화는 모형에 불을 붙인 다음 1분 후에 시작

③ 소화기를 조작하는 자는 적합한 작업복(안전모, 내열성의 얼굴가리개 및 방화복, 장갑 등)을 착용

④ 소화는 무풍상태에서 실시

⑤ 소화약제의 방사 완료 후 1분 이내에 재연하지 않는 모형을 완전히 소화된 것으로 본다.

나) 제3소화시험의 측정

① 제2소화시험에서 그 소화기가 완전히 소화한 모형번호수치의 2분의 1이하인 것을 2개 이상 5개 이하 사용

② 모형의 배열방법은 모형번호수치가 큰 모형으로부터 평면상에 일직선으로 배열하고, 모형간의 간격은 상호 인접한 모형 중 큰 모형의 한 변의 길이보다 길게 배열

③ 모형번호수치가 큰 것부터 순차로 시간간격을 두지 않고 점화

④ 소화는 최초의 모형에 불을 붙인 다음 1분 후에 점화순으로 실시

⑤ 소화기를 조작하는 자는 방화복을 착용 금지

⑥ 소화는 무풍상태와 사용상태에서 실시

⑦ 소화약제의 방사완료 후 1분 이내에 재연하지 않는 모형을 완전히 소화된 것으로 본다.

다) 능력단위의 측정법

신청자가 소화 가능하다고 신청한 능력 단위의 수치에 대해서 A급화재용 능력단위

는 제1소화시험을, B급화재용 능력단위는 제2소화시험 및 제3소화시험을 각각 행하여 실제로 소화되는지를 확인하는 것

① 소화시험에 사용하는 연료 및 목재의 치수

㉮ A급 소화시험에 사용하는 목재는 수분함유율이 (10∼15)% 이하인 소나무, 오리나무

— 제1모형: (30 ± 3)㎜ × (35 ± 3)㎜ × (900 ± 5)㎜

— 제2모형: (30 ± 3)㎜ × (35 ± 3)㎜ × (730 ± 5)㎜

㉯ B급 소화시험에 사용하는 연료는 자동차용휘발유 또는 n-Heptane을 사용

② 소화의 판정

사용온도 범위의 상한 및 하한의 온도조건에 보존한 소화기는 각 온도조건에서 신청 소화능력 단위의 모형이 소화되어야 한다.

㉮ 제2소화시험 및 제3소화시험 결과 약제 잔량이 50% 이상 또는 신청 방사시간의 50% 이상 여유를 남기고 소화가 되었거나 제1소화시험에서 소화약제 방사 종료 후 4분 이내에 재연하지 않았을 때에는 1회의 소화시험만으로 그 소화능력은 양호한 것으로 한다.

㉯ 소화시험결과 (1)의 조건을 만족하지 않는 경우에는 2회의 시험을 실시하여 2회 모두가 소화되었을 경우에는 그 소화능력은 양호한 것으로 한다.

㉰ 소화시험은 2회까지로 하며 그 이상은 실시하지 아니한다. 다만, 시험조작자의 중대한 과오가 있었을 경우에는 그 시험회수는 산입하지 아니한다.

3.2.4 소화기의 폐기처리 방법 등

점검결과 부식, 손상 기타 이상이 인정되어 폐기해야 할 소화기(고압가스안전관리법의 적용을 받는 가압용가스용기 포함)로 판정된 것은 폐기 처리전까지 관계자 외에 접근할 수 없는 장소에서 보관하여야 한다. 아울러 소화기의 폐기처리는 폐기물처리관련법령, 고압가스관련법령, 독극물관련법령, 상하수도관련법령 등을 준수하여야 한다.

(1) 소화기의 본체의 처리 방법

1) 본체용기 및 부분품은 금속, 플라스틱류, 고무 등 그 재료별로 분리하여 처리하여야 한다.

2) 고압가스안전관리법의 적용을 받는 이산화탄소소화기(용기 윗부분이 녹색으로 도색된 것), 할론1301소화기(용기 상부부분이 쥐색으로 도색된 것)의 본체용기 및 분말소화기, 강화액소화기의 가압용가스용기는 소화기 제조업체 또는 고압가스용기 전문업체에 의뢰하

여 확인하여야 한다.

3) 고압가스안전관리법의 적용을 받지 않는 소화기의 가압용가스용기도 상온에서 60kg/㎠ 정도의 압력이 가해지고 있기 때문에 본체용기로부터 분리하여 처리를 의뢰하거나 압력배출기구에 의하여 압력을 배출한 후 처리하여야 한다.

4) 축압식소화기는 7.0~9.8kg/㎠의 충전압력이 가해지고 있기 때문에 소화기 본체용기를 거꾸로 세워 밸브를 열어(손잡이를 움켜 쥠) 충전압력을 배출한 후 처리하여야 한다.

(2) 소화약제의 처리

각 시·도의 하수도 처리 조례 등을 준수하여야 한다.

1) 산 · 알카리소화약제

① 본체용기 등에 손상이나 기타 이상이 없고 내압강도가 있다고 인정되는 것은 약제를 방사한 뒤 방류처리 하여야 한다.

② ①에 의해 처리할 수 없는 것은 외통액(탄산수소나트륨) 및 내통액(황산)을 각각 배출한다. 이때 내통액은 농황산이기 때문에 취급에 주의해야 하며 우선 물로 수배 희석하고 나서 외통액에 내통액을 서서히 가하여 중화한 뒤 물로 희석하면서 방류처리 하여야 한다.

2) 강화액소화약제

강화액소화약제는 수소이온농도가 높기 때문에 다량의 물로 희석(수소이온농도가 5.0이상 9.0이하로 한다)하여 물을 흘리면서 방류처리 하여야 한다.

3) 화학반응식포소화약제

① 포소화약제를 방사하여 처리하면 거품의 수집처리와 하수처리 등이 곤란하기 때문에 외통액과 내통액을 분리하여 처리하여야 한다.

② 외통액(탄산수소나트륨)은 물로 희석하면서 방류처리 하여야 한다.

③ 내통액(황산알루미늄)은 산성이기 때문에 희석(수소이온농도가 5.0이상 9.0이하로 한다)하여 물을 흘리면서 방류처리할 것. 다만, 방류할 때에 외통액과 혼합되지 않도록 주의하여야 한다.

4) 분말소화약제

분말소화약제는 비산하지 않도록 자루에 넣어 소화약제 제조업체에 처리를 의뢰하여야 한다.

실전문제

문제 1 다음 소화기의 성능 및 소화의 원리에 대하여 간략하게 서술하시오.

문제 2 소화기의 능력단위에 대하여 서술하시오.

문제 3 분말소화기의 2가지 형식과 그 내부구조를 비교, B급화재에 대한 능력단위를 판정방법을 설명하시오.

문제 4 소화기의 종류, 능력단위, 축압방법에 대하여 서술하시오.

문제 5 분말소화기의 종류와 특성을 설명하시오.

문제 6 물이 소화약제로 많이 쓰이는 이유를 서술하시오.

문제 7 냉각에 의한 소화를 설명하고, 물의 소화능력을 서술하시오.

문제 8 Viscosity Water

문제 9 물의 소화능력을 위한 첨가제(Additve) 4 가지, 소화능력, 소화특성 증가

문제 10 Wetting Agents

문제 11 건축물 내에 있어서 소화기 배치관계

문제 12 분말소화기의 2가지 형식과 그 내부구조를 비교설명하고, B급 화재에 대한 능력단위를 판정하는 방법을 기술하시오.

문제 13 소화기 종류를 열거하고, 이들의 성능을 소화의 원리를 이용하여 설명하시오.

문제 14 건물 내에서 소화기의 배치 방법에 대하여 기술하시오.

문제 15 소화기의 종류별 능력단위, 소화약제, 가압 방법에 대하여 설명하시오.

3.3 자동소화장치

(1) 주거용 주방자동소화장치

주거용 주방자동소화장치는 가연성가스의 누출이나 화재발생시 경보를 발하고 가연성가스의 누출을 자동으로 차단하며 화재발생시 자동으로 소화약제를 방사하여 소화하는 것으로 주로 아파트 주방에 설치됩니다.

- 구성 및 기능

  주거용 주방자동소화장치는 소화약제저장용기, 수신부, 탐지부, 가스누설차단장치 및 방사노즐 등으로 구성되어 있으며 가스누설을 감지하였을 때에는 자동으로 경보 및 가스를 차단하여 가스폭발 등을 예방하는 기능과 화재발생시에 경보, 가스차단 및 화재를 진압하는 기능이 있습니다.

① 수신조작부 ② 가스차단부 ③ 가스탐지부 ④ 노즐부, 온도감지부 ⑤ 소화기

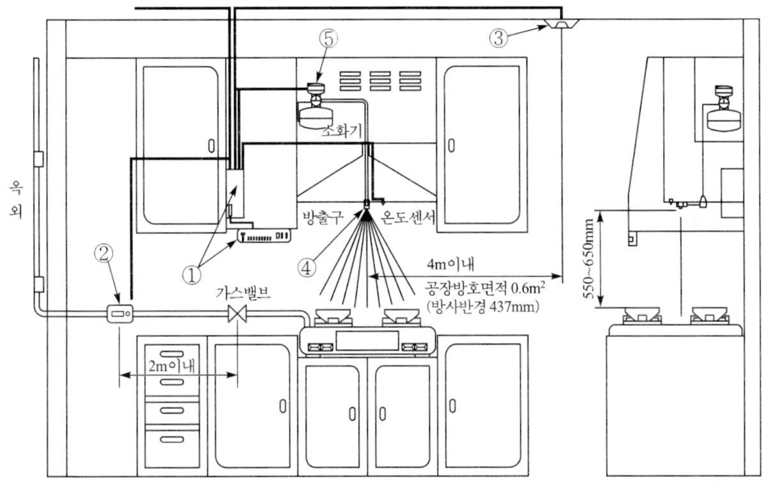

NO	Description	설치위치
1	수신부/조작부	가스렌지로부터 측면으로 0.5~1.0m
2	차단부	도면참조
3	탐지부	LNG : 천장으로부터 0.3m이내 LPG : 바닥으로부터 0.3m이내
4	온도센서/방출구	가스사용장소 중앙부
5	소화기	도면 참조

방출구 및 온도센서는 유효설치높이 범위 내 가스사용장소 중앙에 위치하도록 설치한다.

다만, 별도로 형식승인을 받은 경우에는 그 성능 인정범위 내에서 설치할 수 있다.

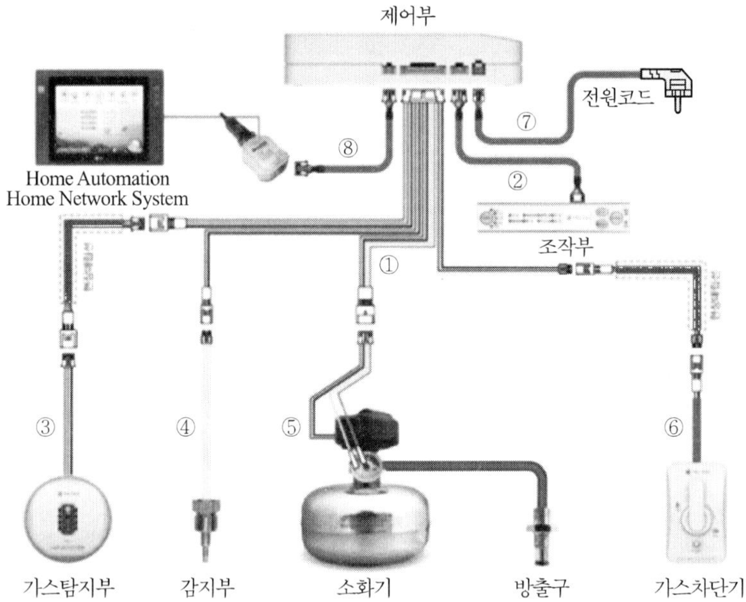

그림 3.3.1. 주거용 주방자동소화장치

① 수신부 : 가스렌지로부터 측면으로 0.5~1M

② 차단부 : 코크밸브 이전의 배관에 설치

③ 탐지부 : LNG(천정에서), LPG(바닥에서) 0.3M이내에 설치

④ 연결후레임

⑤ 소화기

■ 본체

주거용 주방자동소화장치 본체는 소화기, 작동부 박스와 감지부로 구성되어 있다.

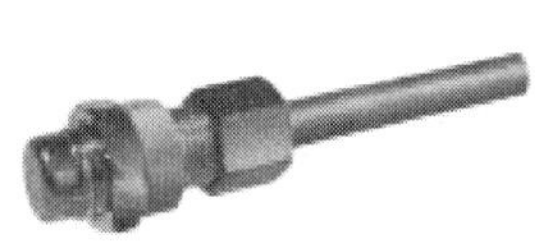

방출구 (동관직결형)

방출구 (입출바형)

그림 3.3.2. 주거용 주방자동소화장치 본체 및 방출도관및 방출구 예

주거용 주방자동소화장치는 소화약제를 저장한 가스가압식 또는 축압식소화기의 일종으로 화재가 발생하면 퓨지블링크가 분리되어 스프링 작용으로 소화기의 레버를 눌러서 소화기를 개방시키게 되는데 이것은 기계식 작동의 방법이며 이와 달리 전기적인 작동으로 수신부로부터 발하여진 신호를 수신하여 자동적으로 소화기의 밸브를 개방하는 방법도 사용된다. 작동부의 압력감지기는 축압식의 경우 소화기의 압력에 이상이 발생하면 이를 감지하여 수신부에 신호를 전달하게 된다. 소화약제 방출도관은 동관으로 소화기가 개방되면 분사헤드에서 소화약제가 방출되도록 관로를 형성하는데 길이는 10m 이하로 하여야 한다. 와이어는 작동부 박스와 기계식 센서인 퓨지블링크를 연결하는 것으로 화재시 기계식 2차온도 감지부인 퓨지블링크가 분리되면 작동부 박스의 소화기의 레버를 스프링작용에 의해서 개방하도록 하는 연결장치이다.

■ 감지부

소화약제의 방출구, 온도감지센서, 퓨지블링크로 구성되어 있으며 소화약제 방출구는 화재감지에 의하여 소화기가 개방되면 소화약제 방출도관을 따라 송출되고 방출구에 도달된 소화약제는 방출구에서 분사되어 가스렌지를 포함한 주위에 소화약제를 방사하게 된다.

온도감지 센서는 1차온도(약 80℃)와 2차온도(약 100℃)를 감지하여 수신부에 송신하는 기능을 하는 것으로 1차온도를 감지하면 수신부에서 화재1램프를 점등시키고 경보가 울리고 동시에 차단부가 작동되어 가스공급밸브를 차단시키고, 온도가 더 상승하여 2차온도에 도달되면 수신부에서 화재2램프가 점등되면서 퓨지블링크가 작동되어 소화기의 소화약제를 방출하게 된다. 퓨지블링크는 기계식인 경우 2차온도 감지부로 2차온도가 감지되면 퓨지블링크가 분리되어 와이어 등을 통하여 소화기 본체의 제어부에 전달되며 스프링에 의해서 소화기의 개방용 레버를 작동시키며, 전자식인 경우에는 축을 회전하여 직접 개방용 레버를 작동시켜 소화기를 개방 소화약제의 방출하는 것이다.

온도센서

그림 3.3.3. 감지부의 구성

■ 탐지부

탐지부는 감지대상가스의 누출을 감지하여 가스누설신호를 보내는 장치이며 가스가 누설되어 탐지부에 감지되면 수신부의 가스누설등이 점등되고 경보가 울려 가스의 누설을 알려주는 기능을 하게 된다.

탐지부는 감지대상가스에 따라 LPG용, LNG용으로 나뉘며 공기보다 무거운 가스는 바닥에서 30 cm 이내에, 공기보다 가벼운 가스는 천장에서 30cm 이내에 설치한다.(가스누설경보기는 전원표시등, 경보등, 가스감지구 등으로 구성되어 있으며 전원표시등은 가스누설경보기에 공급되고 있는 점원감시등으로 전원이 공급되고 있는 상태에서는 표시등이 점등되고 전원공급이 중단되면 소등된다. 경보등은 가스가 누설되어 가스감지부에 감지되면 수신부의 가스표시등이 점등되며 가스누설경보기의 경보가 울려 가스의 누설을 알려주는 기능을 하게 된다. 가스감지구는 실내의 저부에 누설되어 체류하는 가연성가스를 감지하는 기능을 한다.)

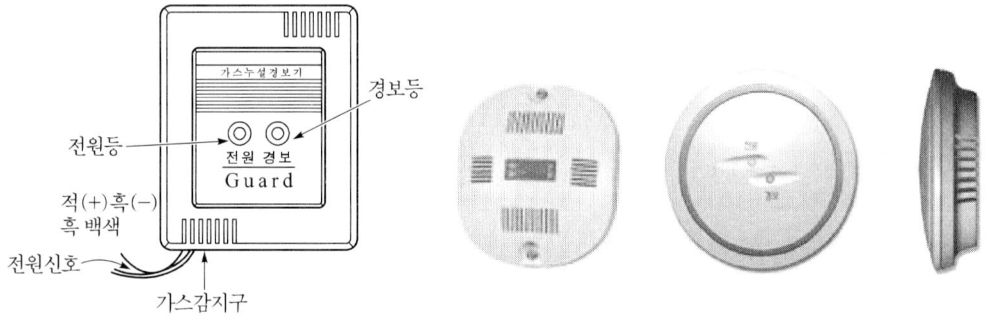

그림 3.3.4. 탐지부

■ 가스차단부

가스차단부는 크러치버튼과 클램프 및 차단부 구동축으로 구성되어 있다. 클러치버튼은 수동조작용으로 클러치버튼을 누르고 수동으로 가스밸브를 차단 또는 개방할 때 사용한다. 클러치버튼은 수동조작용으로 클러치버튼을 누르고 수동으로 가스밸브를 차단 또는 개방할 때 사용한다. 크램프는 아래 그림의 가스차단부 설치예에서와 같이 가스차단밸브에 가스차단부를 장착하여 고정하는데 사용된다. 차단부 구동축은 가스차단밸브의 밸브 핸들을 캡으로 덧씌워서 가스누설이 감지되면 차단부가 캡을 회전시켜서 밸브를 자동적으로 차단시키는 기능을 하게 된다.

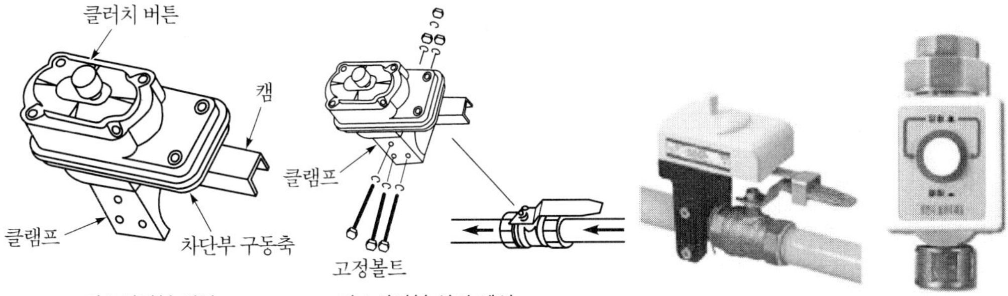

가스차단부 외형　　　가스차단부 설치 예시

그림 3.3.5. 가스차단부

■ 수신부

수신부는 예비전원스위치, 가스차단부 작동스위치, 가스누설표시등, 전원표시등, 예비전원표시등, 화재1표시등, 화재2표시등, 소화기 압력감시등, 경보정지스위치, 복구스위치 등으로 구성된다.

예비전원 스위치는 스위치 ON 상태에서는 예비전원의 충전 및 예비전원이 사용될 수 있으며 스위치 OFF상태에서는 예비전원이 회로에 공급되지 않는다. 수신부의 예비전원은 원통밀폐형 니켈카드늄축전지로서 그 용량은 감시상태를 60분간 지속한 후 감지부, 탐지부 및 가스차단기를 작동하는데 필요한 소비전류를 10분 이상 계속하여 공급할 수 있어야 한다. 평상시 예비전원스위치는 항상 스위치 ON 상태를 유지하여야 한다.

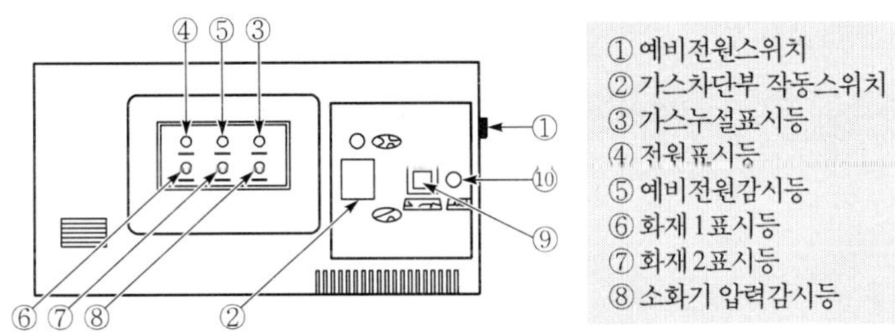

그림 3.3.6. 수신부

가스차단부 작동스위치는 가스차단부를 작동시키는 스위치로 가스공급밸브가 닫혀 있을 때에는 닫힘표시등이 점등되어 항상 수신부에서 가스공급밸브의 개폐상태를 표시하게 된다.

가스누설표시등은 가스가 누설될 때 가스누설경보기로부터 전달되는 누설신호를 받아 가스의 누설상태를 표시하는 기능을 한다. 전원표시등은 교류전원과 예비전원의 상태를 표시하는 것으로 교류전원공급 상태에서는 녹색등으로 표되고 예비전원공급시에는 적색등으로 표시되는 등 전원유무를 표시하는 것으로 예비전원에 이상이 있을 때에만 점등된다.

화재1표시등은 화재감지부에서 온도센서에 이해서 1차온도감지(약 80℃)가 되면 수신부에서 경보가 울리고 화재1표시등이 점등됨과 동시에 가스차단부가 작동되어 가스공급밸브를 차단시킨다. 화재2표시등은 화재감지부의 온도센서가 1차온도감지 후 화재에 의해서 계속적으로 온도가 상승하여 2차온도(약 100 ℃)가 되면 온도센서 및 퓨지블링크에서 온도를 감지하여 소화기를 개방시키고 점등되어 화재표시기능을 한다.

소화기압력감시등은 소화기의 압력이 미달되어 소화기의 내압이 부족될 때 표시등이 점등되어 소화기의 압력이상유무를 표시하는 기능을 한다.

경보정지 스위치는 화재의 발생에 따른 경보나 가스의 누설에 따른 경보상태가 지속될 때 이러한 경보를 정지하기 위한 것으로 경보정지스위치를 누르면 경보가 정지된다. 복구스위치는 가스차단부가 작동되었을 때 복구시키는 것으로 복구스위치를 누르고 ②번의 가스차단부 작동스위치를 작동시키면 복구된다. 이때에 가스누설경보기가 누설경보상태에서는 복구가 되지 않는다.

■ 작동원리

- 가스누설에 따른 가스의 차단장치 작동

  가스렌지나 가스배관부분에서 가스가 누설되면 가스누설경보기가 공기중의 농도변화를 감지하여 일정농도(LPG : 0.06～0.45%, LNG : 0.06～1.25%) 이상의 농도가 감지되면 경보기 자체적으로 경보를 발하고 수신부에서도 경보가 울리면서 가스차단부의 차단구동축이 회전하면서 가스공급밸브를 차단 시켜서 가스의 공급을 중단시키게 된다.

- 가스렌지의 과열감지 및 가스공급차단 작동

  가스렌지 상단의 감지부에서 온도센서가 일정온도(약 80℃) 이상이 감지되면 수신부에서 경보와 함께 화재1표시등이 점등되면서 가스차단부에서 가스공급밸브를 차단시켜서 가스의 공급을 중단시키게 된다.

- 화재의 자동소화 작동

  가스렌지의 조리중인 식용유나 음식물이 가열되어 발화되면 온도가 상승하여 감지부의 온도센서가 1차온도(약 80℃)를 감지하여 수신부에서 경보를 울리고 화재1표시등이 점등되면서 가스차단부에서 가스공급밸브를 차단하여 가스의 공급을 차단시킨 후 그래도 계속적으로 온도가 상승하여 2차온도(약 100℃)이상이 되면 온도센서가 이를 감지하여 수신부의 경보를 울림과 동시에 화재2표시등을 점등시키고 휴지블링크가 분리되면서 소화기의 작동부를 작동시켜 소화기 개방용레바를 눌러서 소화기를 개방시켜 소화약제가 방출도관을 따라 방출구에서 화재부위인 가스렌지 상단에 소화약제가 분사되어 소화하게 된다.

■ 보수관리

- 외관점검

소화기 설치가 제품의 특성 및 설치사양에 따라 되어 있는지를 확인하여야 한다.

① 소화약제 방출구의 위치가 가스렌지 중앙부분에 오도록 되어 있는지를 확인하여야 한다.

② 소화약제저장용기는 지지대에 고정되어 있는지를 확인하여야 한다.

③ 축압형은 지시압력게이지의 지침이 녹색범위에 있는지를 확인하여야 한다.

④ 소화약제방출도관의 연결구에 누수나 결합이 헐거운 부분이 있는지를 확인하여야 한다.

⑤ 수신부의 설치위치가 화원에서 일정한 거리를 두고 육안으로 보이도록 설치되어 있는지를 확인하여야 한다.

⑥ 탐지부의 설치위치가 LPG의 경우 바닥으로부터 30㎝ 이내의 위치에, LNG의 경우 천정으로부터 30㎝위치에 설치되어 있는 지를 확인하여야 한다.

⑦ 가스누설차단장치의 설치가 올바른지 확인하고, 중간 콕크 밸브 등에 설치되어 있으면 안된다.

⑧ 온도센서 등 화재를 감지하는 감지부가 약제방출노즐 부위에 설치되어 있는지를 확인하여야 한다.

- 외관 기능점검

① 주거용 주방자동소화장치의 모든 전선 등이 단절된 곳 없이 연결되어 있는지를 확인하여야 한다.

② 수신부의 주전원 코드가 콘센트에 연결되어 있는지를 확인하여야 한다.

③ 예비전원이 수신부에 연결(ON/OFF스위치가 있는 경우 ON상태)되어 있는지를 확인하여야 한다.

④ 퓨즈의 이상유무를 확인하여야 한다.

⑤ 수신부의 각 표시등에 이상이 있는지를 확인(점멸되거나 점검표시에 불이 들어와 있는 제품은 없는지) 하여야 한다.

⑥ 방출구의 보호 커버가 없거나 방출구가 막혀있는지를 확인하여야 한다.

- 작동점검 및 보수

① 탐지부의 센서는 보통 접촉연소식을 사용하고 있어 대기중에서 일정기간(약 2~3년)이 경과하면 성능이 떨어지므로 성능확인 후 교체하여야 한다.

1. 성능확인방법 : 휴대용 라이터를 약하게 조절한 후 액체가 아닌 기체만 나오도록 하여 탐지부의 센서쪽에 확산시켜 탐지부가 작동하는 지를 확인하여야 한다.

> ※ 주의 : 휴대용 라이터의 연료는 고농축가스이므로 가스로 인한 탐지센서의 손상에 주의하여야 한다.

2. 탐지부 점검 시 가스누설이 확인되어 올 때 차단장치가 차단되는 지를 확인하여야 한다.

② 탐지부센서는 1달에 1번 정도 성능점검을 하여야 한다.

③ 가스누설차단장치의 수동조작스위치를 조작하여 볼밸브 또는 콕크 밸브가 차단되는지를 확인하여야 한다.

④ 작동장치로 나가는 신호선의 콘넥터를 수신부에서 결선한 다음 휴대용라이터를 사용하여 감지부에 가열하였을 경우 화재신호가 표시되는 지와 차단장치가 차단되는지를 확인하여야 한다.

> ※ 주의 : 감지부의 고정장치가 합성수지제품이거나 감지부로 이융성금속을 사용하고 있는 경우는 작동·성능확인시험을 하지 말 것

⑤ 수신부에서 경보가 울릴 경우 먼저 경보음정지를 누르고 이상이 있는 부분이 어디 있는지를 확인하여야 한다.

⑥ 자동식소화기는 자체진단(이상확인)기능이 있으므로 수신부를 수시로 확인하여야 한다.

⑦ 제품의 특성을 모르는 경우 사용설명서를 참고하고 경보가 울릴 경우에는 경보음정지를 누른 후 A/S센타나 제조회사에 연락할 것. 다만, 탐지부에 누설신호가 있는 경우에는 먼저 창문을 열어 환기를 시키고 조치하여야 한다.

▒ 주거용 주방자동소화장치의 분류 및 약제종류

— 방출방식에 따른 분류

- 가압형 : 가압원을 본체용기내에 별도의 용기에 저장
- 축압형 : 가압원을 본체용기에 소화약제와 함께 저장

— 소화약제종류 : 분말, 강화액 등

■ 점검 및 정비

점검요령은 지시압력계의 바늘이 정상위치(녹색범위)에 있는지 확인하고 분사노즐이 렌지의 중심부에 위치하는지 확인하며 월1회 정도 가스탐지부에 가스를 주입하여 경보음과 동시에 가스차단기가 작동하는지 확인해야 한다. 기타 점검요령은 주거용 주방자동소화장치와 같은 요령에 의하며 특히 설치, 정비 및 A/S에 관한 사항은 소화기 명판에 표시된 제조업체와 상의하는 것이 좋다.

(2) 상업용 주방자동소화장치

상업용 주방자동소화장치는 후드, 덕트 및 레인지, 튀김기 등에서 발생하는 온도 상승을 고감도 센서로 안전하고 친환경적인 강화액(중성) 소화약제를 자동적으로방출, 완벽히 소화하는 안정성과 신뢰성이 있는 소화장치이다.

■ 구성 : 감지부, 탐지부, 수신부, 작동장치, 가스차단장치 등

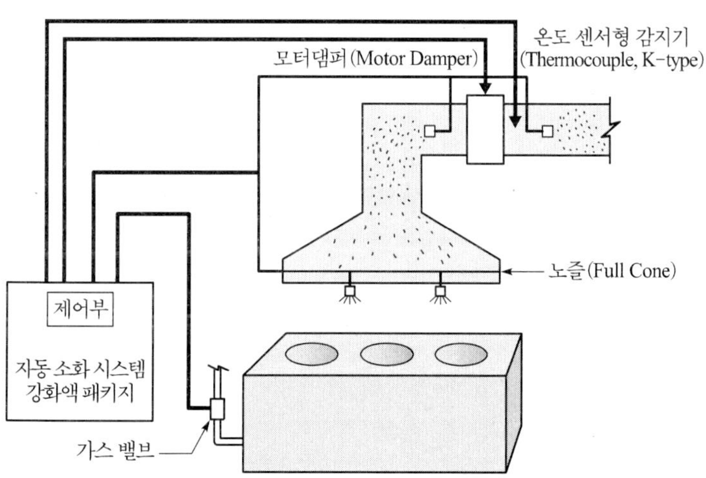

상업용 주방자동소화장치 (개략도)

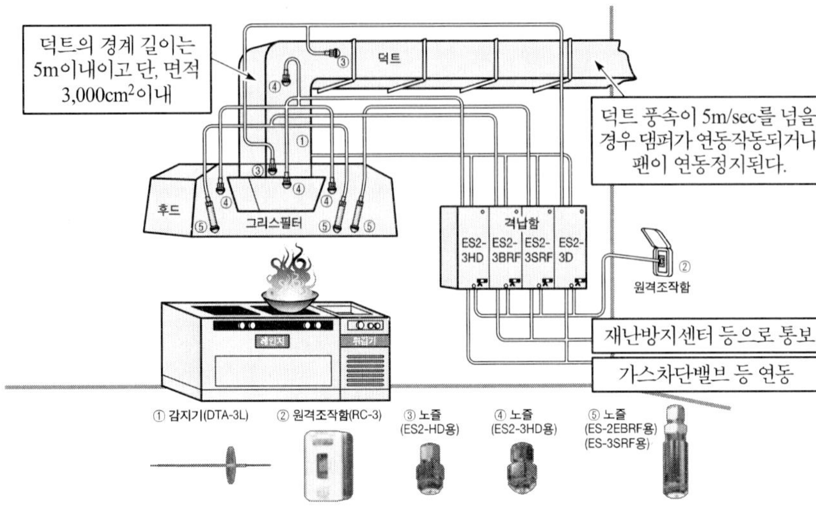

상업용 주방자동소화장치 (개략도)

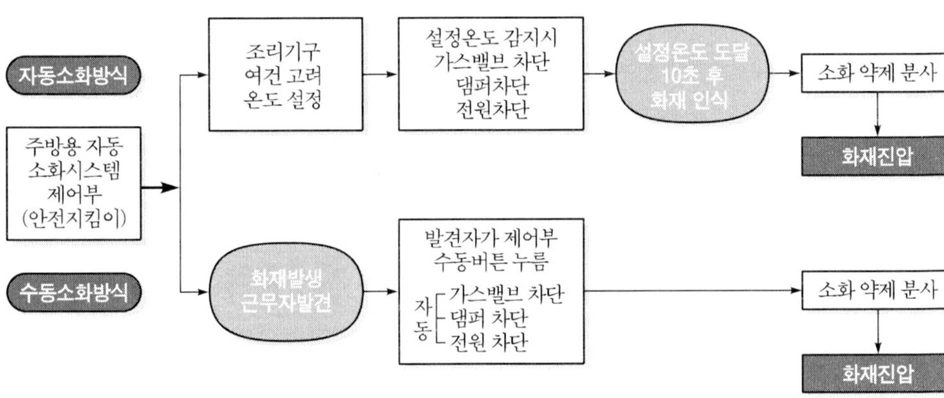

시스템 작동 원리

※ 특기사항 (댐퍼 자동복귀, 가스밸브 및 전원 수동복귀)

(3) 캐비넷형 자동소화장치

열, 연기 또는 불꽃 등을 감지하여 소화약제를 방사하여 소화하는 캐비넷형태의 소화장치를 말한다.

- 구성

캐비넷형자동소화장치는 화재에 의하여 생기는 열 또는 연기 등을 감지하여 경보를 발하고 자동적으로 소화약제를 방사하여 소화를 행하는 고정된 소화기기를 말합니다. 캐비닛형자동소화장치는 감지부, 방출구, 방출유도관, 소화약제저장용기, 수신부, 작동장치 등으로 구성되어 있다.

- 용도 및 소화약제

사람이 항상 거주하고 있는지의 여부에 따라 일반용(집, 사무실, 작업실, 집회실, 오락실 등에 쓰임)과 창고용(창고 등 폐쇄된 장소에 쓰임)이 있고 국내에서 생산되는 캐비닛형자동소화장치는 1병, 또는 2병의 용기에 소화약제를 저장하고 있으며 소화약제의 종류로는 이산화탄소, 하론1301, HCFC Blend A, HFC-227ea 등이 있다.

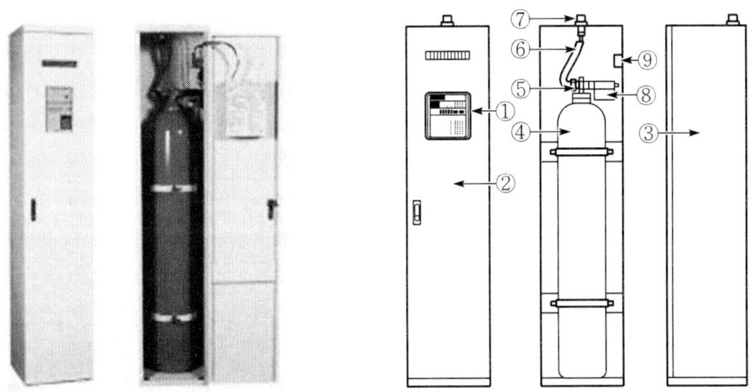

①콘트롤부 ②도어 ③외함 ④저장용기 ⑤용기밸브
⑥후렉시블튜브 ⑦방출헤드 ⑧작동장치(솔레노이드밸브) ⑨단자대 ⑩니들밸브

(4) 가스식자동소화장치

열, 연기 또는 불꽃 등을 감지하여 가스계 소화약제를 방사하여 소화하는 소화장치를 말한다.

- 구성

(5) 분말식자동소화장치

열, 연기 또는 불꽃 등을 감지하여 분말의 소화약제를 방사하여 소화하는 소화장치를 말한다.

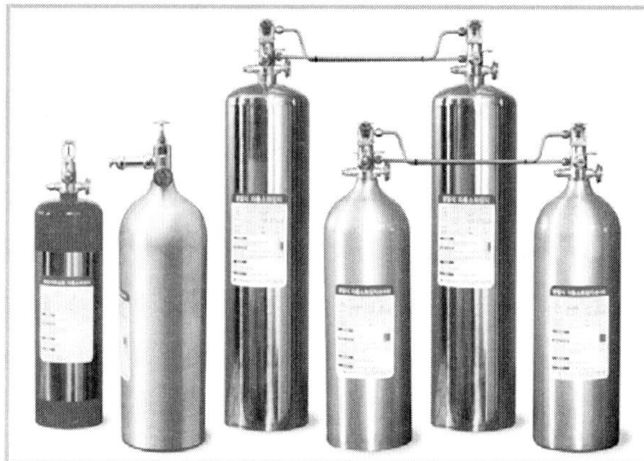

(6) 고체에어로졸자동소화장치

열, 연기 또는 불꽃 등을 감지하여 에어로졸의 소화약제를 방사하여 소화하는 소화장치를 말한다.

■ 구성

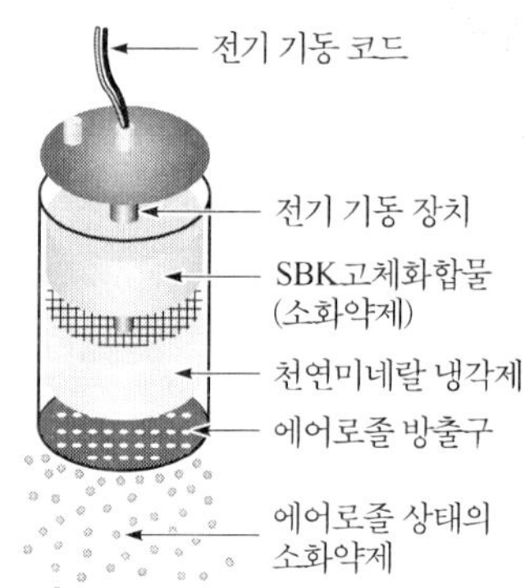

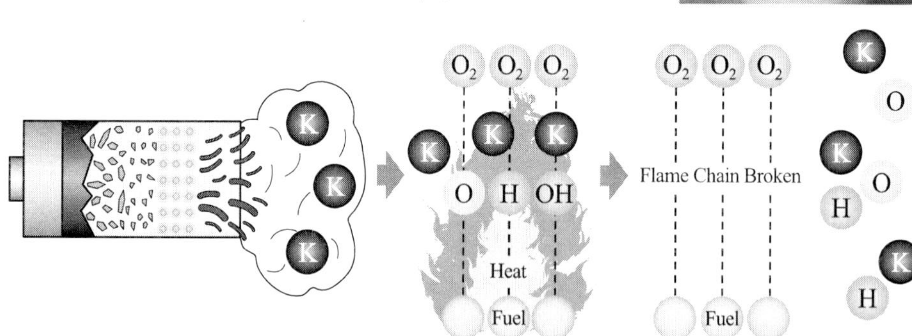

3.4 소화약제

3.4.1 액체계통의 소화약제

물은 모든 물질 중에서 비열, 기화잠열이 가장 크고 냉각을 필요로 하는 화재에서 가장 손쉽게 확보할 수 있는 소화약제로서 사용되고 있다. 또한 오늘까지 물을 사용하여 소화한 실례가 가장 많아 확보능력만 있다면 보통화재의 소화에는 가장 유효하다. 그러나 소화기의 특성을 고려해 볼 때, 아무리 좋은 소화약제라고 해도 그 양이 유한하거나 동결하는 등의 결점이 있다면 불을 끈다고 하는 목적으로만 판단하여 우수한 것이라고는 말할 수 없다. 따라서 냉각효과의 특성을 살리고 동결 등의 단점을 보완하고자 다른 소화약제의 소화성능을 첨가하는 연구가 이루어져 여러 형태로 발전한 것이 산알카리소화기, 포소화기, 강화액소화기 등이다.

(1) 물 소화약제

냉각작용에 의한 소화효과가 가장 크며, 증발하여 수증기로 되면서 원래 물 용적의 약 1,700배로 팽창하기 때문에 가연성기체와 공기가 혼합된 기체의 희석작용도 하게 된다. 100℃의 물이 수증기가 되기 위해 1g당 539cal의 열량을 필요로 한다. 이것은 다른 물질에서 보다 훨씬 큰 수치를 나타낸다.

표 3.4.1. 물과 다른 물질의 비교

비열	물1.00	구리0.09	에 탄 올0.547
기 화 열 (cal)	물539	유황362	에 탄 올216
가스화팽창율	물1700배	사염화탄소300	이산화탄소450

또한 비열도 큰 값을 갖는데 이 성질은 연소이 제1요소인 열을 제거하는 소위 냉각효괴를 나타내고 발화점 이상이 된 연소물은 그 온도 이하로 인화열원을 냉각하여 소멸시킨다.

최근 실제 화재에서 물계통 소화기의 유효성에 대한 재인식이 커지고 있으며 어떻게 하면 물 자체가 갖고 있는 결점을 소화 목적에 따라 보충하는가 하는 연구가 계속 진행되고 있다. 물은 그것을 어떠한 모양으로 방사시키는 가에 따라서 얻어지는 효과가 달라지므로 방사형태가 중요하며 아울러 소화약제의 보관 특성과 소화성능이 중요 고려 요소가 된다. 소화약제 보관특성은 용기의 내부식성, 저온특성, 장기안전성이 만족되어야 하고 소화성능 면에서 보면 그 소화대상물에의 적합성이 중요하다. 가령 목재라든가 면같은 셀룰로즈계통의 것에는 침투성이 요구되며 형상, 구조 등에 따라서는 부착성, 방사형상이나 세기(봉상주수, 무상주수)를 고려해야 된다. 더 아울러 억제라든가 재연방지의 효과도 필요하다.

따라서 소화약제로서 물을 사용하고자 할 때 물의 점도를 높이고 부착성을 향상시키기 위해서는 증점제를 첨가하는 방법, 물의 표면장력을 저하시켜 셀룰로즈계에 대해서 침투성을 좋게 하는 방법, 수성물질에 대해서 계면활성을 주는 방법, 물의 결점인 동결점을 저하시키는 방법, 화학적인 활성을 첨가해서 억제효과, 재연방지 효과를 주는 방법 등을 생각할 수 있다. 그리고 상기의 여러 방법이 고려되어 물에 소화성능을 보강한 것이 산·알카리, 포, 강화액 소화약제라 할 수 있다. 순수한 물만을 소화약제로 사용하는 경우에는 방사하는 형상(분사형태, 입자크기 등) 기구에 따라 그 적응성을 넓힐 가능성이 있어 워터미스트소화설비 등 적절한 이용방법에 의하여 소화약제로서 중요한 역할을 얻을 수 있다.

(2) 산, 알카리 소화약제

화학반응에 의해서 생성된 이산화탄소의 가스압력에 의하여 방사되며 소화원리는 물과 마찬가지의 효과로 일반화재에 적용된다.

$$H_2SO_4 + 2NaHCO_3 \rightarrow 2CO_2\uparrow + 2H_2O + Na_2SO_4$$

소화약제는 알카리성의 중탄산나트륨(중조)을 외통(A제)에 수용액으로서 충전되고 황산 약 70 % 용액의 내통제(B제)와 반응시켜서 이산화탄소의 발생에 따르는 가스압력을 방출원으로 하고 있다.

표 3.4.2. 산알카리소화기의 성분 예

구분	물	소 화 약 제
내통액	30%	황 산 70%
외통액	93%	탄산수소나트륨 7%

(3) 강화액소화약제

강화액은 무색 또는 황색으로 약간의 점성이 있는 액체로서 알카리금속염류의 수용액이다. 강화액의 특성은 부촉매효과(연소의 연쇄를 단절하고 반응을 제어하는 효과)에 의한 화재의 제어작용이 크며 재연(再燃)을 저지하는 작용을 한다. 약제로서는 축압식, 가압식에 제공되는 것이지만 이전에는 알카리방식의 것도 있었다. 탄산칼륨과 황산 등의 산과 반응을 시켜 이산화탄소가스를 발생, 이것을 압력으로 하는 것도 있었으나

$$H_2SO_4 + K_2CO_3 \rightarrow CO_2\uparrow + H_2O + K_2SO_4$$

2~3년 만들어졌을 뿐이고 그후는 제조되지 않고 있다. 대개 축압식으로 시판되고 있다.

물에 중량비 40 %에 가까운 탄산칼륨염을 용해시키고 그 이외에 방청제(녹방지) 및 안정제를 첨가하여 제조하며 제원은 아래 표 3.4.3과 표 3.4.4와 같다.

표 3.4.3. 강화액의 물성

비 중	1.36 ~ 1.38 (20℃)
응 고 점	-26℃ ~ -30℃
점 도	3.7 (C.P)
pH	11~12
표면장력	87dyne/㎝

표 3.4.4. 강화액의 조성 예

탄산칼륨	36%
유 기 안 정 제	2%
방 청 첨 가 제	2%
착 색 제	약 간
물	60%

외국에서는 이 약제의 빠른 효과를 칭해서 「인스턴트」 라는 명칭으로, 또 부동성을 칭해서 「안티프리징」 이라는 명칭으로 시판되고 있다.

(4) 화학포소화약제

화학포소화약제는 외통제(A제)와 내통제(B제)로 되어 있다. 외통제는 탄산수소나트륨(중조)를 주성분으로 기포제와 안정제 및 방부제를 첨가한 것이고, 내통제는 황산알미늄을 첨가했다. 어느 것이나 분말상태이다. 소화기에 외통제는 약 8%수용액, 내통제는 약 37.5%수용액으로 각각 충전되어 있다. 이 수용액은 해가 거듭할수록 열화하므로 연1회 교체할 필요가 있다. 소화기에 사용할 때에는 외통액과 내통액이 알맞게 반응해서 이산화탄소를 포함한 다량의 거품을 방사한다.

$$6NaHCO_3 + 2Al_2(SO_4)_3 \rightarrow 3Na_2S0_4 + 2Al(OH)_3 + 6CO_2$$

탄산수소나트륨　황산알미늄　황산나트륨　수산화알루미늄　이산화탄소

화학포소화기의 적응화재는 보통화재(A급화재) 및 기름화재(B급화재)이고 전기화재(C급화재)는 적용되지 않는다. 방사된 거품은 점착성이 있고 연소물에 부착해서 냉각작용 및 질식작용에 의해 A급화재에 적응한다. 또 내화성이 강한 거품으로 인해 유면을 막는 질식작용으로서 B급화새에 석응한다.

(5) 기계포소화약제

포수용액을 가압방출할 때 특수노즐을 사용하여 공기로 발포시키는 방식의 소화기를 기계포소화기라고 한다. 기계포소화약제는 기포성이 높은 수용액이고 공기를 기계적으로 혼합하여 발포시켜 거품 본래의 소화기능을 갖게 한 것이다. 현재 만들어지고 있는 기계포소화약제에는 수성막포소화약제와 계면활성제포소화약제가 있다. 어느 것이든 화학포소화약제와 비교해서 A급화재, B급화재 모두 큰 소화능력 단위를 갖고 있다. 수성막포소화약제는 불소계 계면활성제를 주제로 한 것이고 계면활성제 포소화약제는 인산에스텔염을 주제로 한 것이다. 어느 것이든 저온성 향상이나 소화성 향상을 도모하기 위해 첨가제를 가한 수용액으로서 만들어지고 있다.

3.4.2 고체계통(분말)의 소화약제

건조한 미분말에 방습처리를 실시하고 분산제를 첨가하여 유동성을 준 것으로 주성분 및 첨가제에 따라 적응하는 화재가 달라진다. 종래는 약제의 주성분으로서는 중탄산나트륨, 중탄산칼륨 및 인산암모늄 등 방염성을 갖는 염류로 한정되어 있었으나 규격개정에 따라 약제 자체에 독성이나 심한 부식성이 없고, 소화할 때 독성이나 부식성의 가스가 발생하지 않는 한 성분이 한정되는 일이 없어졌다.

(1) BC급화재용 분말소화약제

중탄산나트륨(탄산수소나트륨)을 주성분으로 한다. 분말소화약제로서 최초로 개발된 것이고 널리 BC급 화재용으로서 사용된다. 또한 주성분으로 중탄산칼륨(탄산수소칼륨)을 사용한 것은 중탄산나트륨과 비교해서 약 2배의 소화능력이 있다.

어떤 경우나 화염을 접하면 다음과 같이 열분해를 하고 탄산가스를 발생하지만 탄산가스로 인한 질식효과 보다 약제가 갖는 억제효과가 소화능력에 크게 영향을 갖고 있다고 알려져 있다.

$$2NaHCO_3 \rightarrow Na_2CO_3 + CO_2 + H_2O$$

$$2KHCO_3 \rightarrow K_2CO_3 + CO_2 + H_2O$$

중탄산칼륨과 요소로 만드는 소화약제가 근년 소개되고 있으며 이것은 중탄산칼륨 단독의 것보다도 더욱 소화능력이 크다.

(2) ABC급화재용 분말소화약제

인산암모늄 및 기타 방염성을 갖는 염류를 주성분으로 하는 것으로 열분해를 일으키고 억제효과로 불을 끄는 것과 더불어 융해해서 목재 등의 표면을 덮어버리므로 「숯불」 상태가 된 목재 등 소위 심층부화재도 소화할 수가 있으므로 ABC분말소화약제라고 불린다. 화염을 접하면 다음과 같이 분해한다.

$(NH_4)H_2PO_4 \rightarrow H_3PO_4 + NH_3$

$2H_3PO_4 \rightarrow H_4P_2O + H_2O$

$H_4P_2O \rightarrow 2HPO_3 + H_2O$

또한 ABC분말소화약제는 BC급 화재용과 구별하기 위하여 담홍색 또는 황색으로 착색하도록 하고 있다. BC급 화재용이 알카리성인데 대하여 ABC급 화재용은 산성이므로 충전 때 섞이지 않도록 주의하여야 한다.

3.4.3 가스계통의 소화약제

(1) 할로겐화합물 소화약제

할로겐화물소화약제 중에 최초로 사용된 것은 4염화탄소이고, 제2차대전 후 1염화 1브롬화 메탄이 출현하고 이어서 1965년경부터 2브롬화 4플루오르화 에탄이 사용되기 시작했다. 구미에서는 이 계통의 소화약제로서 근년 브로모클로로디플루오르메탄과 브로모트리플루오르메탄이 일반화되고 있다. 할론번호는 네자리수로 되고 좌로부터 각각 분자중의 탄소, 플로오르, 염소 및 브롬의 원자수를 나타낸다. 이밖에 냉매 명명법에 의해 후레온 번호 및 통칭 약호가 있다.

표 3.4.5. 물과 다른 물질의 비교

분 자 식	CH_2BrCl	$C_2Br_2F_4$	$CBrClF_2$	$CBrF_3$
관습명	1브롬화 1염화메탄	2브롬화 4플로오르화에탄	1브롬화1염화 1플로오르화메탄	1브롬화 1플로우르화메탄
화학명	브로모클로드메탄	디브로모테트라플루오르에탄	디브로클로로디플루오르메탄	브로모트리플루오르메탄
할론번호	1011	2402	1211	1301
후레온번호	30B1	114B2	12B1	13B1
약호	CB	FB_2	BCF	BTM

1) 할로겐화물소화약제의 물리적 성질

표 3.4.6. 할로겐화물소화약제 명칭 및 물리적 성질

할론 번호	1011	2402	1211	1301
분자식	CH2BrCl	C2Br2F4	CBrClF2	CBrF3
분자량	129.4	259.9	165.4	148.9
비 점 (℃)	67.8	47.5	-3.4	-57.8
응 고 점 (℃)	-86.5	-110.5	-160.5	-168
임계온도(℃)	283	214.5	153.8	67.0
임계압력 (kg/㎠ab)	62.0	35.8	41.8	40.8

액체비중(20℃)	1.94	2.18	1.83	1.57
기체비중 (공기=1)	4.5	9.0	5.7	5.2
증발잠열 (cal / g)	57	25	32	26.5
액체비열 (cal / g)	0.21	0.18	0.18	0.19
액체점도(CP/20℃)	0.68	0.76	0.34	0.27

표 3.4.6에 나타난 바와 같이 할론 1011과 할론 2402는 평상온도에서 액체지만, 할론 1211과 할론1301은 평상온도에서는 기체이고, 임계온도 이하의 온도가 되거나 용기 내 압력이 임계압력 이상으로 압축되면 액화한다. 고압가스안전관리법에 따른 적용대상이며 충전용기 등도 고압용기 관련 기술기준에 적합한 것이라야만 된다.

2) 소화원리

할로겐화물소화약제의 소화작용은 다른 소화약제와 달리 화학적 작용이 주체이다. 즉 연소는 일반적으로 물질의 산화연쇄반응이라 알려져 있는데, 할로겐화물소화약제의 분자안에 존재하는 브롬이 가열로 인해 원자상태로 유리되고 이것이 연쇄반응을 확대시키는 활성물질과 결합함으로서 연쇄반응을 차단하여 소화하게 되는 것이다. 이 작용을 억제작용 또는 부촉매작용이라 한다. 할로겐화물소화약제는 화학적 작용 외에 냉각효과와 질식효과도 있으나 냉각효과는 물의 10 %이하이고, 질식효과를 발휘할 수 있는 농도에 도달하기 이전에 억제효과로 소화하게 됨으로서 효과는 미미하다고 볼 수 있다.

① 할론1301 소화반응식

$CF_3Br \rightarrow CF_3 + Br$

$R\text{-}H + Br \rightarrow R + HBr$

$HBr + OH \rightarrow H_2O + Br$

② 할론1211 소화반응식

$CF_2ClBr \rightarrow CF_2Cl + Br$

$R - H + Br \rightarrow R + HBr$

$HBr + OH \rightarrow H_2O + Br$

3) 인체에 대한 영향

할로겐화물소화약제의 독성은 소화제의 종류에 따라 차이가 있다. 미국보험협회연구소(UL)에서는 각종 가스를 독성이 강한 쪽에서부터 그룹(Group) 1~6으로 분류하고 있다. 할론 1301은 가장 안전한 그룹 6이고, 할론 1211과 할론 2402는 이산화탄소와 같은 그룹 5로, 할론 1011은 그룹 3에 속하고 있다. 미국육군화학센타(U.S.Army Chemical Center)에서 행한 동물시험에 의하면 할론가스의 자연기체와 800 ℃로 가열한 열분해 가스를 사용한 마우스(쥐)의 15분간의 치사농도는 아래 표 3.4.7과 같다.

표 3.4.7. 마우스(쥐)의 15분간의 치사농도

할 론 번 호	자연기체(mg/ℓ)	열분해가스(mg/ℓ)
1011	340	20
2402	1,340	17
1211	2,200	52
1301	5,075	86
(이산화탄소)	1,180	1,200

일반적으로 불소(F)를 포함한 할로겐 화합물은 안정성이 좋으므로 독성이 적고 할론 1301 자체는 이산화탄소보다 안전하다. 소화기 사용은 초기화재 단계이고, 열분해하는 양은 방사된 소화약제와 같이 일부분이다. 또는 분해가스는 미량이라도 강한 냄새가 있으므로 모르는 사이 흡입할 우려는 없으나 열분해가스는 독성이 증대하므로 좁은 구역 안에서의 사용은 주의를 요한다. 소방관계법령에서는 설치상의 제한사항으로서 이산화탄소소화기와 같이 지하층 및 바닥면적 20㎡ 미만에서 환기상 유효한 개구부면적이 바닥면적의 30분의 1이하의 무창층 또는 밀폐된 거실 및 사무실에서는 설치하지 않도록 되어 있다.

(2) 이산화탄소소화약제

1) 소화약제용이산화탄소

이산화탄소를 소화약제로 사용하려면 KS K 1106 액화탄산의 2종 또는 3종에 적합한 것으로 규정하고 있다. 이산화탄소는 공기 중에 0.03 %(용량) 존재하나 공업적으로는 석유등을 원료로 하는 수소의 제조공정 중에서 발생한 기체에서의 회수 또는 발효공업의 부산물의 포집(捕集) 등에 의해 만들어진다. 그 용도는 소화제 외에 탄산나트륨, 요소의 제조원료, 주물, 용접, 냉동용 등이 있다.

표 3.4.8. KS K 1106 액화탄산의 품질

구 분	1종	2종	3종
CO_2(용량 %)	99.0 이상	99.5 이상	99.5 이상
수분 (중량 %)	-	0.05 이하	0.005 이하
냄 새 느 낌	이상한 냄새가 없을 것	-	-

2) 이산화탄소의 물리적 성질

이산화탄소의 물리적 성질은 아래 표 3.4.9와 같다. 용기내에 규정량이 충전된 이산화탄소는 압축되어 액화하고 있지만 온도에 따라 그 압력은 변화한다. 압력변화의 정도는 아래의 표에서 나타난 바와 같이 충전비에 따라 다르다. 충전비란 소화약제 1kg당의 용기내용적의 ℓ 수이다.

충전비(ℓ/kg) = 용기내용적(ℓ) / 충전소화약제량(kg)

용기내에서 방사된 후에는 가스상태로 되므로 좁은 공간에서도 침투가 잘되고, 전기에 대한 절연성 및 방사후 소화약제에 의한 오손이 없으나 다른 소화약제에 비하여 소화효과는 비교적 적다. 따라서 소화약제 사용 후 정비나 수리가 곤란한 소방대상물의 소화에 적합하다.

표 3.4.9. 이산화탄소의 물리적 성질

분 자 식	CO_2
분 자 량	44.01
외 관	무색투명의 가스체
기체밀도 0 ℃, 1 atm	1.997 g/ℓ(1.53/공기)
액체비중	0.90088/0 ℃, 1.101/-37 ℃
고체비중	1.56/ -79 ℃
승화온도 1atm	-78.5 ℃
임계온도	31.0 ℃
임계압력	72.8 atm
기 화 열0 ℃	56 cal/g
물100 g에 대하여 용해량	0.335 g/℃, 0.169 g/℃

3) 소화원리

공기의 산소함유량은 통산 21%이지만 이것이 15%가 되면 수소, 아세틸렌, 이황화탄소, 일산화탄소 등의 특수한 물질을 제외한 통상의 가연물은 연소할 수 없게 된다. 이산화탄소는 불활성 가스이고 이것을 공기중에 40% 혼입하면 산소 농도는 15%가 되고 연소물은 질식작용에 따라 소화된다. 또 노즐에서 이산화탄소가 방출될 때의 단열팽창에 따라 온도가 저하해서 드라이아이스가 생기고 그 냉각작용으로 소화를 돕는 효과가 있으나 이는 보조적 효과라고 생각해야 한다.

(3) 청정소화약제

지구오존층 보호를 위해 1987년 9월 18일 조인되어 1989년 9월16일부터 발효된 몬트리올 의정서에 따라 할론1211 및 할론1301소화약제가 사용에 제약을 받음에 따라 소화약제로서 효과가 있다고 인정되는 청정소화약제 7종류를 내무부고시 제1994-9호(1994. 8.18)로 고시하여 사용하고 있다

― 우리나라는 1992년 2월 29일 오존층 파괴물질에 대한 몬트리온 의정서에 가입함으로서 오존층 파괴물질에 대한 제조 및 사용 등을 규제 받게 되었다. 그리고 1992년 11월덴마

크의 코펜하겐에서 열린 제4차 몬트리올 의정서에서 현행 특정물질 규제일정이 오존층 파괴정도의 심각성에 비추어 볼 때 충분치 못하다는 결론과 함께 그 규제일정을 앞당기게 되었다.

— CFC 및 Halon 연도별 감축안

· CFC(11, 12, 113, 114, 115)

· 선진국 : 1996년 전체(필수용도 제외)

· 개도국 : 1995~1997평균 소비·생산량 기준으로 1999년 동결하고, 2005년 50 % 감축, 2010년 전폐

— 할론

· 선진국 : 1994년 전폐

· 개도국 : 1995~1997년 소비·생산량 기준으로 2002년 동결하고 2005년 50 %감축, 2010년 전폐

청정소화약제는 수동식소화기용 소화약제가 아닌 전역방출방식으로 사용할 수 있는 소화약제이며 그 외에도 여러가지 물질의 소화약제가 있으나 소화약제의 제조사 및 시험기관에 따라 약제의 소화작용 및 특성에 차이가 있어 청정소화약제로 고시된 7종류에 대한 물리적 성질등의 위주로 서술하고자 한다.

1) **청정소화약제의 종류**

청정소화약제의 종류는 FC-3-1-10, HCFC BLEND A,HFC 124,HFC 125, HFC 227ea, HFC-23, IG-541로 구분된다.

표 3.4.10. 청정소화약제의 종류

소화 약제	화학식
퍼플루오로부탄 (이하 "FC-3-1-10"이라 한다)	C_4F_{10}
하이드로클로로플루오로카본혼화제 (이하 "HCFC BLEND A"라 한다)	HCFC-123($CHCl_2CF_3$) : 4.75% HCFC-22($CHClF_2$) : 82% HCFC-124($CHClFCF_3$) : 9.5% $C_{10}H_{18}$: 3.75%
클로로테트라플루오르에탄 (이하 "HCFC-124"라 한다)	$CHClFCF_3$
펜타플루오로에탄 (이하 "HFC-125"라 한다)	CHF_2CF_3
헵타플루오로프로판 (이하 "HFC-227ea"라 한다)	CF_3CHFCF_3
트리플루오로메탄 (이하 "HFC-23"라 한다)	CHF_3
헥사플루오로프로판 (이하 "HFC-236fa"라 한다)	$CF_3CH_2CF_3$
트리플루오로이오다이드 (이하 "FIC-1311"라 한다)	CF_3I

소화 약제	화학식
불연성·불활성기체혼합가스 (이하 "IG-01"라 한다)	Ar
불연성·불활성기체혼합가스 (이하 "IG-100"라 한다)	N_2
불연성·불활성기체혼합가스 (이하 "IG-541"라 한다)	N_2 : 52%, Ar : 40%, CO_2 : 8%
불연성·불활성기체혼합가스 (이하 "IG-55"라 한다)	N_2 : 50%, Ar : 50%
도데카플루우오로-2-메틸펜탄-3-원 (이하 "FK-5-1-12"이라 한다)	$CF_3CF_2C(0)CF(CF_3)_2$

2) 청정소화약제의 특성

① FC-3-1-10

FC-3-1-10(퍼플루우오로부탄) 소화약제는 다음 같은 특성을 지니고 있으며 아래의 표 3.3.11과 같다.

가. FC-3-1-10는 무색, 무취, 비전도성 가스이며 약 8.0kg/㎠ 정도의 압력을 지닌다.

표 3.4.11. FC-3-1-10특성

특성	요건
순도	총량기준 99.9 % 이상
산도	3×10^{-4} % (m/m)이하(1 ppm)
수 분 함 량	1×10^{-3} % (m/m)이하(10 ppm)
휘발성잔여물	0.01 % (m/m)이하
부유물 혹은 침전물	보이지 않아야 함

나. 물리적 특성

FC-3-1-10은 소화시 주로 물리적으로 작용하고 약간의 화학적인 작용도 일어난다. 특성은 아래 표 3.4.12와 같다.

표 3.4.12. FC-3-1-10 물리적 특성

특성	단 위	값
분 자 량	-	238
1.013bar 기압에서의 끓는 점	℃	-2.0
빙 점	℃	-128.2
임계온도	℃	113.2
임계압력	bar abs	23.23
임계체적	cc/ mole	376
임계밀도	kg/m^3	633
증기압(20 ℃)	bar abs	2.84
유액 밀도(20 ℃)	kg/m^3	1,517
포화증기밀도(20 ℃)	kg/m^3	24.5

특성	단 위	값
1.013 bar, 20 ℃에서의 과열증기 체적	m^3/kg	0.186
화 학 식	C_4F_{10}	
화 학 명	페르플로로부탄	

② HCFC BLEND A 소화약제

HCFC BLEND A(하이드로클로로 플루오로카본 혼화제)소화약제는 다음의 표 3.4.13 및 표 3.4.14와 같은 특성을 나타내고 있다.

가. HCFC BLEND A는 무색, 비전도성 가스로 약 3 kg/㎠정도의 압력을 지니고 있다.

표 3.4.13. HCFC BLEND A 특성

특성	요건
순도	총량기준 99.6 %이상
산도	3×10^{-4}%(m/m)이하(최대3 ppm)
수 분 함 량	1×10^{-3}%(m/m)이하(최대10 ppm)
휘발성잔여물	0.01% (m/m)이하
부유물 혹은 침전물	보이지 않아야 함
화학식	$CHCl_2CF_3$
	$CHClF_2$
	$CHClFCF_3$
	$C_{10}H_{16}$

표 3.4.14. HCFC BLEND A 혼합성분

특성	요건
$CHCl_2CF_3$	4.75 ± 0.5 %
$CHClF_2$	82.0 ± 0.8 %
$CHClFCF_3$	9.50 ± 0.9 %
$C_{10}H_{16}$	3.75 ± 0.5 %

나. 물리적 특성

HCFC BLEND A는 소화시 주로 물리적으로 작용하며 약간의 화학적인 작용도 일어난다 세부적인 특성은 표 3.4.15와 같다.

표 3.4.15. HCFC BLEND A 물리적 특성

특성	단 위	값
분자량	-	92.9
1.013bar 기압에서의 끓는 점	℃	-38.3
빙점	℃	〈-107.2
임계온도	℃	125

특성	단 위	값
임계압력	bar abs	66.50
임계체적	cc/ mole	170
임계밀도	kg/m^3	580
증기압(20 ℃)	bar abs	8.25
유액 밀도(20 ℃)	kg/m^3	1200
포화증기밀도(20 ℃)	kg/m^3	31
1013 bar, 20 ℃에서의 과열증기 체적	m^3/kg	0.259
화학식	$CHCl_2CF_3$	4.75 %
	$CHClF_2$	82.0%
	$CHClFCF_3$	9.5%
	$C_{10}H_{16}$	3.75 %

③ HCFC 124 소화약제

HCFC 124 소화약제는 다음 같은 특성을 지니고 있으며 아래 표 3.4.16과 같다.

가. HCFC 124는 무색, 비전도성 가스로 약 5 kg/㎠정도의 압력을 지니고 있다.

표 3.4.16. HCFC 124 특성

특성	요건
순도	총량기준 99.6% 이상
산도	3×10^{-4} % (m/m)이하
수 분 함 량	1×10^{-3} % (m/m)이하(최대10 ppm)
휘발성잔여물	0.01 % (m/m)이하
부유물 혹은 침전물	보이지 않아야 함

나. 물리적 특성

HCFC 124는 소화시 주로 물리적으로 작용하며 약간의 화학적인 작용도 일어난다. 세부 물리적 특성은 아래 표 3.4.17과 같다.

표 3.4.17. HCFC 124 물리적 특성

특성	단 위	값
분자량	-	136.5
1.013bar 기압에서의 끓는 점	℃	-10.95
빙점	℃	198.9
임계온도	℃	122.47
임계압력	bar abs	36.34
임계체적	cc/ mole	247.0
임계밀도	kg/m^3	553.8
증기압(20 ℃)	bar abs	3.27

특성	단 위	값
유액 밀도(20 ℃)	kg/m^3	1372.9
포화증기밀도(20 ℃)	kg/m^3	20.547
1.013 bar, 20 ℃에서의 과열증기 체적	m^3/kg	0.1708
화학식	$CHClFCF_3$	
화학명	클로로테트라플로로에탄	

④ HFC 125 소화약제

HFC 125 소화약제는 아래 표 3.4.18과 같은 특성을 지니고 있다.

가. HFC 125는 무색, 비전도성 가스로 약 5 kg/㎠정도의 압력을 지니고 있으며, 냄새가 거의 없다.

표 3.4.18. HFC 125 특성

특성	요건
순도	총량기준 99.6 %이상
산도	3×10^{-4}% (m/m)이하
수 분 함 량	1×10^{-3}% (m/m)이하 (최대10 ppm)
휘발성잔여물	0.01% (m/m)이하
부유물 혹은 침전물	보이지 않아야 함

나. 물리적 특성

HFC 125는 소화시 주로 물리적으로 작용하며 특성은 아래 표 3.4.19와 같다.

표 3.4.19. HFC 125 물리적 특성

특성	단 위	값
분자량	–	120.02
1.013bar 기압에서의 끓는 점	℃	−48.14
빙점	℃	−103
임계온도	℃	66.25
임계압력	bar abs	36.31
임계체적	cc/mole	210
임계밀도	kg/m^3	571.9
증기압(20 ℃)	bar abs	2.09
유액 밀도(20 ℃)	kg/m^3	1218.9
포화증기밀도(20 ℃)	kg/m^3	78.527
1.013 bar, 20 ℃에서의 과열증기 체적	m^3/kg	0.1971
화학식	CF_3CHF_3	
화학명	펜타플로오르에탄	

⑤ HFC 227ea 소화약제

HFC 227ea 소화약제는 다음 같은 특성을 지니고 있으며 아래 표 3.4.20과 같다.

가. HFC 227ea는 무색, 비전도성 가스로 약 6 kg/㎠정도의 압력을 지니고 있으며, 냄새가 거의 없다.

표 3.4.20. HFC 227ea 특성

특성	요건
순도	총량기준 99.6 %이상
산도	3×10^{-4}% (m/m)이하
수 분 함 량	1×10^{-3}% (m/m)이하(최대10 ppm)
휘발성잔여물	0.01% (m/m)이하
부유물 혹은 침전물	보이지 않아야 함

나. 물리적 특성

HFC 227ea는 소화시 주로 물리적으로 작용하며 약간의 화학적인 작용도 일어나며 특성은 아래 표 3.4.21과 같다.

표 3.4.21. HFC 227ea 물리적 특성

특성	단 위	값
분자량	-	170.0
1.013bar 기압에서의 끓는 점	℃	-16.4
빙점	℃	-131.1
임계온도	℃	101.7
임계압력	bar abs	29.12
임계체적	cc/mole	274
임계밀도	kg/m^3	621
증기압(20 ℃)	bar abs	3.91
유액 밀도(20 ℃)	kg/m^3	1,407
포화증기밀도(20 ℃)	kg/m^3	31.176
1.013 bar, 20 ℃에서의 과열증기 체적	m^3/kg	0.1373
화학식	CF_3CHFCF_3	
화학명	헵타플로오르프로판	

⑥ HFC 23 소화약제

HFC 23 소화약제는 표 3.4.22와 같은 특성을 지니고 있다.

가. HFC 23은 무색, 비전도성 가스로 약 2.4 kg/㎠정도의 압력을 지니고 있으며, 냄새가 거의 없다.

표 3.4.22. HFC 23 특성

특성	요건
순도	총량기준 99.5 % 이상
산도	3 × 10^{-4}% (m/m) 이하
수 분 함 량	2 × 10^{-3}% (m/m) 이하(최대20 ppm)
휘발성잔여물	0.01% (m/m) 이하
부유물 혹은 침전물	보이지 않아야 함

나. 물리적 특성

HFC 23은 소화시 주로 물리적으로 작용하며 특성은 아래 표 3.4.23과 같다.

표 3.4.23. HFC 23 물리적 특성

특성	단 위	값
분자량	–	70
1.013bar 기압에서의 끓는 점	℃	−82.0
빙점	℃	−155.2
임계온도	℃	25.9
임계압력	bar abs	48.36
임계체적	cc/mole	133
임계밀도	kg/m^3	525
증기압(20 ℃)	bar abs	41.83
유액 밀도(20 ℃)	kg/m^3	807
포화증기밀도(20 ℃)	kg/m^3	256.4
1.013 bar, 20 ℃에서의 과열증기 체적	m^3/kg	0.3409
화학식	CHF_3	
화학명	트리플로오르메탄	

⑦ IG – 541 소화약제

IG-541 소화약제는 다음과 같은 특성을 지니고 있으며 아래 표 3.4.24와 같다.

가. IG-541은 무색, 무취, 비전도성 가스로 약 1.0kg/㎠정도의 압력을 지니고 있으며 혼합의 조성(측정시 ±5 %)은 (a) 이산화탄소(허용치 7.6~8.4 %), (b) 아르곤(허용치 37.2~42.8 %), (c) 질소(허용치 48.8~55.2 %)로 되어 있다.

표 3.4.24. IG-541 특성

구분	아르곤	질소	이산화탄소
순 도	99.997 %	99.99 %	99.5 %
수 분 함 량	〈4 ppm	〈5 ppm	〈10 ppm
산 소	〈3 ppm	〈3 ppm	〈10 ppm

※ 주 : 기타 성분에 관한 사항은 다음과 같다. 탄화수소, CO, NO, NO_2, CO_2 등 : 20 ppm이하

나. 물리적 특성

IG-541은 소화시 주로 산소감소 작용을 하며 특성은 아래 표 3.4.25와 같다.

표 3.4.25. IG-541 물리적 특성

특성	단 위	값
분자량	–	34.0
1.013bar 기압에서의 끓는 점	℃	–196
빙점	℃	–78.5
임계온도	℃	–
임계압력	bar abs	–
임계체적	cc/mole	–
임계밀도	kg/m^3	–
증기압(20 ℃)	bar abs	152
유액 밀도(20 ℃)	kg/m^3	–
포화증기밀도(20 ℃)	kg/m^3	–
1.013 bar, 20 ℃에서의 과열증기 체적	m^3/kg	0.697
화학식	N_2 52%	
질소/아르곤	Ar 40%	
	CO_2 8%	
	질소 50% vol.	
화학명	$N_2/Ar/CO_2$	–

실 전 문 제

문제 1　이산화탄소 소화약제에 대하여 서술하시오.

문제 2　할로겐 화합물 소화약제에 대하여 서술하시오.

문제 3　할론 1301, 1211, 2402 소화약제 특성에 대하여 서술하시오.

문제 4　할론 1301의 대체소화약제로서 소화효과가 있다고 인정되어 국내 청정소화약제의 종류 및 소화약제 특성에 대하여 서술하시오.

문제 5　Halon 1301의 대체약제로 미국 NFPA에 수록된 청정소화약제 8가지에 대하여 서술하시오.

문제 6　청정소화약제 소화설비의 설치 제외 장소에 대하여 기술하시오.

문제 7　지구 환경을 위한 CFC 규제 관련 국제적 동향 및 오존층 파괴 시 지구에 미치는 영향에 대하여 서술하시오.

문제 8 청정소화약제(Clean Agent)가 가져야 할 구비조건 및 소화설비 선정 시 고려하여야 할 사항에 대하여 서술하시오.

문제 9 ODP(Relative Value of Ozone Depletion Potential based on CFC-11)와 GWP(Relative Value of Global Warming Potential based on CFC-11)에 대하여 서술하시오.

문제 10 NOAEL 과 LOAEL에 대하여 서술하시오.

문제 11 할로겐 및 CO_2 소화설비의 분사노즐에서 방사되는 가스량의 불균등 원인 및 대책에 대하여 서술하시오.

문제 12 할로겐 화물 소화약제 소화에 있어서의 Soaking Time에 대하여 서술하시오.

문제 13 단백포와 수성막포에 대하여 서술하시오.

문제 14 불화단백포에 대하여 서술하시오.

문제 15 합성계면활성제포에 대하여 서술하시오.

문제 16 알콜형포에 대하여 서술하시오.

문제 17 포약제의 Transit Time [포약제의 경과시간]에 대하여 서술하시오.

문제 18 분말소화약제의 구비조건 및 종류에 대하여 서술하시오.

문제 19 분말소화설비의 Knock-Down 효과에 대하여 서술하시오.

문제 20 분말소화약제의 비누화현상에 대하여 서술하시오.

문제 21 용유 화재에 대해 인산암모늄약제 ($NH_4H_2PO_4$)보다 중탄산나트륨계($NaHCO_3$)가 재발화방지 효과가 좋은 이유에 대하여 서술하시오.

문제 22 CDC 분말소화약제 (Compatible Dry Chemical)에 대하여 서술하시오.

문제 23 물의 소화특성 및 소화효과에 대하여 서술하시오.

문제 24 강화액(Loaded Stream)에 대하여 서술하시오.

문제 25 Fire Brake에 대하여 서술하시오.

문제 26 D급화재용 소화약제에 대하여 서술하시오.

문제 27 Halon 1301이라는 소화약제에 대하여 숫자(1301)가 의미하는 바를 구체적으로 나타내면서 설명하시오.

문제 28 소화약제로 사용되고 있는 할론 2402와 할론 1211에 대한 차이점을 비교하여 설명하시오.

문제 29 냉각에 의한 소화를 설명하고, 물의 소화능력에 대하여 기술하시오.

문제 30 할론 1301(CF_3Br)의 연쇄반응으로 인한 부촉매 소화효과를 화학반응식을 써서 설명하시오.

문제 31 제3종 분말소화약제로 사용되는 주성분 소화분말의 열분해 반응식과 소화효과 및 사용 후의 주의사항에 대하여 기술하시오.

문제 32 식용유 화재에 대한 분말소화약제를 사용하여 소화할 때 인산암모늄계의 ABC 소화약제보다 중탄산나트륨계의 BC급 소화약제가 소화효과의 제발화방지가 좋다.
그 이유는?

문제 33 할론의 No 명명법을 비교 설명하시오.

문제 34 Light Water의 주성분은?

문제 35 분말소화약제의 겉보기 비중

문제 36 분말소화약제가 소화에 효과적으로 활용(소화기, 소화설비)될 수 있게 하기 위해서는 주제를 단순히 가공만하여 제품으로 사용하기는 곤란하다. 그러므로 분말소화약제가 실용적인 제품이 되기 위해 요구되는 특성과 사유를 기술하시오.

문제 37 소방법규상의 청정소화약제로서 불연성 불활성기체 혼합가스(IG541)에 관하여 다음 사항을 설명하시오.
가. 소화원리 및 특징
나. 소화약제의 성분 및 구성비

문제 38 포 소화약제들에서 흔히 볼 수 있는 성질중의 하나로 계면활성 기능을 들 수 있다. 계면활성제란 무엇인가를 물분자, 기름분자 및 계면활성제 분자들의 특성과 관련하여 설명하시오.

문제 39 물의 소화능력을 높이기 위한 첨가제에 대하여 설명하시오.

문제 40 물이 결빙되는 0도씨 이하의 장소에서 물을 소화약제로 사용할 때, 물의 결빙을 방지하기 위한 첨가제의 종류와 결빙온도에 대하여 설명하시오.

문제 41 분말소화약제의 구비조건과 시험방법에 대하여 설명하시오.

3.5 자동확산소화기 및 소화용구

3.5.1 투척용소화용구

화재가 발생하는 곳에 던져서 소화하는 소화용구를 말한다.

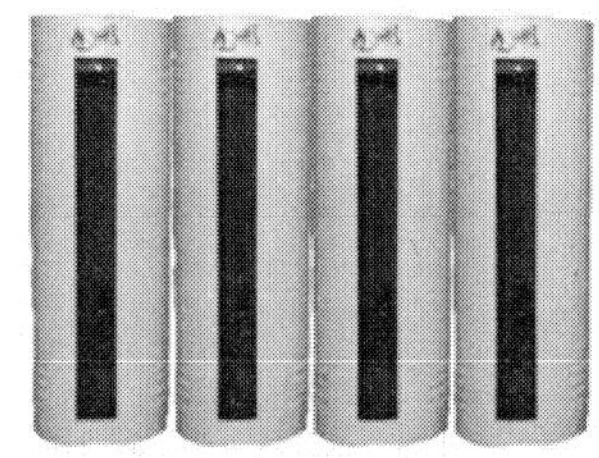

(1) 구조 및 특성

용기(볼링핀 또는 원통형 모양)는 경질유리로 화재지역에 투척시 쉽게 깨지도록 되어 있으며, 소화약제는 무기산염인 요소, 암모늄염, 알카리금속염, 알카리토금속염 등을 봉입하여 사용한다.

(2) 보수관리

1) 소화용구가 경질유리도 되어 있으므로 충격 파손에 주의하여 보관함 등에 보관한다.
2) 직사광선이나 고온 다습한 장소를 피하여 보관한다.
3) 소화약제의 변질 및 침전물이 생기지 않도록 하고 변질된 제품은 교체한다.

3.5.2 자동확산소화기

밀폐 또는 반밀폐된 장소에 고정시켜 화재시 화염이나 열에 의하여 자동적으로 소화약제가 확산하여 소화하는 소화용구로 파열식, 분사식자동확산소화기를 말한다.

(1) 구조 및 특성

1) 파열식

투척용소화용구와 같이 경질유리로 된 용기에 무기산염인 요소, 암모늄염, 알카리 금속염, 알카리토 금속염등의 소화약제를 봉입한 제품으로 화재시 일정온도가 되면 용기내의 자체압력이 증가하여 용기가 파열되면서 소화약제가 화재지역에 뿌려져 소화된다.

2) 분사식

퓨즈블링크(이융성금속) 및 유리벌브형의 감지부가 소화약제저장용기에 부착되어 있어 화재발생시 감지부의 작동온도 까지 온도가 상승하면 자동적으로 파열 이탈되어 노즐을 통하여 소화약제가 방사되는 소화용구이다.

방사압력원에 따라 가압식 축압식의 형태가 있으며 용기, 밸브(축압식의 경우 지시압력계가 부착되어 있음), 노즐 및 감지부로 구성되어 있어 감지부작동시 용기에서 노즐을 통하여 직접 방사되는 구조이다. 즉 소화기의 약제방출관 같은 것이 없는 구조이다.

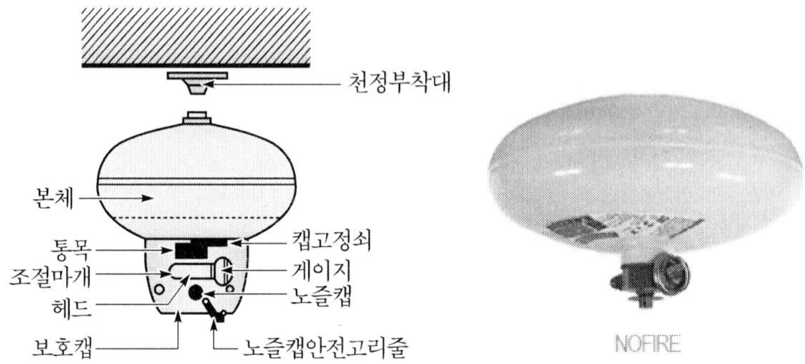

그림 3.5.1. 분사식 자동확산소화기(축압식)

(2) 보수관리

1) 투척용소화용구 및 파열식자동확산소화기는 경질유리도 되어 있으므로 제품에 충격을 가하지 말고 파열에 주의하여 설치한다.
2) 투척용소화용구 및 파열식자동확산소화기는 소화약제의 변질 및 침전물이 생기지 않도록 하고 변질된 제품은 교체한다.
3) 분사식자동확산소화기의 축압식은 지시압력계의 눈금이 사용범위(녹색범위)에 있는지 정기적으로 확인한다.
4) 축압식의 경우 재충전시 규격에 맞는 레귤레이터를 사용하여 과충전(과압되어 지시압력계가 녹색범위를 벗어나는 경우)되지 않도록 주의하여야 한다.
5) 자동확산소화기의 경우 지지장치 등이 견고하게 부착되어 있는지 확인한다.

3.5.3 에어졸식소화용구

사람이 조작하여 압력에 의하여 방사하는 기구로써 소화능력단위 수치가 1단위미만이고 소화약제 중량은 0.7 ㎏미만이며, 한 번 사용한 후에는 다시 사용할 수 없는 소화용구를 말한다.

(1) 구조 및 특성

에어졸식소화용구에는 단구형 및 쌍구형의 제품이 있으며 작동원리는 보호커버 및 안전핀을 제거한 후 누름핀을 손가락으로 누르면 약제방출관(싸이폰관)을 통화여 노즐을 거처 소화약제가 방출되는 구조이다. 쌍구형의 경우에는 소화약제저장용기, 밸브 및 노즐이 2개로 되어 있으나 누름핀이 1개로 되어있어 밸브작동시 동시에 작동되도록 되어 있으며, 소화약제는 주로 할론1211을 사용하며 분말(ABC, BC), 강화액 및 침윤제 등의 소화약제를 사용한다.

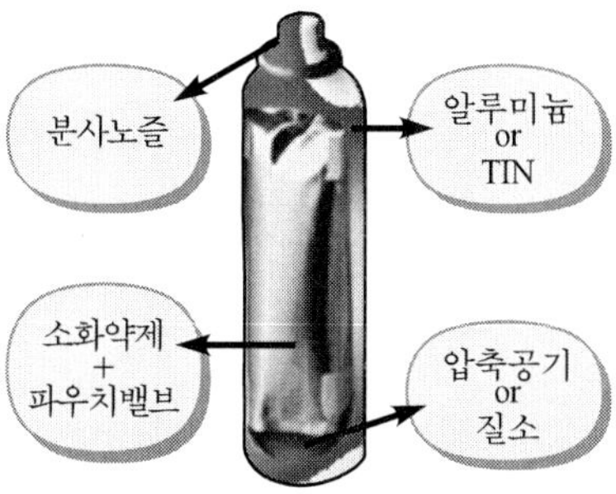

그림 3.5.2. 에어졸식소화기구

(2) 보수관리

1) 직사광선이나 고온다습한 장소를 피하여 보관한다.
2) 총중량 및 기밀누설여부를 정기적으로 확인한다.
3) 용기본체의 부식 및 방청유무, 지지장치의 변형 및 파손유무를 확인한다.

3.6 방수기구

3.6.1 관 창

옥내·외소화전에 사용하는 노즐(직사 및 방사)과 소방차등에서 사용하는 관창을 구분하고 있으나 우리나라에서는 전자와 후자를 모두 관창이라고 부르고 있다. 관창은 펌프에서 토출된 수류를 노즐까지 정류(整流)하면서 속도를 증가시키기 위한 기구로서 대부분은 테이퍼관으로 만들어져 있으며 결합부분의 종류에 따라 차입식 또는 나사식 관창으로 불린다.

방수총(放水銃)에 사용되는 관창에는 정류날개라든가 정류파이프가 내장된 것이 있으며, 유량이 많은 것은 주로 직관이 사용된다. 관창의 원부(元部)를 구부러진 모양으로 설치하여 방수시의 반동력과 소방호스 내압에 의한 직선이 되려고 하는 힘을 상쇄함으로서 반동력을 감소시켜 조작하기 쉽도록 한 관창도 사용되고 있다.

(1) 일반관창

손잡이 부분이나 관창끝 부분에 결합용 금속구(청동 또는 경합금제)를 테이퍼관(동 또는 경합금제) 혹은 직관(황동제)에 일체형으로 하거나 용접 또는 스냅링방식으로 결합한 것으로서 테이퍼관은 미끄러짐과 변형 방지를 위해 면 또는 꼬임실과 고무커버를 뒤집어 씌운것 등이 있다. 또한 대구경이고 직관구조로서 특별히 방수를 지연시킬 필요가 있는 것에는 정유날개를 조립한 것이 사용되며 대유량 방수시 두사람이 잡고 방수할 수 있도록 핸들을 부착함으로서 조작이 편리하도록 한 것도 있다.

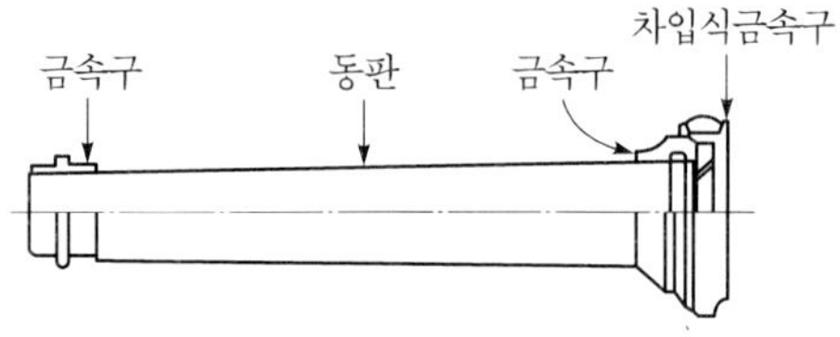

그림 3.6.1. 관창

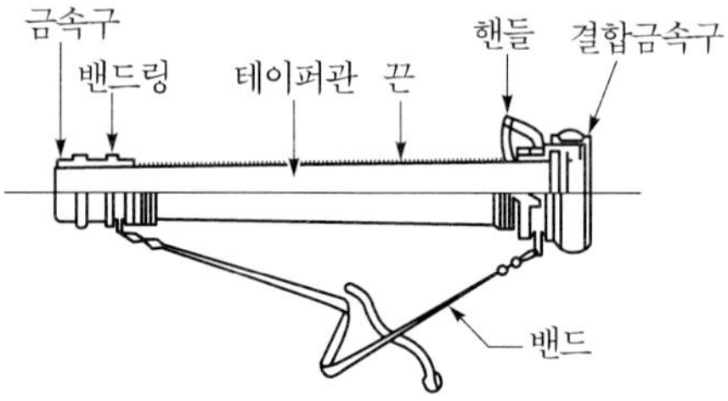

그림 3.6.2. 핸들, 밴드가 달린 관창

(2) 무반동관창

종래의 관창과 약간 다른 것으로 무반동 관창이 있으며 차이점은 손잡이측에서 전체 길이의 1/3정도의 위치에 곡관부를 설치한 것이다. 유럽에서는 DIN 14368에 노즐홀더로서 규격화되기 이전부터 사용되어 왔으며 특별히 다른 종류의 관창이라고 볼 수는 없다. 소방활동에 적당한 30°각도로 구부린 본체는 알루미늄주물(AC 7A)로 제작되었고 중량은 약 3kg정도이다. 이것은 사용할 때에는 핸들을 상향으로 하여야 하며 손잡이가 달린 관창으로 사용할 경우에는 호칭65 소방호스에 20㎜노즐을 사용하여 보조원 1명으로 약 10kg/㎠의 방수 압력으로 작업을 할 수 있다. 그러나 호칭40 소방호스를 사용할 때는 반동력 상쇄 효과가 감소한다. 방수대와 함께 사용할 경우에는 핸들을 하향으로 향하여야 하고 소방호스를 될 수 있는 데로 직선으로 설치하는 것이 좋다. 아울러 접합부는 송수압의 증감에 따라 소방 호스의 꼬임과 함께 회전될 수 있도록 되어 있어 본체에는 영향을 주지 않고 방수할 수 있는 구조로 되어 있다.

(3) 소방차용 관창

소방차용관창은 봉상방수(막대모양으로 공동(空洞)부분이 없는 것)를 하는 노즐팁으로 대부분은 재료는 청동주물이고 내면을 매끄럽게 가공한 것이다.

구경의 단면은 관테이퍼 모양이며 스무스하게 출구까지 작아지고, 출구에는 길이가 구경의 1.0~1.5배인 평행부분이 만들어져 있다. 평행부분은 통과되는 물의 마찰손실을 줄여주고 유속은 차츰 증가시켜 유효사정거리가 길어지게 된다.

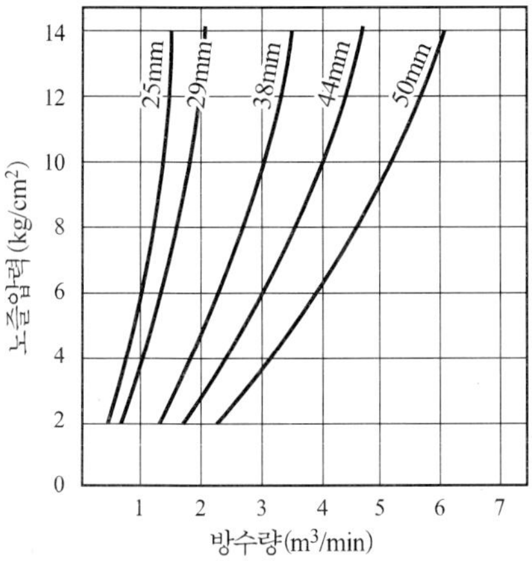

그림 3.6.3. 방수량곡선

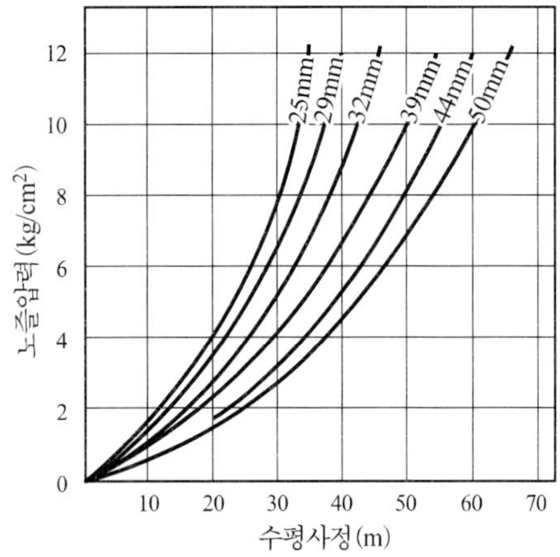

그림 3.6.4. 수평유효사정거리

소방펌프자동차용 노즐구경에 의한 방수량은 다음 식에 따라 계산할 수 있다.

$Q = cd^2\sqrt{P}$

여기서, Q : 방수량(ℓ /min) d : 노즐구경(㎜)

c : 유량계수(0.653) P : 노즐압력(kg/㎠)

표준구경의 방수압력에 따른 방수량과, 유효사정거리는 위의 그림 3.6.3 및 그림 3.6.4와 같으며 노즐압력에 따른 반동력 곡선은 아래 그림 3.6.5와 같다.

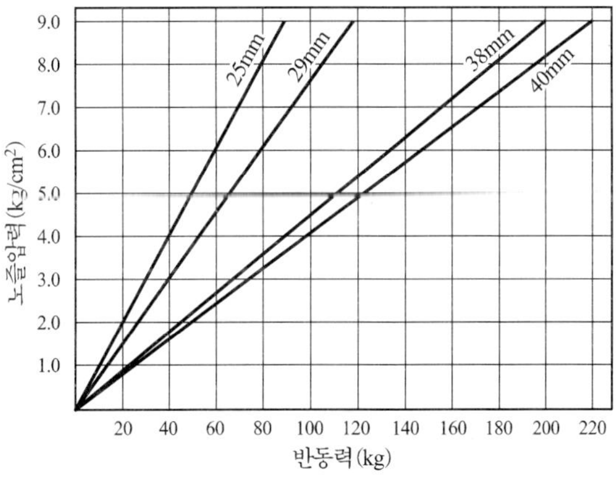

그림 3.6.5. 반동력

(4) 노즐

노즐은 관창에 따라 정류된 수류를 더욱 증폭하고 효과적으로 방출하여 그 도달거리를 멀리 하는 방수기구로서, 방수압력에 따라 방수량, 유효사정거리 등을 변화할 수 있다. 그 구조에 따라서는 방수현상을 크게 변화시키는 것도 있다.

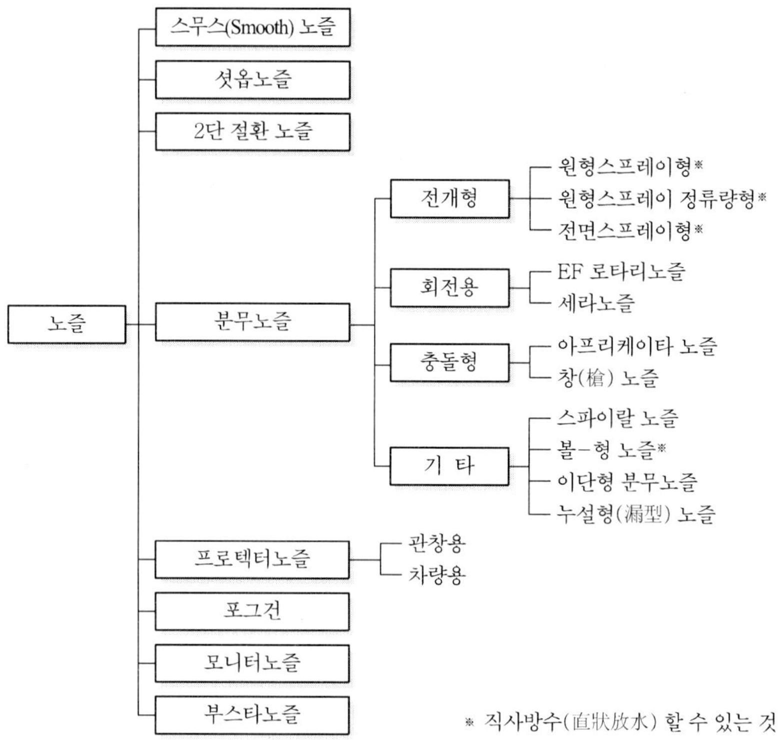

그림 3.6.6. 노즐의 분류

1) 셧옵(Shut off) 노즐

셧옵 노즐은 노즐본체, 콕크, 노즐팁(직상분무)으로 구성되고 콕크의 핸들을 조작하는 것으로 방수와 정지로 전환할 수 있다. 또한 노즐팁을 교환함에 따라 봉상방수(19, 22, 25 ㎜)와 분무방수(0~60°)로 방수할 수 있다.

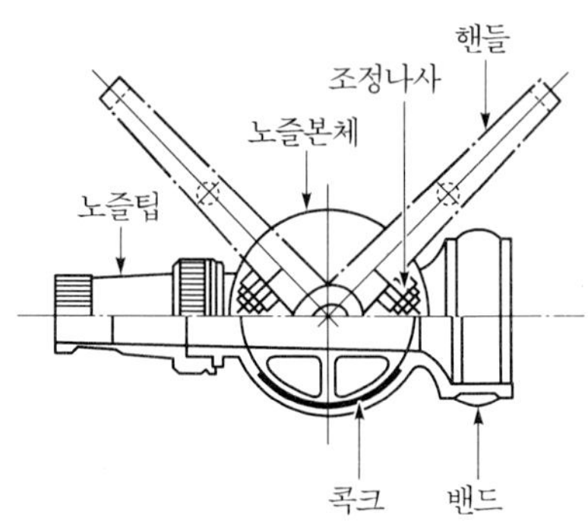

그림 3.6.7. 셧옵노즐 구조도

2) 2단전환 노즐

2단 절환 노즐은 노즐본체, 콕크, 직상노즐팁, 분무노즐팁이 하나로 구성되어 핸들로 직상분무, 정지의 3단전환 조작이 가능하다. 봉상노즐팁은 16, 19, 22, 25 ㎜의 4종류로 교체할 수도 있으며, 직상노즐팁의 경우는 소방차용 노즐팁에 비해서는 방수거리가 약간 적은 특징이 있다. 2단전환노즐의 구조 및 압력에 대한 방수량은 다음 그림 3.6.8 및 그림 3.6.9와 같다.

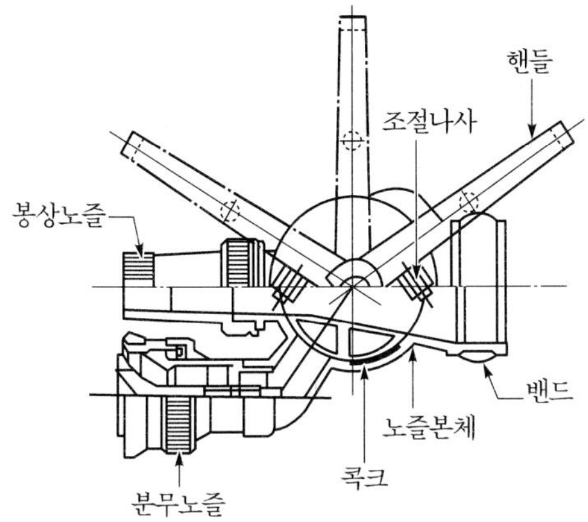

그림 3.6.8. 2단 전환 노즐 구조도

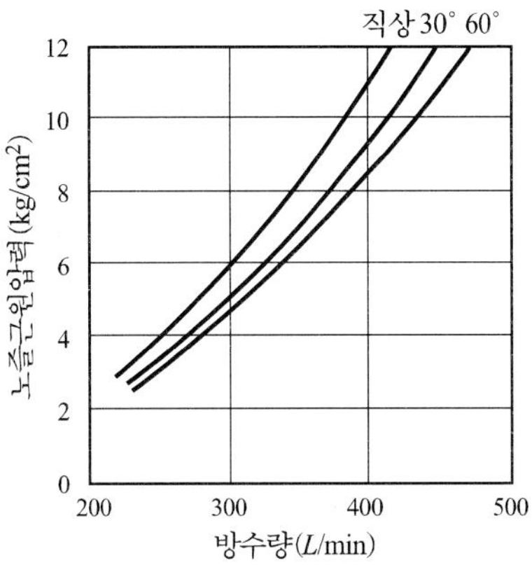

그림 3.6.9. 2단 전환 노즐 유량곡선

3) 분무(방사형) 노즐

방사형노즐은 물을 미립자로 분쇄한 분무 상태로 방수하는 것으로서 물방울 입자의 크기와 방수각도의 변화에 따라 크게 3가지로 분류할 수 있으며 방사형 노즐의 분무방수와 직사노즐의 봉상방수를 비교하면 다음과 같은 장단점이 있다.

■ 장 점

- 흡열에 따른 냉각소화 효과가 매우 좋다.
- 옥내화재 등에는 수증기 발생에 따른 산소희석 또는 질식소화 효과가 있다.
- 배연(排煙)효과도 얻을 수 있다.
- 복사열과 열기류 때문에 화재(화점)에 접근할 수 없을 경우에는 보호수막 역할을 할 수 있다.
- 넓은 면적에 방수(살수)할 수 있으며 물 사용량을 절약할 수 있다.
- 방수시 반동력이 작다.
- 고압분무로 기름화재, 전기화재 등에 유효하다.

■ 단 점

- 방수거리가 짧다.
- 충격력이 작다.
- 미세한 분무입자는 상승기류에 따라 흘러 화점 밖으로 날아가 버린다.

① 전개형

가. 원형스프레이형

전개형은 원통형의 분사구내를 전후로 접동하는 원추판을 넣어 결합하고 수류를 충돌시켜 물을 미립자화 함으로서 원추상태의 분무로 방사하는 것과 외통을 돌려 조절하는 것에 따라 방사상태를 자유롭게 변화시킬 수 있는 것이다. 노즐의 크기는 봉상방수시의 유량을 기준하여 12, 14, 17, 19, 21, 23, 29, 35형 등이 있으며, 봉상방수 보다 분무방수쪽의 유량이 많아지는 특성을 갖고 있다. 이 때문에 노즐의 전개각도를 변화시킴에 따라 유량 및 반동력이 변화하며 펌프운용상 및 방수형상에 있어 일정한 방수량을 유지하는 것이 안전관리상 필요하게 됨으로서 개발된 것이 21형 노즐이다. 이 21형 노즐은 일정한 압력으로 물을 보내면 폐쇄할 때(전개각도 30°이하)이외에는 일정한 방수량을 유지할 수 있다. 이 노즐은 한사람의 유지한계를 기본으로 하여 관창의 압력이 약 3kg/㎠일 때에 봉상방수, 분무방수, 어느 쪽으로도 방수량 500ℓ /min을 유지할 수 있다.

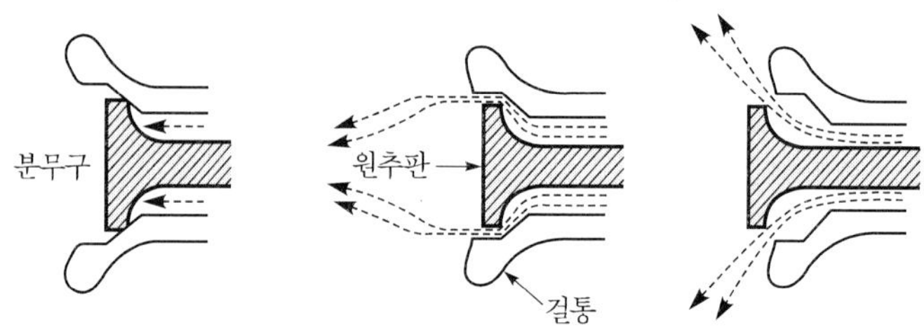

(폐쇄) (봉상방수) (분무상방수)

그림 3.6.10. 전개형 분무노즐 방사원리

나. 전면스프레이형

1.에서 설명한 전개형 방사노즐은 분사방수 상태가 원형스프레이이지만 전면스프레이형은 아래 그림과 같이 합성고무재료를 사용하여 노즐커버겸 디프렉타 역할을 하는 노즐커버를 붙여 방사선상에 설치한 디프렉타에 의해 항상 균일한 풀콘 방수를 할 수 있다.

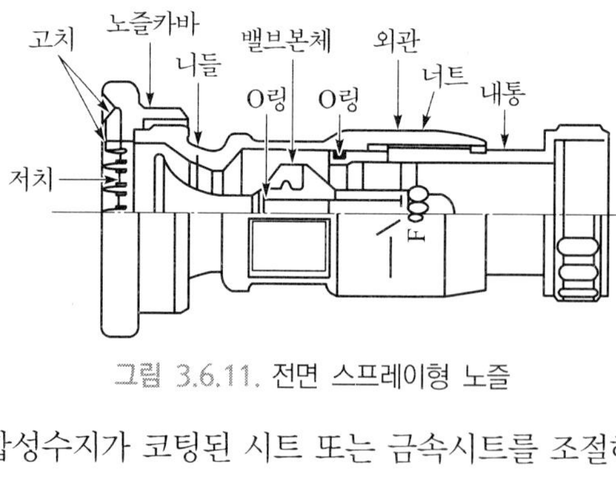

그림 3.6.11. 전면 스프레이형 노즐

수류폐쇄는 합성수지가 코팅된 시트 또는 금속시트를 조절하는 방법에 의하여 분무측부분에서 행하고 반동력이 감소하면서 폐쇄되는 특성으로 개폐조작이 쉽다. 방수량은 방수형태에 따라 조정되며 규격방수량을 기준으로 한 오리피스 크기는 호칭 40의 경우 ø16, 호칭 65의 경우 ø20, ø21, ø23의 종류가 있다.

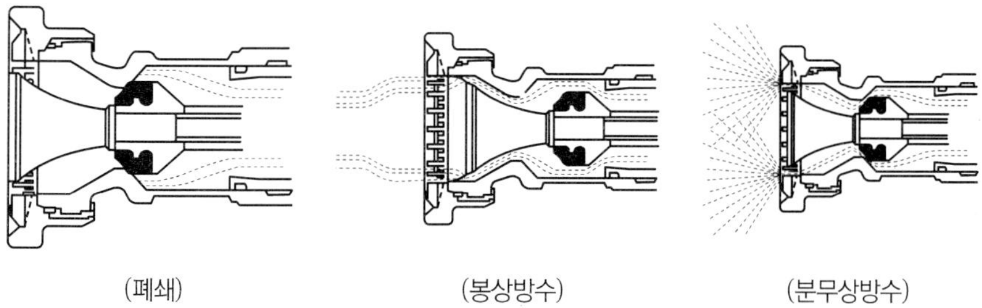

그림 3.6.12. 전면스프레이형노즐 방사원리

② 회전형

회전형은 노즐중심에 대해 접선(接線)방향으로 다수의 분무구경을 마련하여 이 수류의 반동력에 의해 노즐을 고속회전시키면서 미립자화하게 한 것으로서 입자의 크기는 안개 상태로 방사되어 흡열효과는 좋지만 사정거리가 짧다. 청동제 케이스에 볼베어링을 넣고 회전헤드를 조립한 것을 긴 관창 끝에 설치하여 사용하며 대표적인 것으로 로타리노즐, 세라노즐 등이 있다.

가. FF로터리 노즐

소화작업에 있어 소방대원이 진입할 수 없는 장소(예로는 건물내부 또는 입구가 좁은 건물등)에 노즐선단을 밀어 넣어서 소화작업을 하는 것이 로타리노즐이다. 노즐선단은 포탄형으로 여러개의 방수구경이 있으며 방수시에는 반동력을 이용하여 자동회전하기 때문에 선회방사형 분무로 방사된다. 소화효율이 좋은 방사형으로 건물주변까지 방수함에 따라서 소화진압을 신속하게 할 수 있다.

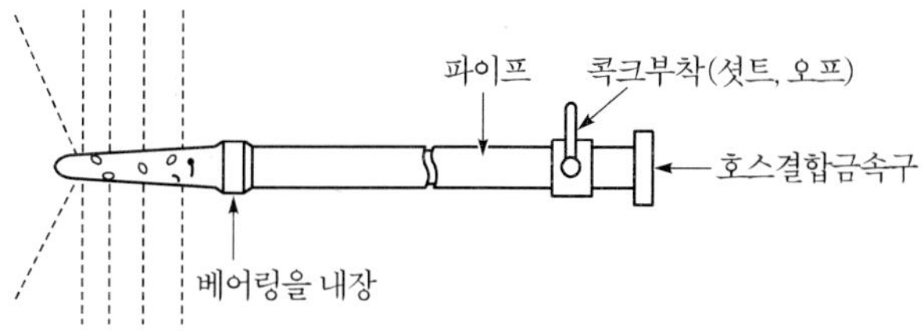

그림 3.6.13. 로타리 노즐

선단의 방수구멍이 비스듬하게 되어있기 때문에 방수할 때 반동력으로 자동적으로 회전한다.

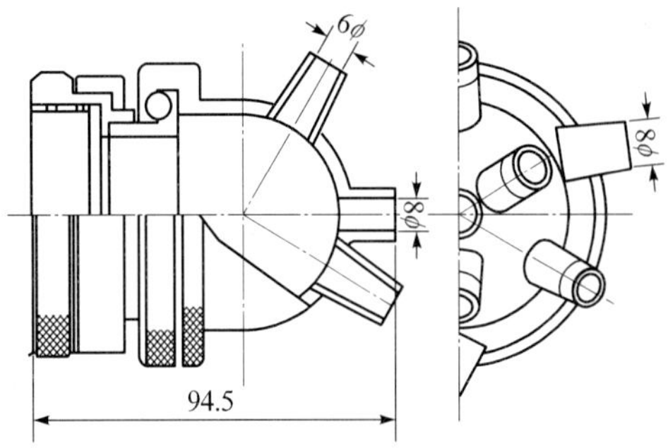

노즐압력 (kg/㎠)	방수량 (ℓ /min)
5	460

그림 3.6.14. 세라노즐

③ 충돌형

충돌형은 뚜껑이 있는 특수한 원통형의 헤드표면에 가는 구멍을 다수 만들어 이것을 통해 세분화된 수류가 불출구를 튀어나온 직후 서로 충돌되어 미립자화하게 한 것으로서 입자의 크기는 미스트(mist) 또는 안개상태로 상당히 가늘기 때문에 흡열효과는 높지만 사정거리는 거의 없다. 청동제 헤드를 앞쪽이 굽은 긴 관창 선단에 설치한 것으로 대표적인 것은 아프리케이터가 있다.

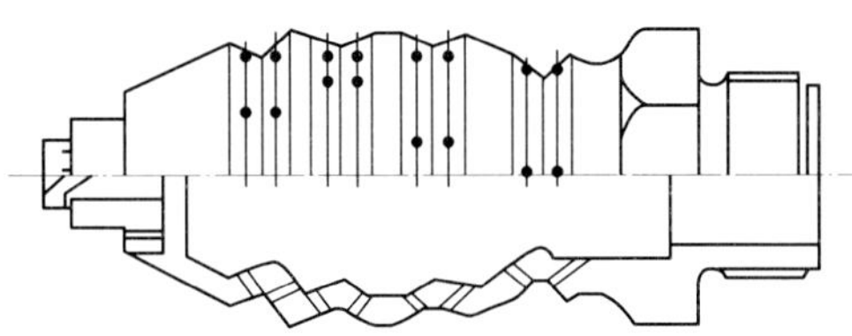

그림 3.6.15. 아프리케이터노즐

④ 기타 분무노즐

가. 스파이랄 노즐

스파이랄노즐은 용수철 모양의 날개속을 수류가 통과함에 따라 여회(旟回)운동이 일어나 분무상태로 방수하는 것이다. 초미립자 분무방사를 할 수 있고 또한 방사거리도 다른 것에 비해 길다. 유량이 적기 때문에 빌딩 등의 화재에 있어 방수로 인한 피해를 방지하고자 할 때 주로 사용한다. 방수각도는 50°, 90°두 가지의 형태가 있다.

나. 볼형노즐

볼형노즐은 물의 손실방지를 목적으로 한 것으로서 관창에 사용하는 노즐이다. 봉상방수와 아답치멘트를 설치함으로 분무방수도 할 수 있다. 분무방수 경우는 물이 초미립자로 방사됨으로서 소화효율이 좋고 아울러 물에 의한 피해를 줄일 수 있다. 봉상방수의 경우는 기존의 일반 노즐에 비해 방사거리는 길어진다.

4) 프로텍트(Protect) 노즐(자위형)

프로텍트노즐은 소화작업시 사다리소방펌프자동차, 공중작업차 작업대 위의 소방대원 또는 소화를 위해 화점에 접근하는 소방차량을 화재 또는 복사열등으로부터 보호하기 위한 자위형 분무방수 노즐이다. 관창과 소방차용 노즐 사이에 장착하여 필요에 따라 자위분무방수를 한다. 조작이 간단하고 프로텍트 겉통을 좌우로 회전시키는 것만으로 분무방수 및 방수정지가 가능한 구조로 되어 있다. 자위분무방사는 거의 수평 360°로 전개한다.

5) 포그건

① 개요

포그건은 일반적으로 소방펌프자동차에 탑재되어 펌프의 고압력을 이용하는 것으로서 냉각효과 및 질식효과가 높은 미립자상태의 분무방수를 행할 수 있는 방수기구이다. 또한 집속성(集束性)이 높은 강력한 봉상(棒狀)방수를 할 수 있으며 조작성이 높아 소화작업에 효율이 높다.

② 외관형상

이름처럼 소총과 비슷한 형상으로 손잡이 및 총대를 갖고 전환레버에 의하여 방수조작을 한다. 손잡이는 아래 그림과 같이 0°,45°, 90°, 3단계로 전환할 수 있기 때문에 사용상황에 따라 선택하여 사용할 수 있다.

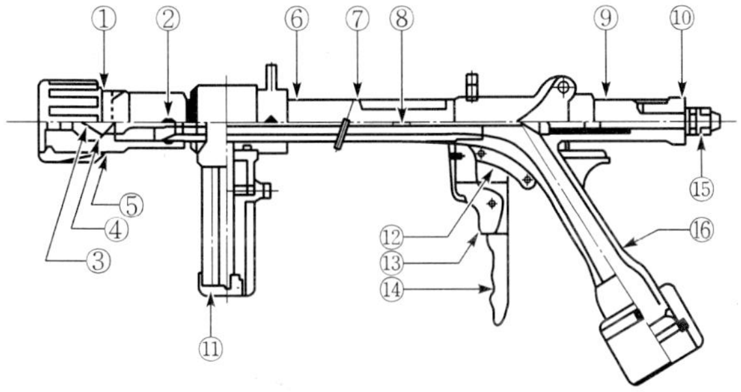

① 노즐	⑧ 총신
② 십자금구	⑨ 슬리브
③ 종축	⑩ 너트
④ 콘	⑪ 스토파정지금구
⑤ 스파이럴	⑫ 스토파
⑥ 패킹	⑬ 전환레버
⑦ 손잡이	⑭ 손잡이

그림 3.6.16. 포그건 외관 형상

③ 방수조작

폐쇄, 포그 스트레이트의 전환조작은 전환레버에 의하여 행한다. 전환레버를 잡아당김에 따라 종축이 후퇴되고 종축 앞끝의 패킹이 노즐 안의 닿는 면에서 떨어져 방수상태가 된다. 수류는 노즐안이 넓기 때문에 스파이럴의 영향을 받지 않고 흘러 정류되며 따라서 집속성이 좋은 수류를 얻을 수 있다.

④ 제원 수치 : 600㎜×230㎜×75㎜

중량 : 3.0㎜(손잡이 고정식은 약 2.5㎏)

주요재료 : 알루미늄 합금

⑤ 성능

표 3.6.1. 포그건의 성능

개방단계	방수현상	압 력(kg/㎠)				방사거리(m)
		6	9	12	15	
1	분무	95	115	130	140	
2	분무	110	135	155	175	
3	분무	115	140	160	180	
4	분무	125	155	175	195	
5	분무	135	160	180	205	23(15 kg/㎠일때)

※ 분무방수할 때 입자의 지름은 근원압력 15kg/㎠일 때 평균 200μ (0.2 ㎜)이다.

⑥ 충격력과 방수효율

포그건은 미립자 상태로 분무방수가 행해짐과 함께 분무노즐과 같은 충격력과 방수율을 얻을 수 있으며 방수량이 적기 때문에 과잉방수에 의한 손실도 피할 수 있다. 또한 방수량이 적은데도 불구하고 같은 크기의 충격력을 얻을 수 있기 때문에 목표로 하는 부분에 정확하게 방수 가능하다 그러나 소방대원이 서로 마주보듯이 방수하려면 충분한 주의가 필요하다.

⑦ 반동력

포그건은 15㎏/㎠의 고압 방수상태에서도 포그건 자체의 형상에 의해 반동력이 적고 조작이 용이하다.

(5) 취급상주의

1) 소방차용노즐

봉상방수는 노즐사용자가 반동력의 영향을 쉽게 받기 때문에 방수방향의 변경은 될 수 있는 데로 천천히 하여야 하며 혼자서 잡을 경우 반동력은 20㎏, 두사람일 경우는 30㎏정도가 한도가 된다. 각 노즐구경에 따른 유지한계 압력은 다음 표 3.6.2와 같다.

표 3.6.2. 노즐 유지한계 압력(kg/㎠)

노즐구경(mm) \ 인원	1인 유지	2인 유지
16	약 5.5	약 7.0
19	약 4.0	약 5.0
22	약 2.5	약 3.5
25	약 2.0	약 3.0

2) 2단전환노즐 및 Shut Off노즐

가. 전환(바꿈)레버조작은 천천히(2~3초 걸려서) 행하고, 워터해머 현상에 유의할 것

나. 노즐팁 교환은 레버를 닫고 할 것

다. 유류화재등에 대해 분무방수를 할 경우는 노즐 유입압력을 7kg/㎠ 이상으로 한다.

라. 분무방수시 노즐 유지한계는 아래 표 3.6.3과 같다.

마. 봉상방수시 조작은 스무스 노즐과 같다.

표 3.6.3. 2단절환노즐 유지한계(kg/㎠)

인원 / 개방각도(°)	1인 유지	2인 유지
16	약 5.5	약 7.0
19	약 4.0	약 5.0
22	약 2.5	약 3.5
25	약 2.0	약 3.0

3) 분무노즐

① 전개형

1. 방수류의 전개는 겉통을 천천히 돌려서 한다.
2. 전기기기, 전선 등에 분무방수할 경우 전압 33,000 V 이하는 대상물과 소방대원과 거리를 2 m이상으로 할 것
3. 노즐 유지한계는 아래 표 3.6.4와 같다.
4. 봉상방수시 조작은 스무스노즐과 같다.

표 3.6.4. 분무노즐 유지한계(kg/㎠)

노즐(mm)	개방각도	1인 유지	2인 유지
16	직상	4.5	6.0
	30°	5.0	7.0
	60°	5.0	6.0
17	직상	4.5	6.0
	30°	4.5	6.5
	60°	5.0	6.0
21	직상	3.0	4.0
	30°	3.0	4.0
	60°	3.0	4.0

② 충돌형

1. 어프리케이터(Appricator)는 2단전환노즐의 직류노즐팁을 떼어낸 부분에 결합하여 사용하여야 한다.

2. 노즐 근원압력은 7 kg/㎠ 이상으로 하여야 한다.

③ 회전용

1. 회전분무노즐로 방수중에는 노즐팁에 다른 것을 접촉시키지 않도록 하여야 한다.
2. 천정내막과 벽사이 등의 방수는 파괴 기구로 구멍을 뚫고 나서 끼워 넣어야 한다.

4) 포그건

① 펌프를 고압범위에서 계속해서 사용하기 때문에 엔진이 고속회전하게 되고 과열의 위험성이 있기 때문에 수온계에 주의하며 냉각수밸브를 개방하는 등의 조치를 하여야 한다.

② 펌프를 운전하는 상태로 포그건을 폐쇄하면 펌프내부에서 물이 순환하여 수온이 상승하기 때문에 소방용흡수관 내부의 압력이 높아져 낙수의 위험성이 있다. 따라서 소방수는 상황을 잘 파악하여 엔진회전수를 적당히 조절하여야 한다.

③ 포그건과 다른 종류의 노즐을 병행 사용하는 것은 고압의 영향을 받기 때문에 피하여야 한다.

④ 포그건은 그 구조상 먼지가 쌓이기 쉽기 때문에 더러운 물은 될 수 있는 한 피하여야 한다.

(6) 점검, 정비

점검장비는 다음 요령으로 행한다.

1) 레버부의 조정을 하여야 한다.
2) 각부를 단단히 죄고, 수리를 하여야 한다.
3) 청소, 급유, 패킹교환 등을 하여야 한다.
4) 회전분무노즐은 사용할 때마다. 분해청소하고 베아링 등은 점성이 작은 스핀들유 등으로 칠하여 주어야 한다.

예 제

직사각형 관창(노즐)에서의 방수량 Q(lpm), 노즐 오리피스 직경 d (mm), 방수압력 p(kg/㎠), 오리피스흐름계수를 c 라고 할 때 $Q \fallingdotseq 0.653[cd]d^2\sqrt{p}$의 관계가 성립된다. 이 관계식을 유도하시오.

풀이 방수압력이 p(kg/㎠)일 때 유속은 $\sqrt{2g \cdot 10p}$ (m/s)가 된다. 단위를 통일하기 위해 D(m) = d(mm)/1,000 로 하여 유량을 구하면

$$q = cAv = c\,\frac{\pi D^2}{4}\sqrt{2g \cdot 10p} = c\frac{\pi\left(\frac{d}{1000}\right)^2}{4}\sqrt{2g \cdot 10p}\ \ (\mathrm{m^3/s})$$

단위를 lpm으로 맞추기 위해 1,000 ×60을 곱하면

$$Q = q\times1,000\times60 = C\,\frac{\pi(\frac{d}{1000})^2}{4}\sqrt{2g\cdot 10p}\times1,000\times60 \fallingdotseq 0.653Cd^2\sqrt{p}$$

3.6.2 방수총

(1) 개요

대규모 화재시에는 강렬한 복사열과 열기류, 짙은 연기 또는 건물붕괴 등의 위험성 때문에 화점에 접근하여 방수하는 일이 곤란하다. 또한 화재현장에는 상승기류가 심하게 발생하거나 바람이 강하게 불어 방수가 날아버리는 현상이 발생할 수 있다. 따라서 이것들에 대해서는 고압의 대량방수를 이용하여 원거리 소화작업이 필요하며 이때 방수반동력이 크기 때문에 인력으로 관창를 유지하거나 조작하는 것이 불가능하므로 방수총을 사용한다. 방수총은 방수유량에 따른 반동력을 잘 견디도록 설계되어 있으며 방수방향의 전환은 레바 또는 웜기어 등으로 수동전환하거나 수압·유압·전기에 의해 원격조작 할 수 있는 구조로 된 것이 많이 사용되고 있다.

일반적으로 사용되고 있는 것으로는 1,300ℓ/min, 1,500ℓ/min, 1,700ℓ/min, 3,000ℓ/min, 5,000ℓ/min등이 있고 보통 5,000ℓ/min 이상은 방수포라고 부르기도 한다.

(2) 종류

방수총의 종류를 분류하면 다음 그림 3.6.17과 같다.

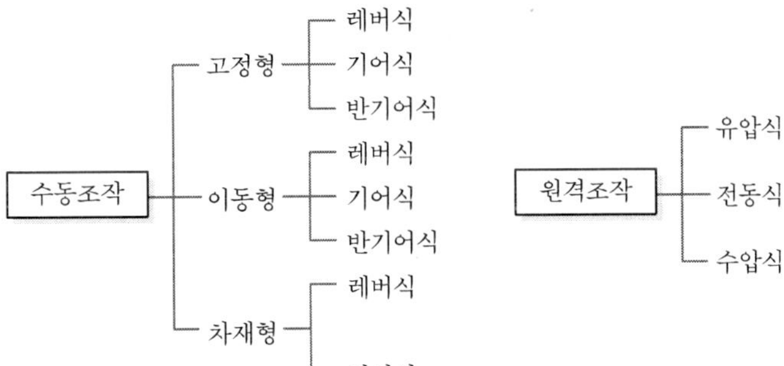

그림 3.6.17. 방수총의 분류

(3) 구조

1) 수동조작

방수총은 주로 설치대, 선회 및 부앙곡관 등으로 구성되어 있다. 회곡관은 좌우로 빙글빙글 회전할 수 있는 송수배관으로 정상부분이 상하로 기복하는 부앙곡관의 축수부를 이루고 있는 것으로서 이 선단에 관창이 설치된다.

레버식인 경우의 조작은 부앙곡관에 결합된 핸들레버를 잡고 작동하며 기어식은 웜기어의 핸들을 돌려 작동시킨다. 또한 부앙용 웜기어만이 있는 반기어식으로 선회는 선회곡관을 손으로 들고 작동하는 것도 있다. 차재형은 차대 또는 트레일러의 고정식 배관에 접속하여 고정하고 호스접속구에 의해 급수한다.

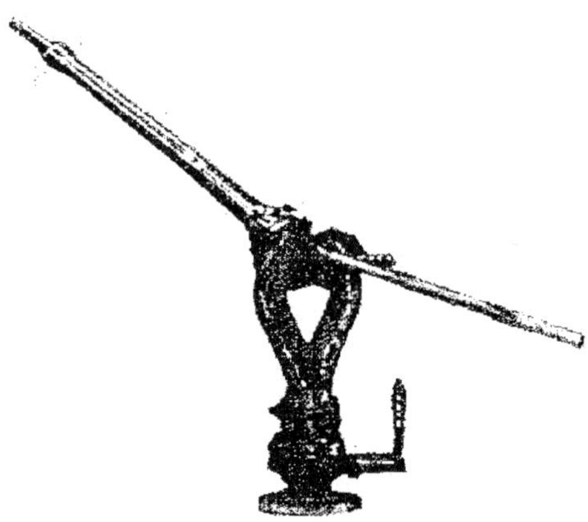

그림 3.6.18. 레버식고정용 방수총

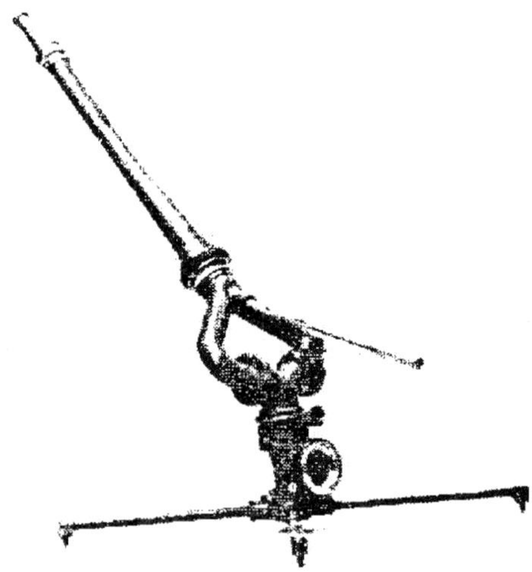

그림 3.6.19. 레버식이동형 방수총

2) 원격조작

방수총의 원격조작은 수압·유압·전기를 이용하여 제어하기 때문에 주로 기어식 방수총에, 수압 또는 유압실린더, 유압모타 또는 전동모타를 조합하여 원격제어할 수 있는 구조로 되어 있다.

① 수압식

대부분 이동형 레버식 구조의 방수총에 수압실린더를 조합하여 부착하고 직접 수동전환밸브에 의하거나 혹은 케이블을 연장하여 전자전환밸브를 간접적으로 제어함으로서 선회, 부앙동작을 시키는 것이다. 다른 제어매체를 필요로 하지 않는 이점은 있지만 언제나 깨끗한 물을 사용할 수는 없기 때문에 수압기기내의 눈금이 막히는 등의 결점이 있다. 또한 선회동작에 실린더를 사용할 경우는 직선운동을 회전운동으로 바꾸기 때문에 작동각도가 작게 제한된다는 단점도 있다.

② 유압식

유압식은 차재형과 선박에 대부분 사용되고 있으며, 고정형 기어식 구조에 유압모타 혹은 유압실린더를 조합하여 부착한 구조이다. 수압에 비해 형태가 작고 미세한 작동이 가능하며 특히 방폭할 필요가 있는 경우에 적합한 이점은 있지만 유압원, 배관 및 조정밸브 등을 필요로 하고 또한 대부분의 것은 선회동작일때에 유압호스를 굴곡시키기 때문에 각도 제한이 있는 단점이 있다. 그러나 특수기구에 의하여 360。 회전할 수 있는 것도 있다.

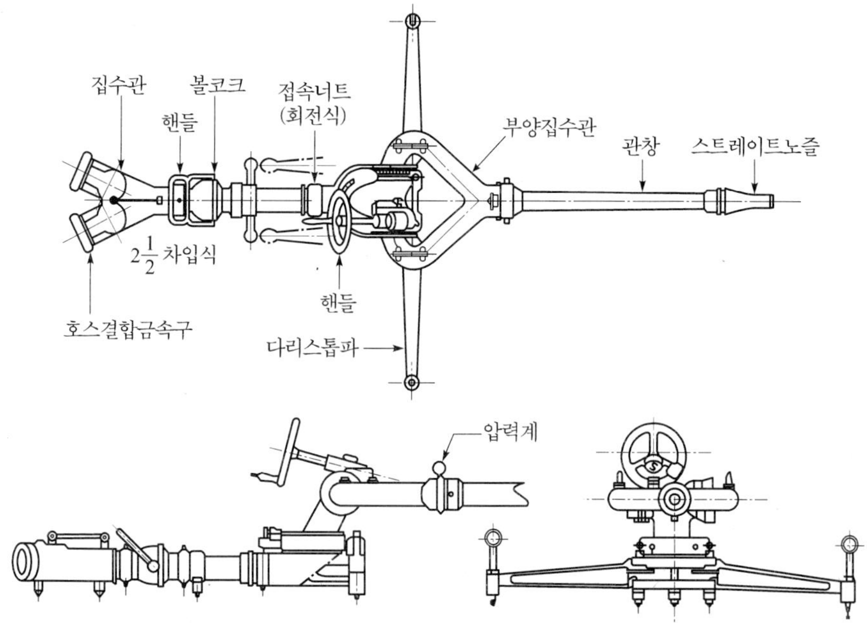

그림 3.6.20. 반기어식 이동형 방수총

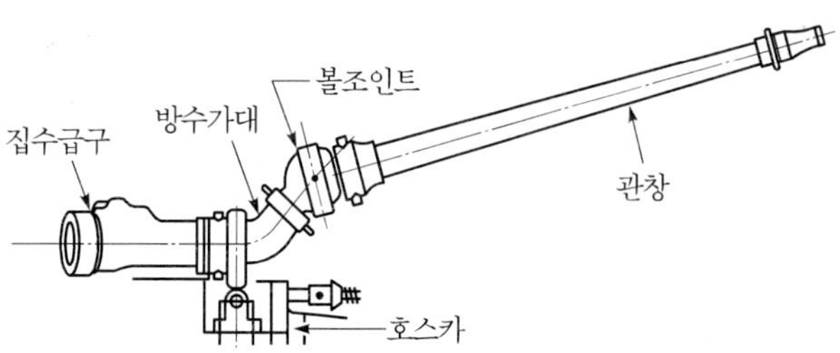

그림 3.6.21. 호스카 부착 방수총

3) 전동식

고정형 기어식 구조의 방수총에 감속전동기를 조합하여 부착한 형태이다. 다른 형식에 비해 미세한 반복작동을 할 수 있고 전원배선이 쉽고 비교적 싼 가격으로 할 수 있는 장점이 있어(방폭구조는 다르다) 대부분의 용도에 사용되고 있다. 각형으로 된 것은 모두 선박용으로 사용되고 특수기구에 의하여 360。 회전 할 수 있는 것도 있다.

(4) 취급 및 점검방법

취급·점검 및 정비에 대해서는 각형 모두 다소 차이가 있기 때문에 공통적인 것을 서술한다.

1) 이동형 방수총의 설치

① 방수총을 설치할 때에는 평탄한 장소를 선정하고 말뚝(나무그루터기), 로프 등을 활용하여 충분히 방수총의 안정을 꾀한다. 요철이 있는 곳에 설치할 때는 적당한 조치를 취하여 사용하여야 한다.

② 콘크리트 포장등 평탄한 지반면에 설치할 때에는 오히려 다른 것을 이용하여 미끄러짐을 방지하는 처리를 하여야 한다.

③ 지형수정 또는 말뚝설치 등이 불가능한 경우에는 지형물을 이용하여 로프 등으로 묶는다.

④ 호스카에 붙은 방수총을 설치할 때는 차바퀴를 약간 떠오르게 하여 4개의 안정각을 균형 있게 접지시킨다.

⑤ 록핀식인 것은 핀의 맞춤을 확실히 한다.

⑥ 나사결합부는 스패너를 사용하여 확실하게 조여 둔다.

⑦ 호스라인은 물을 보내기 전에 될 수 있는 데로 정리하여 둔다.

2) 조작시

① 양각고정나사를 풀 때는 반드시 관창을 지지하고 행하여야 한다.

② 관창에서 손을 뗄 때는 반드시 잘 조여졌는가를 확인하여야 한다.

③ 방수방향의 변환 또는 분무노즐 및 볼콕크의 개폐조작은 천천히 하고 방수총(포)에 충격을 주지 않도록 하여야 한다.

④ 방수총(포)는 원칙적으로 방수 목표를 정확하게 설정하고 선회·확산 방수 등은 최소한으로 하도록 하여야 한다.

⑤ 각 지지점이 지면에서 떠있는 상태에서는 절대로 사용하지 않도록 하여야 한다.

3) 송수시

① 사용수량, 펌프능력, 소방호스연장거리 등을 고려하여 각 방수총(포)의 송수에 필요한 방수총 수를 결정하여 수량 확보를 하여야 한다.

② 송수압력은 서서히 일정 사용압력까지 높이고 급격한 가압은 절대로 피하여야 한다. 급격한 압력상승은 방수총의 유지를 불안정하게 하고 사고발생의 원인이 되기 때문에 소방수와 펌프사이의 연락을 치밀히 하는 등 펌프운용에 주의하여야 한다.

③ 각 방수총의 한계 방수압력이상으로 가압하지 말하여야 한다.

4) 점검 및 정비

① 방수총의 변형, 손상이 없는 가를 점검하여야 한다.

② 방수총의 나사 및 패킹의 상태 등을 점검하여야 한다.

③ 레버 개폐상태를 점검하여야 한다.

④ 각부의 조임, 수정을 하여야 한다.

⑤ 사용 후에는 충분한 세척 청소를 하여야 한다.

⑥ 청소 후에는 건조시킨 다음 회전부분 및 접합부분에 기름을 공급하여야 한다.

3.6.3 소방호스

(1) 개요

소방호스의 기원은 유럽으로서 지금부터 약 400년 전으로 거슬러 올라간다. 당시의 소방호스는 소방용이라기 보다는 급수용 등으로 사용된 것으로 가죽을 기워서 만들었으며 길이도 짧은 것이었다. 1650년경 가죽을 기워 만든 호스를 소방용으로 이용했다는 것이 독일의 문헌에 나오게 되며 1670년대에는 가죽호스가 보급되었다. 가죽호스는 기운부분이 약해서 1810년경 구미에서는 징으로 누른 가죽호스가 보급되기 시작하였으나, 가죽호스는 무겁고 휘기 힘들며 취급이 곤란하기 때문에 다음에 등장한 마호스에 그 지위를 물려주고 1800년대 말에 자취를 감추게 되었다. 섬유직물로 호스를 만들어 쓴 예로는 1700년경부터 있었으나 누수 등의 문제 때문에 좀처럼 실용화되지 못하다가 1780년경에 마침내 대마(大麻)호스가 상업화되기 시작하였다. 1875년부터 1890년대에 걸쳐 자동직기가 등장하여 좋은 물건을 만들 수 있게 되어 내압력의 향상과 누수의 감소가 달성되었으며 10년 내지 20년 정도 사이에는 마호스가 주류를 이루게 되었다. 그러나 마호스도 취급에는 어려움이 있어 내부에 고무를 넣어 누수를 없애려고 하는 시도가 1830년경부터 시작되었고 이후의 고무공업의 발전에 따라 1890년에는 어느 정도의 성능을 만족할 수 있는 것이 제조 및 생산될 수 있게 되었고 1915년경에는 구미에서 상당수 사용하게 되었다. 1940년대가 되어 영국에서 라텍스고무를 쓴 가벼운 소방호스가 개발되었으며 특히 제2 차 대전 후에는 세계적으로 고무내장호스가 주류를 이루어 마호스는 쇠퇴하게 되었다

현재 세계적으로 고무내장 호스는 다음 4가지의 흐름으로 분류할 수 있다.

첫째는 미국식 더블자켓으로 고무가 두꺼운 호스

둘째로는 영국식 얇은 라텍스고무가 내장된 가벼운 호스

셋째로는 독일식의 능직(綾織)으로 경사를 적게 하고, 위사가 보이는 자켓을 가진 호스 (위사노출형 호스)

넷째로는 소방호스에 합성수지가 내장된 경량의 호스

(2) 소방호스의 구조 및 분류

1) 구조

소방호스는 현재 다양한 종류의 제품이 생산되고 있으나 소방호스를 구성하고 있는 기본요소는 다음과 같이 분류한다.

① 자켓(섬유제 원통형 직물)

경사와 위사가 엮어지며 보통 위사의 양이 많을수록 파단압력이 높아지고 경사량이 많을수록 마모나 외상에 강하게 된다.

② 내장재(고무 또는 합성수지)

③ 고무도장 또는 고무피복

고무 또는 합성수지로 호스표면을 둘러쌓거나 피복하여 자켓트의 마모나 열화등을 방지함과 동시에 물의 흡수를 줄이는 역할을 하고 있다. 얇게 칠한 것을 도장, 두껍게 층이 되어 있는 것을 피복이라 한다.

마호스는 ①만으로 생산되며, 보통 고무내장이나 합성수지내장 소방호스는 ①과 ②로 생산된다.

2) 분류

① 구조에 따른 분류

가. 고무내장이 없는 호스는 아마호스, 마호스로 분류된다.

나. 표면을 가공한 소방호스는 도장호스(표면 가공이 얇은 호스), 피복호스(가공층이 두꺼운 호스)로 분류된다.

다. 단일 자켓으로 구성된 것을 단일자켓, 소방자동차용과 같이 고압을 견딜 수 있도록 자켓을 이중으로 한 이중자켓가 있다.

라. 젖는호스(송수시에 물이 조금 배어 나오는 호스)

② 내장재료 및 제조방법에 따른 구분

소방호스를 자켓의 조직에 따라 분류하면 평직과 능직(綾織)으로 나눌 수 있다. 평직조직은 육안으로 볼 때 경사가 자켓의 겉과 안에 같은 길이와 간격으로 나타난다. 능직조직에서는 경사의 겉과 안의 비율이 2:1로 나타나게 되어 있어 그만큼 경사가 위사를 커버하기 쉽게 되어 전체적으로 유연성을 가지고 있는 특성이 있다. 소방호스의 압력은 주로 위사에서 받음으로 능직은 평직보다 적은 실을 사용하여도 고압에 견딜 수 있다. 그러나 직조에 시간이 많이 소요되는 단점도 아울러 존재한다.

자켓을 제직하는 직기에는 옛날부터 있었던 평직기(부직직기)와 1940년대에 완성된 환상직기(원형직기)의 두 종류가 있으며 국내에서 생산되는 모든 호스는 환상직기에서 생산되고 있고, 중국 및 일부국가에서는 아직도 평직기로 소방호스의 자켓을 생산하고 있다.

소방호스를 내장재료에 따라 분류하면 천연 또는 합성고무를 압축해서 만든 고무내장호스와 합성수지로 만든 합성수지내장호스의 2가지로 분류할 수 있다.

현재 국내에서 사용되고 있는 소방호스로서는 합섬수지자켓(특히 폴리에스텔섬유)에 합성수지(우레탄)를 내장재로 사용한 평직 또는 능직의 소방호스가 주류를 이루고 있다.

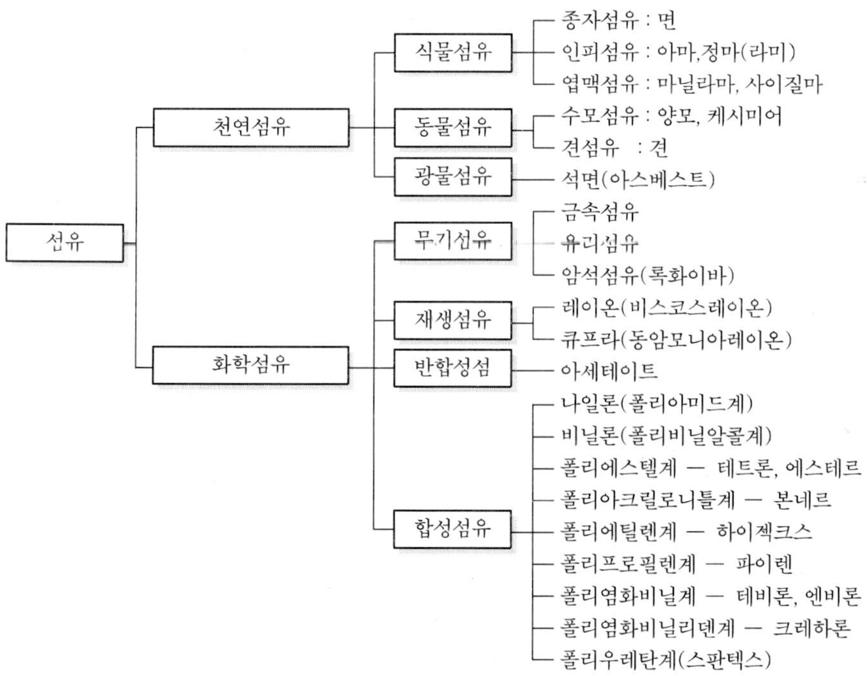

그림 3.6.22. 섬유의 분류표

3) 원료

① 섬유

섬유를 크게 나누면 천연섬유와 화학섬유 2가지로 분류되며 이들은 다시 다양한 종류로 나누어져 소방호스에는 폴리에스텔 및 나일론의 필라멘트사가 널리 사용되고 있다. 소방호스자켓은 경사와 위사로 되어 있으며, 경사는 자켓의 표면에 나와 있어 위사를 피복함으로서 주로 마모등의 외상이나 일광등으로부터 경사를 보호하는 역할을 한다. 따라서 내마모성에 관련된다. 한편 위사는 파단압력의 고저에 직접 관계되는 실로서 강도가 높으며 신장이 적은 실이 사용된다.

표 3.6.5. 각종 섬유의 성질

종 류	경·위사용	경사용			위사용	
항목	아마	면	비닐론	폴리에스텔	폴리에스텔	나일론
비중	1.50	1.52	1.26	1.38		1.14
강도(g/d)	4.5～6.0	2.5～3.5	5.3～5.7	3.8～5.0	6.5～7.2	6.8～7.8
신도(%)	2～5	4～7	6～9	10～12	8～10	12～15
젖었을 때의 건강력비(%)	105～108	102～105	75～85	100		85～90
20 ℃, 65 %시의 함유 수분율(%)	12	8	5	0.4		4
내 열 성	265 ℃분해	265 ℃분해	220℃수축	265 ℃용융		215℃용융
내 후 성	가	양	우	우		양
내용융성	없음	없음	있음	있음		있음
내 산 성	강하다	약하다	강하다	상당히강함		강하다
내 알 카 리 성	조금강하다	조금강하다	강하다	조금강하다		강하다

※ 섬유의 굵기를 나타내는 단위로서 스판사는「번수」를 사용하며 필라멘트사는「데니어」를 사용한다. 마의「번수」는 상당히 다르나 면, 비닐론, 폴리에스텔등 스판사의 경우는 무게 1파운드(453.6 g)의 스판사의 길이가 840야드(1야드=0.914 m)있을 경우에 이것을 1번수라고 하며, 길이가 1,680야드(즉 890야드의 2배)되면 2번수라고 한다. 즉 번수가 늘수록 실은 가늘어지는 것이다.

보통소방호스에 사용되고 있는 스판사는 20번수이므로 1파운드에 16,800야드가 되는 셈이다. 다만, 아마사인 경우는 1파운드에 300야드 되는 것은 1번수로 치고 있다. 필라멘트사에 사용되는「데니어」라는 단위는 길이 9,000 m인 실의 무게가 1 g인 때에 1데니어라 하며 2 g이면 2데니어라 한다. 다시말해 데니어는 숫자가 클수록 실이 굵어지는 것이다. 보통소방호스에 사용되는 필라멘트사는 1,000데니아로서 9,000 m에서 1 kg되는 실을 사용하고 있는 실정이다.

② 내장재

내장재는 소방호스의 누수를 방지하기 위하여 소방호스 내부에 삽입하는 것이며 고무나 접착제를 바른 합성수지(주로 우레탄이 사용됨)를 자켓내부에 넣고 가열하여 자켓과 서로 접착시킨다. 소방호스의 내장재가 손상되는 것은 공기중에 포함되어 있는 오존의 영향에 의한 것이 많으며 금속의 접촉부, 일광이 직접 또는 간접으로 닿는 곳에서의 자외선 노출에 의한 열화의 원인도 있다. 따라서 내장재의 수명을 늘리기 위해서 그러한 물리적, 화학적 특성을 배려하여 제조되고 관리되어야 한다.

(3) 소방호스가 구비해야 할 성능

소방호스에 요구되는 성능으로서는 일반적으로 가볍고 유연하여 취급이 용이하며, 내압력이 높고 수명이 긴 것 등이 대표적인 것이다. 또한 강도가 큰 합섬섬유로 자켓을 짜고가능한 얇고 균일한 내장재를 사용함으로서 이러한 요소를 상당한 정도까지 만족시킬 수가 있다. 표면가공을 함으로써 성능을 더욱 향상시킬 수는 있으나 무거워지고 고가가 되므로 국내에서는 널리 보급되고 있지 않다.

소방호스는 화재로부터 생명과 재산을 지키는 소화활동에 필수불가결 한 기구이다. 따라서 그 성능이나 사용에 있어서 충분한 품질이 확보되어야 하며, 또한 취급이 용이하고 수명이 길며 보수관리가 편리하여야 하는 것 등이 요구된다. 사용실태도 반드시 일치하지 않으며 화재발생장소 및 상황등에 따라 여러가지 다른 조건에서 사용되므로 그 용도에 의하여 요구되는 성능도 당연히 변화되나 소방호스로서 구비해야 할 성능에 대한 원칙적인 것은 다음과 같다.

1) 내압력

고층 건물화재나 장거리 송수 등과 같이 고압으로 송수할 경우를 제외하면 대부분의 소방호스는 5~10 kg/㎠정도의 압력으로 송수되고 있다. 따라서 실제로 제조되고 있는 소방호스의 직선파단압력은 시험압력의 2배 이상에 맞추어 생산되고 있다. 이것은 장시간 사용에 따른 내압력의 저하를 예측하고 있기 때문이다. 소방호스는 장시간의 수압 사용에 견디어야 하므로 내압력은 고려되어야 할 가장 중요한 성능이라 할 수 있다. 소방호스의 내압력은 주로 위사의 강도로 결정되나, 경사가 적으면 위사가 마모, 외상 또는 일광으로부터의 자외선 영향을 받기 쉬워 강도저하가 더욱 커지므로 파단압력 또한 급속히 낮아지게 된다. 따라서 이를 보완하고자 굴곡파단압력을 측정하여 경사의 강도를 판단하는 방법을 병행하고 있다.

2) 취급의 용이성

소방호스를 펼치거나 접는 경우는 보통 인력에 의해 이루어지므로 무게가 가능한 가볍고 유연해야 함은 상당히 중요한 성능이다. 또한 보관관리가 편리해야 할 필요성도 있다. 그러나 내압력이나 내마모성 등을 키우려면 실의 양을 늘려야 하므로 자켓이 무거워지는 단점이 있다. 그래서 가능한 내장재를 얇고 가볍게 하려고 시도하게 된다. 유연성은 자켓 소재와 조직, 고무의 경도, 접착방법 등에 따라 바뀌게 된다.

3) 내마모성과 내외상성

소방호스의 마모 또는 외상은 ① 평면마모 ② 국부마모 ③ 외상 세가지로 나누어 생각할 수가 있다. 이중에서 소방호스의 손상으로 연결되는 요인으로서 가장 큰 것은 소방호스를 노면상에서 질질 끌때에 발생하는 국부마찰이나 유리파편 등에 의한 외상에 의한 것이다.(호스파단의 70~80 %를 차지한다) 그 결과 소방호스 자켓이 부분적으로 닳거나 끊기기 때문에 그러부분이 수압에 견디지 못하고 터져 분수되거나 심한 경우에는 파손 되기도 한다. 따라서 소방호스의 내국부마모성과 내외상성은 소방호스의 수명에 직접 관계되는 중요한 성능이라 할 수 있다. 국부마찰이란 예를 들면, 소방호스를 접을때 물이 들어있는 소방호스를 V자형으로 접은채 끌 경우에 소방호스의 국부(접힌부분)적인 면이 마찰되어 마멸되거나 심하게 손상되는 경우를 말하며, 외상이란 뾰족한 것으로 긁거나 찌르거나 함으로써 자켓이 끊기거나 하는 것을 말한다. 어떤 성능도 경사의 선택과 소방호스의 유연성에는 밀접한 관계가 있다.

4) 내후성

소방호스는 상당히 긴 세월에 걸쳐 사용하는 것이므로 그 사이에 햇볕을 쪼이거나 풍우(風雨)를 맞는 일이 많다. 따라서 내후성이 떨어지는 재료를 사용하면 자외선의 영향으로 소방호스의 외부는 아무렇지 않게 보여도 물리적으로는 상당한 강도 저하가 발생하는 경우가 있다. 현재 대부분의 소방호스용으로 사용하고 있는 폴리에스텔 섬유를 비롯한 합성섬유나 일부 사용되고 있는 천연섬유류도 내후성에는 큰 문제가 없다.내후성에 관해서는 경사의 양이 많을수록 유리하지만 얇아도 합성고무등으로 표면가공면 성능향상 효과가 크다.

5) 내열성과 내염성

조금 큰 불티, 가열된 기구등의 접촉, 강한 복사열 등에 의하여 자켓이 용융되거나 섬유의 강도가 저하되어 파단을 일으킬 우려가 있다. 실제로 내열 및 내염에 의하여 파단되는 사례는 극히 적으나 소방호스의 사용환경에 있어 내열성이나 내염성은 고려되어야 할중요한 성능중의 하나이다.

6) 내한성

우리나라에서는 극한이라 할 정도의 추운지역은 적으나 그래도 겨울철에는 상당히 저온인

지역도 있으므로 내한성을 고려하여야 한다. 기온저하에 따라 소방호스가 너무 얼어 딱딱해지면 사용하기 어렵기 때문에 내한성이라는 요소도 무시할 수는 없다.

7) 내유성, 내약품성

대도시나 공업지역 등에서는 유류취급소나 화학공장이 늘고 있으므로 소화활동시 유류나 약품류에 소방호스가 접촉될 확율도 높고 소방용수내에 그러한 약품들이 혼입되어 사용될 수도 있다. 따라서 이러한 경우에도 성능이 뛰어나야 한다.

8) 내부식성

내부식성은 사용된 소재의 성능과 직결되며 천연섬유 자켓으로는 아무리 강력하게 방부(防腐)가공 하여도 내부식성에 한계가 있다. 천연섬유가 아닌 합성섬유자켓의 경우는부식성을 크게 고려할 필요가 없다.

9) 고무내장 소방호스의 수명

내장재로서 고무를 사용한 고무내장소방호스의 경우 고무가 햇볕, 오존, 굽힘 등의 영향 에 의하여 장기간에 걸친 노화가 진행됨으로 인하여 탄성 및 인장강도가 서서히 저하되고, 균열이 가거나 점착된다. 특히 소방호스의 끝부분, 접어진 부분등에서 이러한 현상이 집중적으로 일어나 송수가 불가능한 경우도 발생함으로 주기적인 점검 및 교체가 필요 하다. 보관상태에 따라 다르나 생산으로부터 7~8년된 제품에서도 사례가 발견된다.

10) 송수효율

소방호스의 역할은 물을 효율적으로 보내는 것에 있기 때문에 가능한 한 손실이 없이송수할 수 있는 것이 필요하다. 엄밀히 말하면 같은 고무내장 호스라도 내면의 상태에 따라 송수효율에 약간의 차이가 있을 수 있다.

(4) 호스의 취급

소방호스를 가능한한 오래 쓰고 많은 연수가 경과한 후에도 최초의 성능에 가깝게 유지 하려면 그 취급관리에도 세심한 배려를 기울일 필요가 있다. 다시말하면 취급을 잘하고 못함에 따라 소방호스의 수명이 상당히 좌우된다고 말할 수 있다.

1) V자형으로 질질 끄는 것을 피한다.

앞에서도 서술했듯이 소방호스 사고 중에서 가장 많은 것은 국부(局部)마모와 외상이다. 매우 극단적인 경우로 신제품 소방호스를 한번 사용한 것 뿐인데도 구멍이 나 있을 수도 있다. 펴는 경우는 소방호스가 가볍기 때문에 괜찮지만 접을 때는 소방호스 안에 물이 남아 있는 상태로 V자형으로 끌면 때에 따라서는 몇 미터만 끌어당겨도 국부적으로 외상을 입을 수 있으므로 5~10 kg/㎠의 송수에도 분수할 수가 있다. 소방호스의 외부면은 섬유이기 때문에 접을 때의 취급에 유의하는 것이 중요하다. 화재진압을 마치고 세척하거나 건조등의 작업을 행할 때에도 같은 주의가 필요하다.

2) 마모와 외상에 주의한다.

소화활동은 분초를 다투는 긴급 행위이기 때문에 소화중에 소방호스를 손상하지 않도록 배려하는 것은 힘들다. 그래도 역시 얼마나 취급에 조심하는 가에 따라 소방호스의 상태는 상당히 달라진다고 할 수 있다. 방수중에 둥글게 부풀어 오른 상태의 소방호스는노면에서 끌어 당겨도 그다지 마모하지 않지만 건물이나 담의 모서리 등에서 접히거나 구부러진 상태가 되어있을 때는 펌프의 진동 등 기타 요건들에 의한 마모를 받기 쉽다. 또한 결합금속구를 달고 있는 말단부 근처도 마모되기 쉬운 부분이다. 노면상의 뾰족하게 각진 이물질 등을 피하고 외상을 피하는 것은 상식적인 주의이다.

3) 워터해머 현상을 피한다.

송수중의 호스에 워터해머 현상이 일어나면 압력이 2배 정도로 급상승할 수가 있다.국부마모나 외상 등에 의해 부분적으로 약한 부분이 생겨 있으면 그곳이 파열하거나 분수(噴水)할 우려가 있다. 소방호스를 비틀거나 강하게 구부려 접거나 한 상태에서 급히 송수한다든가 송수중에 소방호스를 자동차가 밟고 지나간다든가 방수중에 선단(先端)을 급히 폐지한다든가 하는 행위는 워터해머 현상의 발생으로 이어지기 쉬우므로 피하는 것이 바람직하다.

4) 불똥이나 복사열에 주의한다.

큰 불인 경우는 큰 불똥이 날아올 수도 있고 화점의 옆까지 진입한 소방호스는 불꽃의 복사열에 의해 고온에 노출될 우려도 있다. 송수중에 물이 열을 빼앗아 줌으로 약간은 도움을 받지만 미미하며, 아직 물을 보내지 않는 상태일 때는 의외로 간단히 타버릴 우려가 있다. 고온의 물체(타다 남은 그루터기)에 직접 소방호스를 접촉시키는 것도 위험하다.

5) 유류나 약품류의 접촉에 조심한다.

화학공장등의 화재에서는 소방호스에 유해한 약품류가 접촉하는 위험성이 있다. 또한수원(水原)으로서 어쩔 수 없이 비교적 더러운 물을 사용하는 일도 있지만 역시 가능한 한 이를 피하고 유해 물질에 접촉시키지 않도록 하는 일이 바람직하다.

(5) 소방호스의 보수관리

1) 사용후의 세정과 건조를 적절히 하여야 한다.

소방호스를 사용한 경우는 더러움을 빼고 깨끗이하여 격납하는 것이 가장 기본적인 관리법이다. 최근의 소방호스는 전합섬 특히 폴리에스텔실을 사용한 것이 대부분으로천연섬유자켓시대와 같이 섬유가 곰팡이에 침투되는 위험은 없어졌지만 오수(汚水)를 남긴 채로 방치하면 그 물에 곰팡이가 발생하거나 또는 어떤 유해물질이 붙어 있는지도 모른다. 따라서 사용 후는 잘 세척하고 1~2일 건조할 필요가 있다.

2) 직사일광에 너무 쬐지 않는다.

섬유를 햇볕에 쬐면 자외선의 영향에 의해 강도가 저하한다. 소방호스의 경사로 사용되고 있는 폴리에스텔이나 비닐론은 햇볕에는 비교적 강한 섬유지만 그래도 여름철의 강한 직사일광에서 너무 장시간 노출하는 것은 바람직하지 않다. 따라서 건조대에 매달고 일주일이나 열흘간 방치해 두는 것은 소방호스를 손상시키게 되므로 필요 이상으로 장시간 건조할 필요는 없는 것이다. 또한 고무내장소방호스인 경우 오존이나 자외선의 영향을 동시에 받아 열화가 촉진되므로 주의해야 한다.

3) 부분교체를 한다.

소방호스의 마모나 외상은 소방호스의 「중간」 부분보다도 「끝」 부분쪽이 많이 발생하는 것이 보통이다. 따라서 사용 후에 검사하고 말아 올리거나 접을 때 「끝」 이 「중간」 에 오도록 교체조작을 하면 소방호스의 수명은 꽤 연장될 수 있다. 다만, 최근에 끝부분 보강형 소방호스가 보급되고 있어 이것에 대한 필요도는 점차 적어지고 있으나널리 사용도지는 않는 실정이다. 그래도 상태를 보고 동시에 부분교체를 하면 더욱 수명을 연장시키는 것도 가능하다.

4) 보관장소의 통풍과 일광에 주의한다.

자동차에 적재하고 있는 소방호스는 별도로 하더라도 그 이외에 보관하고 있는 소방호스에 대해서는 「통풍이 좋은 냉암소(冷暗所)」 에 보관하는 것이 상식이다. 가능한 한 서늘하게 그리고 직사 햇볕을 쬐지 않는 곳이 좋다. 반사광도 바람직하지 않다. 보관중에도 그 보관조건(상황)에 따라 자켓이나 내장재의 열화는 점차 진행하는 것이다. 옥외소화전용 소방호스 등은 계속 보관된 채로 있으므로 설치장소나 방향에 특히 주의를 요한다. 박스에 유리창 등이 붙어 있으면 유리는 자외선의 거의 반은 통과하므로 모르는 사이에 자켓이 열화해서 파단압이 작아지고 내장고무일 경우 열화할 위험성도 있으므로 주의가 필요하다.

5) 부식에 대한 상식

그다지 알려져 있지는 않지만 고무인 경우에 있어서 금속이나 동화합물은 고무의 노화를 촉진하므로 큰 적이다. 보통 고무내장소방호스의 내장재는 주로 천연고무가 사용되지만 천연고무는 본질적으로 동에 의해 상당한 속도로 노화가 촉진된다. 현재도 일부 사용되고 있는 금속제의 결합금속구는 주석이나 아연을 포함한 동합금(청동)이므로 결합금속구 부분에 고무가 손상을 입기 쉬운 하나의 원인이 되고 있다. 고무를 보호하기위해서는 알루미늄 합금제의 금속을 사용하는 것이 좋다.

6) 페인트와 락카의 차이

페인트는 건성유(乾性油)를 기초로 하여 제조되지만 빠르게 피막을 만들 수 있도록 하기위한 건조제로서 망간이나 코발트 등의 화합물이 혼합되어 있다. 망간이나 코발트는 화학적으로는 동과 같은 계열이기 때문에 페인트가 고무에 접촉하면 노화가 빨라진다. 락카는 여러 합성수지등을 용제로 녹여서 만든 것이므로 접촉했을 때는 고무를 팽창시키지만 노화에는 나쁜 영향이 없다. 따라서 결합금속구를 붙일 때에 페인트를 바르거나 하는 것은 대단히 유해하고, 소방호스에 이름이나 연도 기타 번호를 쓰는 것도 락카 쪽이 훨씬 좋다. 매직잉크는 락카와 같은 것으로 큰 지장은 없다.

7) 소방호스 비치대장의 작성

구입한 소방호스에는 번호를 붙이고 하나마다에 소방호스 비치대장을 만들어 사용한 곳의 주소, 수압 기타 기록을 적어두면 그 소방호스에 대한 경력이 명확해지며 유지관리의 기초자료가 된다. 또한 파손이 일어났을 때 이런 자료는 원인의 추정에 참고가 되므로 대단히 바람직하다고 할 수 있다. 따라서 이와 같은 유지관리 체제를 확립해 놓음으로서 소방호스의 사용연수라든가 손상에 대한 자료, 소방호스의 폐기나 교환 시 합리적 근거를 얻을 수 있다.

3.6.4 소방용흡수관

(1) 개요

펌프가 양수할 때 저수조 등으로부터 소요수량을 흡입하는 도관을 일반적으로 소방용흡수관이라고 한다. 고정식인 경우는 주로 강관 등으로 만들어지며 고정되어 있지만 여기서 말하는 소방용흡수관은 이동식 소방용흡수관으로 만들어진 것이다. 소방펌프자동차는 물탱크소방펌프자동차, 화학소방펌프자동차와 같이 물이 가득찬 탱크를 적재하지 않는 한 화재현장 도착과 동시에 방수할 수는 없다. 일반적으로 소방펌프자동차를 화재현장 부근의 저수조에 연결하여 펌프에 흡수하는 데는 소방용흡수관을 필요로 한다. 소방용흡수관의 신장, 결합, 투입 등의 취급에 숙달하는 것은 상당히 중요하며 그것은 평소의 훈련에 의해서만 배양하는 것이다.

소방용흡수관은 흡수기능을 수행하기 위한 모든 성능을 갖추고 있어야 하는 것이 필요 조건이다. 즉 가벼울 것, 강할 것, 가소성이 있을 것, 흡수저항이 적을 것 등을 들 수 있다. 일반적으로 펌프차 적재용으로서 내경 76.2㎜(호칭75㎜), 길이 8~12m, 길이 4m의 고무소방용흡수관이 가장 많이 사용되고 있다.

(2) 소방용흡수관의 변천

1956년경까지는 소방용흡수관으로서 소위 「봉상소방용흡수관 또는 3쌍소방용흡수관」 이라 부르는 내경 100㎜, 길이 3m의 대소방용흡수관 3개와 소화전용인 내경 65㎜의 소방용흡수관 1개를 표준으로 소방펌프자동차에 적재하였다. 1957년부터 경량 소방용흡수관으로서 내경 75㎜ 길이 12m가 개발되어 이것을 차량의 양쪽에 각 1개씩 원형으로 말아서 적재하여 사용하게 되었다. 그러나 최근에는 약 3m정도의 소방용흡수관을 여러개 적재하여 필요한 길이만큼 연결하여 사용되고 있는 실정이다.

(3) 소방용흡수관의 종류

1) 구조에 따른 종류

① 포선식(包線式) : 와이어가 고무층에 의해 완전히 뒤덮여 있는 것

② 반노선식(半路線式) 또는 반매선식 : 와이어의 대부분이 고무층으로 싸여져 있고 일부가 소방용흡수관 내면에 노출되어 있는 것

③ 노선식 : 와이어가 소방용흡수관의 내면에 노출되어 있는 것

※ 반노선식, 노선식은 소방용흡수관 내면이 요철모양이 되기 때문에 흡수마찰손실이 크므로 현재는 거의 사용되지 않는다.

2) 재질에 따른 종류

① 고무소방용흡수관 : 내면고무의 외면에 강선 및 보강포 등으로 보강하여 외면을 고무로 덮어 씌운 소방용흡수관이다. 보강포로서 합성섬유원사 자켓 혹은 자동차용 타이어코드 등을 사용하고 있다. 최근 들어 보강층을 합성섬유와 강선으로 꼬아 짠 자켓식 보강 층이 만들어져 소방용흡

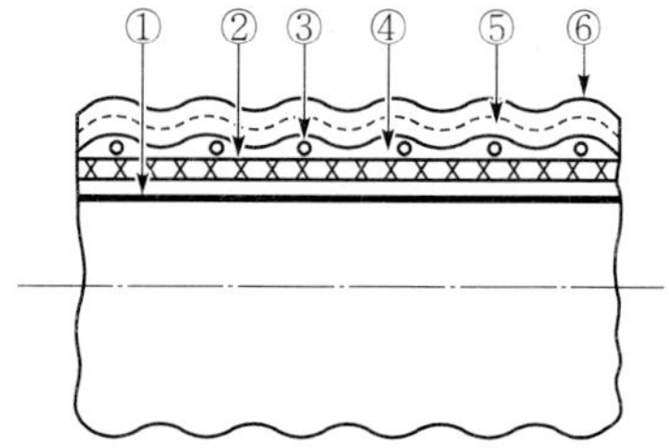

① 내면고무 ④ 중간고무
② 보강층(자켓 또는 스타레코드) ⑤ 외면보강층
③ 강선 ⑥ 외면고무

그림 3.6.23. 일반고무 흡수관의 구조

수관의 경량화가 이루어져 있다.

위의 그림에서 나타난 것과 같이 소방용흡수관은 이전의 범포(帆包)보강 소방용흡수관을 다루기 쉽게 개량한 것으로, 가소성을 주기 위하여 보강층에 소방호스자켓 또는 스타레코드 등을 사용하고 있다. 보강와이어는 소방용흡수관 내경에 따라 차이는 있으나 75㎜ 소방용흡수관의 경우는 직경 2.3㎜의 강선이 일반적으로 사용되며, 강선은 아연도금등으로 방식처리가 되어 있다. 보강포는 1~2층으로 하여 고무층을 가능한 얇게 함으로써 중량을 경감시키고, 강선을 가늘게 하고 피치를 작게 하여 가소성을 좋게 했다.

최근에는 소방호스와 같은 구조로 위사를 대신해서 가는 와이어로 짠 자켓을 보강층으로 한 소방용흡수관도 있다.

② 합성수지소방용흡수관 : 강도를 유지하기 위해 경질의 합성수지 외면에 연질의 합성수지를 사용한 것 또는 수지 사이에 합성섬유 등으로 보강한 것이다. 이 소방용흡수관은 플라스틱공업의 발달에 의하여 출현한 것으로서, 특징은 와이어 대신에 수지를 스파이럴 모양으로 넣어 결합금속구장착부를 특별히 설치할 필요가 없으며 필요치수로 절단하여 사용할 수 있다는 점이다. 성능상으로는 경량이지만 부압, 가압에 대한 신축의 차이가 크다. 내후성, 내한성에 어려움이 있었으나 어느 정도 개선되어 일부 실용화되게 되었다.

3) 내경(內徑)에 따른 종류

소방펌프자동차용으로 사용되는 소방용흡수관의 크기는 기술기준에서 규정한 호칭 25, 40, 50, 65, 75, 90, 100, 115, 125, 140, 150의 것이 있다. 펌프의 흡수성능에 따라(또는 펌프의 급별에 따라)다르나 일반적으로 65㎜, 75㎜, 100㎜가 가장 많이 사용되고 있다.

(4) 소방용흡수관의 요구 성능

소방용흡수관에 요구되는 조건 중에 주된 것을 들면 다음과 같다.

1) 부압(負壓)에 대하여 변형, 기타의 이상이 없는 것이어야 한다.
2) 내압(耐壓)성을 가지는 것이어야 한다.
3) 내구성이 풍부하고 손상, 균열, 기포, 기타의 결함이 없는 것이어야 한다.
4) 내면주름 등의 불균일한 부분이 없고, 물에 의한 마찰손실이 적은 것이어야 한다.
5) 보강선은 균일하게 나선형으로 감겨 있고 또한 움직이지 않도록 포장되어 있어야 한다.
6) 양용금속구 결합부는 방수처리가 되어 있는 것이어야 한다.

(5) 재료의 품질 및 제조방법

1) 재료의 품질

소방용흡수관에 사용되는 재료는 전부 양질인 것을 사용하는 것이 원칙이나 일반적인 규격은 다음 표 3.6.6과 같다.

표 3.6.6. 소방용흡수관의 일반적인 규격

재 료 \ 품질	인장강도 (kg/㎠)	인장강도 (kg/㎠)(주1)	신장(伸張) (%)(주2)	영구신장 (%)(주3)	가열감량 (%)(주4)
고 무	130 이상	90 이상	420 이상	25 이하	–
합 성 고 무	110 이상	80 이상	260 이상	25 이하	–
합 성 수 지	110 이상	80 이상	260 이상	–	1 이하
보강층이없는소방용흡수관에사용하는합성수지	–	–	–	30 이하(주5)	–
금속제보강선	KS D 9502(염수분무 시험방법)에 의해 8시간 염수분무 한 후에 16시간 방치하는 것을 4회 반복한 경우에 있어 녹이 발생하지 않는 것이어야 한다.				

※ 주 1) 공기가열 노화시험(69℃에서 71℃까지의 온도에서 96시간 방치한 후, 가황고무 물리시험을 한 것을 말한다)을 한 경우
2) 가황고무 물리시험에 의한 인장시험을 한 경우
3) 가황고무 물리시험방법의 영구시험을 한 경우
4) 농업용 비닐 필름의 가용 감량 시험방법에 의해 가열기에 48시간 매단 경우
5) 소방용흡수관의 축방향으로 가황고무 물리시험방법의아령형 1호 시험편을 채취하여 그 한쪽을 고정한 상태에서 호칭에 따라 표 3.6.7에 있는 수치의 하중을 다른 한쪽에 가하여 30분간 방치한 경우에 있어서 균열이 발생하지 않고 하중을 빼고 10분후에 측정한 영구신장

표 3.6.7. 소방용흡수관의 하중

호 칭	150	140	125	115	100	90	75	65	50	40	25
하중(kg)	68	63	76	68	114	100	103	85	68	6	4

2) 제조방법

보편적으로 사용되고 있는 고무소방용흡수관의 제조방법은 먼저 내면고무를 압출기로원통형으로 만들어 롤에 의해 시트 모양으로 뽑은 것을 심봉(맨드릴)에 감아 여기에 보강포를 씌운다. 다음에 중간고무, 아연도금강선, 외면고무 등의 순으로 성형 후 가황캔에 넣어 가황한다. 고무는 가황하는 것에 의하여 탄력성을 증대시켜 물리적, 화학적으로 여러 성능을 향상시킬 수 있고 또한 이것에 의해 소방용흡수관으로서 사용이 가능하다.

(6) 소방용흡수관의 일반 이론

1) 흡수손실

펌프의 흡수손실 중에서 가장 큰 것은 소방용흡수관의 흡수손실로 이것은 소방호스의 송수손실과 마찬가지로 물과 소방용흡수관 내벽과의 사이에 생기는 마찰과 유수에 의해 생기는 난류에 의해 발생하는 것이다. 흡수손실은 소방용흡수관과 물과의 마찰손실 및 난류에 의한 유동손실 등으로 발생하며 소방용흡수관의 1개소 흡수의 경우나 병렬 2개소 흡수의 경우, 소방용흡수관 1개당의 손실은 흡수 조건에 관계없이 항상 유량에 따라 정해진다고 할 수 있다. 실험결과는 그림 3.6.24과 같다. 이 그림에서 나타나듯이 흡수량 1,000ℓ/min 부근부터 손실이 급속히 증가한다.

이러한 이유로 펌프운용에 있어서 방수량이 1,000ℓ/min을 초과할 때는 병렬운용하는 것이 바람직하며, 자연수리일 경우도 마찬가지로 1,000ℓ/min 이상(21㎜노즐로 노즐압력 3kg/㎠로 2개소 방수)방수할 때는 소방용흡수관을 병렬로 사용(2개소 동시흡수)하는 것을 원칙으로 하여야 한다.

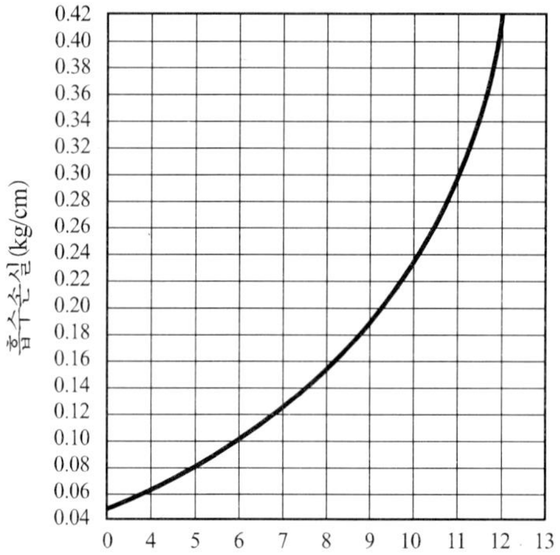

그림 3.6.24. 소방용흡수관 1개당의 흡수손실

그리고 위의 그림 3.6.24는 호칭 75, 길이 12 m인 소방용흡수관을 대상으로 한 것이므로 길이 10m 소방용흡수관에 대해서는 이 손실에 5/6을 곱하면 구할 수 있다. 또한 소방용흡수관 병렬흡수시의 흡수손실은 그 때의 전흡수량이 1/2 에 해당하는 흡수량일 때의 흡수손실로 나타내진다. 가령 전흡수량은 1,800ℓ/min으로 할 때는 소방용흡수관1개당 900ℓ/min이며 이 때의 흡수손실은 위의 그림을 통하여 구하면 0.185 ㎏/㎠이 된다.

2) 소방용흡수관의 마찰계수

일반적으로 소방용흡수관과 같은 직관마찰손실은 다음 식으로 구할 수 있다.

$$FL = f \cdot \frac{\ell}{d} \cdot \frac{v^2}{2g}$$

FL : 마찰손실(m)

f : 마찰손실계수

ℓ : 소방용소방용흡수관의 길이(m)

d : 소방용소방용흡수관의 내경(m)

v : 평균유속(m/sec)

g : 중력가속도(9.8 m/sec^2)

흡수량을 늘림에 따라 마찰손실계수는 감소되지만 흡수량은 900 ℓ/min을 경계로 이 이상에서도 마찰손실계수는 급격히 증가된다.

표 3.6.8. 소방용흡수관의 흡수손실

흡수량(ℓ /m)	300	400	500	600	700	800	900	1,000	1,100	1,200	1,300
흡수손실(cmHg)	3.3	4.5	5.9	7.3	9.0	11.2	13.8	17.4	22.6	30.4	39.8

3) 흡수낙차에 의한 손실계수

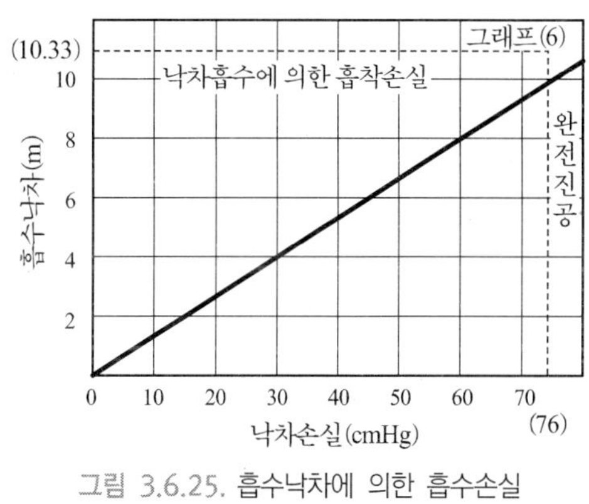

그림 3.6.25. 흡수낙차에 의한 흡수손실

펌프의 흡수낙차에 대해서는 진공 펌프에 의해 소방용흡수관의 압력이 대기압보다 낮아짐에 따라 대기압에 의해 소방용흡수관의 물이 상승하여 대기압과의 밸런스를 유지하기 때문에 펌프는 양수할 수가 있는 것이다. 표준기압 1기압은 수은주 760㎜Hg 및 수주(물기둥) 10.33 m에 상당하며 진공도와 흡수높이와의 관계는 다음 그림 3.6.25와 같다.

아울러 펌프로 양수할 경우, 흡수낙차가 커지면 양수에 커다란 진공도를 필요로 하기 때문에 손실로서 작용하여 흡수량은 당연히 감소하게 된다.

4) 소방용흡수관의 흡수한계와 연장한계

앞에서 설명한 바와 같이 표준상태에 있어서 펌프의 흡수성능을 결정하는 것은 여과바구니, 스트레이너, 흡수배관, 소방용흡수관 및 흡수낙차의 손실을 합한 펌프의 진공도 이다. 즉 펌프진공도=소방용흡수관 흡수손실+배관흡수손실+낙차손실이다.

① 소방용흡수관(1개소 흡수)의 경우

소방용흡수관을 직렬로 운용하여 흡수낙차가 없는 경우의 펌프진공도와 흡수량과의 관계는 아래 그림 3.6.26 및 그림 3.6.27과 같다.

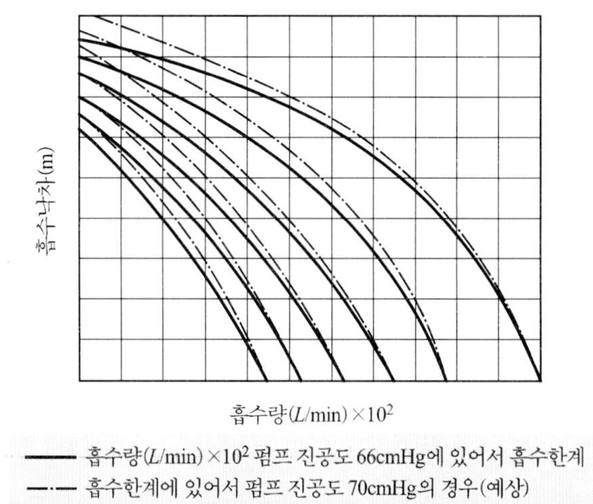

그림 3.6.26. 흡수관1구일 때의 흡수한계

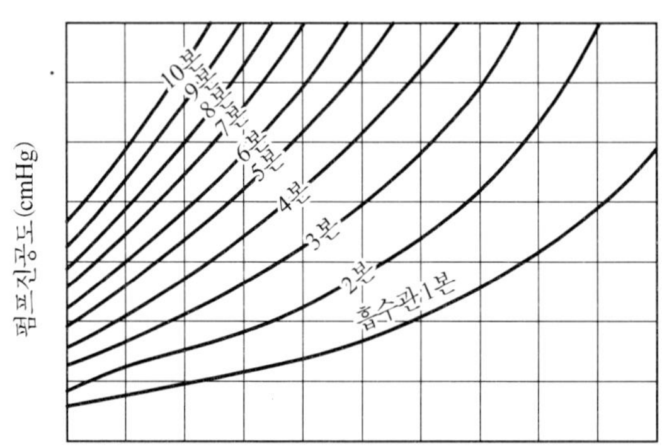

그림 3.6.27. 흡수관1구일 때의 흡수한계 (흡수낙차가 없는 경우)

이 실험결과에 의하면 소방용흡수관의 연장본수, 흡수낙차를 각각 바꾼 상태에서의 흡수한계 펌프진공도는 62~20㎝Hg이며 평균치는 66㎝Hg이다. 이 수치는 진공펌프의 양호도, 소방용흡수관, 소방용흡수관 결합부의 누수여부에 따라 크게 달라지며, 소방용흡수관을 여러개 결합한 경우 흡수한계가 저하하므로 진공펌프 최대진공도를 항상 크게 유지하도록 특별한 주의를 요한다. 소방용흡수관을 직렬 1개소로 펌프운용한 경우 500ℓ/min(21㎜노즐로 노즐압력 3kg/㎠)의 흡수량을 얻는 흡수낙차 한계는 소방용흡수관 1 개일때 8m(펌프의 중심에서 수면까지의 높이)이며, 또한 흡수낙차를 1m로 했을 때 소방용흡수관의 연장한계는 흡수량 500ℓ/min에 대해서는 10개까지(120m) 연장가능하다.

② 소방용흡수관(병렬2개소흡수)의 경우

소방용흡수관을 병렬로 사용했을 경우 흡수낙차와 펌프진공도가 62㎝Hg인 경우에서의 흡수한계는 아래 그림 3.6.28 및 그림 3.6.29와 같다.

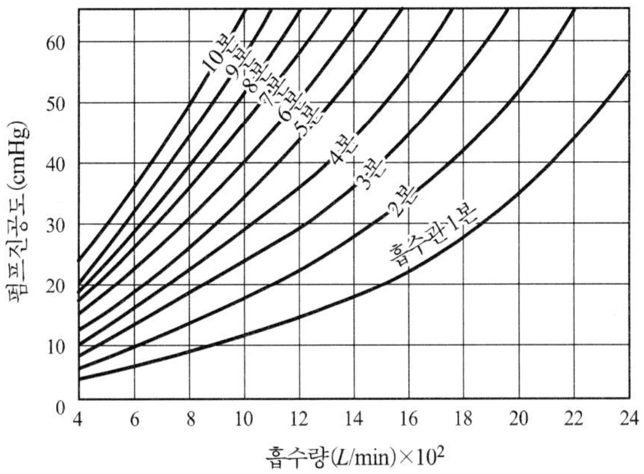

그림 3.6.28. 흡수관 병렬2개소일때의 흡수한계

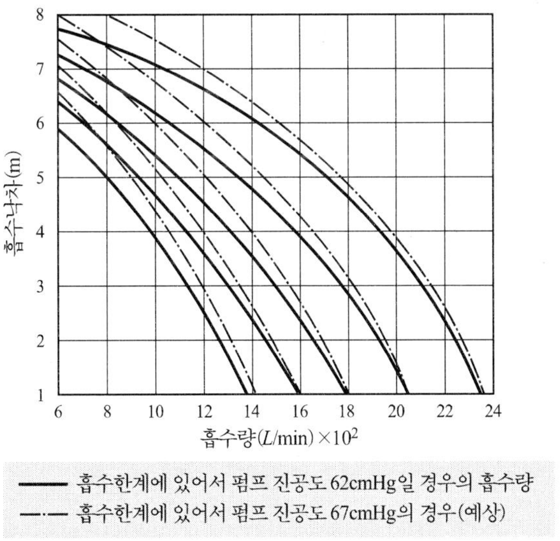

그림 3.6.29. 흡수관 병렬2개소일때의 흡수한계

또한 흡수연장한계는 그림 3.6.30과 같다.

이상의 결과로 소방용흡수관을 1개씩 병렬로 동시에 흡수했을 경우 800ℓ /min의 방수량을 얻은 흡수낙차 한계는 8 m(펌프 중심에서 수면까지의 높이)이다. 소방용흡수관의 연장한계는 흡수낙차를 cm로 했을 때 흡수량 800ℓ /min에 대해서는 11개(132 m)~12개(144 m), 흡수량 600ℓ /min에 대해서는 15개(180 m)~17개(204 m)까지 연장 가능하다.

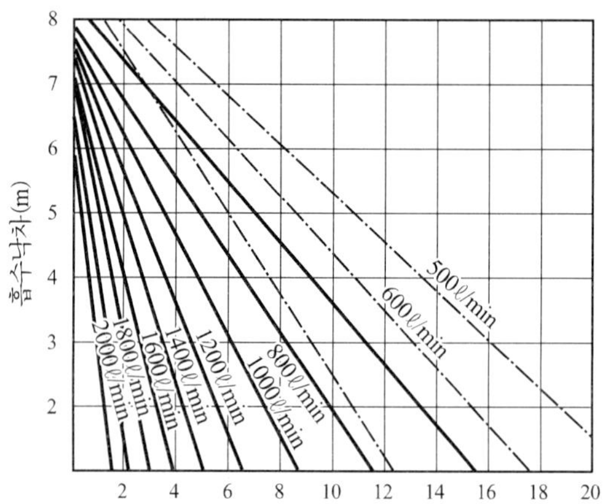

—— 흡수한계에 있어서 펌프 진공도 62cmHg일 경우
—·— 흡수한계에 있어서 펌프 진공도 67cmHg의 경우(예상)

그림 3.6.30. 병렬2구일 때의 흡수관 연장한계

(7) 취급 및 점검 등

1) 유압수리시설 이용시

① 소방용흡수관은 비틀림이 생기지 않도록 순서대로 투입하고 변형 및 손상방지를 위해 침목, 예비밧줄을 반드시 사용하여야 한다.

② 하천 등을 이용할 경우는 스트레이너를 강위를 향하여 투입하여야 한다.

③ 해수 및 저수조 등을 사용할 때는 시간이 흐름에 따라 수위가 변화함으로 대응조치를 고려하여야 한다.

④ 매분 1000ℓ 이상 방수할 때는 병렬로 사용하여야 한다.

⑤ 비교적 얕은 수로를 사용할 때는 소용돌이에 의한 공기혼합을 방지하기 위하여 판자 따위를 띄우는 등 적절할 조치를 하여야 한다.

⑥ 흙탕물을 사용할 때는 스트레이너 등을 이용하여 쓰레기의 혼입을 방지하는 조치를 취하여야 한다.

⑦ 수리위치가 먼 경우는 2개 직렬로 결합부를 조여서 사용하여야 한다.

2) 유압시설 이용시

소방용흡수관은 적재한 상태로 사용할 수 있으나 수량 부족일 때는 전부 내려서 굴곡을 적게 하여 사용하거나 물을 미리 적셔서 결합부로부터 누수를 방제하도록 조치하여야 한다.

3) 취급상의 주의

① 소방용흡수관의 굴곡은 가능한 크게 하여야 한다.
② 소방용흡수관받이, 스트레이너는 완전히 수중에 잠겼는지 확인하여야 한다.
③ 소화전에는 사용하지 말아야 한다.
④ 사용후의 잔수배제는 완전히 하여야 한다.

4) 점검 및 정비

① 정기적으로 좌우의 적재위치를 바꾸든지 90°씩 회전시켜 감는 방향을 바꾸어야 한다.
② 내면고무의 박리 및 균열 유무를 확인하여야 한다.
③ 유류 등의 부착은 즉시 닦아 내어야 한다.

3.7 옥내소화전설비

3.7.1 옥내소화전설비 개요

3.7.1.1 옥내소화전설비 의의

가. 옥내소화전설비는 건축물에 화재가 발생하는 경우 화재 발생 초기에 자체 관리자 또는 재실자에 의하여 신속하게 화재를 진압할 수 있도록 건축물 내에 설치하는 고정식, 수동식의 물(수계)소화설비이다.

나. 옥내소화전설비는 건축물내의 화재시 해당 소방대상물의 관계자·자위소방대원 또는 상시인이 이를 사용하여 화재 발화 초기에 신속하게 진압(소화)할 수 있도록 함을 목적으로 한다.

다. 옥내소화전설비는 일반적으로 수원, 가압송수장치, 배관, 방수구, 제어반 등으로 구성되어 있다. 구성 요소 중 옥내소화전방수구·관창·결합금속구·소방호스·기동용수압개폐장치 등은 형식승인대상품목으로 형식승인 및 제품검사에 합격한 제품을 사용하여야 하며, 표시등·소화전함·소방용내화전선·소방용내열전선·개폐표시형밸브·소방용스트레이너·소방용압력스위치·소방용릴리프밸브·소방용푸트밸브·소방용합성수지배관·송수구 등은 성능 있는 제품을 사용하여야 한다.

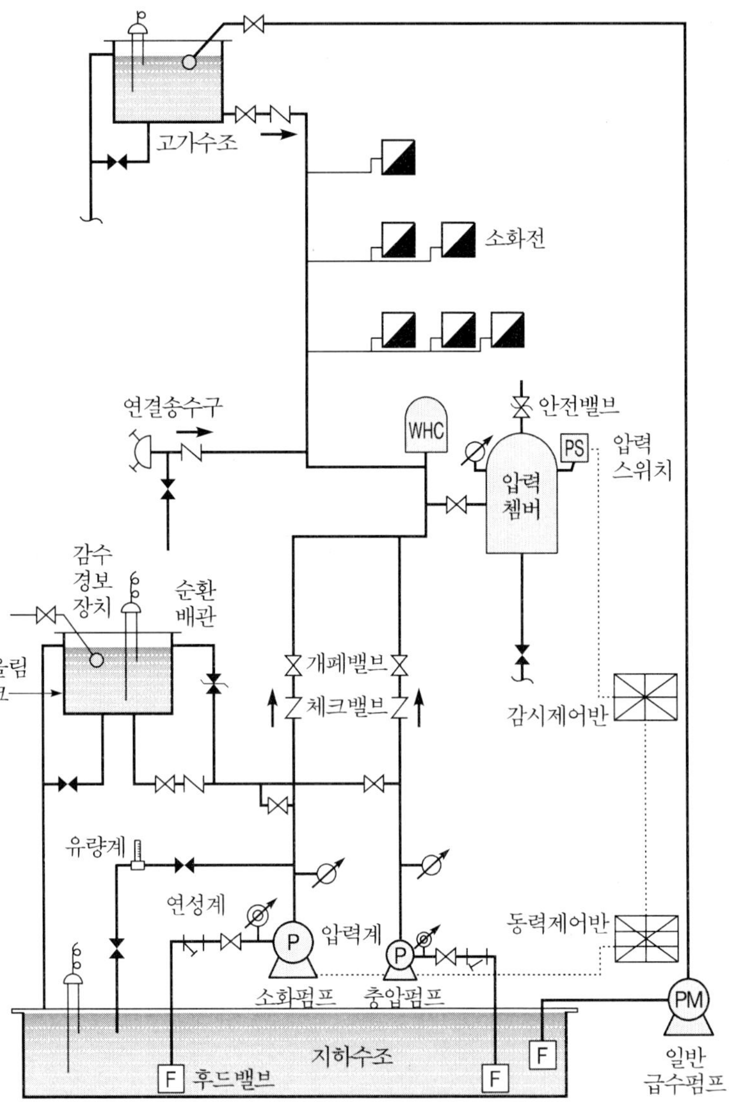
고가수조
소화전
연결송수구
WHC
안전밸브
압력
스위치
PS
압력
첌버
감수
경보
장치
순환
배관
물올림
탱크
개폐밸브
체크밸브
감시제어반
유량계
연성계
압력계
P
동력제어반
소화펌프
충압펌프
PM
지하수조
F
후드밸브
일반
급수펌프

옥내소화전설비 계통도

3.7.1.2 옥내소화전설비 설치 대상물

가. 일반적으로 소방용 기계 기구의 고장 발생원인 표본조사 결과를 보면 운용되고 있는 옥내소화전 설비의 대부분이 전원차단, 밸브폐쇄, 소화전함 앞의 적치물 방치, 노후화된 소방용호스 사용 및 기자재 상호 미연결 등 화재 무방비상태로 본래의 설치목적에 어긋나게 유지 관리되고 있는 실정이다. 신체장애자, 어린이, 농약제등 재해 위약자는 화재 발생시 초기진화 및 구난, 피난행동 등 신속히 화재에 대처치 못함으로 많은 사상자가 발생하고 귀중한 재산피해도 증가함에 따라 재해 위약자 수용시설에 대한 특별한 소방관리가 요구되며 효과적인 대책을 강구하여야 한다. 옥내소화전 설비의 호칭 25의 reel hose를 장착한 소화전 시스템 도입에 따라 신체장애자, 노약자, 어린이들까지도 쉽고 간단하게 옥내소화전 설비의 사용이 가능하게 된다.

나. 옥내소화전설비를 설치하여야 하는 특정소방대상물(위험물 저장 및 처리 시설 중 가스시설, 지하구 및 방재실 등에서 스프링클러설비 또는 물분무등소화설비를 원격으로 조정할 수 있는 업무시설 중 무인변전소는 제외한다)은 다음의 어느 하나와 같다.

1) 연면적 3천㎡ 이상(지하가 중 터널은 제외한다)이거나 지하층·무창층(축사는 제외한다) 또는 층수가 4층 이상인 것 중 바닥면적이 600㎡ 이상인 층이 있는 것은 모든 층

2) 지하가 중 터널로서 다음에 해당하는 터널

가) 길이가 1천미터 이상인 터널

나) 예상교통량, 경사도 등 터널의 특성을 고려하여 총리령으로 정하는 터널

3) 1)에 해당하지 않는 근린생활시설, 판매시설, 운수시설, 의료시설, 노유자시설, 업무시설, 숙박시설, 위락시설, 공장, 창고시설, 항공기 및 자동차 관련 시설, 교정 및 군사시설 중 국방·군사시설, 방송통신시설, 발전시설, 장례식장 또는 복합건축물로서 연면적 1천5백㎡ 이상이거나 지하층·무창층 또는 층수가 4층 이상인 층 중 바닥면적이 300㎡ 이상인 층이 있는 것은 모든 층

4) 건축물의 옥상에 설치된 차고 또는 주차장으로서 차고 또는 주차의 용도로 사용되는 부분의 면적이 200㎡ 이상인 것

5) 1) 및 3)에 해당하지 않는 공장 또는 창고시설로서 「소방기본법 시행령」 별표 2에서 정하는 수량의 750배 이상의 특수가연물을 저장·취급하는 것

<table>
<tr><th colspan="2">특정소방대상물</th><th colspan="2">기준</th></tr>
<tr><td rowspan="4">1. 용도별</td><td rowspan="2">근린생활시설위락시설·판매시설·숙박시설·노유자시설·의료시설·업무시설·통신촬영시설·공장·창고시설·운수자동차관련시설·복합건축물</td><td>연면적</td><td>1,500㎡ 이상</td></tr>
<tr><td>지하층·무창층·4층 이상 층의 바닥면적</td><td>300㎡ 이상</td></tr>
<tr><td rowspan="2">기타 소방대상물(관람집회 및 운동시설, 아파트 및 기숙사, 교육연구시설, 전시시설, 관광휴게시설, 종교시설, 동식물관련시설, 위생 등 관련시설, 교정시설, 위험물저장 및 처리시설, 문화재, 지하가)</td><td>연면적</td><td>3,000㎡ 이상</td></tr>
<tr><td>지하층·무창층·4층 이상 층의 바닥면적</td><td>600㎡ 이상</td></tr>
<tr><td colspan="2">2. 지하가 중 터널</td><td>길이</td><td>1,000㎡ 이상</td></tr>
<tr><td colspan="2">3. 옥상의 차고 및 주차장</td><td>주차의 용도에 사용 되는 부분의 바닥면적</td><td>200㎡ 이상</td></tr>
<tr><td colspan="2">4. 옥상·창고시설</td><td>특수가연물의저장 취급</td><td>750배 이상</td></tr>
</table>

3.7.1.3. 특수가연물의 종류

「소방기본법시행령」 [별표 3]

특수가연물의 종류 (제9조 관련)

<table>
<tr><th colspan="2">품명</th><th>수량</th></tr>
<tr><td colspan="2">면 화 류</td><td>200킬로그램</td></tr>
<tr><td colspan="2">나무껍질 및 대팻밥</td><td>400킬로그램</td></tr>
<tr><td colspan="2">넝마 및 종이부스러기</td><td>1,000킬로그램</td></tr>
<tr><td colspan="2">사류(絲類)</td><td>1,000킬로그램</td></tr>
<tr><td colspan="2">볏짚류</td><td>1,000킬로그램</td></tr>
<tr><td colspan="2">가연성고체류</td><td>3,000킬로그램</td></tr>
<tr><td colspan="2">석탄·목탄류</td><td>10,000킬로그램</td></tr>
<tr><td colspan="2">가연성액체류</td><td>2입방미터</td></tr>
<tr><td colspan="2">목재가공품 및 나무부스러기</td><td>10입방미터</td></tr>
<tr><td rowspan="2">합성수지류</td><td>발포시킨 것</td><td>20입방미터</td></tr>
<tr><td>그 밖의 것</td><td>3,000킬로그램</td></tr>
</table>

비고
1. "면화류"라 함은 불연성 또는 난연성이 아닌 면상 또는 팽이모양의 섬유와 마사(麻絲) 원료를 말한다.
2. "넝마 및 종이부스러기"라 함은 불연성 또는 난연성이 아닌 것(동식물유가 깊이 스며들어 있는 옷감·종이 및 이들의 제품을 포함한다)을 말한다.
3. "사류"라 함은 불연성 또는 난연성이 아닌 실(실부스러기와 솜털을 포함한다)과 누에고치를 말한다.

4. “볏짚류”라 함은 마른 볏짚·마른 북더기 및 이들의 제품과 건초를 말한다.
5. “가연성고체류”라 함은 고체로서 다음의 가, 다 또는 라의 규정에 해당하는 것(1기압과 20[℃] 이상 40[℃] 이하에서 액상인 것으로서 다음의 나, 다 또는 라의 규정에 해당하는 것을 포함한다)을 말한다.
   가. 인화점이 40[℃] 이상 100[℃] 미만인 것
   나. 인화점이 70[℃] 이상 200[℃] 미만인 것
   다. 인화점이 100[℃] 이상 200[℃] 미만이고
      연소열량이 1[g]당 8,000[cal](34kJ) 이상인 것
   라. 인화점이 200[℃] 이상이고 연소열량이 1[g]당 8,000[cal] 이상인 것으로서
      융점이 100[℃] 미만인 것
6. 석탄·목탄류는 코크스, 분상의 석탄을 물에 갠 것, 조개탄, 연탄, 석유코크스, 활성탄 및 이와 유사한 것을 포함한다.
7. “가연성액체류”라 함은 위험물안전관리법시행령 별표 1. 제15호 단서의 규정에 해당하는 물품, 동 표 비고 제16호 단서 및 제17호 단서의 규정에 해당하는 물품으로서 1기압과 20[℃] 에서 액상인것, 동 표 비고 제18호 단서의 규정에 해당하는 물품으로서 1기압과 20[℃] 에서 액상인 것과 인화성 액체의 성질과 상태를 가지는 물품(1기압과 20[℃] 에서 액상인 것에 한정한다)으로 1기압에서 인화점이 250[℃] 이상인 것을 말한다.
8. “합성수지류”라 함은 불연성 또는 난연성이 아닌 고체의 합성수지제품, 합성수지반제품, 원료합성수지 및 합성수지 부스러기(불연성 또는 난연성이 아닌 고무제품, 고무반제품, 원료고무 및 고무 부스러기를 포함한다)를 말한다. 다만, 합성수지의 섬유·옷감·종이 및 실과 이들의 넝마와 부스러기를 제외한다.

3.7.2 옥내소화전설비의 화재안전기준

3.7.2.1 용어정의

1) "고가수조"란 구조물 또는 지형지물 등에 설치하여 자연낙차의 압력으로 급수하는 수조를 말한다.

   ▪ 가압송수장치 분류

   옥내소화전설비에 규정된 방사조건으로 물을 공급하는 방식으로 본 기준에서는 고가수조방식 및 압력수조방식, 펌프를 이용하는 방식으로 분류하고 있다.

   가. 고가수조의 낙차를 이용한 가압송수장치
   나. 압력수조를 이용한 가압송수장치
   다. 펌프를 이용하는 가압송수장치

■ 고가수조

고가수조는 가압송수장치의 일종으로서 건축물의 옥상 또는 별도의 구축물 등에 설치되는 수원을 말하며, 낙차압력을 이용하여 옥내소화전설비에 규정된 방사조건으로 물을 공급하기 위해서는 방호대상물에 설치되는 옥내소화전 방수구의 위치보다 수원의 위치가 높아 중력에 의하여 수원의 자연낙차 압력을 이용하여 급수할 수 있는 위치에 설치되어야 한다. 또한, 동절기 난방이 안 되는 장소에 설치되는 경우에는 동파방지조치를 하여야 한다.

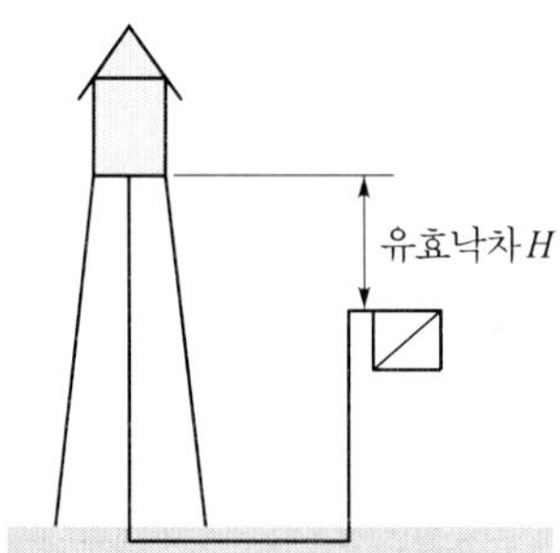

별도의 구축물에 설치되는 고가수조 예

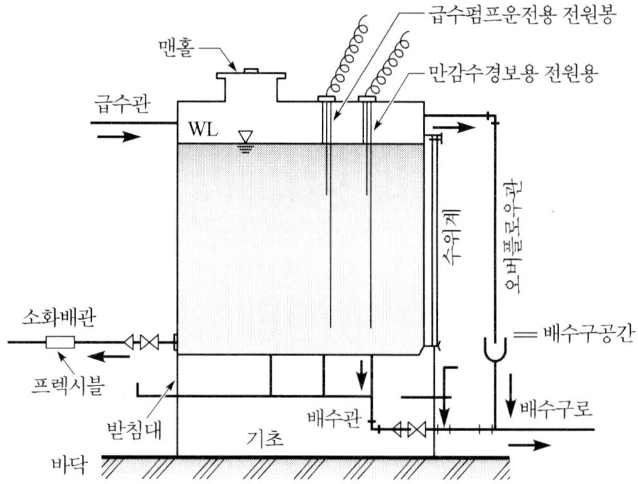

건물의 옥상에 설치되는 고가수조 예

2) "압력수조"란 소화용수와 공기를 채우고 일정압력 이상으로 가압하여 그 압력으로 급수하는 수조를 말한다.

■ 압력수조를 이용한 급수방식

압력수조는 가압송수장치의 일종으로서 대형 압력탱크를 이용하여 옥내소화전설비에 규정된 방사조건으로 물을 공급하는 가압송수장치로서, 압력수조방식은 압력탱크 내에 물을 압입하고 압력탱크 내의 압축된 공기압력에 의하여 송수하는 방식이다.

이 방식은 압력탱크의 설치장소에 따르는 이점이 있지만 압력탱크 용량의 약 2/3 정도만 사용할 수 있고(만수하였을 때 물의 용적은 약 2/3로 한정) 방수와 동시에 수압이 감소되기 때문에 저수량의 모두를 유효수량으로 볼 수 없어 설계 시에 충분한 량의 수원을 확보할 수 있도록 하여야 한다.

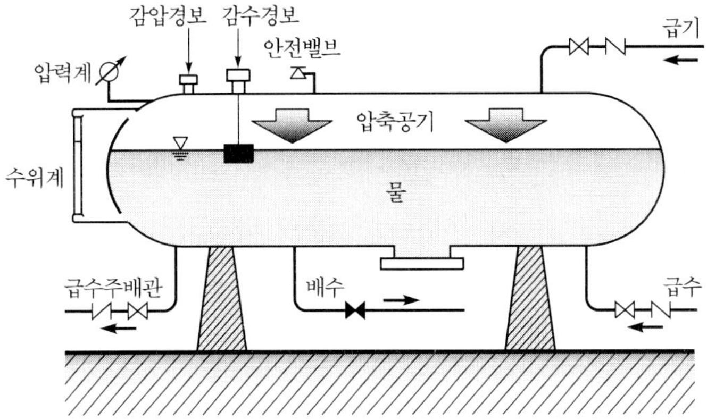

압력수조 예

■ 지하수조를 이용한 급수방식

소방대상물(건축물)의 지하 또는 그 부지내의 지하에 수조를 설치하여 소방대상물의 고층부까지 물을 공급하는 방식으로 가압송수장치(소화펌프)가 필요하다.

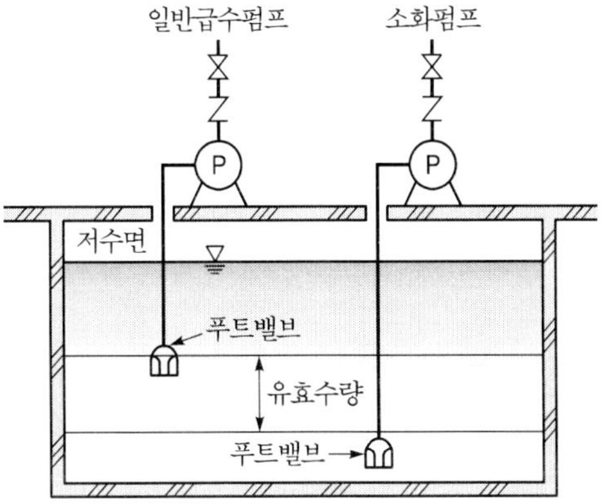

지하수조 예

3) "충압펌프"란 배관내 압력손실에 따른 주펌프의 빈번한 기동을 방지하기 위하여 충압 역할을 하는 펌프를 말한다.

■ 충압펌프의 기능

충압펌프는 옥내소화전설비 주배관내의 평상 시 압력을 일정한 압력범위이내로 유지하기 위하여, 누설로 인한 주배관의 압력을 보충하기 위하여 설치하는 펌프이다.

■ 옥내소화전설비의 주배관 압력

옥내소화전설비의 주배관은 옥내소화전설비 방출구의 정격 방사압력으로 정상적인 소화작업이 이루어 질 수 있도록 평상 시 일정한 압력범위 이내로 압력을 유지하고 있어야 하며, 옥내소화전설비와 같은 대규모의 물소화설비의 경우에는 배관 및 관부속, 체크밸브 등을 통하여 주배관 내의 소량의 물이 누수될 수 있으며, 주배관의 누수에 의한 압력강하를 보충할 필요가 있다. 이와 같이 주배관의 압력보충을 위하여 옥내소화전설비의 주펌프가 사용되는 경우에는 주펌프의 빈번한 기동으로 인한 주펌프 및 설비의 파손 등이 발생할 수 있으므로, 주펌프 및 설비를 보호하기 위하여 충압펌프를 설치한다. 일반적으로 충압펌프는 기동용 수압개폐장치에 의하여 자동기동 및 정지가 되도록 하고 있다.

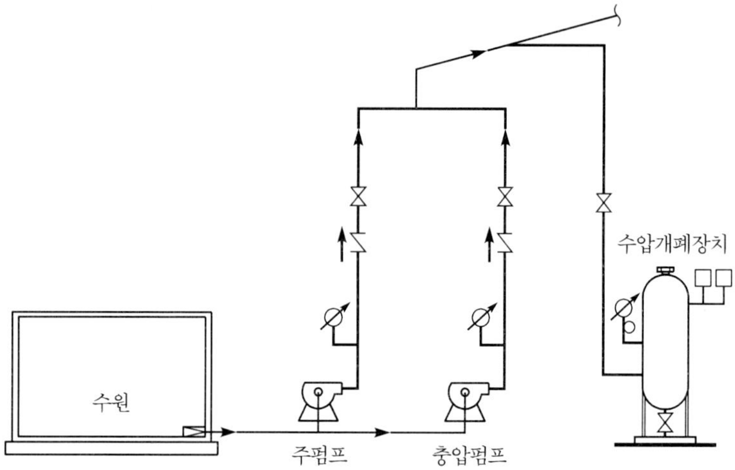

충압펌프 예

■ 충압펌프의 용량

NFPA 기준의 경우, 상시 가압되는 배관의 연결부위에서 발생할 수 있는 10분 이내의 누수량 또는 3.8ℓ /min 중 큰 값을 기준으로 충압펌프의 용량을 결정하도록 하고 있다.(NFPA 20-2007 Article A.5.24 참고)

4) "정격토출량"이라 함은 정격토출압력에서의 펌프의 토출량을 말한다.

■ 펌프의 성능(양정/유량)곡선

펌프의 토출측 밸브 등을 이용하여 토출량을 적게 하면 토출압력이 증가하고, 토출량을 크게 하면 토출압력이 낮아진다. 이와 같이 펌프의 토출량에 따른 토출압력을 도시화하여 펌프의 성능을 나타낸 것을 펌프의 성능(양정/유량)곡선이라고 한다.

■ 펌프의 정격 토출량

옥내소화전설비에 사용되는 펌프는 일반적으로 원심력을 이용하는 원심펌프가 널리 사용되고 있으며, 옥내소화전설비에서 필요한 규정 방수압력 및 규정방사량 이상의 성능을 갖고 있어야 한다. 펌프 제작 시 펌프의 명판에 표시되는 토출량을 말한다.

펌프의 명판에 표시되는 토출량은 제작된 펌프의 최적의 운전조건을 표시하며, 최적의 운전조건에서 운전되는 상태를 정격부하 운전이라고 한다.

펌프의 선정은 옥내소화전설비의 설계유량이상으로서, 설계유량에 근접한 정격토출량을 가지는 펌프를 선정하여야 한다.

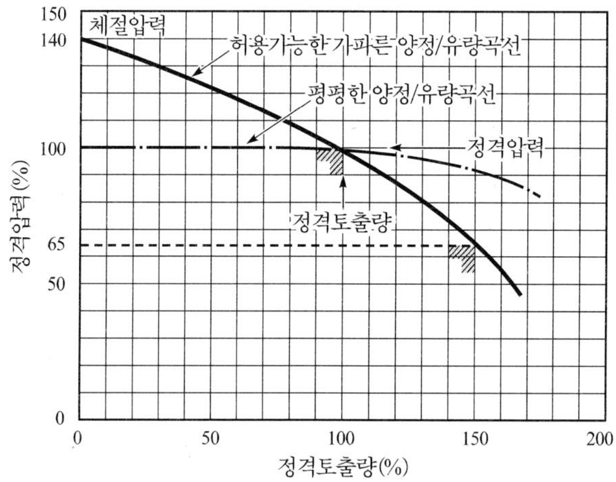

펌프의 양정/유량곡선 예

5) "정격토출압력"이란 정격토출량에서의 펌프의 토출측 압력을 말한다.

■ 펌프의 정격토출압력

옥내소화전설비에 사용되는 펌프는 일반적으로 원심력을 이용하는 원심펌프가 널리 사용되고 있으며, 옥내소화전설비에 필요한 규정 방수압력 및 규정방사량 이상의 성능을 갖고 있어야 한다.

펌프 제작 시, 펌프의 명판에 표시되는 토출압력을 말한다.

펌프의 명판에 표시되는 토출압력은 제작된 펌프의 최적의 운전조건을 표시하며, 최적의 운전조건에서 운전되는 상태를 정격부하 운전이라고 한다.

펌프의 선정은 스프링클러설비의 설계압력이상으로서, 설계압력에 근접한 정격토출압력(정격양정)을 가지는 펌프를 선정하여야 한다.

6) "진공계"라 함은 대기압 이하의 압력을 측정하는 계측기를 말한다. 및 "연성계"라 함은 대기압 이상의 압력과 대기압 이하의 압력을 측정할 수 있는 계측기를 말한다.

- 압력측정 계측기 기준

  국내에서 사용되는 압력측정 계측기는 KS B 5305 (부르동관 압력계) 등에서 정하는 기준에 따라 사용된다.

- KS B 5305 (부르동관 압력계) 에서 정하는 용어

  가. 게이지압 : 대기의 압력을 기준으로 표시한 압력

  나. 압력계 : 양의 게이지압을 측정하는 것

  다. 진공계 : 음의 게이지압을 측정하는 것

  라. 연성계 : 양 및 음의 게이지압을 측정하는 것

- 진공계 제품성능기준

  진공계는 대기압 이하의 압력을 측정하는 계측기로서 KS B 5305 (부르동관압력계)에서 정하는 성능기준에 적합한 제품을 사용하여야 한다.

- 연성계 제품성능기준

  연성계는 대기압 이상의 압력과 대기압 이하의 압력을 측정하는 계측기로서 KS B 5305 (부르동관 압력계)에서 정하는 성능기준에 적합한 제품을 사용하여야 한다.

- 진공계 및 연성계의 설치

  진공계는 펌프의 흡입측 전방에 설치하며, 연성계는 펌프의 흡입측에 설치할 경우에는 흡입압력을 측정하게 되며, 토출측에 설치할 경우에는 토출압력을 나타낸다.

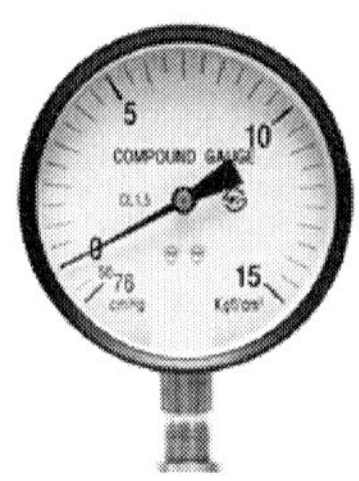

연성계 예

진공계 예

7) "체절운전"이란 펌프의 성능시험을 목적으로 펌프토출측의 개폐밸브를 닫은 상태에서 펌프를 운전하는 것을 말한다.

- 체절운전

  체절운전은 송수가 차단된 상태(펌프의 토출량이 0인 상태)에서 펌프가 운전되는 것을 말한다. 체절운전 상태에서의 압력을 체절압력이라고 하며 소방용펌프의 체절압력(shutoff head)은 정격토출압력의 최소 101%에서 최대 140%이하로 제한하고 있다. 이는 부하(유량)가 적을 경우에는 압력이 가파르게 상승하는 것을 방지하

기 위함이다.

체절압력에 펌프흡입측의 정압을 더한 값이 배관계통의 최대사용압력이 되는데 이 최대사용압력이 옥내소화전설비의 배관계통에 사용하는 플랜지 및 방수구의 최대사용압력보다 높으면 배관계통에 무리가 갈 수 있다.

KS B 1501에 의하면 철강제관 플랜지의 최대사용압력은 유체온도 120℃이하에서 KS 10K 플랜지는 1.37 ㎫, KS 16K 플랜지는 2.16 ㎫, KS 20K 플랜지는 2.75 ㎫이다. 또한 옥내소화전설비 방수구의 최대사용압력은 0.7 ㎫이다. 따라서 옥내소화전설비의 안전을 고려하여 펌프선정 시 체절압력을 옥내소화전설비의 최대사용압력 이하가 되도록 하여야 한다. 설치된 펌프의 체절운전압력이 옥내소화전설비의 최대사용압력보다 높을 경우에는 펌프의 토출측(체크밸브 이전)에 릴리프밸브를 설치하여 토출측의 압력을 옥내소화전설비의 최대사용압력 이하로 줄여주어야 한다.

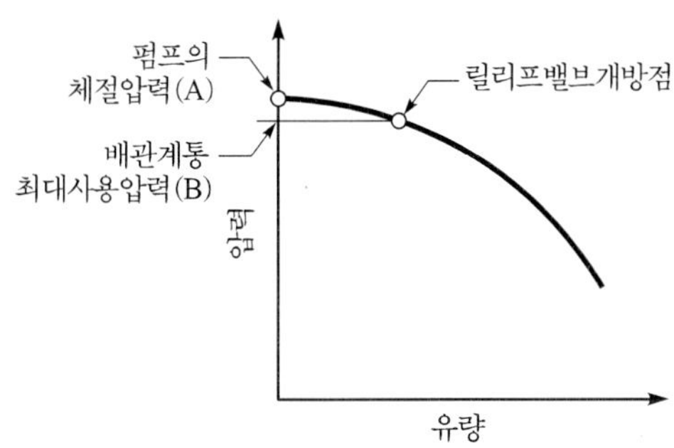

※ 릴리프밸브의 방출압력은 배관계통의 최대사용압력 이내로 한다.

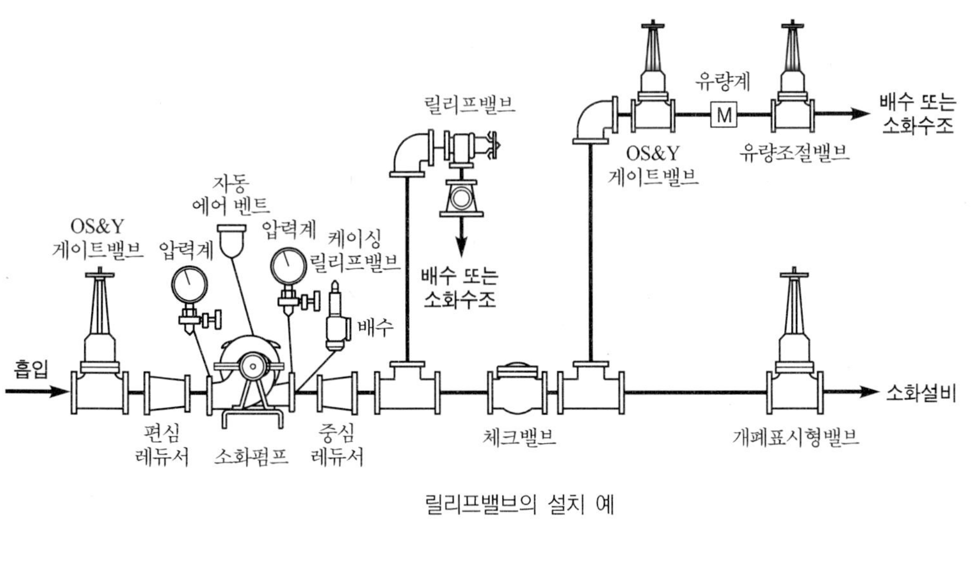

릴리프밸브의 설치 예

8) "기동용수압개폐장치"라 함은 소화설비의 배관 내 압력변동을 검지하여 자동적으로 펌프를 기동 및 정지시키는 것으로서 압력챔버 또는 기동용압력스위치 등을 말한다.

■ 기동용 수압개폐장치의 기능

기동용 수압개폐장치는 펌프를 이용하는 가압송수장치의 토출측 배관에 연결되어 배관내의 압력변동을 검지하여 펌프를 자동적으로 기동 또는 정지시키기 위해 설치하는 주요 구성품 이다.

■ 기동용수압개폐장치의 종류

배관내의 압력을 검지하여 펌프를 기동시키는 역할을 한다. 압력챔버에 압력스위치를 설치하는 방식과 압력스위치를 배관에 직결하는 방식이 있다.

가. 압력챔버방식

국내에서 일반적으로 사용되어 온 방식은 압력챔버에 압력스위치를 설치하는 방식으로 압력챔버가 맥동압력을 흡수하도록 되어있는 구조이다. 압력챔버 내부에는 아무것도 없이 텅 비어 있기 때문에 가압수를 채우게 되면 상부에는 공기가 압축되어 고여 있게 되어 맥동압력을 흡수해주는 역할을 하게 된다. 만일 상부의 공기가 누설되어 없어지게 되면 맥동압력의 흡수가 불가능해져 압력스위치의 고장을 초래하거나 펌프의 기동 및 정지가 불완전하게 되는 원인이 되므로, 주기적으로 공기의 누설에 대한 점검이 필요하다.

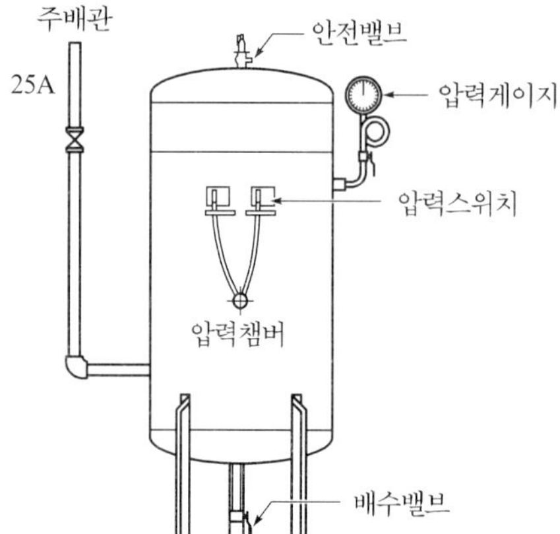

압력챔버 예

나. 기동용압력스위치방식

압력챔버를 사용하지 않고 배관에 압력스위치를 직접 연결하는 방법은 NFPA 13기준에서 채택하고 있는 방식이다. 압력스위치를 배관에 직접 연결하여 사용하기 위해서는 맥동압력을 완화하기 위하여 배관 양쪽에 체크밸브를 설치하고 체크밸브 내부의 디스크에 2.4㎜ 크기의 오리피스구멍을 뚫는다.

두개의 체크밸브간의 거리는 최소 1.5m이상 이격시켜야 한다. 오리피스의 구경이 작기 때문에 오염된 물을 사용하거나 장기간 방치할 경우에는 배관 내부에 스케일 등의 형성으로 오피리스 구멍이 막힐 우려가 있다. 오리피스가 막히게 되면 펌프의 자동 운전이 불가능해질 수 있으므로 정기적인 유지관리가 중요하다.

체크밸브의 유수방향은 압력스위치에서 배관 쪽으로 흐르도록 설치한다. 이렇게 설치하는 이유는 압력스위치로의 압력전달은 작은 오리피스 구멍을 통하여 천천히 전해지도록 하고 배관의 압력감지는 체크밸브의 개방으로 즉시 감지할 수 있도록 구성함으로서 펌프의 기동은 신속하게 정지는 완만하게 하기 위함이다. 설치배관의 구경은 최소 15㎜의 것으로 사용하고 배수를 위한 배수밸브를 설치하여야 한다.

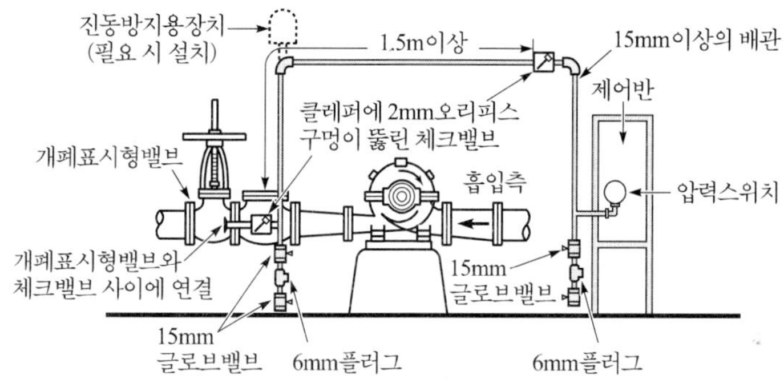

주펌프 및 충압펌프의 압력스위치 연결 예

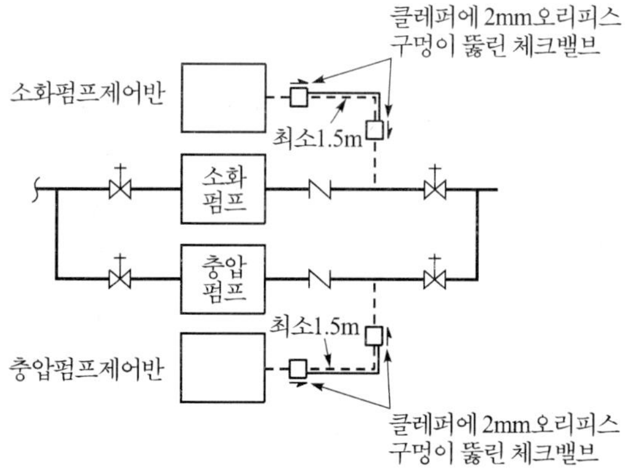

주 펌프의 압력감지배관 예

9) "급수배관"이라 함은 수원 및 옥외송수구로부터 옥내소화전방수구에 급수하는 배관을 말한다.

▒ 급수배관

급수배관은 수원-소화펌프-주배관(옥외소화배관~건물내 입상배관)-옥내소화전 방수구 또는 옥외송수구-주배관(건물내 입상배관)-옥내소화전 방수구까지의 경로에 있는 모든 배관을 말한다. 옥내소화전설비에 사용되는 급수배관은 배관용 탄소강관(KS D 3507), 압력 배관용 탄소강 강관(KS D 3562) 또는 이와 동등한 강도·내식성 및 내열성을 가진 것을 사용하여야 한다. 급수 배관은 전용으로 설치하여야 하나, 기동 장치 조작으로 타 설비 배관의 송수를 차단하는 경우 또는 옥내소화전 설비의 성능에 지장이 없는 경우는 제외된다. 펌프의 흡입측 배관은 공기 고임이 생기지 않는 구조로 하고 여과 장치를 설치 펌프의 토출측 구경은 유속이 3m/sec 이하로 하여야 한다.

10) "개폐표시형밸브"라 함은 밸브의 개폐여부를 외부에서 식별이 가능한 밸브를 말한다

▒ 개폐표시형밸브

개폐표시형밸브에는 바깥나사 게이트밸브(Outside Screw & Yoke GateValve, 줄임말로 OS & Y Gate Valve)와 열림·닫힘표시형 버터플라이밸브가 있다. 개폐표시형밸브는 개폐표시형밸브의 성능시험기술기준(국민안전처장관고시)에 의거 제품승인 및 제품검사를 받은 제품을 사용하도록 권장한다.

가. 바깥나사 게이트 밸브(OS & Y Gate Valve : Outside Screw & Yoke Gate Valve)

밸브의 스템(stem)이 밸브 개방 시에 위로 올라오고, 밸브 폐쇄 시에 아래로 내려가서 밸브의 열림, 닫힘 상태를 육안으로 쉽게 확인할 수 있다.

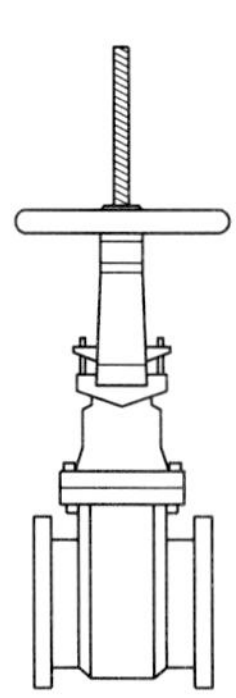

OS & Y Gate Valve 예

나. 열림·닫힘표시형 버터플라이밸브(Indicating Butterfly Valve)

밸브 몸체의 상부에 열림, 닫힘 표시기가 있어 외부에서 육안으로 학인이 가능하다.

버터플라이밸브 예

11) "가압수조"라 함은 가압원인 압축공기 또는 불연성 고압기체에 따라 소방용수를 가압시키는 수조를 말한다.

■ 가압수조

수조의 외부로부터 가압원인 압축공기 또는 불연성고압기체에 의하여 소방용수를 가압시키는 것으로서 수조를 포함한다.

가압수조

3.7.3 옥내소화전설비의 구조원리

옥내소화전설비는 건축물내의 화재 시 해당 특정소방대상물의 관계자·자위소방대원 또는 상시 인이 이를 사용하여 화재 발화 초기에 신속하게 진압(소화)할 수 있도록 건물 내에 설치되는 소화설비로 그림과 같은 수원·가압송수장치·배관·옥내소화전함(옥내소화전방수구·관창 · 소방호스 등)등으로 구성되어 있다.

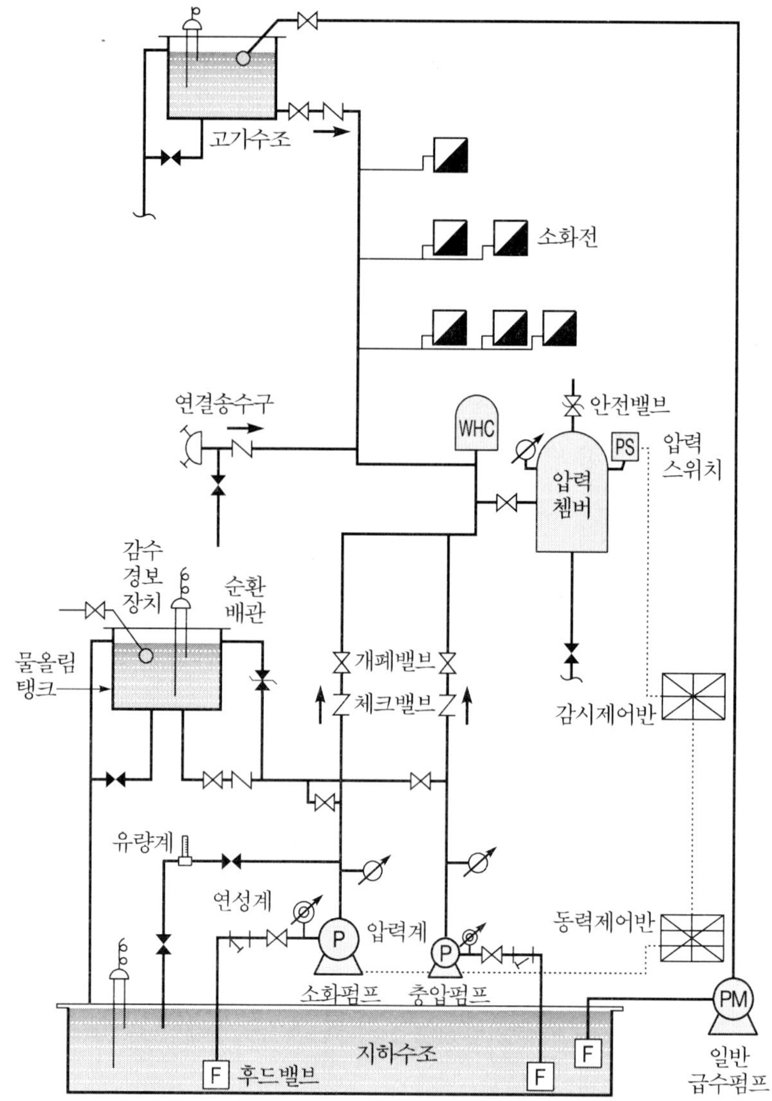

그림 3.7.1. 옥내소화전설비의 계통도(수압개폐장치설치)의 예

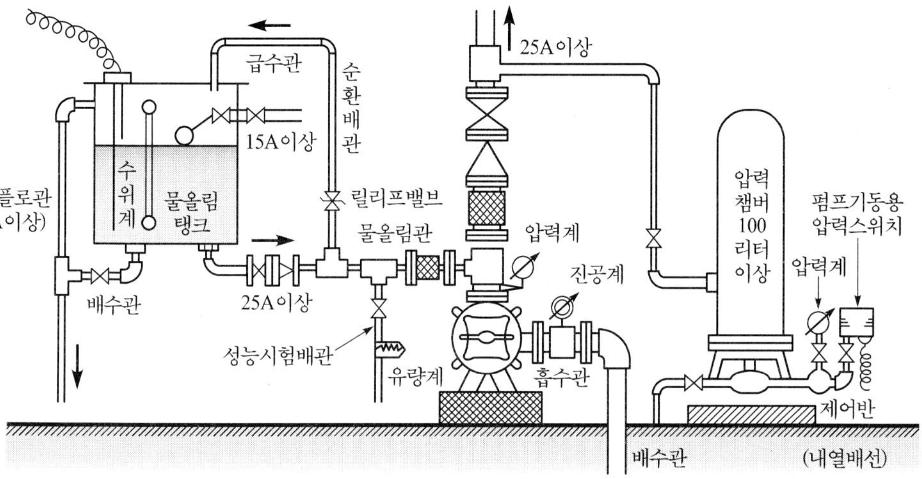

그림 3.7.2. 가압송수장치 구성의 예

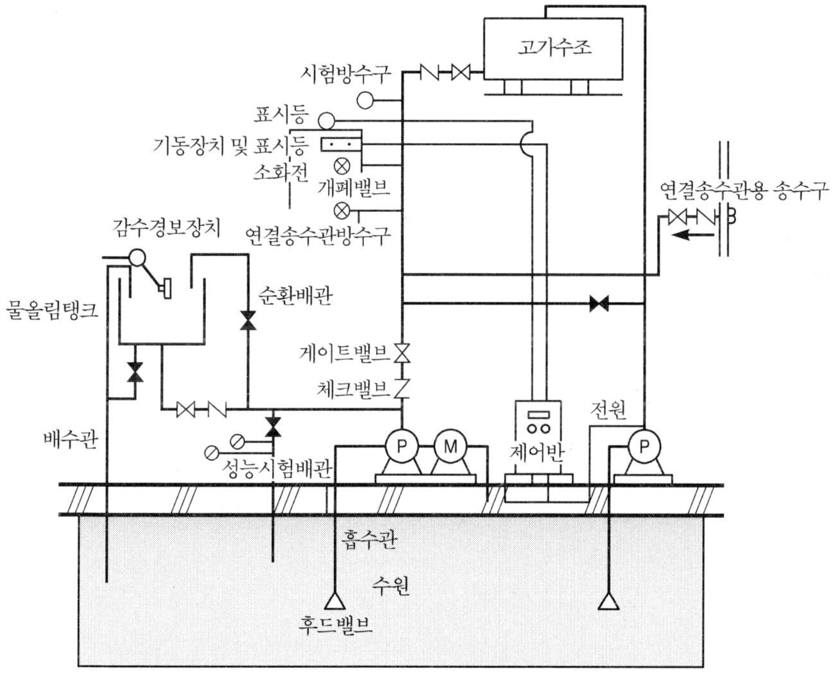

그림 3.7.3. 옥내소화전설비와 연결송수관과 겸용

3.7.4 옥내소화전설비의 기동방식

(1) 수동기동방식(ON-OFF방식)

학교·공장·창고시설·업무시설·종교시설·전시시설 및 아파트 등에 설치할 수 있는 것으로서 옥내소화전함의 펌프기동스위치를 작동시킨 다음 옥내소화전방수구를 열면 가압송수장치의 펌프가 작동되어 방수가 시작되는 방식이다. 옥내소화전함에 필수적으로 ON-OFF스위치가 부착되어야 한다.

(2) 자동기동방식(기동용수압개폐방식)

학교·공장·창고시설·업무시설·종교시설·전시시설 및 아파트를 제외한 소방대상물에는 반드시 자동기동방식을 설치하여야 하며, 옥내소화전함의 옥내소화전방수구를 개방하면 배관 내에 가압된 압력이 감소하게 되고 압력감지장치에 의하여 가압송수장치의 펌프가 작동되어 방수되는 방식이다.

3.7.5 옥내소화전설비의 주요구성 및 원리 등

수원·가압송수장치·배관·옥내소화전함 및 호스 등으로 구성되어 있으며 설치장소의 여건에 따라 그 구성에 다소 차이가 있을 수 있다.

(1) 수 원

수원의 종류는 다른 설비와의 겸용유무에 따라 전용수조와 겸용수조로 구분하며, 설치되는 위치와 구조에 따라서 고가수조, 압력수조, 지하수조로 분류하며 그 저수량 산정방법은 각각 다르다.

1) 용어

① 유효수위면과 푸트밸브

푸트밸브의 시트면에서 접속하는 배관직경의 1.65배 상부의 위치를 말한다. 이것은 수위가 낮은 경우로 푸트밸브 주위로 소용돌이가 발생하여 공기를 흡입하는 현상이 일어남으로 이를 고려한 것이다.

② 흡수관(suction pit) 및 푸트밸브의 이격거리

흡수관(suction pit)은 수조 벽면으로부터 흡수관 직경의 0.5배 이상, 석션피트 벽면으로부터는 흡수관 직경의 5배 이상 떨어져 설치하여야 한다. 이것은 흡수관내에 물이 흘러들어갈 때 난류가 발생함으로서 이를 층류에 가까운 상태로 흡입하게 하기 위한 것이다. 푸트밸브의 하단면은 수조의 바닥 또는 석션피트의 바닥으로부터 50㎜

이상을 떨어지게 설치한다.

③ 흡수손실 고려

연결통로관으로 수조를 접속한 경우 많은 유체손실이 연결통로관을 통과할 때 발생하게됨으로 이로 인한 단위시간당 흡입 유량의 감소가 발생한다. 따라서 최종적인 소요량의계산은 이러한 감소분을 고려하여야 한다.

④ 연결통로관

수조간을 접속하는 슬리브를 말한다. 유효저수량의 계산과 연관하여 구경 및 수량을 정하는 것이 중요하고 가능한 한 수조 저부에 설치하여야 한다.

2) 전용수조의 유효수량 및 계산식

① 석션피트를 설치하는 경우

흡수관에 의한 흡입작용으로 푸트밸브 주위에 소용돌이와 같은 현상이 발생되기 때문에 규정치(밸브시트면으로 부터 유효수량 하부까지의 거리가 1.65D이상) 보다 수위가 아래이면 공기가 흡입되어 펌프의 양수가 불가능해 진다.

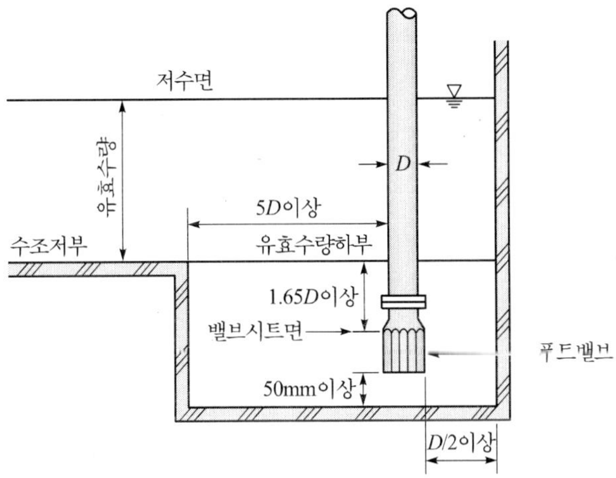

그림 3.7.4. 석션피트를 설치하는 경우의 유효수량

② 석션피트를 설치하지 않거나 연결통로관을 설치하는 경우

수위차, 연결통로관 크기(직경)등의 계산식 등은 아래와 같다

$$A = \frac{Q}{0.75\sqrt{2gh}} = \frac{Q}{3.32\sqrt{H}} \qquad H = \left(\frac{Q}{3.32A}\right)^2 = 0.09073\frac{Q^2}{A^2}$$

A : 연결통로관 단면적(㎡) g : 중력가속도(9.8 m/sec^2)

Q : 유량(㎥/sec) H : 수위차(m)

3) **다른 용수등의 수원과 병용하는 경우의 유효수량**

① 전기적으로 자동제어 되는 경우

소화설비용과 양수용의 푸트밸브를 동일 레벨에 설치한 것. 전극봉(수위전극)에 의하여 수량을 콘트롤하며 제어수위 이하가 되면 양수펌프를 정지시켜 소화설비용 수량을 확보하고 있다.

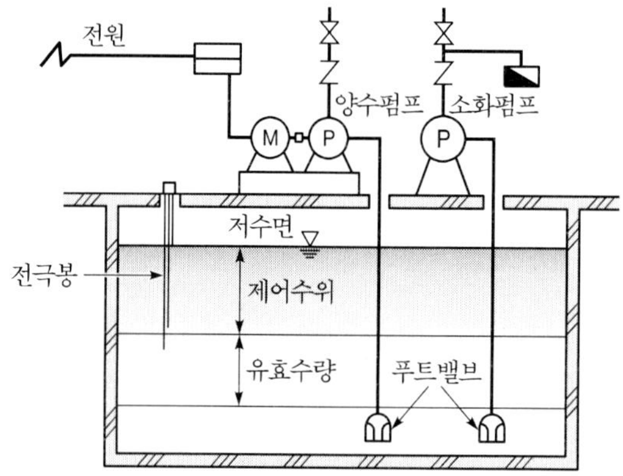

그림 3.7.5. 다른 용수등의 수원과 병행하면서 제동제어되는 경우의 유효수량

② 푸트밸브의 차에 의한 경우

양수펌프용 푸트밸브를 물탱크 상부측에 설치하여 잡용수용으로 하고 그 수위보다 아래수량을 소화설비용으로 한 것이지만 목적상 양수펌프는 항시 사용되기 때문에 물탱크아래측의 소화설비용 수량은 사용되지 않도록 고려하여야 한다.

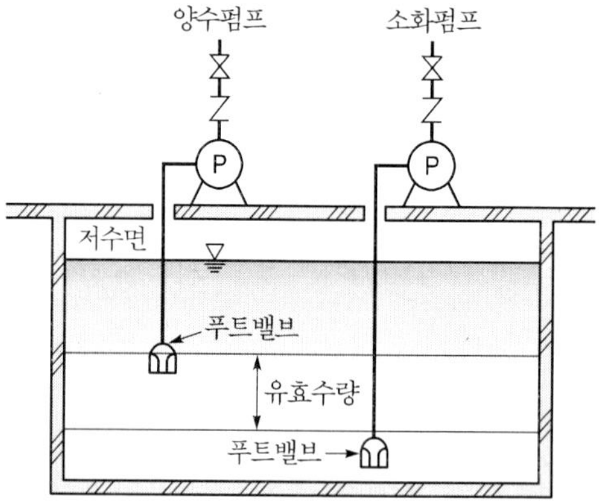

그림 3.7.6. 다른 용수등의 수원과 병행하면서 푸트밸브차에 의한 방식의 유효수량

4) 푸트밸브

여과장치(screen), 체크밸브 및 체인으로 구성되어 있으며 체크밸브 기능을 가지고 있어 흡입관 내에 항상 충수를 유지하도록 한다. 수원수위가 펌프보다 높은 경우는 푸트밸브 구조에서 여과장치만 설치하여도 되며, 푸트밸브(흡입관을 포함)는 펌프마다 전용으로 설치하여야 한다.

5) 수원의 저수량

옥내소화전방수구의 설치개수가 가장 많은 층의 설치개수(설치개수가 5개를 넘는 경우는 5개로 한다)에 2.6㎥을 곱한 양 이상이어야 하고 하천, 호수, 연못 등의 자연수리를 이용하는 경우는 사계절 모두 항상 규정수량이 확보 되는지 부유물, 침전물, 부패 등이 없는지를 확인하여야 한다.

(2) 가압송수장치

옥내소화전방수구의 법적 방수량 및 방수압력을 확보하기 위하여 고가수조방식, 압력수조방식, 펌프방식의 3가지가 있으나 대부분 펌프방식이 설치되고 있다.

1) 고가수조방식

이 방식은 건축물의 옥상층 또는 최상층부의 옥내소화전함보다 높은 위치에 설치하는 것으로서 낙차를 이용하여 소정의 압력을 얻는 것으로 당해 고가수조에는 수위계, 배수관, 오바플로우관, 보급수관, 맨홀 등을 설치하고 있다. 또한 고가수조로 부터 최상층 부분의 방수구까지는 최소한 17m 이상의 낙차를 확보하여야 한다. 필요한 낙차 H는 다음 식에 의하여 계산된다.

$$H = h_1 + h_2 + 17(m)$$

h_1 = 소방호스의 마찰손실 h_2 = 배관의 마찰손실

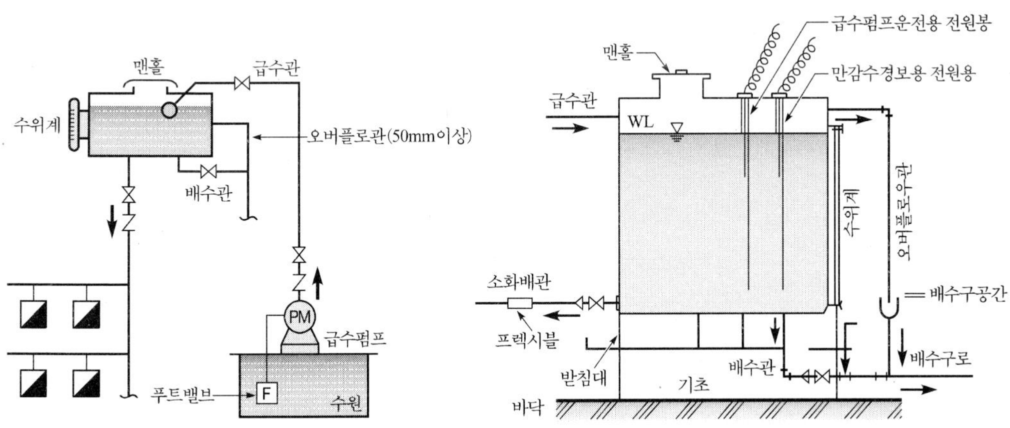

그림 3.7.7. 고가수조방식

2) 압력수조방식

이 방식은 주로 초대형 건축물에 설치되는 경우가 많은 수조로서 압력수조를 이용하여 소정의 압력을 얻는 방식이다. 수조의 수량은 압력수조 부피의 2/3이하로 하여야 하며 압력수조에는 압력계, 수위계, 배수관, 보급수관, 급기관, 안전장치, 맨홀 및 공기압력을 유지하는 자동공기압축기 등으로 구성되어 있다.

필요한 압력 P는 다음 식에 의하여 계산된다.

$$P = P_1 + P_2 + P_3 + 1.7 \ kg/cm^2$$

여기서, P_1 = 소방호스의 마찰손실 수두압

P_2 = 배관의 마찰손실 수두압

P_3 = 낙차의 환산 수두압

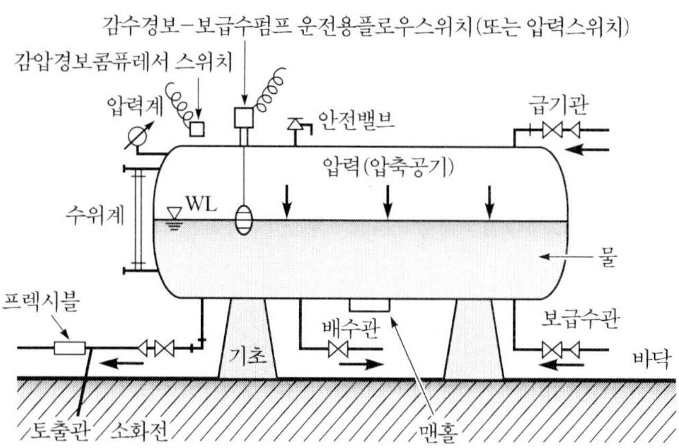

그림 3.7.8. 압력수조방식

3) 펌프방식(가압송수장치)

전동기로 펌프를 회전시키고 펌프 내 임펠러의 원심력에 의해 압력 및 속도에너지를 발생됨으로서 이에 상응한 소정의 압력 및 양정을 얻는 방식으로서 가압송수장치에는 토출측에 압력계를 흡수측에 연성계 또는 진공계를 설치한다. 또한 수원의 수위가 펌프보다 낮은 경우에는 물올림장치 등을 설치하도록 하고 있다.

펌프의 전양정 H는 다음 식에 의하여 계산된다.

$$H = h_1 + h_2 + h_3 + 17(m)$$

여기서, h_1= 소방용호스의 마찰손실수두

h_2= 배관의 마찰손실수두

h_3= 낙차

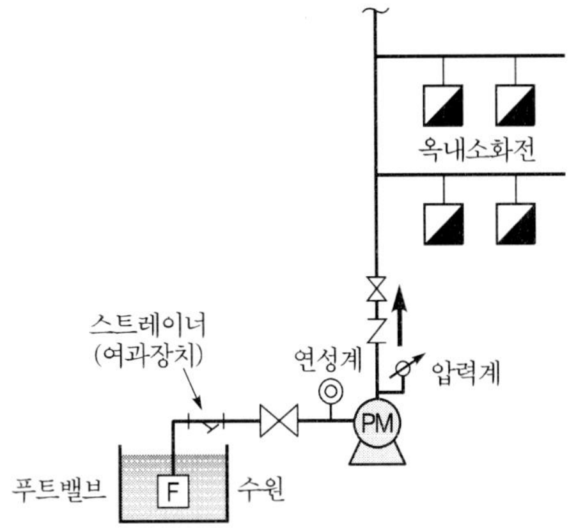

그림 3.7.9. 펌프방식

① 가압송수장치의 성능은 토출량이 정격토출량의 150 %인 경우에 전양정이 정격전양정의 65 %로 그림 3.7.10과 같은 성능곡선을 갖는다.

② 흡입성능

토출성능에 의하여 변하며, 깨끗한 상온수의 흡입정도는 8 m까지가 일반적이다. 이를 초과하는 경우는 진공현상(캐비테이션) 등이 발생하여 양수불능이 되므로 주의를 요한다. 또한 수온이 상승한 경우도 흡입성능이 떨어지므로 20 ℃내외로 유지하는 것이 좋다.

일반적으로 흡수라인의 마찰손실은 크므로 적절한 흡입배관의 직경 및 길이를 결정하는 경우 배관마찰손실을 충분히 고려하여야 한다.

흡입정도(6 m)≥(배관마찰손실의 합계×1.5)+흡입높이(수면에서 펌프 흡수구 위치)

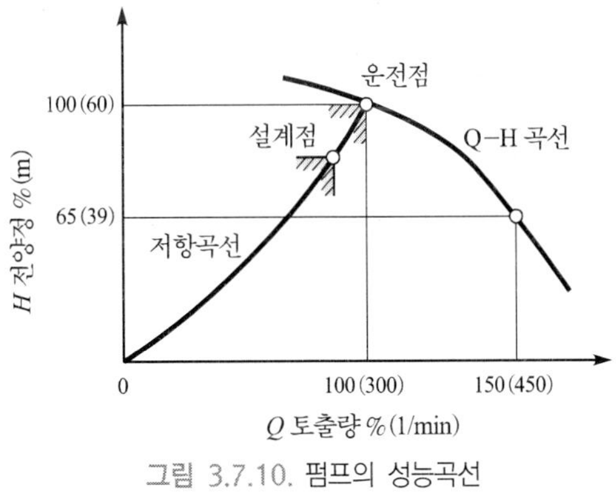

그림 3.7.10. 펌프의 성능곡선

③ 정격부하 운전시 가압송수장치의 성능을 시험하고 배관설비와 체절운전 시 수온상승 방지를 위한 순환배관을 설치한다.

④ 수위위치가 가압송수장치의 설치위치보다 낮은 경우는 푸트밸브를 설치하고 물올림 장치를 설치한다.

유의사항

1. 150%의 토출량은 정격토출량 확인뿐만 아니라 화재시 과잉부하(overload)로 인한 가압송수장치의 정지를 방지하기 위한 것이다.
2. 사용되는 원심펌프는 볼류트펌프 또는 터빈펌프가 일반적으로 사용되고 있다.

4) 가압송수장치의 기동

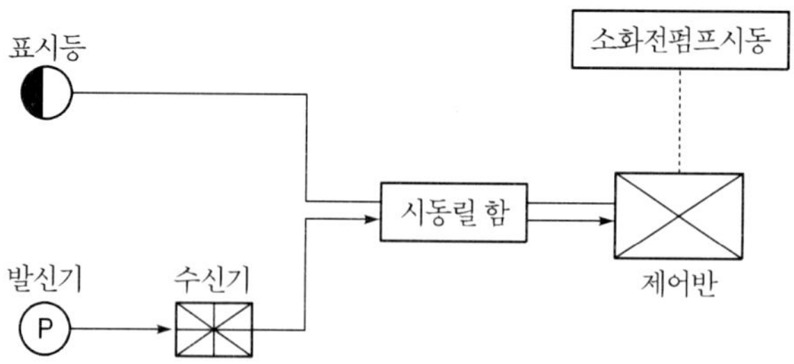

그림 3.7.11. 가압송수장치의 기동

가압송수장치의 기동장치는 옥내소화전함의 내부나 가까운 위치에 설치된 수동기동장치를 작동시킴으로서 펌프의 기동을 원격조작하는 방식과 옥내소화전방수구의 개폐밸브 개방과 함께 펌프를 자동기동시키는 직접조작하는 방식이 있다. 제어반에는 자동 및 수동전환위치가 있어 수동에 설정하고 펌프의 기동스위치를 작동시킴으로서 펌프의 성능시험이 가능하도록 하고 있다.

유의사항

가압송수장치를 운전시킬 때는 반드시 관계자 입회하에 실시하며 가능한 단시간에 종료되도록 한다. 운전 종료 후에는 복구조치를 확실히 하는 점을 잊지 않아야 한다.

5) 가압송수장치의 성능시험

운전하기 전에 커플링 부분을 손으로 회전하여 모터와 가압송수장치가 회전하는 것을 확인한 다음 운전을 시작하며 운전 중에 이상한 진동, 불규칙한 소음 등이 없고 절연저항, 토출압력, 토출량 등이 적정한 지와 고정부분에 이상이 없는 지를 확인한다.

① 가압송수장치를 운전할 때는 사전에 각 관계자와 연락을 취하고 외관점검 및 각 기기의 기능점검을 하여 이상이 없는 것을 확인하여야 한다.

② 발열상태를 점검할 때는 가압을 걸어서 장시간 운전하므로 가압송수장치 성능시험을 한 다음 점검하여야 한다.

③ 성능시험을 할 때는 급격하게 밸브를 개폐하면 압력계 또는 유량계가 손상할 우려가 있으므로 조금씩 개폐하여야 한다.

④ 압력수조의 배수밸브 및 시험용 배수밸브를 개방할 때는 고압(高壓)에 의한 안전사고 방지를 위해 밸브개방을 천천히 열어야 한다.

⑤ 가압송수장치의 성능시험 순서는 다음과 같다.

1. 가압송수장치 토출측의 게이트밸브를 폐쇄시킨다.
2. 제어반의 수동기동스위치를 조작에 하여 가압송수장치를 기동한다.
3. 가압송수장치의 압력계 지시치가 정격부하운전시의 압력이 되도록 성능시험 장치의 밸브를 천천히 열어 조정한다.
4. 성능시험장치의 유량계 및 압력계에 의하여 유량을 확인한다(오리피스 전후의 압력차로유량을 측정하는 경우는 오리피스 1차측과 2차측의 압력차이로부터 오리피스의 특성표에 의해 산출한 수치확인).
5. 가압송수장치의 연성계를 통하여 흡입압력을 확인한다.
6. 회전계로 회전수를, 전류계로 전류치를 확인한다.
7. 3.부터 6.의 수치로부터 가압송수장치 및 전동기가 제품 특성표에 적합한 지를 확인한다.
8. 제어반의 정지스위치를 조작하여 가압송수장치를 정지한다.
9. 성능시험장치의 밸브를 닫고 가압송수장치 토출측의 게이트밸브를 개방한다.

⑥ 성능시험 중에 순환량 등을 확인하고 순서에 따라 진행하여 효율화를 기하여야 한다.

유의사항

운전에 의한 기능점검을 할 때 외에는 반드시 전원을 차단하고 점검한다.

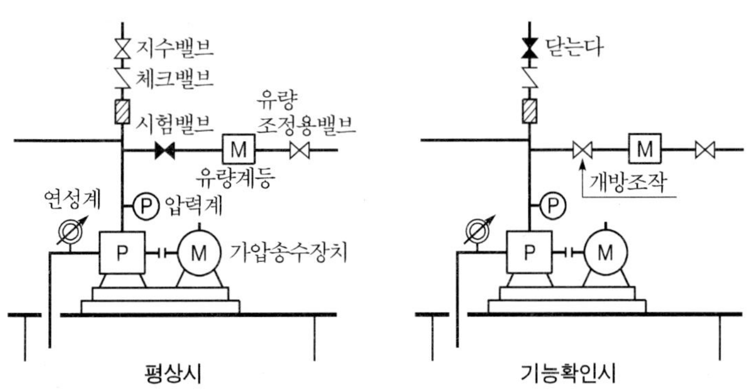

그림 3.7.12. 가압송수장치의 성능·기능 장치

6) 가압송수장치의 동력(소방펌프인 경우)

가압송수장치(소방펌프)로 직결되는 전동기(모터)용량은 다음 식에 의하여 계산한다.

$$전동기(모터)용량(kW) = (0.163 \times Q \times H)/E \times K$$

여기서, Q : 토출량(㎥/min)　　E : 펌프효율(%)
H : 전양정(m)　　K : 여유율 : 1.1

① 펌프효율은 실제 설치되는 펌프의 특성곡선에서 읽어낸 수치로 하여야 하나 설계시점에는 불명확한 경우가 많아 기준의 최대효율과 최저효율의 평균치를 적용한다.

② 여유율은 전동기(모터)의 여유율로서 제조사에서 제시값으로 펌프를 선정한 경우 계산으로 구한 전동기 용량보다 적은 경우가 있다. 이 때 정격토출량이 150 %시의 계산치가 전동기 정격출력의 110 %를 초과하지 않는 것을 확인할 수 있는 경우는 제시한 값으로 나타난 전동기용량으로 하여야 한다. 또한 제조사에서 제시한 양정 수치가 계산치와 약간의 차이가 있는 경우는 계산치의 전동기용량으로 한다.

7) 양정과 배관 및 기기의 관계

건축물이 고층인 경우 저층과 고층의 낙차가 큰 조건에서 최상단의 옥내소화전방수구에 규정 압력을 확보한 경우 최하단 옥내소화전방수구의 배관, 소방호스 및 노즐에 가해지는 압력은 허용치를 초과하거나 사용상 어려운 위험을 수반하는 상태이다. 당연히 펌프 본체 및 주변기기는 이 압력에 견딜 수 있도록 설계되고 시공되어야 하나 조작상의 위험성 및 기기의 가격등이 증가 될 수 있다.

이러한 문제점의 해결책을 위한 하나의 방법으로 최저층에 설치된 펌프의 체절(締切) 양정이 170m 이상이 되는 경우는 중계펌프를 설치하여 직렬운전을 실시한다. 중계펌프를 설치하는 방식은 건물을 상하방향으로 몇 개의 구역으로 분할하고 펌프는 각각의 구역(Zone)내에서의 옥내소화전방수구 토출능력을 확보함으로서 저층 규모의 건물에 설치하는 압력과 용량으로도 사용이 가능하다. 또한 직렬운전방식을 채용할 경우에는 중계펌프의 능력을 결정하는 요소로 흡수측에 걸리는 1차 펌프에서 압력(압입압력 또는 배압)을 고려하여야 한다.

이것은 펌프에는 본체의 내압에 근거한 허용압입 압력이 정해져 있어 조건을 만족시키기 위해서는 배관구경을 변화시키거나 중계펌프의 설치 층을 변화시키는 조치가 필요하다.

(3) 소방용원심펌프

1) 원심펌프의 구성

원심펌프를 구성하는 기본요소로서 본체(Casing, Vortex, Guide), 회전차(Impeller), 주축(Main Shaft), 축이음(Shaft Couplling), 베어링(Bearing) 및 패킹상자(Stuffing Box) 등이 있다.

원심펌프는 변곡된 다수의 깃(Blade 또는 Vane)이 달린 회전차가 밀폐된 케이싱내에서 회전함으로서 발생하는 원심력의 작용에 의하여 물을 회전차의 중심에서 흡입하고 이물을 반지름 방향으로 흐르는 사이에 압력 및 속도에너지를 얻어 토출구 및 관을 통하여 송출된다.

2) 원심펌프의 분류

① 안내날개의 유무

안내날개의 유무에 따라 안내날개가 없는 볼류트펌프(Volute Pump)와 안내날개가 있는 터어빈펌프(Tutbine Pump)로 분류한다.

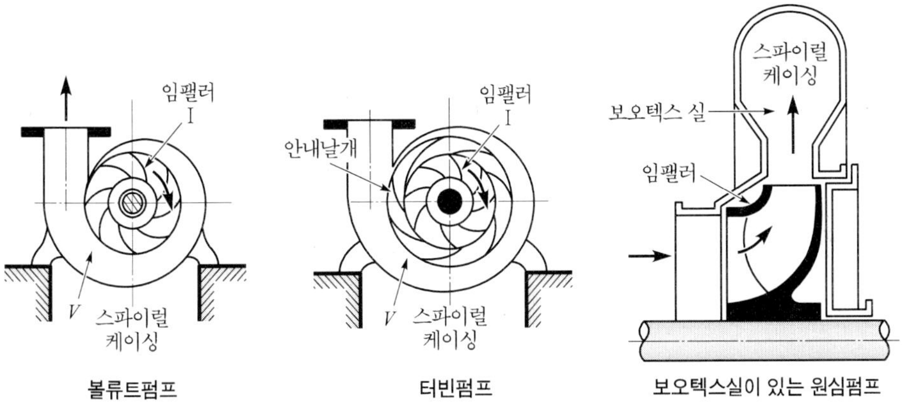

그림 3.7.13. 원심펌프

② 흡입구

펌프의 흡입구가 회전차의 한쪽에 설치된 펌프를 편흡입펌프(Single Suction Pump), 흡입구가 양쪽에 설치된 펌프를 양흡입펌프(Double Suction Pump)라 한다. 회전차의 외경, 내경 및 그외의 치수가 동일한 경우, 양정은 동일 하지만 유량은 양흡입이 편흡입의 2배가 됨으로 요구되는 송출유량이 양정에 비하여 비교적 적은 경우에는 편흡입펌프를 사용하고 송출량이 많은 경우에는 양흡입펌프를 사용한다.

③ 단수

펌프에 회전차(Impeller)를 1개 설치한 것을 단펌프, 회전차를 2개 이상 설치한 것을 다단펌프라 한다.

④ 축의 방향

펌프의 주축(Main Shaft)의 방향에 따라 주축이 수평일 경우 평형펌프(Horizontal Pump), 수직일 경우 수직형펌프(Vertical Pump)라 하며, 저수조의 형태 및 위치와 펌프가 설치되는 장소의 여건에 적합한 형태의 펌프를 선정한다.

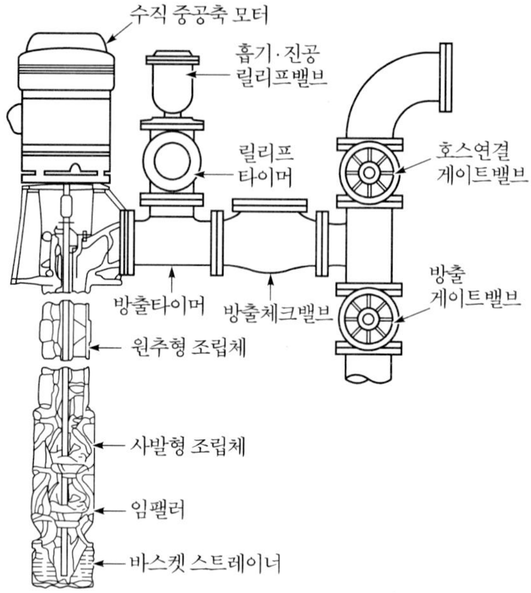

그림 3.7.14. 수직형소방펌프(터빈형)

3) **펌프의 공동현상과 NPSH**

① 공동현상(케비테이션 : Cavitation)

표준대기압 상태에서 펌프가 끌어 올릴 수 있는 물의 높이는 이론적으로 약 10.33 m이지만 관 마찰이나 기타의 손실 때문에 실제로는 약 6~7 m정도밖에 안된다. 그러나 흡입높이가 그 이상이 되거나 또는 물의 온도가 높아지면 펌프의 흡입구 측에서 물의 일부가 증발하여 기포가 되어 펌프로 흡입되고 펌프에 흡입된 증기의 기포는 임펠러를 거쳐 토출구 쪽으로 넘어가면 압력이 상승되므로 기포는 물속으로 다시 소멸된다. 이 소멸되는 순간에 격심한 음향과 진동이 일어나게 되는 현상을 케비테이션(Cavitation)이라 하며, 케비테이션은 소음, 진동, 관 부식 및 심하면 펌프의 흡입불능 현상을 가져온다.

② NPSH(Net Positive Suction Head)

펌프의 흡입구 압력은 항상 흡입구에서 포화증기 압력이상으로 유지되어야 케비테이션이 일어나지 않는다. 즉 케비테이션이 일어나지 않는 유효 흡입양정을 수치로 표시한 것을 펌프의 유효흡입양정(NPSH : Net Positive Suction Head)이라 한다. 유효흡입양정은 펌프의 설치상태 및 유체의 온도 등에 따라 다르게 되며 이것을 펌프설비에서 얻어지는 NPSH-av(NPSH-available)이라고 한다.

그런데 펌프는 그 자체가 필요로 하는 NPSH-re(NPSH-required)가 있다. 따라서 설치에서 얻어지는 NPSH-av는 펌프 자체가 필요로 하는 NPSH-re보다 커야만 케비테이션이 일어나지 않는다.

③ 수격작용(Water Hammer)

관내를 흐르고 있는 물의 유속이 급격히 바뀌면 관내압력이 이상 상승하게 되어 배관과 펌프에 손상을 주는 현상이다. 수석현상은 펌프의 운전중은 물론이고 펌프가 정지될 때에도 발생할 수 있음으로 대용량인 펌프와 배관이 길어지는 경우에는 적절한 대비책이 있어야 한다. 관속의 압력파장과 진행속도는 다음 식에 의하여 계산할 수 있다.

$$a^2 = \frac{r}{g}\left(\frac{1}{K} + \frac{d}{E}\right)$$

여기서, a : 압력파의 진행속도(m/sec)

r : 유체의 단위체적당 중량(kg/㎤)

g : 중력가속도(m/sec^2)

K : 유체의 체적탄성계수(kg/㎡)

d : 관의 내경(m)

E : 관재의 종탄성계수(kg/㎡)

또한 수격에 따른 압력상승은 다음 식에 의하여 계산할 수 있다

$$P = \frac{r}{10g}(S - s)$$

여기서, P = 상승압력(kg/㎠)

r = 유체의 단위체적 중량(kg/㎤)

S = 밸브 폐지의 유체속도(m/sec)

s =압력파장이 돌아왔을 때의 유체속도

수격작용(Water Hammering)

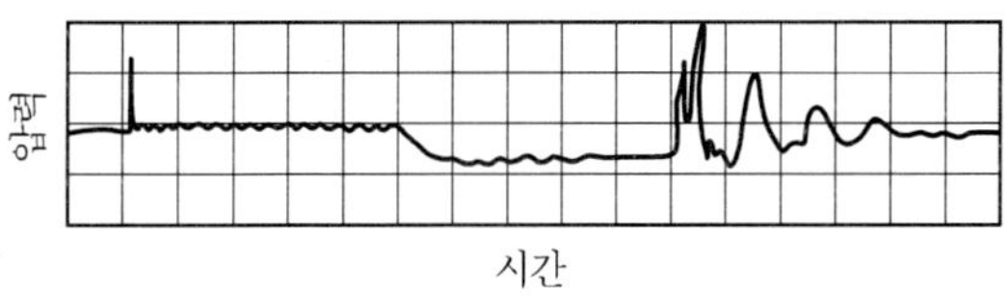

그림 3.7.15. 수격작용에 의한 압력파의 변화

■ 수격방지 대책

가. 펌프 운전 중에는 각종 밸브의 개폐는 서서히 조작하여야 한다.

나. 펌프 토출측에 설치하는 첵크밸브는 완만하게 개폐 가능한 스모렌스키 체크밸브 등을 부착하는 것이 좋다.

다. 플라이휠 등을 장치하여 동력이 차단되어도 회전속도가 급속히 낮아지지 않도록 조치하여야 한다.

라. 에어챔버(Air Chamber)등의 수격방지기를 배관내에 설치하여 압력변화를 흡수한다.

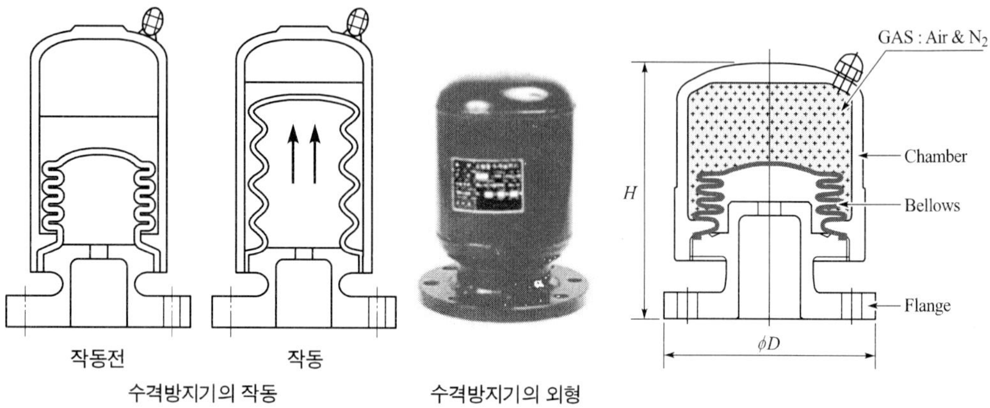

그림 3.7.16. 수격방지기의 구조 및 외형

4) 소방펌프의 시스템구성

건물, 일반 산업공장, 플랜트(Plant)등의 규모와 화재발생시 피해위험도 등에 따라 적용되는 소화설비가 다르며 대개 물을 사용하여 소화하는 설비가 주류를 이루고 이에 필요한 소화수(물)를 충분히 공급할 수 있는 소방펌프 설비를 갖추는 것은 중요한 요소 중의 하나라고 할 수 있다. 소방펌프의 구성은 필요한 소화수의 공급량에 따라 달라질 수 있으며 주펌프, 충압펌프 및 예비펌프로 구분된다.

① 주펌프

화재시 소화용수를 화재지역에 공급하는 역할을 펌프이다. 주요성능은 양정과 토출량으로 나타낸다.

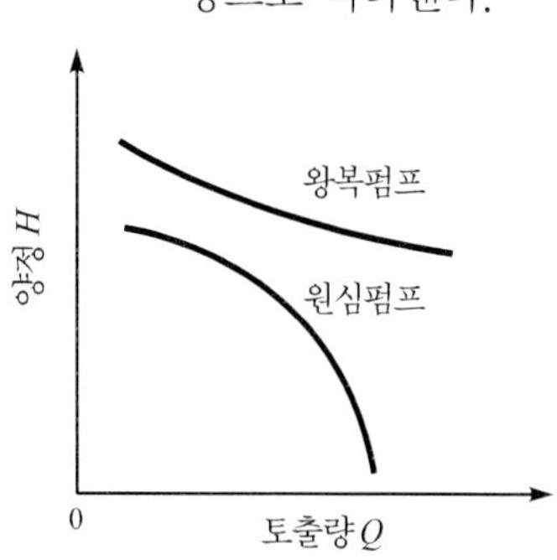

그림 3.7.17. 왕복펌프와 원심펌프

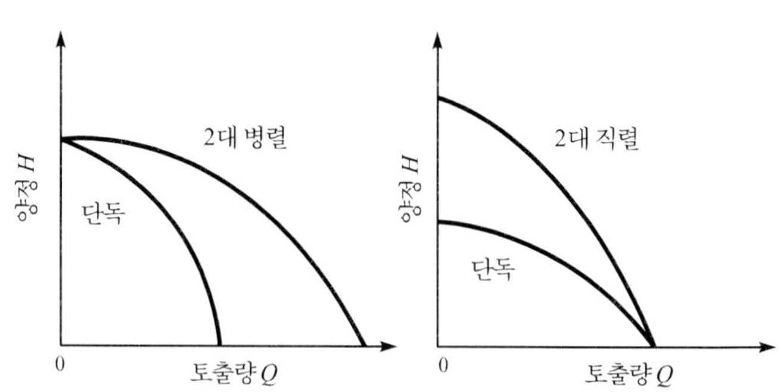

그림 3.7.18. 펌프의 직병렬 운전

③ 충압펌프

충압펌프는 소방 주펌프쪽의 토출측으로부터 설치된 소방설비로 소화용수를 공급하는 배관내의 압력을 일정 기준이상으로 항상 유지시켜 주기 위하여 설치한다. 미국의 경우는 상시 가압되는 배관의 연결부위에서 발생할 수 있는 누수 예상량을 계산하여 충압펌프가 10분 이내에 기동하도록 보충할 수 있는 용량과 약 3.8ℓ/min 중 큰 쪽을 기준으로 충압펌프의 용량을 결정하도록 되어 있다.

5) 소방펌프의 이상 현상

소방펌프 고장별 항목	방출량 부족	펌프시동 후 흡입을 못함	펌프의 소음 및 진동	과도한 전력소요	방출 불능	펌프시동 불능	펌프 및 구동장치의 과열
흡입양정이 너무 높다	○	○	○		○		
푸트밸브가 너무 작거나, 부분적으로 막힘, 또는 흡입손실이 과도함	○	○	○				
푸트밸브가 물에 충분히 잠기지 않아 흡입연결부로 공기가 들어감	○	○	○				
흡입연결구가 막힘	○	○			○		
흡입배관에 에어포켓이 생김	○	○			○		
흡입양정이 높아 공동현상이 생김	○		○				
패킹박스를 통해 공기가 들어감	○	○					
임펠러가 손상됨	○		○				
웨어링 링이 마모됨	○			○			
펌프의 마중물이 없음					○		○
바닥이 견고하지 않음			○	○			○
구동장치(모터)의 회전방향이 틀림	○			○			○
구동장치의 공급전류 부족	○			○			○

(4) 물올림장치

가압송수장치의 설치위치가 수원보다 높은 경우에는 가압송수장치 및 흡입측 배관에 공기 고임을 방지하기 위하여 가압송수장치 및 흡입측 배관에 상시 물을 보급할 수 있도록 하는 장치를 말하며 그 구성은 물올림탱크, 배수관, 오버플로우용배수관, 물올림관, 감수경보장치 의 수신부 표시와 물올림 탱크에 물을 자동적으로 보급할 수 있는 장치 등으로 되어 있다.

물올림장치는 다음과 같은 기능을 갖춰져야 한다.

1) 전용의 물올림탱크를 설치한다.

2) 물올림탱크는 일반적으로 약 100 ℓ ~150 ℓ 의 용량이어야 한다.

3) 물올림탱크에는 감수경보장치(레벨스위치, 플로트스위치등)와 물올림탱크로 물을 자동적으로 보급하기 위한 장치 등을 설치하여야 한다.

4) 감수경보의 작동은 비정상으로 물이 감해진 경우에 작동되어야 하며, 경보장치는 중앙관리실 등 항상 사람이 상주하는 장소에 설치하여야 한다.

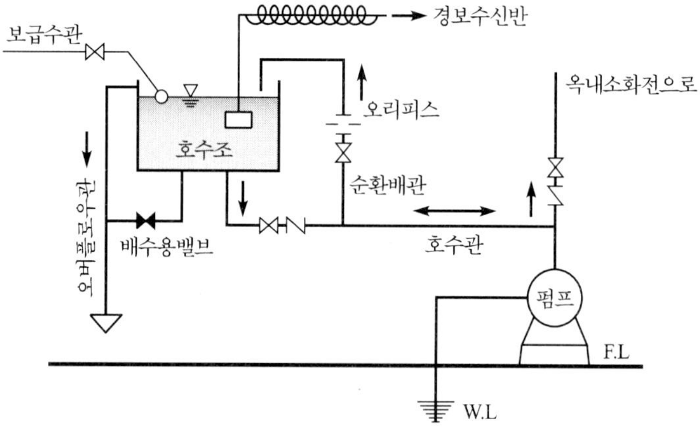

그림 3.7.19. 물올림장치의 계통도

5) 체크는 가압송수장치의 성능시험을 하기 전에 실시하여야 한다.

① 자동급수장치 : 배수용밸브의 조작에 의하여 기능이 정상이어야 한다.

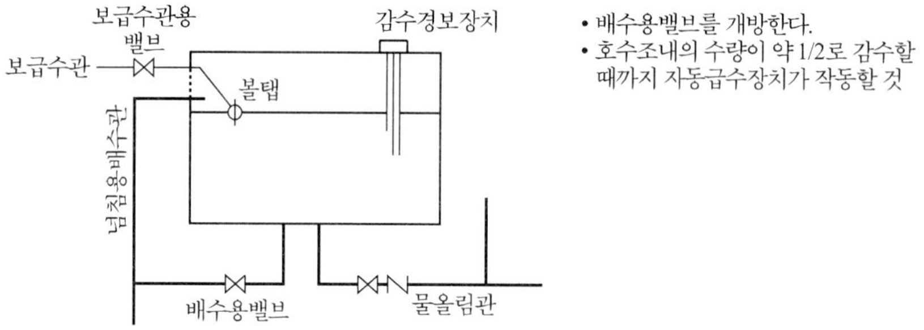

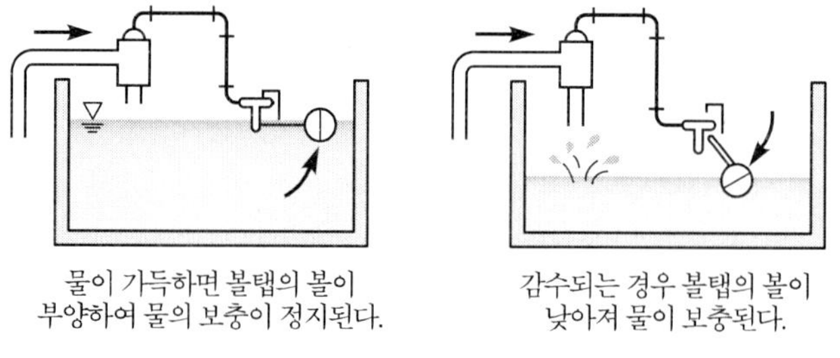

플로트스위치(볼탭)방식

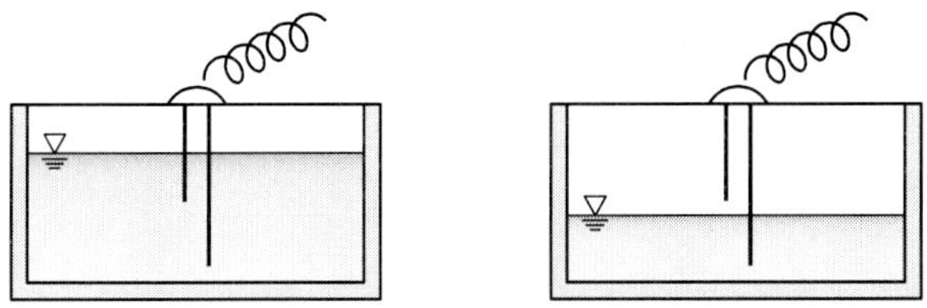

그림 3.7.20. 자동급수장치 계통 및 작동방식

② 감수경보장치 : 보급수관용밸브를 닫고 배수용밸브의 조작에 의해 기능이 정상이어야 한다.

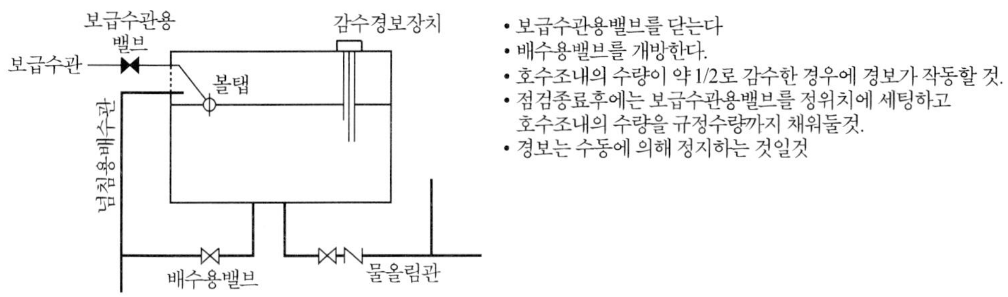

그림 3.7.21. 감수경보장치

(5) 압력챔버(기동용수압개폐장치)

압력챔버의 기능은 가압송수장치와 게이트밸브 2차측에 연결되어 전 배관내의 압력을 감지하고 배관내의 압력이 감소하면 압력스위치가 작동되어 충압펌프 및 주펌프를 작동시키는 것으로서 그 구성은 압력계와 주펌프 및 충압펌프의 압력스위치 그리고 압력챔버 자체의 안전을 위한 안전밸브가 챔버상부에 부착되어 있으며 챔버하부에는 배수밸브가 부착되어 있다.

1) 펌프토출측 게이트밸브 및 탱크의 급수용밸브를 「폐」로 한다.
2) 압력챔버의 배수밸브를「개」로 하고 배수한다.
3) 펌프 자동기동 상태를 확인하고 제어반의 정지스위치를 내린다.
4) 압력챔버 상부의 안전변 등을 개방하고 배수밸브를 열어 탱크내의 물을 완전히 배수한다.
5) 압력챔버 상부의 안전밸브 및 배수밸브를「폐」로 한다.
6) 펌프를 기동시키고 펌프토출측 게이트밸브를 천천히「개」로 한다.
7) 압력챔버의 급수용밸브를「개」로 하여 압력챔버내로 가압송수한다.

8) 압력스위치의 지침에 의한 압력챔버 내의 압력을 확인하고 규정압력 위치에서 가압송수장치를 정지한다.

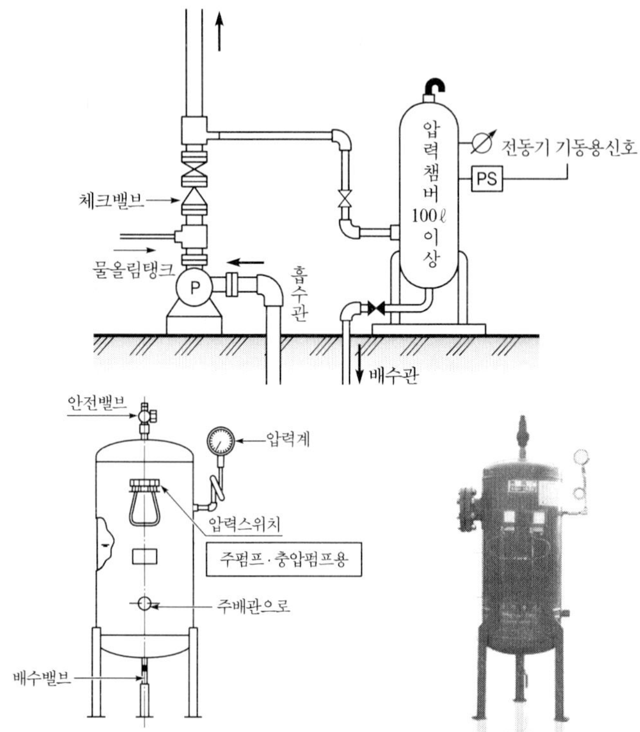

그림 3.7.22. 기동용수압개폐장치 및 압력챔버의 예

(6) 압력스위치

압력스위치는 압력챔버에 설치되는 것으로서 압력변화를 항상 감시하여 화재발생 및 누수 등으로 배관 내에 압력이 저하되면 자동으로 기동신호를 발생시켜 가압송수장치를 기동시킴으로서 소화용수를 일정압력으로 보충하거나 화재발생 장소로 유수를 공급하는 중요한 기능을 가지고 있는 기기이다. 스위치의 내부구조에 따라 브르돈관식 및 스프링식으로 구분한다.

1) 브루돈관식

또한 이 압력스위치는 수은접점, 브르돈관(Bourdon Tube), 설정압력 조정장치(저압, 고압) 등을 결합하여 구성된 것이다. 이 압력스위는 감시제어반에서 압력감지소자의 작동시험 및 도통시험을 실시할 수 있는 기능을 가지고 있어야 한다.

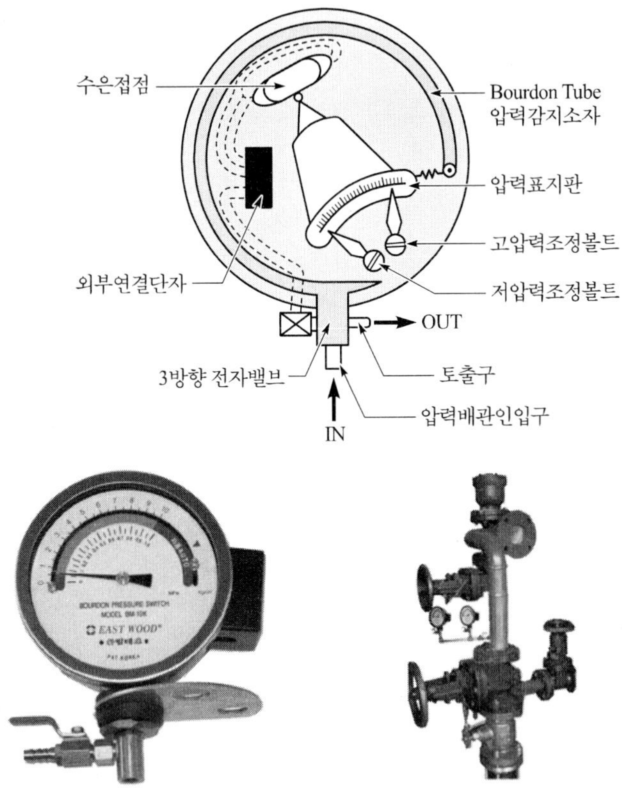

그림 3.7.23. 압력스위치(브루돈관식)의 구조 및 설치방법

■ 압력스위치의 설명

소방펌프 토출배관측에 설치된 수압개폐장치(압력챔버)의 배관이 압력스위치 압력배관 인입구(8)로 압력이 가압되면 BURDON TUBE 압력감지소자(1)가 팽창하여 기계적 연동작용으로 동작, 설정압력까지 도달하면 수은접점(5)가 떨어져 OFF 상태로 소방펌프가 정지되고 배관내에는 설정압력을 계속 유지하고 있다. 이때 감지제어반에서 압력스위치성능시험을 위하여 시험단추를 누르면 압력스위치의 3방향 전자밸브(7)이 작동, 순간적 으로 토출구(9)로 배압되어 BURDON TUBE 내의 압력이 0이 되어 팽창된 BURDON TUBE는 본래의 상태로 수축되어 수은접점(5)이 ON으로 접속되며 이 기동신호를 받은 소방펌프는 즉시 기동 운전을 한다. 특히 고압력, 저압력 조정볼트(2), (3)이 있어 현장에서 압력을 설정 할 수 있다.

2) 스프링식

유체의 압력을 스위치 내 스프링의 탄성을 이용하여 감지하고 가압송수장치의 기동신호를 발생시키는데 이용하는 방식이다. 눈금표시부에는 Range와 Diff의 압력표시부가 있는데 표시의 압력지침은 상단부의 조정나사에 의하여 상하로 이동시켜 조절할 수 있도록 되어있다.

Range에 설정된 압력은 펌프의 작동중단점의 압력을 의미한다. Diff의 압력은 Range의 압력에서 Diff에 설정된 압력만큼의 차이압력이 되면 펌프를 재작동시키는 작동정지압력과 작동압력의 차이압력이다. Range에 설정하는 압력산출의 기초는 당해 소화설비의 양정계산의 결과 산출된 전양정(총양정)을 10:1로 환산한 압력을 Range에 설정하여야 한다. 아울러 Diff의 설정압력을 너무 작게 설정하면 펌프가 조기에 기동하고 압력설정이 너무 크게 설정되면 펌프의 기동이 그만큼 늦게 기동하게 된다.

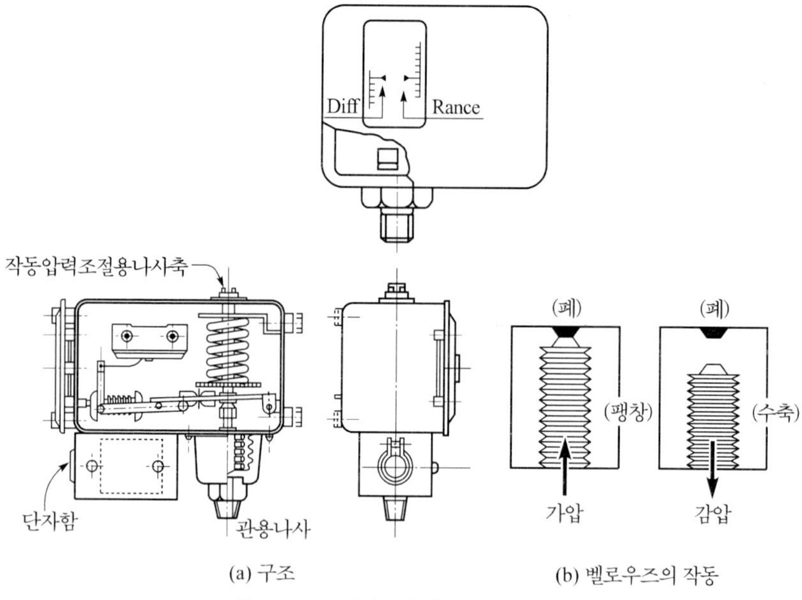

그림 3.7.24. 압력스위치(스프링식)의 구조

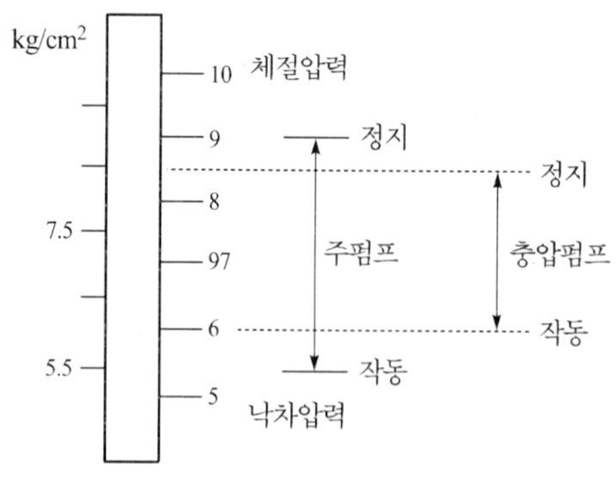

그림 3.7.25. 압력스위치 설정의 예

압력스위치는 주펌프용 압력스위치와 충압펌프용압력 스위치가 같이 부착되기 때문에 충압펌프의 Diff는 주펌프의 Diff보다 작게 설정하여야 주펌프 보다 충압펌프가 먼저 기동하게 된다.

예 압력스위치 판독

Range 10이고 Diff가 2일 경우 펌프 정지압력과 기동압력은?

펌프정지압력 = Range = 10kg/㎠

펌프기동압력 = Range − Diff = 10 − 2 = 8kg/㎠

즉, 배관내부의 압력은 평상시에 8kg/㎠ 이상 10kg/㎠ 이하로 유지되며 소화전에서 밸브를 열었을 경우 압력이 8이하로 떨어지면 펌프가 자동으로 기동되고 소화전 밸브를 잠갔을 경우 10 이상이 되면 펌프는 자동 정지 된다

(7) 순환배관

순환배관은 가압송수장치의 토출측 체크밸브 이전에 분기시켜 설치하고 배관 상에 개폐밸브를 설치하여서는 아니되며 체절운전(펌프토출측의 배관을 모두 폐쇄한 상태로 하여 물이 전혀 방출하지 않고 펌프가 계속 작동하여 최고압력 이상으로 더 올라갈 수 없는 상태에 펌프가 공회전한 것을 말한다)시 체절압력 미만에서 개방되는 릴리프밸브를 설치하여 과압을 방출하고 펌프내의 체절운전 시 공회전에 의한 수온상승을 방지한다.

순환유량은 다음 식으로 산정한 수치 이상이어야 하며 설치시의 양과 비교하였을 때 현저한 차이가 없어야 한다.

$$q = \frac{L_s \cdot C}{60 \cdot \Delta_t}$$

여기서, q : 순환유량(ℓ /min)

L_s : 펌프체절운전 시 출력

C : 860 Kcal(1 ㎾h당의 물의 발열량)

Δ_t : 30 ℃(펌프내부의 수온상승한도)

유의사항

순환배관에 설치하는 밸브는 유량조정상 필요한 것이며 함부로 개폐하지 않아야 한다.

체절압력의 산정은 다음의 방법에 의한다.

일반적으로 설치된 소화설비의 펌프규격에 따라 그 토출압력이 다르므로 구체적으로 실제 설치된 펌프의 전체 양정을 확인하여 그 값을 10:1로 환산한 값을 당해 펌프의 최대토출압력으로 한다. 체절압력은 이러한 최대토출압력에서부터 140%까지를 체절점으로 하지만 실무에

서는 소방대상물에 대한 소방설비의 양정계산에 의해서 산출된 전양정에 해당 하는 펌프가 생산되는 경우가 극히 적고 일반적으로 실제의 계산에 의한 값보다 더 큰 양정의 펌프를 설치하게 되므로 실제 계산에 의한 값보다 더 큰 양정의 펌프를 설치하게 된다. 따라서 설비의 안전을 고려하여 설치된 펌프의 최대토출압력을 체절압력으로 하고 릴리프밸브의 작동압력은 그 미만의 것으로 설정하는 것이 바람직하다.

1) 수온상승방지용장치

펌프의 운전을 장시간 계속할 경우 펌프케이싱 내의 수온이 과도하게 상승하여 패킹의 열화가 발생하고 양수불능의 원인이 된다. 이것을 방지하기 위한 장치로 토출량에 직접영향을 주지 않는 수량을 방출하여 온도상승을 일정치 이하로 제어하도록 하고 있다. 이 방식에는 다음과 같은 두 가지의 방법이 있다.(릴리프밸브는 체절압력에서 과압에 의한 수온상승을 방지한다는 것에서 차이점이 있다)

① 셀프플로아방식

펌프 우근차(羽根車:날개)의 회전시의 균형을 유지하기 위해 사용한 소량의 물을 방출하는 것으로 펌프 케이싱 내에 순환물을 통과시키는 방법이다.

> ※ 주의 : 셀프프로아방식은 수원의 수위가 펌프보다 높은 경우로 항상 흘러내리기 때문에 수원의 수면보다 높은 위치에 배관을 올려놓았을 때 배압이 걸려 과하면 방출할 수 없도록 하여야 한다.

② 과열방지오리피스방식

펌프 토출량의 일부를 오리피스를 통과시켜 방류하는 방법이다. 펌프성능은 이 방출분을 포함하여 설정되어 있어 영향은 없다.

> ※ 주의 : 과열방지오리피스는 중계 펌프를 사용한 경우로서 항상 배관 내에 압력을 가하는 시스템이라면 항상 방출되도록 하여야 한다.

(8) 성능시험배관

성능시험배관은 펌프의 토출측 체크밸브 이전에서 분기시키고 관로에 유량계를 설치하게 되어 있다. 차압식 유량계 등과 이에 접속되는 배관을 총칭하며 소화전의 관창에서 방수하지 않으면서 펌프의 성능 확인이 가능하도록 설치하는 장치이다. 유량계 2차측 배관은 굴곡 이음새를 적게 하고 배관이 긴 경우에는 배관구경을 크게 하여 마찰저항을 줄여 소화수조로 방출하여야 한다.

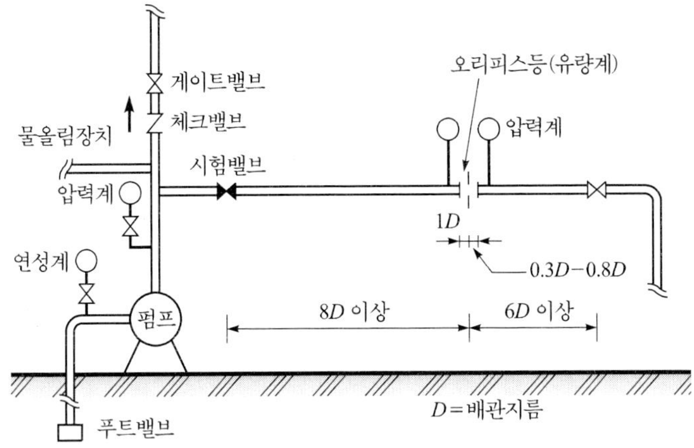

그림 3.7.26. 가압송수장치의 성능시험배관

성능시험배관은 정격토출량의 175%까지 측정할 수 있는 유량측정장치를 설치하여야 하며 성능시험배관의 관경은 다음 계산식에 대입하여 산출한다.

$$Q=0.653 \times D^2 \times \sqrt{P}$$

여기서, Q : 분당토출량(ℓ /min)

D : 관의 내경(㎜)

P : 방수압력(kg/㎠)

성능시험배관의 관경은 정격토출유량의 65%에서 정격토출량의 175% 이상을 토출할 수 있는 크기로 하여야 함으로 P에 0.65를 곱하고 Q에 1.75를 곱하여 D를 구하면 된다. 이때에 주의해야 할 것은 P의 정격토출압력은 당해 소화설비의 법정방수압력이 아니라 당해 설비의 양정계산에 의해서 산출된 총양정을 10:1로 환산한 압력을 정격토출압력으로 대입하여야 한다.

① Orifice Type or Screw Type(나사식, 플랜지식)

구분	25	32	40	50	65	80	100	125	150
유량범위 [ℓ /min]	35~80	70~360	110~550	220~1100	450~2200	700~3300	900~4500	1200~6000	2000~10000

② Clamp Type(밴드형)

구분	25	32	40	50	65	80	100	150	200
유량범위 [ℓ /min]	20~150	55~275	75~375	150~550	250~900	300~1125	500~2000	900~3900	1800~7200

(9) 배 관

일반적으로 사용되는 배관은 7 ~ 12kg/㎠ 정도 또는 그 이내로 공장, 고층건물 등 사용압력의 특수여건에 따라 배관내의 압력이 증가하나 소방에서는 최대 20kg/㎠ 이하의 배관이 사용되고 있다.

용접에 의한 배관은 접합접속에 의한 용접이므로 관단은 충분히 융합할 수 있는 구조이어야 한다. 배관용접시 유의사항은 용접에 의한 찌꺼기(용접똥)가 배관내로 떨어져 유체의 흐름을 방해하고 체크밸브 및 유수검지장치내 기밀부(Seat)의 기능을 방해하여 오작동을 일으키는 경우가 많음으로 이의 방지를 위한 방안으로 플랜지 용접 또는 홈죠인트에 의한 배관연결을 고려하는 것이 바람직하다. 또한 주배관에서 배관을 분기하는 경우에는 용접을 지양하고 가능한 T관을 사용하여야 한다. 한편 관 이음새의 접속은 나사, 플랜지 및 용접에 의하여 확실하게 접속하여야 한다. 나사이음은 배관의 접속공사가 용이한 장점이 있어 사용압력 10kg/㎠ 이하의 저압부분에 많이 사용되며, 플랜지이음은 배관에 접속된 기기나 배관의 제거 빈도가 높은 경우 또는 관 내면의 라이닝이 없어 배관과의 용접에 의한 접속이 불가능한 경우에 주로 사용된다.

1) 재질 등

수원으로부터 옥내소화전방수구까지의 배관을 말하며, 재질은 배관용탄소강관(KS D 3507) 또는 압력배관용강관(KS D 3562)이나 이와 동등 이상의 강도 및 내식성, 내열성이 가진 것을 사용하여야 한다. 특히 펌프의 흡입측 배관은 공기고임이 생기지 아니하는 구조로 하고 여과장치 등을 설치하여야 한다.

2) 배관의 종류 등

① 전용배관과 겸용배관

배관은 전용배관을 원칙으로 한다. 다만, 최상층의 방수구가 지반면에서 50m 이하의 경우 연결송수관설비의 입상배관과 겸용할 수 있다.

② 배관의 종류와 내압력

정격운전시의 최대사용압력	관의 종류
16 kg/㎠미만	KS D 3507(배관용 탄소강 강관)
16 kg/㎠이상	KS D 3562(압력배관용 탄소강 강관)

※ 부하압력이 16kg/㎠ 정도의 경우는 등급위의 압력배관을 선택하는 것이 좋다.

3) 배관설비의 고려사항

① 배관시공 후 관내 이물질 청소

지하매설시공은 물론 배관 연결작업 시 배관 내에는 용접똥 등의 찌꺼기가 남아 있어 시공 후에는 배관 내에 물을 통과시켜 오물 등을 제거하여야 한다. 특히 유수검지장치 및 게이트밸브, 채크밸브 등 기밀을 요하는 부분에 있어 발생하는 대부분의 하자는 이러한 이물질이 시이트에 끼어 발생하는 경우가 대부분이다. 물로서 관을 세척할 때는 맑은 물, 시수, 응축수 및 공업용수 등을 사용하며, 해수(海水)는 사용하지 말아야 한다. 세척 후에는 콤프레셔 에어로 건조시키거나 아니면 자연상태로 건조시켜야 한다. 최초의 2회는 배관을 세척하고 제2차 세척은 관을 연결한 기기 밸브까지 세척하여야 한다. 대기의 압력이 0℃나 그 이하일 경우에는 스팀이나 기타 열원으로 물을 가열시켜서 테스트 기간 중에 4℃나 그 이상의 온도를 유지할 수 있어야 한다. 테스트 할 배관계통에 물을 사용할 수 없거나 바람직하지 않을 경우(CO_2가스 또는 분말소화설비의 배관등)에는 압축공기, 질소, 후레온 등을 이용할 수가 있다.

② 여유 공간의 확보

유지관리와 점검을 위한 공간의 확보 나아가서 배관설비의 수명을 볼 때 그 수명은 배관의 재질 및 방식처리 등에 따라 약간씩 차이가 있으나 짧게는 10년 길게는 25년 정도로 건축물 자체 수명의 2/1 ~ 1/4 정도이다. 따라서 빌딩이 수명이 다할 때까지 배관은 2~4회 교체하게 됨으로 교체공간의 확보 및 배관의 교체가 용이하도록 계통별로 배관의 설치계획이 이루어져야 한다.

③ 관의 지지

배관은 수격작용에 의한 관의 진동, 건축물 및 공작물의 동요, 배관의 자중, 기타 외부의 진동과 충격 등이 가해져도 배관이음매 등이 이탈되지 않도록 견고히 지지되어야 한다. 행가 사용 시 행가의 종류 및 주위조건에 따라 그 지지간격이 달라지므로 적용시 유의하여야 한다.

④ 배관 기울기 등의 고려

배관은 수리와 그 외 필요할 때 관내의 물을 배제함과 동시에 공기가 정체되지 않도록 구배를 주어 설치한다. 이때 배관에 최저점 또는 그 부분의 저위치에 배수밸브를 최고점 또는 그 부분의 최고 위치에 공기빼기 벤트를 설치하여야 한다. 아울러 시공시 가능한 관의 구부러짐을 막아서 마찰손실을 최소화하여야 한다. 펌프 흡수라인의 경우 굴곡이 심하면 마찰손실이 클 뿐만 아니라 공기고임 현상도 발생되므로 흡입관의 수평배관은 펌프 측으로 올림 구배로 하고 수평배관에서 관경을 바꿀 경우는 편심레듀샤 등을 설치하여 공기고임을 막아야 한다.

⑤ 지하매설시 주의사항

지하매설의 깊이는 토질 및 지상의 조건을 충분히 고려하여 적어도 아스팔트 쮸트로

몇번 감아 방식처리를 한다. 차량이 횡단하는 구내도로를 배관이 횡단시는 이중관 또는 트렌취내 배관으로 하며 트렌취가 없는 구내도로를 횡단하는 배관은 그 깊이를 지표에서 관의 상단면까지 높이를 0.6m 이상으로 한다. 지하매설관에는 진동에 약한 나사 접속관을 쓰지 않는 것이 바람직하나 이것을 사용할 경우에는 나사부의 노출부분에는 유효하게 방식처리를 한다. 한냉지에서 지하매설의 깊이는 그 토지의 최저기온을 기준으로 하여 적용하여야 한다.

4) 배관의 부식방지 조치

주철관, 강관, 이음매 등 금속성의 재료는 산화에 의해서 청(녹)을 발생시킨다. 이것을방지하기 위하여 도장을 한다. 그러나 지하매설 누수가 많아 화학적으로 방수처리를 한화장실 등의 장소에서는 산, 알카리 또는 전기적으로 부식될 염려가 있음으로 배관 등에 외장피복을 할 필요가 있다. 방식재료로서는 내산, 내알카리성 및 전기절연성이 있어야하고 배관 등의 팽창, 수축, 기타 외부적 충격에 대해 쉽게 이탈되지 않으며 배관에 잘 부착되고 가능한 공기 및 수분을 통과시키지 않으면서 아울러 현장시공이 용이하여야 한다. 일반적으로 콘크리트 매설배관, 적토, 석회 등의 토질에 매설하는 강관 또는 동관에는 방식처리를 하고 전차궤도, 변전소 가까이에 매설되는 강관 등에 대하여는 절연재의 가공을 실시한 다페트로락탐계 테이프를 처리한 상태에서 핀홀(pinhole)등이 발생한 경우 처리를 하지 않은 채로 매설하였을 때보다 부식이 심하므로 전문가에게 시공을 의뢰하여야 하며, 또한, 피복강관의 시공은 지정된 시공방법에 따라서 전용이음새를 사용하는 것이 중요하다.

5) 동파 방지조치

동절기 또는 한냉지에서 옥내·외 밸브류는 기온의 저하에 따라 배관내의 온도가 0℃ 이하로 떨어져 동파하는 사고가 빈번하게 발생한다. 동결사고는 발생하고 나서 대처하기에는 어려움이 많음으로 관로의 결정시 배관하는 장소의 실내 온도환경을 사전에 검토하여 가능한 저온으로 되는 장소는 피하는 것이 중요하다. 이러한 동결방지조치를 소홀히 하면 화재가 빈번한 겨울철에 동파를 이유로 배관내 물을 빼 버리는 경우도 있기 때문에 문제의 심각성이 있다.

현재 보온방법으로는 유리섬유(Glass Wool)를 주로 사용하고 있지만 대기에 노출된 부분은 한겨울에 동파될 가능성이 많은 게 현 상황이다. 부득이 0℃ 이하로 되는 장소에 배관을 하는 경우에는 동결방지 대책을 강구할 필요가 있으며 동결방지법으로는 다음의 것이 있다.

① 건물 내 난방법

건물 내의 실내온도를 0℃ 이상으로 유지토록 하는 것으로 비거실부분, 즉 화장실, 탕비실, 주방, 경우에 따라서는 기계실 등의 수평배관이 많은 곳을 난방하여야 함으로 비경제적인 문제점이 있다.

② 보온법

이 방법은 물의 온도가 0℃ 이하가 되지 않도록 단열재를 씌워 대처하는 것으로 야간 난방 정지와 함께 실온이 저하되어 익일 난방 전까지 동결 가능성이 있는 경우에 채용된다.

③ 가열법

이 방식은 물의 온도가 0℃ 이하가 되지 않도록 가열하는 것으로 정온전선을 이용하여 배관에 직접 감는 방법 등으로 열을 발생시킨다. 이러한 방식은 외부 노출배관, 주차장, 로비 등 난방에 의하여 실내온도를 0 ℃이상 유지시킬 수 없는 장소의 배관류에 적용된다.

정온전선을 이용한 보편적인 온도보상 방법에는 Electric Heating System을 들 수 있다. Electric Heating System에는 구조적 기능상으로 Constant Wattage Type과 Self Regulating Type으로 구분되며 내구성, 내약품성, 절연성 등이 우수하다. 수명이 반영구적인 Self Regulating Type이 산업프랜트, 아파트, 주택 등의 각종 Pipe Line에 보편적으로 사용되고 있다.

④ 물의 유동법

흐르는 물이 잘 동결되지 않는 점에 착안, 물이 정체되어 있지 않고 상시 흐르도록 하는 방안으로 급수관의 경우 최말단 급수 주관을 물탱크로 되돌려 배관내의 유수를 정지시키지 않는 방법이다. 이 방법은 극한냉지 또는 온도 급강하 시 비효과적인 점이 있음으로 적용시 주의를 요한다.

⑤ 배관내 물의 제거

이 방식은 사용 시 이외는 물을 배관에서 비워두고 영상의 온도유지가 가능한 장소에 물을 보관하였다가 필요시 사용하는 방안으로 신속한 사용을 목적으로 하는 소화설비에서는 주의할 필요가 있다.

⑥ 매설법

배관을 동결온도 이하로 매설하는 것으로 옥외 설비에서 주로 채택되는데 밸브박스 등에 대해서는 맨홀로 하고 보온 조치하는 등의 주의가 필요하다.

⑦ 부동액 주입법

배관내 물에 부동액을 주입시키는 방법으로 난방 또는 전열선 방식이 곤란한 경우 또는 경제적인 문제를 고려하는 경우 적용된다.

6) 배관마찰손실

다음 식의 합계에 의하여 산출한다.

합계 배관마찰손실 = (직관손실) + (부속부품, 밸브류 손실)

① 직관손실

파이프 부분에 발생하는 손실을 말하며 다음 계산식으로 산출한다.

- 동일배관구경으로 동일유량의 파이프 길이 × 손실계수 = 직관손실

② 이음새, 밸브류 손실

부속부품 및 밸브를 파이프의 길이에 상당한 직관상당길이를 계산하는 방식으로 산출한다.

- 동일구경으로 동일유량의 이음새, 밸브 수 × 부속부품, 밸브를 직관상당 파이프 길이로 환산한 값 = 해당 직관길이
- 동일구경으로 동일유량 시 해당직관 길이 × 손실계수 = 부속부품, 밸브류 손실

※ 손실계수 : 구경파이프로 유량이 흐를 때 발생하는 1m당 손실

$$H = 1.2 \times \frac{Q^{1.845}}{D^{4.87}}$$

H : 손실 (m)(100m)

Q : 유량 (ℓ /min)

D : 관의 크기 (㎝)

(10) 옥내소화전함 및 옥내소화전방수구 등

1) 옥내소화전함

옥내소화전함은 원래 초기 화재에 사용하는 것으로 관계자 이외의 사람도 사용할 수 있도록 눈에 띄는 장소에 설치하는 것이 좋다. 특히 한사람에 의한 조작이나 불특정다수인의 사용이 충분히 예상되므로 구획된 비상용 엘리베이터 로비, 계단실내에 설치하는 것을 피하는 것이 좋다. 또한 옥내소화전방수구의 조작이 용이하고 소방호스, 관창등을 수납할 수 있도록 충분한 내부공간을 가지는 것이어야 한다. 상부에는 위치표시등(적색등), 가압송수장치의 기동표시등, P형발신기, 음향장치(경종) 등으로 구성되어 있다.

특히 수동기동방식은 소화전함 상단에 녹색과 적색의 누름버튼이 있으며, 이것이 가압송수장치의 기동 및 정지용 스위치로서 작동버튼을 누르면 가압송수장치가 작동하면서 기동표시등이 점등하게 된다.

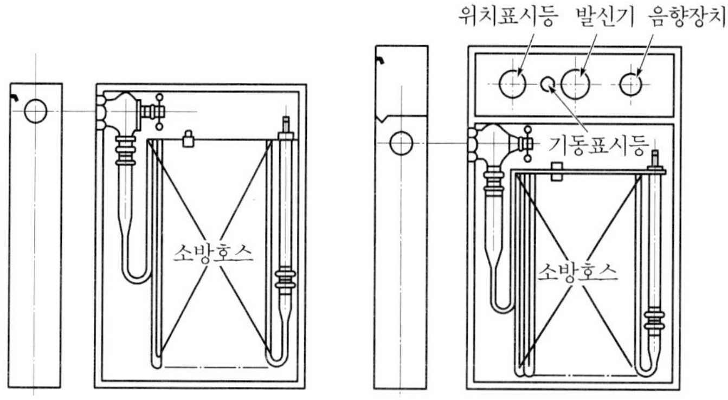

그림 3.7.27. 옥내소화전함의 예

표시등은 불빛이 부착면과 15° 이상 각도로 발산하여 10m의 거리에서도 식별할 수 있어야 하며 적색등으로 한다.

옥내 소화전함 표시등 설치기준

① 옥내소화전설비의 위치를 표시하는 표시등은 함의 상부에 설치하되, 그 불빛은 부착면으로부터 15° 이상의 범위 안에서 부착지점으로부터 10m이내의 어느 곳에서도 쉽게 식별할 수 있는 적색등으로 한다.

② 가압송수장치의 시동을 표시하는 표시등은 옥내소화전함의 상부 또는 그 직근에 설치하되 적색등으로 한다.

③적색등은 사용전압의 130%인 전압을 24시간 연속하여 가하는 경우에도 단선, 현저한 광속변화, 전류변화 등의 현상이 발생되지 않아야 한다.

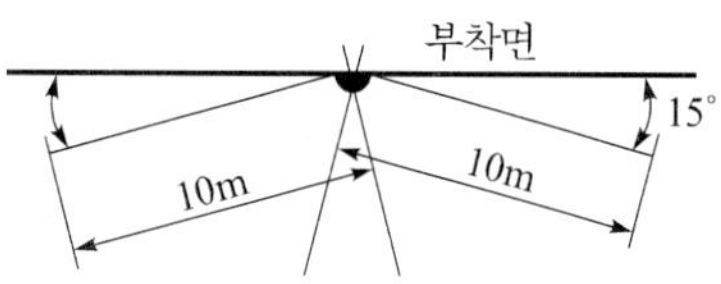

2) 옥내소화전방수구

옥내소화전방수구(소방호스연결)는 소방대상물 층마다 설치하며 층의 각 부분으로부터 수평거리는 25m 이하로 설치하여야 한다. 옥내소화전방수구의 높이는 바닥면으로부터 1.5m 이하로 설치하여야 한다.

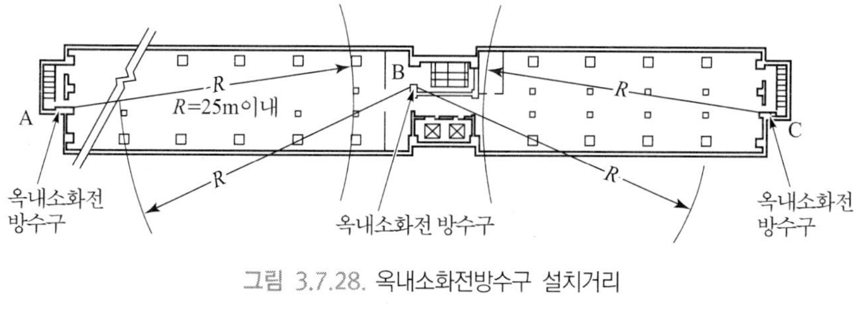

그림 3.7.28. 옥내소화전방수구 설치거리

옥내소화전방수구는 40㎜ 또는 65㎜의 호칭으로 구분하며, 소방호스에 연결되어 사용되는 것으로서 소방호스의 접합부가 나사식 또는 차입식으로 되어 있다. 대부분 소방호스의 접합부는 나사식연결금속구가 많이 사용된다.

① 재질

재질은 청동주물에 적합한 것 또는 동등 이상의 강도 및 내식성을 가진 것으로 45°형, 90°형, 180°형 등으로 구분된다. 현재 국내에선 90°형 옥내소화전방수구가 대부분 생산되고 있으며 일명 앵글밸브라고도 부른다.

② 내압력 또는 최대사용압력

20kg/㎠의 수압시험을 실시하여 이상이 없는 제품이 사용된다. 외국의 경우 상수도와 직결하여 사용하는 5kg/㎠ 미만의 저압용 옥내소화전방수구는 10kg/㎠의 내압력 시험에 통과한 제품이 사용된다.

③ 방수압력 및 방수량

소방대상물의 어느 층에 있어서도 당해 층의 옥내소화전방수구(5개 이상 설치된 경우에는 5개의 옥내소화전방수구)를 동시에 사용할 경우 노즐 끝에 있어서 방수압력은 1.7kg/㎠ 이상이고, 방수량은 130ℓ /min 이상이 되어야 한다. 방수압력이 7.0kg/㎠를 초과할 경우에는 감압장치를 설치하여 규정압력을 유지하여야 한다. 현재 국내에서는 감압밸브(감압오리피스)를 사용하는 방식이 대부분이며, 외국에서는 정압, 정류량 자동조절형 옥내소화전방수구 및 방수구내 잔류수를 자동배수 할 수 있는 오토드립형옥내소화전방수구도 개발되어 사용되고 있다.

감압밸브 예

(11) 밸브류

밸브의 주요 사용목적은 대별하여 열림, 닫힘, 조정, 역지방지의 4가지 목적을 달성하는데 필요한 것이라고 요약할 수 있다. 내부구조에 따라 게이트(Gate), 글로브(Globe), 볼(Ball)밸브 등으로 분류되며, 근래에는 작동의 편리성 때문에 원터치방식의 버터플라이(Butterfly)밸브와 볼밸브가 많이 사용되고 있다. 각각의 밸브는 사용유체의 온도, 압력, 밀도, 유속, 유량, 부식성 등에 있어 그 특성이 다르므로 신중히 선택하여 적용하여야 한다.

소방설비 등에 사용되는 대표적인 밸브등의 예는 다음과 같다.

1) 게이트밸브(Gate Valve)

소화설비에서는 제어밸브로서 개폐표시형 밸브를 사용하도록 규정하고 있으며 이는 평소에 밸브의 개방 상태를 용이하게 식별하기 위함이다. 개폐표시형 밸브로서는 OS & Y (Outside Screw & Yoke)밸브와 버터플라이밸브가 있으며, 최근에는 스톱(Stop)밸브와 체크(Check)밸브를 겸하는 것이나 밸브 외부에 탬퍼스위치 등을 부착하여 개폐상태를 수신반에서 확인할 수 있도록 한 밸브가 많이 사용되고 있다.

밸브외부에서 개폐상태를 확인하는 방법은 모니터 스위치나 탬퍼스위치를 게이트밸브의 밸브대 주변에 설치하는 것으로서 게이트밸브를 열고 닫을 때 밸브대가 안쪽과 바깥쪽으로 이동됨에 따라 여기에 전기적 스위치를 달아서 스위치를 ON-OFF하게 되어 개폐밸브의 개폐상태를 전기적신호로 내 보내는 것이다. 그러나 소방시설의 유지관리가 취약한 대상물에서는 고의적으로 게이트밸브를 폐쇄한 곳도 많으므로 유럽 쪽에서와 같이 밸브가 개방된 상태에서 체인이나 가죽끈으로 자물쇠 고리를 만들어 잠그는 엄격한 설비관리를 제도화할 필요성도 있다.

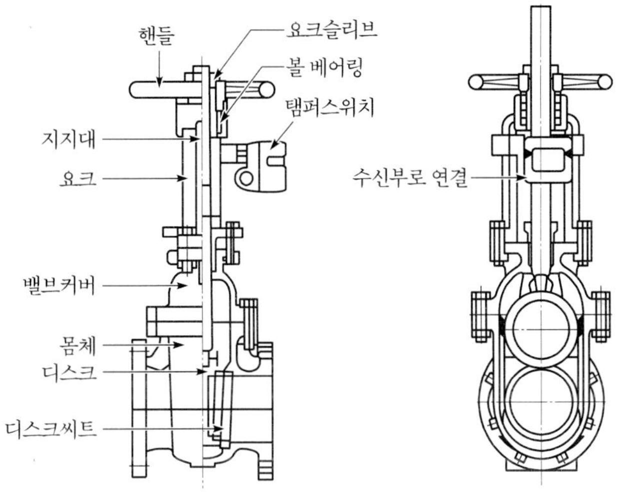

그림 3.7.29. 게이트밸브(OS & Y)의 예

2) 체크밸브(Check Valve)

유체의 흐름을 한 방향으로만 유지하기 때문에 Non-return 밸브라고도 한다. 체크밸브로는 대표적으로 스윙체크식, 리프트체크식, 틸팅디스크식 등이 있다. 스윙체크밸브의 운전특징은 힌지핀을 중심으로 디스크가 유체의 흐름에 따라 열리면 개방되고 유체가 정지하면 밸브 2차측의 압력과 디스크의 무게에 따라 닫히는 구조이다. 이 밸브의 시트(Seat)와 디스크(Disk)의 맞닿는 부분은 선반 가공만으로는 완전한 밀폐가 되지 않아 랩핑(Lapping)가공을 하여야 하는 등 공정상의 어려움이 뒤따르며, Hinge Pin-Hole 가공시 수평이 맞지 않아 일일이 재가공을 해야하는 번거로움과 하자 발생으로 인하여 분규사례가 많이 있다. 리프트체크밸브는 맥동이 있는 유체나 비교적 유속이 높은 배관계통에 적합한 구조를 갖고 있다. 우리나라에서는 스모렌스키체크밸브로 소개된 리프트(Lift)타입의 밸브가 많이 사용되고 있으나 이런 종류의 체크밸브는 마찰손실이 큰 단점이 있다.

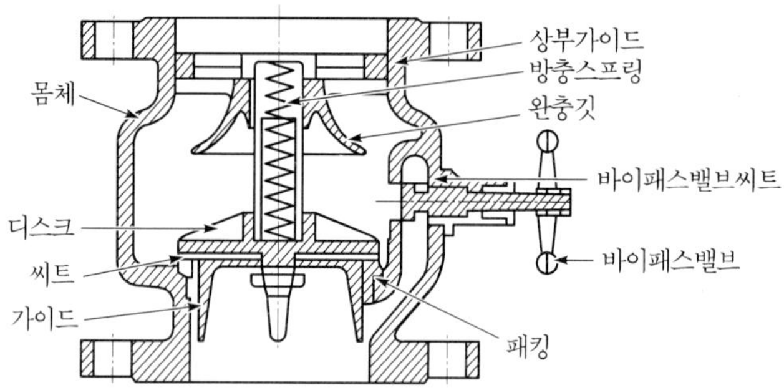

그림 3.7.30. 스모렌스키 체크밸브의 예

3) 볼밸브(Ball Valve)

소방시설에 있어서는 주로 소형으로서 긴급 해제밸브(수동기동밸브), 게이지 또는 압력스위치 등의 개·폐용으로 널리 사용되고 있다. 그러나 급작스런 개폐작용으로 인하여 게이지 및 스위치에 급격한 충격을 주어 접점에 손상을 시키거나 기기를 손상시키는 경우가 많음으로 이들 부분은 전용의 게이지밸브 또는 니들밸브(Needle)를 사용하는 것이 원칙이다. 이들 밸브는 유속이 통과하는 관경이 작게 되어 있어 심한 충격이 기기에 직접 전달되지 않기 때문이다.

볼밸브는 개·폐가 쉽고 테프론(Teflon)으로 시이트(Seat)가 되어 기밀유지가 잘되는 장점은 있으나 이물질에 약하므로서 소방설비에 있어서는 신중히 고려하여 적정한 대상물에만 사용하는 것이 바람직하다.

그림 3.7.31. 볼밸브의 구조

4) 푸트밸브(Foot Valve)

이 밸브는 소방시설뿐 아니라 여타 설비에 있어서도 유지관리가 어렵고 하자가 발생해도 쉽게 접근하여 보수에 임할 수 없는 특징을 가지고 있다. 수조내의 불순물에 의하여 체크 기능을 상실할 우려가 높음으로 시공완료 후에는 수조내 불순물의 제거조치를 실시하여야 한다. 푸트밸브를 선정할 때 스트레이너 부분이 엉성하게 생긴 것은 가급적 피하고 촘촘히 제작된 것을 선정하되, 밸브내 유속 통과경에 비하여 바스켓의 유속통과면적이 2배이상 되는 지를 계산해보는 것이 바람직하다. 이 흡입단면적이 좁으면 펌프의 임펠러 부분에 케비테이션현상이 발생되어 펌프를 손상시킬 우려가 있기 때문이다.

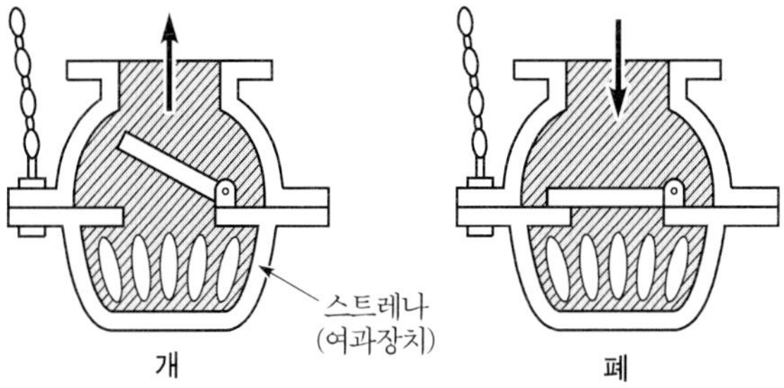

그림 3.7.32. 푸트밸브 구조의 예

5) 릴리프밸브(Relif Valve)

릴리프밸브는 펌프의 토출측에 부착하는 밸브로서 펌프의 체절압력 즉 토출측의 게이트밸브를 폐쇄하고 펌프가 올라갈 수 있는 최대압력 미만에서 개방되도록 압력치를 설정하여 설치하는 밸브이다. 소방에 사용하는 릴리프밸브는 10kg/㎠, 20kg/㎠용이 대부분 사용되고 있으며 펌프의 토출측밸브를 잠그고 펌핑하여 14kg/㎠의 압력이 상승한다면 현장에서 13kg/㎠ ~ 13.5kg/㎠로 셋팅하여야 한다.

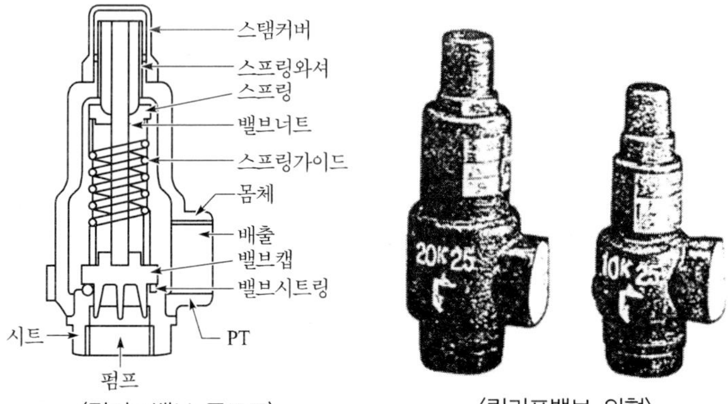

〈릴리프밸브 구조도〉 〈릴리프밸브 외형〉

그림 3.7.33. 릴리프밸브의 예

(12) 호스 및 노즐

노화, 손상, 부식 등이 없어야 한다. 특히 90년대 초반까지 생산된 고무내장소방호스의경우 현재 주류를 이루고 있는 합성수지내장 소방호스와 달리 내장고무의 노화현상이 있음으로 갈라짐, 접착에 의한 유로의 폐쇄 등을 주의있게 살펴보아야 하며 이상이 있는 제품은 교체토록 하여야 한다. 아울러 소방호스는 옥내소화전과 용이하게 착탈가능한 상태인 것을 확인하여야 한다. 비정상 상태이기는 하나 소화전함에 관창이 없거나 옥내소화전방수구의 개폐핸들을 무리하게 조여 놓아 화재시 사람의 힘으로 개방할 수 없는 곳이 있을 수 있음 으로 주의 있게 살펴볼 필요성이 있다.

1) 규정 방수압력 및 방수량 측정

① 봉상방수(棒狀放水)의 측정(노즐구경 D : 13㎜)

피토관 선단을 노즐구경(D)의 D/2의 위치에 두고 유량을 측정한다.

유의사항

버어니어캘리퍼스 등으로 노즐내경을 측정하여야 한다.

② 피토관에 의해 측정할 수 없는 것 또는 분무노즐방수의 측정

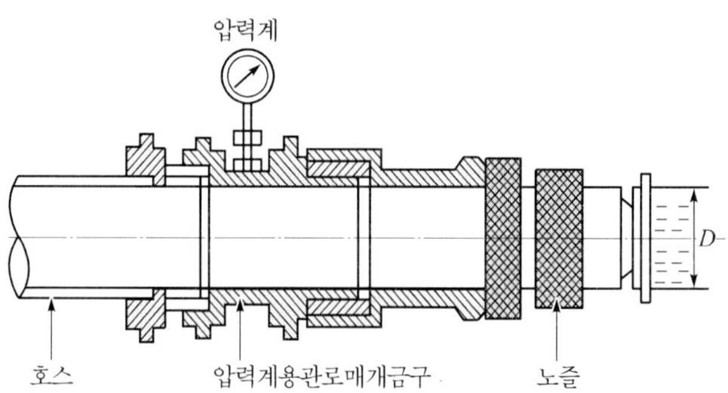

그림 3.7.34. 압력계용관로매개금구를 이용한 방수량 측정

③ 방수량의 산정 : 방수량은 다음의 계산식에 의하여 산출한다.

$$Q = KD^2P^{0.5}$$

Q : 노즐로부터의 방수량(ℓ /min)

K : 0.653(상수)

D : 노즐구경(㎜)

P : 방수압력 (kg/㎠)

④ 방수압력 : 1.7kg/㎠ 이상 7kg/㎠ 이하, 방수량은 130ℓ /min 이상이어야 한다.

유의사항

1. 점검의 효율화를 높이기 위한 방안으로 미리 P의 수치를 기초로 데이터를 작성해두면 현장계산을 생략할 수 있다.
2. 방수시험시는 압력에 의해 소방호스의 신장이나 비틀림을 일으키므로 조작이 곤란하게 되는 것을 주의하여야 한다.
3. 호스가 무리하게 구부러지는 경우 옥내소화전방수구와 소방호스결합부에 누수를 초래하는 경우가 발생하므로 주의하여야 한다.
4. 방수압력 7kg/㎠는 매우 위험도가 높은 압력이므로 호스를 취급할 때 충분히 주의하여야 할 필요성이 있다.

⑤ 노즐 방수압력 제한

규정방수압력을 초과시 안전한 방수조작이 가능하도록 압력을 제한하기 위한 조치가 필요하다.

1. 방수압력의 범위

   법령상으로는 1.7~7.0kg/㎠이 제한 범위이나, 무리없이 안전하게 조작할 수 있는 압력은 약 4kg/㎠ 정도까지고 이 이상은 어느 정도의 훈련을 요한다.

2. 방수압력의 제어

   적절한 방수압력으로 제어하기 위한 다음과 같은 방법이 있다.

   가. 감압변(또는 감압 오리피스)을 옥내소화전방수구에 설치하는 방법

   옥내소화전방수구와 소방호스 사이에 오리피스형의 아답터(adapter)를 설치하여 방수압력을 제어하는 방식이다. 옥내소화전방수구의 유량 또는 압력에 비례하여 사용하는 오리피스의 크기를 변경함으로서 일정유량, 일정압력을 유지할 수 있도록 한다. 이는 1차측 압력이 13kg/㎠ 이하일 때 2차측 압력을 3.5~4kg/㎠ 정도까지 제어할 수 있으며 사용하는 오리피스의 크기에 따라 압력의 제어치가 변하게 된다.

   나. 소방펌프(가압송수장치)와 배관계통을 별도로 하는 방법

   건물을 상하의 구역(zone)으로 나누고 각각의 전용펌프를 최저위치에 설치한다. 이 방법은 고층부분을 담당하는 펌프의 양정이 크게되어 배관, 밸브 및 부속기기 등 제품의 허용압력이 큰 것을 사용할 필요성이 있다.

   다. 중계펌프 설치방법

   건물을 층으로 구획하여 구획별로 중계용 펌프를 설치하는 방법이다 초고층건물의 증가와 함께 수요가 증가하는 방법이나 사용펌프가 증가함으로서 설비비가 상승하

게 된다.

라. 감압밸브를 설치하는 방법

옥내소화전방수구와 주배완 사이의 가지배관(枝管)에 감압밸브를 설치하는 방법으로서 설치층을 제한하고 있어 최하층에서부터 3층 이내에서만 사용 가능하다. 중계펌프를 설치하는 경우에도 3층 이내에서 사용하여야 하며 이러한 방법으로의 설치된 예는 극히 적다.

(13) 비상전원

옥내소화전설비의 비상전원은 당해 설비의 가압송수장치등을 20분 이상 작동시킬 수 있는 용량을 가진 전원을 말하며, 그 분류는 비상전원수전설비, 자가발전설비, 축전지설비등으로 구분할 수 있다. 즉 상용전원이 정전되는 경우 비상전원으로 당해 설비를 작동할 수 있게 설치되는 전원을 말한다.

(14) 제어반

옥내소화전에는 제어반을 설치하되 내연기관, 고가수조 등에 의한 가압송수장치를 사용하는 옥내소화전, 기타 법에 정하는 소방대상물을 제외하고는 감시제어반과 동력제어반으로 구분하여 설치하여야 한다. 감시제어반은 옥내소화전설비의 제어·감시 및 조작 등을 감시하기 위한 제어반이며, 동력제어반은 동력의 공급·차단·예비전원으로 전환 및 감시등을 위한 것이다.

3.7.6 옥내소화전설비의 점검방법등

(1) 외관 등

점검사항			점검내용
수 원	저수조		변형, 손상, 누수, 현저한 부식등
	수량		규정 수량의 확보 여부
	수위계 및 압력계		변형, 손상등이 없고 지시치의 적정여부 확인
	밸브류		배수관, 급수관, 급기관등의 밸브류등이 새거나 변형, 손상등 및 개폐장치 정상여부 확인
전동기 제어 장치	제어반	주위의 상황	사용상의 장애물설치 유무 확인
		외관	변형, 손상, 탈락, 부식등의 여부 확인
	전압계		변형, 손상등 및 전압적정 유지 확인
	개폐기 및 스위치류		변형, 손상, 탈락등 및 개폐위치 정상여부 확인
	표시		표시사항이 적합한지의 여부 확인

점검사항			점검내용
전동기 제어 장치	예비품등		각종 부품등을 예비확보 및 회로도 등이 구비되어 있는지 여부
	기동 조작부	주위의 상황	사용상의 장애물설치 유무 확인
		외 관	조작부에 대한 변형, 손상등의 유무
	기동용 수압개 폐장치	압력스위치	변형, 손상등 유무 확인
		기동용 압력밸브	변형, 손상, 누수, 현저한 부식등 및 압력지시치의 적정 여부 확인
가압송수장치			펌프 및 전동기등에 변형, 손상, 현저한 부식 등의 유무 확인
물올림장치		물올림탱크	변형, 손상, 탈락, 부식등의 유무 및 규정수량 이상으로 되어 있는지 여부
		밸브류	물올림관등의 밸브류가 새거나 변형, 손상등의 유무 및 개폐위치의 정상유무 확인
배관			새거나 변형, 손상등이 없고 물건 등에 기대거나 매다는데 사용되는지 및 밸브류 위치의 정상 여부 확인
옥내소화 전함 등	소 화 전 함	주위의 상황	사용상 장애물이 있는지 및 소화전함 표시의 적정 여부
		외 관	변형, 손상등의 유무 및 개폐장치 정상여부 확인
	호스및관창		보관상태 및 호스, 관창 등의 변형, 손상과 필요한 수량이 있는지 여부 확인
	옥내소화전방수구		새거나 변형 등이 없는지 확인
	표시등		변형, 손상, 탈락, 파손 및 점등되지 않는지 확인

(2) 작동 및 기능

점검사항		점검 내용
수원	물의상태	현저한 부패, 부유물, 침전물 등의 유무확인
	급수장치	변형, 손상, 현저한 부식등이 없고 기능의 정상 여부 확인
	수위계 및 압력계	정상적인 작동여부 확인
	밸브류	개폐조작이 쉬운지의 여부 확인
전동기제어장치	개폐기 및 스위치류	단자가 고정되어 있고 개폐기능의 정상여부 확인
	퓨우즈류	손상, 溶斷등이 없고 적정한 종류 및 용량을 사용하는지 여부 확인
	계전기	탈락, 단자의 고정불량, 접점의 소손먼지등의 부착이 없고 기능의 정상 여부 확인
	표시등	정상적인 점등여부 확인
	결선접속	단선, 단자의 풀림, 탈락, 소상 등의 유무 확인
	접지	현저한 부식, 단선등의 손상유무 확인
기동장치	기동조작부	직접조작부 및 원격조작부 기능의 정상여부 확인
	기동용수압개폐장치	압력스위치의 단자가 고정되어 있으며 설정압력치가 설치도면의 것과 일치되며 작동압력치가 적정한지의 여부 확인

<table>
<tr><th colspan="4">점검사항</th><th>점검 내용</th></tr>
<tr><td rowspan="12">가압송수장치</td><td rowspan="9">펌프방식</td><td rowspan="4">전동기</td><td>회 전 축</td><td>원활한 회전여부 확인</td></tr>
<tr><td>베어링부</td><td>윤활유가 현저한 오염, 변질등이 없고 필요량의 충전여부</td></tr>
<tr><td>축 부 속</td><td>허술하게 풀려 있거나 기능의 정상여부 확인</td></tr>
<tr><td>본 체</td><td>기능의 정상여부 확인</td></tr>
<tr><td rowspan="5">펌프</td><td>회 전 축</td><td>원활한 회전여부 확인</td></tr>
<tr><td>베어링부</td><td>원활유의 현저한 오염, 변질등이 없고 필요량의 충전여부 확인</td></tr>
<tr><td>그랜드부</td><td>현저한 누수의 유무 확인</td></tr>
<tr><td>연성계 및 압력계</td><td>정상 작동여부 확인</td></tr>
<tr><td>성 능</td><td>정상여부 확인</td></tr>
<tr><td colspan="3">고가수조방식</td><td>압력의 정상여부 확인</td></tr>
<tr><td colspan="3">압력수조방식</td><td>압력저하 방지장치의 정상작동 여부 확인</td></tr>
<tr><td colspan="3">감압조치</td><td>감압밸브등의 새거나 변형, 손상등이 없고 기능의 정상여부 확인</td></tr>
<tr><td rowspan="4">물올림장치</td><td colspan="3">밸브류</td><td>개폐조작이 쉬운지의 여부 확인</td></tr>
<tr><td colspan="3">자동급수장치</td><td>변형, 손상, 현저한 부식등이 없고 기능의 정상 여부 확인</td></tr>
<tr><td colspan="3">자동경보장치</td><td>변형, 소상, 현저한 부식등의 없고 기능의 정상 여부 확인</td></tr>
<tr><td colspan="3">후드밸브</td><td>흡수를 장해하는 이물이 붙어있거나 막힌데가 없고 택크효과의 정상 여부 확인</td></tr>
<tr><td rowspan="3">배관</td><td colspan="3">밸 브 류</td><td>개폐조작이 쉬운지 여부 확인</td></tr>
<tr><td colspan="3">여과장치</td><td>여과망의 변형, 손상 이물의 축적등의 유무 확인</td></tr>
<tr><td colspan="3">순환배관</td><td>배수의 적정 여부 확인</td></tr>
<tr><td rowspan="2">소화전함등</td><td colspan="3">호스 및 노즐</td><td>손상, 현저한 부식등이 없고 결합이 쉬운지의 여부 확인</td></tr>
<tr><td colspan="3">소화전개폐밸브</td><td>개폐조작이 쉬운지의 여부 확인</td></tr>
</table>

(3) 종합정밀점검

<table>
<tr><th colspan="2">점 검 사 항</th><th>점검 내용</th></tr>
<tr><td rowspan="3">펌프방식</td><td>기 능 등</td><td>1. 가압송수장치의 정상작동여부 확인
2. 표시·경보등의 적정여부
3. 전동기운전 전류의 적정여부 확인
4. 운전중에 불규칙적 또는 불연속한 잡음이나 이상한 진동, 발열 등 발생여부 확인</td></tr>
<tr><td>방수압력</td><td>규정압력 범위내인지 여부 확인</td></tr>
<tr><td>방 수 량</td><td>규정 방수량 이상여부 확인</td></tr>
<tr><td rowspan="2">배관·소화전함등</td><td>방수압력</td><td>규정 압력범위내인지 여부 확인</td></tr>
<tr><td>방 수 량</td><td>규정량 이상인지 여부 확인</td></tr>
</table>

실 전 문 제

문제 1　주. 보조펌프의 압력설정 방법을 논하라.

문제 2　펌프의 운전시 병렬 운전과 직렬 운전의 양정, 유량특성, 운전점, 특성을 설명하라.

문제 3　소화펌프의 유량성능시험 방법에 대하여 설명하시오.

문제 4　연면적 90,000㎡ 지하 2층, 지상 12층 오피스 건물의 물탱크를 지하2층에 설치할 때 소화설비 및 용수설비 소요수원 합계량은?
조건 : 건물 구조상 옥탑 물탱크 소요수원 합계량은?
전층 S/P 설비가 되고 옥내소화전은 층별 10개씩 설치

문제 5　소화펌프 온도상승 방지장치에 대하여 일본과 NFPA, 한국의 기준을 쓰시오.

문제 6　직사각형 관창(노즐)에서의 방수량 Q(lpm) , 노즐 오리피스 직경 d (mm), 방수압력 p(kg/㎠), 오리피스 흐름계수를 C라고 할 때 $Q \fallingdotseq 0.653[cd]d^2\sqrt{p}$의 관계가 성립된다. 이 관계식을 유도하시오.

문제 7　충압펌프의 토출압력의 문제점 및 개선방안을 설명하시오.

문제 8　소화수조중 압력수조의 사용 효과는?

문제 9　소화펌프의 작동시 발생하는 제현상 주 공동현산의 발생원인과 방지대책에 대하여 기술하시오.

문제 10　소화설비의 가압송수 장치 종류와 설치기준에 대하여 설명하시오.

문제 11　펌프에서 발생할 수 있는 공동현상(케비테이션)의 예방 방법을 최소한 4가지 제시 하시오.

문제 12　NFPA의 기준에 의거 다음의 조건을 참고로 주펌프와 보조펌프의 압력셋팅을 하시오.

구 분	주펌프	보조펌프
토출량	2400ℓpm	60ℓpm
정격토출압	120PSI	135PSI

※ 최대 및 최소 정수압은 각각 10PSI, 5PSI이다.

문제 13 마노미터의 압력차가 20㎜Hg일 경우 가압송수장치의 토출량을 구하면 몇 ℓpm인가 구하시오.
(단, D_1 : 100㎜, D_2 : 50㎜)

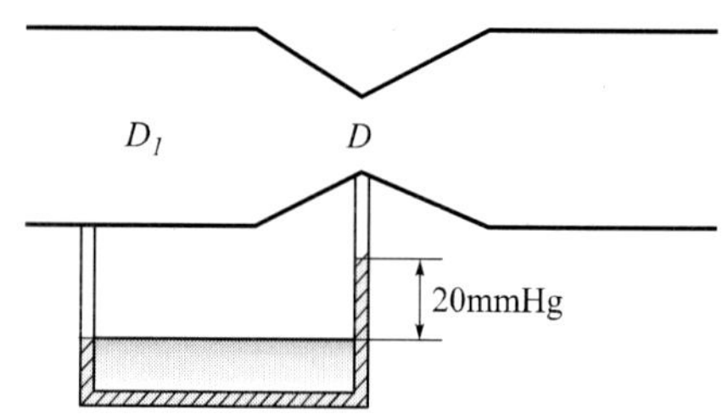

문제 14 어느 수계소화설비에 설치된 직관과 관부속류의 전체 상당길이 L은 30(m), 배관의 내경 D는 65(mm), 조도계수 C는 100, 유량 Q는 1500(ℓpm)일 때의 압력손실(kg/cm^2)을 계산하시오.

문제 15 소방용 릴리프밸브(Relief V/V)와 스트레이너(Strainer)의 구조에 대하여 기술하시오.

문제 16 옥내소화전설비의 비상전원용 축전지설비의 설치기준과 축전지설비의 용량을 계산하는데 필요한 조건에 대하여 기술하시오.

문제 17 소화배관내의 임의 지점을 통과하는 체적유량 또는 노즐로부터의 방출유량을 계산하는데 사용하는 식 $Q=0.6597d^2\sqrt{p}$ 가 있다. 이식의 유도과정을 기술하시오.

문제 18 소화펌프에서 발생할 수 있는 공동현상(Cavitation)의 개요, 판정방법, 발생원인 및 현상, 방지대책에 대하여 각각 기술하시오.

문제 19 옥내소화전설비 배관의 수압시험 시 압력산정기준 및 시험방법을 기술하시오.

문제 20 소화펌프의 부식에 영향을 미치는 요인과 방식(防蝕)대책을 기술하시오.

문제 21 원심펌프의 흡입 측에서 손실수두가 발생 시 원인 및 펌프성능에 미치는 영향을 설명하시오.

문제 22 마찰손실을 무시하고 열전달이 없는 경우에 에너지보존의 법칙으로부터 베르누이방정식을 유도하고 배관의 두 지점 사이에 펌프가 존재하고 손실수두를 고려하는 경우에 대한 수정 베르누이방정식을 제시하시오. 또한 점 1과 2가 다음과 같을 때 각각 수정 베르누이방정식을 제시하고 그 이유를 기술하시오.

(1) 1= 지하수조의 수면, 2= 옥상수조의 수면
(2) 1= 지하수조의 수면, 2= 옥내소화전 노즐선단
(3) 1= 펌프의 흡입측 연성계 부착지점, 2= 펌프의 토출측 압력계 부착지점

문제 23 어느 소화설비의 상류측 배관 내경이 25㎝, 하류측 배관 내경이 40㎝ 확대배관인 경우 상류측 배관의 유속과 압력이 각각 1.5m/sec, 100㎪일 때, 하류측 소화배관에서 소화수의 유속[m/sec]과 압력[㎪]을 계산하시오.

문제 24 소화설비의 배관 내경이 10㎝인 관로상에 지름이 2㎝인 오리피스가 설치되었을 때 오리피스 전후의 압력수두 차이가 120㎜일 경우의 유량을 계산하시오.(단, 유동계수는 0.66이다.)

문제 25 소방펌프의 성능시험에 있어서 유량 측정방법의 종류를 설명하고, 소방펌프의 Test 방법 및 절차에 대하여 설명하시오.

문제 26 충압펌프가 빈번히 기동정지 되는 원인을 설명하시오.

문제 27 옥내소화전설비에서 비상전원이 필요한 설치소방대상물의 규모와 유효한 용량(시간)을 설명하시오.

3.8 스프링클러설비

3.8.1 스프링클러설비의 개요

스프링클러설비의 역사는 1723년도 최초로 한 통에 소화액(일반물)과 화약통을 연결하여 불이 화약통에 점화되었을 때에 소화액이 방출하도록 되어 있는 것이 사용되었고 1806년에는 급수배관에 일렬로 구멍을 뚫어 사용하는 방식으로서 주배관에 밸브를 설치하고 밸브에 추를 줄로 연결한 후 줄이 불에 타서 추가 떨어질 때에 밸브가 개방되는 방법을 이용하여 설치되기 시작했으며 1812년경 이후엔 43.3 ℃의 용융시멘트 줄이 이용되기 시작하였다. 또한 1850년대에는 여러개의 방수관 스프링클러가 사용되었으며 1861년도에는 가용금속을 사용한 설비가 발명되었고 1863년도에는 방수구가 있는 관을 사용하게 되었다. 이후 스프링클러는 1872년도 미국에서 상품화가 이루어져 New England 지방의 면화류(섬유)취급 공장에 대규모의 화재손실을 최소화하기 위한 목적으로 설치되어 1885년경까지 화재로부터 재산손실을 보호하는데 이용되었다.

3.8.2 스프링클러헤드의 역사

스프링클러헤드의 개발은, 1874년도에 헤드에 강한 스프링으로 물의 수압력을 견디도록 구성하고 스프링을 저온 용융금속인 두 개의 지지대에 연결하여 용융금속이 녹아 스프링이 작동되는 형태의 것과, 1875년도에 방수구에 놋쇠를 부착하고 부착되는 부분을 납땝으로 연결하고 열에 의하여 납이 용융될 때 물이 방출되는 형태가 개발된 후 이것들이 개선되어 발전됨으로서 현대 스프링클러헤드의 시초가 되었다.

그 후 1878년도에는 방수되는 부분에 회전식 홈이 있는 터빈을 이용하여 방수구가 이물질로 막히지 않도록 한 것과 휴즈메탈의 용융온도가 71 ℃에서 녹을 수 있도록 한 것들이 개발되어 1900대 초부터 1950대까지 사용되었으며, 1924년도에는 감열체를 깨어지기 쉬운 유리벌브를 사용한 스프링클러헤드가 최초로 개발되었고 계속적인 발전을 거듭하여 오늘날에는 다양한 화재 유형에 따라 선택 가능한 스프링클러헤드가 개발되어 널리 사용되고 있다.

3.8.3 스프링클러설비의 설치 목적

가. 스프링클러설비는 건축물내의 화재 시 해당 소방대상물의 보호를 목적으로 자동으로 화재를 감지하여 신속히 화재를 진압할 수 있도록 함을 그 목적으로 하며,

나. 스프링클러설비를 구성하는 제품은 수조, 가압송수장치(소화펌프), 배관, 스프링클러헤드, 유수검지장치, 일제개방밸브, 기동용수압개폐장치 등은 국가 형식승인대상 품목 등으로 일부 제품에 대하여는 형식승인 및 제품검사에 합격한 제품을 사용하여야 하며, 소방용내화전선, 소방용내열전선, 개폐표시형밸브, 소방용스트레이너, 소방용압력스위치, 소방용릴리프밸브, 소방용푸트밸브, 소방용합성수지배관, 송수구 등은 성능시험대상품목으로 제품승인 및 제품검사에 합격한 제품을 사용하도록 하고 있다.

3.8.4 스프링클러설비의 종류

스프링클러설비는 방호대상물, 설치장소 등에 따라 폐쇄형헤드를 사용하는 폐쇄형스프링클러설비와 개방형헤드를 사용하는 개방형스프링클러설비로 크게 구분하며, 폐쇄형스프링클러설비에서는 습식, 건식, 준비작동식시스템으로 분류하고 있다.

- 폐쇄형스프링클러 방식
  - 습식(Wet pipe system)
  - 건식(Dry pipe system)
  - 준비작동식(Preaction system)
- 개방형스프링클러 방식
  - 일제살수식(Deluge system)

가. 국내 화재안전기준에 의한 분류

스프링클러설비를 습식스프링클러설비, 건식스프링클러설비, 준비작동식스프링클러설비, 부압식 스프링클러설비, 일제살수식스프링클러설비로 구분하고 있다.

1) 습식스프링클러설비 : 가압송수장치에서 폐쇄형스프링클러헤드까지 배관 내에 항상 물이 가압되어 있다가 화재로 인한 열로 폐쇄형스프링클러헤드가 개방되면 배관 내에 유수가 발생하여 습식유수검지장치가 작동하게 되는 스프링클러설비를 말한다.

2) 부압식스프링클러설비 : 가압송수장치에서 준비작동식유수검지장치의 1차측까지는 항상 정압의 물이 가압되고, 2차측 폐쇄형 스프링클러헤드까지는 소화수가 부압으로 되어 있다가 화재 시 감지기의 작동에 의해 정압으로 변하여 유수가 발생하면 작동하는 스프링클러설비를 말한다.

3) 준비작동식스프링클러설비"란 가압송수장치에서 준비작동식유수검지장치 1차 측까지 배관 내에 항상 물이 가압되어 있고 2차 측에서 폐쇄형스프링클러헤드까지 대기압 또는 저압으로 있다가 화재발생시 감지기의 작동으로 준비작동식유수검지장치가 작동하여 폐쇄형스프링클러헤드까지 소화용수가 송수되어 폐쇄형스프링클러헤드가 열에 따라 개방되는 방식의 스프링클러설비를 말한다.

4) 건식스프링클러설비 : 건식유수검지장치 2차 측에 압축공기 또는 질소 등의 기체로 충전된 배관에 폐쇄형스프링클러헤드가 부착된 스프링클러설비로서, 폐쇄형스프링클러헤드가 개방되어 배관내의 압축공기 등이 방출되면 건식유수검지장치 1차 측의 수압에 의하여 건식유수검지장치가 작동하게 되는 스프링클러설비를 말한다.

5) 일제살수식스프링클러설비"란 가압송수장치에서 일제개방밸브 1차 측까지 배관 내에 항상 물이 가압되어 있고 2차 측에서 개방형스프링클러헤드까지 대기압으로 있다가 화재발생시 자동감지장치 또는 수동식 기동장치의 작동으로 일제개방밸브가 개방되면 스프링클러헤드까지 소화용수가 송수되는 방식의 스프링클러설비를 말한다.

나. NFPA Code에 의한 분류 :설비방식에 따라

- 습식스프링클러시스템 - 건식스프링클러시스템
- 준비작동식스프링클러시스템 - 일제살수식스프링클러시스템
- 건식/준비작동식조합(Combined)스프링클러시스템
- 동결방지 스프링클러시스템 - 일반급수설비에 연결된 스프링클러시스템
- 노출보호 스프링클러시스템으로 분류한다.

1) 습식스프링클러시스템

소화용수가 채워져 있는 배관에 폐쇄형스프링클러헤드를 부착하여 화재의 열로 인하여 스프링클러헤드가 개방되면 즉시 방수되도록 하는 시스템을 말한다.

2) 건식스프링클러시스템

압축공기 또는 질소가 들어 있는 배관에 폐쇄형 스프링클러헤드가 부착되어 있는 스프링클러시스템으로서 스프링클러헤드가 개방되어 압축공기가가 방출되면 수압에 의하여 건식유수검지장치가 개방되고 배관 내에 소화용수가 흘러 개방되어 있는 스프링클러헤드를 통하여 방사된다.

> ※ 건물 내 방호구역의 실내온도를 4℃이상으로 유지할 수 없는 장소에 사용

3) 준비작동식스프링클러시스템

배관누설감시용 압축공기 또는 대기압상태의 공기가 들어있는 배관에 폐쇄형 스프링클러헤드를 부착한 스프링클러시스템으로서 스프링클러헤드가 설치되어 있는 동일지역 내에 화재감지설비가 설치되어 있다.

> ※ 인터록준비작동식 스프링클러시스템은 방호구역 내 스프링클러의 우발적인 살수로 인한 침수피해로부터 시설물을 보호하기 위하여 사용된다.

4) 일제살수식스프링클러시스템

일제개방밸브를 통하여 급수배관과 연결되어 있는 배관에 개방형스프링클러헤드를 부착하는 스프링클러시스템으로서 일제개방밸브는 스프링클러헤드가 설치되어 있는 동일구역 내의 감지장치에 의하여 개방되며, 일제개방밸브가 개방 될 때 배관으로 소화용수가 흘러 그 배관에 부착된 스프링클러헤드를 통하여 방사된다.

5) 건식/준비작동식 조합스프링클러시스템

압축공기가 들어있는 배관에 부착되어 있는 스프링클러헤드를 사용하는 스프링클러시스템으로서 스프링클러헤드가 설치되어 있는 동일구역 내에 화재감지장치가 설치되어 있으며, 화재감지장치가 작동되면 기동장치가 작동하여 즉시 배관 내 압축공기의 손실이 없이 건식밸브가 개방된다. 또한 화재감지장치가 작동 될 때 급수배관의 말단에 설치되어 있는 공기배출밸브가 개방된 다음에 스프링클러헤드가 개방된다.(감지장치는 자동화재탐지설비의 역할도 동시에 수행함)

> ※ 사용되는 장소 : 부두, 여객선터미널 및 선창 등

6) 동결방지용 스프링클러시스템

습식스프링클러설비가 설치되는 지역의 일부분이 동파의 우려가 있는 장소에 노출되는 경우에는 스프링클러헤드로부터 동결우려가 있는 부분까지의 배관 내에 부동액이 채워져 있어 화재가 발생되면 배관내의 부동액이 즉시 방출되고 이어서 소화용수가 방사되는 시스템이다.

7) 일반급수설비와 연결된 스프링클러시스템 (순환식밀폐형루프시스템)

난방 또는 공조장치를 통하여 물을 순환시키는 냉난방설비의 순환밀폐배관으로 스프링클러시스템 배관을 이용하는 시스템이다. 정상상태에서는 난방 또는 공조장치로 사용하다가 화재 발생 시에는 스프링클러헤드를 통하여 물(소화용수)을 방사한다. 이 시스템은 냉난방설비에 이상이 있을 수 있거나 거주자의 생활에 즉시 불편을 초래하므로 항상 시스템을 최적상태로 유지하여야 하기 때문에 자체감시특성을 가지고 있다고 할 수 있다.

8) 노출보호 스프링클러시스템

건물 실내에 스프링설비를 설치하는 것에 관계없이 건물 외벽의 창문, 개구부를 보호 및 외벽 또는 지붕을 보호하거나 인접한 건물로 화재가 전이되는 것을 방지하기 위하여 설치하는 스프링클러시스템이다.

※ NFPA 13-2007 Chapter 7 (7.1 ~ 7.8 참조)

3.8.5 스프링클러설비의 설치대상

스프링클러설비를 설치하여야 하는 특정소방대상물(위험물 저장 및 처리 시설 중 가스시설 또는 지하구는 제외한다)은 다음의 어느 하나와 같다.

1) 문화 및 집회시설(동·식물원은 제외한다), 종교시설(주요구조부가 목조인 것은 제외한다), 운동시설(물놀이형 시설은 제외한다)로서 다음의 어느 하나에 해당하는 경우에는 모든 층

가) 수용인원이 100명 이상인 것

나) 영화상영관의 용도로 쓰이는 층의 바닥면적이 지하층 또는 무창층인 경우에는 500㎡ 이상, 그 밖의 층의 경우에는 1천㎡ 이상인 것

다) 무대부가 지하층·무창층 또는 4층 이상의 층에 있는 경우에는 무대부의 면적이 300㎡ 이상인 것

라) 무대부가 다) 외의 층에 있는 경우에는 무대부의 면적이 500㎡ 이상인 것

2) 판매시설, 운수시설 및 창고시설(물류터미널에 한정한다)로서 바닥면적의 합계가 5천㎡ 이상이거나 수용인원이 500명 이상인 경우에는 모든 층

3) 층수가 6층 이상인 특정소방대상물의 경우에는 모든 층. 다만, 주택 관련 법령에 따라 기존의 아파트등을 리모델링하는 경우로서 건축물의 연면적 및 층높이가 변경되지 않는 경우에는 해당 아파트등의 사용검사 당시의 소방시설 적용기준을 적용한다.
4) 다음의 어느 하나에 해당하는 용도로 사용되는 시설의 바닥면적의 합계가 600㎡ 이상인 것은 모든 층
   가) 의료시설 중 정신의료기관
   나) 의료시설 중 요양병원(정신병원은 제외한다)
   다) 노유자시설
   라) 숙박이 가능한 수련시설
5) 창고시설(물류터미널은 제외한다)로서 바닥면적 합계가 5천㎡ 이상인 경우에는 모든 층
6) 천장 또는 반자(반자가 없는 경우에는 지붕의 옥내에 면하는 부분)의 높이가 10m를 넘는 랙식 창고(rack warehouse)(물건을 수납할 수 있는 선반이나 이와 비슷한 것을 갖춘 것을 말한다)로서 바닥면적의 합계가 1천5백㎡ 이상인 것
7) 1)부터 6)까지의 특정소방대상물에 해당하지 않는 특정소방대상물의 지하층·무창층(축사는 제외한다) 또는 층수가 4층 이상인 층으로서 바닥면적이 1천㎡ 이상인 층
8) 6)에 해당하지 않는 공장 또는 창고시설로서 다음의 어느 하나에 해당하는 시설
   가) 「소방기본법 시행령」 별표 2에서 정하는 수량의 1천 배 이상의 특수가연물을 저장·취급하는 시설

표 3.8.1. 특수가연물

품 명		
면 화 류		200킬로그램
나무껍질 및 대팻밥		400킬로그램
넝마 및 종이부스러기		1,000킬로그램
사류(絲類)		1,000킬로그램
볏짚류		1,000킬로그램
가연성고체류		3,000킬로그램
석탄·목탄류		10,000킬로그램
가연성액체류		2입방미터
목재가공품 및 나무부스러기		10입방미터
합성수지류	발포시킨 것	20입방미터
	그 밖의 것	3,000킬로그램

비고 1. "면화류"라 함은 불연성 또는 난연성이 아닌 면상 또는 팽이모양의 섬유와 마사(麻絲) 원료를 말한다.

2. "넝마 및 종이부스러기"라 함은 불연성 또는 난연성이 아닌 것(동식물유가 깊이 스며들어 있는 옷감·종이 및 이들의 제품을 포함한다)을 말한다.

3. "사류"라 함은 불연성 또는 난연성이 아닌 실(실부스러기와 솜털을 포함한다)과 누에고치를 말한다.

4. "볏짚류"라 함은 마른 볏짚·마른 북더기 및 이들의 제품과 건초를 말한다.

5. "가연성고체류"라 함은 고체로서 다음의 가, 다 또는 라의 규정에 해당하는 것(1기압과 20[℃] 이상 40[℃] 이하에서 액상인 것으로서 다음의 나, 다 또는 라의 규정에 해당하는 것을 포함한다)을 말한다.

   가. 인화점이 40[℃] 이상 100[℃] 미만인 것

   나. 인화점이 70[℃] 이상 200[℃] 미만인 것

   다. 인화점이 100[℃] 이상 200[℃] 미만이고 연소열량이 1[g]당 8,000[cal] (34kJ) 이상인 것

   라. 인화점이 200[℃] 이상이고 연소열량이 1[g]당 8,000[cal] 이상인 것으로서 융점이 100[℃] 미만인 것

6. 석탄·목탄류는 코크스, 분상의 석탄을 물에 갠 것. 조개탄, 연탄, 석유코크스, 활성탄 및 이와 유사한 것을 포함한다.

7. "가연성액체류"라 함은 위험물안전관리법시행령 별표 1 제15호 단서의 규정에 해당하는 물품, 동 표 비고 제16호 단서 및 제17호 단서의 규정에 해당하는 물품으로서 1기압과 20[℃] 에서 액상인것, 동 표 비고 제18호 단서의 규정에 해당하는 물품으로서 1기압과 20[℃] 에서 액상인 것과 인화성 액체의 성질과 상태를 가지는 물품(1기압과 20[℃] 에서 액상인 것에 한정한다)으로 1기압에서 인화점이 250[℃] 이상인 것을 말한다.

8. "합성수지류"라 함은 불연성 또는 난연성이 아닌 고체의 합성수지제품, 합성수지 반제품, 원료합성수지 및 합성수지 부스러기(불연성 또는 난연성이 아닌 고무제품, 고무반제품, 원료고무 및 고무 부스러기를 포함한다)를 말한다. 다만, 합성수지의 섬유·옷감·종이 및 실과 이들의 넝마와 부스러기를 제외한다.

나) 「원자력안전법 시행령」 제2조제1호에 따른 중·저준위방사성폐기물(이하 "중·저준위방사성폐기물"이라 한다)의 저장시설 중 소화수를 수집·처리하는 설비가 있는 저장시설

9) 지붕 또는 외벽이 불연재료가 아니거나 내화구조가 아닌 공장 또는 창고시설로서 다음의 어느 하나에 해당하는 것

가) 창고시설(물류터미널에 한정한다) 중 2)에 해당하지 않는 것으로서 바닥면적의 합계

가 2천5백㎡ 이상이거나 수용인원이 250명 이상인 것

나) 창고시설(물류터미널은 제외한다) 중 5)에 해당하지 않는 것으로서 바닥면적의 합계가 2천5백㎡ 이상인 것

다) 랙식 창고시설 중 6)에 해당하지 않는 것으로서 바닥면적의 합계가 750㎡ 이상인 것

라) 공장 또는 창고시설 중 7)에 해당하지 않는 것으로서 지하층·무창층 또는 층수가 4층 이상인 것 중 바닥면적이 500㎡ 이상인 것

마) 공장 또는 창고시설 중 8)가)에 해당하지 않는 것으로서 「소방기본법 시행령」 별표 2에서 정하는 수량의 500배 이상의 특수가연물을 저장·취급하는 시설

10) 지하가(터널은 제외한다)로서 연면적 1천㎡ 이상인 것

11) 기숙사(교육연구시설·수련시설 내에 있는 학생 수용을 위한 것을 말한다) 또는 복합건축물로서 연면적 5천㎡ 이상인 경우에는 모든 층

12) 교정 및 군사시설 중 다음의 어느 하나에 해당하는 경우에는 해당 장소

가) 보호감호소, 교도소, 구치소 및 그 지소, 보호관찰소, 갱생보호시설, 치료감호시설, 소년원 및 소년분류심사원의 수용거실

나) 「출입국관리법」 제52조제2항에 따른 보호시설(외국인보호소의 경우에는 보호대상자의 생활공간으로 한정한다. 이하 같다)로 사용하는 부분. 다만, 보호시설이 임차건물에 있는 경우는 제외한다.

다) 「경찰관 직무집행법」 제9조에 따른 유치장

13) 1)부터 12)까지의 특정소방대상물에 부속된 보일러실 또는 연결통로 등

3.8.6 스프링클러설비의 화재안전기준 개요

가. 이 기준은 화재를 자동으로 감지하여 소화작업을 실시하는 자동식스프링클러설비의 수원 및 가압송수장치, 유수검지장치, 스프링클러헤드, 배관 및 전원 등에 대한 사항을 규정하는데 그 목적이 있다.

나. 이 기준의 목적은 소화설비로서 필요한 성능수준 확보 및 설치의 품질을 향상시키는데 있으며 제품의 성능수준 확보를 위한 시험(Test) 기준이나 제품의 품질향상을 위한 방법 등은 포함하지 않는다.

다. 이 기준은 행정기관에 의한 강제권을 적용할 수 있는 사항들로 나타내고 있다. 따라서 반드시 지켜야 할 사항들에 대해서는 어미에 "할 것", "일 것", "하여야 한다.", "따를 것" 등으로 표현 되고 있으며, 소방대상물의 관계자의 선택권을 제공한 사항들에 대해

서는 "그러하지 아니하다", "아니할 수 있다", "설치할 수 있다" 등으로 표현 되고 있다. 이러한 경우에는 행정기관에서 강제할 수 있는 규정이 아니라는 것이다.

라. 이 기준은 현재 법규위주(Code Based)의 개념이며 성능위주(Performance Based) 개념은 아직 적용되고 있지 않는 실정에 있다.

3.8.6.1 스프링클러설비의 화재안전기준 이해

3.8.6.1.1 소방시설 설치유지 및 안전관리에 관한 법률 제9조제1항은 다음과 같다.

제9조(특정소방대상물에 설치하는 소방시설 등의 유지·관리 등) ①특정소방대상물의 관계인은 대통령령이 정하는 바에 따라 특정소방대상물의 규모·용도 및 수용인원 등을 고려하여 갖추어야 하는 소방시설 등을 국민안전처장관이 정하여 고시하는 화재안전기준에 따라 설치 또는 유지·관리하여야 한다.

3.8.6.1.2 정의

1. "고가수조"라 함은 구조물 또는 지형지물 등에 설치하여 자연낙차 압력으로 급수하는 수조를 말한다.

■ 가압송수장치 분류

스프링클러설비에 규정된 방사조건으로 물을 공급하는 방식으로 이 기준에서는 고가수조방식, 압력수조방식 및 펌프를 이용하는 방식으로 분류하고 있다.

가. 고가수조의 낙차를 이용한 가압송수장치

나. 압력수조를 이용한 가압송수장치

다. 펌프를 이용하는 가압송수장치

■ 고가수조

고가수조는 가압송수장치의 일종으로서 건축물의 옥상 또는 별도의 구축물 등에 설치되는 수원을 말하며 낙차압력을 이용하여 스프링클러설비에 규정된 방사조건으로 물을 공급하기 위해서는 소방대상물에 설치되는 스프링클러헤드의 위치보다 수원의 위치가 높아 중력에 의하여 수원의 자연낙차 압력을 이용하여 급수할 수 있는 위치에 설치되어야 한다. 또한 동절기 난방이 안 되는 장소에 설치되는 경우에는 동파방지조치를 하여야 한다.

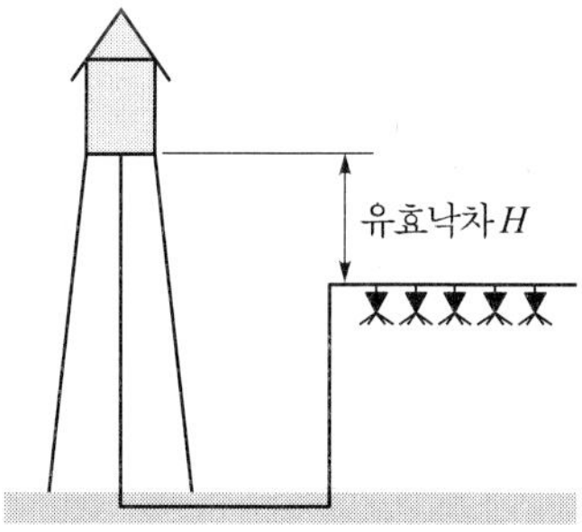

별도의 구축물에 설치되는 고가수조 예

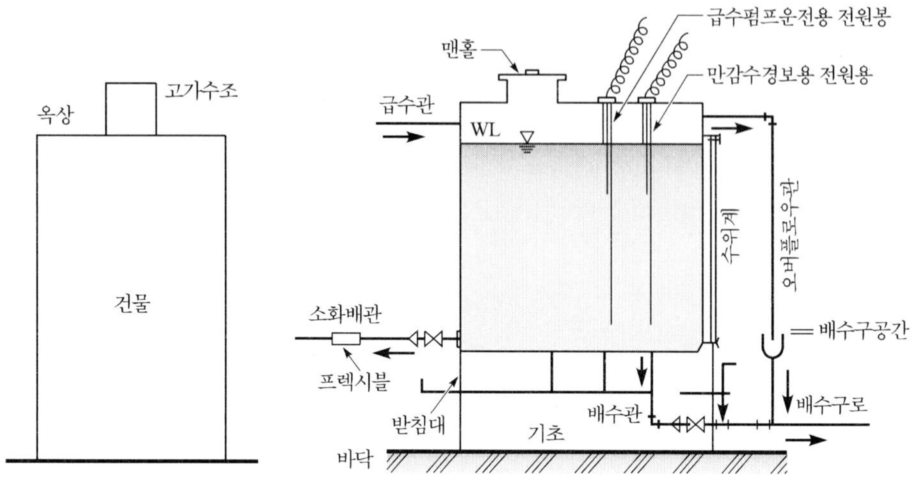

건물의 옥상에 설치되는 고가수조 예

2. "압력수조"라 함은 소화용수와 공기를 채우고 일정압력 이상으로 가압하여 그 압력으로 급수하는 수조를 말한다.

■ 압력수조를 이용한 급수방식

압력수조는 가압송수장치의 일종으로서 대형 압력탱크를 이용하여 스프링클러설비에 규정된 방사조건으로 물을 공급하는 가압송수장치로서 압력수조방식은 압력탱크 내에 물을 압입하고 압력탱크 내의 압축된 공기압력에 의하여 송수하는 방식이다. 이 방식은 압력탱크의 설치장소에 따르는 이점이 있지만 압력탱크 용량의 약 2/3정도만 사용할 수 있고(만수하였을 때 물의 용적은 약 2/3로 한정) 방수와 동시에 수압이 감소되기 때문에 저수량의 모두를 유효수량으로 볼 수 없어 설계 시에 충분한 량의 수원을 확보할 수 있도록 하여야 한다.

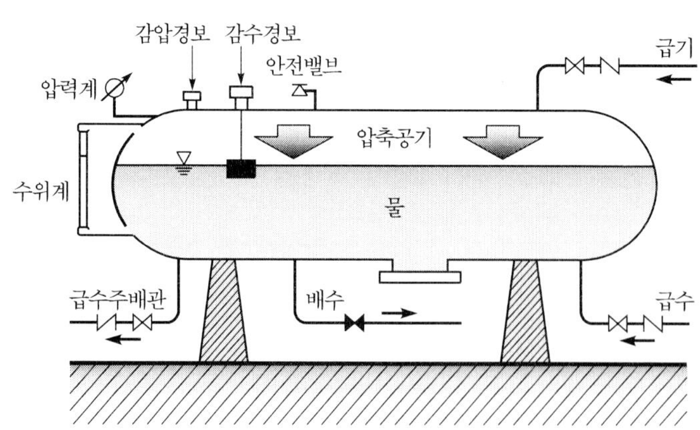

압력수조의 예

▪ 지하수조를 이용한 급수방식

소방대상물(건축물)의 지하 또는 그 부지내의 지하에 수조를 설치하여 소방대상물의 고층부까지 물을 공급하는 방식으로 가압송수장치(소화펌프)가 필요하다.

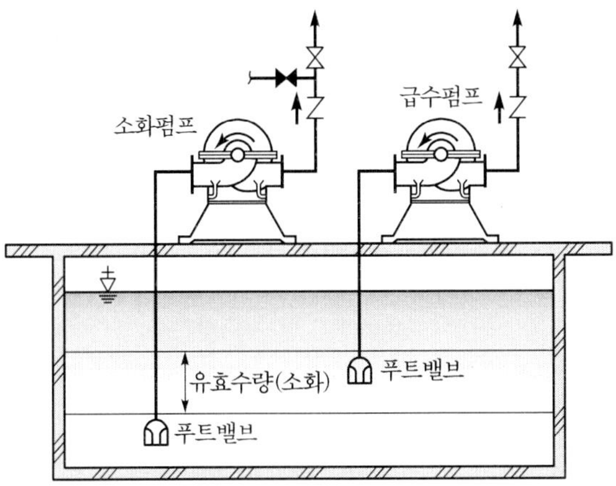

지하수조의 예

3. "충압펌프"라 함은 배관 내 압력손실에 따른 주 펌프의 빈번한 기동을 방지하기 위하여 충압역할을 하는 펌프를 말한다.

▪ 충압펌프의 기능

충압펌프는 스프링클러설비 주배관내의 평상 시 압력을 일정한 압력범위 이내로 유지하여야 하며 누설로 인한 주배관의 압력을 보충하기 위하여 설치하는 펌프이다.

▪ 스프링클러설비의 주배관 압력

스프링클러설비의 주배관은 스프링클러헤드의 정격 방사 압력으로 정상적 인 소화작업이 이루어 질 수 있도록 평상 시 일정한 압력범위 이내로 압력을 유지하고 있어야 하며 스프링클러설비와 같은 대규모의 물소화설 비의 경우에는 배관, 관부속 및 체크밸브 등을 통하여 주 배관 내의 소량의 물이 누수될 수 있으며, 주배관의 누수에 의한 압력강하를 보충할 필요가 있다. 이와 같이 주배관의 압력보충을 위하여 스프링클러설비의 주 펌프가 사용되는 경우에는 주 펌프의 빈번한 기동으로 인한 주 펌프 및 설비의 파손 등이 발생할 수 있으므로 주 펌프 및 설비를 보호하기 위하여 충압펌프를 설치한다. 일반적으로 충압펌프는 기동용 수압개폐장치에 의하여 자동기동 및 정지가 되도록 하고 있다.

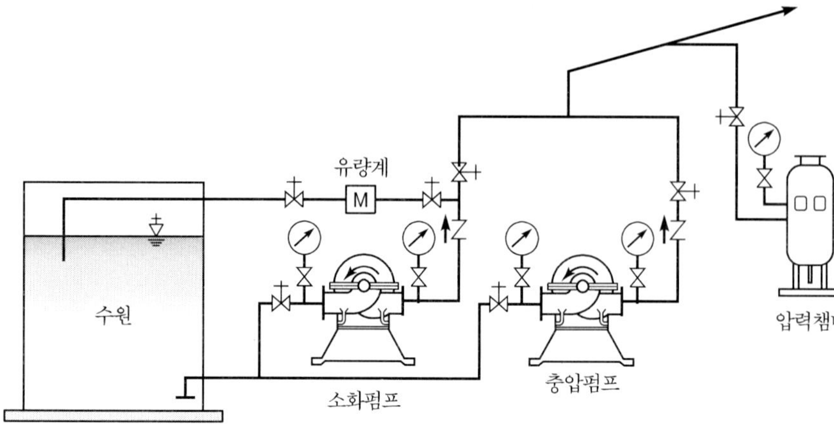

충압펌프의 시스템 예

■ 충압펌프의 용량

NFPA 기준의 경우, 상시 가압되는 배관의 연결부위에서 발생할 수 있는 10분 이내의 누수량 또는 3.8ℓ/min 중 큰 값을 기준으로 충압펌프의 용량을 결정하도록 하고 있다.

※ NFPA 20-2007 Article A. 5. 24 참조

4. "정격토출량"이라 함은 정격토출압력에서의 펌프의 토출량을 말한다.

■ 펌프의 성능(양정/유량)곡선

펌프의 토출측 밸브 등을 이용하여 토출량을 적게 하면 토출압력이 증가하고, 토출량을 크게 하면 토출압력이 낮아진다. 이와 같이 펌프의 토출량에 따른 토출압력을 도시화하여 펌프의 성능을 나타낸 것을 펌프의 성능(양정/유량)곡선이라고 한다.

■ 펌프의 정격토출량(정격유량)

스프링클러설비에 사용되는 펌프는 일반적으로 원심력을 이용하는 원심펌프가 널리 사용되고 있으며, 스프링클러 설비에서 필요한 규정 방수압력 및 규정 방사량 이상의 성능을 갖고 있어야 한다. 펌프의 정격토출량은 펌프 제작 시 펌프의 명판에 표시되는 토출량을 말한다. 펌프의 명판에 표시되는 토출량은 제작된 펌프의 최적의 운전조건을 표시하며, 최적의 운전조건에서 운전되는 상태를 정격부하 운전이라고 한다. 펌프의 선정은 스프링클러설비의 설계유량이상으로서, 설계유량에 근접한 정격토출량을 가지는 펌프를 선정하여야 한다.

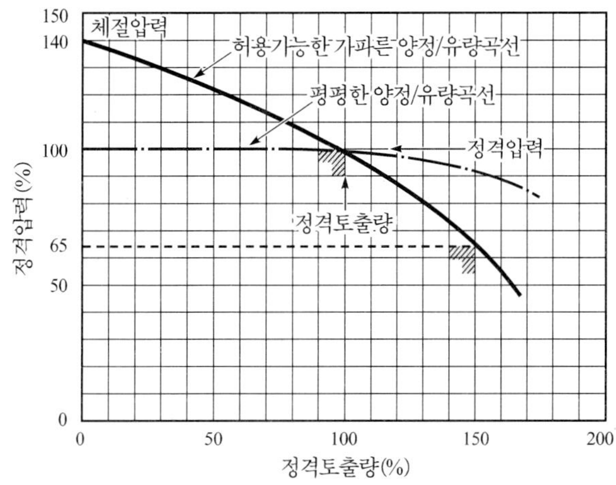

펌프의 양정/유량곡선 예

5. "정격토출압력"이라 함은 정격토출량에서의 펌프의 토출측 압력을 말한다.

■ 펌프의 정격토출압력

스프링클러설비에 사용되는 펌프는 일반적으로 원심력을 이용하는 원심펌가 널리 사용되고 있으며, 스프링클러설비에 필요한 규정 방수압력 및 규정 방사량 이상의 성능을 갖고 있어야 한다. 펌프의 정격토출압력은 펌프 제작 시 펌프의 명판에 표시되는 토출압력을 말한다. 펌프의 명판에 표시되는 토출압력은 제작된 펌프의 최적의 운전조건을 표시하며, 최적의 운전조건에서 운전되는 상태를 정격부하 운전이라고 한다. 펌프의 선정은 스프링클러설비의 설계압력이상으로서 설계압력에 근접한 정격토출압력(정격양정)을 가지는 펌프를 선정하여야 한다.

6. "진공계"라 함은 대기압 이하의 압력을 측정하는 계측기를 말한다.

7. "연성계"라 함은 대기압 이상의 압력과 대기압 이하의 압력을 측정할 수 있는 계측기를 말한다.

■ 압력측정 계측기 기준

국내에서 사용되는 압력측정 계측기는 KS B 5305(부르동관 압력계) 등에서 정하는 기준에 따라 사용된다.

■ KS B 5305 (부르동관 압력계) 에서 정하는 용어

가. 게이지압력 : 대기의 압력을 기준으로 표시한 압력을 말한다.

나. 압력계 : 양의 게이지압력을 측정하는 것

다. 진공계 : 음의 게이지압력을 측정하는 것

라. 연성계 : 양 및 음의 게이지압력을 측정하는 것

■ 진공계 제품성능기준

진공계는 대기압 이하의 압력을 측정하는 계측기로서 KS B 5305(부르동 관압력계)에서 정하는 성능기준에 적합한 제품을 사용하여야 한다.

■ 연성계 제품성능

연성계는 대기압 이상의 압력과 대기압 이하의 압력을 측정하는 계측기로서 KS B 5305 (부르동관 압력계)에서 정하는 성능기준에 적합한 제품을 사용하여야 한다.

■ 진공계 및 연성계의 설치

진공계는 펌프의 흡입측 전방에 설치하여야 하며 연성계는 펌프의 흡입측에 설치할 경우에는 흡입압력을 측정하게 되며 토출측에 설치할 경우에는 토출압력을 나타낸다.

8. "체절운전"이라 함은 펌프의 성능시험을 목적으로 펌프토출측의 개폐밸브를 닫은 상태에서 펌프를 운전하는 것을 말한다.

■ 체절운전

체절운전은 송수가 차단된 상태(펌프의 토출량이 0인 상태)에서 펌프가 운전되는 것을 말한다. 체절운전 상태에서의 압력을 체절압력이라고 하며 소용펌프의 체절압력(shutoff head)은 정격토출압력의 최소 101%에서 최대 140% 이하로 제한하고 있다. 이는 부하(유량)가 적을 경우 압력이 가파르게 상승하는 것을 방지하기 위함이다.

체절압력에 펌프 흡입측의 정압을 더한 값이 배관계통의 최대사용압력이 되는데 이 최대사용압력이 스프링클러설비의 배관계통에 사용하는 플랜지, 유수검지장치 및 스프링클러헤드의 최대사용압력보다 높으면 배관계통에 무리가 갈 수 있다.

KS B 1501에 의하면, 철강제관 플랜지의 최대사용압력은 유체온도 120℃ 이하에서 KS 10K 플랜지는 1.37㎫, KS 16K 플랜지는 2.16㎫, KS 20K 플랜지는 2.75㎫이다.

또한, 스프링클러헤드의 최대사용압력은 1.2 ㎫이다.(외국의 경우에는 초고층건물에 사용될 수 있도록 최대사용압력이 1.72 ㎫인 스프링클러헤드가 출시되고 있다.)

즉, 스프링클러헤드 1개가 개방될 경우, 어떤 경우에도 스프링클러헤드에서의 압력이 1.2㎫ 이하, 유수검지장치에서의 압력이(KS 10K 플랜지의 경우에는) 1.37㎫(KS 16K 플랜지의 경우에는), 2.16㎫(KS 20K 플랜지의 경우에는), 2.75㎫ 이하가 되도록 하여야 한다.

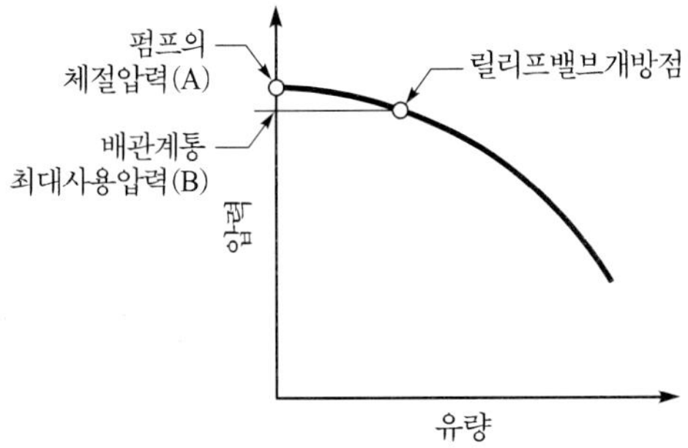

※ 배관 계통의 최대 사용 압력 이하에서 방출되도록 릴리프밸브를 세팅한다.

따라서, 스프링클러설비의 안전을 고려하여 펌프선정 시 체절압력을 스프링클러설비의 최대사용압력이하가 되도록 하여야 한다. 설치된 펌프의 체절운전압력이 스프링클러설비의 최대사용압력보다 높을 경우에는 펌프의 토출측 (체크밸브 이전)에 릴리프밸브를 설치하여 토출측의 압력을 스프링클러설비의 최대사용압력 이하로 줄여 주어야 한다.

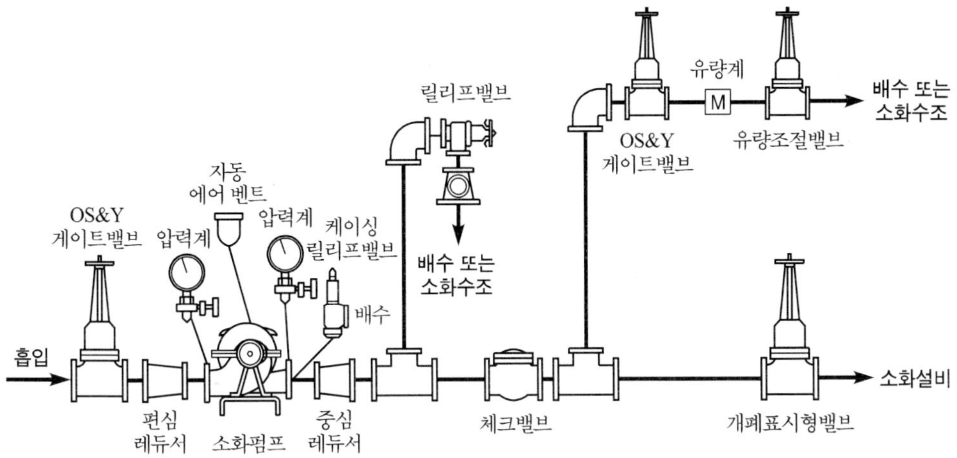

릴리프밸브의 설치 예

9. "기동용수압개폐장치"라 함은 소화설비의 배관 내 압력변동을 검지하여 자동적으로 펌프를 기동 및 정지시키는 것으로서 압력챔버 또는 기동용압력스위치 등을 말한다.

▪ 기동용수압개폐장치의 기능

기동용 수압개폐장치는 펌프를 이용하는 가압송수장치의 토출측 배관에 연결되어 배관내의 압력변동을 검지하여 펌프를 자동적으로 기동 또는 정지시키기 위해 설치하는 주요 구성품이다.

▪ 기동용수압개폐장치의 종류

배관내의 압력을 검지하여 펌프를 기동시키는 역할을 한다. 압력챔버에 압력스위치를 설치하는 방식과 압력스위치를 배관에 직결하는 방식이 있다.

가. 압력챔버방식

국내에서 일반적으로 사용되어 온 방식은 압력챔버에 압력스위치를 설치하는 방식으로 압력챔버가 맥동압력을 흡수하도록 되어 있는 구조이다. 압력챔버 내부에는 아무것도 없이 텅 비어 있기 때문에 가압수를 채우게 되면 상부에는 공기가 압축되어 고여 있게 되어 맥동압력을 흡수해주는 역할을 하게 된다. 만일 상부의 공기가 누설되어 없어지게 되면 맥동압력의 흡수가 불가능하므로 압력스위치의 고장을 초래하거나 펌프의 기동 및 정지가 불완전하게 되는 원인이 되어 주기적으로 공기의 누설에 대한 점검이 필요하다.

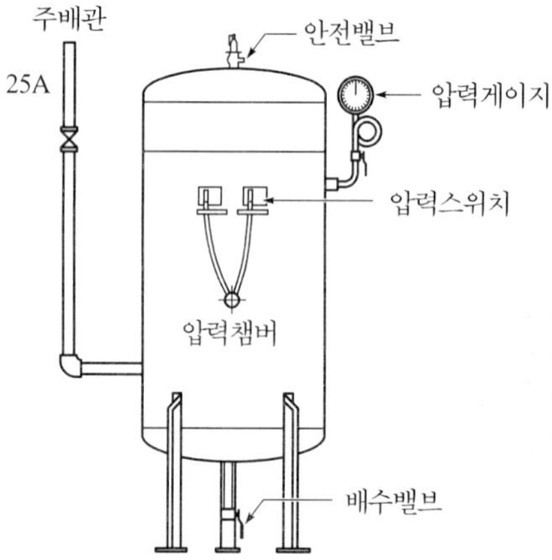

압력챔버의 예

나. 기동용압력스위치방식

압력챔버를 사용하지 않고 배관에 압력스위치를 직접 연결하는 방법으로 NFPA 13기준에서 채택하고 있는 방식이다. 압력스위치를 배관에 직접 연결하여 사용하기 위해서는 맥동압력을 완화하기 위하여 배관 양쪽에 체크밸브를 설치하고 체크밸브 내부의 디스크에 2.4㎜ 크기의 오리피스구멍을 뚫는다. 두 개의 체크밸브간의 거리는 최소 1.5m이상 이격시켜야 한다. 오리피스의 구경이 작기 때문에 오염된 물을 사용하거나 장기간 방치할 경우에는 배관 내부에 스케일 등의 형성으로 오피리스 구멍이 막힐 우려가 있다. 오피리스가 막히게 되면 펌프의 자동 운전이 불가능해질 수 있으므로 정기적인 유지관리가 중요하다. 체크밸브의 유수방향은 압력스위치에서 배관 쪽으로 흐르도록 설치한다. 이렇게 설치하는 이유는 압력스위치로의 압력전달은 작은 오리피스 구멍을 통하여 천천히 전해지도록 하고 배관의 압력감지는 체크밸브의 개방으로 즉시 감지할 수 있도록 구성함으로서 펌프의 기동은 신속하게 정지는 완만하게 하기 위함이다. 설치배관의 구경은 최소 15㎜의 것으로 사용하고 배수를 위한 배수밸브를 설치하여야 한다.

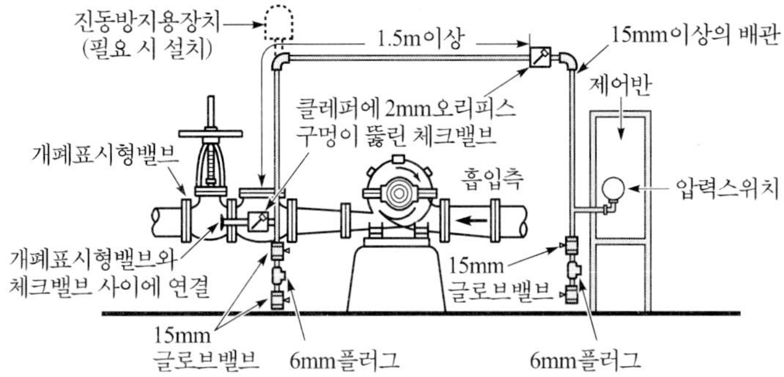

주 펌프 및 충압펌프의 압력스위치 연결

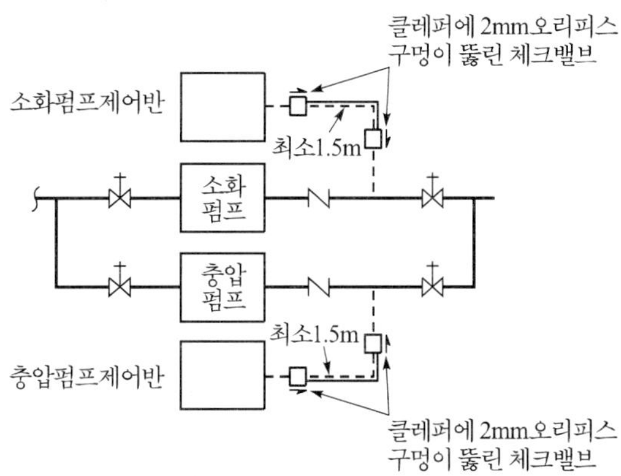

주 펌프의 압력감지배관 예

10. "개방형스프링클러헤드"라 함은 감열체 없이 방수구가 항상 열려져 있는 스프링클러헤드를 말한다.

■ 스프링클러헤드의 감열체에 의한 분류

스프링클러헤드라 함은 화재 시의 가압된 물이 내뿜어져 분산됨으로써 소화기능을 하는 헤드를 말하며, 감열체의 설치 유무에 따라 감열체가 설치되어 정상상태에서 방수구를 막고 있는 폐쇄형스프링클러헤드와 감열체가 설치되지 않는 개방형스프링클러헤드로 분류된다.

■ 감열체

감열체라 함은 정상상태에서 스프링클러헤드의 방수구를 막고 있으며, 화재발생 시 열에 의하여 일정한 온도에 도달하면 감열체 스스로 파괴·용해되어 스프링클러헤드로부터 이탈됨으로써 방수구가 개방되어 스프링클러헤드로 부터 물이 방사되도록 하는 부분을 말한다.

■ 개방형스프링클러헤드 기능 및 사용

개방형스프링클러헤드는 감열체가 설치되지 않고 정상상태에서 방수구가 개방되어 있는 스프링클러헤드로서, 화재 시 감지기능이 없으므로 별도의 화재감지기를 설치하는 일제살수식 스프링클러설비 등에 사용된다.

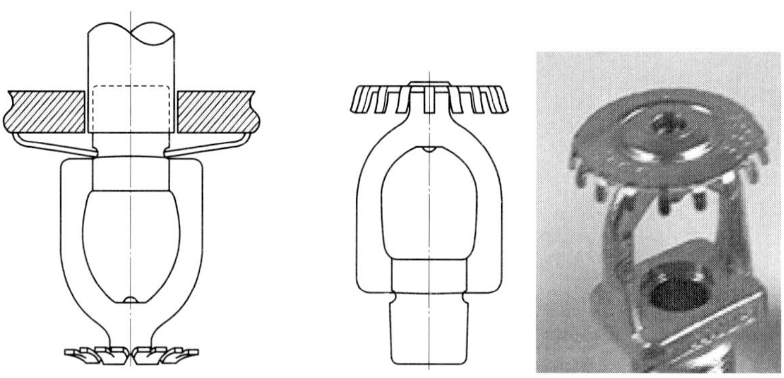

(하향형) (상향형)

개방형스프링클러헤드의 예

11. "폐쇄형스프링클러헤드"라 함은 정상상태에서 방수구를 막고 있는 감열체가 일정온도에서 자동적으로 파괴·용해 또는 이탈됨으로써 방수구가 개방되는 스프링클러헤드를 말한다.

■ 폐쇄형스프링클러헤드 기능 및 사용

폐쇄형스프링클러헤드는 감열체가 설치되어 있어 정상상태에서 방수구가 폐쇄되어 있는 스프링클러헤드로서 화재 시 감열체 스스로 파괴·용해되어 스프링클러헤드로부터 감열체가 이탈됨으로써 화재감지기능이 있으므로 습식 및 건식, 준비작동식 설비에 사용된다.

(하향형) (상향형)

폐쇄형스프링클러헤드의 예

12. "조기반응형헤드"라 함은 표준형스프링클러헤드 보다 기류온도 및 기류속도에 조기에 반응하는 것을 말한다.

▪ 스프링클러헤드의 감도에 의한 분류

스프링클러헤드라 함은 화재시의 가압된 물이 내뿜어져 분산됨으로써 소화기능을 하는 헤드를 말하며, 감열체가 설치되어 정상상태에서 방수구를 막고 있는 폐쇄형 스프링클러헤드의 경우에는 감열체의 감도특성에 따라 표준반응형, 특수반응형, 조기반응형 스프링클러헤드로 분류된다.

▪ 감열체

감열체라 함은 정상상태에서 스프링클러헤드의 방수구를 막고 있으며, 화재발생 시 열에 의하여 일정한 온도에 도달하면 감열체 스스로 파괴·용해되어 스프링클러헤드로부터 이탈됨으로써 방수구가 개방되어 스프링클러헤드로 부터 물이 방사되도록 하는 부분을 말한다. 특히 화재 시 발생되는 기류의 온도·속도 및 작동시간에 대하여 스프링클러헤드의 반응조건을 반응시간지수(RTI : Response Time Index)로 지수화하여 감열체의 감도특성을 표준화하였으며 스프링클러헤드의 감도를 RTI값에 따라 구분한 것을 표준반응형, 특수반응형, 조기반응형 스프링클러헤드라고 한다.

여기서 반응시간지수(RTI)라 함은 기류의 온도·속도 및 작동시간에 대하여 스프링클러헤드의 반응을 예상한 지수로서 아래 식에 의하여 계산하고(m·s)0.5를 단위로 한다.

$RTI = r\sqrt{u}$　　r : 감열체의 시간상수(초)

u : 기류속도 (m/s)

가. 감도조건

1) 표준반응의 RTI값은 80초과~350이하이어야 한다.

2) 특수반응의 RTI값은 51초과~80이하이어야 한다.

3) 조기반응의 RTI값은 50이하이어야 한다.

나. 시험조건

표시온도 구 분	표 준 반 응		특 수 반 응		조 기 반 응	
	기류온도 (℃)	기류속도 (m/s)	기류온도 (℃)	기류속도 (m/s)	기류온도 (℃)	기류속도 (m/s)
57~77	191~203	2.4~2.6	129~141	2.4~2.6	129~141	1.65~1.85
79~107	282~300	2.4~2.6	191~203	2.4~2.6	191~203	1.65~1.85
121~149	382~432	2.4~2.6	282~300	2.4~2.6	282~300	1.65~1.85
163~191	382~432	3.4~3.6	382~432	2.4~2.6	382~432	1.65~1.85

■ 조기반응형스프링클러헤드

표준반응형스프링클러헤드보다 반응속도가 빠른 스프링클러헤드를 말하며, 반응시간지수(RTI)가 50이하인 스프링클러헤드를 말한다. 유리벌브안의 액체는 표준반응형 스프링클러헤드가 알코올 또는 글리세린이며, 조기반응형 스프링클러헤드의 경우 현재 알코올이 사용되고 있다. 다음 그림은 이융성금속형(좌)과 유리벌브(우)를 사용한 조기반응형 스프링클러헤드이다. 조기반응형 스프링클러헤드의 유리벌브의 구경는 3㎜로서 표준형스프링클러헤드헤드의 유리벌브의 구경 5㎜보다 가늘다.

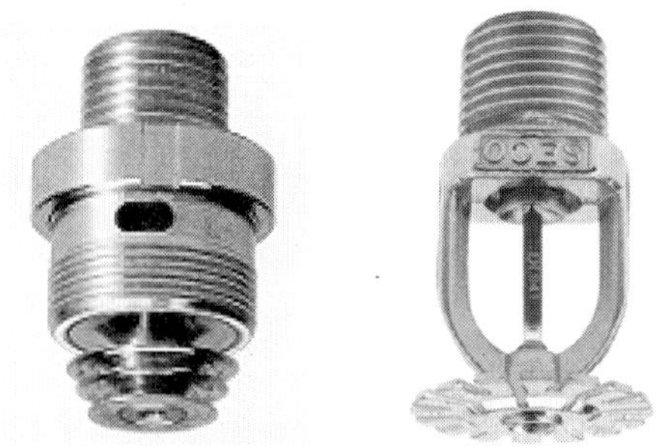

조기반응형 스프링클러헤드의 예

13. "측벽형스프링클러헤드"라 함은 가압된 물이 분사될 때 헤드의 축심을 중심으로 한 반원상에 균일하게 분산시키는 헤드를 말한다.

■ 스프링클러헤드의 설치형태에 의한 분류

스프링클러헤드라 함은 화재시의 가압된 물이 내뿜어져 분산됨으로써 소화기능을 하는 헤드를 말하며, 방수구에서 방사되는 물의 방사형태에 따라 표준형 스프링클러헤드와 측벽형 스프링클러헤드로 분류된다.

가. 표준형 스프링클러헤드

가압된 물이 분사될 때 헤드의 축심을 중심으로 한 원상에 균일하게 분산시키는 헤드로서 하향형과 상향형 스프링클러헤드로 분류한다.

나. 측벽형 스프링클러헤드

가압된 물이 분사될 때 축심을 중심으로 한 반원상에 균일하게 분산시키는 스프링클러헤드이다.

■ 스프링클러헤드의 설치형태

가. 하향형 스프링클러헤드

스프링클러헤드의 설치방향이 가지배관으로부터 아랫방향으로 설치되어 오리피스에서 아랫방향으로 물이 방사되는 스프링클러헤드이며, 일반적으로 반자가 설치되어 있는 방호구역의 반자 아랫부분의 방호를 위하여 설치하거나 또는 상향형 스프링클러헤드를 사용할 수 없는 경우에 설치하기도 한다.

나. 상향형 스프링클러헤드

스프링클러헤드의 설치방향이 가지배관으로부터 윗 방향으로 설치되어 오리피스에서 윗 방향으로 물이 방사되는 스프링클러 헤드이며, 일반적으로 반자가 없는 방호구역 또는 반자가 설치되어 있는 방호구역의 반자윗부분(은폐공간)의 방호를 위하여 설치하기도 한다.

다. 측벽형 스프링클러헤드

방호구역의 측면에 설치되어 한쪽방향으로 물을 방사하며, 반-포물선형의 방사 형태를 갖는 스프링클러헤드이다. 일반적으로 층고가 낮고 좁은 방호구역에 설치되며, 설치방향에 따라 수평형과 수직형으로 구분된다.

■ 측벽형 스프링클러헤드의 설치형태

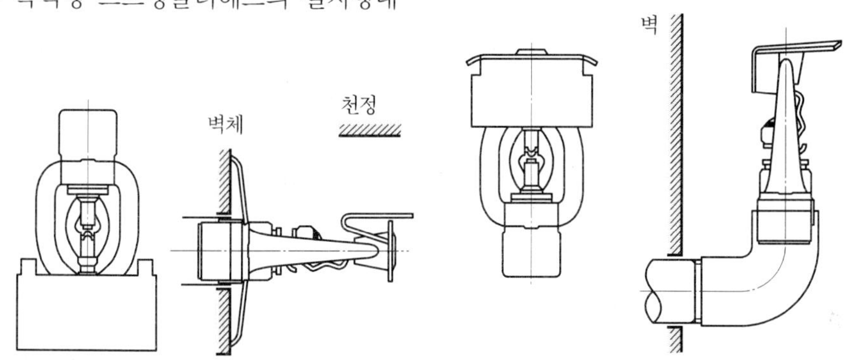

수평형 수직형

(휴지블링크) (유리벌브)

측벽형스프링클러헤드의 예

14. "건식스프링클러헤드“라 함은 물과 오리피스가 분리되어 동파를 방지할 수 있는 스프링클러헤드를 말한다.

■ 건식스프링클러헤드

동파의 우려가 있는 장소의 경우에는 건식 또는 준비작동식 설비가 설치되며, 이 때 사용하는 스프링클러헤드를 하향형 또는 측벽형으로 설치하는 경우에는 배관내의 공기 속에 있는 습기가 동절기 온도저하에 따른 결로현상에 의하여 스프링클러헤드가 동파 될 우려가 있다.

이와 같이 건식스프링클러설비 또는 준비작동식스프링클러설비에 폐쇄형스프링클러헤드를 하향형 또는 측벽형으로 설치하는 경우에는 동파의 우려가 있으므로 방수구(오리피스) 부분이 급수배관의 물과 분리되도록 연결배관(특수배관 내에 질소가스 또는 부동액등이 충전) 등을 일체형으로 제작한 스프링클러헤드를 건식스프링클러헤드라고 한다.

■ 건식스프링클러헤드의 구조

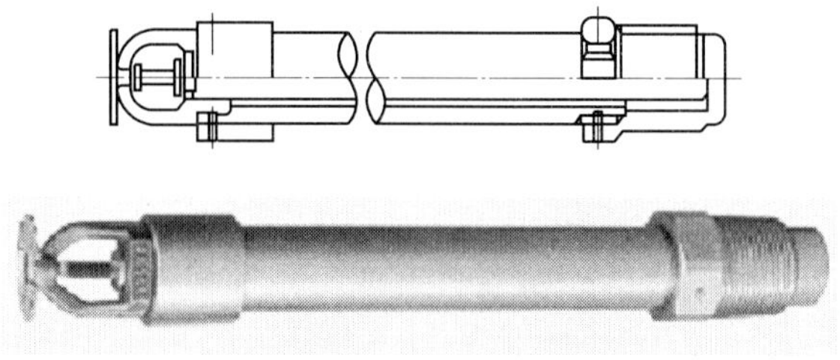

건식스프링클러헤드의 예

15. "유수검지장치"라 함은 습식유수검지장치(패들형을 포함한다), 건식유수검지장치, 준비작동식유수검지장치를 말하며 본체내의 유수현상을 자동적으로 검지하여 신호 또는 경보를 발하는 장치를 말한다.

■ 폐쇄형스프링클러헤드를 사용하는 스프링클러설비의 종류에는 습식스프링클러설비, 건식스프링클러설비 및 준비작동식스프링클러설비가 있다.

■ 폐쇄형스프링클러헤드를 사용하는 스프링클러설비의 유수검지장치에는 습식유수검지장치(일명: 알람체크밸브), 건식유수검지장치(일명: 건식밸브)가 있으며, 준비작동식스프링클러설비의 경우에는 일제개방밸브(일명: 딜루지밸브)를 사용한다.

가. 습식유수검지장치

1차측 및 2차측에 가압수를 가득 채운 상태에서 폐쇄형 스프링클러헤드가 열린 경우 2차측의 압력저하로 시트가 열리어 가압수가 2차측으로 유출되도록 하는 장치를 말한다. 습식유수검지장치에는 알람체크밸브, 패들형 유수검지장치, 패들형스위치 등이 있다.

습식유수검지장치 - 알람체크밸브의 예

나. 패들형

패들형에는 패들형유수검지장치와 패들형스위치를 모두 말한다. 패들형스위치는 소방용 압력스위치의 성능시험기술기준(국민안전처장관고시)에 의하여 성능이 있는 제품을 사용하여야 한다. 이 경우 습식유수검지장치(알람체크밸브)를 반드시 사용하여야 한다. 패들형유수검지장치는 패들형스위치, 압력계, 경보시험오리피스, 배수, 사이트글라스로 구성된 일종의 간이형 유수검지장치다고 볼 수 있다.

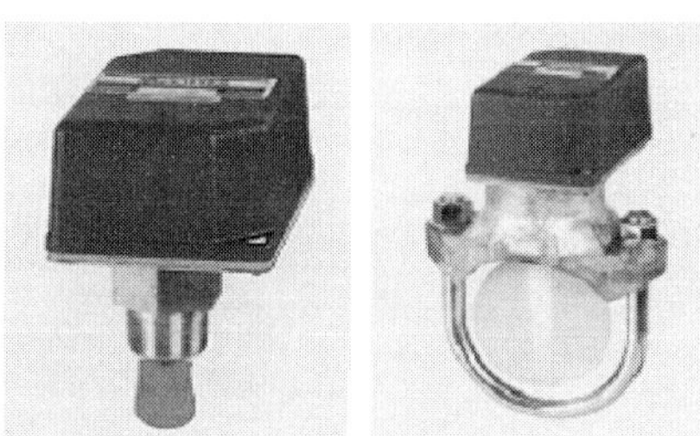
패들형스위치의 예

패들형유수검지장치의 예

패들형 유수검지장치의 사용

※ 미국 : 최하단에 습식유수검지장치(알람체크밸브)를 설치하고 각층의 각 세대마다 패들형스위치를 설치

※ 일본 : 각층의 각 세대마다 패들형유수검지장치를 설치하고 있는 추세이다.

다. 리타딩챔버

습식유수검지장치에 사용하는 리타딩챔버의 역할은 흡입측의 압력이 일정하지 않을 경, 흡입측의 순간적인 압력상승에 의하여 순간적으로 습식유수검지장치밸브의 클리퍼가 열렸다 닫히는 경우에 화재 시가 아닌 경우에도 유수검지장치의 경보가 동작되는 것을 방지하기 위하여, 유수지장치의 밸브 본체와 경보장치 사이에 리타딩챔버를 설치하여 리타 딩챔버를 통과한 물만 경보장치에 도달하게 한다. 리타딩챔버를 채우기 위해서는 리타딩챔버에 입구에 설치된 작은 오리피스구멍을 통과하도록함으로서 시간이 걸리도록 하여, 클리퍼가 계속하여 열려있지 않는 한, 경보장치가 작동되지 않도록 하는 것이다. 리타딩챔버가 없는 경우에는 경보스위치 내에 시간지연장치를 갖추고 있어야 한다.

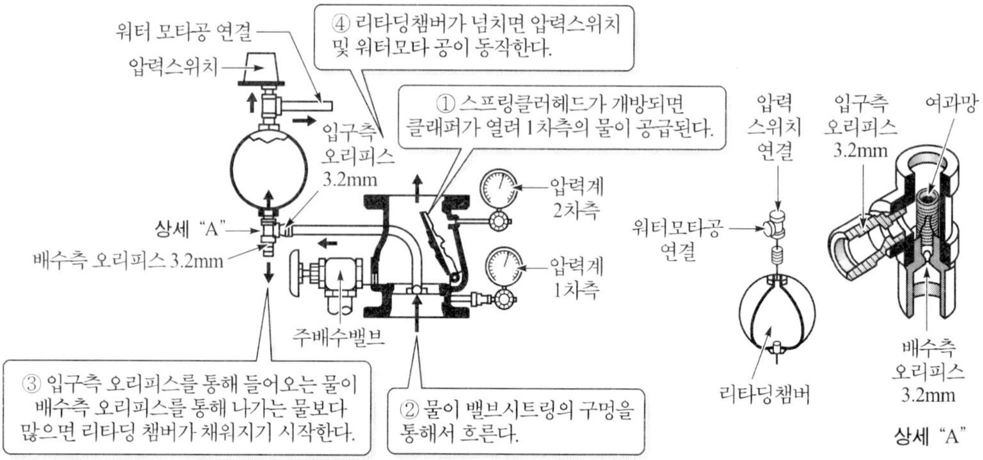

리타딩챔버의 구조 및 작동원리 예

라. 건식유수검지장치

1차측에 가압수 등을 채우고 2차측에 압축공기를 가득 채운상태에서 폐쇄형스프링클러헤드가 열리는 경우 2차측의 압력저하에 의하여 시트가 열리어 가압수가 2차측으로 유출하는 장치를 말한다.

건식유수검지장치의 예

마. 준비작동식스프링클러설비의 일제개방밸브

1차측에 가압수를 채우고 2차측이 비워져 있거나 저압의 배관누설감시용 공기를 가득 채운 상태에서 화재감지설비의 감지기·화재감지용 헤드, 그 밖의 감지를 위한 기기(감지부)의 작동에 의하여 시트가 열리어 가압수가 2차측으로 유출하는 장치를 말한다.

준비작동식유수검지장치 -일제개방밸브의 예

16. "일제개방밸브"라 함은 개방형스프링클러헤드를 사용하는 일제살수식 스프링클러설비에 설치하는 밸브로서 화재발생시 자동 또는 수동식 기동장치에 따라 밸브가 열려지는 것을 말한다.

- 일제개방밸브

일제개방밸브는 1차측과 다이아프램실의 압력수가 압력균형을 유지하고 있다가 전자밸브(솔레노이드밸브) 또는 수동기동장치에 의하여 다이아프램실의 물이 배수되면서 압력균형이 깨지면 밸브를 막고 있던 다이아프램이 개방되어 일제개방밸브를 통하여 소화용수가 방출된다.

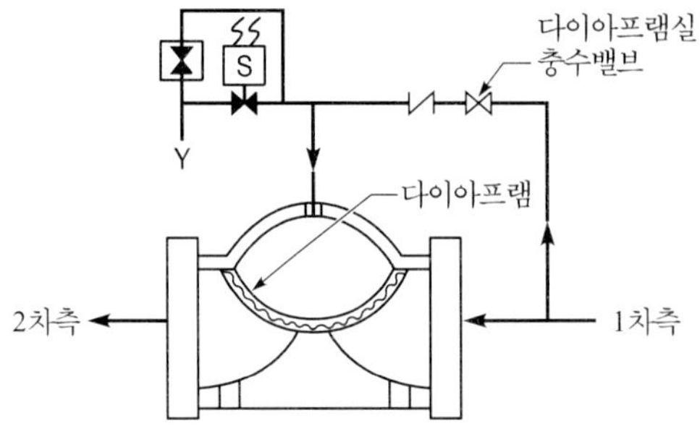

일제개방밸브–닫힘상태

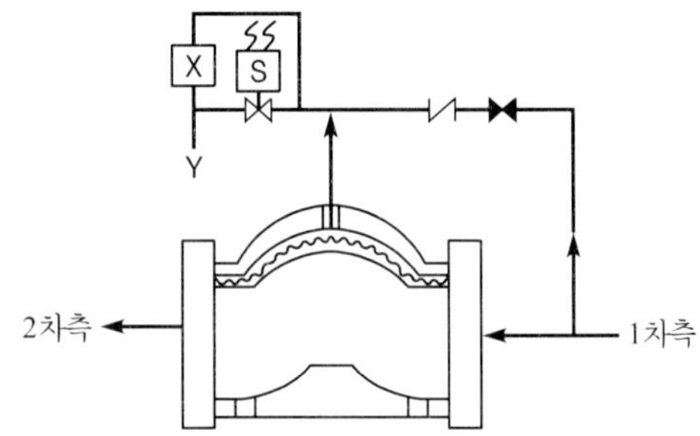

일제개방밸브의 열림

일제개방밸브의 예

가. 준비작동식유수검지장치와 일제개방밸브의 차이는?

준비작동식스프링클러설비는 일제개방밸브를 유수검지장치로 사용 하며, 별도의 유수검지장치가 있는 것은 아니다. 준비작동식스프링클러설비나 일제살수식스프링클러설비 모두 일제개방밸브를 사용한다. 그러나, 현재 소방용기계·기구의 형식승인 및 제품검사의 기술기준은 일제개방밸브에 폐쇄형스프링클러헤드가 설치되면 준비작동식유수검지장치로 개방형스프링클러헤드가 설치되면 일제개방밸브로 구분하고 있다.

17. “가지배관”이라 함은 스프링클러헤드가 설치되어 있는 배관을 말한다.

■ 가지배관(Branch Lines)

스프링클러헤드는 가지배관에 설치된 관 이음쇠(티, 엘보우, 메카니칼티 또는 스프링클러헤드 접속용 이음쇠 등)에 직접설치하거나 스프링클러헤드와 가지배관 사이에 짧은 단관(sprig, drops, 리턴밴드 또는 arm over)을 설치하고 단관의 끝에 스프링클러헤드를 설치한다.

메카니칼티 예

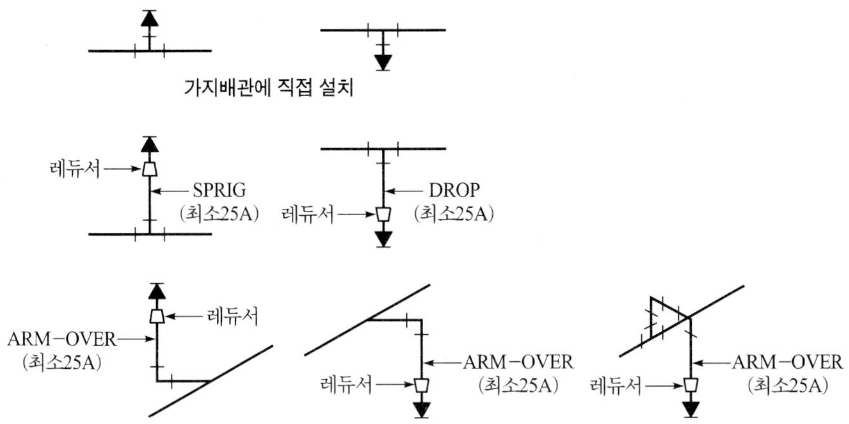

스프링클러헤드의 설치 예

▪ 배관 종류

스프링클러설비의 배관은 입상배관, 수평주행배관, 교차배관, 가지배관 등으로 구성되어 있다. 따라서, 배관은 주 배관(가압송수장치~입상배관)→수평주행배관→교차배관→가지배관 순으로 시공되며 자세한 내용은 배관의 종류를 참고한다.

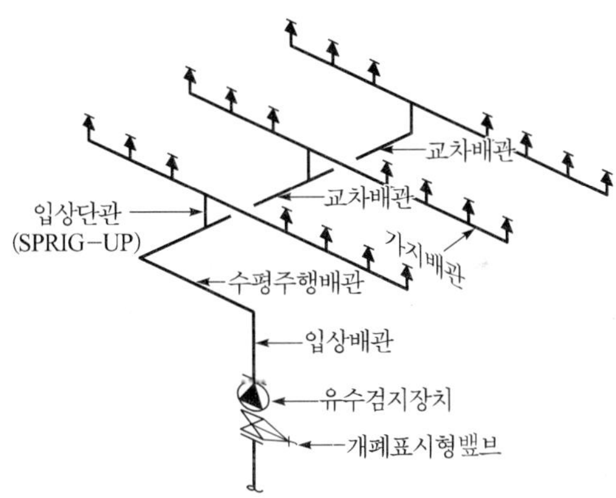

스프링클러설비의 배관 예

18. "교차배관"이라 함은 직접 또는 수직배관을 통하여 가지배관에 급수하는 배관을 말한다.

▪ 교차배관 (Cross Mains)

수평주행배관 중 가지배관에 소화용수를 공급하는 배관으로 가지배관의 하부 또는 측면에 설치되어 가지배관과 교차되는 배관을 말한다.

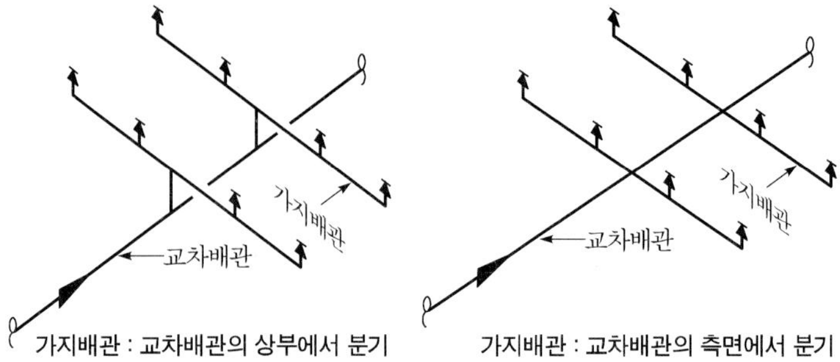

교차배관 예

19. “주배관”이라 함은 각 층을 수직으로 관통하는 수직배관을 말한다.

■ 주 배관 (Feed Mains)

직접 또는 입상관을 통하여 교차배관에 급수하는 배관을 말한다. 입상관(Riser)은 스프링클러설비의 모든 수직 급수배관을 말하며 시스템입상관(System Riser)은 스프링클러설비의 배관 중 유수검지장치 및 제어밸브가 설치되는 수직배관(또는 수평배관)을 말한다. 넓은 의미의 주 배관은 가압송수장치로부터 시스템 입상관까지의 모든 배관을 말한다.

20. “신축배관”이라 함은 가지배관과 스프링클러헤드를 연결하는 구부림이 용이하고 유연성을 가진 배관을 말한다.

■ 신축배관

신축배관의 정확한 명칭은 배관의 설치를 용이하게 하기위하여 배관이 쉽게 구부러지는 특성을 가진 가요성배관 (Flexible Tube) 이다. 가요성배관은 스프링클러설비의 신축배관의 성능시험기술기준 (국민안전처장관 고시)에 의하여 제품승인 및 제품시험에 합격한 제품을 사용하여야 한다. 또한 스프링클러설비용 가요성배관 (Flexible Tube)에서 요구되는 최소한의 성능기준이 제8조 제9항 제3호에 규정되어 있다. 가요성배관은 배관접속부, 가요성배관부 및 스프링클러헤드 접속부로 구성된다.

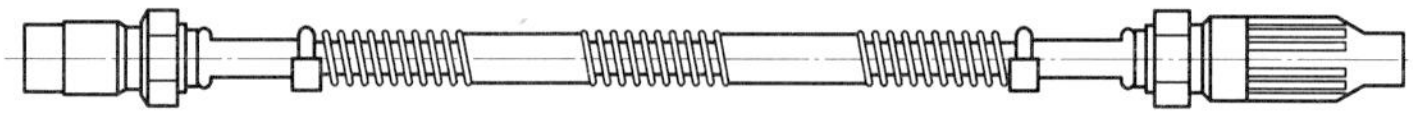

후렉시블스프링클러배관 설치 예

21. "급수배관"이라 함은 수원 및 옥외송수구로부터 스프링클러헤드에 급수하는 배관을 말한다.

- 급수배관

급수배관은 수원 - 소화펌프 - 주 배관(옥외소화배관~건물내 입상배관) - 수평주행배관 - 교차배관 - 가지배관 - 신축배관 - 스프링클러헤드 또는 옥외송수구 - 주배관(건물내 입상배관) - 수평주행배관 - 교차배관 - 가지배관 - 신축배관 - 스프링클러헤드까지의 경로에 있는 모든 배관을 말한다.

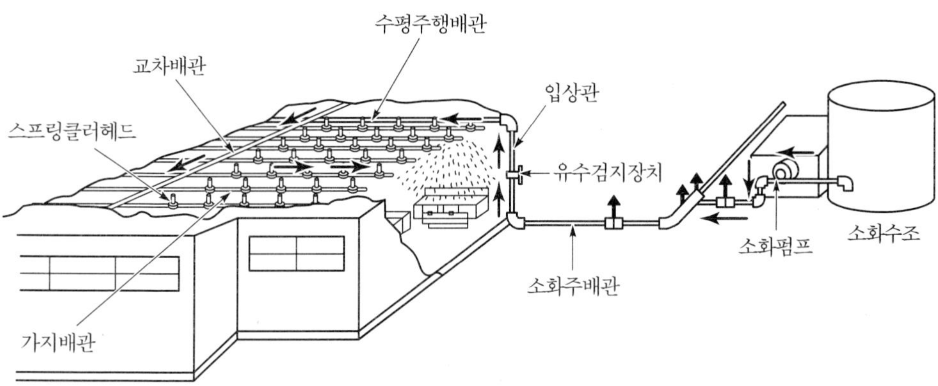

스프링클러설비의 급수배관 예

22. "습식스프링클러설비"라 함은 가압송수장치에서 폐쇄형스프링클러헤드까지 배관내에 항상 물이 가압되어 있다가 화재로 인한 열로 폐쇄형스프링클러헤드가 개방되면 배관내에 유수가 발생하여 습식유수검지장치가 작동하게 되는 스프링클러설비를 말한다.

22의2. "부압식스프링클러설비"란 가압송수장치에서 준비작동식유수검지장치의 1차측까지는 항상 정압의 물이 가압되고, 2차측 폐쇄형 스프링클러헤드까지는 소화수가 부압으로 되어 있다가 화재 시 감지기의 작동에 의해 정압으로 변하여 유수가 발생하면 작동하는 스프링클러설비를 말한다.

23. "준비작동식스프링클러설비"라 함은 가압송수장치에서 준비작동식유수검지장치 1차측까지 배관내에 항상 물이 가압되어 있고 2차측에서 폐쇄형스프링클러헤드까지 대기압 또는 저압으로 있다가 화재발생시 감지기의 작동으로 준비작동식유수검지장치가 작동하여 폐쇄형스프링클러헤드까지 소화용수가 송수되어 폐쇄형스프링클러헤드가 열에 따라 개방되는 방식의 스프링클러설비를 말한다.

- 습식스프링클러설비 및 준비작동식스프링클러설비

스프링클러설비는 방호대상물, 설치장소 등에 따라 폐쇄형스프링클러헤드를 사용하는 경우와 개방형스프링클러헤드를 사용하는 경우로 구분되며, 폐쇄형스프링클러헤드를 사용하는 설비는 습식, 건식, 준비작동식으로 분류되며 개방형스프링클러 헤드를 사용하는 설비는 일제살수식스프링클러설비라 한다.

- 폐쇄형스프링클러 방식
  - 습식(Wet pipe system)
  - 건식(Dry pipe system)
  - 준비작동식(Preaction system)
- 개방형스프링클러 방식 —— 일제살수식(Deluge system)

가. 습식스프링클러설비(Wet Pipe Sprinkler System)

습식스프링클러설비는 스프링클러헤드까지의 급수배관이 항상 가압수로 채워져 있으며, 화재 시 화재 열에 의하여 스프링클러헤드가 개방되는 동시에 즉시 방수가 가능하여 화재 시 응답특성이 빠르다.

유수검지장치 1차측과 유수검지장치 2차측의 배관 내에 상시 소화용수가 채워져 있으며 유수가 발생하면 닫혀있던 클리퍼가 열리고 클리퍼가 막고 있던 구멍으로 가압수가 들어가 압력스위치를 작동하면 경보를 발령하는 구조로 되어있다.

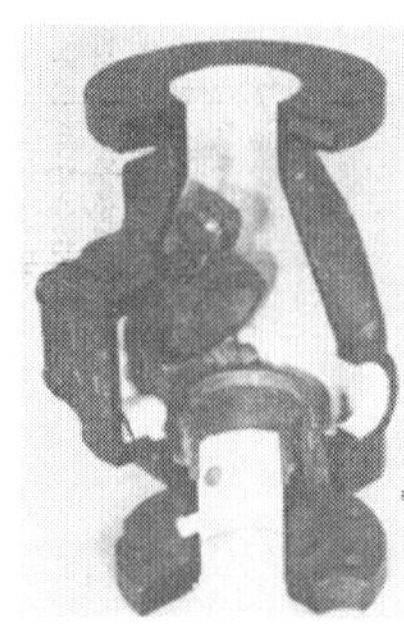

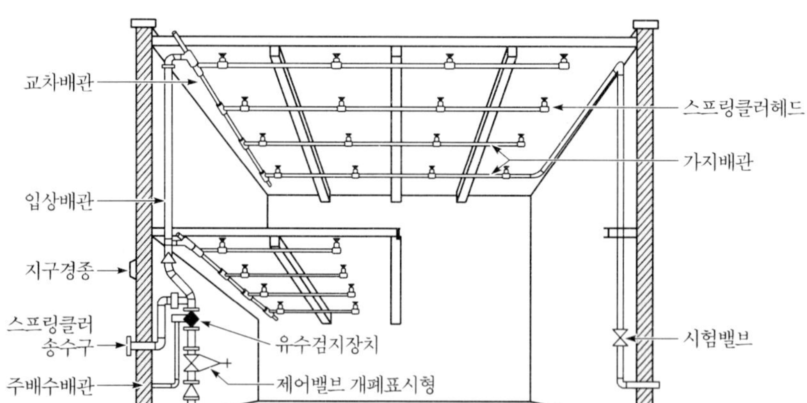

습식스프링클러설비의 예][습식유수검지장치 및 내부구조 예

나. 준비작동식스프링클러설비(Pre-Action Sprinkler System)

준비작동식스프링클러설비는 유수검지장치의 2차측에 물(가압수)이 채워져 있지 않다는 점에서 습식스프링클러설비와 구별되고 유수검지장치를 개방시키기 위해서는 별도의 화재감지장치를 필요로 한다는 점에서 건식스프링클러설비와 구별된다.

준비작동식스프링클러설비의 도입목적은 습식스프링클러설비나 건식스프링클러설비에서 스프링클러헤드의 손상 또는 배관의 손상으로 인한 우발적인 살수로 인한 소방대상물(고가장비, 전자장비 등)에 대한 수손을 방지하기 위하여 유수검지장치의 개방을 화재감지장치에 의하도록 한 것이다.

준비작동식스프링클러설비의 유수검지장치는 평상시에 1차측에만 가압되어 있고 준비작동식유수검지장치 이후인 2차측에는 대기압과 동일한 상태로 유지하거나 저압의 배관누설감시용압축공기가 채워져 있다.

화재가 화재감지기(또는 화재감지용 스프링클러헤드)를 통하여 감지되면 유수검지장치의 클리퍼가 개방되어 2차측 배관 내로 소화용수를 송수하게 된다. 즉 유수검지장치 이후의 2차측 배관에 소화용수가 상시 충전되어 있는 방식이 아니라 화재감지신호에 의해 유수검지장치가 열려 소화용수가 송수되는 방식으로 구성되어 있다. 송수된 물은 2차측 배관 내에 가압 충전되어 있다가 스프링클러헤드가 화재 열에 의하여 감열체가 분리되어 개방될 경우에 방수가 시작된다.

현재 국내에서 사용되고 있는 설치방법은 평상 시 유수검지장치의 2차 측 배관을 대기압과 동일한 상태로 비워두고 있기 때문에 스프링클러설비를 설치한 후에 스프링클러헤드가 손상되거나 배관의 일부가 파손되더라도 이를 확인할 수 없는 문제점을 가지고 있어 본래 준비작동식스프링클러설비의 도입목적과 다르게 사용되고 있는 실정이다.

(예: 국내에서는 배관의 누설감시용 슈퍼비죠리스위치를 기동용스위치로 사용하고 있다.)

NFPA 13 기준은 준비작동식스프링클러설비의 설치된 스프링클러헤드의 수량이 20개 이상인 경우에는 반드시 배관의 이상 유무와 화재감지장치를 감시하도록 규정하고 있다. 즉, 배관 내에 저압의 누설감시용 압축공기를 채워서 배관의 상태를 항상 감시한다. 준비작동식스프링클러설비의 슈퍼비죠리판넬은 스프링클러헤드 또는 배관의 손상 시 배관 내 압축공기의 누설을 감시하는 감시반이다. (NFPA 13 / 7.3.2.4.1 참고)

준비작동식스프링클러설비는 화재감지기가 스프링클러헤드보다 미리 감지되어야 한다는 전제가 있어야 하며, 습식스프링클러설비와 동일한 빠른 방수가 가능하다. 흔히 간과하는 것 중의 하나가 스프링클러헤드의 감열시점보다 화재감지기의 감지시간이 더 빠르게 작동된다고 생각하는 것이다. 그러나 느리게 성장하는 화재에서는 스프링클러헤드의 감열 시점보다 차동식감지기의 감지시간이 더 늦어질 수 도 있다는 사실이다. 그러한 경우에는 방수시작 시점의 지연으로 연소 확대로 인한 화세의 제어에 실패할 우려가 높기 때문에 방호구역의 특성과 설비의 최적성능을 위하여 화재감지기의 선정을 고려하여야 할 것이다.

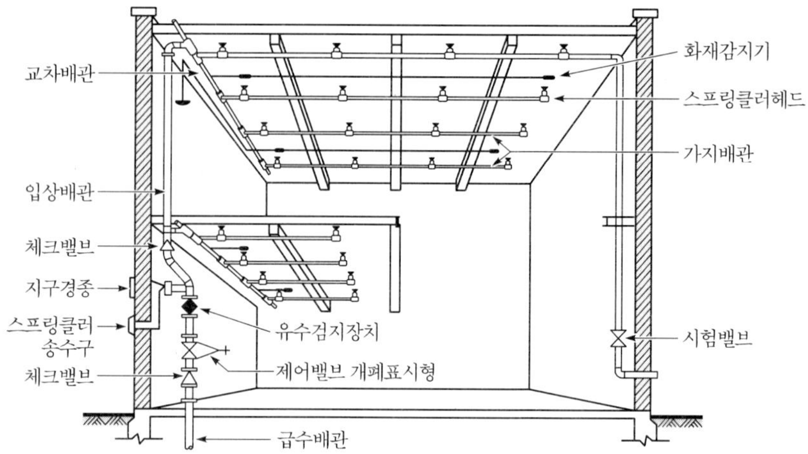

준비작동식스프링클러설비(Pre-Action Sprinkler System) 예

준비작동식스프링클러설비는 제어 계통이 비교적 복잡하게 구성되어 있어 신뢰성 측면에서는 습식스프링클러설비 또는 건식스프링클러에 비하여 매우 불리한 것이 사실이다. 이러한 원인으로 준비작동식스프링클러설비는 습식스프링클러설비 또는 건식스프링클러설비의 적용이 어려운 극히 제한된 장소에만 적용하는 것이 권장된다. 준비작동식스프링클러설비는 작동수단에 따라 3가지 형태로 구분한다.

1) 비인터록 (Non-Interlocked) 방식 : 이 방식은 화재감지기가 작동하거나 스프링클러헤드가 개방이 되면 밸브의 클리퍼가 개방되어 방수된다. 즉 화재감지기에 고장이 발생하더라도 스프링클러헤드가 감열이 되면 작동이 되기 때문에 그만큼 신뢰성이 높은 특징이 있다.

   이 방식이 스프링클러헤드로 작동되기 위해서는 유수검지장치의 2차측 배관 내에 공기(또는 질소)로 충압이 되어 있어야 하는 전제가 따른다. 이것은 준비작동식설비의 구성요소 중에서 매우 중요한 부분으로서 2차측에 가압하는 공기압으로서 평상 시 2차측 배관의 이상 유무를 감시하는 기능도 함께 가진다. 2차측의 가압 공기압력은 보통 0.07㎫(0.7kg/㎠) 정도의 가압을 요구하고 0.035㎫(0.35kg/㎠) 정도 압력이 감소될 경우에는 경보신호를 발하도록 구성하고 있다.

2) 단일 인터록(Single-Interlocked)방식 : 화재감지기의 작동에 의해서만 유수검지장치가 개방되는 방식이다.(현재 국내에서 보편적으로 사용하고 있는 방식이다)

3) 이중 인터록(Double-Interlocked) 방식 : 화재감지기가 작동하고 스프링클러헤드가 개방이 되어야 비로소 유수검지장치가 개방되는 방식이다. 이러한 2중의 안전장치는 설비의 오작동을 줄 일수 있는 장점이 있으나 설비의 신뢰성은 매우 떨어지는 단점을 가지고 있다. 즉, 어느 한 요소에 이상이 발생하여도 준비작동식스프링클러설비가 작동하지 않는다. 이 설비방식의 적용은 소화용수가 급속히 동결될 우려가 있는 냉동창고 등의 장소처럼 매우 제한된 장소로 한정되어야 한다. 구형준비작동식유수검지장치의 경우에는 클램프방식(클램프방식은 준비작동식유수검지장치의 개방을 클리퍼를 누르는 걸쇠가 해제됨으로서 이루어진다. 이후 초기상태로 세팅할 경우에는 이 걸쇠를 원래위치로 이동시켜줌으로서 세팅이 이루어진다)이 사용되기도 하였으나 최근에는 거의 대부분이 다이어프램방식으로 제조되고 있다. 준비작동식유수검지장치의 작동구조는 건식유수검지장치와 유사한 파스칼의 원리에 의해 이루어진다. 그림에서 보이는 스프링은 항상 준비작동식유수검지장치를 열리도록 힘을 가하고 있다. 즉 아무런 힘이 가해지지 않을 경우에는 스프링의 인장력으로 인하여 준비작동식유수검지장치가 항상 열려있게 된다. 준비작동식유수검지장치를 폐쇄하기 위해서는 스프링을 눌러주어야 하는데 그러한 힘의 원천을 1차측 배관의 수압으로부터 공급을 받는다.

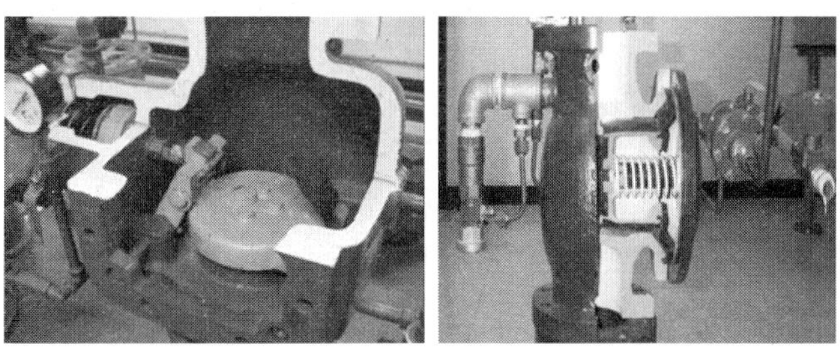

클램프 타입(좌)과 다이어프램 타입(우) 준비작동식유수검지장치 예

1차측에 가압된 소화용수의 일부를 스프링상부의 다이어프램으로 보내면 1차측 수압과 다이어프램의 넓은 단면적을 곱한 것에 해당하는 힘으로 스프링에 힘을 가하고 가한 힘은 준비작동식유수검지장치의 스핀들을 밀어서 준비작동식유수검지장치를 닫아주게 된다. 이때 발생하는 힘(F) = P(1차측의 수압) x A(다이어프램의 단면적)으로 구할 수 있으며 이 값은 용수철의 인장력보다 커야 준비작동식유수검지장치가 닫힌다.

예를 들면 수압이 0.7MPa(7kg/cm²)이고, 다이어프램 단면적이 0.09m²일 경우 작용하는 힘을 구해보면,

F = 70,000Pa x 0.02m²= 1,400N 이 된다. 이해하기 쉽게 무게로 표현하면 1,400/9.8 = 143kg이 된다. 즉 매우 큰 힘으로 스프링을 누르는 것을 알 수 있다. 만일 다이어프램의 면적을 지나치게 크게 할 경우에는 준비작동식유수검지장치 재질의 강도 허용치를 넘어서 파괴될 수도 있을 만큼의 큰 힘이 걸릴 수도 있다.

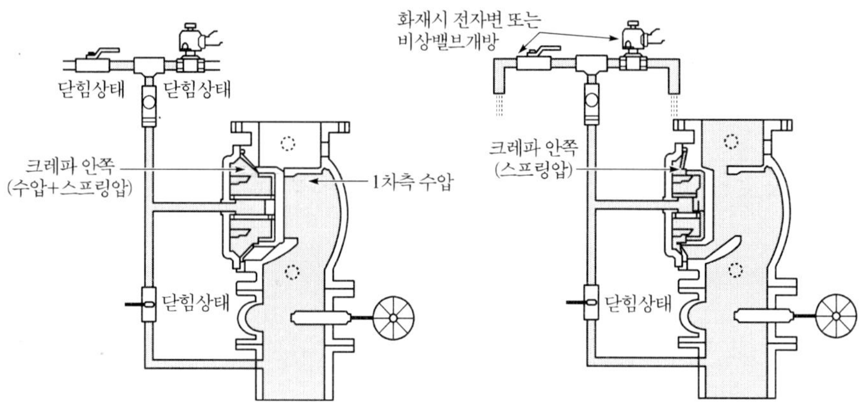

준비작동식유수검지장치의 작동원리 예

그림에서 왼쪽그림은 다이어프램에 수압을 가해 밸브가 폐쇄된 상태를 보여주고 있으며 오른쪽 그림은 다이어프램을 누르고 있던 수압이 솔레노이드의 작동 또는 수동개방밸브의 개방에 의해 방출되어 다이어프램의 압력감소로 스프링의 인장력으로 준비작동식유수검지장치가 열린 모습을 보여주고 있다.

24. "건식스프링클러설비"라 함은 건식유수검지장치 2차 측에 압축공기 또는 질소 등의 기체로 충전된 배관에 폐쇄형스프링클러헤드가 부착된 스프링클러설비로서, 폐쇄형스프링클러헤드가 개방되어 배관내의 압축공기 등이 방출되면 건식유수검지장치 1차 측의 수압에 의하여 건식유수검지장치가 작동하게 되는 스프링클러설비를 말한다.

■ 건식스프링클러설비(Dry Pipe System)

건식스프링클러설비의 유수검지장치는 1차측이 가압수, 2차측이 압축공기 또는 질소가스로 상시 가압되어 있다. 스프링클러헤드가 화재 열로 개방되고 개방된 헤드를 통하여 압축공기가 누출되면 유수검지장치 2차측의 압력이 떨어지게 되고 1차측의 수압으로 클리퍼가 개방되어 소화용수를 방출하는 구조로 되어있다. 이는 준비작동식유수검지장치에 비해 별도의 화재감지기가 필요 없이 설치할 수 있는 장점이 있으며, 특히 동파가 우려되는 장소에 적합하다.

건식유수검지장치의 단점으로는 화재 시 스프링클러헤드가 감열된 후 압축공기가 빠져나가는 시간만큼의 소화용수 방출지연이 발생한다는 것이다. 이는 지연시간 동안 연소 확대를 초래할 수 있기 때문에 습식스프링클러설비에 비해 보다 많은 스프링클러헤드가 개방된다. 이는 설계 시에 항상 고려되어야 한다.

※ NFPA 13 기준

건식스프링클러설비의 경우에는 스프링클러헤드의 개방면적(살수면적)을 습식스프링클러설비보다 30% 증가시키도록 요구하고 있다. 또한, 배관의 형태도 소화용수 방출에 많은 영향을 미치기 때문에 건식스프링클러설비의 경우에는 가지배관을 격자형배관으로 설치하는 것이 허용되지 아니 한다. 건식스프링클러설비의 배관 내 용적이 2,840ℓ 이상인 경우에는 방출지연시간을 줄이기 위하여 부가적으로 공기배출가속장치 (Exhauster, Accelerator 등)를 별도로 설치하여야 한다.

4" 이하의 유수검지장치를 사용하는 건식스프링클러설비 또는 6"이상의 유수검지장치를 사용하나 배관내의 용적이 1,890ℓ 이하인 경우에는 별도의 가속장치를 필요로 하지 아니한다. (NFPA 13 /11.2.3.2.5, 7.2.3.3참조)

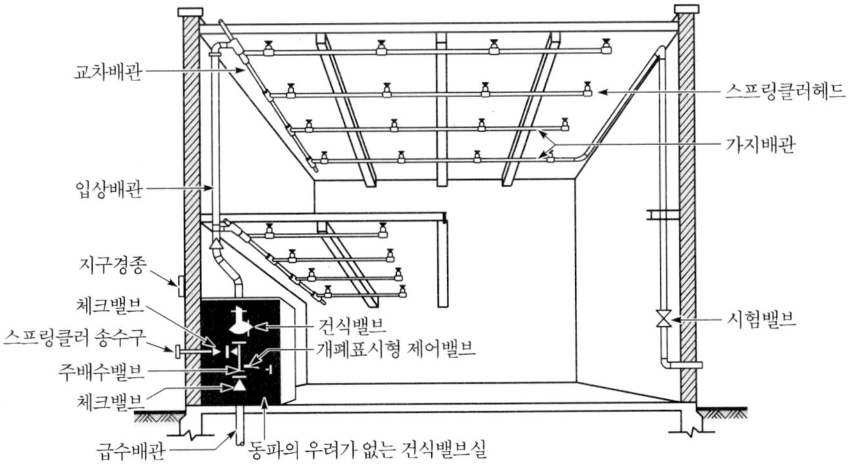

건식스프링클러설비(Dry Pipe Sprinkler System) 예

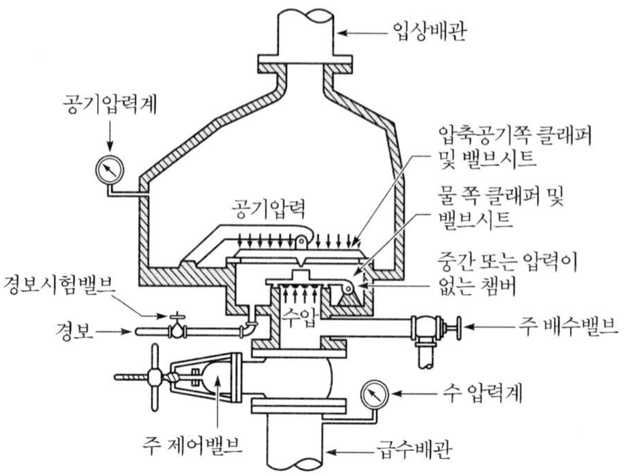

전형적인 건식유수검지장치의 내부구조 예

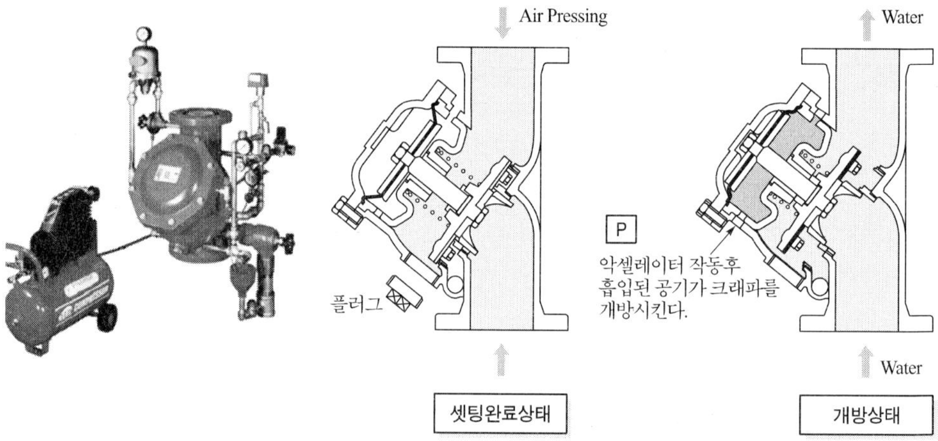

건식유수검지장치의 작동원리 예

건식유수검지장치 1차측의 수압이 건식유수검지장치 2차측의 공기압보다 높은 데도 불구하고 2차측 클리퍼의 단면적이 1차측 클리퍼의 단면적보다 월등하게 크기 때문에 1차측의 수압을 누르고 밸브의(클리퍼)를 폐쇄상태로 유지할 수가 있다.

건식유수검지장치의 힘의 균형을 식으로 표현하면 다음과 같다.

P1(클리퍼 2차측의 공기압) × (클리퍼 2차측의 단면적) 〉 P2(클리퍼 1차측의 수압) × (클리퍼 1차측의 단면적)

25. "일제살수식스프링클러설비"라 함은 가압송수장치에서 일제개방밸브 1차 측까지 배관 내에 항상 물이 가압되어 있고 2차 측에서 개방형스프링클러헤드까지 대기압으로 있다가 화재발생시 자동감지장치 또는 수동식 기동장치의 작동으로 일제개방밸브가 개방되면 스프링클러헤드까지 소화용수가 송수되는 방식의 스프링클러설비를 말한다.

■ 일제살수식스프링클러설비(Deluge Sprinkler System)

준비작동식스프링클러설비와 일제살수식스프링클러설비로 구분하는 원인은 대부분 폐쇄형스프링클러헤드를 사용하느냐 아니면 개방형스프링클러헤드를 사용하느냐의 차이이다. 흔히 밸브 자체를 일제살수식밸브와 준비작동식유수검지장치가 서로 다른 것처럼 구분하고 있으나 사실상 밸브는 동일한 밸브이다.

NFPA 13 기준의 경우 준비작동식유수검지장치 2차측 배관에 공기 또는 질소로 가압을 하고 있으며 일제개방 설비의 경우에는 2차측이 개방형스프링클러헤드이기 때문에 가압이 무의미 하다. 이러한 차이로 준비작동식 설비에서의 유수검지장치는 2차측 공기 또는 질소 가압 배관과 감압경보 스위치가 별도로 부착되는 것이 차이점이라 할 수 있다.

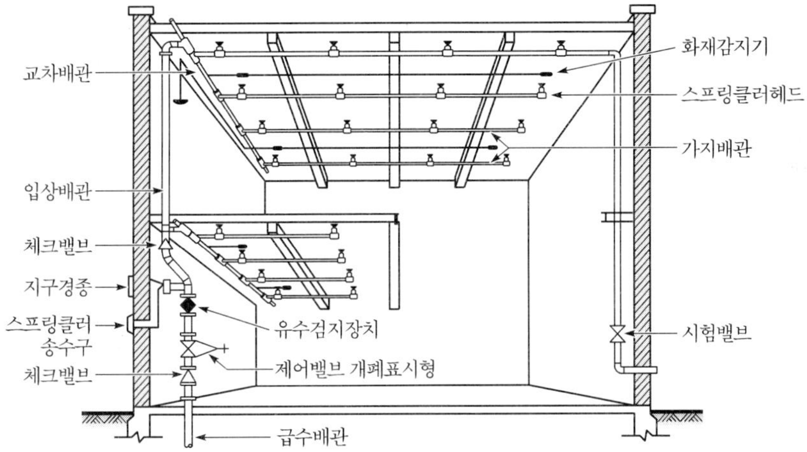

일제살수식 스프링클러설비(Deluge Sprinkler System) 예

천정고가 높은 장소이거나 또는 화재의 성장이 빠르고 열 방출율이 큰 경우에는 스프링클러헤드가 감열하기 전에 연소 확대가 상당부분 이루어지기 때문에 폐쇄형스프링클러헤드의 경우에는 화세를 제어하는 데 실패할 확률이 높아지기 때문에 일정면적을 동시에 방수하는 일제개방 설비를 채택하는 것이 훨씬 유리하다. 만일 폐쇄형스프링클러헤드를 사용할 경우에는 지나치게 많은 폐쇄형스프링클러헤드를 개방시켜 방수밀도의 부족을 초래할 수 있다. 이러한 이유로 극장의 무대부나 주차장, 위험물 저장창고 등에 일제살수식스프링클러가 적용되고 있다.

일제살수식스프링클러설비는 많은 양의 물이 동시에 살수되기 때문에 2차 수손에 대한 대책이 있어야 하며, 특히 오작동시 많은 피해를 가져올 수 있는 소방대상물의 경우에는 화재감지기 회로를 교차회로 방식으로 구성하도록 하는 것이 바람직하다.

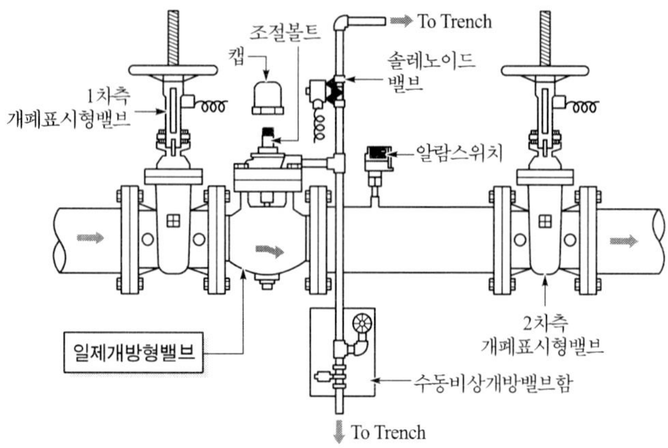

일제개방밸브의 구성 예

26. "반사판(디프렉타)"이라 함은 스프링클러헤드의 방수구에서 유출되는 물을 세분시키는 작용을 하는 것을 말한다.

■ 반사판(디프렉타)

스프링클러헤드 방수구(오리피스)에서 유출되는 물을 요구된 성능이 발휘될 수 있도록 분사시켜 주는 판이다.

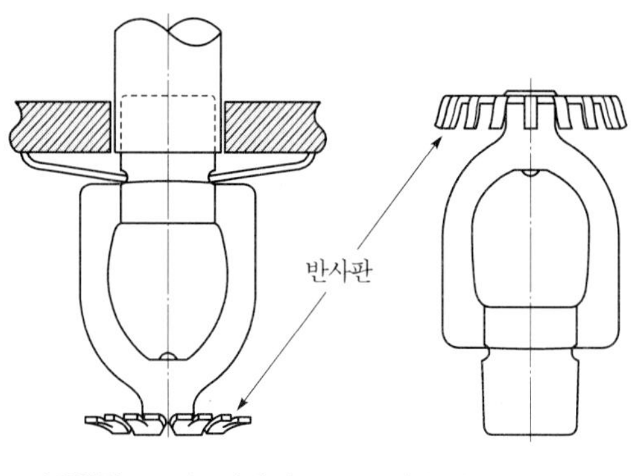

(하향형스프링크러헤드) (상향형스프링크러헤드)

스프링클러헤드의 반사판 예

27. "개폐표시형밸브"라 함은 밸브의 개폐여부를 외부에서 식별이 가능한 밸브를 말한다.

■ 개폐표시형밸브

개폐표시형밸브에는 바깥나사 게이트밸브(Outside Screw &Yoke GateValve, 줄임말로 OS & Gate Valve)와 열림·닫힘표시형 버터플라이밸브가 있다.

개폐표시형밸브는 개폐표시형밸브의 성능시험기술기준(국민안전처장관고시)에 의거 제품승인 및 제품시험을 받은 제품을 사용하도록 권장한다.

가. 바깥나사 게이트 밸브(OS & Y Gate Valve : Outside Screw & Yoke Gate Valve)
밸브의 스템(stem)이 밸브 개방 시에 위로 올라오고, 밸브 폐쇄 시에 아래로 내려가서 밸브의 열림, 닫힘 상태를 육안으로 쉽게 확인할 수 있다.

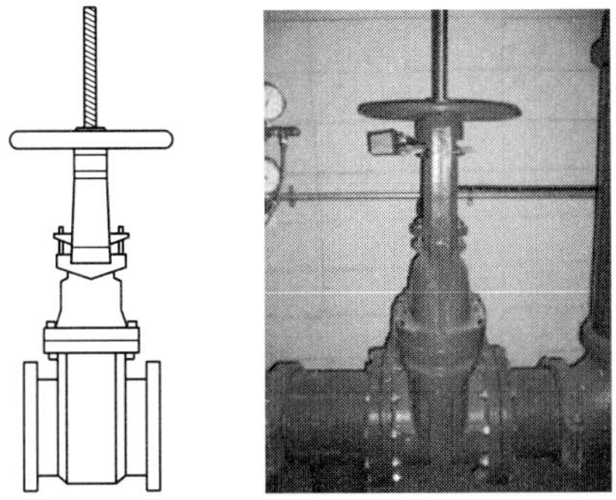

OS & Y Gate Valve 예

나. 열림·닫힘 표시형 버터플라이밸브
(Indicating Butterfly Valve)
밸브 몸체의 상부에 열림, 닫힘 표시기가 있어 외부에서 육안으로 확인이 가능하다.

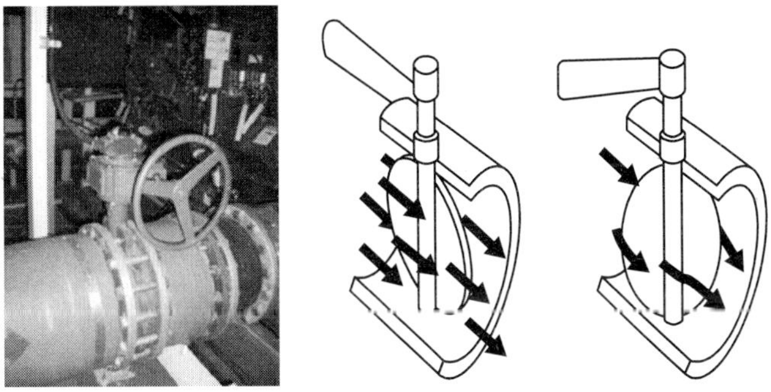

버터플라이밸브 예

28. "연소할 우려가 있는 개구부"라 함은 각 방화구획을 관통하는 컨베이어·에스컬레이터 또는 이와 유사한 시설의 주위로서 방화구획을 할 수 없는 부분을 말한다.

■ 연소할 우려가 있는 개구부
다음 그림과 같이 백화점, 대형할인마트, 전시장 등의 에스컬레이터, 무빙워크(Moving Walk), 창고 또는 공장 등의 생산라인, 운반라인에 설치된 컨베이어 등이 있다.

연소할 우려가 있는 개구부 예

29. "가압수조"라 함은 가압원인 압축공기 또는 불연성 고압기체에 따라 소방용수를 가압시키는 수조를 말한다.
30. "소방부하"란 법 제2조제1항제1호에 따른 소방시설 및 방화·피난·소화활동을 위한 시설의 전력부하를 말한다.
31. "소방전원 보존형 발전기"란 소방부하 및 소방부하 이외의 부하(이하 비상부하라 한다)겸용의 비상발전기로서, 상용전원 중단 시에는 소방부하 및 비상부하에 비상전원이 동시에 공급되고, 화재 시 과부하에 접근될 경우 비상부하의 일부 또는 전부를 자동적으로 차단하는 제어장치를 구비하여, 소방부하에 비상전원을 연속 공급하는 자가발전설비를 말한다.

3.8.6.1.3 스프링클러헤드 설치제외

스프링클러헤드를 설치하여야 할 소방대상물에 물분무소화설비를 적합하게 설치한 경우에는 그 설비의 유효범위안의 부분에는 스프링클러설비를 설치하지 않을 수 있다.

1) 계단실, 경사로, 승강기의 승강로, 파이프닥트, 목욕실, 화장실, 직접 외기에 개방되어 있는 복도 기타 이와 유사한 장소
2) 통신기기실, 전자기기실 기타 이와 유사한 장소
3) 발전실, 변전실, 변압기, 기타 이와 유사한 전기설비가 설치되어 있는 장소
4) 병원의 수술실, 응급처치실 기타 이와 유사한 장소
5) 천장 및 반자가 불연재료로 되어 있고, 천장과 반자사이의 거리가 2m 미만인 부분
6) 천장 및 반자 중 한쪽이 불연재료로 되어 있고 천장과 반자사이의 거리가 1m 미만인 부분
7) 천장 및 반자가 불연재료 외의 것으로 되어 있고 천장과 반자사이의 거리가 0.5m 미만인 부분
8) 펌프실, 기계실(보일러실 제외), 물탱크 그 밖의 이와 유사한 장소
9) 아파트의 세대별로 설치된 보일러실로서 환기구를 제외한 부분이 다른 부분과 방화구획되어 있는 보일러실
10) 현관 또는 로비 등으로서 바닥으로부터 높이가 20m 이상인 장소

11) 냉장창고 또는 냉장창고의 냉장실 또는 냉동실

12) 고온의 노가 설치된 장소 또는 물과 격렬하게 반응하는 물품의 저장 또는 취급장소

13) 불연재료로 된 소방대상물 또는 그 부분으로서 다음에 해당하는 장소

정수장, 오물처리장, 펄프공장의 작업장, 음료수공장의 세정 또는 충전하는 작업장, 불연성의 금속, 석재 등의 가공공장으로서 가연성물질을 저장 또는 취급하지 아니하는 장소

특수장소	특수 가연물	지층, 무창층, 층수 4층이상	11층 이상	기타
1. 근린생활		바닥면적:1,000㎡	11층 이상층 (호텔, 여관 용도는 전층)	
2. 위락시설				
3. 관람집회 및 운동시설		무대부바닥:300㎡		무대부바닥 : 500 ㎡
4. 판매시설		바닥면적:1,000㎡ 이상인 층(학교, 아파트, 냉동창고 제외)		판매시설로서 바닥면적합계 -3층이하 : 6,000 ㎡ -4층이상 : 5,000 ㎡ 전층 설치대상
5. 숙박, 노유자, 의료시설				
6. 아파트 및 기숙사			16층 이상의층	
7. 업무시설			11층 이상 건축물, 11층 이상 부분(학교, 아파트 제외)	
8. 통신촬영시설				
9. 교육연구시설				
10. 전기시설				
11. 공장	1,000 배			
12. 창고시설				
13. 운수자동차 관련시설				반자높이 10 m가 넘는 랙크식창고로서 연면적 1,500㎡ 이상
14. 관광 휴계시설				
15. 위생등 관련시설				
16. 교정시설				
17. 위험물서상 및 처리시설				
18. 지하가				연면적 1,000 ㎡ (터널제외)
19. 문화재				
20. 복합건축물				연면적 5,000 ㎡ 전층

3.8.7 스프링클러설비의 구조 및 작동원리

스프링클러의 계통도 및 종류는 다음과 같다.

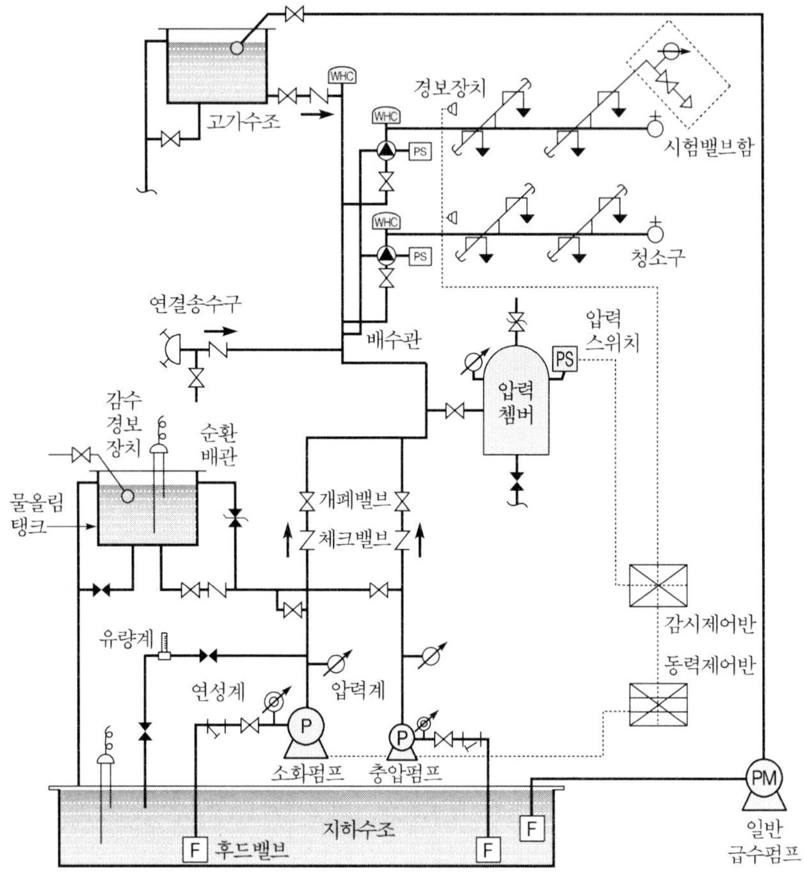

그림 3.8.1. 스프링클러설비 계통도

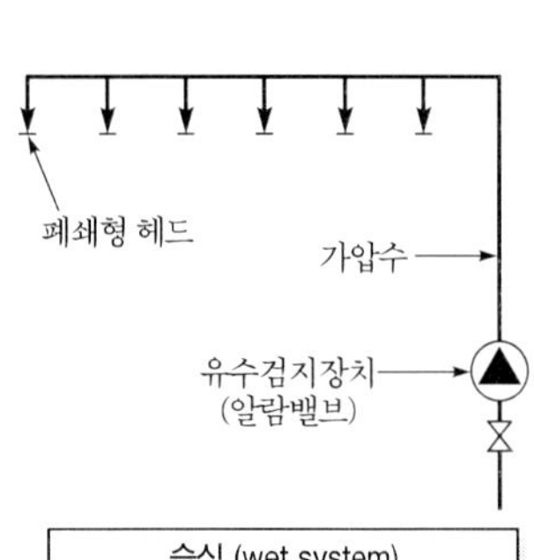

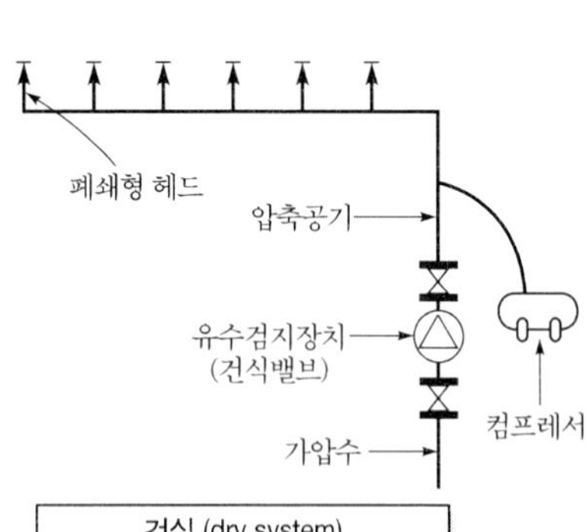

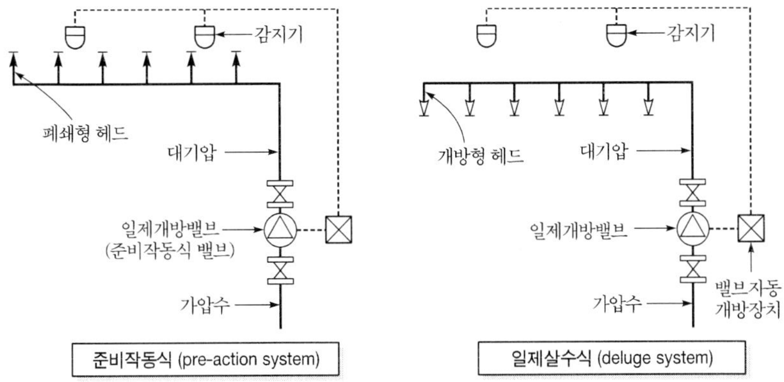

그림 3.8.2. 스프링클러설비의 종류

3.8.7.1 습식스프링클러설비

유수검지장치의 1, 2차 배관에 가압수가 충만되어 있다가 헤드의 감열부가 화재로 인해 개방되면 가압수가 방출됨으로서 압력의 균형이 깨지고, 이로 인하여 유수검지장치의 작동 및 가압송수장치가 기동하게 됨으로서 소화하게 되는 소화설비이다. 기타 스프링클러설비에 비하여 구조가 간단한 장점이 있으나 동결의 위험이 있으므로 주의하여야 한다.

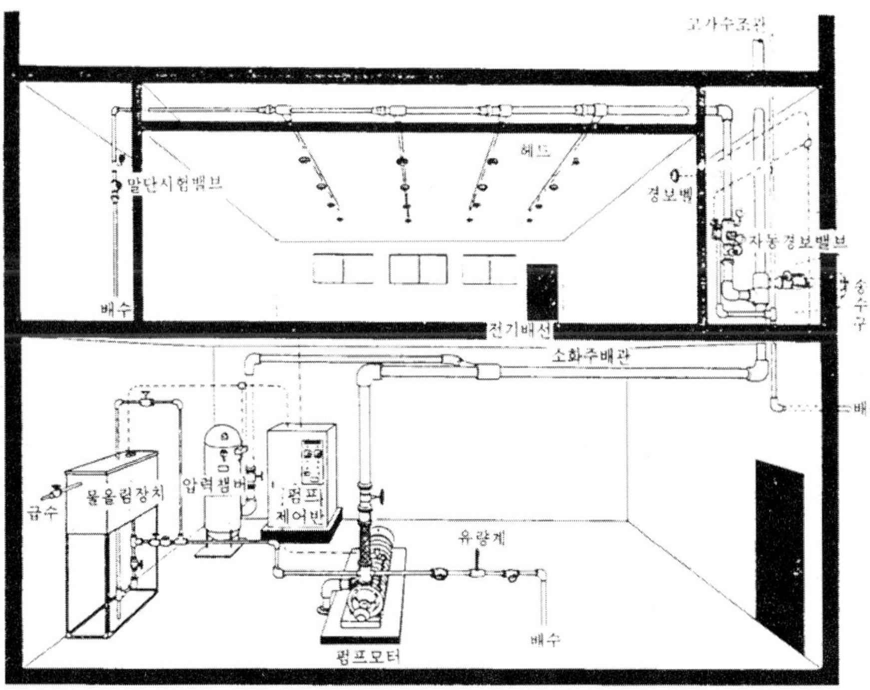

그림 3.8.3. 습식스프링클러설비의 예

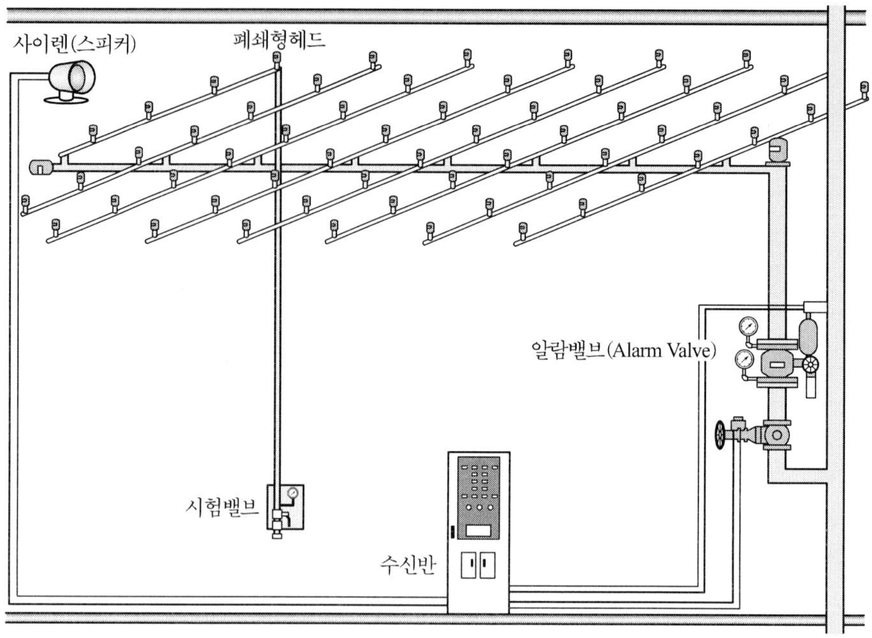

그림 3.8.4. 습식스프링클러설비 운영실태 예

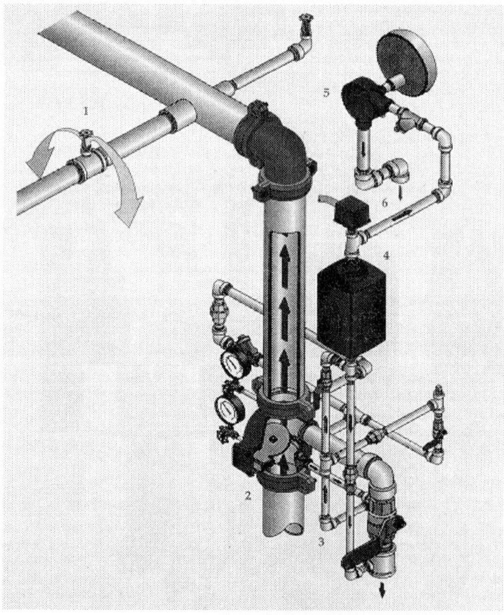

1. 스프링클러헤드 작동
2. 클리퍼 작동
3. 알람배관으로 흐름
4. 리타팅챔버로 흐름
5. 리타팅 챔버를 통해 워터모터 알람 작동
6. 압력스위치를 작동 경보 또는 기동

그림 3.8.5. 습식스프링클러

(1) 습식유수검지장치의 종류

유수의 흐름을 자동으로 감지하여 경보신호를 발생시키는 장치로서 알람체크밸브, 패들형 유수검지장치, 유수작동밸브 등이 있다.

1) 자동경보밸브(Aram Check Valve)

밸브 2차측으로 부터 1차측으로의 역류를 막는 체크밸브 기능을 가지고 있으며, 유수현상에 의해 체크밸브가 개방되었을 때 밸브에서 경보 배관으로 유수를 도입하고 그 압력에 의하여 경보를 발신한다. 워터모터공은 음향경보장치로서 선택사양으로 설치되며 근래에는 거의 사용되고 있지 않다.

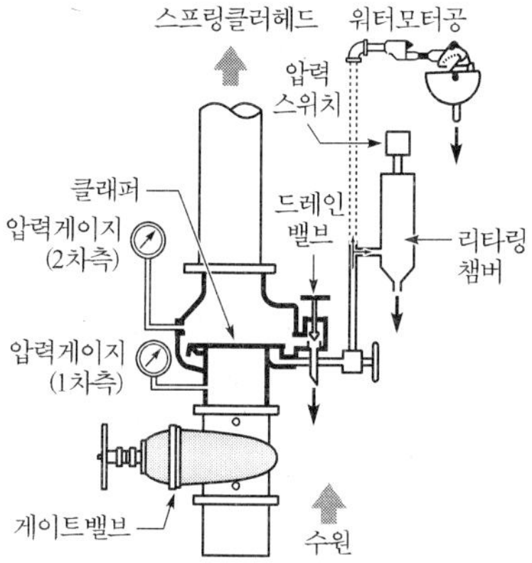

그림 3.8.6. 자동경보밸브의 구성

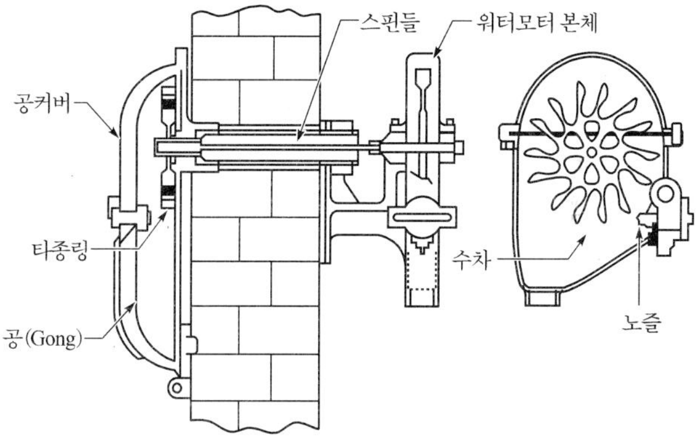

그림 3.8.7. 워터모터공의 구성

2) 유수작동 밸브

체크밸브 기능을 가지고 있으며, 유수현상에 의하여 체크밸브가 개방되었을 때의 스핀들 회전의 움직임을 외부기기에 전달하여 경보를 발신한다. 클래퍼에 의해 분리되는 1, 2차측의 압력차를 이용하여 밸브의 작동을 검지한다.

3) 패들형유수작동 밸브

배관내에 유수를 검지하는 패들을 삽입하여 이의 움직임을 외부기기에 전달하여 경보를 발신한다. 내부에는 순간적인 압력변동을 방지할 수 있도록 지연시간회로가 구성되어 있어 시간조정이 가능하도록 되어 있다.

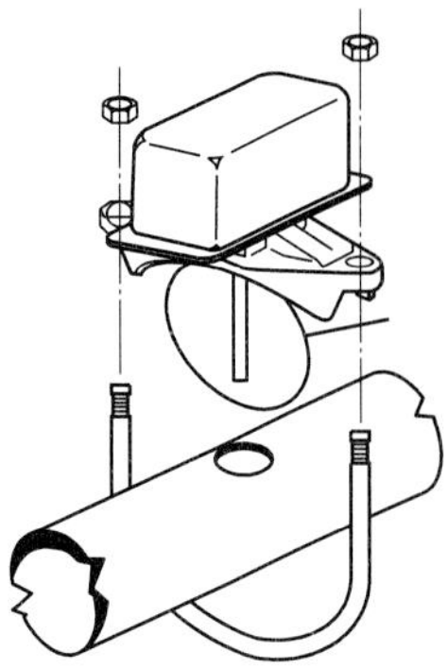

그림 3.8.8. 배관내 설치방법

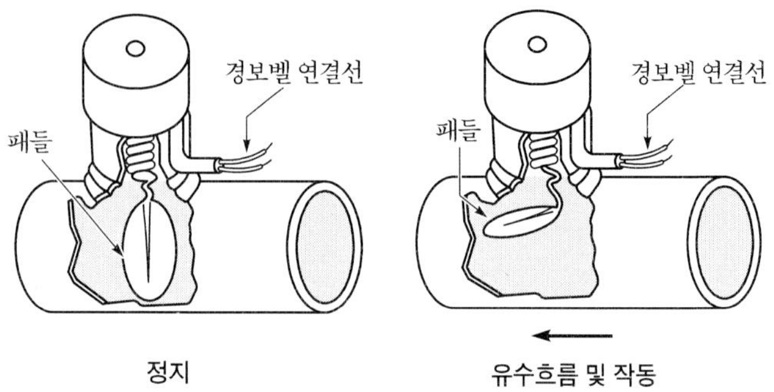

그림 3.8.9. 패들의 작동 및 정지

시험압력	21 kgf/cm²(2.1MPa)		
최고사용압력	14 kgf/cm²(1.4MPa)		
후렌지규격	KS B 1511 FF 10K		
설치방향	종 형(수직형)		
재 질	Cast Iron, Brsaa, NBR, EPDM		
중 량(kg)	20kg	26kg	38kg
형식번호	검06-13	검06-14	검07-7

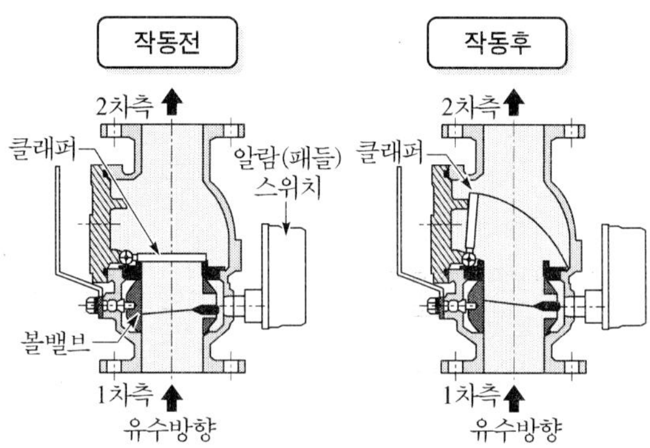

(2) 자동경보밸브(아람채크밸브)의 구성부품 및 작동원리

습식유수검지장치는 1차측 및 2차측에 가압수를 가득 채운 상태에서 폐쇄형스프링클러헤드 또는 일제개방밸브, 그 밖의 밸브가 열리는 경우 2차측의 압력저하에 따라 시이트가 열리어 가압수가 2차측으로 유출되는 밸브를 말하며, 리타링챔버, 압력스위치, 볼밸브, 1차측 및 2차측 압력게이지 등으로 이루어져 있다.

1) 본체

스프링클러헤드 작동시와 스프링클러설비의 역류를 방지하는 구조로 되어 있으며, 시이트 및 클리퍼의 작동 구조에 따라 2가지로 구분된다.

첫째 : 클리퍼가 시이트와 밀착되어 있는 상태에서 화재가 발생하여 클레퍼가 들리면 시이트 가장자리에 있는 파일럿밸브가 개방되고 물이 파일럿밸브 개구부를 통하여 리타딩챔버를 거쳐 압력스위치을 작동시키면 경보신호를 발하는 것이다.(그림 3.8.9는 파이럿밸브를 사용한 습식유수검지장치의 예로서 클레퍼의 끝부분에 파일럿 밸브를 개폐할 수 장치가 달려 있음을 알 수 있다. 이와 같은 구조는 시트링이라는 별도의 부속부품을 필요로 하지 않는다)

둘째 : 클리퍼가 시이트가 밀착 되에 있는 상태에서 화재가 발생하여 클레퍼가 들리면 시이링 내부의 글리브(groove)로(작은 구멍이 여러개로 되어 있는 구조) 물이 유입되어 리타딩챔버를 거쳐 압력스위치를 작동시키면서 경보 등을 발하는 것이다. 현재 국내에서 사용되는 습식유수검지장치의 대부분은 이 방식을 사용하고 있다.(그림 3.8.10은 시트링을 사용한 습식유수검지장치의 예로서 파일럿 밸브가 설치되어 있지 않으며 대신 시트링(원형 형태)이라는 별도의 부속부품을 밸브 본체에 끼워 넣고 시트링에 뚫여 있는 다수의 구멍으로부터 작동시 유수를 받아들인다)

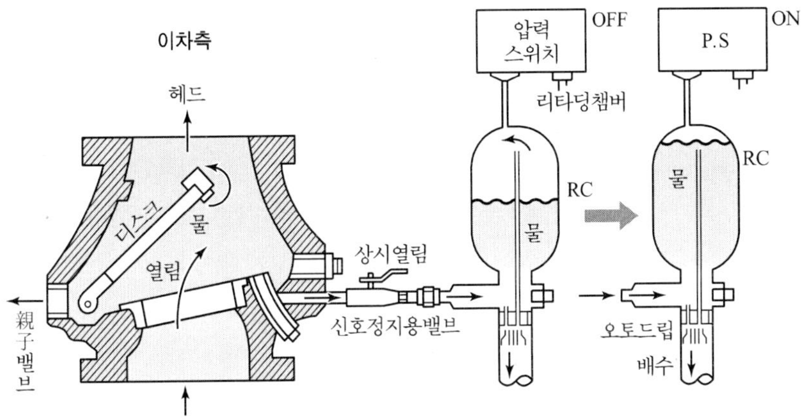

그림 3.8.10. 습식유수검지장치의 작동 예

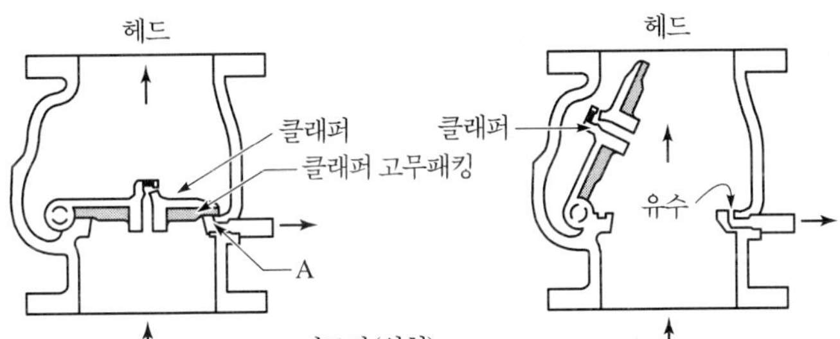

그림 3.8.11. 클래퍼의 작동 및 유수의 시트링 유입

2) 리타링챔버

리타딩챔버는 습식유수검지장치 2차측 경보배관의 압력스위치 또는 워터모터공(설치된 경우) 이전에 설치되어 오동작을 방지하기 위한 장치이다. 이 장치는 유수검지장치 2차측의 간헐적 누수 등의 요인으로 압력이 저하하는 경우와 수격작용 등에 의하여 압력스위치

나 워터모터공이 오작동 하는 것을 방지할 목적으로 설치하는 것으로서 챔버의 용량은 약 2~6ℓ 크기이며, 재질은 주철 또는 주강으로 되어 있다. 최근에 생산되고 있는 제품은 챔버 하부에 두 개의 오리피스가 있으며, 한쪽은 볼 체크가 있어 순간적인 압력변동시는 체크가 발생하여 물의 유입을 막고 일정압이 지속되면 체크기능이 해제되는 기능을 하는 오리피스이며, 다른 쪽 오리피스는 오토드립을 위한 배수용이다.

유수검지장치의 압력파동과 서지(water surg)등이 없는 장소에 설치하는 유수검지장치의 경우에는 리타링챔버를 설치하지 않고 압력스위치에 지연시간(압력이 약 4~5초간 지속되는 경우만 신호발생)용 전자회로를 넣은 압력스위치만을 설치하기도 한다.

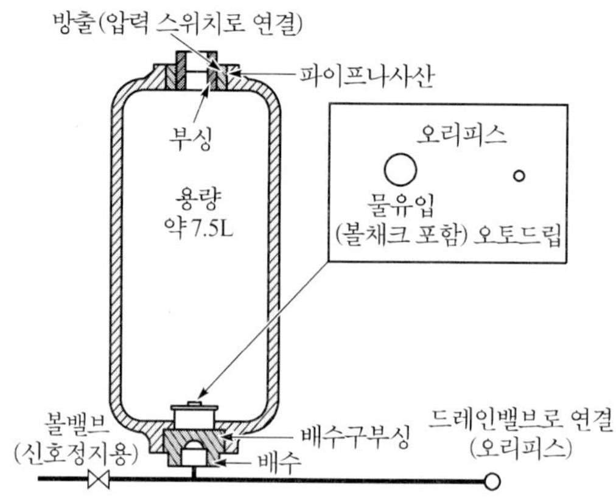

그림 3.8.12. 리타팅챔버의 구조

3) 압력스위치

유수검지장치의 2차측 경보배관에 설치되거나 리타팅챔버 위에 설치되는 것으로서 2차측을 흐르는 유수의 압력에 의해 압력스위치내의 벨로루즈가 가압되면 전기적인 장치(스위치)를 작동시키게 되어 신호를 발생시킨다. 이 신호가 수신기 및 제어반으로 보내져 경보를 발하게 되고 화재를 표시하면서 가압송수장치를 작동시키는 역할을 한다. 작동방식은 스프링의 탄성을 이용하는 방식과 벨로우즈를 이용하는 2가지 방식이 있으며, 최근에는 벨로우즈방식이 대부분 사용되고 있다.

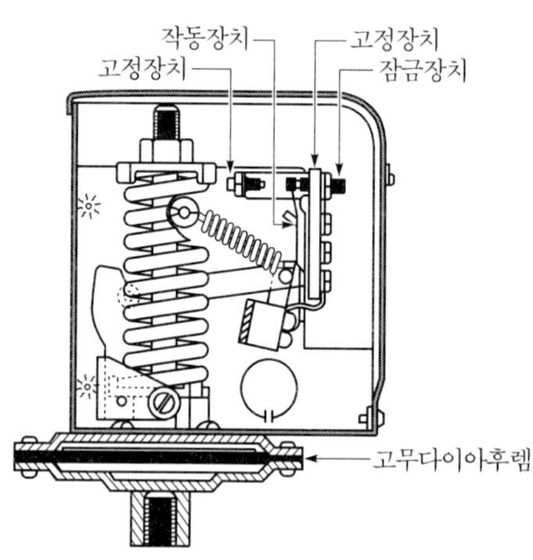

그림 3.8.13. 압력스위치의 구조(스프링식)

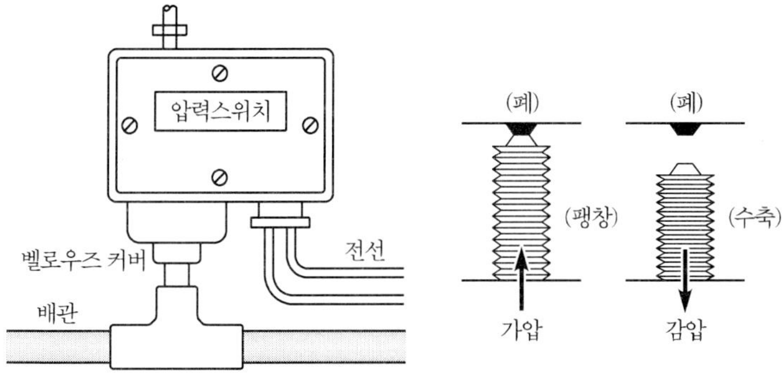

그림 3.8.14. 압력스위치의 구조 및 작동(벨로우즈식)

4) 신호정지용 밸브

리타링챔버 또는 압력스위치 이전에 설치되어 있으며 유수검지장치나 설비의 점검, 보수시 수신반으로의 작동 신호방출을 차단할 목적으로 설치한다. 대부분 볼밸브를 사용하고 있으며 항시 열림 상태를 유지하고 있어야 한다.

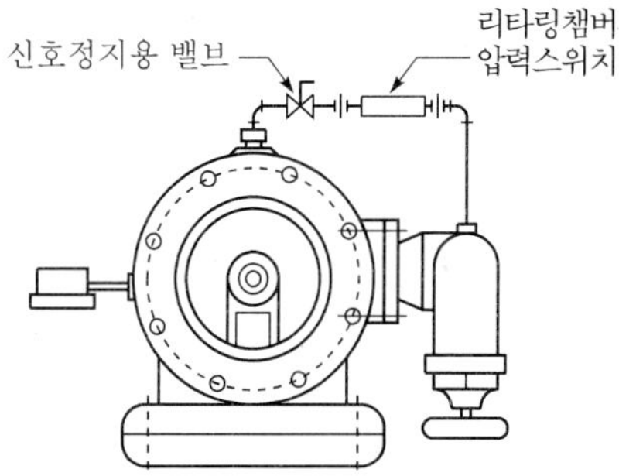

그림 3.8.15. 신호정지용밸브의 설치

(3) 점검방법

1) 작동방법

① 1차측 압력게이지와 2차측 압력게이지의 압력차를 확인한다.

② 배수밸브를 열어 유수검지장치를 작동시킨다(경종 및 지구경종 발신을 하지 않을 때에는 신호정지용 볼밸브를 차단하고 배수밸브를 연다).

※ 배수밸브개방 → 2차측 압력수 배출 → 압력저하 → 클레퍼개방 →압력스위치작동 → 당해 방호구역내 경보→수신반의 화재표시등 점등→주경종 작동 → 감압에 의한 압력챔버의 압력스위치 작동 → 펌프기동

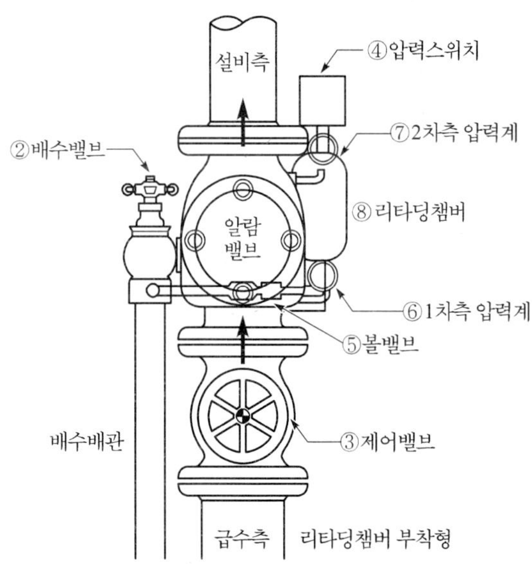

그림 3.8.16.

2) 복구방법

① 배수밸브 차단

※ 배수밸브차단→ 압력증가→펌프정지

② 복구스위치 작동(수신반)

3.8.7.1-1 부압식스프링클러설비

가압송수장치에서 준비작동식유수검지장치 1차 측까지 항상 정압의 물이 가압되고, 2차측 폐쇄형 스프링클러헤드까지는 소화수가 부압으로 되어 있다가 화재 시 감지기의 작동에 의해 정압으로 변하여 유수가 발생하면 작동하는 스프링클러설비를 말한다.

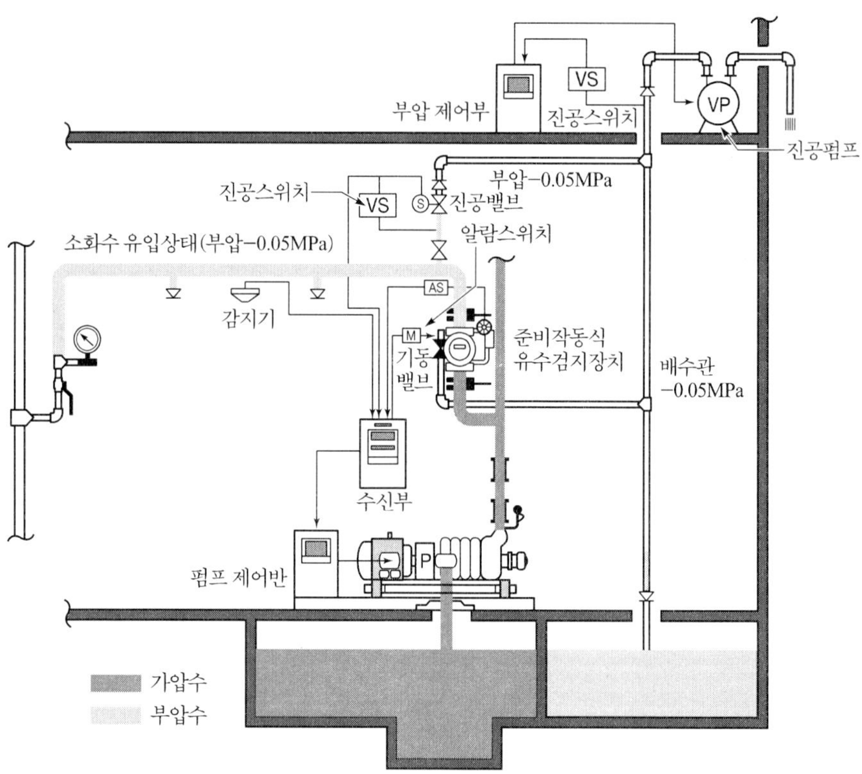

그림 3.8.17. 부압식스프링클러설비

부압식스프링클러설비는 가압송수장치에서 준비작동식유수검지장치의 1차측까지는 항상 정압의 물이 가압되고, 2차측 폐쇄형스프링클러헤드까지는 소화수가 부압으로 되어 있다가 화재 시 감지기의 작동에 의해 정압으로 변하여 유수가 발상하면 작동하는 스프링클설비로,

비화재 시 헤드의 개방으로 인한 수손을 방지하기 위해 설치한다.

부압식스프링클러설비는 준비작동식 유수검지장치, 부압제어부, 진공펌프, 진공밸브 등으로 구성되어 있다.

3.8.7.2 준비작동식스프링클러설비

준비작동식밸브(Preaction Valve)의 1차측에 가압수를 채워놓고 2차측에는 저압 또는 대기압 상태의 공기를 채운 상태에서 화재발생시 화재감지기가 작동하여 유수검지장치를 개방함과 동시에 가압송수장치를 기동시켜 물을 각 스프링클러헤드까지 송수하며, 스프링클러 헤드가 열에 의하여 개방되면 살수되는 구조이다.

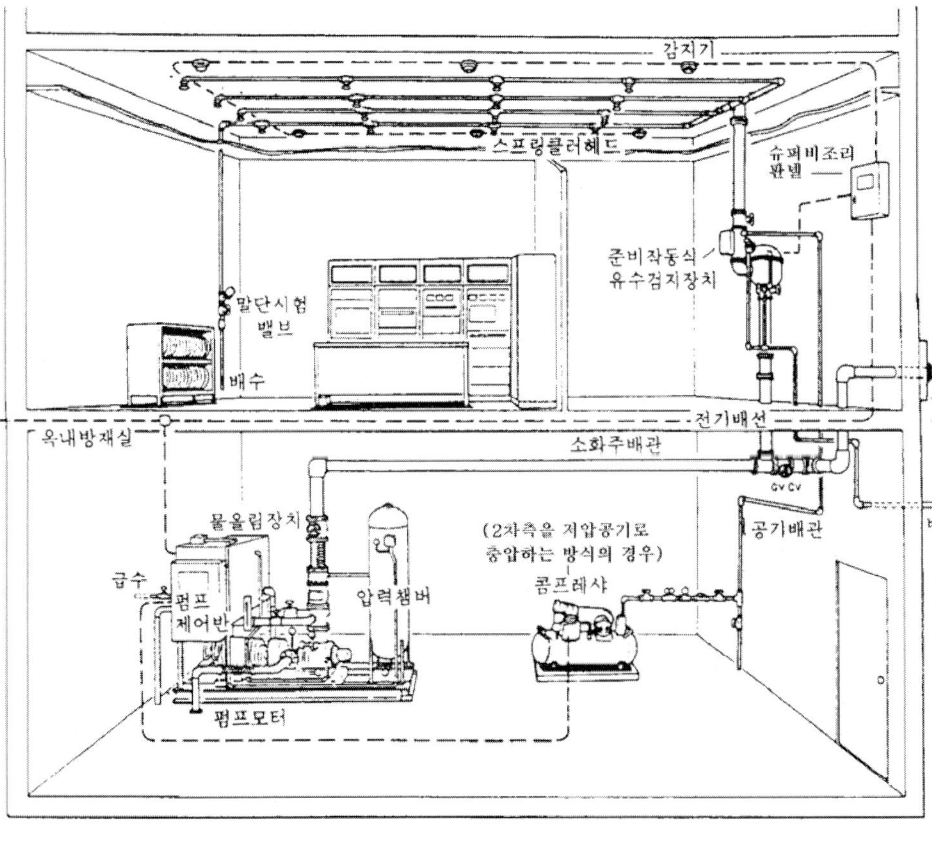

그림 3.8.18. 준비작동식스프링클러설비

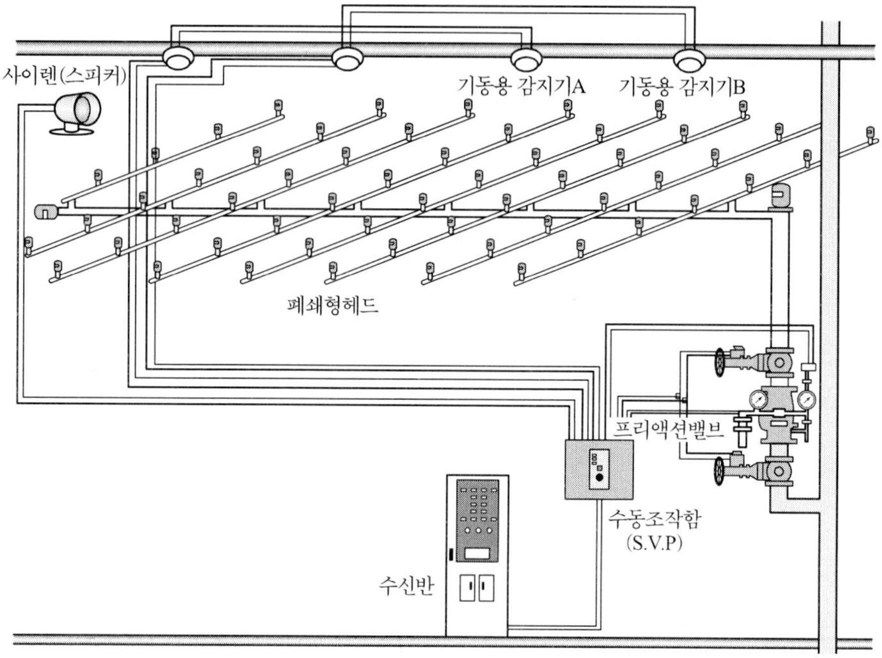

그림 3.8.19. 준비작동식스프링클러설비 운영실태 예

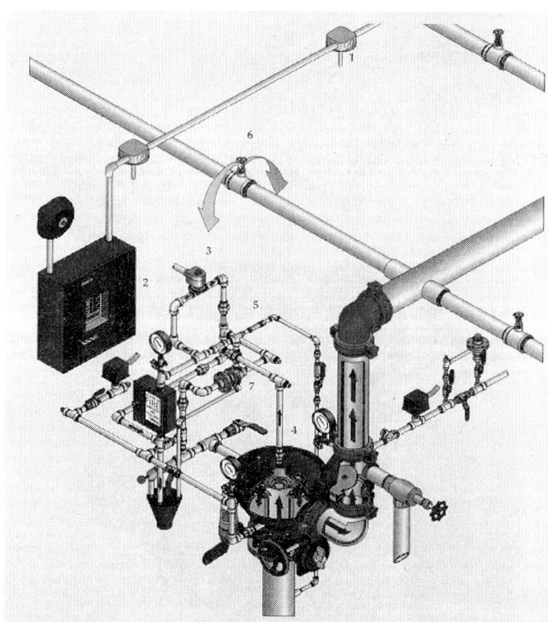

1. 화재를 감지 수신기로 신호보냄
2. 수신기에서 경보와 작동신호를 3으로 보냄
3. 솔로레이드 밸브 작동
4. 예비챔버내에 압력감소
5. 1차측의 유수를 디스크 개방하여 헤드까지 보냄
6. 스프링클러헤드 작동
7. 릴리프밸브 작동

그림 3.8.20. 준비작동식스프링클러

(1) 준비작동식유수검지장치의 종류

준비작동식유수검지장치는 작동방식에 따라 전기식, 기계식, 뉴메틱식 등으로 구분되고 설치방향에 따라 종형(수직형)과 횡형(수평형), 엘보우형이 있다, 국내에서는 솔레노이드 전자밸브에 의한 전자식이면서, 수직형, 다이아후레임 방식인 것이 대부분을 차지한다.

1) 작동방식에 의한 분류

① 전기식 : 이 밸브는 1차측에 가압수가 채워져 있으며 2차측에는 대기압 상태로 정상상태를 이루고 있지만 가압부에 작동장치로 전자밸브가 부착되어 있어 화재시에는 화재감지장치 등에 의하여 전기적으로 전자밸브(솔레노이드밸브)를 작동시킴으로서 가압부의 압력을 배출하거나 레치를 해제시켜 클레퍼를 개방함으로서 1차측의 가압수를 2차측으로 송수하는 방식이다.

② 기계식 : 이 밸브는 1차측에 가압수가 채워져 있으며 2차측에는 대기압 상태로 정상상태를 이루고 있지만 가압부에 부착된 작동장치가 다이아후렘, 압축장치, 감지용헤드로 구성되어 화재시 감지용 헤드가 작동되어 압력이 감소하면 다이아후렘이 작동되어 클리퍼에 고정되어 있는 레치를 해체, 클레퍼를 개방시켜 1차측의 가압수를 2차측으로 송수하는 방식이다.

③ 뉴메틱(공기관)식 : 이 밸브는 1차측에 가압수가 채워져 있으며 2차측에는 대기압상태로 정상상태를 유지하고 있지만 밸브의 가압부에 부착된 작동장치로서 감지기 및 동 배관에 가압공기를 충전시키고 있다가 화재시 감지기에 열을 가하면 가압공기가 팽창되어 작동장치 내에 있는 다이아후렘을 작동시켜 조작레버를 밀어줌으로서 클래퍼에 고정되어 있는 레치를 해제 클래퍼를 개방시켜 1차측의 가압수를 2차측으로 송수히는 방식이디.

2) 설치방식에 의한 분류

① 횡형(수평형)

유수검지장치를 수평 배관에 설치하고자 할 때 사용하는 형식으로서 특수한 경우를 제외하고는 선택되지 않는 방법이다. 밸브의 원리는 수직형과 동일하나 유수검지장치 외부의 배관 구성(trim)모양에 차이가 있다.

② 종횡(수직형)

1. 다이아후렘식

가압부에 가압수를 충압함으로서 버켓(또는 클레퍼)을 폐쇄하여 1차측의 유수가 2 차측으로 넘어가는 것을 막는 구조이다.

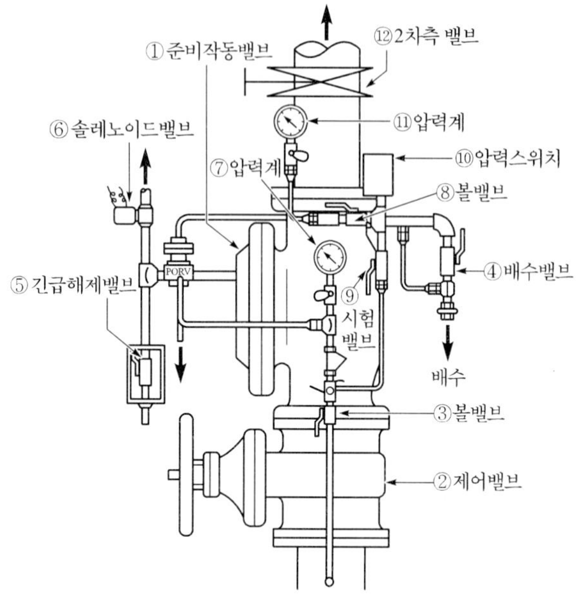

그림 3.8.21. 다이아후레임방식의 준비작동식유수검지장치의 예

2. 클레퍼식

가압부를 충압함으로서 레치가 클레퍼를 폐쇄하도록 하여 1차측의 유수가 2차측으로 넘어가는 것을 막는 구조이다. 이러한 형태의 밸브는 다이아후렘방식에 비하여 유지관리가 어려운 단점이 있어 80년대 이후 국내에서는 생산되고 있지 않은 형태의 밸브이다.

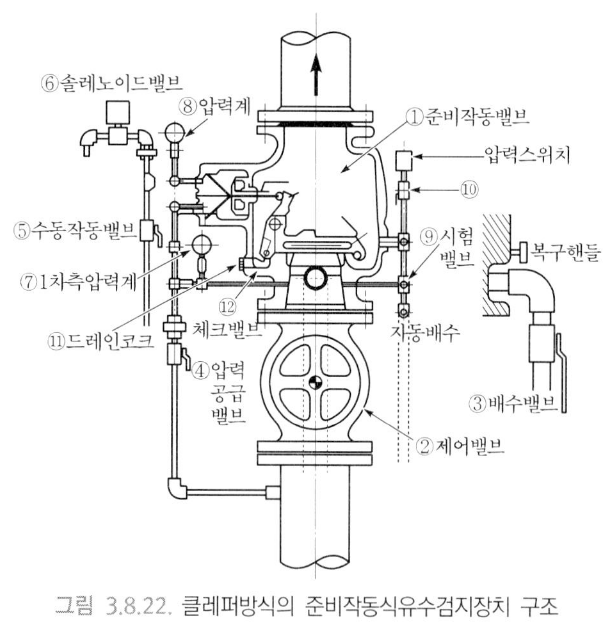

그림 3.8.22. 클레퍼방식의 준비작동식유수검지장치 구조

3. 엘보우형

설치장소 등의 조건을 고려하여 유수의 방향이 전환되는 배관을 설치할 필요가 있을 때 주로 사용하는 유수검지장치로서 일반적으로 일제살수설비(Deluge system)에 설치되어 왔으나 설치된 예는 많지 않다.

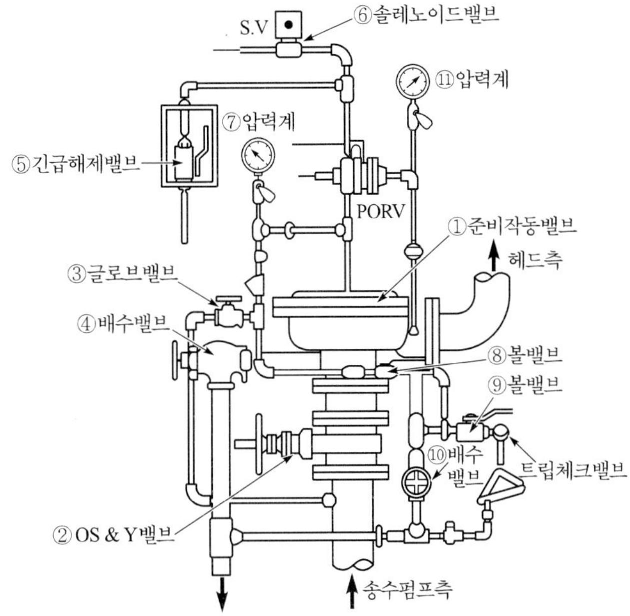

그림 3.8.23. 엘보형 준비작동식유수검지장치의 구조

(2) 준비작동식(다이아후렘식)유수검지장치의 구조 및 작동원리

준비작동식유수검지장치는 1차측에는 가압수 등을 채우고 2차측에는 가압공기 또는 대기압의 상태에서 화재감지설비의 감지기, 화재감지용 스프링클러헤드, 그밖에 감지를 위한 기구 등이 작동하면 시이트가 열리어 가압수가 2차측으로 유출되는 장치를 말한다. 밸브 본체의 2차측의 스프링클러헤드까지의 배관에 압축공기를 충진하거나 대기압상태로 있으며 가압부에 충압을 실시한 후 1차측에 압력수를 공급함으로서 화재대기 상태를 유지하게 된다. 2차측에 압축공기를 가하는 경우에는 폐쇄형스프링클러헤드가 개방되면 압축공기의 압력이 내려가고 이를 감지하여 경보신호를 발하는 기능이 주로 사용한다. 이는 밸브 본체가 작동(버켓 개방)되면 물이 방사될 수 있다는 예비신호를 방출함으로서 헤드의 오작동(감열체 파손등에 의한 개방)으로 인한 물 피해를 막거나 화재감지기가 작동하지 않아 유수 검지장치가 작동하지 않을 시 수동으로 개방토록 유도하는 효과가 있다.

1) 본체

1차측 제어밸브(OS & Y밸브)를 폐쇄한 상태에서 가압부를 먼저 충수함으로서 버켓(클레퍼)이 닫히고 폐쇄상태를 유지하게 된다. 가압부의 압력이 제거되면 1차측의 수압력으로 버켓이 열리고 물은 2차측으로 넘어가게 된다. 셋팅시 2차측의 물을 배수하는데 그 근본목적은 2차측의 자연압을 제거함으로서 가압부의 폐쇄력을 확보하고, 2차측에 걸리는 자연으로 인하여 발생하는 압력스위치의 작동을 중지시키기 위한 것이다(드레인을 실시하지 않으면 2차측의 자연압으로 인하여 경보신호가 연속하여 울림).

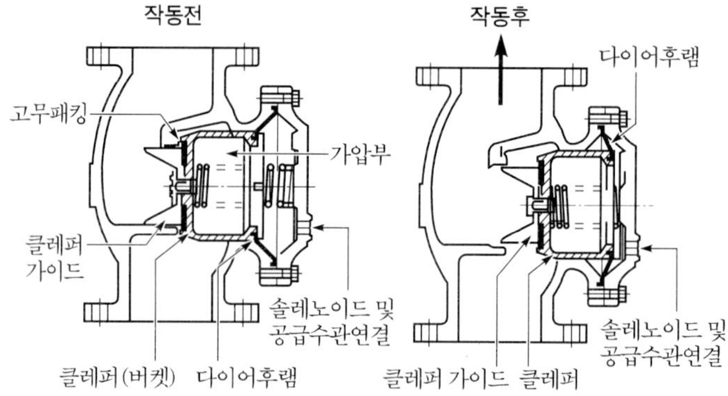

그림 3.8.24. 다이아후렘방식 준비작동식유수검지장치의 구조

2) 전자밸브(솔레노이드밸브)

화재감지기의 화재신호에 의해 작동되며 작동과 동시에 가압부의 충압수를 배출함으로서 폐쇄부(버켓)을 개방시키는 역할을 하는 밸브이다. 전자석의 원리로 밸브가 개방되며 작동전원은 12V, 24V, 허용작동압력은 10 kg/㎠, 20 kg/㎠용 등이 있다.

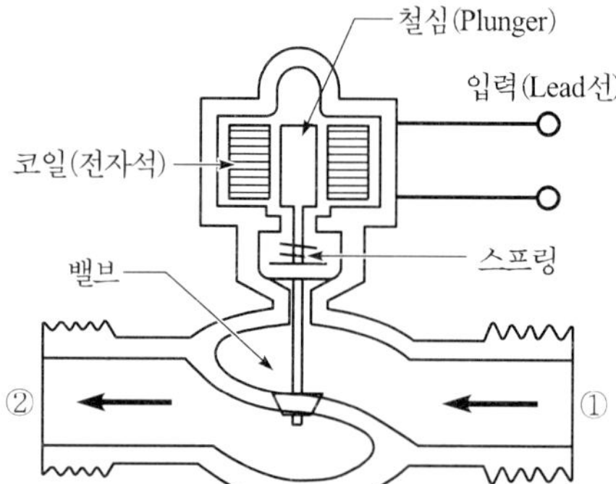

그림 3.8.25. 전자밸브(솔레노이드밸브의 구조)

3) 슈퍼비조리 패널(Supervisory & Control Panel)

준비작동식스프링클러설비의 제어기능을 하며 밸브를 작동시키고(스위치 작동시 솔레노이드밸브를 전기적으로 개방함으로서 가압부의 압력배출 및 클레퍼 개방) 전원차단, 자체 고장시 경보장치작동 및 개구부 폐쇄작동 기능도 한다.

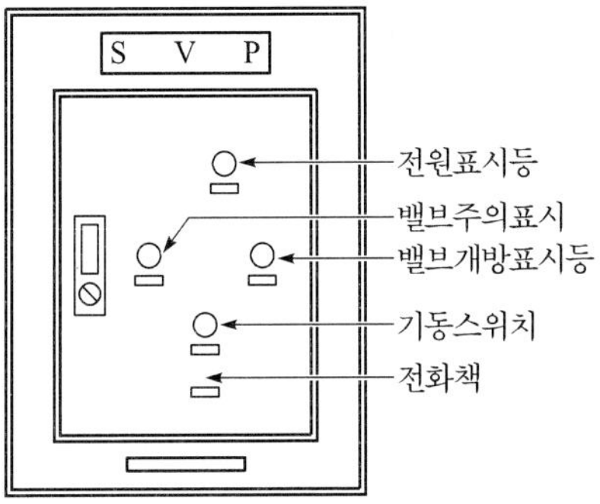

그림 3.8.26. 슈퍼비죠리 패널의 예

4) 수동기동밸브(긴급해제밸브)

수동방식에 의하여 강제적으로 가압부의 충압수를 배출시킴으로서 다이아후렘내 버켓을 움직여 폐쇄상태의 밸브를 개방시키는 밸브이다. 대부분 볼밸브가 설치된다.

5) 감지기의 회로구성

준비작동식스프링클러설비의 감지기회로는 교차회로방식으로 한다. 이러한 회로는 준비작동식유수검지장치의 오작동을 줄이기 위한 것으로 2개의 회로내의 감지기가 동시에 작동할 때만 화재신호로 인식하여 유수검지장치의 솔레노이드밸브를 작동시키게 되는 것이다. 특히 준비작동식유수검지장치에 개방형스프링클러헤드를 사용하는 설비의 경우는 유수검지장치의 오작동은 직접적인 물피해를 발생시킴으로서 오작동을 최소화하기 위한 방법으로 채택되게 되었다.

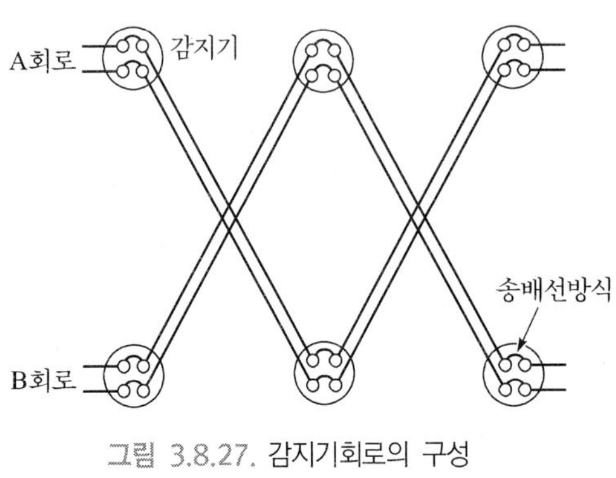

그림 3.8.27. 감지기회로의 구성

(3) 점검방법

1) 작동방법(다이아후렘식)

① 2차측 제어밸브(OS & Y 밸브)를 폐쇄한다.

> ※ 화재경보가 차단되어야 할 필요가 있는 경우엔 압력스위치 아래에 위치한 신호정지용밸브(볼밸브)를 폐쇄시킨다.

② 화재감지기회로(2개회로)를 동시에 작동시킨다(회로 숏트 또는 감지기 작동기구).
또는 수동기동밸브(긴급해제밸브)용 볼밸브를 개방시킨다.
또는 슈퍼비죠리 패널의 기동스위치를 누른다.

> ※ 가압부의 압력배출→클레퍼(버켓)개방→2차측 유수방출→압력스위치작동→경보발령→화재표시등점등→가압송수장치기동

2) 복구방법

① 다이아후렘식

1. 1차, 2차측 제어밸브를 폐쇄한다.
2. 배수밸브(드레인밸브)를 열어 2차측의 물을 완전배수(압력계 "0" 확인)를 한다.
3. 제어반 복구 및 펌프정지를 확인한다.
4. 배수밸브를 폐쇄시킨다.
5. 가압부를 가압(1차측에서 가압부로 연결된 볼밸브를 개방하는 방법 등)하여 클래퍼를 폐쇄(복구)한다.
6. 가압부 가압(1차측에서 가압부로 연결된 볼밸브를 폐쇄 등)을 정지한다.
7. 수신반 복구 등의 확인를 한다.
8. 1차측 제어밸브를 개방(2차측 압력계를 확인하여 클래퍼 폐쇄상태 재확인)한다.
9. 2차측 제어밸브를 개방한다.

② 클레퍼식

1. 1차,2차측 제어밸브를 폐쇄한다.
2. 배수밸브(드레인밸브)를 열어 2차측의 물을 완전배수(압력계 "0" 확인)하고 닫는다.
3. 드레인코크를 열어 잔류수를 완전 배수한다.
4. 복구레바를 돌려 클레퍼를 폐쇄시킨다.
5. 가압부를 가압하여 클래퍼 폐쇄력을 유지(1차측에서 가압부로 연결된 볼밸브를 개방하고 압력이 차면 폐쇄하는 방법 등) 한다.

6. 1차측 제어밸브를 개방(2차측 압력계를 확인하여 클래퍼 폐쇄상태 재확인) 한다.
7. 2차측 제어밸브를 개방한다.

3.8.7.3 건식스프링클러설비

건식유수검지장치는 1차측에는 가압수등을 채우고 2차측에는 가압공기(공기, 질소등)를 가득 채운상태에서 폐쇄형스프링클러헤드 또는 일제개방밸브, 그 밖의 밸브가 열리는 경우 2차측의 압력저하로 시이트가 열리어 가압수가 2차측으로 유출되는 장치를 말한다.

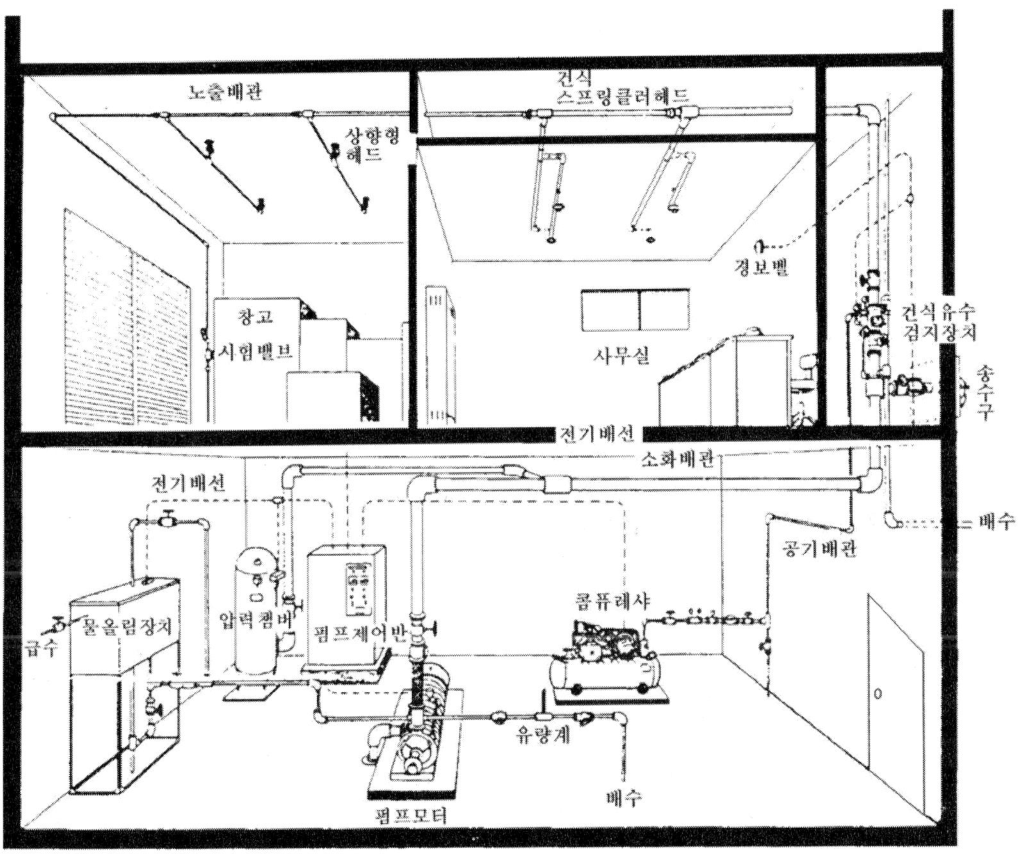

그림 3.8.28. 건식스프링클러설비의 구성도

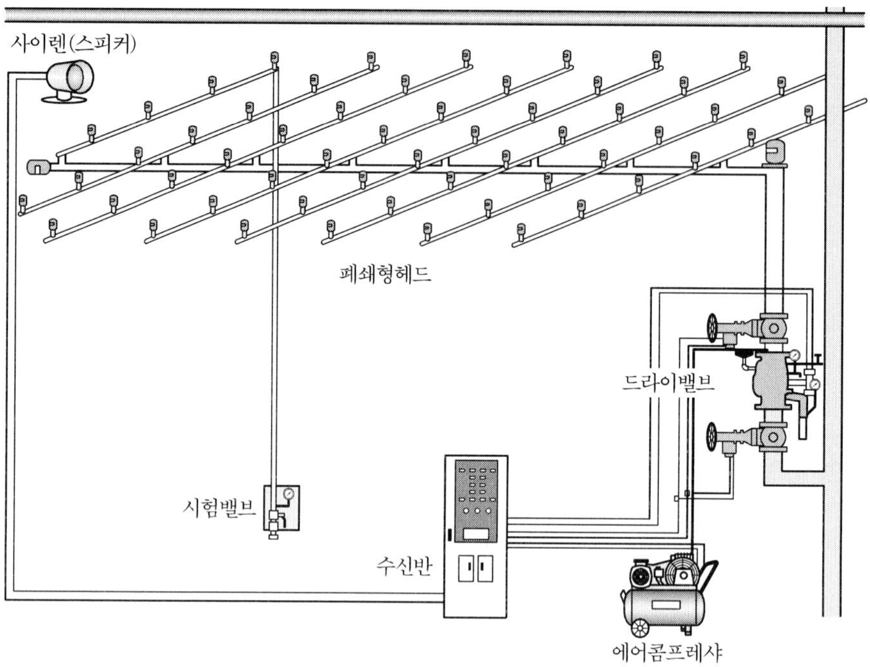

그림 3.8.29. 건식스프링클러설비 운영실태 예

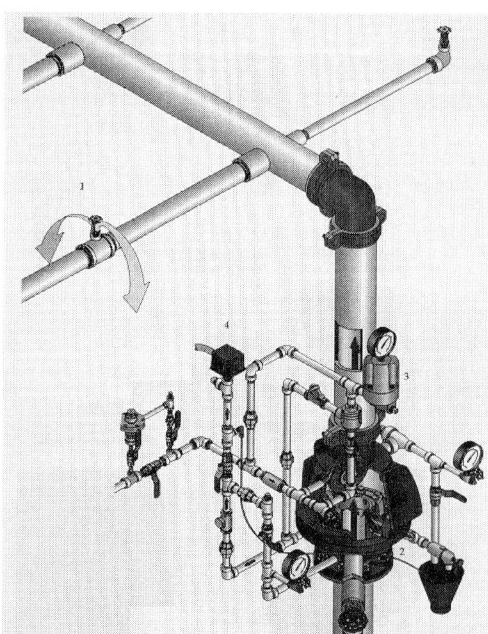

1. 스프링클러헤드 작동
2. 클리퍼 작동
3. 가속기
4. 압력스위치를 작동 경보

그림 3.8.30. 스프링클러헤드

(1) 건식유수검지장치의 구조 및 작동원리

최근의 건식유수검지장치는 차압형이 대부분이다. 이것은 1차측의 시이트 단면적 보다 2차측 가압면적을 크게함으로서 2차측의 적은 공기압으로 1차측의 2~3배 수압력을 견딜 수 있도록 하는 것을 의미한다.

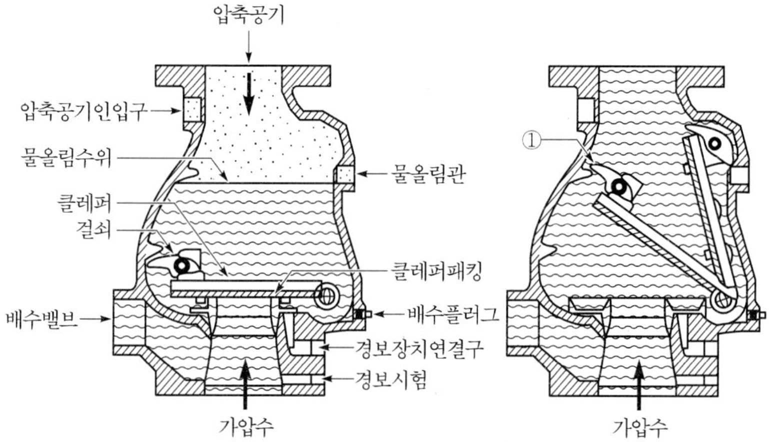

그림 3.8.31. 밸브본체의 압력셋팅

설정압력의 셋팅 설정값의 예는 아래와 같다.

표 3.7.2. 1차, 2차 압력세팅치의 예

1차측(수압력)	2차측(공기압력)	
최대 P.S.I(kg/㎠)	최소 P.S.I(kg/㎠)	최대 P.S.I(kg/㎠)
20(1.4)	10(0.7)	20(1.4)
50(3.5)	15(1.0)	25(1.8)
75(5.3)	20(1.4)	30(2.1)
100(7.0)	25(1.8)	35(2.5)
125(8.8)	30(2.1)	40(2.8)
150(10.5)	35(2.5)	45(3.1)
175(12.3)	40(2.8)	50(3.5)

또한 대부분 1차측과 2차측 시이트 사이에 중간실(챔버)이 있고, 이 중간실은 평상시 대기압 상태로 있으면서 1차측의 순간적인 압력상승으로 인하여 클레퍼가 살짝 들리는 등의 간헐적인 누수는 중간실로 유입된 다음 드레인(볼첵크밸브 형태의 오토드립 등) 통하여 배출되도록 되어 있다.

유수검지장치의 작동은 스프링클러헤드가 작동되어 2차측의 공기압력이 저하되면 1차측의 수압력이 클리퍼을 개방시키면서 2차측으로 유입되고 일부의 유수가 중간실에서 경보배관으로 거쳐 압력스위치에 전달됨으로서 경보 및 신호를 발하게 된다.

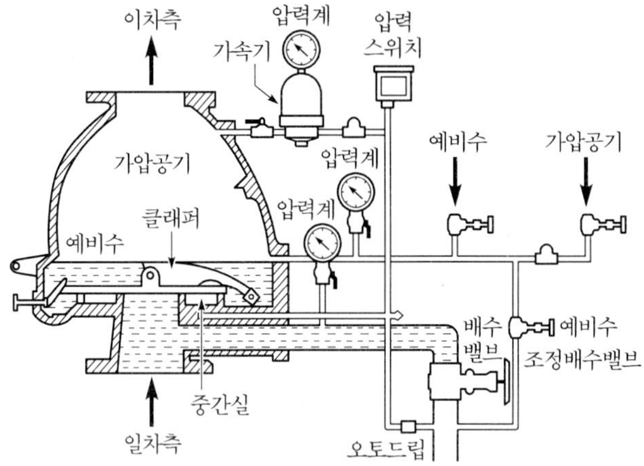

그림 3.8.32. 건식유수검지장치의 예

작동은 습식과 같이 1,2차측 압력균형의 붕괴로 인하여 작동하지만 2차측을 공기로 가압하기 위한 콤퓨레샤(공기압축기)와 클레퍼 개방에 의해 밸브본체가 작동되었을 경우 이 상태를 유지하기 위한 래치(작동후 래치의 해제를 위해서는 본체 전면의 커버를 열어 작업해야 했으나, 현재 국내에서는 래치의 해제를 외부에서 조작할 수 있는 타입도 생산되고 있음), 밸브를 급속개방하는 엑셀레이터 및 공기의 급속하게 배기하기 위한 엑조스타 등 건식유수검지장치만의 장치가 설치된다.

(2) 건식유수검지장치 주요 구성 및 작동원리 등

1) 신속개방장치(Quick Opening Devices)

신속개방장치는 가속기(Accelerator)와 공기배출기(Exhauster)가 있으며, 이 장치는 배관이 약 1,900ℓ 이상인 설비에서 공기의 배출로 인한 작동시간이 문제될 때에 설치한다.

① 가속기(Accelerator)

건식유수검지장치 2차측의 스프링클러헤드가 작동되어 공기압력이 일정압력 이상 낮아지면, 가속기가 이를 감지하여 2차측의 압축공기 일부를 클레퍼의 하부에 있는 중간실(챔버)로 보냄으로서 1차측에 수압과 중간실의 공기압으로 클레퍼를 쉽게 개방되도록 하는 장치이다.

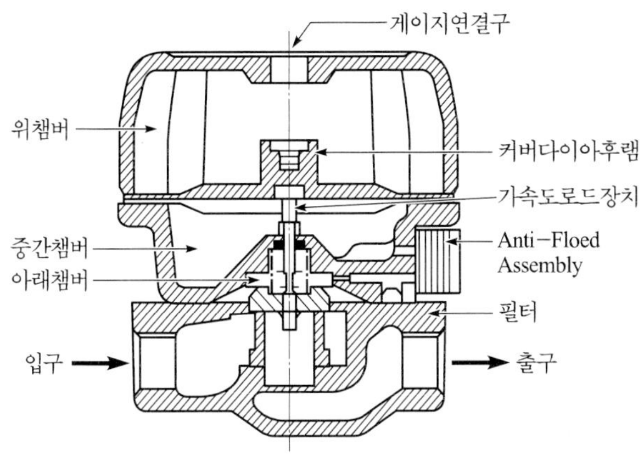

그림 3.8.33. 가속기의 구조

② 공기배출기(Exhauster)

건식유수검지장치 2차측의 스프링클러헤드가 작동되어 공기압력이 설정압력보다 낮아지면 공기배출기로 2차측의 압축공기를 대기중으로 신속하게 방출하여 클레퍼가 신속히 개방되도록 하는 장치이다. 이 장치는 2차측 공기가 스프링클러헤드를 통하여 화재지역에 공급되는 것을 막는 역할도 한다.

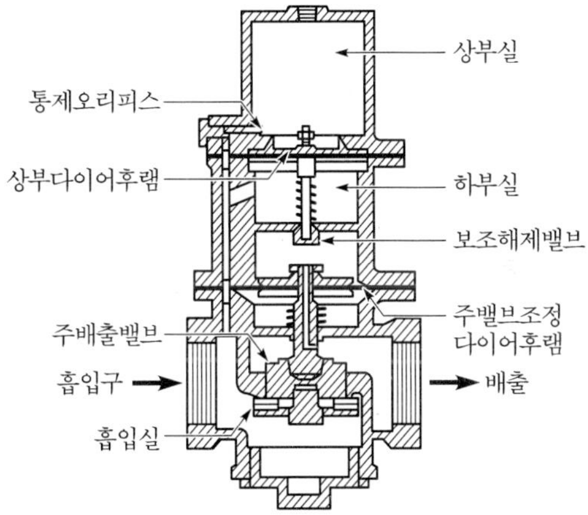

그림 3.8.34. 공기배출기 구조의 예

2) **공기압력유지장치**(Air Pressure Maintenance Device)

공기압력유지장치는 압력제어장치로서 공기의 충압장치와 연결되었을 때 셋팅해 둔 필요량에 맞추어서 공기압력을 자동적으로 조절하여 주는 장치이다.

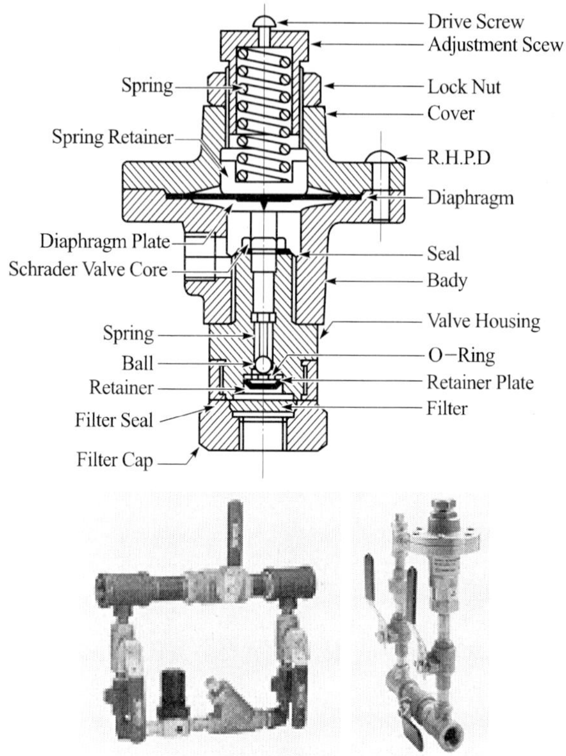

그림 3.8.35. 공기압력유지장치의 구조 및 명칭

3) 공기압축기(Air Compressor)

건식스프링클러설비의 밸브 2차측으로부터 스프링클러헤드까지의 배관내에 압축공기를 충전시키기 위한 압축기이다. 이 공기압축기는 스프링클러설비 전용으로 할 경우에는공기조절기(에어 레귤레이터)가 필요 없으며, 타설비와 겸용하는 일반 압축기를 사용한 경우에는 건식유수검지장치와 주공기공급관 사이에 공기조절기를 부착하여야 한다.

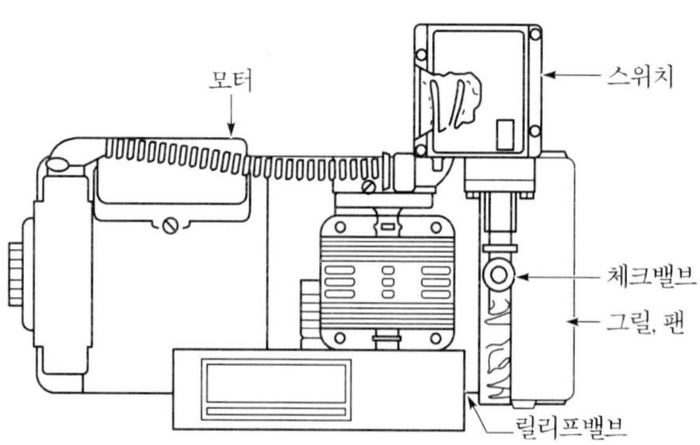

그림 3.8.36. 공기압축기의 예

다음은 콤퓨레샤 용량의 결정을 위한 계산식이다.

계산조건

① 2차측배관용적 2.8 ㎥(규정의 최대치)
② 2차측설정압력 1.0 kg/㎠(제조자에 따라 다르다.)
③ 1.5 ㎾콤퓨레샤로 토출량 0.15 ㎥/min을 설정한다.

계산식

$t = 1/Q_1 \times C \times T_1/P_1(P_2/T_2 - P_3/T_3)$

t : 공기탱크의 충진시간(min)	Q_1 : 평균 토출공기량(㎥/min)
T_1 : 흡입된 공기의 절대온도(°K)	P_1 : 흡입된 공기의 절대압력(kg/min)
C : 공기탱크의 용적(㎥)	P_2 : 용기의 최종 절대압력(kg/min)
T_2 : 용기의 최종 절대온도(°K)	P_3 : 용기의 최초 절대압력(kg/㎠)
T_3 : 용기의 최초 절대온도(°K)	

계산예

흡입공기온도 20 ℃, 용기의 최초온도 20 ℃, 최종온도 25 ℃로 계산하면 다음과 같다.

$t = 1/0.15 \times (0.07+2.8) \times (273+20)/1.033 \times ((1.0+1.033)/(273+25) - (0+1.033)/(273+20)) = 17.9$분

규정치 30분이내에, 2차측 배관 2.8 ㎥에 1 kg/㎠의 설정을 가정하여 1.5 ㎾의 콤퓨레샤로 가능하다는 것을 알 수 있다. 다만, 이 수치에는 배관경로의 마찰손실이 포함되지 않는다. 그러므로 대략적으로 계산하여 이것을 고려한 시간은 (토출압력)÷[(토출압력)−(배관손실)]×(계산된 시간)=손실을 고려한 경우의 충압시간이라고 보아도 될 것이다.

4) 공기조절기(Air Regulater)

건식스프링클러설비의 밸브와 공기압축기 사이에 설치하는 것으로서 수동 또는 자동으로 조절할 수 있는 구조이며, 2차측 배관내에 공기압력을 일정하게 조절하는 것이다.

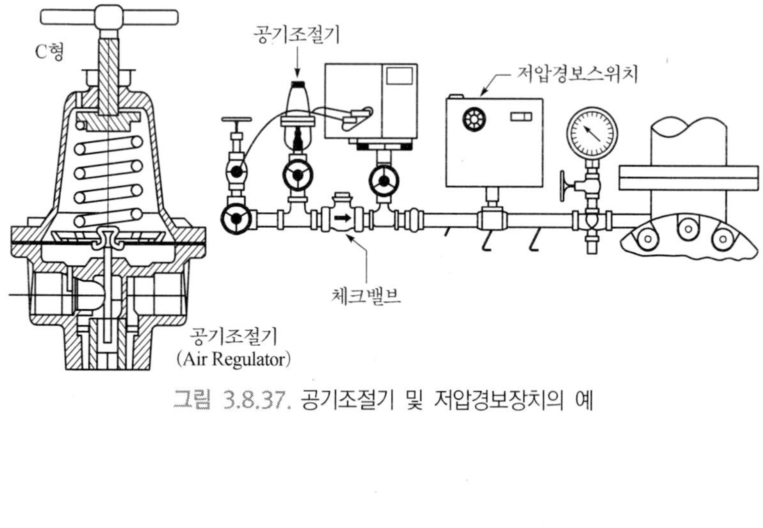

그림 3.8.37. 공기조절기 및 저압경보장치의 예

(3) 점검방법

1) 작동방법

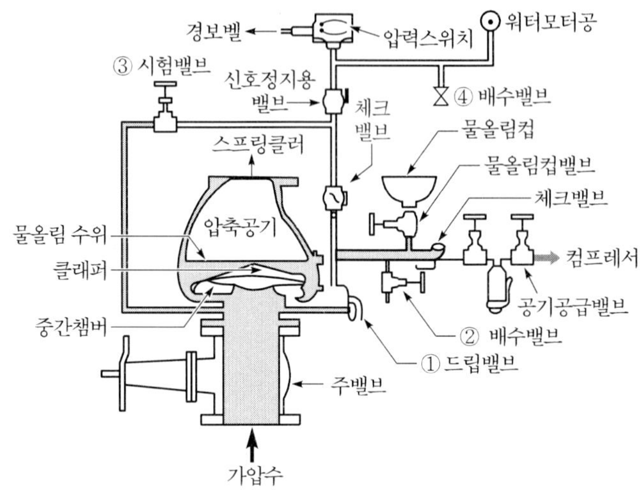

① 2차측 제어밸브(OS & Y밸브)를 폐쇄한다.

② 컴퓨레셔로부터 공기공급밸브를 폐쇄한다.

③ ②번의 주배수밸브(드레인밸브)를 열어 2차측 공기를 감압함으로서 클레퍼를 개방시킨다.

④ 밸브의 작동, 경보, 수신반표시 등을 확인한다.

※ 유수검지장치의 작동을 원치 않고 경보발령, 수신반표시, 전기회로 등만을 검사하고자 할 때에는 제어밸브의 폐쇄절차가 필요없으며 시험밸브만을 열어 확인한다. 유수검지장치의 신호방출을 하지 않을 때에는 압력스위치 밑의 신호정지용밸브를 폐쇄하고 위의 순서대로 작동시험을 실시한다.

2) 복구방법

① 1, 2차측 밸브를 폐쇄하고 작동점검을 했다면 그 상태에서 주배수밸브를 열어 밸브내의 물을 완전 배수하고 클레퍼를 복구시킨다(제품에 따라 전면 커버를 열고 실시).

② 밸브에 부착된 모든 밸브를 폐쇄한다.

③ 물올림컵에 물을 충수하거나 또는 1차측에서 분기되어 2차측으로 연결된 볼밸브를 열어 클레퍼 상부에 일정수위까지 물을 채운다(드립밸브 등으로 수위 확인 및 배수).

④ 2차측에 공기를 충압시킨다.

⑤ 시험밸브 폐쇄, 신호정지용밸브 개방, 악셀레이터라인 개방 등 신호라인과 보조라인

의 개폐여부를 확인한다.

⑥ 1, 2차측 제어밸브를 개방한다.

3.8.7.4 개방형스프링클러설비

개방형헤드를 설치하고, 방호구역마다 설치된 일제개방밸브를 개방시켜 방호구역의 모든 개방형스프링클러헤드로부터 물이 살수되어 소화하는 설비이다.

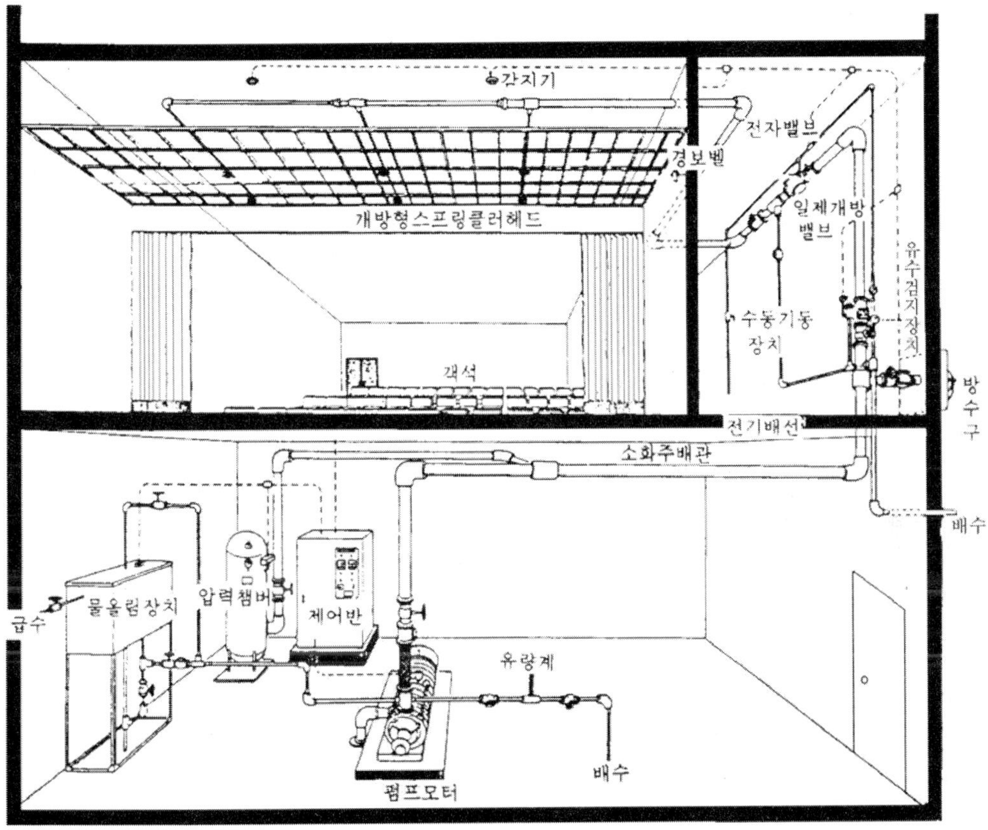

그림 3.8.38. 개방형스프링클러설비 계통의 예

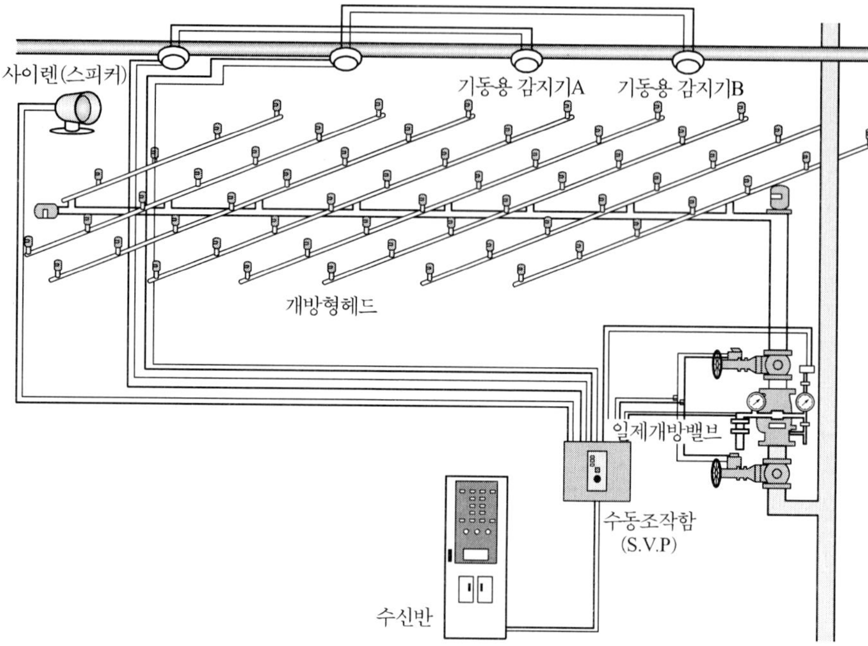

그림 3.8.39. 개방형스프링클러설비 운영실태 예

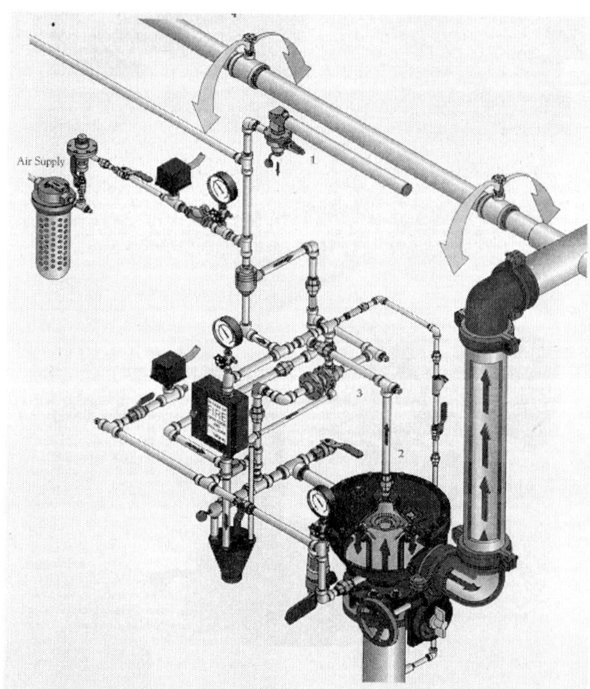

1. 화재를 감지장치 작동
2. 예비챔버내에 압력감소 하여 1차측의 유수를 디스크 개방하여 헤드까지 보냄
3. 릴리프밸브 작동
4. 개방형 헤드에서 방수

그림 3.8.40. 개방형스프링클러

(1) 개방형스프링클러설비의 작동

일제개방밸브의 개방에 의해 설비된 스프링클러헤드 전체 또는 구획한 부분의 개방형스프링클러헤드에서 동시에 방수되는 설비로서 일제개방밸브의 제어에는 자동화재감지장치 또는 화재감지용 스프링클러헤드(폐쇄형스프링클러헤드)와 연동해서 밸브를 열어 방수하는 자동식과 수동기동밸브를 열고 밸브를 개방하는 수동식이 있다.

1) 자동식

일제개방밸브의 작동이 전자밸브(솔레노이드밸브)에 의하거나 폐쇄형헤드(감지용헤드)에 의한 자동기동 방식을 말한다. 비상시를 위하여 수동기동밸브를 병행 설치하여야 한다.

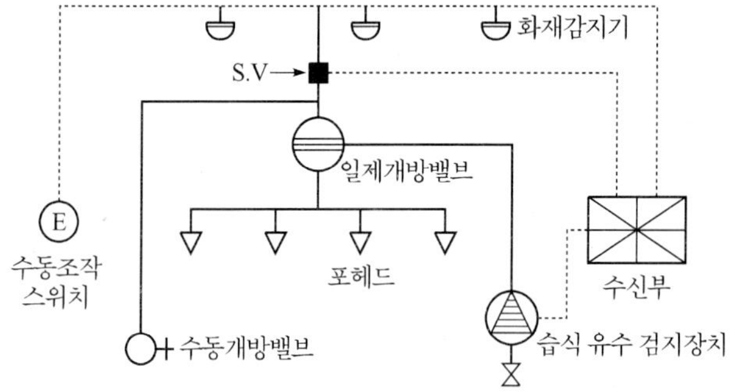

그림 3.8.41. 화재감지기에 의한 개방

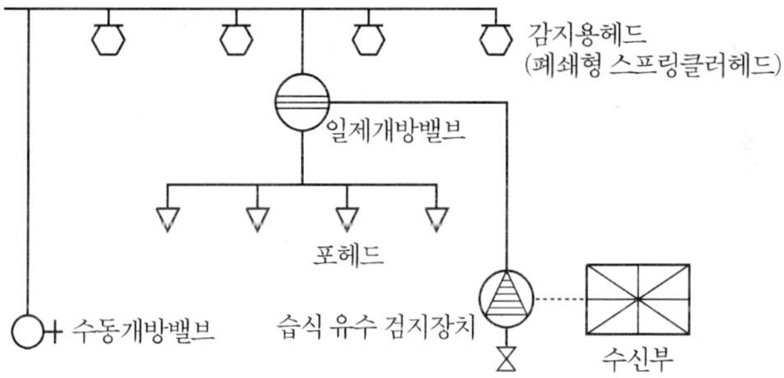

그림 3.8.42. 감지용헤드에 의한 개방

2) 수동식

수동기동밸브를 사용하여 일제개방밸브를 작동시키는 것으로서 통상 15A 크기의 볼밸브가 사용된다. 설치장소는 화재시에도 용이하게 접근할 수 있는 장소이면서 보기 쉬운 곳에 설치하여야 하며, 장난 등에 의하여 오작동하지 않도록 보호조치하고 설치 장소를 신속히 알 수 있도록 하는 표시가 필요하다.

(2) 일제개방밸브의 구조 등

일제개방밸브는 가압식과 감압식으로 구분되며, 2차측과 연결되는 배관말단부에는 개방형 스프 링클러헤드, 물분무헤드 등을 부착한다. 밸브의 사용압력은 10 kg/㎠, 16 kg/㎠, 20 kg/㎠가 있으며, 호칭에 따라서는 50, 65, 80, 100, 125, 150, 200로 구분된다. 밸브의 재질은본체가 KS D 4301(회주철품), 닥타일주철, KS D 4107(고온고압용주강품), 시이트 등은 KS D 6002(청동주물)과 동등이상의 재질로서 내식성이 있는 것이 사용되고 있다.

1) 가압식 일제개방밸브

가압식은 밸브 1차측과 가압부에는 가압공기, 물 등이 충만되어 있어 폐쇄상태를 유지 하고 전자개방밸브 또는 수동개방밸브가 작동하면 클레퍼가 가압부쪽으로 작동하여 열리면서 물을 방수하는 형식이다.

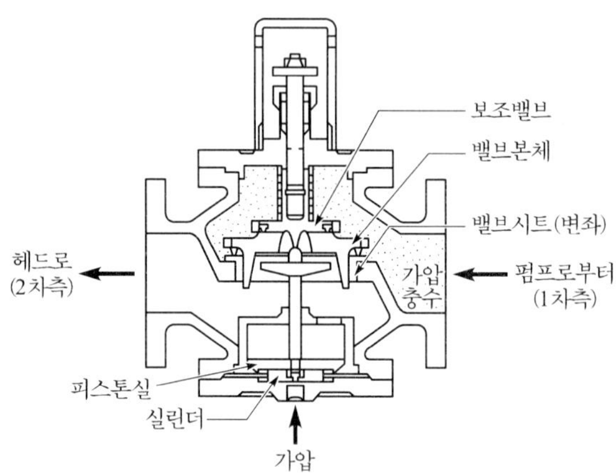

그림 3.8.43. 가압식 일제개방밸브의 구조

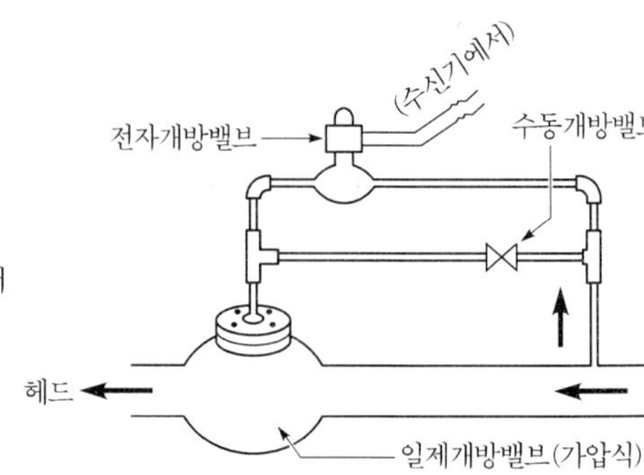

그림 3.8.44. 수동개방밸브 및 솔레노이드밸브의 부착(가압식)

2) 감압식 일제개방밸브

감압식은 1차측과 가압부내에는 물이 충만되어 있어 폐쇄상태를 유지하고 2차측에 부착되어 있는 전자개방밸브 또는 수동개방밸브가 작동하면 가압부내의 압력이 저하되면서 클레퍼가 작동하여 열리면서 물을 방수하는 형식이다.

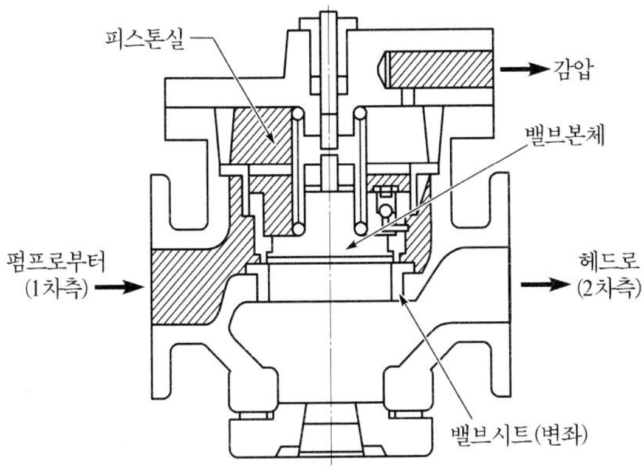

그림 3.8.45. 감압식일제개방밸브의 구조

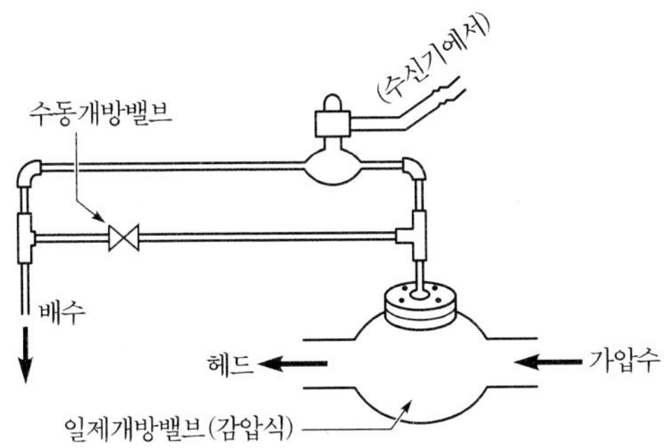

그림 3.8.46. 수동개방밸브 및 솔레노이드밸브의 부착(감압식)

3) 일제개방밸브의 작동방법 등

일제개방밸브는 수동개방밸브와 함께 개방형스프링클러설비외에 물분무소화설비, 폼헤드를 사용하는 포소화설비에도 사용되며 그 작동계통은 그림 3.8.46 또는 3.7.47과 같다. 작동방법은 수동개방밸브를 열거나 수동조작 스위치함의 스위치를 작동(솔레노이드밸브에 전류공급)시키는 수동방식과 화재감지기에 의한 자동방식으로 작동한다.

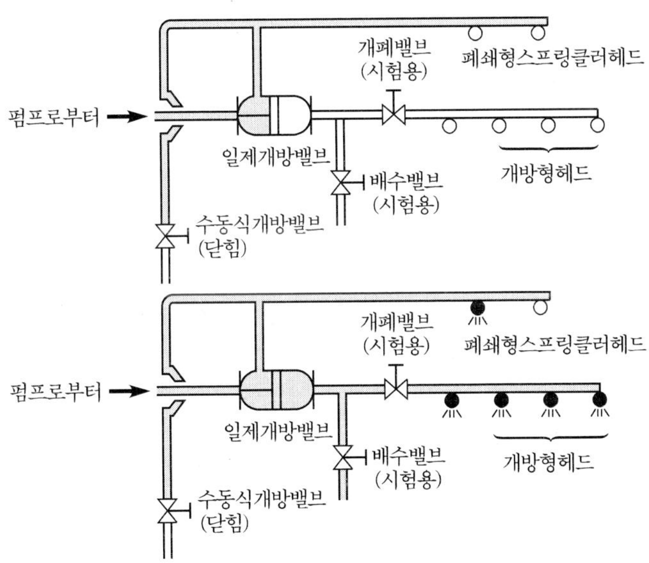

그림 3.8.47. 일제개방밸브의 작동도 예(1)

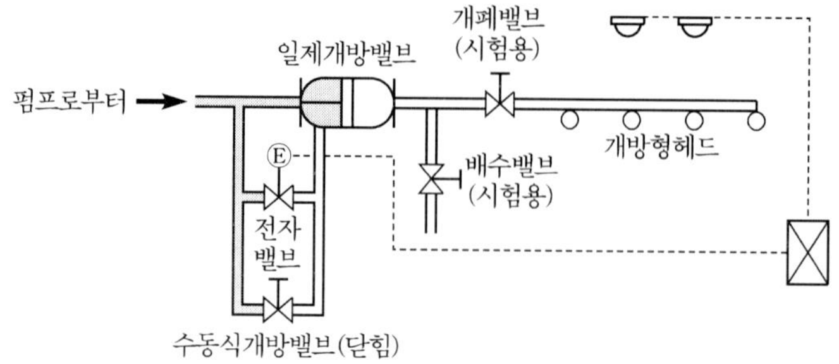

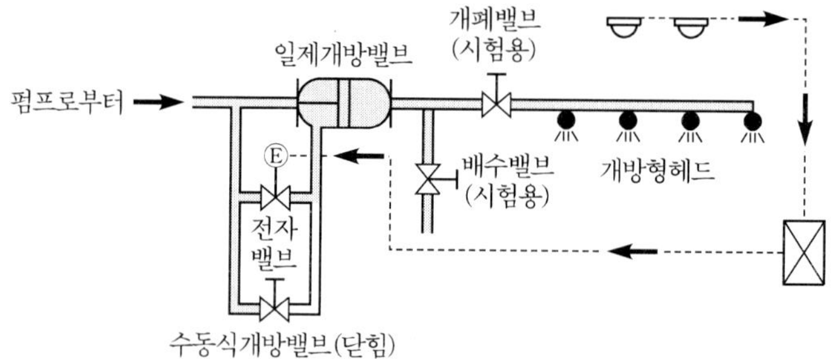

그림 3.8.48. 일제개방밸브의 작동도 예(2)

유의사항

1. 기동조작부(수동식개방밸브 또는 스위치)를 조작하여 일제개방밸브의 기능을 확인하는경우에는 일제개방밸브의 2차측 게이트밸브를 폐쇄하여야 한다.
2. 하나의 방수구역 점검시 다른 방수구역을 담당하는 일제개방밸브에도 유의하고 펌프기동에 따라 워터햄머 작용에 영향을 받지 않고 조용한지 확인하여야 한다.
3. 일제개방밸브와 밸브시트부분에 이물질이 끼여 밸브가 닫혀지면 1차측의 가압수가 2차측 배관에 남아 스프링클러헤드로부터 누설하는 경우도 있으므로 주의하여야 한다.

4) 일제개방밸브의 기능점검의 예

① 가압식 일제개방밸브 기능점검

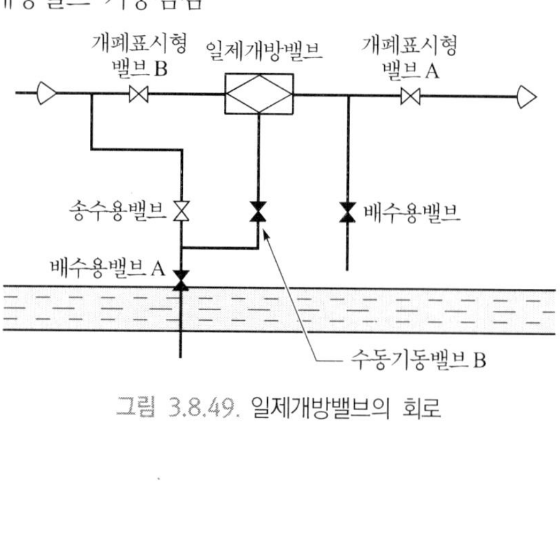

그림 3.8.49. 일제개방밸브의 회로

1. 개폐표시형밸브 A, B를 닫는다.
   - 개폐표시형밸브 B는 설비상 설치하지 않는 것도 있다.
2. 수동기동밸브(볼밸브 형태)를 연다.
   - 송수된 가압수에 의해 일제개방밸브의 클레퍼가 자동으로 열린다(가압식).
   - 가압부의 가압수가 배수되면서 일제개방밸브의 클레퍼가 자동으로 열린다(감압식).
3. 수동기동밸브를 닫는다.
   - 일제개방밸브의 클레퍼가 닫히면서 자동적으로 폐쇄상태로 된다.
4. 배수용밸브 A, B를 연다.

유의사항

일제개방밸브가 완전하게 폐지된 상태는 잔류수가 없는 것으로 확인 가능하다.

5. 개폐표시형밸브 A, B를 연다.

② 감압식 일제개방밸브 기능점검

회로구성의 일부차이는 있으나 기능점검의 순서 및 방법은 가압식과 동일하다.

3.8.8 스프링클러헤드의 구조 및 작동원리

스프링클러헤드는 화열을 감지(폐쇄형만)하여 방수하는 기능을 하는 것으로서 일정한 성능을 보유하고 있어야 한다. 설비방식, 형상, 온도 및 감도 등에 의하여 다양한 종류의 헤드가 생산되고 있으며 각각의 설비특성(사용환경)에 적합한 제품이 선택되어 사용되어야 한다.

(1) 스프링클러헤드의 형상 등

1) 스프링클러헤드의 형상

스프링클러헤드는 종별 및 형식에 따라 외관은 서로 상이하나 기본적인 구조는 거의 같다고 할 수 있다. ⓐ감열체 부분에 있어서는 열에 의하여 작동을 할 수 있는 장치로 만든다.(폐쇄형만) ⓑ디플렉타는 방수되는 물이 규정된 방호반경내에 유효하게 살수되고, 소화에 유효한 물입자를 생성하도록 만들어 준다. ⓒ방수구(오리피스)는 소정의 유량을 방출토록 하여 방수성능을 유지한다.

① 스프링클러헤드의 사용장소를 보면 상향형·하향형은 노출배관으로 시공되는 부분(창고, 기계실 등)과 포소화설비의 화재감지 부분에 많은 부분이 사용되고 있다. 매립형은 스프링클러헤드의 몸체가 천장속에 있음에 따라 건축물의 조화를 이루기 위한 장

소(백화점, 호텔 등)에 주로 사용되는 스프링클러헤드이다. 또한 측벽형은 방수방향을 앞 방향으로만 설계한 것으로서 스프링클러헤드가 벽쪽에 설치된다.

② 최근 스프링클러헤드는 소구획형, 측벽형, 개방형등으로 구분된다. 고감도형, 일반속동형 및 구형이 포함되어 있다.

1. 일반속동형이란 기존에 사용되어온 구형(Old Style)의 스프링클러헤드에 화열의 감지속도를 빠르게 한 것을 말한다. 살수반경은 구형형과 같다.
2. 고감도형은 화열 감지속도를 빠르게 하여 광범위하게 살수할 목적의 것으로 소화시간을 단축하여 물에 의한 피해 등을 줄이고자 할 때 사용하는 스프링클러헤드이다. 이 헤드의 살수반경은 계속 확대되어 가고 있는 추세에 있다.
3. 소구획형이란 작은 방호구획에 설치하는 것으로 화열 감지속도를 빠르게 한 것일 뿐 아니라 벽까지 광범위하게 살수하는 것으로서 소량의 방수로 조기소화를 목적으로 한다. 작은 객실이 많은 호텔, 병원이나 공동주택 등의 거실에 주로 설치되도록 하고 있다.

③ 측벽형은 설치장소의 한 쪽 및 양쪽의 벽면에 설치되는데 숙박실, 병실 등의 복도 및 통로 등에 주로 설치된다.

④ 개방형은 폐쇄형스프링클러헤드의 감지부분(감열부)이 없는 것으로 무대부분 등에 설치된다.

⑤ 방수형은 최근 일본에서 개발된 것으로서 스프링클러헤드의 설치높이 상한을 초과한 부분에 설치하는 것으로 아트리움과 같은 장소에 사용되는 스프링클러헤드이다.

<table>
<tr><th>형상에 의한 분류</th><th>설치방향에 의한 분류</th><th>구분</th><th>유효살수반경의 종별</th><th>방수량</th></tr>
<tr><td rowspan="3">프레임형</td><td rowspan="2">상향형, 하향형</td><td>고감도형</td><td>R=2.6 m</td><td>80 ℓ/min</td></tr>
<tr><td>일반속도형*</td><td>R=2.3 m</td><td>80 ℓ/min</td></tr>
<tr><td>하향형</td><td>구형*</td><td>R=2.3 m</td><td>80 ℓ/min</td></tr>
<tr><td>매립형</td><td>하향형</td><td>소구획형</td><td>R=2.6 m</td><td>50 ℓ/min</td></tr>
<tr><td rowspan="3">측벽형</td><td rowspan="3">종향형
횡향형</td><td>측벽형</td><td>좌우 1.8 m,
전방 3.6 m</td><td>80 ℓ/min</td></tr>
<tr><td>개방형</td><td>-</td><td>-</td></tr>
<tr><td>방수형</td><td></td><td>5 ℓ/min,
10 ℓ/min</td></tr>
</table>

* 의 명칭은 본 자료에만 명시

2) 스프링클러헤드의 재질 등

스프링클러헤드의 구조는 부착 나사를 갖는 방수구(오리피스), 후레임, 디프렉타를 포함하는 본체부분과, 감열체 등의 분해부분(퓨지메탈, 유리벌브)으로 구성되어 있으며, 부착 나사 및 후레임(본체)은 KS D 6001(황동주물) 과 KS D 6002(청동주물), 디프렉타는 KS D 5201(동 및 동합금판의 판 및 조)와 KS D 6002(청동주물)에 적합하거나 이와 동등 이상의 강도, 내식성 및 내열성이 있는 것이 사용되고 있다.

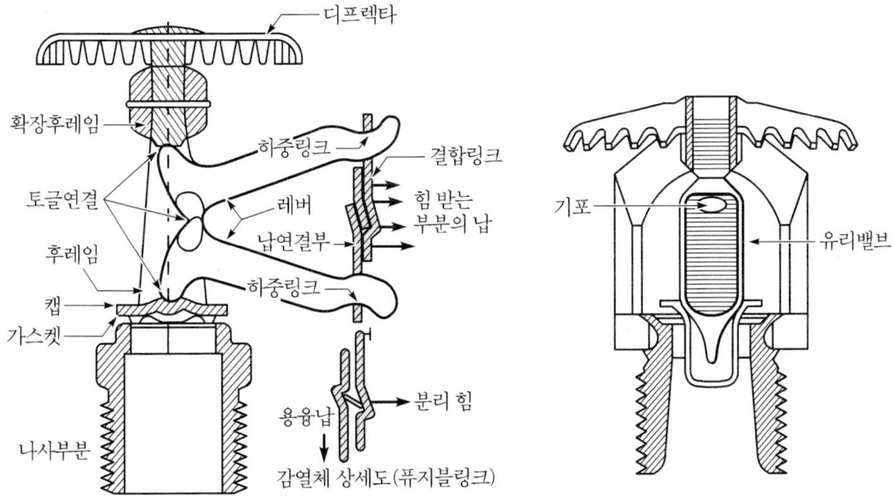

그림 3.8.50. 스프링클러헤드 구조

(2) 스프링클러헤드의 작동원리

스프링클러헤드가 소방대상물에 설치되어 화재가 발생되었을 때, 열기류가 스프링클러헤드의 감열체부분을 용융시키면 링크구조물이 이탈되면서 오리피스가 개방되어 물이 방사되고 방출된 물은 디프렉타에 부딪혀 사방으로 살수된다.

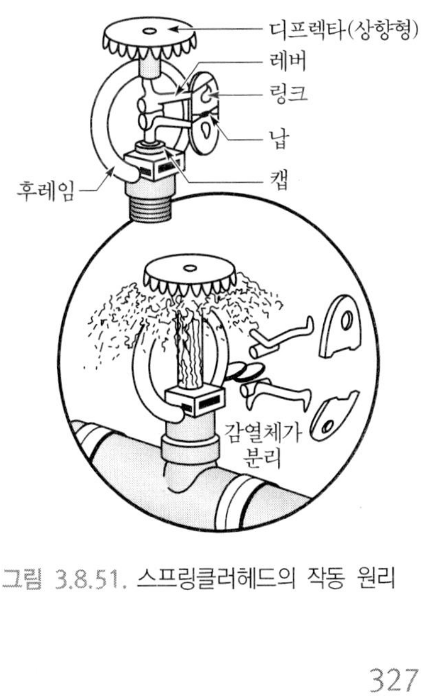

그림 3.8.51. 스프링클러헤드의 작동 원리

(3) 스프링클러헤드의 종류

1) 대분류

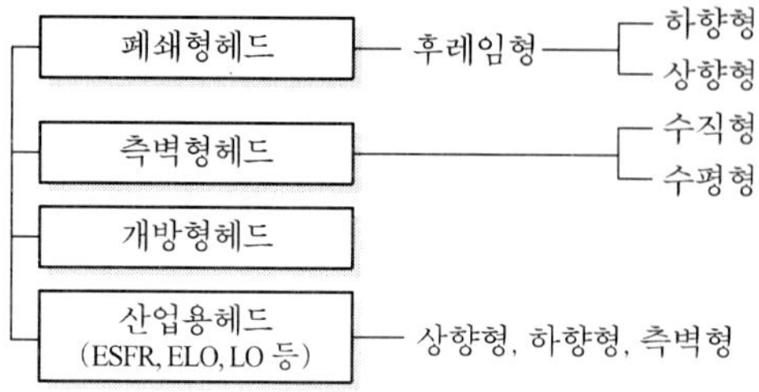

2) 스프링클러헤드의 표시온도 및 최고주위온도 등

① 스프링클러헤드의 작동온도와 주위온도

스프링클러헤드의 설치시 살수장애가 발생되지 않도록 하여야 하며 설치장소의 주위온도에 따라 적합한 작동온도의 스프링클러헤드가 선정되어야 한다. 전자는 소화작업에 지장을 초래하는 원인으로서 육안 확인이 가능하여 비교적 용이하게 판단할 수 있으나, 후자는 장시간 경과 후 오작동에 의한 방수사고가 발생할 수 있어 주의를 요한다. 원인은 감열체인 용융금속의 특성이 용융온도 이하로 있어도 높은 온도로 장시간 노출되면 크리브 현상을 일으키고 강도가 약해지는데 기인한다. 따라서 이 현상을 유발하지 않는 온도범위의 스프링클러헤드를 선정하기 위하여 아래 계산식에 따라 설치할 수 있는 스프링클러헤드의 최고주위온도를 산정한다.

$$Ta = 0.9\ Tm - 27.3(℃)$$

Ta : 최고주위온도(℃)

Tm : 표시온도(℃)

스프링클러헤드에 명시된 표시온도와 작동온도의 관계는 다음과 같다.

작동온도 = 표시온도 ±3% 이내(퓨지블링크형), −5 % 내지 +15% 이내(유리벌브형)

② 표시온도의 구분

유리벌브형		퓨지블링크형	
표시온도(℃)	액체의색별	표시온도(℃)	후레임의색별
57	오랜지	77미만	없음
68	빨강	78 ~ 120	흰색
79	노랑	121 ~ 162	파랑
93	초록	163 ~ 203	빨강
141	파랑	204 ~ 259	초록
182	연한자주	260 ~ 319	오랜지
227이상	검정	320이상	검정

Response	Type	Length	RTI Response Time Index		Strength Average Crush Load		Temperature Additional temperatures available							Applications
		(mm)	(ms)½	(fts)½	kN	lb	57℃ 135°F orange	68℃ 155°F red	79℃ 175°F yellow	93℃ 200°F green	141℃ 286°F blue	182℃ 360°F mauve	260℃ 500°F black	Further details on request
Standard	G8	20	200	360	4	880								[UL,FM,LPC,VdS]
	G5	16/20	105	190	4	880								[UL*,FM,LPC*,VdS]
	G5-XS	16/20	105	190	5.5	1210								[UL,FM,LPC,VdS]
Intermediate	F5	16/20	75	135	4	880								[KENTE,KFEIC,TFRI] Ext.Coverage
	F4	16/20	55	100	4	880								[UL*,VdS] Ext.Coverage,ELO,CONCEALED
	F4-XS	16/20	55	100	5.5	1210								[UL,FM] Ext.Coverage,VELO,CONCEALED
Fast	F3	16/20	36	65	3.5	770								[UL*,FM,LPC*,VdS] CONCEALED
	F3-XS	16/20	36	65	4.5	990								[UL,FM,LPC] Ext.Coverage,ELO
	F3-XXS	16/20	36	65	5.5	1210								[UL,FM,LPC] VELO
Super Fast	F2.5	16/20	27	50	2.5	550								[UL*,FM] ESFR,VELO,CONCEALED
	F2.5-XS	16	27	50	3.5	770								[FM] ESFR,ELO,VELO,CONCEALED
	F2	16	22	40	2	440								[UL] Spec,Appl.,WATER MIST
Ultra	F1.5	16	16	30	1	220								Spec,Appl.,WATER MIST

*Component reoogrised

※ 유리벌브 종류별 작동시간

- 표준반응형: G5 - 33.3초, G8 - 63.0초
- 특수반응형: F4~5 - 17.4초
- 조기반응형: F2 - 7.3초,F3 : 11.4초

③ 부착장소의 최고주위온도

부착장소의 최고주위온도(℃)	사용되는 스프링클러헤드의 표시온도(℃)
39 미만	79 미만
39 이상 64 미만	79 이상 121 미만
64 이상 106 미만	121 이상 162 미만
106 이상	162 이상

(4) 스프링클러헤드의 분류

스프링클러헤드는 헤드의 형태, 온도, 감도특성 등에 따라 다양한 종류로 분류되며 국내에서는 표준상·하향형(퓨지블링크형, 유리벌브형)이면서 표준반응형의 스프링클러헤드가 대부분 사용되고 있다.

1) 설치장소 및 사용목적(FM, UL 등의 분류기준)

① 스프링클러헤드(Standard Sprinkler Head)

상향 또는 하향으로 설치되며 살수형태는 아래쪽으로 우산 모양이 되게 설계된 스프링클러헤드를 말한다. 이 스프링클러헤드의 오리피스는 일반적으로 Ø 1/2" :11.3㎜이고 방수량은 80ℓ/min 이다. 이 스프링클러헤드는 1.2m 아래의 방호면적(직경 4.8 m의 원)내 화재를 제어할 수 있다.

헤드종류	공칭온도(℃)	설치장소	최대설치 높이	방수압력 방수량	설비 시스템
퓨지블링크·유리벌브, 표준·특수·조기반응, 호칭 15, 20	58~74	경급 위험도	4.0m 이내 (적정높이 2.4-3.0 m)	1 kg/㎠ 76~84 ℓ/min 112~117 ℓ/분	습식, 건식 준비작동식
	93~100				
	121~183				

② 확장형스프링클러헤드(EC : Extended Coverage Sprinkler Head)

표준 공간보다 넓은 곳에 사용하기 위한 것으로서 감열체의 반응시간이 표준 공간에 사용되는 표준형스프링클러헤드 보다 같거나 짧고, 규정된 최소 방출유량이 장애물이 없는 천장의 규정된 적용면적에 살수되는 스프링클러헤드를 말한다(EC 스프링클러 헤드는 가벼운 위험이 발생된 경우에만 사용된다). EC 스프링클러헤드는 적용면적,최소작동유량, 오리피스 치수 및 "K"계수에 따라 분류된다.

③ 주거용스프링클러헤드(Residential Sprinkler Head)

주거지역에 설치할 목적으로 제작한 스프링클러헤드로서 방수구(오리피스)가 닫혀있다가 열반응 방출 메커니즘의 작동에 의해 자동적으로 열린다. 수원은 상수도를 이용하기 때문에 낮은 압력으로 화재를 진압할 수 있도록 살수면적과 방수량이 작도록 설계되어 있다.

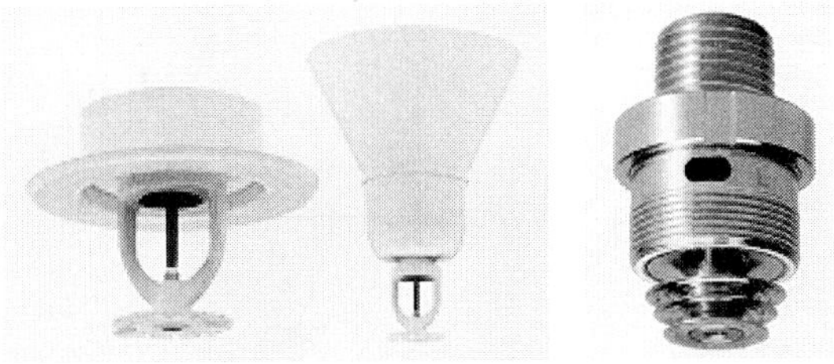

헤드종류	공칭온도 (℃)	설치장소	최대설치 높 이	방수압력 방 수 량	설 비 시 스 템
주거형(1/2")	68~105	일반 주택 등	3 m이내	0.7 kg/㎠ 50~76 ℓ/min	습식설비

④ 조기화재진압형 스프링클러헤드(ESFR : Early Suppression Fast Response)

일정한 규모(13.7 m이하)의 랙크식 창고에서 화재가 발생할 경우 초기 진압에 적절하도록 조기반응형 감열체(RTI : 50이하)를 사용하고, 오리피스는 23.6㎜, 19.0㎜, 17.5㎜로서 사용압력 3.4~6.1kg/㎠에서 대유량 380~667ℓ /min)의 물을 살수하여 화재를 소화할 수 있도록 만든 스프링클러헤드를 말한다.

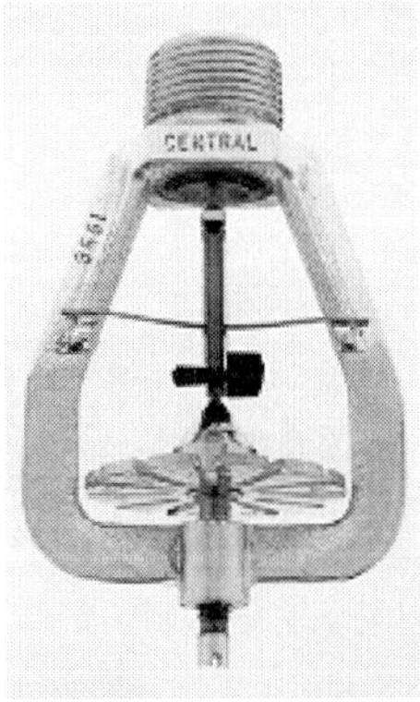

k = 14, 17

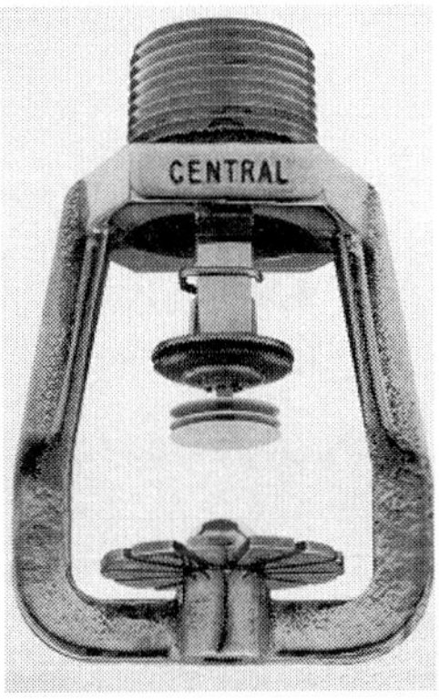

k = 25

헤드종류	공칭온도 (℃)	설치장소	최대설치 높 이	방수압력 방 수 량	설 비 시 스 템
ESFR (퓨지블링크, 유리벌브) 상향형,하향형 호칭 15, 20	71 100 141	중급위험도, 상급위험도 (Roll종이, 에어로졸등제품)	13.7 m 이하	-6.1 kg/㎠ 500 ℓ/min -3.4 kg/㎠ 667 ℓ/min	습식설비

⑤ 인랙스프링클러헤드(In-Rack Sprinkler Head)

창고의 높이가 고층화되면서 적재물의 적재 높이도 점점 높아지는 추세이므로 기존의 스프링클러설비에 사용되는 헤드로서는 적재물의 심층부에서 발생한 화재를 진화하기가 곤란하다. 따라서, 창고 내에 선반과 선반 사이에 설치하여 화재의 효율적 진화를 기하기 위한 스프링클러헤드이다.

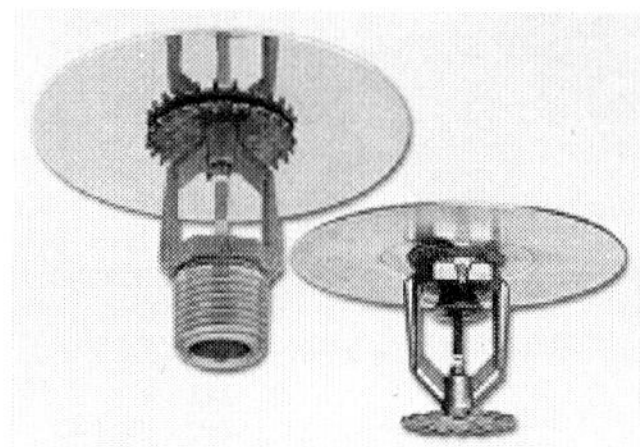
k = 5.6, 8.0
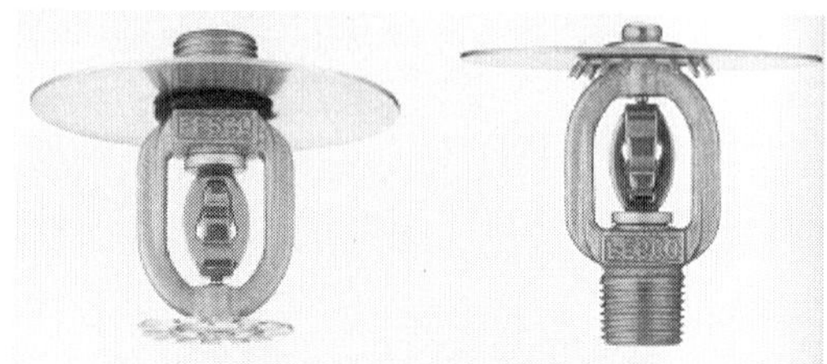

헤드종류	공칭온도 (℃)	설치장소	최대설치 높 이	방수압력 방 수 량	설 비 시 스 템
In-Rack (1/2", 3/4") 상향, 하향	68~72 93~100 141	중급위험도, 상급위험도 장소	Rack의 선반과 선반사이	1 kg/㎠ 114 ℓ/min	습식설비

⑥ 개방형스프링클러헤드(Open Sprinkler Head)

감열체를 갖고 있지 않는 스프링클러헤드로서 방수구(오리피스)가 개방되어 있는 스프링클러헤드를 말한다.

⑦ 라지드롭형스프링클러헤드(Large-Drop Sprinkler Head)

플라스틱 제품들이 저장된 고층의 래크식 창고에 설치되는 스프링클러헤드로서 화염의 전파속도가 빠르고 발열량이 커서 스프링클러헤드로는 진화가 불가능한 경우에 사용되는 스프링클러헤드를 말한다.

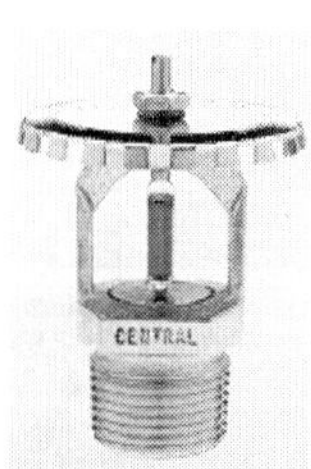
k = 11.4

k = 11.2

헤드종류	공칭온도 (℃)	설치장소	최대설치 높 이	방수압력 방 수 량	설 비 시 스 템
Large-Drop (3/4"=17/32") 상향	68~72 93~100 141	상급위험도 (Roll 종이, 플라스틱, 타이어 등 제품저장)	7.6 ~ 10.7 m	1 kg/㎠ 153 ℓ/min	습식설비

⑧ ELO스프링클러헤드(ELO Sprinkler Head)

표준형스프링클러헤드를 사용하여야할 장소의 수압이 표준형을 사용할 수 있을 만큼 높지 않는 경우에 낮은 압력으로도 고압의 스프링클러헤드를 사용한 효과를 내기 위하여 사용하는 스프링클러헤드를 말한다.

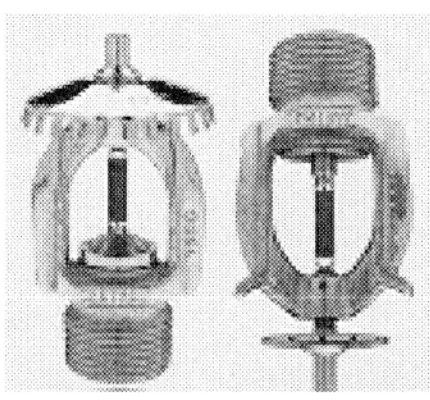

유리벌브형

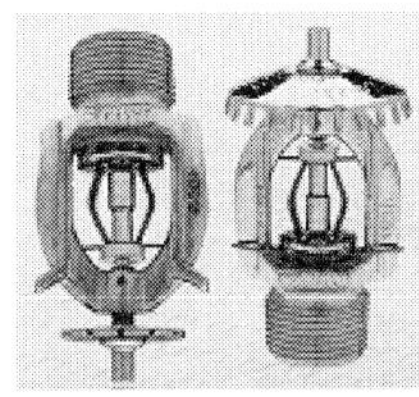

퓨지블링크형k = 17, 16.8, 11.2

헤드종류	공칭온도 (℃)	설치장소	최대설치 높이	방수압력 방수량	설비 시스템
ELO(퓨지블링크, 유리벌브) 상향형,하향형 호칭15, 20	68~74	경급위험도, 중급위험도	7.6 m 이하	1 kg/㎠ 161~163 ℓ/min	습식설비
	93~100				
	141				

2) 감열체(감도특성)

① 표준반응형스프링클러헤드(Standard Response Sprinkle Head)

일반 건축물(사무실등)에 사용되고 있는 헤드로서 감열체의 반응시간지수(RTI)가 80~350(m·s)1/2범위이며, 전도열전달계수는 2.0(m·s)1/2를 초과하지 않는 스프링클러헤드를 말한다.

② 특수반응형스프링클러헤드(Special Response Sprinkler Head)

특수한 건축물에 특정 장소를 방호하기 위해 사용되는 스프링클러헤드로서 감열체의 반응시간지수(RTI)가 50 ~ 80(m·s)1/2범위로 설치하는 스프링클러헤드를 말한다.

③ 조기반응형스프링클러헤드(QR : Quick Response Sprinkler Head)

주거 및 랙창고(13.7m 이하)에 사용되는 스프링클러헤드로서 감열체의 반응시간지수(RTI)가 50(m·s)1/2이하이며, 전도열전달계수가 1.0(m·s)1/2이하인 스프링클러헤드를 말한다.

3) 살수형태

① 구형스프링클러헤드(Old Style Sprinkler Head)

상향 또는 하향으로 천정에 설치되는 스프링클러헤드로서 방수량이 상향으로 40% 하향으로 60%가 방수되도록 되어 있다. 상향으로 설치되었을 때는 스프링클러헤드에서

3.05m 아래에서 방호면적은 직경 3.05 m로 살수되며 방수량은 0.95ℓ /sec이다.

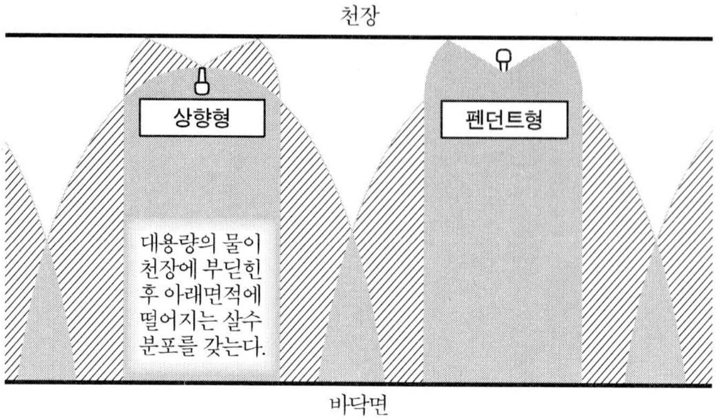

그림 3.8.52. 구형스프링클러헤드의 살수분포 형태

② 하향형스프링클러헤드(Pendent Sprinkler Head)

방수구(오리피스) 하부에 디플렉터가 위치하고, 방출된 물이 아래로 살수되도록 설치되는 스프링클러헤드를 말한다.

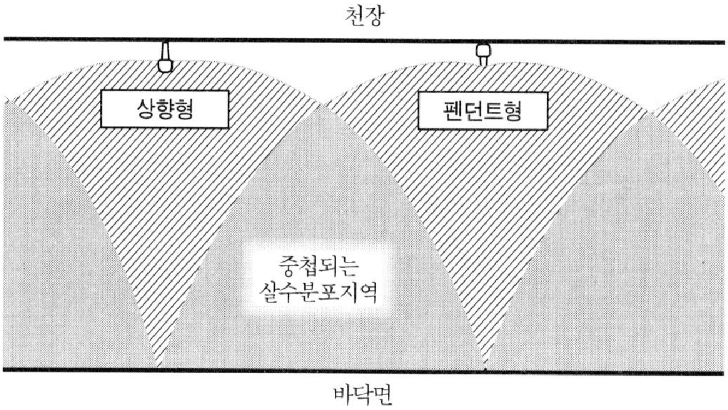

그림 3.8.53. 표준 상·하향형스프링클러헤드 살수분포 형태

③ 상향형스프링클러헤드(Upright Sprinkler Head)

방수구(오리피스) 위에 디플렉터가 위치하고 물이 오리피스를 통해 위로 살수되도록 설치되는 스프링클러헤드를 말한다.

④ 측벽형스프링클러헤드(Sidewall Sprinkler Head)

벽이나 천장 가까이에 설치되는 스프링클러헤드로서 벽 안쪽 및 1/4원 모양으로 살수 되는 스프링클러헤드를 말한다. 오리피스는 일반적으로 Ø 1/2" :11.3㎜이고 방수량은 80ℓ/min 이다.

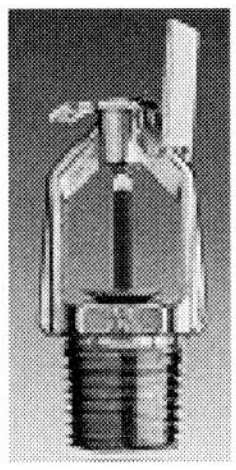
측벽형

헤드종류	공칭온도 (℃)	설치장소	최대설치 높 이	방수압력 방 수 량	설 비 시 스 템
퓨지블링크·유리벌브, 표준·특수·조기반응, 호칭 15, 20	58~74	경급위험도, 중급위험도 그룹 I	4.0 m이내 (적정높이 2.4-3.0 m)	1 kg/㎠ 76~84 ℓ/min 112~117 ℓ/min	습식, 건식, 준비작동식설비
	93~100				
	121~183				

4) 특수형태

① 플러시천장형스프링클러헤드(Flush Ceiling Sprinkler Head)

헤드에 최소 돌출부분(감열체부분)만 천장 아래로 돌출되고 그 이외 부분은 천정 내부에 설치되는 스프링클러헤드를 말한다. 오리피스는 일반적으로 Ø 1/2" :11.3㎜이고 방수량은 80ℓ/min 이다.

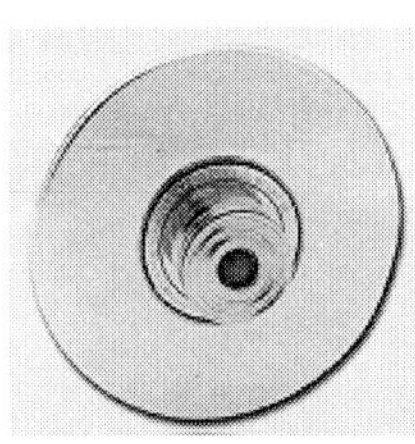

k = 4.0, 5.6

헤드종류	공칭온도 (℃)	설치장소	최대설치 높 이	방수압력 방 수 량	설 비 시 스 템
플러시형 (퓨지블링크), 표준·특수·조기반응, 호칭 15, 20	58~74	경급 위험도	4.0m 이내 (적정높이 2.4-3.0 m)	1 kg/㎠ 76~84 ℓ/min 112~117 ℓ/분	습식, 건식 준비작동식
	93~100				
	121~183				

② 리세스드스프링클러헤드(Recessed Sprinkler Head)

스프링클러헤드가 홀더 안에 설치되어 천장이나 벽안으로 들어갈 수 있도록 구성된 스프링클러헤드를 말한다.

k = 11.2, 11.4, 14.5, 8.0, 3.5

헤드종류	공칭온도(℃)	설치장소	최대설치높이	방수압력방수량	설비시스템
리세시드시형 (퓨지블링크 유리벌브), 표준·특수·조기반응, 호칭 15, 20	58~74	보통 또는 경급위험도	4.0 m이내 (적정높이 2.4-3.0 m)	1 kg/㎠ 76~80 ℓ/min 112~117 ℓ/분	습식, 건식 준비작동식
	93~100				
	121~183				

③ 컨실드천장형스프링클러헤드(Concealed Ceiling Sprinkler Head)

미관상의 목적으로 천장재와 플러시에 거의 맞게 설치되도록 덮개판(스프링클러헤드보호 판)을 갖는 리세스드(recessed) 스프링클러헤드로서 화재가 발생되었을 때에는 열기류에 의하여 덮개판이 먼저 이탈된 후 스프링클러헤드의 감열체가 작동되는 스프링클러헤드를 말한다.

k = 4.2, 5.6

헤드종류	공칭온도 (℃)	설치장소	최대설치 높 이	방수압력 방 수 량	설 비 시 스 템
컨실드형 (퓨지블링크 유리벌브), 표준·특수· 조기반응, 호칭 15, 20	58~74	보통 또는 경급위험도	4.0 m이내 (적정높이 2.4-3.0 m)	1 kg/㎠ 76~80 ℓ /min 112~117 ℓ /분	습식, 건식 준비작동식
	93~100				
	121~183				

④ 건식스프링클러헤드(Dry Type Sprinkler Head)

설치장소가 영하로 내려갈 때 노출되는 배관 또는 스프링클러 시스템에 사용되는 스프링 클러헤드로서 스프링클러헤드에 부착된 배관내에는 부동액, 대기압 또는 가압공기가 충만한 상태로 설치되며 사용된 스프링클러헤드의 형태는 상향형, 하향형, 측벽형, 플러시 등이 사용된다.

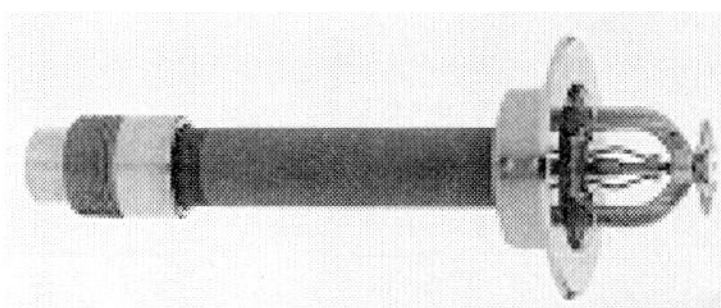

길이 : 15cm, 30cm, 60cm, 1m

⑤ 코팅, 페인트 또는 도금된 스프링클러헤드(Coated, Painted or Plated Sprinkler Head)

방식 또는 방청(외장이 코팅, 페인트 또는 도금 처리) 처리 된 스프링클러헤드를 말한다.

⑥ 유량제어형스프링클러헤드(FC : Flow Control Head)

특정온도 범위내에서 자동적으로 개폐됨으로써 유량을 제어(물피해방지)하는 스프링클러헤드를 말한다.

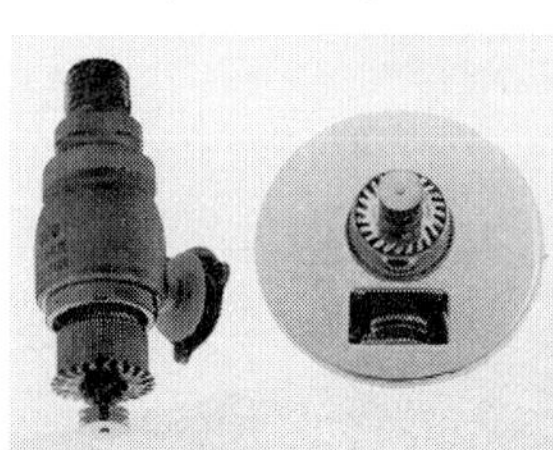

k = 5.7

⑦ 청정스프링클러헤드(Clear Room Sprinkler Head)

이 헤드는 반도체공장등에 사용되며, 헤드가 부식이 되지 않도록 하여야 하고, 오리피스는 11.1㎜ , 12.7 ㎜ 등으로 다양하다.

k = 5.6

⑧ 지붕형스프링클러헤드(Attic Sprinkler Head)

이 헤드는 지붕의 바로 밑에 설치되어 천장과 지붕사이의 화재를 소화하는 것으로서 헤드종류는 단일방향, 귀마루형, 연속형이며, 오리피스는 11.1, 12.7, 13.5 ㎜ 등으로 다양하다.

k= 5.6, 8.0

단일방향

귀마루형

연속형

⑨ 창문스프링클러헤드(Window Sprinkler Head)

이 헤드는 창문등이 화재하중에 견딜 수 있도록 창문에 살수 하는 것으로서 2,000°F에서 2시간 견딜 수 있도록 하였으며, 오리피스는 12.7㎜ 등이 있다.

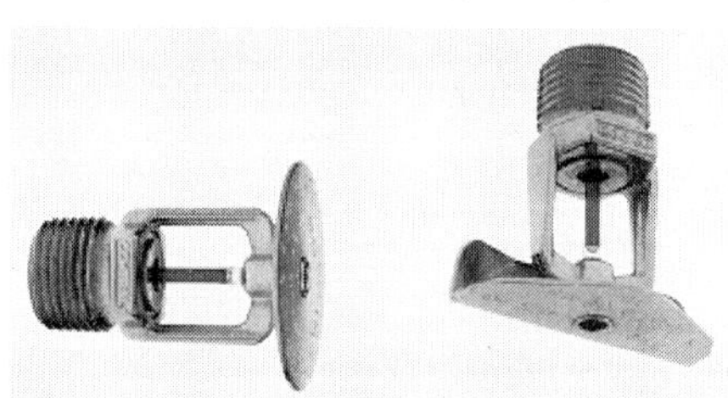

k = 5.6

⑩ 구형스프링클러헤드(Conventional Type Sprinkler Head)

이 헤드는 지붕의 바로 밑에 설치되어 천장과 지붕사이의 화재를 소화하며, 작동방법은 화재감지 및 불꽃에 의하여 즉시 가스켓지지 부분과 유리벌브를 파괴시켜 방수하는 형과 가스압력에 의하거나 밸브가 작동하여 방수되는 것이다. 오리피스는 11.1, 12.7, 13.5 ㎜ 등으로 다양하다.

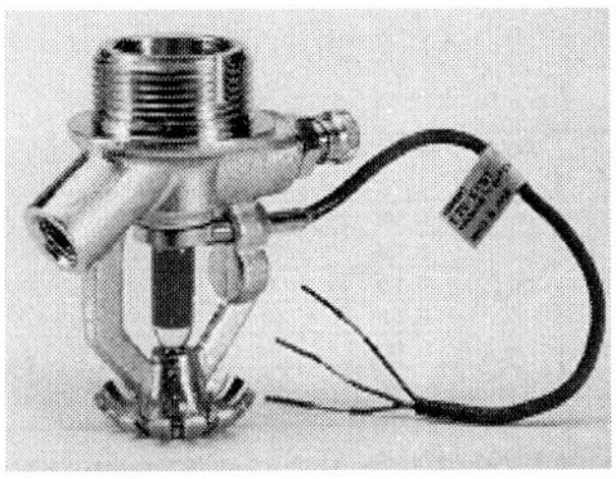

⑪ 기타 헤드류

— 설치높이 : 7.5 m, 노즐압력 : 11.7~17.2 kg/㎠

— 방호면적 : 8 ㎡, 체적 : 1,200㎥

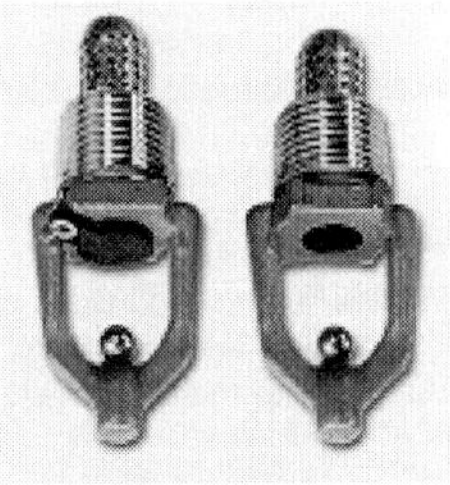

(watermist head)

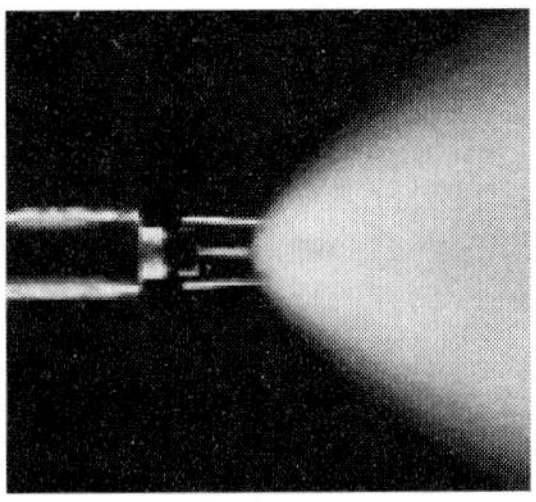

(살수분포)

(홈워터스프링클러헤드)

3.8.9 반응시간지수(RTI : Response Time Index)

(1) 반응시간지수(RTI : Response Time Index)란

스프링클러헤드는 소방대상물의 천장에 설치되며, 화재에 의한 열기류가 천장으로 상승하여 감열체에 전달되어지면 작동되어 물을 방출시킴에 따라 화재를 진압(소화)하게 된다. 이 때 열기류가 감열체 부분을 실질적으로 작동시키는 신속도에 따라 그 스프링클러헤드의 성능을 판단할 수 있는 것으로서 기류속도 및 온도 등의 일정조건 하에서의 작동시간을 지수로 나타낸 것이다.

(2) RTI 계산식

$$RTI = Tu^{1/2}$$

여기서, $T = -t_0/\ln[1-1(T_r/T_g)]$

그리고 t_0는 스프링클러헤드 작동시간(초)

T_r는 스프링클러헤드의 평균작동온도(℃)에서 주위조건온도(℃)를 뺀 온도

T_g는 시험온도(℃)에서 주위공기온도(℃)를 뺀 온도

u는 시험 열기류의 속도(m/s)

예 스프링클러헤드 공칭온도가 68 ℃일 때 시험기내의 온도가 135 ℃, 열기류 속도는 2.56 m/sec이고 10개의 시료로 시험한 결과가 다음과 같은 결과를 얻었다.

1. 작동측정시간(초) : 1-40, 2-41, 3-38, 4-39, 5-41, 6-42, 7-40, 8-39, 9-41, 10-40로 나타났을 때에 스프링클러헤드의 평균
   ∴ 작동시간(X) : 40초, 즉 t0 =40초
2. tr=(68-24)= 44 ℃, 여기서 68 ℃는 작동온도의 평균치, 24 ℃는 시험실의온도
3. tg=(135-24) = 111 ℃, 여기서 135 ℃는 시험기내의 온도, 24 ℃은 시험실의 온도
4. u= 2.56 m/sec, 시험기내의 열기류 속도

위의 수치들을 위의 식에 대입하면 스프링클러헤드의 반응시간지수(RTI)가 계산된다.

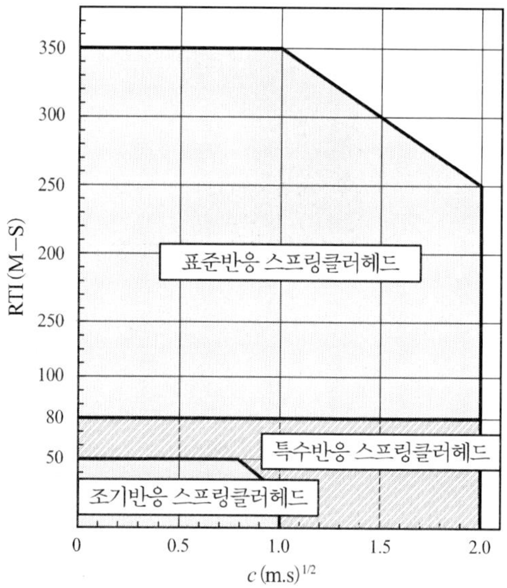

그림 3.8.54. 스프링클러헤드의 반응지수시간 관계

3.8.10 방출계수(Discharge Coefficient) "K-Pactor"

(1) 방출계수의 의의

스프링클러헤드의 오리피스 구경(지름) 및 구배에 따라 스프링클러헤드로부터 방출되는 유량이 변하게 된다(=방출구의 형상에 따른 저항계수). 따라서 시험을 통하여 헤드별 고유 방출계수를 산출하여 적용한다.

(2) 방출계수의 계산식

$$Q = K\sqrt{p}$$

여기서, Q = 유량(ℓ /min), P = 압력(kg/㎠)

예 스프링클러헤드를 시험장치(정류통)에 부착시킨 다음 유량을 스프링클러헤드로 방출하면서 규정압력 0.47kg/㎠, 0.68kg/㎠, 1.02kg/㎠, 1.36kg/㎠, 1.7kg/㎠i, 2.04kg/㎠, 2.38kg/㎠, 2.72kg/㎠, 3.06kg/㎠, 3.4kg/㎠, 4.08kg/㎠, 4.76kg/㎠, 5.44kg/㎠, 6.12kg/㎠, 6.8kg/㎠까지 압력을 올리면서 각각의 유량을 측정하고 다시 역순으로 6.8kg/㎠에서 0.47kg/㎠까지 압력을 낮추면서 유량을 측정하여 이를 $Q = K\sqrt{P}$ 수리계산식에 의하여 "K"값을 구하고 정하여진 스프링클러헤드 호칭에 따른 "K"값의 범위내에 있는지를 확인한다.

예 제

그림과 같이 스프링클러 헤드에서 방수가 되고 있다. 그림의 왼쪽 방향으로 몇 개의 헤드가 부착되어 있는지 모르나 개방된 것이 있어 300ℓ pm의 물이 그쪽으로 흐르고 있으며, 헤드 직상부의 가지관속 물의 총압은 4.0kg/㎠, 헤드의 방출계수는 80, 가지배관의 안지름은 40㎜이며, 가지배관에서 헤드까지의 물흐름시 수압변화는 없다고 한다. 헤드에서의 방수량을 구하시오. 단, 수리해석시 동압을 무시하지 않아야 한다.

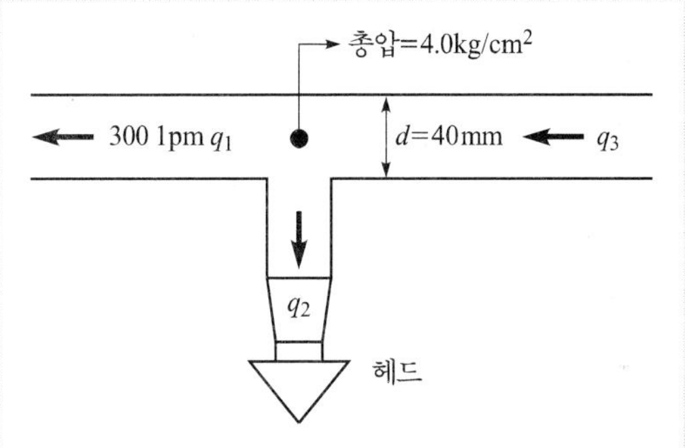

[검토조건]

- 1차측 배관을 흐르는 물의 총량 q_3 는 q_1 (300 lpm)과 q_2 의 합이다.
  $q_3 = q_1 + q_2 = 300\ \text{lpm} + q_2$
- q_3 의 흐름속도 v 에 의해 관내에는 동압 P_v 가 생긴다. $\therefore P_v = \dfrac{v^2}{10 \cdot 2g}$
- 총압P_t (4.0kg/㎠)은 헤드로 물을 밀어내는 정압P_s 와 동압P_v의 합이다.
  $P_t = P_s + P_v$
- 헤드 방수량은 $q_2 = k\sqrt{P_s} = 80\sqrt{P_s}$ 이다. → $P_s = (\dfrac{q_2}{80})2$

풀이 위의 네 가지 검토조건으로부터 q_2나 q_3을 구하면 된다.

• q_3 의 흐름속도 v 는 유량을 단면적으로 나누면 된다. 여기서 유속은 m/s 단위로 구해야 하므로 유량도 m^3/s 로 환산하기 위해 q_3를 (1000·60)으로 나누어야한다. 또한 관경 d도 m 단위로 맞추기 위해 1000으로 나누어준다.

유속 $v=\frac{q_3}{A} = \frac{q_3}{(1000 \cdot 60)\frac{\pi(\frac{d}{1000})^2}{4}} = 21.22\frac{q_3}{d^2}$

• 동압 $P_v = \frac{v^2}{10 \cdot 2g} = \frac{1}{20g}(21.22\frac{q_3}{d^2})2 = 2.3\frac{q_3^2}{d^4}$

총압 $P_t = P_s + P_v = (\frac{q_2}{80})2 + 2.3\frac{q_3^2}{d^4} = (\frac{q_2}{80})2 + 2.3\frac{(q_1+q_2)^2}{d^4}$

$= (\frac{q_2}{80})2 + \frac{2.3}{d^4}(q_1^2 + q_2^2 + 2q_1q_2)$

$= (\frac{1}{80^2} + \frac{2.3}{d^4})q_2^2 + \frac{4.6}{d^4}q_1q_2 + \frac{2.3}{d^4}q_1^2$

$= (\frac{1}{80^2} + \frac{2.3}{40^4})q_2^2 + \frac{4.6}{40^4}300q_2 + \frac{2.3}{40^4}300^2$

$= 0.000157q_2^2 + 0.000539q_2 + 0.081 = 4,$

양변에 1000을 곱하고 정리하면 → $0.157q_2^2 + 0.539q_2 - 3919 = 0$

2차 방정식의 근의 공식으로 q_2 를 구할 수 있다.

ax^2+bx+c 에서 $x = \frac{-b \pm \sqrt{b^2-4ac}}{2a}$ 이므로

$q_2 = \frac{-0.539 + \sqrt{0.291+2461}}{0.314} = 156.3$ lpm

3.8.11 RDD와 ADD

스프링클러헤드는 화재의 제어와 진화의 두가지 기능을 수행한다. 화재의 제어는 천장의 온도와 주위온도를 일정온도 이하로 낮춤으로서 화재의 확산을 막는 것이며, 헤드로 방출된 물입자가 불길을 뚫고 들어가 가연물의 지속적인 연소를 막는 것이다.

(1) RDD(Required Delivered Density) : 필요 방사밀도

소방대상물의 용도 및 화재하중에 따라 필요한 스프링클러헤드의 토출량으로서 연소표면에서 필요로 하는 토출량을 가연물 상단의 표면적으로 나눈 값이다.

(2) ADD(Actual Delivered Density) : 실제 방사밀도

소화시 소화작업에 사용되는 실제 토출량으로서 화재의 강도, 열방출율, 물입자, 침투력 등과 관련하여 실화재시 화심속으로 물입자가 침투하여 연소표면에 도달한 토출량을 가연물상단의 표면적으로 나눈 값이다.

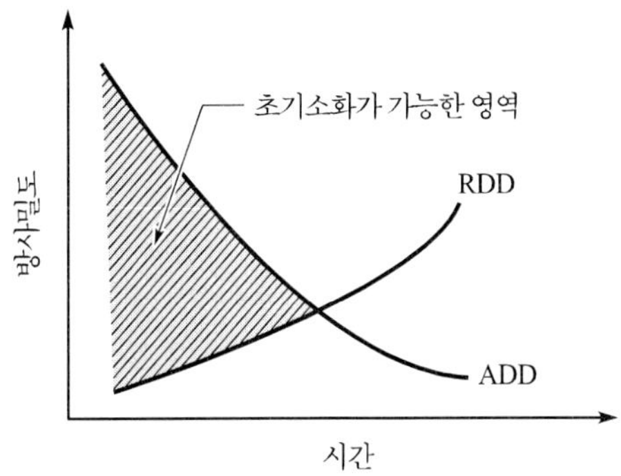

그림 3.8.55. 소화영역과 ADD, RDD의 관계

3.8.12 스프링클러헤드의 배치

(1) 헤드의 수평거리

표 3.7.3. 헤드의 수평거리

소 방 대 상 물		수 평 거 리(R)
무대부·특수가연물을 저장 취급하는 장소		1.7m 이하
랙크식창고		2.5m 이하
아파트		3.2m 이하
기타 소방대상물	비내화구조	2.1m 이하
	내화구조	2.3m 이하

(2) 헤드의 배치 및 간격

1) 정사각형 배치

헤드간의 거리와 급수관 상호간의 거리가 같게 배치된 형태로서 헤드의 간격 $S = 2R\cos45°$ ($\cos45° = 1/\sqrt{2}$)를 적용한다. 헤드의 수평거리(R)에 따른 스프링클러설비의 헤드간격은 다음과 같다.

① 수평거리 1.7m 인 경우 S = 2.40m

② 수평거리 2.1m 인 경우 S = 2.97m

③ 수평거리 2.3m 인 경우 S = 3.25m

④ 수평거리 2.5m 인 경우 S = 3.54m

⑤ 수평거리 3.2m 인 경우 S = 4.53m

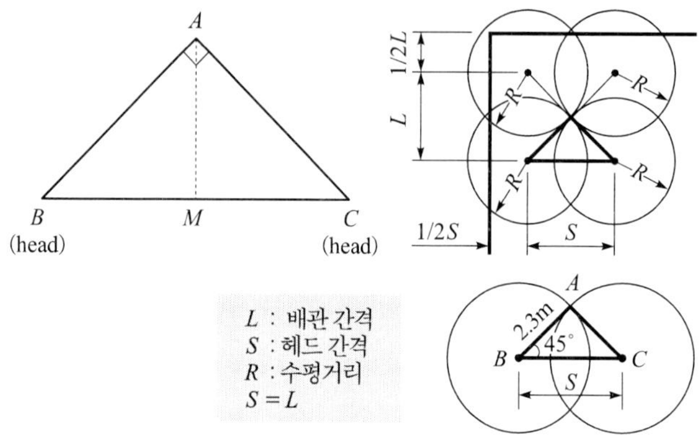

2) 직사각형배치

헤드간의 거리와 배관간의 거리가 같지 않은 경우로서 헤드의 대각선 간격 X = 2R을 적용한다.

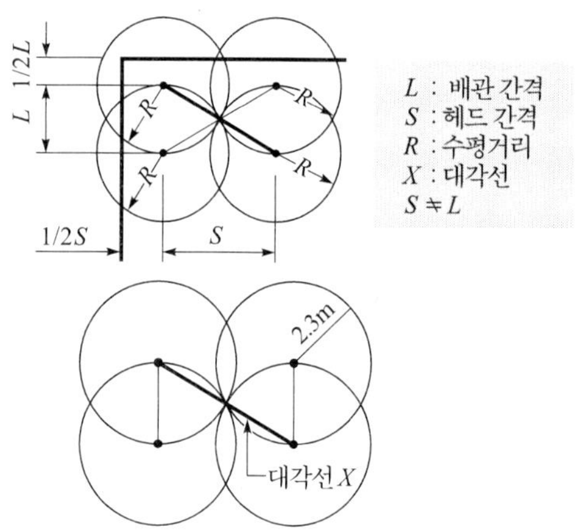

3) 나란히꼴 배치

3개의 헤드가 정삼각형을 이루고 4개의 헤드는 나란히꼴을 이루는 배치형태로서 일반적으로 직사각형이나 정사각형이 아닌 형태의 건물내 헤드 배치형태이다.

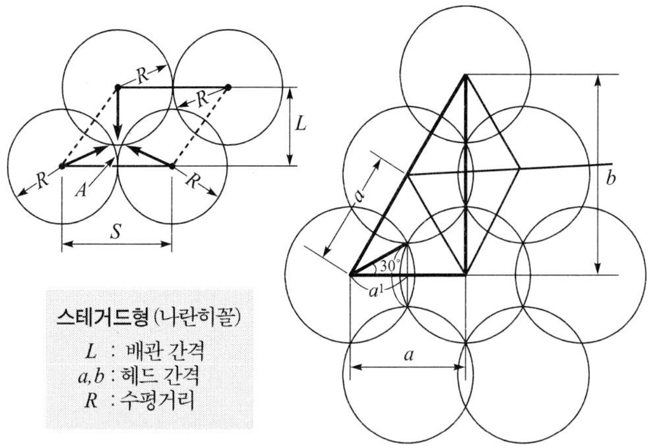

수평거리(R)	a의 간격(2Rcos30˚)	b의 간격(2acos30˚)	배관간격(L)
1.7m	2.94m	5.10m	2.55m
2.1m	3.64m	6.30m	3.15m
2.3m	3.98m	6.90m	3.44m
2.5m	4.33m	7.50m	3.75m
3.2m	5.54m	9.60m	4.78m

(3) 헤드의 설치방법

1) 부착면 및 보등의 살수장애물로부터의 거리

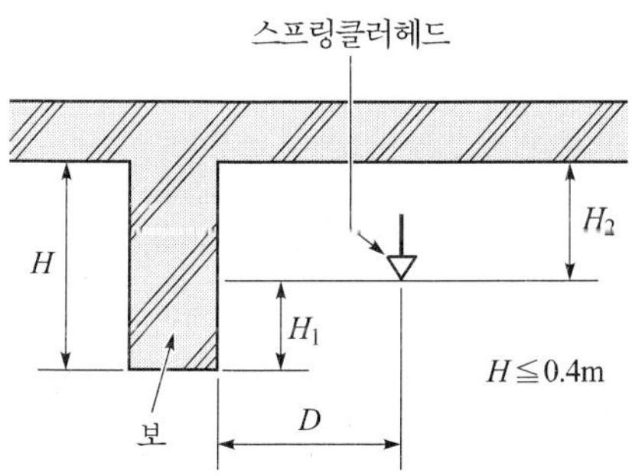

D (m)	H_1 (m)	H_2 (m)
0.75 미민	0	0.3 이하
0.75 이상 1.00 미만	0.1 미만	
1.00 이상 1.50 미만	0.15 미만	
1.50 이상	0.3 미만	

2) 보에 닥트가 있는 경우의 설치

① 부착면에서 40㎝ 이상의 보등에 의하여 방호구역마다 헤드를 설치할 것. 다만 상호 거리가 180㎝ 이하인 경우는 제외한다.

② 닥트등의 폭이 120㎝를 넘는 것은 닥트 하단면에 헤드를 설치하여야 한다.

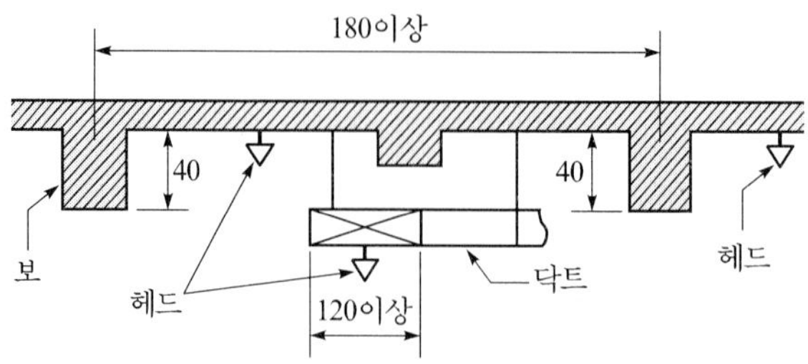

3) 헤드주위에 필요한 공간이 있는 경우

헤드의 디플렉타로부터 하향형은 45㎝ 이상, 수평방향은 30㎝ 이상의 공간을 확보하여야 한다.

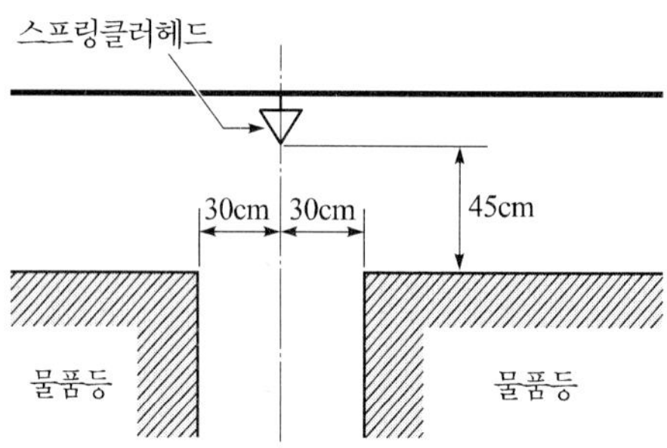

4) 경사가 있는 천장(경사기울기가 1/10 초과)등에 설치할 경우

헤드는 부착면과 직각이 되도록 설치하여야 한다.

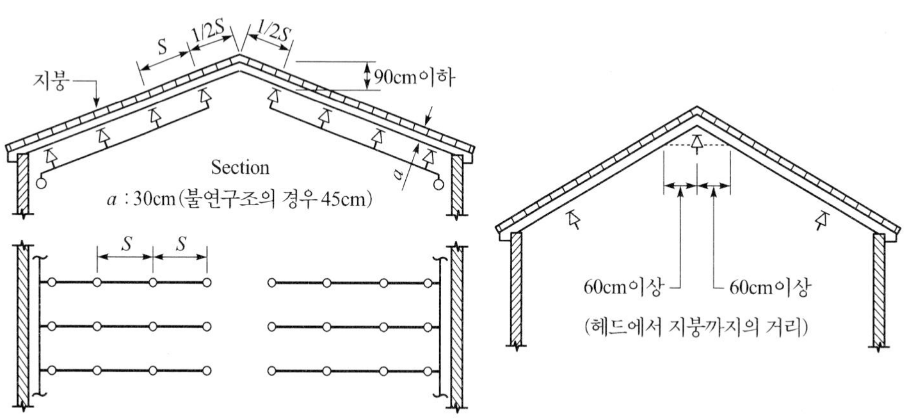

5) 무대부 등에 설치할 경우

개방형헤드를 설치하여야 한다.

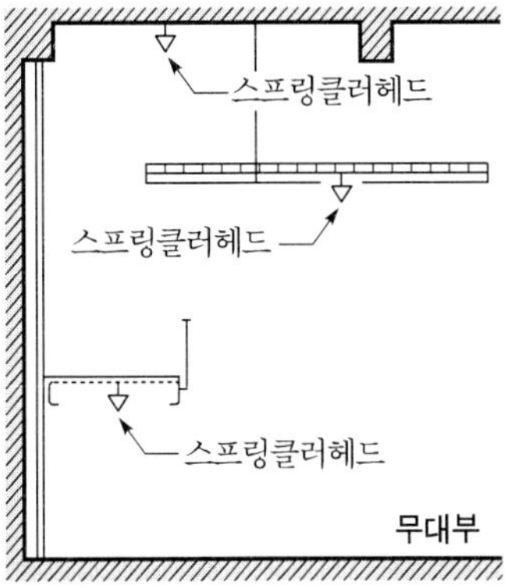

6) 랙크식 창고 등에 설치할 경우

저장물품의 종류에 따라 높이마다 설치한다. 랙크식 창고란 반자(반자가 없는 경우에는 지붕의 옥내에 면하는 부분) 까지의 높이가 10 m를 넘는 것으로 선반 또는 이와 유사한 것을 설치하고 승강기 등에 의하여 수납물을 운반하는 장치를 갖춘 창고를 말한다.

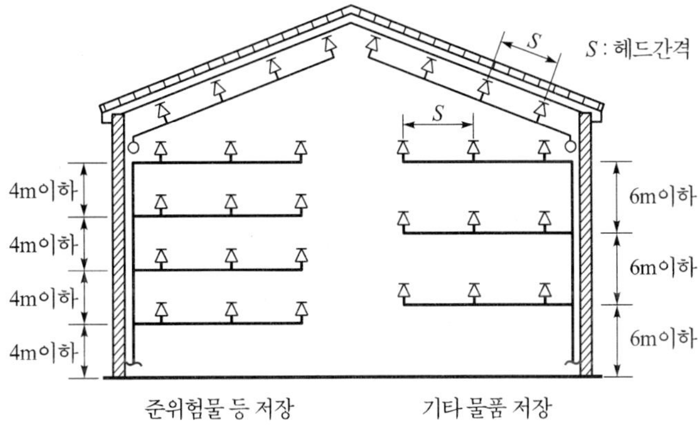

7) 지하가의 천장에 설치할 경우

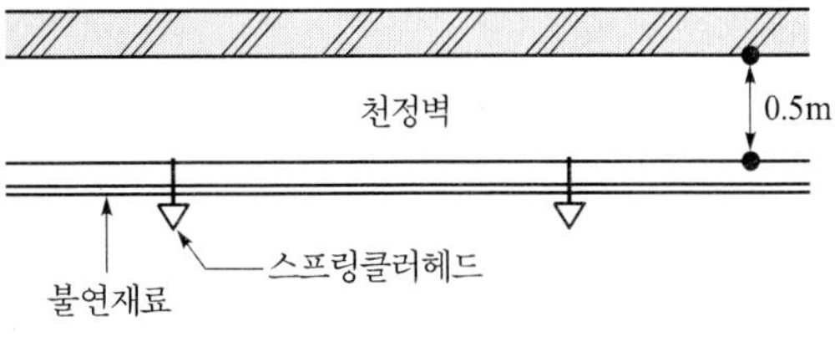

8) 연소할 우려가 있는 개구부에 설치하는 경우

연소할 우려가 있는 개구부라 함은 각 방화구획을 관통하는 컨베이어, 에스컬레이터 또는 이와 비슷한 시설의 주위로서 방화구획이 되어 있지 않은 부분을 말한다.

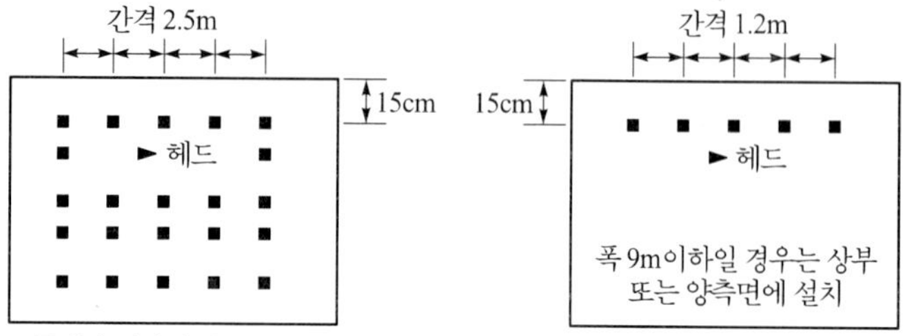

통행에 지장이 없는 개구부 통행에 지장이 있는 개구부

9) 측벽형헤드의 경우

① 폭이 4.5 m미만의 경우

긴변의 한쪽변에 일렬로 설치하여야 한다.

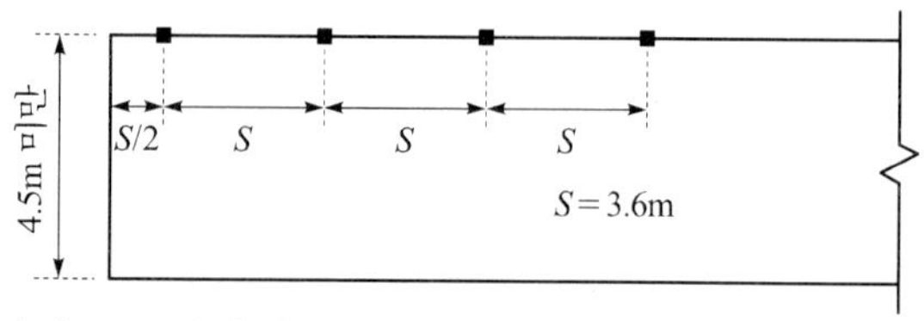

② 폭이 4.5m 이상 9m 미만의 경우

긴변의 양쪽에 각각 일렬로 설치하되 마주보는 스프링클러헤드가 나란한 꼴이 되도록 3.6m마다 설치하여야 한다.

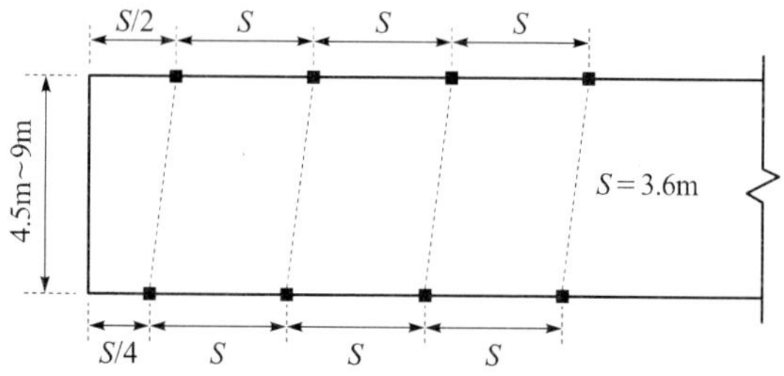

10) 개방형 스프링클러헤드의 배치

보통 선반의 하부에 설치하게 되지만 선반의 상부에 가연물 등이 있는 경우는 이 부분을 방호하기 위하여 폐쇄형스프링클러헤드를 설치할 필요가 발생한다.

무대부에 발생하는 살수장해는 무대 상부로서, 선반하부에 설치되는 좁은 통로 및 조명실 등이 대부분이지만 이것들의 하부에도 당연히 개방형스프링클러헤드를 설치하여 무대부의 방호를 하게 된다. 예를 들면 방수구역(100㎡ 이상)을 2이상 설정한 경우 각각 구역 경계부분에서 화재가 발생한 경우로 어느 쪽의 구역이 작동되더라도 방호할 수 있도록 할 필요가 있으므로 이 부분의 스프링클러헤드는 0.5m 이내로 접근하여 설치하는 방법을 취하고 있다.

종전에는 방수구역의 중복 방법으로 체크밸브를 설치하여 경계부분의 스프링클러헤드를 공용하는 것이 실시되었지만 이 방법의 경우 체크밸브의 점검이 곤란하다는 문제가 있다.

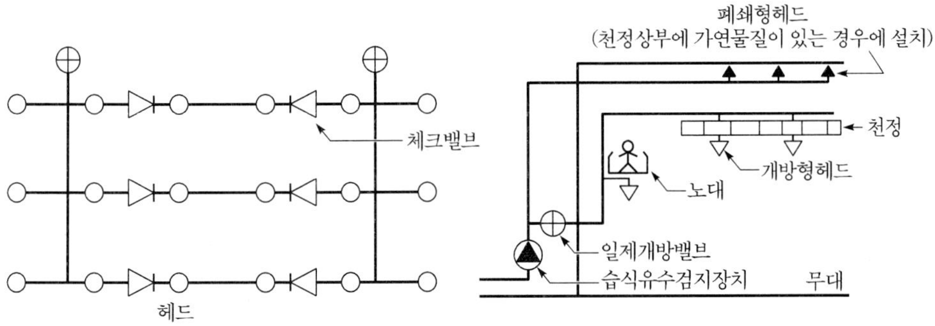

그림 3.8.56. 체크밸브를 사용한 개방형스프링클러헤드의 설치 예

11) 기타 확인사항

① 열기류 및 살수분포의 장해 확인(스프링클러헤드 주위에 악영향을 미치는지를 확인)

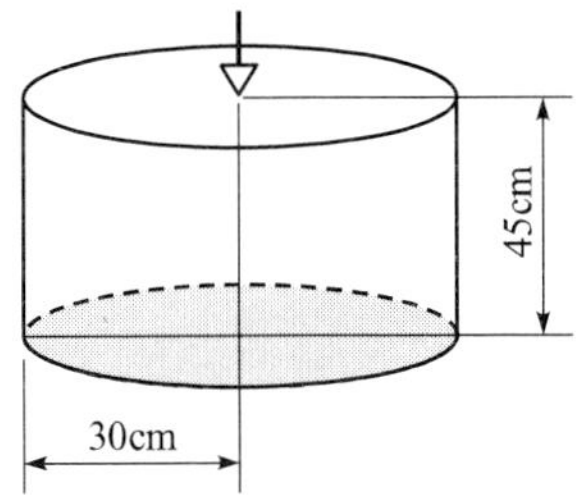

그림 3.8.57. 스프링클러헤드살수분포 장해 확인

유의사항

스프링클러헤드의 디프렉터로 부터 45 ㎝이내에서 우선 수평방향 30㎝ 이내에는 물건 등이 놓여 있지 않아야 한다.

② 미경계부분의 확인

칸막이, 수직벽, 덕트, 선반의 변경, 증설, 이설, 신설등에 의하여 미경계부분이 생기지 아니하였는지를 확인하여야 한다.

유의사항

반드시 설계도서와 대조하여 확인할 것

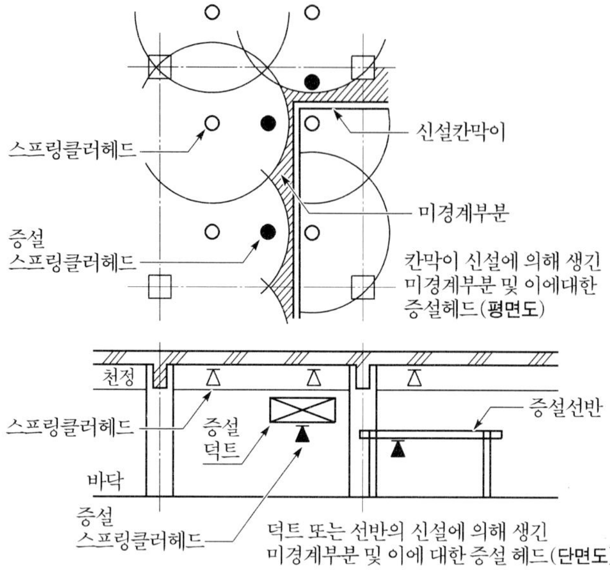

그림 3.8.58. 스프링클러헤드살수분포 장해 확인

3.8.13 스프링클러헤드의 방수압력

스프링클러헤드의 방수압력은 검정규격상 일정 범위가 설정되어 있다. 즉 이 범위 외의 압력에 관해서는 성능보증이 되지 않고, 따라서 시스템도 이 범위로 제한하기 위해 다양한 방법이 실시되고 있다.

(1) 방수압력의 범위

스프링클러헤드방수압력 : 1.0 ~ 12.0kg/㎠

(2) 방수압력의 제어

1) 일차압력 조정밸브에 의한 방법

펌프 토출구 바로 뒤에서 바이패스(bypass)관을 분기하여, 여기에 1차압력 조정밸브를 설치하고 정격성능의 잉여분을 소화수조 등에 배수하는 시스템이다.

2) 2차압력 조정밸브에 의한 방법

보통 수주관으로부터 분기하여 알람밸브에 도달하기까지의 배관에 조정밸브를 설치하여 적정압력을 유지하는 시스템으로 감압밸브의 고장을 고려하여 바이패스(bypass)관을 동시에 설치하는 것이 많다. 이 방법의 이점은 각 층마다 다른 소요압력으로의 조정이 가능하다.

3) 중계펌프에 의한 방법

건물의 높이를 적당한 범위로 분할하여 각각 범위 내에 소방펌프(가압송수장치)를 설치하며, 최하층의 펌프로부터 순차적으로 소요 토출량을 중계하여 양수하는 시스템이다.

4) 펌프의 구역제에 의한 방법

건물의 높이를 적당한 범위로 분할하여 각 구역마다 전용 펌프를 동일층에 설치하는 방법이다. 이 방법에 의하면, 각 스프링클러헤드의 최대방수압력 이내로 펌프를 설정할 수 있다는 장점이 있다. 다만, 고층 구역용 펌프는 본체 및 부속기기가 고압이 되므로 배관을 포함한 모든 사용자재도 고압용으로 선정하여야 한다.

또한, 펌프대수가 많아지므로 펌프설치의 간격에 여유가 없어짐으로서 각 푸트밸브의 이격거리가 충분히 취해지지 않으면 흡입성능에 악영향을 초래하므로 충분한 배려가 필요하다.

5) 수조의 구역제에 의한 방법

건물의 높이를 적당한 범위로 분할하여 각 구역에 전용의 소화수조를 설치하고 낙차압력에 의해 급수를 하는 방법이다.

3.8.14 스프링클러헤드의 수원 및 가압송수장치 등

(1) 수원의 저수량

1) 폐쇄형스프링클러설비

스프링클러설비 수원의 저수량산정은 소방대상물별의 스프링클러헤드의 설치개수(기준개수)에 1.6 ㎥을 곱한 양 이상으로 하여야 하며, 수원의 종류에 따른 유효수량의 산정방법은 옥내소화전설비를 적용한다. 다만, 수원을 다른 소화설비와 겸용할 경우에 저수량은 각 소화설비에 필요한 저수량을 합한 양 이상이 되도록 하여야 한다.

— 설치된 헤드개수가 기준개수 이상인 경우 : 기준개수 × 1.6㎥

— 설치된 헤드개수가 기준개수 미만인 경우 : 설치개수 × 1.6㎥

표 3.8.4. 스프링클러설비의 헤드 기준개수

소방대상물 등의 구분			헤드개수
10층 이하 소방대상물 (지하층제외)	공장 또는 창고	특수가연물을 저장, 취급	30
	기타	20	
	근린생활시설, 판매시설, 복합건축물	슈퍼마켓, 백화점, 소매시장 또는 복합건축물 (위의 판매시설이 설치된 복합건축물)	30
기 타			20

소방대상물 등의 구분	헤드개수
그 밖의 것	헤드의 부착높이가 8m 이상

※ 헤드의 기준개수는 헤드가 가장 많이 설치된 층(아파트의 경우는 설치 개수가 가장 많은 세대) 을 기준으로 한다.

2) 개방형폐쇄형스프링클러설비

최대방수구역에 설치된 헤드개수가 30개 이하일 경우 설치개수 × 1.6㎥ 이상의 양으로 하고, 30개를 초과하는 경우는 가압송수장치의 1분간 송수량 × 20분 이상으로 한다.

(2) 가압송수장치(소방펌프)

1) 토출량

① 폐쇄형 스프링클러헤드의 경우

법령에 의한 가압송수장치 토출량을 스프링클러헤드의 설치개수에 의하여 수원의 용량을 정하고 그 근거를 기준으로 토출량을 결정하여야 한다.

스프링클러헤드의 동시방수개수	토출량(ℓ /min)
10개 이하	800(900) 이상
11개 이상 20개 이하	1,600(1,700) 이상
21개 이상 30개 이하	2,400(2,500) 이상

※ ( )안은 일본의 경우로서 헤드 1개당 규정방수량은 80ℓ /min이나, 설계시는 배관등 마찰손실을 고려하여 펌프토출량은 개당 90ℓ /min로 계산한다.

주의를 요하는 것은 건식의 경우는 2차측에 압축공기를 사용하기 때문에, 습식의 경우는 화재원에 인접한 스프링클러헤드 1개가 작동하면 즉시 화재진화가 가능하지만 건식은 가압공기가 먼저 방출되므로 스프링클러헤드의 작동과 동시에 소화작업은 이루어지지 않으며 이로 인하여 스프링클러헤드에서의 살수가 될 때까지는 여러개의 스프링클러헤드가 작동하고 있을 가능성이 있다.

따라서 압축공기를 배기하면서 배관 내로 얼마나 빠르게 충수될 수 있는가와, 관내로 충수되는 중에 어느 정도의 스프링클러헤드가 개방되어 있는가를 예상하기 어렵기 때문에 일반적으로 건식은 습식의 경우보다 펌프 토출량을 크게 설정할 필요성이 있다.

② 개방형스프링클러헤드의 경우

법령에 의하여 가압송수장치 토출량은 유수중의 총압(정압+동압)을 고려하여 정하고 있으나 패쇄형의 경우는 동시 개방을 전제로 설정한 스프링클러헤드 수에 전수 개방은 거의 없고 대부분은 그 이하의 헤드가 개방되어 소화됨으로서 안전율은 꽤 높게 된다.

그러나 개방형의 경우는, 방수구역에 설치된 헤드 전체가 방수할 때를 기준으로 필요방수압력과 유량을 확실히 계산할 필요가 있다.
따라서 방수구역내 스프링클러헤드의 최종 분기점에서 유량이 2,400ℓ /min(헤드개수 30개)을 초과하는 경우는 가압송수장치의 토출량 계산과 연계하여 적정 유량을 설정하거나 또는 방수구역을 작은 4분할 이내로 구역수를 증가시키는 등 화재진압에 필요한 유량과 방수압력을 확보해야 하는 대책이 필수적이므로 이 점을 고려하여야 한다.
이와 같이해서 사용헤드의 개수가 30개 미만일 경우는 설치개수 × 80ℓ /min을 펌프토출량으로 하고, 설치개수가 30개를 초과할 경우의 펌프 토출량은 수리계산에 의하여 산출되어야 한다.

2) 양정

① 펌프방식의 양정설정

전양정(m) $= h_1 + h_2 + h_3 + h_4$

h_1: 스프링클러헤드방수 손실수두(수두환산 10 m)

h_2: 낙차 손실수두(m)

h_3: 배관마찰 손실수두(m)

h_4: 유수검지장치 손실수두(m)

※ 일본의 경우 유수검지장치의 수두손실은 일률적으로 5m를 적용한다.

② 고가수조 방식의 양정설정

필요한 낙차(m) $= h_1 + h_2$

h_1: 스프링클러헤드방수 손실수두(수두환산 10m)

h_2: 배관 및 관부속품류 등의 마찰손실수두(m)

③ 압력수조 방식의 양정설정

필요압력(kg/㎠) $= P_1 + P_2 + P_3$

P_1: 스프링클러헤드방수 손실수두압(kg/㎠)

P_2: 배관 및 관부속품류 등의 마찰손실 수두압(kg/㎠)

P_3: 낙차의 환산수두압(kg/㎠)

(3) 기동방식 등

1) 압력챔버의 기동압 설정

압력챔버를 사용하는 경우, 2차 수원인 고가수조를 주배관과 접속되면 압력스위치에는 높이에 따른 낙차압력이 상시 인가된 상태가 된다. 이 경우, 압력스위치 기동압력의 설정이 낙차압력보다 작을 경우에는 스프링클러헤드가 개방되어 배관 내의 압력이 저하하여도 기동압력에 도달하지 않으므로 펌프는 작동하지 않는다.

따라서, 설정압력은 다음 그림에 같이 보조용 고가수조에서 압력스위치까지의 낙차압력과 최상층의 스프링클러헤드 위치에서 압력스위치까지의 낙차압력을 비교하여 큰 값으로 설정하여야 한다.

예 기준에 의하여 기동압력은 자연압보다 2kg/㎠ 이상에서 설정

$P_1 = H_1 + 2$

$P_2 = H_2 + 2 + 1$ (헤드방사압 확보)

(P_1또는 P_2에서 큰 값을 설정한다)

$H_1 = 50\ m = 5$ kg/㎠, $H_2 = 43\ m$ $= 4.3$ kg/㎠ 일 경우

$P_1 = 5+2 = 7$ kg/㎠, $P_2 = 4.3+2+1 = 7.3$ kg/㎠

따라서, 설정압력은 7.3 kg/㎠가 된다.

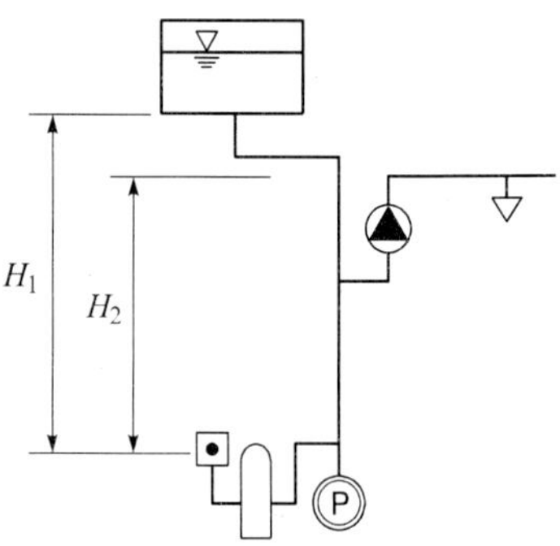

2) **압력챔버의 사용압력과 용량**

가압송수장치(소방펌프)의 최대토출 압력성능기준으로 사용되는 제품의 재질이나 두께가 달라짐으로 주의를 요한다. 사용압력 10kg/㎠ 미만의 경우와 사용압력 20kg/㎠ 미만의 재품이 주로 생산되고 있으며 사용재료의 두께가 각각 다르다.

또한 펌프의 토출량에 따라 압력챔버로 유입되는 유량이 적정해야 하는데 이는 압력스위치의 급단속을 막아 안전한 운전을 실시하기 위한 것이다. 현재 생산되고 있는 제품은 100ℓ 용량의 챔버인 경우엔 펌프모터의 마력을 100 HP이하, 200ℓ 용량의 챔버인 경우엔 펌프모터의 마력을 100HP 이상으로 표시하고 있다.

3.8.15 폐쇄형 스프링클러설비의 방호구역

(1) 폐쇄형 스프링클러설비의 경우

1) 하나의 방호구역내 바닥면적은 3,000㎡를 초과하지 않아야 한다.

2) 하나의 방호구역에는 1개 이상의 유수검지장치 또는 일제개방밸브를 설치하여야 한다.

3) 하나의 방호구역은 2개층을 미치지 아니하도록 하되, 1개층에 설치되는 스프링클러헤드의 수가 10개 이하인 경우에는 3개층이내로 할 수 있다. 다만, 계단형 아파트로서 하나의 계단으로부터 출입하는 세대수가 층당 2세대이하인 경우에는 그 계단 및 그로부터 출입하는 모든 층의 세대를 하나의 방호구역으로 하고, 복도형 아파트 등 그 외의 아파트는 2개층을 하나의 방호구역으로 한다.

4) 유수검지장치 등은 바닥으로부터 0.8 m이상 1.5 m이하의 위치에 설치하여야 한다. 유수검지장치 등을 실내에 설치할 때에는 그 실에는 가로 0.5m 이상, 세로 1m 이상의 출입문을 설치하고 그 출입문 상단에"유수검지장치실(또는 일제개방밸브실)"이라고 표시한 표지를 하여야 한다.

(2) 개방형 스프링클러설비의 경우

1) 하나의 방수구역은 2개 층에 미치지 아니하여야 한다.
2) 방수구역마다 일제개방밸브를 설치하여야 한다.
3) 하나의 방수구역을 담당하는 헤드의 개수는 50개 이하로 할 것. 다만, 2개 이상의 방수구역으로 나눌 경우에는 하나의 방수구역을 담당하는 헤드의 개수는 25개 이상으로 하여야 한다.

3.8.16 배관

(1) 종류

스프링클러설비의 배관은 입상배관, 교차배관, 가지배관, 수평주행배관 등으로 구성되어 있다.

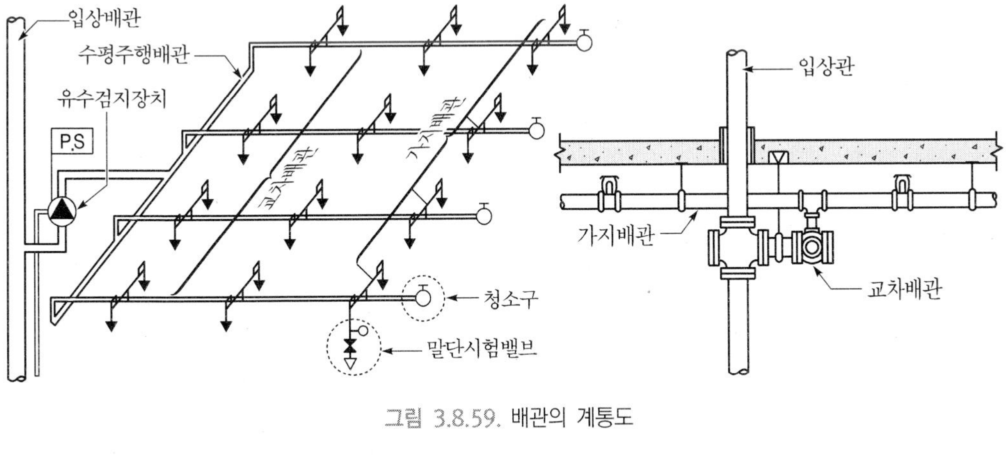

그림 3.8.59. 배관의 계통도

1) 가지배관

가지배관은 토너먼트배관방식이 아니어야 하며, 교차배관에서 분기되는 지점에서 스프링클러헤드가 부착되는 배관을 말한다.

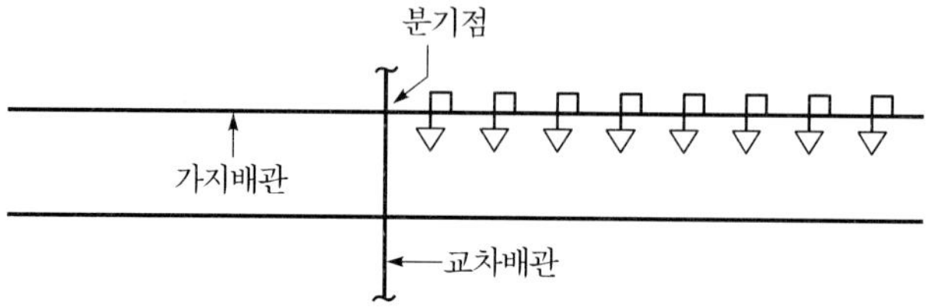

그림 3.8.60. 가지배관의 구성

2) 교차배관

교차배관은 수평주행배관에서 분기되어 가지배관 사이를 연결하는 배관으로서 가지배관 밑에 수평으로 설치되어 유수를 가지배관으로 분리하여 주는 배관을 말한다.

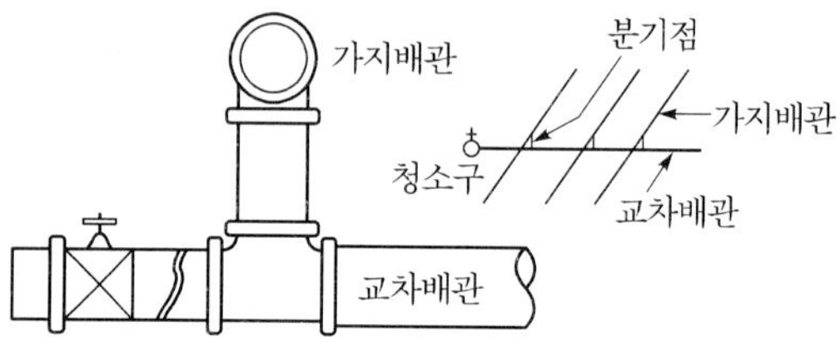

그림 3.8.61. 교차배관의 구성

3) 수평주행배관

수평주행배관은 입상배관에서 분기되어 교차배관 사이를 연결하는 배관으로서 교차배관에 유수를 분리하여 주는 배관을 말한다.

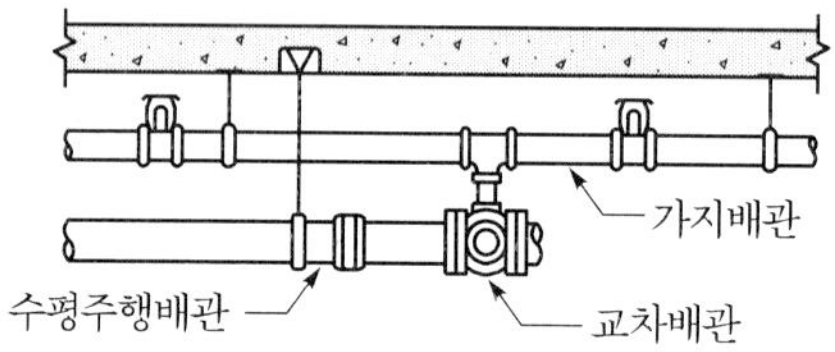

그림 3.8.62. 수평주행배관의 구성

4) 하향식헤드설치배관

가지배관에 헤드를 설치하는 경우에는 회향식배관으로 설치하여야 하며 이는 배관 내에 있는 이물질 등이 헤드의 방수구에 침전 또는 고화되는 것을 방지하기 위한 것이다.

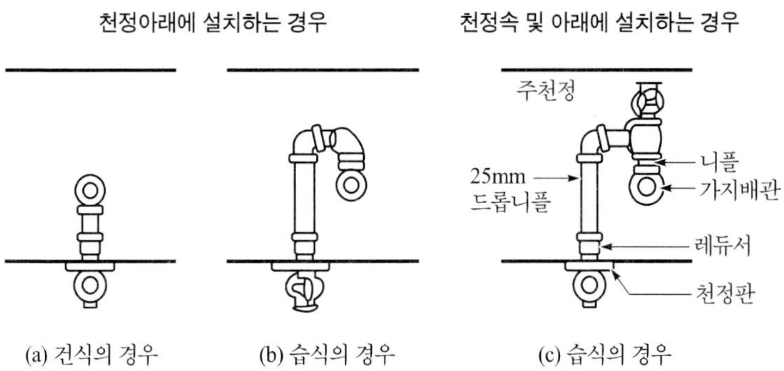

그림 3.8.63. 하향식헤드의 설치배관

(2) 배관의 설계

배관의 관경을 산출하는 방식은 Pipe scheduling method방식과 수리계산방식(Hydrauric calculation method)이 있다. Pipe scheduling method방식은 국내에서 적용하고 있는 배관의 설계방식으로서 스프링클러설비의 관경을 법령화한 배관방식이며, 수리계산방식은 배관의 마찰손실, 유량, 유속 등을 고려한 수리계산에 의하여 관경을 산출하고 있다. 미국 등의 경우는 일정배관을 규정하고 있으며, 필요에 따라 수리계산으로 산출하여 사용하도록 하고 있다.

1) 스프링클러헤드 수별 급수관의 구경(법적 규정)

급수배관(수원 및 옥외 송수구로부터 헤드에 급수하는 배관)의 구경은 다음에 의한다.

관경(mm)		25	32	40	50	65	80	90	100	125	150
헤드수	가	2	3	5	10	30	60	80	100	160	275이상
	나	2	4	7	15	30	60	65	100	160	275이상
	다	1	2	5	8	15	27	40	55	90	150이상

※ 1. 폐쇄형헤드의 경우 "가"란의 헤드수에 의한다(다만 100개 이상의 경우는 100mm로 할 수 있다.
2. 폐쇄 상향형이나 하향형으로 할 경우에는 (반자 내외) "나"란에 의한다.
3. 무대부 등의 경우는 "다"란에 의한다.
4. 개방형으로 방수 구역당 헤드수가 30개 이하일 경우에는 "다"란에 의하며 초과시는 수리계산 방법에 의한다. 다만, 개방형스프링클러로서 방수구당 헤드수가 30개를 초과한 경우는 수리계산 방법에 의한다.

2) 수리계산방법

방사압, 토출량, 유속과 배관의 관경을 공학적으로 분석하여 결정하는 방법이다.

① 수리적 계산의 기본 단계

가. 용도분류를 확인한다.

나. 스프링클러헤드 작동면적의 크기를 확인한다.

다. 필요로 하는 살수밀도를 선정한다.

라. 설계면적의 크기와 형태를 결정한다.

마. 설계면적에 포함되는 헤드수량을 확정한다.

바. 첫 번째 헤드로부터 요구되는 최소유량을 계산한다.

사. 첫 번째 헤드로부터 요구되는 최소압력을 계산한다.

아. 첫 번째와 두 번째 헤드 사이의 마찰손실을 계산한다.

자. 두 번째 헤드로부터의 유량을 계산한다.

차. 첫 번째 가지배관상의 연속되는 헤드를 계산한다.

카. 압력 불균형시 유량 보정을 계산한다.

② 루프(Loop)형 및 격자(Grid)형 설계

스프링클러설비에서 가지식 배관이 아닌 Loop 또는 Grid(격자형)배관일 경우는 전적으로 수리계산에 의하여 압력손실 및 관경을 결정하여야 한다. 이러한 시스템은 Hardy Cross Method에 의하여 수계산이 가능하나 원칙적으로 컴퓨터프로그램을 이용하여 계산하여야 한다.

가. 루프형 설비

작동중인 스프링클러 헤드에 둘 이상의 배관에서 물이 공급되도록 여러개의 교차배관들이 서로 접속되어 있는 스프링클러설비(가지배관은 서로 접속되지 않는다)이다.

나. 격자형 설비

평행한 교차배관들 사이에 많은 가지배관들을 연결한 스프링클러설비이며 작동중인 스프링클러헤드가 그 가지배관의 양쪽에서 물을 공급받는 동안 다른 가지배관들은 교차배관간의 물 이송을 보조하는 형태이다.

3.8.17 부속장치

(1) 말단시험밸브

이 장치는 유수검지장치의 경계구역의 가장 멀리 있는 말단에 설치하여 시스템 전체의 작동확인을 실시하는 것으로 볼밸브, 압력계, 시험용방수구로 구성되어 있다. 보통 공사를 완료한 상태에서 직접 스프링클러헤드를 개방시켜 유수검지장치, 기동용수압개폐장치(압력챔버), 소방펌프(가압송수장치) 등의 작동 확인이 불가능하므로 배관의 말단에 스프링클러헤드와 같은 성능을 지닌 방수구을 설치하고 이것을 개방함으로서 1개의 스프링클러헤드와 동일한 작동 상태로 만드는 것이다. 압력계로는 평상시의 정압측정 및 방수중의 방수압력을 점검 한다.

(2) 청소구

교차배관의 끝에 설치하며 40㎜ 이상 크기의 개폐밸브 및 호스연결이 가능한 고정배관으로 설치한다. 나사식의 개폐밸브는 옥내소화전 호스연결용으로 하고 나사보호용의 캡으로 마감하여야 한다.

(3) 음향장치

1) 음향장치의 작동

① 유수검지장치의 경우

헤드가 개방되면 유수검지장치가 화재신호를 발신하고 음향경보장치가 경보되어야 한다.

② 일제개방밸브의 경우

화재감지기에 의해 음향경보장치가 경보되어야 하며 이 경우 화재감지기가 교차회로로 구성되어 있을 시 하나의 감지기회로가 화재를 감지하는 때에도 음향경보장치가 작동해야 한다. 아울러 화재감지기 회로에는 발신기를 설치하여야 한다.

3.8.18 송수구

소방펌프자동차가 접근하여 송수하기 위해 주위의 상황을 포함하여 지장이 없도록 설치되어야 한다.

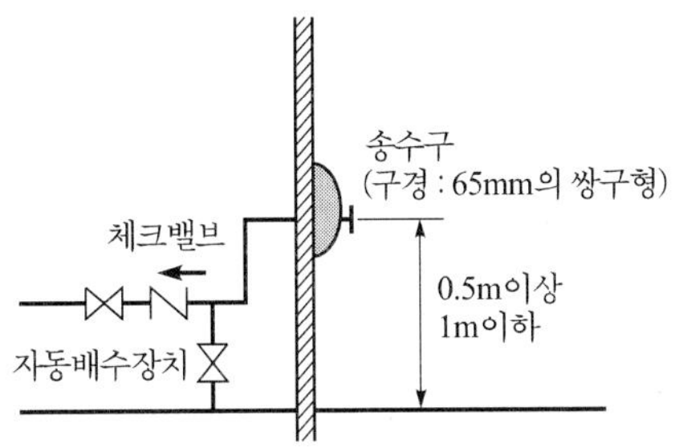

※ 바닥면적 3,000m²를 넘을 때마다 1개 이상의 송수구를 설치 (5개 초과시 5개로 함)

그림 3.8.64. 송수구의 설치위치

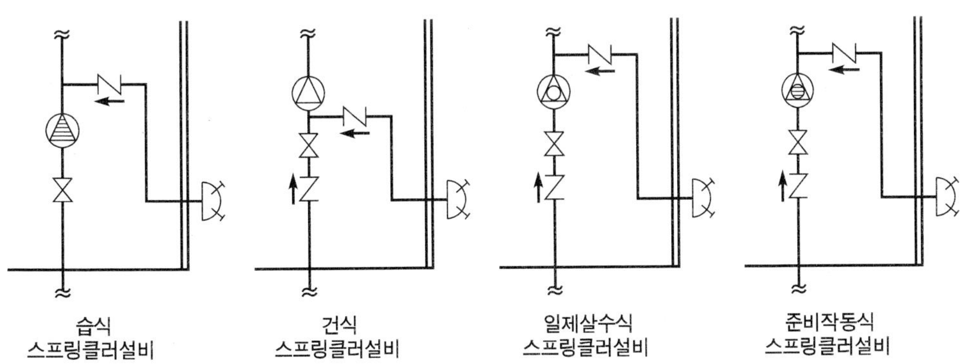

그림 3.8.65. 송수관 접속배관의 구성

3.8.19 종합기능점검

(1) 폐쇄형스프링클러설비

말단시험밸브의 개방조작을 통하여, 가압송수장치 기동, 유수검지장치개방, 경보장치 작동 등의 기능점검과 압력계의 지시치에 의하여 방수압력의 적정을 확인한다.

(2) 개방형스프링클러설비

임의의 1구역에서 일제개방밸브의 2차측 게이트밸브를 닫고 수동개방밸브의 조작 또는 감지용 폐쇄형스프링클러헤드나 화재감지기의 작동에 의해 가압송수장치를 기동한 후 일제개방밸브의 작동 등을 확인하여야 한다.

유의사항

개방형의 경우 밸브를 잘못 개방하면 무대부에 대량의 물이 살수되고 펌프도 오작동할 우려가 있음으로 안전상, 기능시험 실시 직전까지는 전기회로를 차단해 두어야 한다.

(3) 설비의 작동 · 확인 순서

1) 각 밸브의 개폐 유지상태가 정확한지 확인하여야 한다.
2) 각 압력계 및 연성계의 지시치를 확인하여야 한다.
3) 제어반의 전압계에 의해 전원 전압을 확인하여야 한다.
4) 제어반의 펌프기동용 스위치가 자동으로 설정되어 있는 지를 확인하여야 한다.
5) 당해 점검 구역의 말단시험밸브는 개방되어야 한다.

※ 말단시험밸브의 압력계 지시치를 확인하여야 한다.

6) 펌프가 기동하고 연속적으로 송수하는지의 여부를 확인하여야 한다.
7) 자동경보장치가 작동하면 수신부에서 당해시험구역의 화재표시를 정확히 하는 지를 확인하고 음향경보장치의 작동 유무를 확인하여야 한다.
8) 각 압력계, 연성계, 전압계, 전류계, 펌프의 회전수 등의 지시치(표시치)를 확인하여야 한다.
9) 말단시험밸브를 폐쇄하여야 한다.
10) 수신부의 복구조작을 하고 화재표시의 소등 및 음향경보장치의 정지여부를 확인하여야 한다.
11) 펌프의 정지상태를 확인하여야 한다.
12) 평상시 유지 상태로의 복구실시 및 확인하여야 한다.

실 전 문 제

문제 1 소방대상물의 폭 9m, 길이 15m의 단층 내화구조의 사무실에 습식 폐쇄형 스프링클러헨를 정방형으로 설치한다. 폭과 길이 방향으로 몇 개씩, 총 몇 개를 설치하여야 하는지를 기술하시오.

문제 2 Sprinkier 설비의 감시제어반 설치에 대하여 기술하시오.

문제 3 건식스프링클러설비의 Quick Opening Device에 대하여 기술하시오.

문제 4 주택형 스프링클러를 설명하라.

문제 5 속동형 스프링클러를 설명하라

문제 6 스프링클러에서 파이프 스케줄 방식과 규압배관방식에 대해 설명하라.

문제 7 건식밸브의 리셋 방법에 대해 설명하라.

문제 8 20층 아파트에 습식 스프링클러 설치시 다음을 계산하라 (단, 층당 10세대, 방호면적 9,000㎡, 방수압 1kg/㎠, 정수두 70m, 손실수두 20m, 전달계수 1.15, 효율 50%, 배관내 유속 1.5m/sec, 각 세대는 방 3개, 주방 1개로 구성)
① 펌프 토출량
② 물탱크에 저장해야 할 수원의 량
③ 전동기 동력
④ 감지기종별 감지기수(연, 열감지기)
⑤ 알람밸브 숫자

문제 9 스프링클러 헤드의 K factor

문제 10 리타딩 챔버의 구조와 기능

문제 11 스프링클러에서 방출량과 수압관계 및 마찰손실과의 관계에 대하여 설명하시오.

문제 12 스프링클러 시스템 중 준비작동식과 습식의 장단점을 설명하라.

문제 13 스프링클러 설비의 배관 계획과 관련하여 국제적인 규약 배관방식과 수리배관 방식의 두 가지가 통용되고 있다. 이 두 방식을 비교 설명하라.

문제 14 스프링클러설비의 K Factor에 대하여 설명하시오.

문제 15 감압식 델류지 밸브와 가압식 델류지 밸브의 차이점과 가압식 델류지 밸브의 사용처를 상술하시오.

문제 16 알람밸브, 준비작동식밸브, 건실밸브 등의 1차측(하축부)에 설치하는 개폐밸브의 설치 이유와 설치시 유의할 사항은?

문제 17 Esrp 스프링클러 헤드

문제 18 미국 등의 선진국에서의 스프링클러설비의 배관 등 구성방식에서 Pope Schedule System(규약방식)과 Hydraulically Designed System(수리적방법)의 두가지 활용 방식을 활용하고 있으나 국내 소방기술 기준의 배관등 구성방식은 그 본질적 개념의 규약 방식에 의한다. 이들 두가지 방식에 대하여 비교 설명하시오.

문제 19 스프링클러설비에 있어서 방수량과 압력 P의 상관관계를 설명하는 유량산출 공식을 유도하시오. 내경 12.77mm ($g=9.8m/sec^2$)일 때, 유량산출 공식을 유도하시오.

문제 20 스프링클러 설비의 Skipping 현상이란 무엇이며 대처 방안을 논하시오.

문제 21 스프링클러 설비에 사용되는 충압 펌프
① 사용목적 ② 사용이유 ③ 사용되지 않아도 되는 급수방식 2가지는?

문제 22 패들형 유수검지기에 대하여 설명하시오.

문제 23 급속개방장치는 스프링클러 설비의 어느 시스템에 필요하며 이 장치의 종류를 들고 설명하시오

문제 24 스프링클러 설비와 관련한 다음의 물음에 간단히 답하시오.
① 알람체크밸브의 리타딩챔버에 자동배수장치를 장착하는 이유는?
② 두 개의 밸브시트가 동심원 형태로 만들어지면서 그 사이에는 중간실이 형성된 구조의 건식밸브가 많이 사용되고 있다. 중간실을 만들어 두는 이유는?
③ 준비 작동식 밸브에서 일차측(준비작동식 밸브 하부측)의 수압에 의하여 밸브의 클래퍼가 닫혀 있도록 하기 위해 1차측과 2차측(밸브상부측)을 결하는 바이패스관에 오리피스를 설치하는 경우가 많은데 그 이유는?
④ 알람첵크밸브 상, 하부의 수압을 보면 상부쪽의 수압이 하부쪽보다 약간 높은 경우가 많다. 그 이유는?
⑤ 위의 물음 (3)의 경우에서 상, 하부측의 수압이 항상 같게 되게 하고 싶다. 그 방법은?
⑥ 하나의 가지배관에 설치하는 헤드의 개수에 제한(최대8개)을 두는 이유는?

문제 25 어느 건물의 스프링클러 설비에 대하여 금수의 신뢰성을 높이기 위해 옥상수조뿐 아니라 전용의 압력 수조도 설치하려고 한다. 이 경우 Air Lock 현상을 방지하기 위한 방법을 구체적으로 제시하시오.

문제 26 스프링클러설비에서 격자형배관방식과 루프형배관방식을 도시하고 비교 설명하시오.

문제 27 국내기술기준상의 스프링클러설비의 가압송수장치의 기동방법에 대하여 기술하시오.

문제 28 스프링클러설비의 누설시험방법에 대하여 기술하시오.

문제 29 Large Drop 스프링클러헤드에 대하여 기술하시오.

문제 30 스프링클러헤드의 화재감지특성과 방사특성에 대하여 설명하시오.

문제 31 건식밸브내의 프라이밍 워터(Priming Water)가 필요한 이유에 대하여 기술하시오.

문제 32 Double Interlock Preaction System의 개요와 작동원리를 설명하시오.

문제 33 화재조기진압용 스프링클러헤드의 정의, 적용범위 및 설치규정에 대하여 설명하시오. 또한, 살수분호 장애물 상, 하에 헤드를 설치하는 경우 반사판의 위치를 도해 하시오.

문제 34 스프링클러의 RDD, ADD, RTI에 대하여 설명하시오.

3.9 물분무소화설비

물분무소화설비의 장치 및 구성은 개방형스프링클러설비와 같으나, 사용되는 헤드가 개방형 스프링클러 대신 물분무헤드인 점에 차이점이 있다. 이 설비는 화재시 물분무헤드에서 미립자의 물을 무상으로 방사하여 소화하는 설비로서 냉각작용, 질식작용, 희석작용을 한다. 주로 가연성액체, 전기설비 등의 화재에 유효하며 소화 및 연소방지의 목적으로 사용되는 설비도 있다.

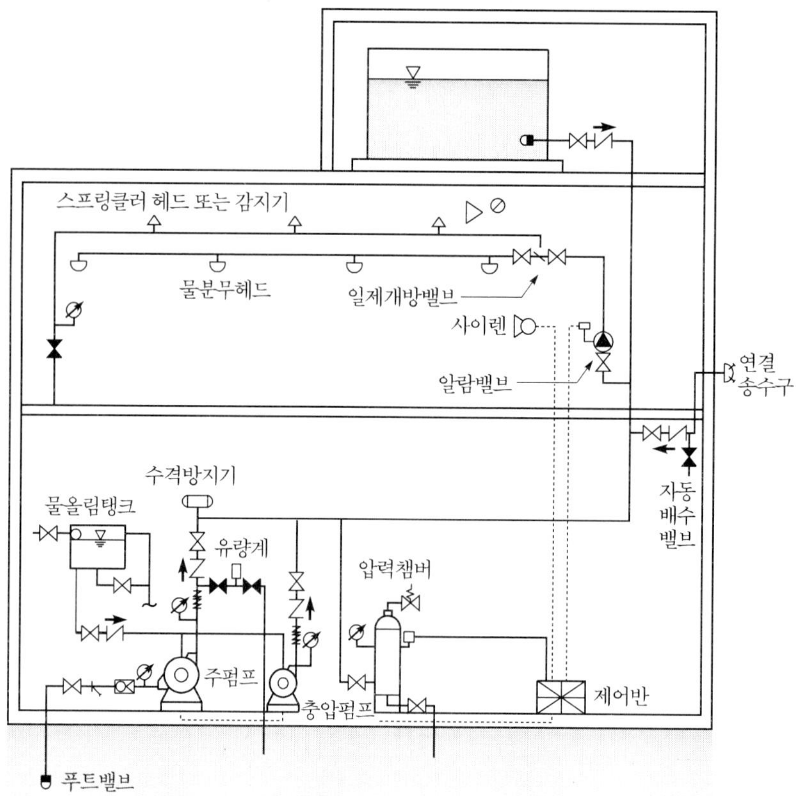

그림 3.9.1. 물분무소화설비의 계통도

계통도 설명

1. 화재가 발생하면 감지기가(또는 수동기동장치) 화재를 감지하여 수신기에 화재신호를 보낸다.
2. 수신기의 통보에 의하여 일제개방밸브를 개방한다.
3. 물분무헤드로부터 방수가 시작된다.(배관내의 유수를 유수검지장치가 검지하여 펌프의 제어반을 작동시켜 펌프가 작동하고 기압수를 송수하기 시작한다.)

3.9.1 소화원리 및 설비의 종류

(1) 소화원리

1) 냉각작용

미세한 물방울 입자가 화열에 의해 증발하면서 주위의 열을 흡수하여 냉각작용을 한다. 그러나 인화점이 60℃ 미만인 가연성가스 또는 인화성액체에서는 적응성이 낮다.

2) 질식작용

물방울이 기화되면서 증기가 연소면을 차단하여 가연물에 산소공급을 차단하는 것으로서 물분무헤드가 화재발생구역 전역에 설치되어 있고 화재강도가 충분히 수증기를 발생시킬 수 있는 상태가 되어야 질식효과가 나타난다.

3) 유화작용

비수용성 액체화재의 경우 물분무 입자가 유포면에 방사되면 유면에 부딪치면서 산란하여 불연성의 유화(乳化, Emulsification)층을 형성하게 되며 이러한 유화층이 유면을 덮는 것을 유화작용이라 하며 물분무소화의 한가지 역할로 작용한다.

4) 희석효과

수용성 액체를 희석하여 비인화성의 농도로 희석하는 효과이다.

(2) 설비의 종류

1) 이동식

소화전의 동력소방펌프 기타 소화용배관의 호스에 물분무노즐을 결합하여 사용하거나 스프링클러배관에 물분무헤드를 접속하여 사용할 수 있는 방식이다.

2) 고정식

수원, 가압송수장치, 제어밸브, 배관, 물분무헤드 등의 설비가 고정으로 설치되는 것으로 스프링클러설비의 준비작동식, 일제살수방식의 작동원리와 유사하며 수동식 및 자동식으로 대별된다. 수동식은 화재시 일제개방밸브의 수동기동에 의하여 가압송수장치를 기동 하고 가압수를 물분무헤드에서 분무하는 방식이며, 자동식은 자동화재탐지설비 또는 폐쇄형스프링클러헤드로 화재를 감지하여 유수검지장치 또는 일제개방밸브를 작동하고 가압송수장치를 기동함으로서 가압수를 물문무헤드에서 분사하는 방식이다.

3.9.2 설치기준

(1) 수원

수원의 종류는 옥내소화전 설비를 준용하며 확보해야하는 수원의 수량은 표 3.9.1과 같다.

표 3.9.1. 물분무설비의 필요 저수량

소방대상물	필요저수량
차고, 주차장	바닥면적(최대 50 ㎡) × 20ℓ × 20분
특수가연물 저장, 취급 소방대상물 또는 그 부분	바닥면적(최대 50 ㎡) × 10ℓ × 20분
절연유 봉입 변압기	표면적(㎡, 바닥부분 제외) × 10ℓ × 20분
케이블 트레이, 닥트	투영된바닥면적(㎡) × 12ℓ × 20분
위험물저장탱크	원주둘레길이(m) × 37ℓ × 20분
컨베이어 밸트	밸트부분의 바닥면적(㎡) × 10ℓ × 20분

(2) 가압송수장치

물분무소화설비의 가압송수장치는 다음의 경우를 제외하고는 옥내소화전설비를 준용한다.

1) 펌프방식

① 펌프의 양정(H)

$$H(m) = h_1 + h_2$$

여기서 h_1 : 물분무헤드의 설계압력 환산수두(m)

h_2 : 배관의 마찰손실 수두(m)

② 펌프의 토출량

표 3.9.2. 물분무설비의 필요 저수량

소방대상물	필요저수량
차고, 주차장	바닥면적(최대 50 ㎡)×20ℓ
특수가연물 저장, 취급 소방대상물 또는 그 부분	바닥면적(최대 50 ㎡)×10ℓ
절연유 봉입 변압기	표면적(㎡, 바닥부분 제외)×10ℓ
케이블 트레이, 닥트	투영된바닥면적(㎡)×12ℓ
위험물저장탱크	원주둘레길이(m)×37ℓ
컨베이어 밸트	밸트부분의 바닥면적(㎡)×10ℓ

2) 고가수조방식

고가수조의 자연낙차압력(수조의 하단에서 최고위 물분무헤드까지 수직거리)은 ① (1)의 펌프양정과 동일

3) 압력수조방식

압력수조의 소요압력 P(kg/㎠) = $P_1 + P_2 + P_3$

여기서 P_1 : 물분무헤드의 설계압력(kg/㎠)

P_2 : 배관의 마찰손실의 수두압력(kg/㎠)

P_3 : 낙차의 환산 수두압(kg/㎠)

3.9.3 물분무설비의 주요 구성 및 장치

(1) 기동장치

1) 수동식

소화설비의 가압송수장치 또는 각종 소화설비를 기동하는 시동장치로서 수동기동장치는 버튼에 의하여 전기적으로 접점을 이어주는 방식 및 기동밸브를 개방하여 설비를 가동시키는 방법으로 구분할 수 있다. 주로 화재시 접근이 용이한 장소에 설치하여야 하며 기동장치 부근의 보기 쉬운 곳에 "기동장치" 라는 표지를 설치하여야 한다.

2) 자동식

자동화재탐지설비의 감지기작동 또는 폐쇄형스프링클러헤드(감지용헤드)의 개방으로 연동하여 경보를 발하고 가압송수장치 및 자동개방밸브를 작동시키는 장치를 말한다. 자동화재탐지설비의 수신기 등이 설치된 장소이고 상시 사람이 근무하여 화재시 즉시기동장치를 작동시킬 수 있는 장소는 자동식으로 설치하지 아니할 수 있다.

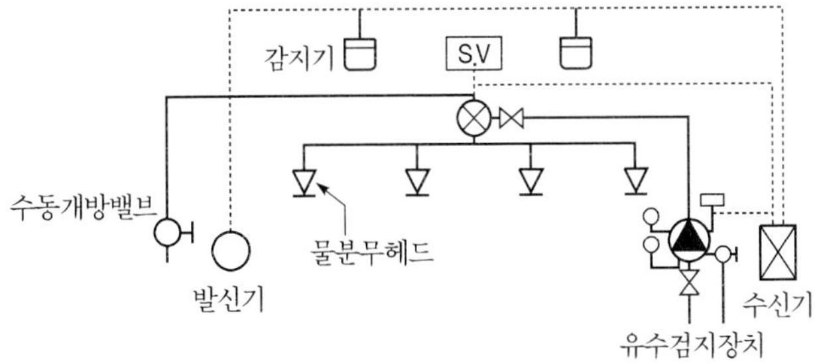

그림 3.9.2. 감지기에 의한 개방

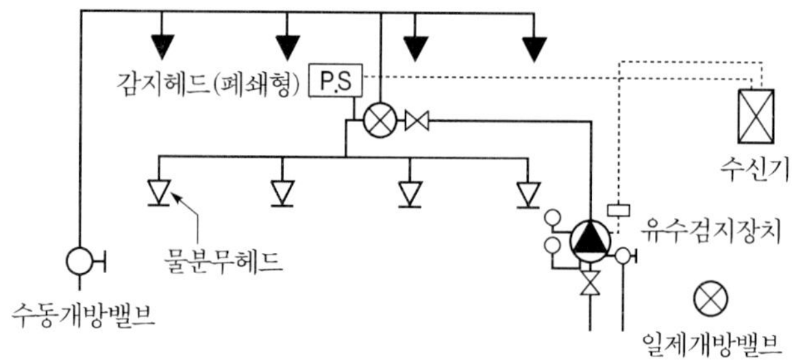

그림 3.9.3. 감지용헤드에 의한 개방

(2) 제어밸브

소화설비의 관로 도중에 설치하여 유체의 양을 줄이거나 또는 차단하기 위하여 설치되는 밸브로서 본체, 시이트, 개폐를 위한 디스크, 핸들 등으로 구성되어 있다. 제어밸브는 바닥으로부터 0.8~1.5m 위치에 설치하여야 하며, 자동식 개방밸브 및 수동식 개방밸브의 2차측 배관부분에는 당해 방수구역외에 밸브의 작동을 시험할 수 있는 장치를 설치하여야 한다.

1) 자동방식

자동개방밸브는 일제개방밸브, 준비작동식밸브를 말하는 것으로서 밸브에 솔레노이드를 설치하고 감지기의 작동에 의하여 솔레노이드를 개방시키는 전기적인 방법과 감지용스프링클러헤드를 작동시켜 일제개방밸브를 개방시키는 기계적인 방법을 의미한다.

2) 수동방식

일제개방밸브와 유수검지장치에 설치되어 있는 솔레노이드밸브 이전의 배관에서 별도의 배관을 분기하고 수동개폐밸브를 설치하여 개방시키는 방법이다. 쉽게 접근할 수 있는 위치에 설치하여야 한다.

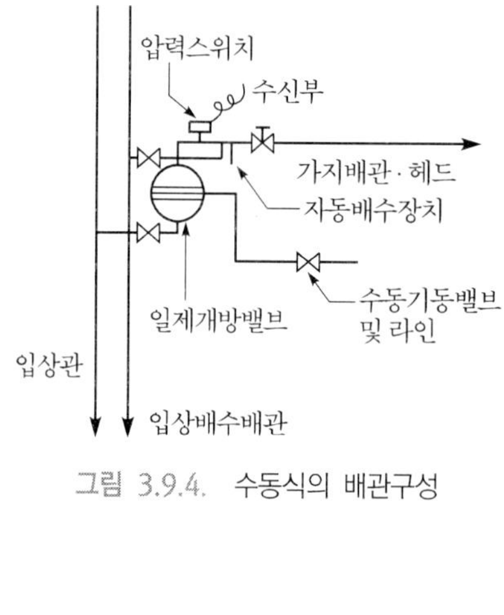

그림 3.9.4. 수동식의 배관구성

(3) 배수설비

물분무설비를 설치한 차고, 주차장에는 다음에 의하여 배수설비를 하여야 한다.

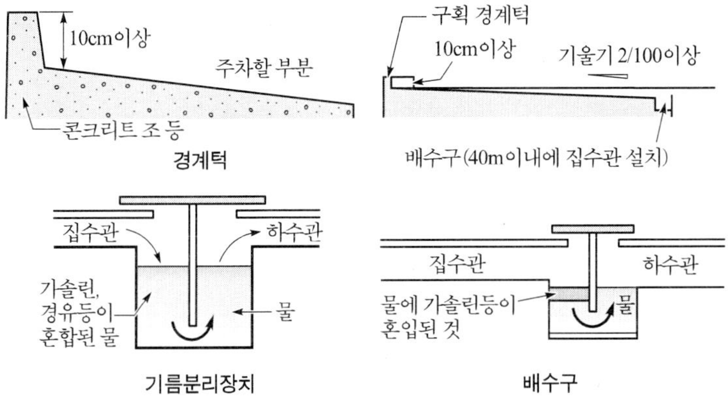

그림 3.9.5. 물분무소화설비의 배수설비

1) 경계턱

차량이 주차하는 장소의 적당한 곳에 10 ㎝이상의 경계턱으로 배수구를 설치하여야 한다.

2) 유분리장치

배수구에서 새어나온 기름을 모아 소화할 수 있도록 40 m이하마다 집수관, 소화핏트 등 기름분리장치를 설치하여야 한다.

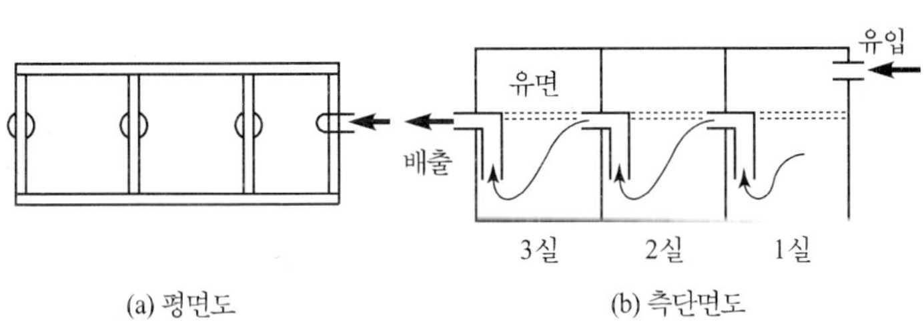

그림 3.9.6. 유분리장치의 구성

3) 기울기

차량이 주차하는 바닥은 배수구를 향하여 2/100 이상의 기울기를 유지하여야 한다.

4) 배수설비의 용량

배수설비는 가압송수장치의 최대 송수 능력의 수량을 유효하게 배수할 수 있는 크기 및 기울기로 하여야 한다.

(4) 물분무헤드

화재시 직선류 또는 나선류의 물을 충돌·확산시켜 미립자 상태로 분무함으로서 소화기능을 하는 헤드이다.

1) 물분무헤드의 종류

① 충돌형 : 유수와 유수의 충돌에 의하여 미세한 물방울을 만드는 헤드를 말한다.

② 분사형 : 소구경의 오리피스로부터 물을 고압으로 분사하여 미세한 물방울을 만드는 헤드를 말한다.

③ 선회류형 : 유수를 선회류에 의하여 확산 방출하든가 선회류와 직선류를 충돌하여 확산 방출하여 미세한 물방울을 만드는 헤드를 말한다.

④ 디프렉타형 : 유수를 디프렉타판에 충돌하여 미세한 물방울을 만드는 헤드를 말한다.

⑤ 슬리트형 : 유수가 슬리트에 의하여 방출하고 수막상의 분무로 미세한 물방울을 만드는 헤드를 말한다.

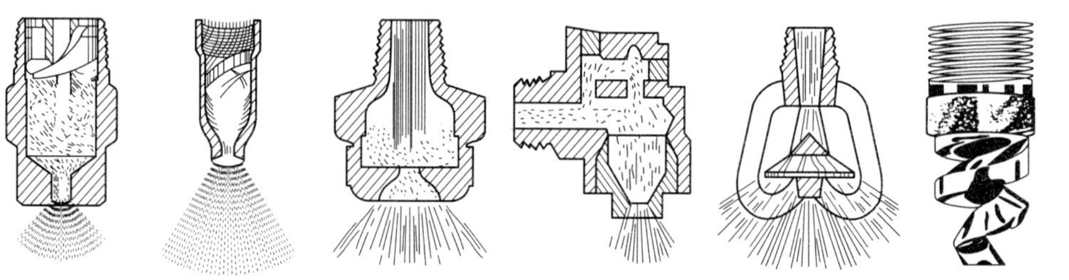

그림 3.9.7. 물분무헤드의 예

2) 표준방사량

소화설비의 헤드가 해당 소방대상물의 화재를 유효하게 소화할 수 있도록 방사하는 것으로서 방사압력에 의한 단위시간당 방사량을 말한다.

3) 유효사정거리

소화능력을 가지면서 유효하게 방사되는 거리로서 물입자의 대부분이 도달하는 거리를 말한다.

4) 분사각도

유효한 소화능력을 발휘할 수 있는 물입자의 방출각도를 말한다.

5) 물분무헤드의 배치

헤드를 배치할 때에는 소방대상물의 위치나 형태에 따라, 분사각도, 유효사정거리, 방사량 등을 고려하여 사각지역이 없도록 적절히 배치하여야 한다.

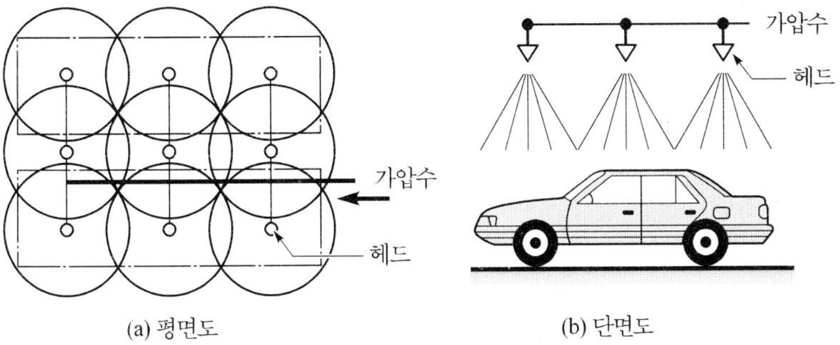

그림 3.9.8. 물분무헤드 배치의 예(주차장)

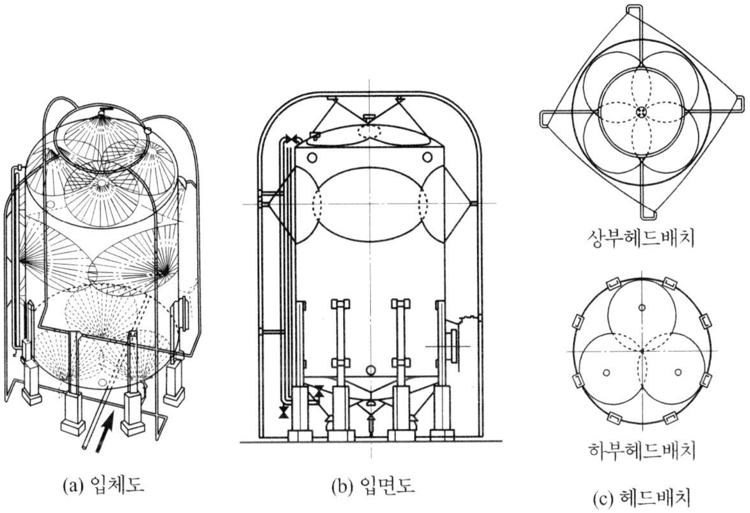

그림 3.9.9. 물분무헤드 배치의 예(위험물탱크)

3.9.4 물분무설비의 작동 및 점검

물분무소화설비의 작동 및 점검은 개방형스프링클러설비의 작동 및 점검방법과 동일하다.

예 제

다음 그림의 물소화설비에서 양정 40m의 성능으로 펌프가 운전중에 방수노즐 방수압 1.5kg/㎠이었다. 그러나 이 노즐에 필요한 방수압이 2.5kg/㎠이라 하면 펌프가 제공해야할 양정은 얼마인가 답하시오. 단, 급수배관의 압력손실은 hazen-williams의 공식을 쓰고 펌프의 특성곡선은 송출유량과 무관하다고 가정하며 노즐의 방수계수는 K=100이다.

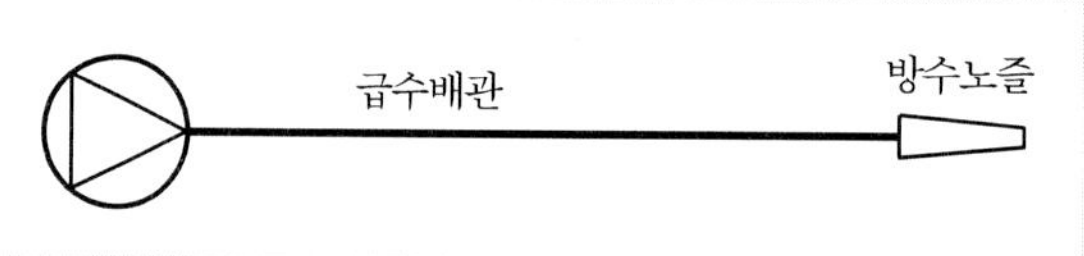

풀이 동일유량에 펌프양정만 높이면 될 듯하지만, 방수압력이 높아지면 방수량도 늘어나기 때문에 유량이 변하게 된다. 따라서 유량이 변하였을 때 마찰 손실이 얼마나 되는가를 계산해 봐야한다

양정 40m(4kg/㎠)의 펌프 가동시. 방수압 1.5kg/㎠

노즐의 방수계수K=100이면 방수량 $q = k\sqrt{p} = 100\sqrt{1.5} = 122.5$ lpm

이때의 마찰손실은 2.5kg/㎠이므로 Hazen-Williams 공식을 사용하면

$$\Delta P1 = 6.174 \times 105 \times \frac{Q^{1.85}}{C^{1.85} \times D^{4.87}} \times L\ (kgf/cm^2) = 2.5$$

실제 필요한 방수압은 2.5kg/㎠이므로,

이 때의 방수량은 $Q = k\sqrt{p} = 100\sqrt{2.5} = 158.1$ lpm

마찰손실은 $Q^{1.85}$에 비례하므로

$$\Delta P2 = \Delta P1 \times \left(\frac{Q}{q}\right)^{1.85} = 2.5kg/㎠ \times \left(\frac{158.1}{122.5}\right)^{1.85} = 4.0\ kg/㎠$$

따라서, 펌프양정은 마찰손실 + 소요 방수압 이므로

H = 4.0 + 2.5 = 6.5 kg/㎠ = 65

실전문제

문제 1 물분무소화설비의 구성에 필요한 주요 장치 및 이의 기능에 대하여 설명하시오.

문제 2 물분무소화설비의효과에 대하여 설명하라.

문제 3 물분무소화설비에서 주펌프의 작동이 자동화를 위한 센서로 통상 압력 스위치를 많이 이용한다. 이 경우 센서에 대해 자동 작동 압력치만 설정하고 자동 중지 압력치는 설정하지 않아도 좋지만 그대로 중지 압력치로 설정하여 자동 중지케 하고자 한다면 어떤 압력이 좋은가?

문제 4 물분무소화설비에 관한 다음의 물음에 답하시오.

① 고전압의 생전기 시설이 있는 장소의 소화설비로 사용 가능한 것은 물분무의 전기전도 차단효과 때문이지만, 어떤 원인으로 이런 효과가 발생하는가?

② 화재 시 복사열 차단에도 매우 유용한데, 이런 효과를 일으키는 물리적 이유를 궤적으로 설명하시오.

문제 5 터널 4,,000m인 곳에 적용되는 소방설비를 나열하고 물계통소화설비의 계통도, 제원, 기술기준을 쓰시오.

문제 6 물분무소화설비용 소화펌프의 축동력을 결정하기 위한 다음 단계에 대하여 설명하시오.

(1) 배관의 구간설정

(2) 각 구간별 손실수두 계산

(3) 전양정의 계산

(4) 펌프의 토출량 산정

(5) 펌프의 축동력 계산

3.10 포소화설비

포소화설비는 옥내소화전설비, 스프링클러설비 등 물에 의한 소화방법으로는 효과를 얻을 수 없거나 물을 방사함으로서 화재를 확대할 우려가 있는 가연성 액체의 화재에 사용되는 설비이다. 소화원리는 물과 포소화약제를 비례혼합하여 수용액 상태로 포헤드(포헤드, 홈챔버, 고정발포장치)의 포방출구까지 송출하고, 포방출구에서는 공기를 흡입하여 공기포를 발생시켜 방사함으로서 연소표면을 덮어 질식효과를 얻거나 포에 함유된 수분에 의한 냉각효과로서 소화하게 하는 것이다.

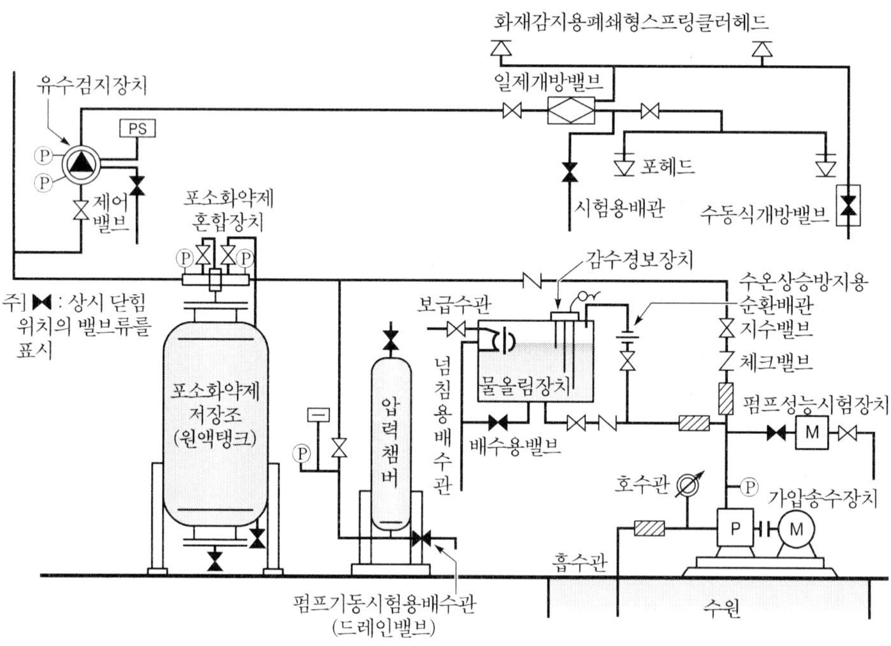

그림 3.10.1. 포소화전설비(포헤드방식)의 계통도 예

3.10.1 포소화전설비의 분류

(1) 설치방식에 따른 분류

1) 고정식

수원, 가압송수장치, 제어밸브, 배관, 포방출구 등의 설비가 고정으로 설치되는 방식으로서 주로 대형소방대상물 설치하는 방법이다.

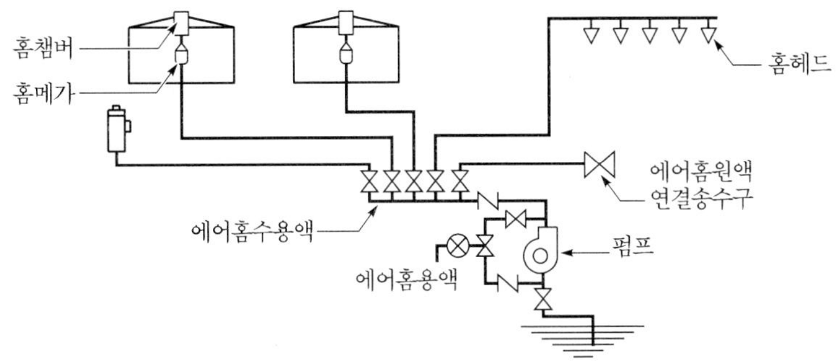

그림 3.10.2. 고정식포소화설비의 구성

2) 반고정식

주요 구성부품 중 일부는 고정식으로 일부는 이동식으로 사용하는 방식으로 방호대상물 근처까지는 고정식 배관을 설치하고, 포 수용액을 차량 등으로 현장에 운송하여 배관에 접속하여 포를 방사하는 형식이다.

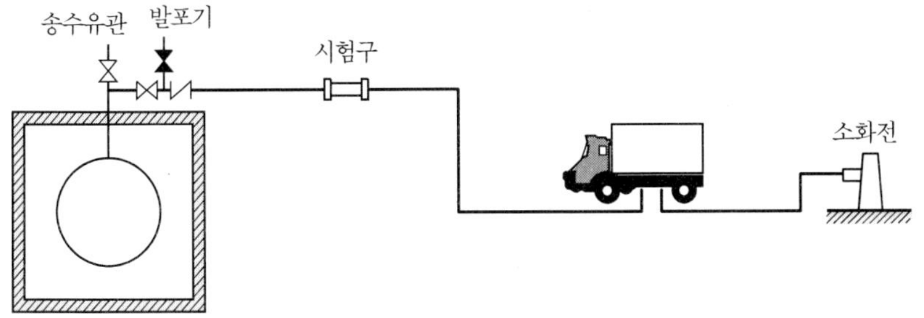

그림 3.10.3. 반고정식포소화설비의 구성

3) 이동식(Mobile system)

① 저발포에 한하며 호스연결구까지는 고정되어 있지만 호스와 노즐을 이동할 수 있는 설비를 말한다.

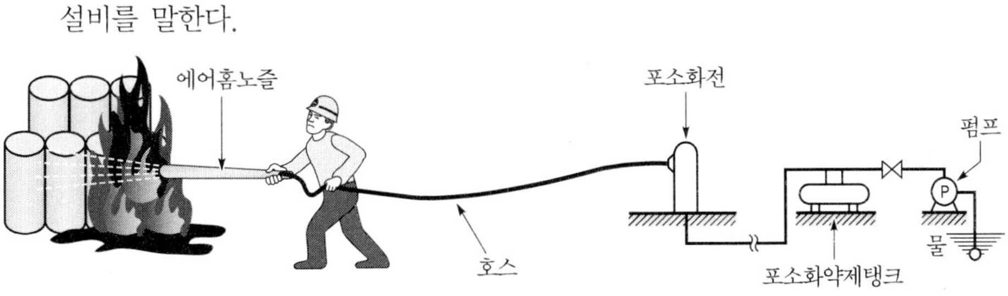

그림 3.10.4. 이동식포소화설비의 구성

② 포발생장치 등이 이동할 수 있는 차량에 탑재되거나 차량에 의해 견인되어 사용되는 방식이다.

4) 간이식(Portable system)

휴대용 간이포소화설비와 같은 것으로서 포발생장치, 포수용액, 포방사장치 등을 사람이 이동하면서 사용할 수 있는 방식이다.

(2) 포 방출구(발포기)에 의한 분류

포소화설비에서 포를 형성하는 발포기로서, 포소화설비에서 혼합장치와 함께 가장 중요한 부분중의 하나이며 특히 공기포소화설비에서는 발포기의 역할이 없이는 포를 형성할 수 없다.

- 포방출구(발포기)
  - 포헤드
    - 폼헤드(Foam Head)
    - 폼워터스프링클러헤드(Foam Water Sprinkler Head)
    - 폼워터스프레이노즐(Foam Water Spray Nozzle)
  - 고정포방출구
    - 공기포고정방출구
      - 공기포챔버 (Ⅱ형방출구:Air Form Chamber)
      - 크로섹션뮬러튜브챔버 (Ⅰ형방출구:Cross Section Moeller Chamber)
      - 홈트러프 (Ⅰ형방출구:Foam Trongh)
      - 홈슈트 (Ⅰ형방출구:Foam Chute)
      - 연쇄토출구(특형방출구)
    - 화학포고정방출구
  - 포소화전
    - 포노즐(포관창)
      - 공기포호스노즐(Air Foam Hose nozzle)
      - 화학포호스노즐(Chamical Foam Hose nozzle)

1) 고정포방출구 방식

위험물 옥외저장탱크에 폼챔버를 설치하여 포를 형성하고 방사하는 방식으로서 탱크의 직경, 포방출구의 종류에 따라 일정한 방출구를 탱크 측면에 설치한다.

고발포용은 팽창비가 80이상 1,000미만의 포를 방출하는 방출구를 말한다.

폼챔버의 종류에 따라 통관과 튜브 등의 부대시설이 있는 Ⅰ형(콘루프 탱크에 사용), 반사판이 있는 Ⅱ형, 표면하주입식방출구, 반표면하 주입식방출구, 플로팅루프 탱크에 사용되는 특형이 있다.

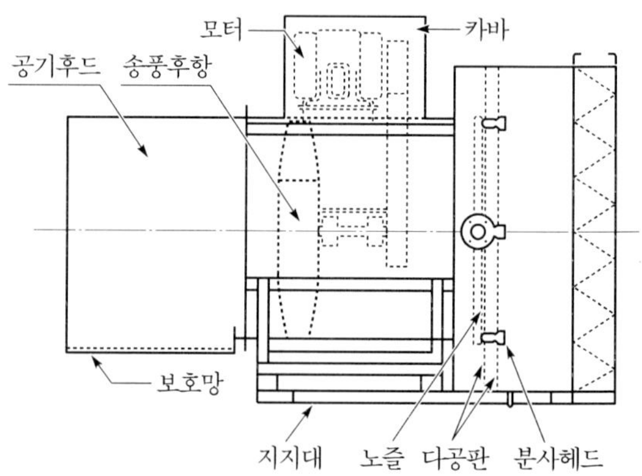

그림 3.10.5. 고발포용방출구 설치의 예

① 에어폼 챔버(Ⅱ형방출구: Air Foam Chamber)

이 방출구는 수직형과 수평형이 있으며 국내에서는 주로 수직형이 많이 사용된다. 이것은 가압송수된 포수용액을 공기와 혼합하여 탱크의 측면에서 방사시킨다. 반사판에 의하여 위험물탱크의 측벽을 타고 내려가 위험물의 유면을 도포하여 소화하게 된다. 특히 반사판은 가연성가스 등의 역류를 방지하며, 얇은 연판으로 되어 있어 발포기에서 발생한 포의 압력에 의하여 파괴되며, 따라서 보호판을 지나는 포는 반사판에서부터 탱크의 측벽을 따라 유면을 덮어 소화하게 된다.

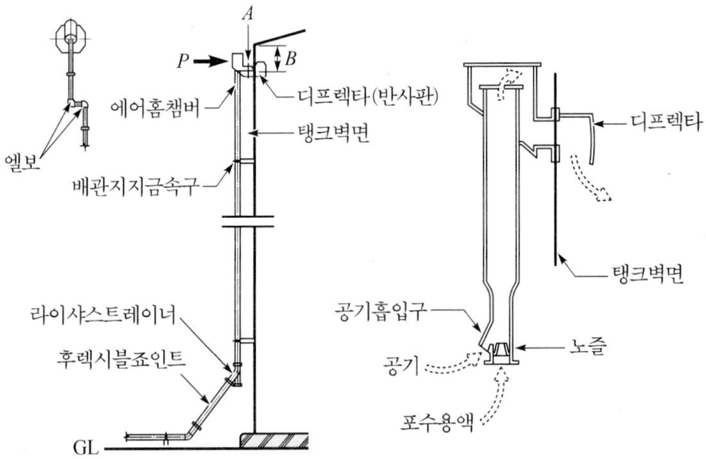

그림 3.10.6. 에어폼 챔버(수직형)의 구조 및설치 예

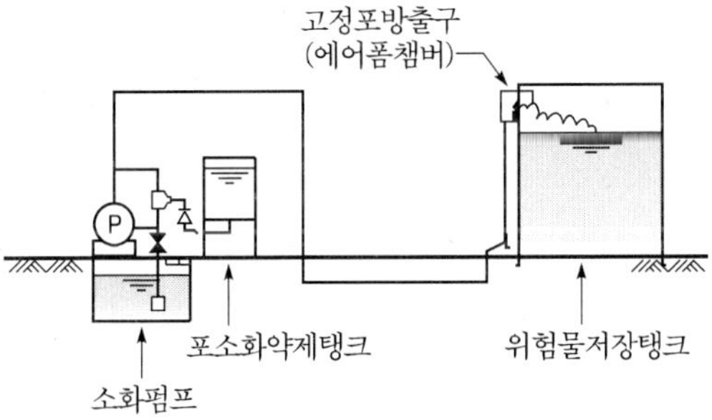

그림 3.10.7. 고정포방출구의 설치(에어폼챔버)의 예

② 크로스섹션뮬러튜브챔버(Ⅰ형방출구 : Cross Section Moeller Chamber)

이 방출구는 석면튜브인 뮬러튜버를 둥글게 감아서 철재 챔버내에 수납시키고, 그 한쪽 끝은 가압송수배관에 연결하고, 말단부는 열려있는 상태로 설치한다. 끝을 고정시키지 않았기 때문에 가압송수장치에서 약제가 혼합된 수용액 상태의 가압수가

도달되면 그 압력에 의하여 튜브가 부풀어 올라 위험물내부로 들어가 뮬러튜브가 전개된다. 전개된 뮬러튜브는 유면위에서 방출압력에 의해서 자유로이 이동하면서 포를 방출하고 유면을 도포하여 소화하게 된다.

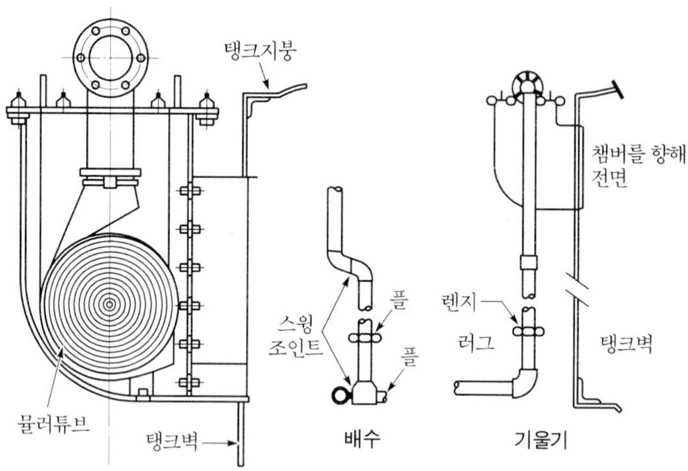

그림 3.10.8. 크로스섹션뮬러튜브챔버의 구조 및 설치의 예

③ 폼프러프(Ⅰ형방출구 : Foam Trough)

이 방출구는 내유, 내식성의 강판으로 포 수송배관을 설치하는데, 송수배관을 나선형태로, 탱크바닥에서 1.2m정도의 높이에 달아내려 포가 방출되면 나선형의 포의 수송로를 따라 탱크의 가장자리로부터 유면에 도포시켜서 소화하게 된다. 이 방법은 포를 유면의 내부에서 토포하여 포가 아래에서 위로 부유하면서 위험물질의 탄산가스 함유량을 높여 불연화를 돕고 화재의 질식효과를 발휘함으로서 소화효과가 매우 우수한 방법이다. 그러나 시설비가 많이 들고 콘루프탱크에만 사용할 수 있다는 단점이 존재한다.

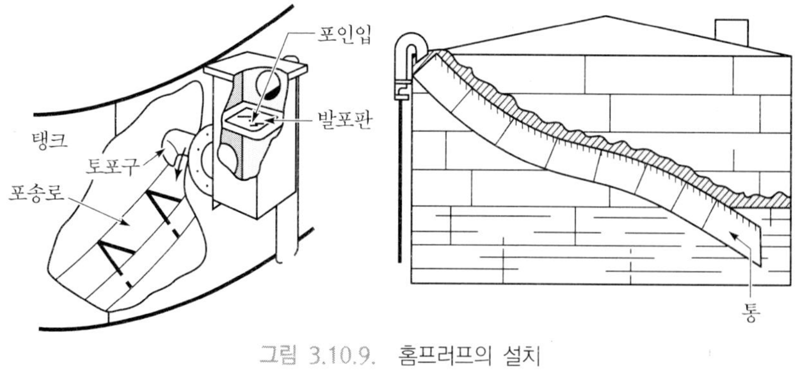

그림 3.10.9. 홈프러프의 설치

④ 폼 슈트(Ⅰ형토출구 : Foam Chute)

탱크 외벽에 포의 혼합챔버(성포기)를 부착하고 탱크 내면에 포토출구 및 포의 조절판이 달린 슈트를 설치하여 혼합된 포를 더욱 발포시킨 다음 폼슈트를 통해 탱크의 저면 중심부와 상부에 토포하여 소화하는 것으로서 화학포소화설비에 적합하다.

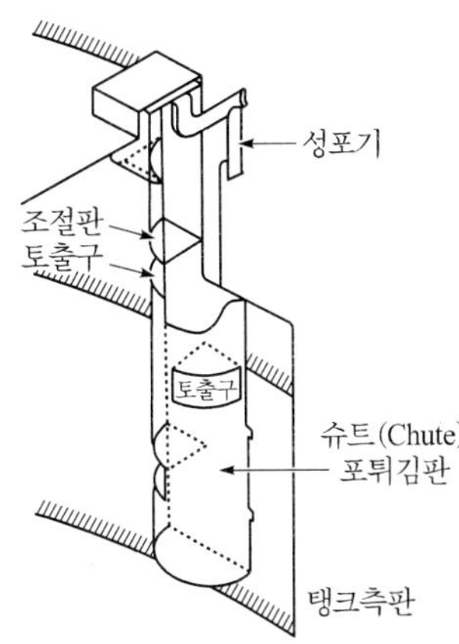

그림 3.10.10. 폼슈트의 설치

⑤ 연쇄토출구(특정방출구)

이 토출구는 부판(Floating Roof)식 지붕탱크에 설치되는 것으로, 지붕판의 상하 이동에 따라 지붕판과 탱크의 측벽 사이의 공간에 포 방출이 가능한 방출구를 탱크의 원둘레를 따라 일정하게 배치하여, 동시에 포를 공급하는 것으로 다음의 2가지 종류로 구분된다.

1. 탱크의 측벽에 송액관과 포방출구를 설치하는 방법

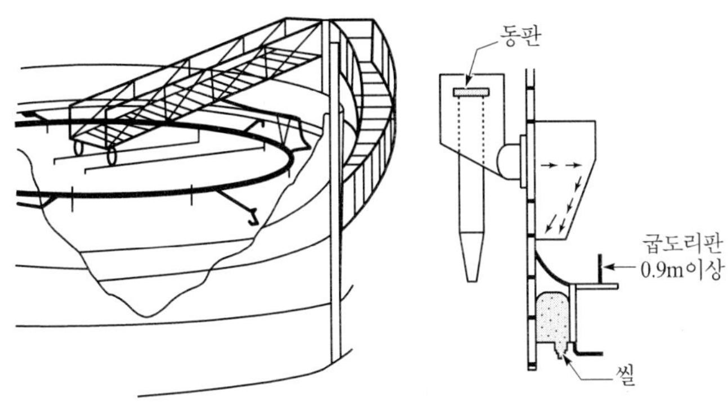

그림 3.10.11. 특정방출구의 탱크 측벽설치

2. 부판(Floating Roof)식 지붕판에 송액관과 포 방출구를 설치하는 방법

부판식 지붕판의 가장자리에 원형으로 고정 송액관을 설치하고, 포 방출구를 탱크측벽에서 설치하는 방법과 같이 설치하여 지붕판과 탱크측벽 사이의 공간에 포를 충전시키는 방법이다.

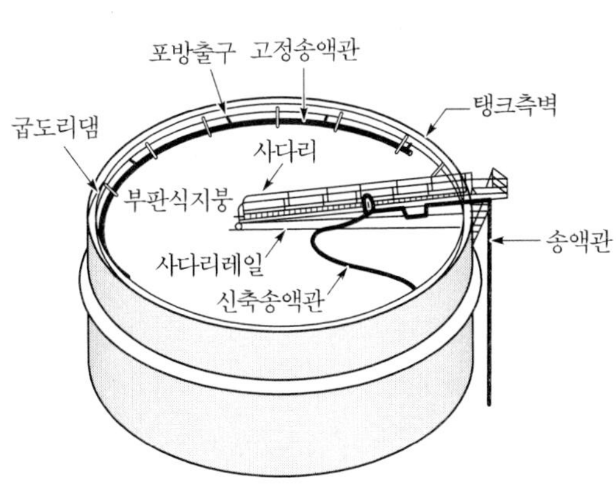

그림 3.10.12. 부판식지붕판에 특정방출구 설치의 예

⑥ 표면하 주입방식(Subsurface Application)

표면하 주입방식은 위험물 탱크의 하단에 방출구를 연결하여 위험물의 액속에서 방출을 이루는 것으로 반고정식 표면하 주입방식이 주로 사용된다.

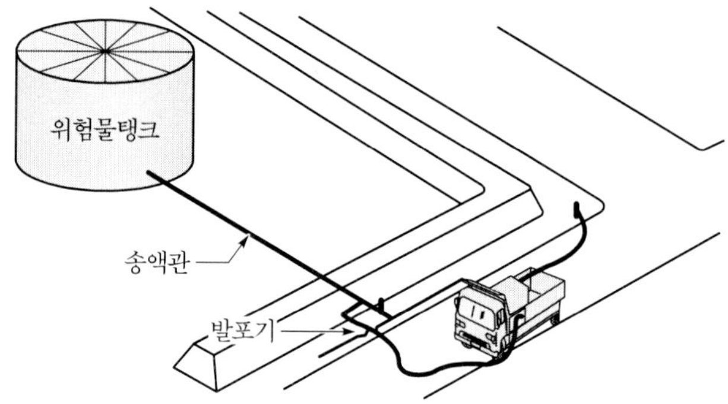

그림 3.10.13. 반고정식 표면하 주입방식의 설치 예

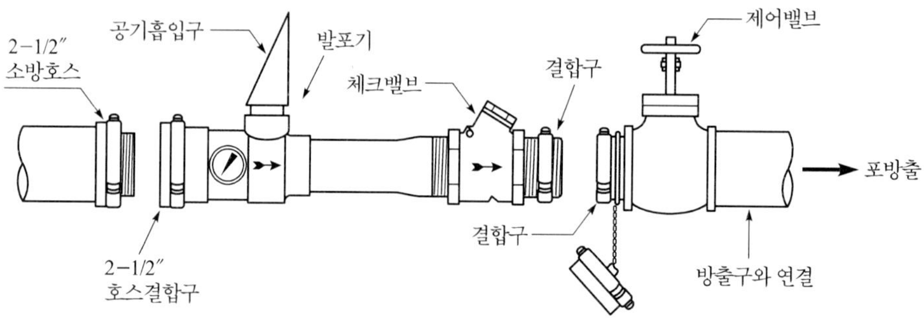

그림 3.10.14. 발포기의 연결구성

2) 포헤드 방식

소방대상물에 고정식 배관을 설치하고 포헤드에 의해 포를 방사하는 고정식 방식이다. 포헤드의 종류에는 폼헤드, 폼워터스프링클러헤드, 폼워터스프레이노즐 등이 있다.

① 폼워터스프링클러헤드(Foam Water Sprinkler Head)

고정식 설치방식에 폼워터스프링클러헤드를 사용하여 화재를 소화하는 포소화설비를 말한다. 모양은 개방형스프링클러헤드와 유사하며 포소화수용액을 헤드에서 방사할 때 공기흡입구로부터 공기를 흡입 수용액과 공기가 혼합된 상태에서 수용액을 디프렉타에 충동시켜 포를 형성하여 일정한 면적에 포를 방사하는 헤드이다. 이 헤드는 상향형과 하향형이 있으며 디프렉타의 형상이 다르게 되어있다. 이 헤드는 미국에서 개발되었고 주로 격납고 등에 설치되어 사용되고 있다.

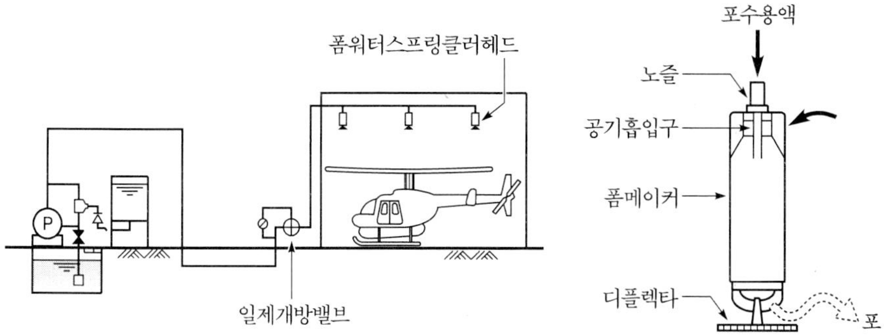

그림 3.10.15. 폼워터 스프링클러헤드

② 폼워터스프레이노즐(Foam Water Spray nozzle)

포소화용액을 헤드에서 방사할 때 공기흡입구로부터 공기를 흡입 수용액과 공기가 혼합된 충돌, 선회, 분사방식 등에 의하여 포를 형성한다. 물만을 방사할 때에는 물분무헤드의 성능을 갖고 있는 것이 특징이다.

③ 포헤드(Foam Head)

고정식 설비 사용되며 송출되어온 포수용이 포헤드 그물망 안에 있는 안내깃과 반사판을 통과하면서 공기가 혼합되고, 외부의 그물망을 통과하면서 포를 형성하게 된다. 우리나라에서 포헤드라 명칭되고 있으며 주로 주차장, 제4류위험물 및 준위험물 시설에 설치되어 사용되고 있다.

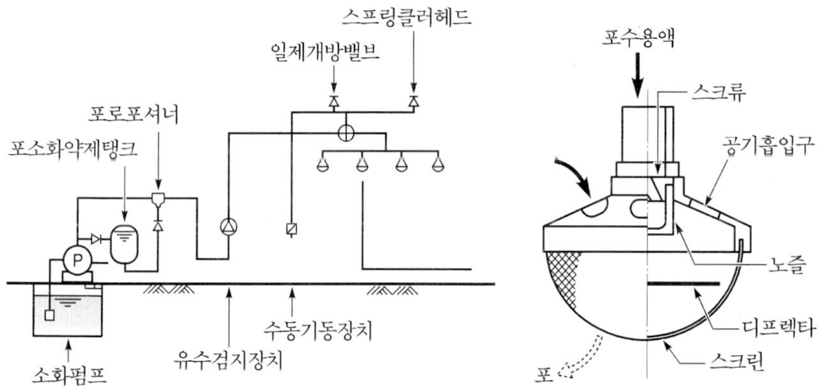

그림 3.10.16. 포헤드의 예

3) 포 소화전방식

이동식 포소화설비라고도 한다. 옥·내외소화전설비와 비슷한 구조이나 특수한 노즐(Air Foam Nozzle)을 사용하여 호스로부터 압송된 물과 관로상에 설치된 포소화약제가 혼합된 포수용액이 포노즐에 유입된 공기와 혼합, 포를 형성하여 방호대상물을 수동으로 소화하는 방식이다. 포소화전설비는 화재시 연기가 충만되지 않는 옥외주차장 등의 장소에 설치하는 것이 바람직하다.

4) 호스릴 방식

포소화전과 같은 설비로 방호대상이 고정포 소화설비만으로 충분한 소화효과를 기대할 수 없는 경우에 설치하는 방식으로서 호스릴을 사용한다.

(3) 포 소화약제의 혼합장치에 의한 분류

혼합장치라는 것은 소화에 최적인 포를 형성하기 위하여 포소화약제와 물을 일정 비율(희석용량 농도로 표현)로 혼합한 포수용액을 만드는 장치를 말한다.

혼합장치는 소방대상물의 상태에 따라 비례 혼합장치와 정량 혼합장치로 분류되며, 전자는 소요 방사유량의 변화에 따라 혼입하는 포소화약제의 양을 조절하는 성능을 가진 것으로서 현재 소정의 혼합농도를 유지할 수 있는 최소의 소요방사량과 최대의 소요방사량 범위는 1대 5정도로 설정하는 것이 많다. 그리고 혼합기 내부의 기구가 바뀌는 것에 따라 1대 10정도의 범위를 갖는 것까지도 제작되고 있다. 후자는 소요 방사량이 일정하게 한정된 구역을 소화할 경우에 사용되는 방식으로, 소요유량의 변화에 따라 혼입하는 포소화약제의 양이 변화하지 않는 장치이다.

혼합장치는 어떤 환경에서도 소화효율이 가장 높은 혼합농도를 유지하는 것이 중요하다. 포소화약제는 저온에서는 점도가 높아지고 고온에서는 낮게 되므로, 약제 혼입량은 저온에서는 적고 고온에서는 많게 된다. 따라서 이러한 조건들을 고려하여 현재 많이 사용되고 있는 혼합농도는 3 %와 6 %의 2종류가 있다. 이러한 농도범위는 기술수준에 따라 잠정적으로 3 %의 경우는 3~4 %, 6 %의 경우는 6~8 %로 범위에서 사용이 가능하다고 본다.

혼합장치는 크게 공기포 및 화학포 혼합장치로 구분되며, 공기포 혼합장치는 비례혼합장치와 정량혼합장치로, 화학포 혼합장치는 분말소화약제의 일정량을 유수중에 혼입하는 건식혼합장치와 약제를 미리 수용액 상태로 저장하여 혼합시키는 습식혼합장치가 있다.

또한 공기포 혼합장치는 흡입방식에 따라 펌프프로포셔너방식, 프레져프로포셔너방식(압송식, 압입식), 라인프로포셔너방식, 프레져사이드프로포셔너방식, 석션프로포셔너방식 등 6가지로 분류할 수 있으며, 주차장 등에는 고정식이면서 주로 프레져프로포셔너방식이 사용되고 있다.

1) 공기포 혼합장치의 종류

① 비례혼합장치

방사유량에 비례하여 포소화약제를 규정농도 허용범위내로 혼합시키는 성능을 가지고 있으며, 유량변화는 50~200 % 정격범위를 가지고, 최대와 최소의 비가 1:4 정도이다. 이 장치를 프로포셔너라고도 한다.

② 정량혼합장치

한정된 방사지역내에 방사량이 일정할 때 사용하는 장치로서, 일정한 방사량에 대하여는 포소화약제를 항상 일정하게 혼합시키는 성능이 있다.

가. 펌프프로포셔너방식

이 방식은 펌프의 포출관과 흡입관을 연결하는 바이패스배관, 흡입기 및 공기포소화약제의 농도조절밸브로 구성되어 있으며, 바이패스배관의 중간에 흡입기를 설치하여 펌프 토출수의 일부를 흡입기로 보내고 농도조절밸브로 흡입량을 조절한 다음 공기포원액조로부터 펌프의 흡입측에 공기포소화약제를 압송하여 규정농도의 수용액으로 조정하고 송액관을 통하여 발포기에 보내어 공기를 흡입, 공기포를 발생시키는 구조이다.

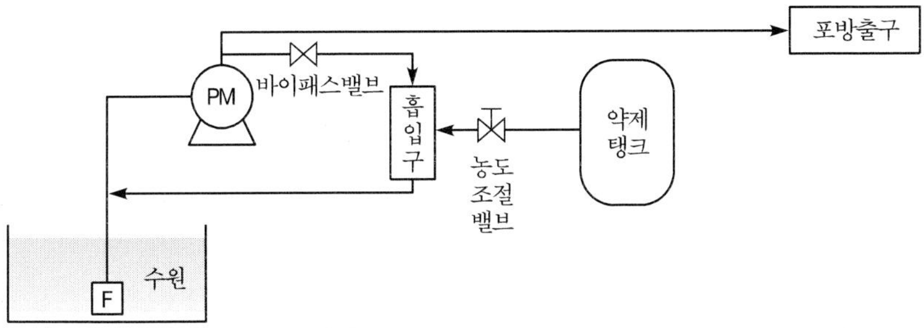

그림 3.10.17. 펌프프로포셔너 방식

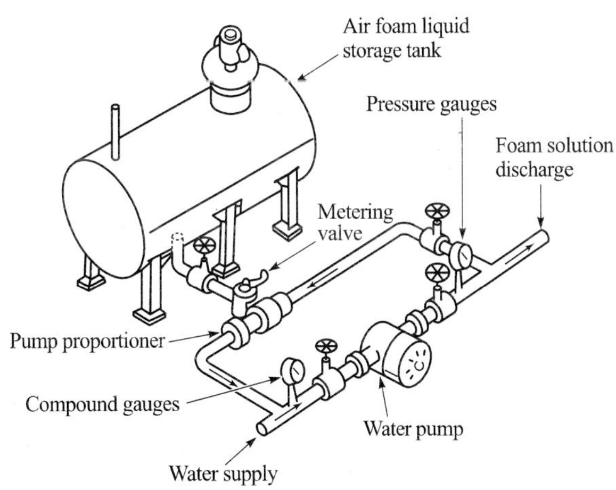

그림 3.10.18. 펌프프로포셔너방식 배관 상세도

따라서 펌프의 토출측과 흡입측을 보조관으로 접속하고 이 관로 도중에 송수관을 설치하는 방식이다. 송수관의 약제 흡입구에는 유량조정기구를 통하여 약제저장탱크까지의 관로를 접속한다. 펌프가 송수를 시작하면 그 일부는 송수관을 통과하여 흡수측으로 되돌아가지만 이때에 일정량의 약제를 흡입하게 되어 펌프 중에서 소정의 희석용량농도의 포수용액이 만들어져 포방출구로 보내어지게 된다. 특히 이 방식은 균형압력손실을 고려할 필요가 없고 기구가 간단하여 많이 사용된다. 그러나 펌프의 흡입측에 적절한 압입압력을 가해지지 않으면 약제의 흡입량이 감소하거나 정상적인 혼합이 이루어지지 않음으로 사용이 불가능하다. 사용 후는 보조관 관로 및 펌프내부를 정수, 세정하는 유지관리가 필요하다.

나. 프레져프로포셔너방식

펌프와 발포기의 중간에 설치된 벤츄리관의 벤츄리 작용과 펌프 가압수의 포소화약제 저장탱크에 대한 압력에 의하여 포소화약제를 흡입, 혼합하는 방식이다. 펌프 토출측 관로에 분기배관이 설치되고 포소화약제 탱크가 접속되며 송수된 압력수의 일부는 포소화약제 탱크 내로 도입되어, 벤츄리관의 흡입작용과 도입된 물의 압력을 이용하여 혼합하는 방식이다.

소화약제탱크는 내부에 약제와 물을 분리하는 다이아후레임 또는 레버벽을 격납한 압송식과 다이아후렘이 없는 압입식이 있다. 소방대상물의 상태에 따라 유량범위가 정해지면 자동적으로 소정의 희석용량농도로 혼합가능하고 취급이 간단함으로 주차장 등에서 가장 많이 사용되고 있다.

가) 압입식

펌프의 토출측 송수배관의 일부를 포소화약제탱크에 연결하여 가압수가 탱크로 유입되면서 포소화약제의 혼합기를 거쳐 물과 포소화약제가 혼합되어 수용액 상태로 포방출구까지 보내어지는 방식이다. 이 방식은 탱크내에서 포소화약제와 물이 혼합되어 변질되거나 포형성이 떨어지는 단점이 있다.

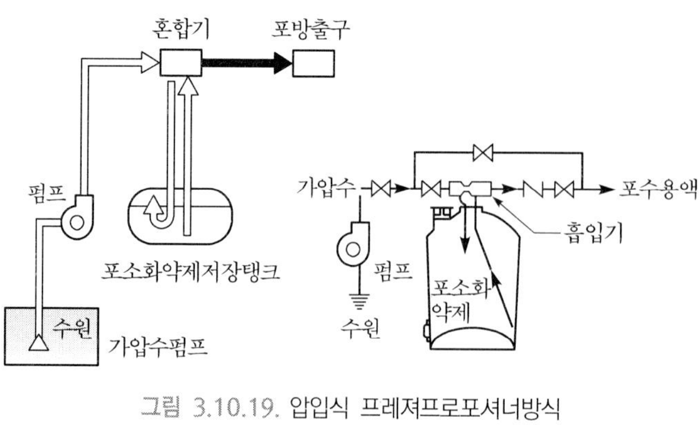

그림 3.10.19. 압입식 프레져프로포셔너방식

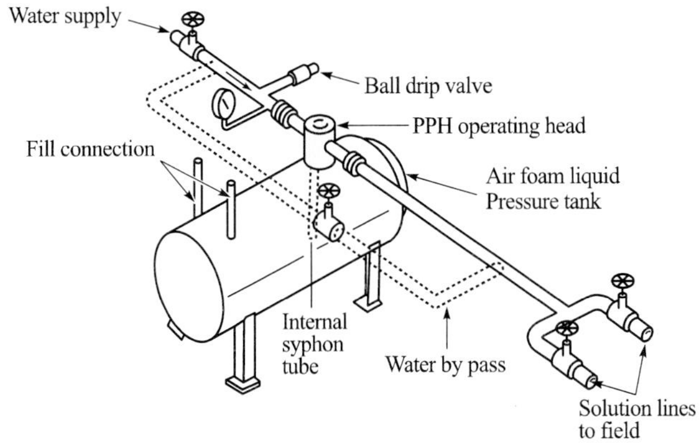

그림 3.10.20. 펌프프로포셔너방식(압입식) 배관 상세도

나) 압송식

펌프의 토출측 송수배관의 일부를 포소화약제탱크에 연결하여 가압수가 탱크(탱크와 고무튜브로 분리되어 튜브내에 포소화약제가 저장됨)의 튜부(다이아후렘)를 밀어줌으로서 내부에 있던 포소화약제를 혼합기로 보내어 물과 포소화약제를 혼합하여 수용액 상태로 포방출구까지 보내어지는 방식이다. 이 방식은 물과 포소화약제가 분리되어 있다.

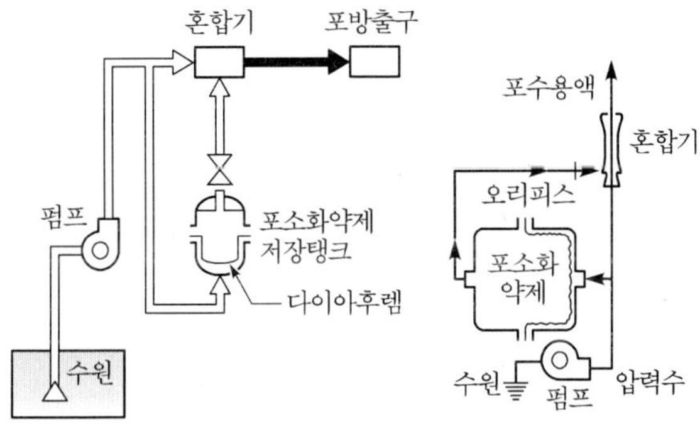

그림 3.10.21. 압송식 프레져프로포셔너방식

다. 라인프로포셔너방식

이 방식은 옥외에 주로 사용되는 것으로서 펌프와 포방출구의 중간에 흡입기(벤츄리관의 벤츄리작용)를 설치하여 가압수를 보냄으로서 포소화약제가 가압수에 흡입작용을 하면서 수용액이 형성된 다음 포방출구까지 보내어 지는 방식이다. 이것은 포노즐 방출방식에 많이 사용된다.

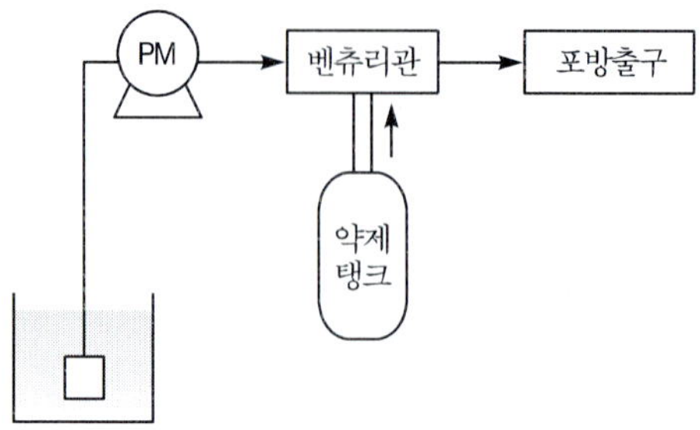

그림 3.10.22. 라인프로포셔너방식

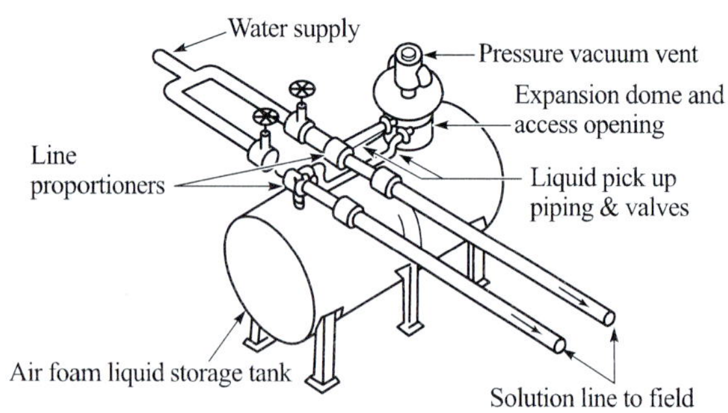

그림 3.10.23. 라인프로포셔너방식의 배관 상세도

라. 프레져사이드프로포셔너방식

송수 전용펌프, 포소약제 전용펌프를 각각 설치하는 방식으로서 펌프의 토출측 배관에 혼합기를 설치하고 송수펌프에 의한 가압수와 포소화약제 압입용펌프에 의한 약제를 혼합기에 보냄으로서 수용액을 형성, 포방출구까지 보내는 방식이다. 포소화약제의 압입량은 등압밸브로 불려지는 자동밸브에 의하여 조정되며 이는 혼합기의 노즐이나 오리피스를 통과하는 송수량의 변화(압력변화)를 감지하여 개폐 정도를 자동변화시킴으로서 조정된다. 이 방식은 위험물시설 등에 많이 사용되고 있으며, 사용 후에는 약제전용펌프와 그 배관을 세척하는 유지관리가 필요하다.

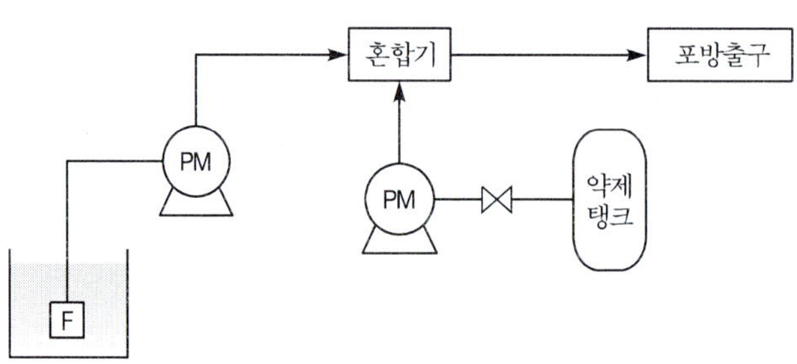

그림 3.10.24. 프레져사이드프로포셔너방식

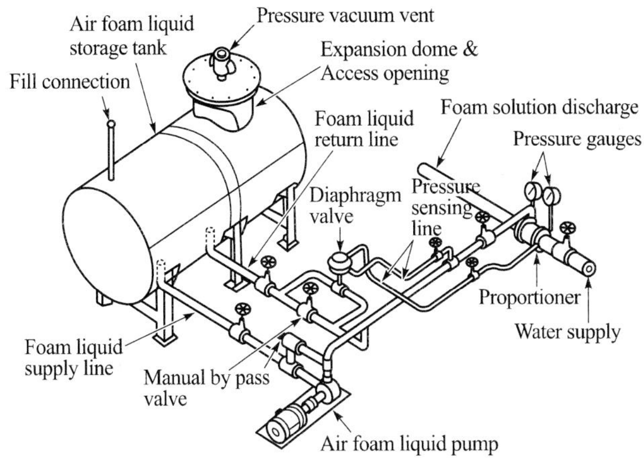

그림 3.10.25. 프레져사이드프로포셔너방식의 배관 상세도

(4) 발포배율에 따른 분류

1) 고발포설비

합성계면활성제포소화약제를 사용하며 고발포기를 사용하여 고팽창비를 얻는다.

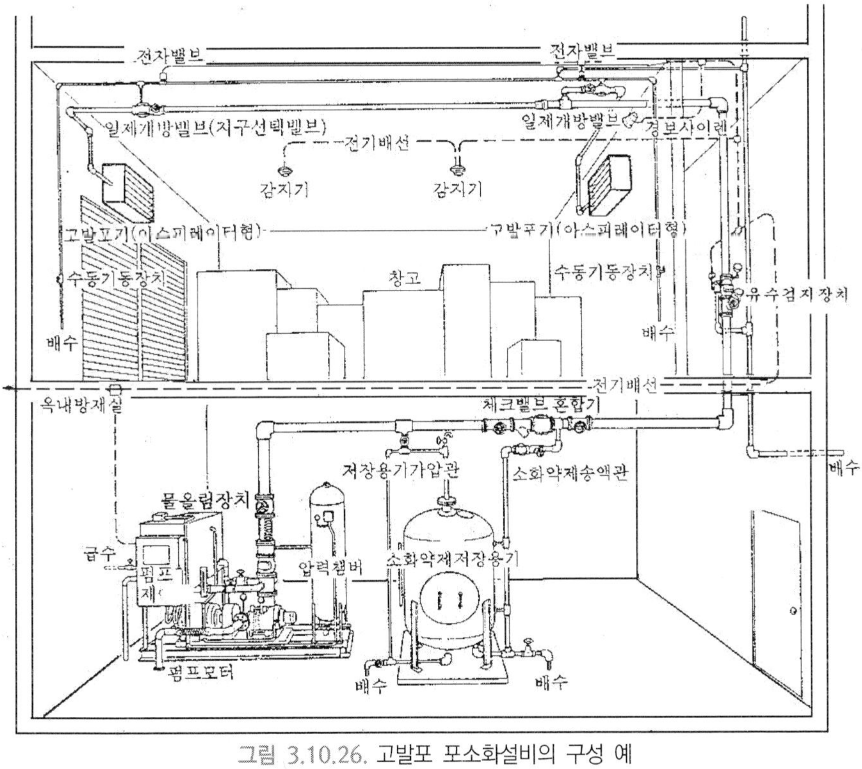

그림 3.10.26. 고발포 포소화설비의 구성 예

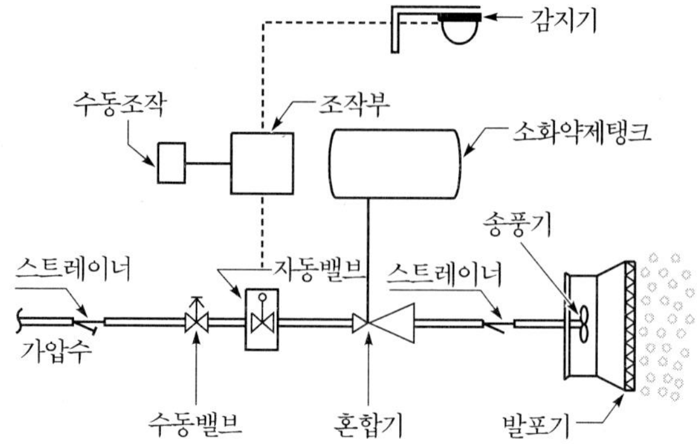

그림 3.10.27. 고발포 포소화설비의 계통도

팽창비는 80~1000배 이상으로서, 발포는 폼헤드 등에 의하지 않고, 다량의 공기를 흡입하는 기구 즉, 포방출구로부터 수압을 이용하여 공기를 흡입하는 아스피레이터형 고발포기와 송풍기에 의해 강제적으로 공기공급을 하는 블로어발포기를 설치한다.

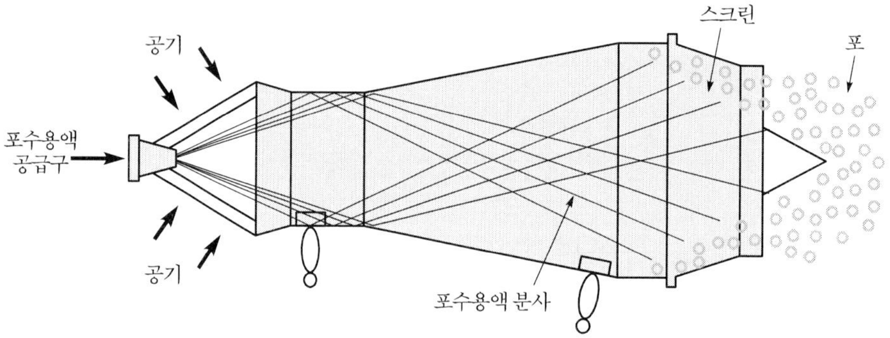

그림 3.10.28. 블로어(송풍형)형발포기

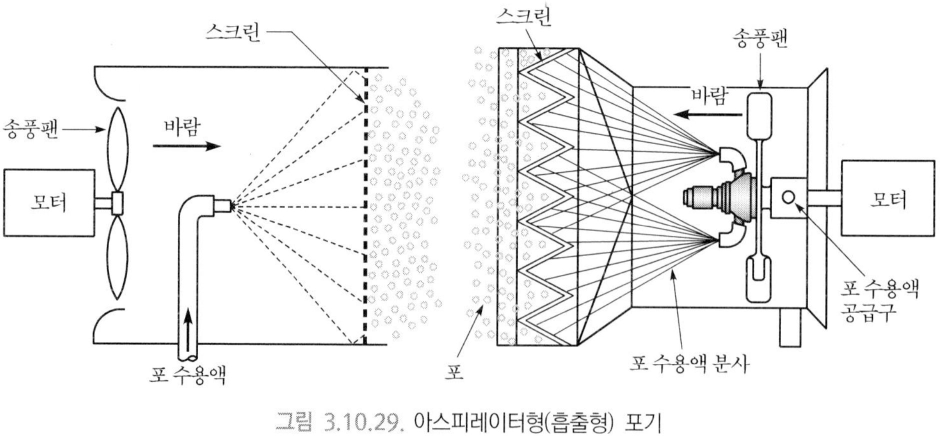

그림 3.10.29. 아스피레이터형(흡출형) 포기

2) 저발포설비

이 설비는 폼헤드 등의 포방출구를 사용하는 설비로서 발포배율은 20배 이하이다. 폼헤드의 경우는 수용액을 노즐에서 분사하면서 주위의 공기를 함께 흡입한 후 헤드의 디프렉타 등에 충돌시켜 발포하는 것이다. 주로 주차장 등에는 수성막포 또는 합성계면활성제포소화약제를, 옥내저장탱크등의 주요한 위험물의 시설에는 단백포 또는 내알콜포소화약제가 일반적으로 사용된다.

팽창비율에 따른 포의 종류	포방출구의 종류
팽창비가 20 이하인 것(저발포)	폼헤드
팽탕비가 80이상 1,000미만인 것(고발포)	고발포용 고정방출구

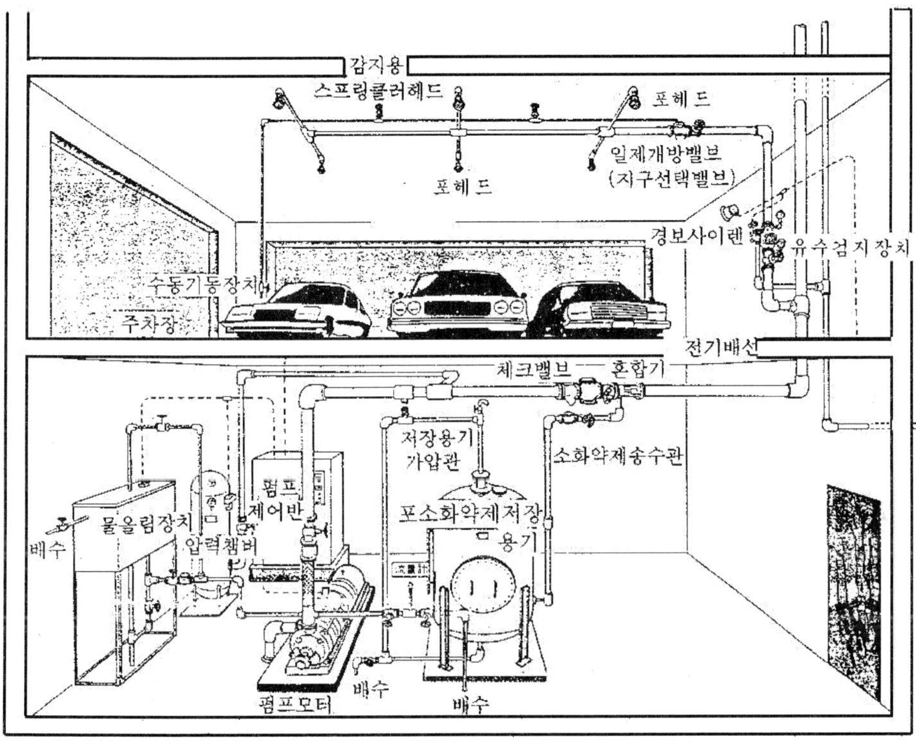

그림 3.10.30. 저발포 포소화설비(포헤드 방식)의 구성 예

3.10.2 포소화약제의 종류

포소화약제는 크게 화학포와 기계포로 나눌 수 있다. 기계포(또는 공기포)는 호칭되는 단백포소화약제, 합성계면활성제계 포소화약제로 크게 나누어져 있으며, 합성계면활성제계포소화약제는 수성막포소화약제와 합성계면활성제포소화약제로 분리되어 있다. 포소화약제가 개발

된 초기는 화학포가 주류였으나 기계포의 실용화 발전에 동반하여 점점 사라지게 되었다. 다음은 각 포소화약제의 특징과 포소화설비등에 대한 사용 분류 등을 설명한 것이다.

(1) 화학포

황산알미늄[$Al_2(SO_4)_3$]과 중탄산나트륨[$NaHCO_3$]을 소화약제로 두 약제가 반응시 화학적으로 포를 발생하며 소화약제의 유지관리상 일반적으로 고정식설비에서는 사용하지 않는다.

(2) 기계포(공기포)

1) 단백포소화약제

이 소화약제는 동물, 식물의 단백질로 동물의 혈액, 대두 등의 가수분해한 것을 기본 약제로 한 것이다. 여기에 화학적 안정제가 첨가되어 포가 화열에 접촉하면 표면층이 탄화 및 결정화하게 되어 내열성이 높아지게 된다. 이것이 중유 등의 표면에 전개하면 증발을 억제하게 되어 질식소화가 가능하게 된다. 구조물 등의 수직면에서도 설치 가능할 정도의 점착성을 가지고 있어 포 증발 후에 잔존물이 발생하고 부착기기의 표면을 부식시키기도 한다. 또한 이 소화약제에 고질소계 계면활성제(고화 탄소수소)를 첨가한 소화약제도 있으며 이것은 기름을 멀리하는 성질을 가지고 있고 잔존물을 발생시키지 않는 특징을 가지고 있다. 이상과 같이 석유계의 화재 소화에는 가장 유용한 성질을 가지고 있는 약제지만 앞에서 설명한 잔존물의 생성과 부식성이 있어 방출 수에 의한 세척 등 복구작업이 비교적 간단한 소방대상물로 사용범위가 좁혀져 있는 상황이다.

그리고 이 포소화약제는 장기간 저장에 대해서는 경년 변화를 일으켜 단백질이 응집하거나 분리가 시작됨으로, 온도변화 등이 없는 상황에서도 3년~5년을 주기로 성능분석하여 교환을 실시할 필요가 있다.

2) 합성계면활성제 포소화약제

수성막포를 제외하고 합성계면 활성제를 주원료로 하는 포소화약제를 말한다. 이 소화약제는 탄화수소계 계면활성제를 주성분으로 하며, 여기에 포 안정제를 첨가한 것이다. 단백포에 비해 잔존물이 없고 변질없이 장기간 보존이 가능한 한편, 포 방출구의 방출기구에 의해 팽창비가 다른 저발포 및 고발포의 포를 생성할 수 있는 특징을 가진 포소화약제이다.

3) 수성막포소화약제

이 포소화약제는 불소계 계면활성제를 주성분으로 한 합성계면활성제포로서 발포 후, 포에서 환원된 수용액에 의해 박막이 형성되고 이것이 기름 표면을 덮게 되어 질식소화를 이루는 것이다. 수성막포의 소화효과가 타소화약제에 비하여 좋은 점이라 하면 얇은 수성막을 형성하는데 있다. 물과 적절한 비율로 혼합되어 유면에 방사되었을 때, 수성막포는 거품을 형성함은 물론, 거품에서 흘러나온 수성막을 하나 더 형성한다. 이 얇은 막이 유면 위를 덮음으로서 유류의 기화를 방지하고 기타 종래의 다른 포에 비하여 소화시간을 단축할 수 있다. 수성막포는 다른 포소화약제와는 달리 포의 팽창비율이 소화효과에 직접적인 영향을 주지는 않는다. 그 이유는 수성막이 형성되므로 적은 양의 포 거품이 형성되었을 때에도 수성막은 거품으로부터 흘러나와 형성됨으로 유류의 기화작용을 방지하여 소화작업의 극대화를 기할 수 있기 때문이다. 이러한 이유는 불이 붙지 않은 상태의 유류 유출사고시 화재예방에 특히 큰 효과를 볼 수 있다. 또한 거품에서 수성막을 계속 형성시키는 성질은 유출사고가 생겼을 때 보수 및 제거 작업에서 작업자가 거품의 파괴 여부에 관계없이 작업을 할 수 있다는 장점을 가지고 있다. 이상의 이유로 현재 고정식 포소화설비를 설치하는 주차장 등의 대부분은 이 소화약제를 사용한 설비이다.

① 수성막포 소화약제의 종류

통상적으로 수성막포도 3 %형과 6 %형으로 대별된다. 3 %형이라 함은 물과 포원액의 구성비가 97:3으로 혼합되어 사용됨을 표기하는 것이고, 6 %형이라 함은 94;6으로 혼합된 후 방출기구를 통하여 방사된다는 점에서 단백포와 다른점이 없다. 한편 3 %형에는 초내한용이 개발되어 빙점이 −26 ℃인 제품으로 겨울철 추운 지방에서 보온을 하지 않고도 사용이 가능하다는 장점이 있다. 일반적인 포소화약제의 거품이 수용성 액체 위험물과 접촉되어 쉽게 파괴되는 단점을 보완한 약제가 내 알콜형 수성막포(AFFC/ATC) 제품이다. 이 약제는 소화시켜야할 위험물이 물과 반응하는 수용성 액체일 때 수성막 형성 이외에 추가로 Polymer층을 형성한다.

② 수성막포소화약제의 성능

1. 물과 적절한 비유로 혼합 사용하였을 때 단백포에 비해 3~5배이 소화효과를 나타낸다.
2. 얇은 수성막이 장시간 지속되므로 인접해 있는 기름에 연소확산을 방지할 수 있다. 수성막포는 침투성을 지니고 있어 A급 화재에도 사용이 가능하다.

개 요	수성막포(ℓ . W)	단백포(P. W)
소화시간	55초	3분 30초
사용약제량	25 ℓ	94.8 ℓ
총사용액량	416.9 ℓ	1,598.8 ℓ
방사율	2.04 ℓ pm/㎡	2.04 ℓ pm/㎡

개 요	수성막포(ℓ . W)	단백포(P. W)
단위면적당 수용액 사용	1.95 ℓ/㎡	7.44 ℓ/㎡

※ 1968년 12월 미국시애틀에서 실시
- 실험면적 : 214 ㎡, - 사용장소 : 자동차, - 사용연료 : 휘발유 2,653 ℓ

③ 보수관리

상업용으로 유통되는 모든 수성막포 원액은 수출용 포장용기에 보관되어서 물리적, 화학적 변화없이 장기간 보존이 가능하다 원액의 수명은 최소 20년 이상으로 보고 있다. 온도변화에 따른 특별한 침전은 생기지 않으며, 얼고 녹는 것 등으로 인한 소화능력이나 프로포셔닝(Proportioning)에 영향없이 사용이 가능하다. 온도변화에 따라 얼고 녹을 때 약간의 층이 생길 수 있으나 교반하여 사용하면 성능면에 있어서는 이상이 없는 것으로 알려져 있다. 담수에 Premix시켜 놓은 수용액도 빙점 이하에서는 약 2년 이상의 보존 기간을 갖는 것으로 알려져 있다.

따라서 매년 혹은 매 2년 정도마다 교체하는 단백포에 비해서 원액 상태에서 20년 이상 보존 가능한 수성막포가 경비면에서 경제적이며 폐기처분할 때 발생하는 공해 문제도 특별히 고려할 필요가 없는 등의 장점을 지니고 있다.

④ 방사장비 및 시설

기존의 단백포용으로 사용된 모든 기기와 시설은 그대로 수성막포에 교환 사용이 가능하다. 단, 이들 기기와 시설은 약제를 수성막포로 교환하기 전에 깨끗이 세척하여 단백포에 의한 침전물 등을 깨끗이 제거하여야 한다(특히 원액 저장 탱크).

⑤ 효능의 한계

수성막포는 여타 포소화약제와 마찬가지로 액화가스(부탄, 프로판 등) 화재에는 적응성이 없으며, 전기(C급)화재에도 수용액의 전도성 때문에 사용이 불가능하다. 수성막포는 화재로 인하여 물의 비등점 이상으로 뜨거워진 기름이나 아스팔트 또는 벙커 C유 등의 화재에 사용할 때에는 수성막포 수용액 중에 혼합된 물이 끓게 되어 가연성 증기의 발생을 촉진하기 때문에 그 효능이 감퇴되므로 특별한 배려를 하여야 한다. 또한 수성막포는 또한 물과 격렬하게 반응(예 : 금속나트륨)하여 위험물이 되는 물질의 화재에는 사용이 불가능하다.

⑥ 환경오염

인간과 자연환경에 수성막포가 미치는 영향에 대하여 여러 시험이 이루어진 결과 AFFF원액은 생물학적으로 분해되고 독성이 아주 낮으며, 이것도 또한 생물학적처리법으로 해결이 가능하다. 수성막포 원액은 눈과 피부를 약간 부풀게 한다고 알려져 있으나 폼이나 수용액 상태로는 특이할 만한 해가 없는 것으로 보고되고 있다. 여러 실험과 실제 사용을 통해서 동물과 수성 생물의 생활에 영향을 미치지 않음이 증명되었다(주 : 3M의 “Light Water” 에 대한 보고자료임)

3.10.3 부속장치

(1) 포소화약제 저장탱크

사용하는 포소화약제 원액을 저장하는 용기이다.

1) 종류

① 가압식 탱크

프레져프로포셔너방식, 펌프프로포셔너방식 중 바이패스방식이 해당한다.

② 비가압식탱크

프레져사이드프로포셔너방식, 펌프프로포셔너방식, 중 흡입측설치방식, 라인프로포셔너방식이 해당한다.

2) 구조

용기본체, 내부에 설치하는 다이아후램 등과, 본체에 프로포셔너가 고정되어 있는 것이 현재 주차장 등에 많이 사용되는 용기의 구성이다.

다이아후램이 있는 것은 사용 후 소화약제 보충 시 소화약제량의 계산이 용이하여야 한다. 이동식으로 사용되는 것은 다이아후램이 없는 것을 많이 사용한다.

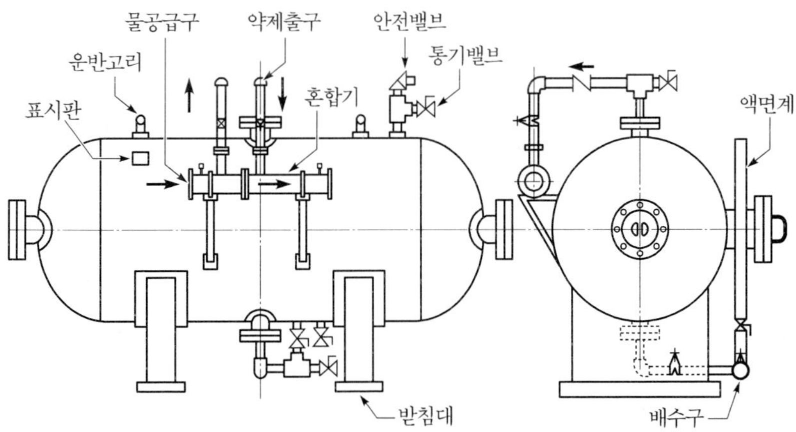

그림 3.10.31. 포소화약제 저장탱크(프레져프로포셔너방식)의 예

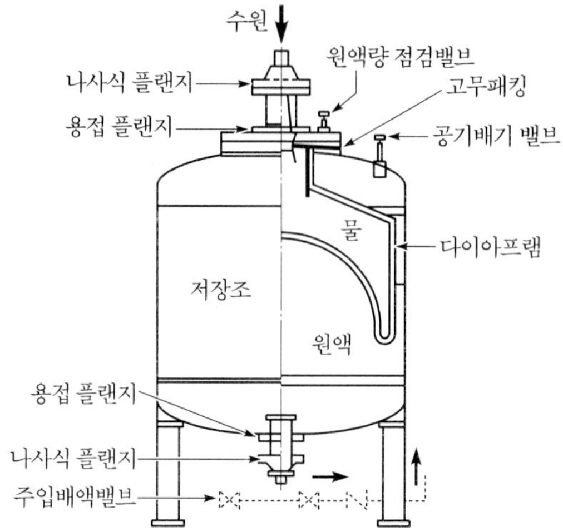

그림 3.10.32. 포소화약제저장조(가압식)

3) 재질

본체 및 프로포셔너는 철재가 대부분이다. 용기는 송수압력의 가압에 따라 사용압력에 견딜 수 있는 두께로 하여야 한다. 또한 본체 내면은 원액에 접촉하는 경우와 물만이 접촉하는 경우가 있으나 모두 방청도장을 실시하고 있다. 도장재료는 제조사에 따라 다르지만 열경화성 에폭시수지, 폴레에스테르수지 및 고무라이닝 등이 일반적으로 많이 사용된다. 다이아후램은 합성고무, 천연고무 또는 돛에 쓰이는 천에 고무라이닝을 실시한 것 등이 사용된다. 이것은 작동시 급격하게 가압되므로 탱크 압력에 따라 무리가 발생하기도 하여 끊어지기도 하는 경우가 있으며, 또한 공기에 접촉하기도 하여 노화되므로 정기적인 유지관리가 필요하다.

유의사항

가. 변형, 누액(漏液), 누기, 부식, 호기밸브, 통기관 등에 이상이 없는 것을 확인하여야 한다.
나. 탱크내는 반드시 공기빼기를 실시하여야 한다.
다. 경년변화 등에 유의하고, 소화약제를 채운 경우에는 다이아프램 등이 손상하지 않도록 주의하여 점검하여야 한다.

4) 용량

포소화약제를 규정량 외에 여유분까지 포함하여 증량하여 저장하고자 하면 큰 용량의 것을 설치하게 된다. 이러한 경우 탱크 내부에 상당한 여유가 발생한다. 이러한 상태로 사용하면 그 사이에 공기가 흐르는 경우는 공기실이 만들어져 작동시 송수 또는 송액이 불가능하게 되거나 공기압축에 의하여 다이아후램 등이 파열하는 원인이 된다. 따라서 탱크내는 항시 소화약제 및 물로 가둑 채워져 있도록 하여야 한다.

(2) 수동기동밸브

감지용스프링클러헤드와 동일배관에 접촉되는 밸브로서 화재시 약제의 방사는 감지용스프링클러헤드 등에 의하나 수동에 의해서도 기동되도록 하는 것이다. 이것은 사람이 화재를 발견하여 감지헤드 등이 작동하기 이전에 수동으로 포방출을 가능하게 함으로서 조기진화 효과를 얻거나 기타 감지회로에 이상이 있을 때 수동으로 기동하여 화재진화를 실시할 수 있도록 하는 것이다. 대부분 볼밸브 형태가 많이 사용되고 있다.

(3) 일제개방밸브

주로 많이 사용되는 종류는 감압식이다. 이 밸브는 주로 천장면에 노출하여 설치함으로서 화재시 열에 노출되는 것이 많기 때문에 포방출시 포수용액에 의한 급냉작용에 충분히 견딜 수 있는 재질을 사용하는 것이 중요하다. 또한 밸브에 패킹재료를 사용하는 경우, 재질은 포수용액에 의해서 단시간 내에 노화되지 않는 것으로 하여야 한다.

(4) 감지용스프링클러헤드

스프링클러설비에 사용되는 스프링클러헤드가 사용된다. 포소화설비에 사용하는 경우, 화재시 열을 감지하여 작동하면 항상 충진된 압력에 걸려있는 포수용액의 압력을 강하시키는 역할을 하게 되고, 헤드가 설치된 배관과 접속된 일제개방밸브의 내부 균형압력이 무너지게 되어 밸브가 개방된다. 또한 감지용스프링클라헤드로 사용되는 헤드는 자동화재탐지설비의 감지기로 기동되는 경우와 병합을 피할 필요가 있어 표시온도는 79 ℃미만의 것을 사용하여야 하며 생산되지 않는 표시온도의 헤드를 감지기와 병합하여 사용하는 경우는 종별 등을 한정하고 있다.

(5) 개방밸브(선택밸브)

개방밸브는 자동개방밸브 및 수동개방밸브로 구분되며, 수동개방밸브는 제1선택밸브, 제2선택밸브로 분류된다.

1) 자동개방밸브

화재감지장치의 작동에 의하여 기계장치 또는 전기장치에 대하여 자동으로 개방되는 밸브를 말한다.

2) 수동개방밸브

선택밸브는 방유제 밖에 설치하며, 방유제가 없는 경우는 직경 15m 미만의 탱크일 때 15m 이상, 직경 15m 이상의 탱크는 탱크의 직경이상 수평거리를 두어야 한다.

① 제1선택밸브

방호구역별 선택밸브이다. 펌프실 또는 송액 주배관의 분기점에 설치한다.

② 제2선택밸브

방호대상물별 선택밸브이다. 화재시 안전하게 조작할 수 있는 장소에 설치한다.

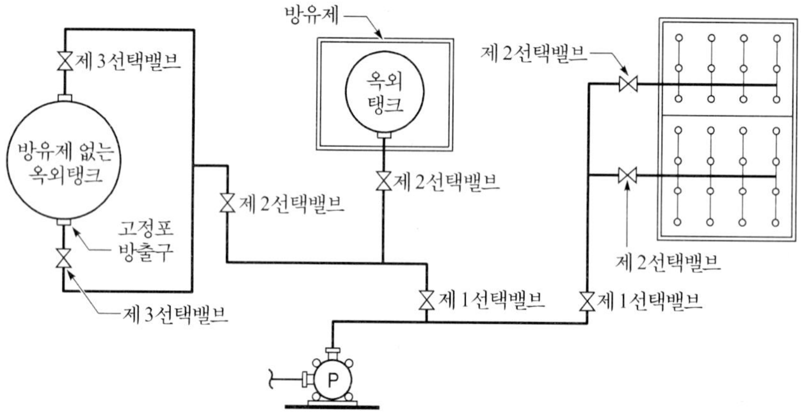

그림 3.10.33. 선택밸브의 종류

3.10.4 포소화설비의 작동방법

(1) 폐쇄형스프링클러 연동방식

헤드의 표시온도는 79℃ 미만의 것을 사용하고, 헤드1개당 경계면적은 20㎡ 이하로 한다. 부착면의 높이는 바닥으로부터 5m 이하로 함으로서 화재를 유효하게 감지할 수 있도록 설치한다.

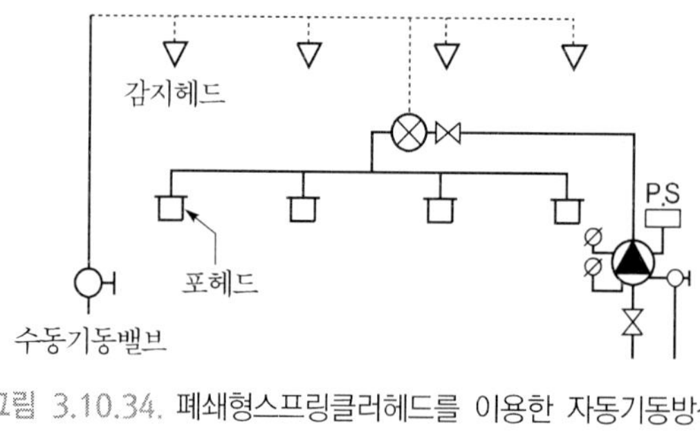

그림 3.10.34. 폐쇄형스프링클러헤드를 이용한 자동기동방식

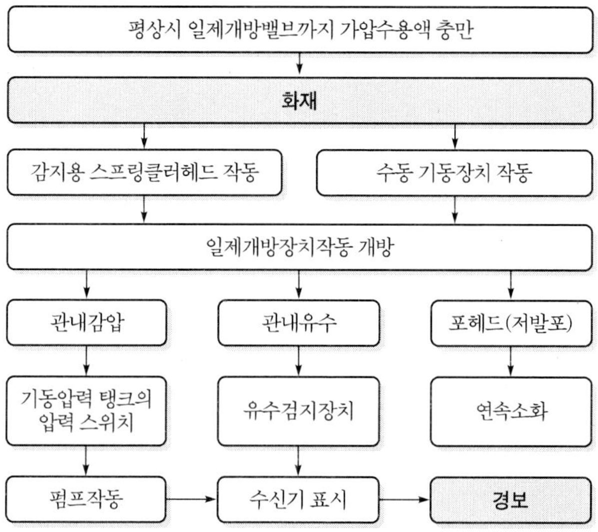

그림 3.10.35. 폐쇄형스프링클러헤드와 연동한 포소화설비의 작동의 예

(2) 화재감지기 기동방식

감지기는 열에 의해 감지되는 것을 사용하여야 하며 감지기, 화재표시 및 경보장치는 자동화재탐지설비의 감지기 또는 발신기에 관한 기준에 준하여 설치한다. 또한 동결우려가 있는 장소의 자동식 기동장치는 자동화재탐지설비와 연동하도록 한다. 고발포를 사용하는(예 : 비행기 격납고 등) 포소화설비의 경우에는 자동기동방식으로는 반드시 감지기 기동방식으로 하여야 한다. 이는 고발포의 경우 스프링클러헤드에 의한 기동방식은 헤드에서 살수되는 물로 인하여 고발포의 포가 소멸되어 소화적응성이 떨어지기 때문이다.

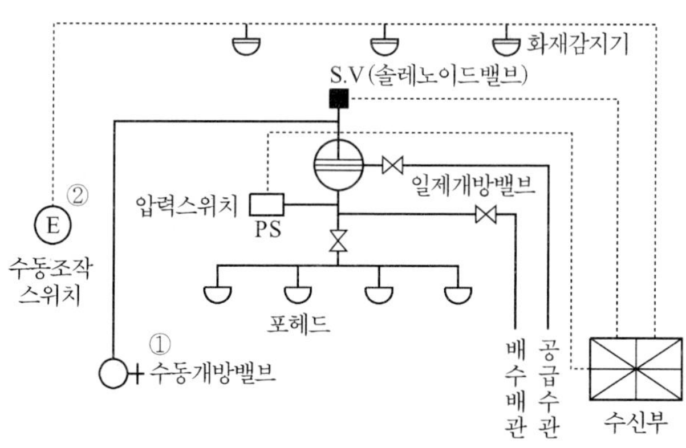

그림 3.10.36. 화재감지기를 이용한 자동기동방식

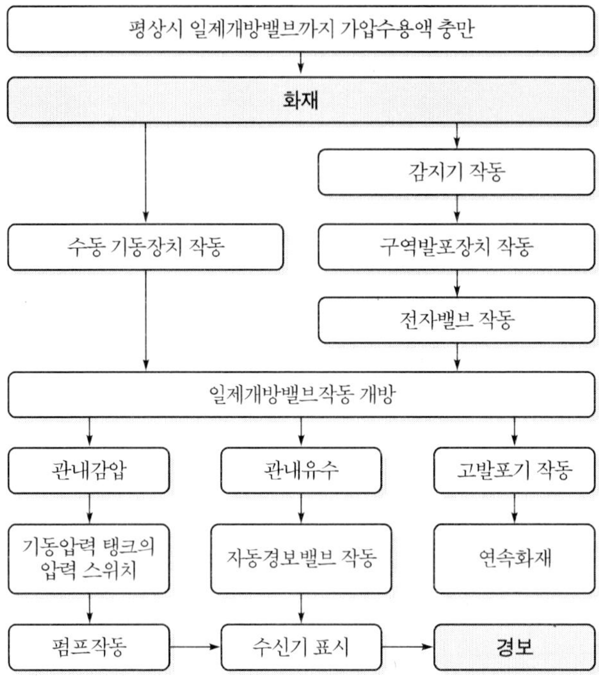

그림 3.10.37. 화재감지기와 연동한 포소화설비의 작동의 예

3.10.5 포소화설비의 수원 등

(1) 수원

수원은 옥내소화전설비의 고가수조, 압력수조, 지하수조가 같은 원리로 적용된다.

(2) 가압송수장치

옥내소화전설비의 고가수조방식, 압력수조방식, 펌프방식이 같은 원리로 적용된다.

(3) 수원의 양

일반적으로는 양제농도에 따라, 농도 3 %일 경우는 수원의 양을 97%로, 농도 6% 일 경우는 수원의 양을 94%롤 계산한다.

1) 특수가연물을 저장, 취급하는 공장 또는 창고의 경우

① 폼워터스프링클러헤드 또는 폼헤드

$$Q = N \times Q_S \times 10$$

여기서 Q : 수원의 양(ℓ)

N : 바닥면적 200㎡ 이내 설치된 층별 최대 헤드수

Q_S : N개의 헤드를 동시에 표준방사량으로 방사할 경우의 양(ℓ/min)

10 : 방사시간(분)

② 폼워터스프링클러헤드 또는 포헤드

$$Q = N \times Q_S \times 10$$

여기서 Q : 수원의 양(ℓ)

N : 방호구역내 최대로 설치된 고정포 방출구 수

Q_S : N개의 고정포 방출구가 동시에 표준방사량으로 방사할 경우의 양(ℓ/min)

10 : 방사시간(분)

2) 차고 또는 주차장의 경우

① 호스릴 또는 포소화전

$$Q = N \times 6{,}000$$

여기서 Q : 수원의 양(ℓ)

N : 방수구의 설치 개수(최대 5개)

6,000 : 300(ℓ/min) × 20

② 포헤드 또는 고정포방출구

1. 포헤드 : 특수가연물을 저장, 취급하는 공장 또는 창고일 경우에 있어 폼워터스프링클러헤드나 포헤드의 수원 용량계산식에 의한다.
2. 고정포 방출구 : 특수가연물을 저장, 취급하는 공장 또는 창고일 경우에 있어 고정포방출구의 수원 용량 계산식에 의한다.

3) 위험물 제조소 등(옥외탱크 제외)의 경우

① 폼워터스프링클러헤드, 포헤드 : 특수가연물을 저장, 취급하는 공장 또는창고일 경우에 있어 폼워터 스프링클러헤드나 폼 헤드의 수원 용량 계산식에 의한다.

② 고정포방출구 : 특수가연물을 저장, 취급하는 공장 또는 창고일 경우에 있어 고정포방출구의 수원 용량 계산식에 의한다.

③ 포소화전설비의 경우 : 차고 또는 주차장의 경우에 호스 릴 또는 포소화전의 수원 용량 계산식에 의한다.

4) 옥외 탱크 저장소의 경우

① 고정포 방출구

$$Q = [A \times Q_1 \times T] + [N \times 8,000]$$

여기서 Q : 수원의 양(ℓ)

[A × Q_1 × T] : 고정포 방출구에 필요한 수원

A : 탱크의 액표면적(㎡)

Q_1 : 기준 별표7에 의한 방사밀도(ℓ/㎡·min)

T : 기준 별표7에 의한 방사시간(분)

[N × 8000]: 옥외포소화전에 필요한 수원

N : 방유제의 최대 포소화전 수(3개 이상의 경우는 3개)

8,000 : 400(ℓ/min) × 20 분

5) 비행기 격납고

$$Q = [N_1 \times Q_1 \times 10] + [N_2 \times 6,000]$$

여기서 Q : 수원의 양(ℓ)

N_1 : 비행기 격납고내 최대 설치헤드 수 또는 고정포방출구의 수

Q_1 : N_1 개의 헤드나 방출구가 동시에 개방한 경우의 표준 방사량(ℓ/min)

N_2 : 비행기 격납고내 최대로 설치된 호스릴 포의 방수구 수(최대 5개)

6,000 : 300(ℓ/min) × 20 분

3.10.6 포 소화약제량

(1) 고정포 방출구의 경우

소화약제량은 고정포방출구의 양, 보조포 소화전의 양, 송액관의 양을 더한 값으로 한다.

1) 고정포 방출구의 양

$$Q = A \times Q_1 \times T \times S$$

여기서 Q : 포소화약제량(ℓ)　　A : 탱크의 액표면적(㎡)

Q_1 : 단위 포 소화수용액(ℓ/min·㎡)　　T : 방출시간(분)

S : 농도(%)

※ 방출구가 특형일 경우는 탱크의 액표면적 A는 환상부분의 면적이 된다.

2) 보조포 소화전 양

$$Q = N \times S \times 8000$$

여기서 Q : 포소화약제량(ℓ) N : 호스 접결구수(최대 3개)

S : 농도(%)

3) 송액관의 양

$$Q = 배관세척 \times S$$

여기서 Q : 포소화약제량(ℓ) S : 농도(%)

※ 여기서 75 ㎜이하의 송액관은 제외한다.

(2) 옥내 포소화전 또는 호스릴 방식의 경우

$$Q = N \times S \times 6000$$

여기서 Q : 포소화약제량(ℓ) N : 호스 접결구수(최대 5개)

S : 농도(%)

※ 바닥면적 200 ㎡미만일 경우 산출량의 75 %를 적용할 수 있다.

(3) 포헤드 방식의 경우

$$Q = N \times Q_1 \times T \times S$$

여기서 Q : 포소화약제량(ℓ) N : 하나의 방사구역 내 모든 포헤드의 개수

Q_1 : 표준방사량(ℓ/min) T : 10분 S : 농도(%)

※ 표준방사량은 제조사의 설계압력 방사 시 방사량으로 한다.

3.10.7 포 헤드의 설치수량 및 위치 등

(1) 포 헤드의 설치 수량

1) 폼 워터스프링클러헤드 : 총바닥면적 ÷ 8㎡

2) 포 헤드 : 총바닥면적 ÷ 9㎡

※ 1. 필요한 헤드수량 = 바닥면적 ÷ 9㎡
2. 필요한 헤드수량 = (바닥면적 × 방사밀도) ÷ 포헤드 표준방사량
위의 1. 2중 큰 쪽을 택한다.

(2) 포 헤드의 배치

1) 보가 있을 경우

헤드와 보의 하단 수직거리	헤드와 보의 수평거리
0 m	0.75 m미만
0.1 m미만	0.75 m이상 1 m미만
0.1 m이상0.15 m미만	1 m이상 1.5 m미만
0.15 m미상0.15 m미만	1.5 m이상

2) 헤드간격

① 고정식인 경우

1. 방호면적(폼 헤드간격)과 방호반경

포헤드 1개의 방호면적은 법령의 규정에 의하여 바닥면적 9㎡당 1개 이상의 포헤드를(방호대상물 표면이 포헤드 유효방호공간 내에 살수가 가능하도록) 설치되어야 한다고 규정되어 있다. 이 규정에 의한 포헤드의 유효방호공간을 명확하지는 아니하지만 본래는 스프링클러헤드의 기준에 의해 일정 방호반경으로 표현을 하고 있다. 또한 반경은 2.1m 이하로 규정하고 있다. 따라서 방호반경을 2.1m로 설정한 경우 그 포헤드간의 대각선 길이는 4.2m, 방호면적은 정방형 배치의 경우 8.82㎡로 한다.

$$S = 2\ r\ \cos 45°$$

여기서 S : 포 헤드 상호간의 거리(m),
r : 유효반경(2.1 m)

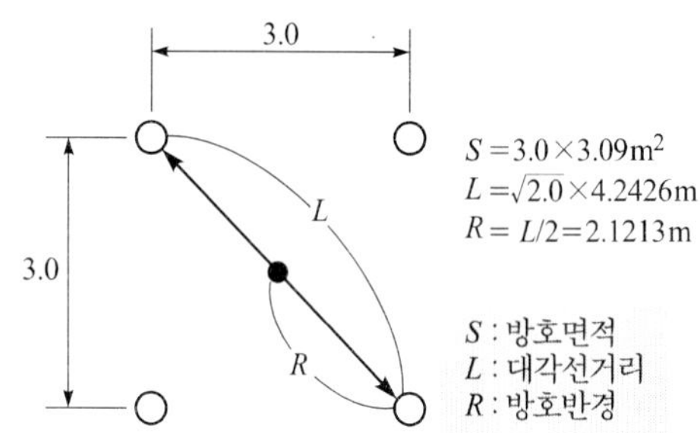

그림 3.10.38. 정방형 배치의 방호면적과 방호반경

정방형 이외의 단형배치의 경우에 관해서는 다음의 표에 의한다. 소화효율을 고려하는 한변 길이의 최대는 3.6 m이하로 한다.

$$X = 2\ r$$

여기서 X : 포 헤드 대각선 거리(m)
r : 유효반경(2.1 m)

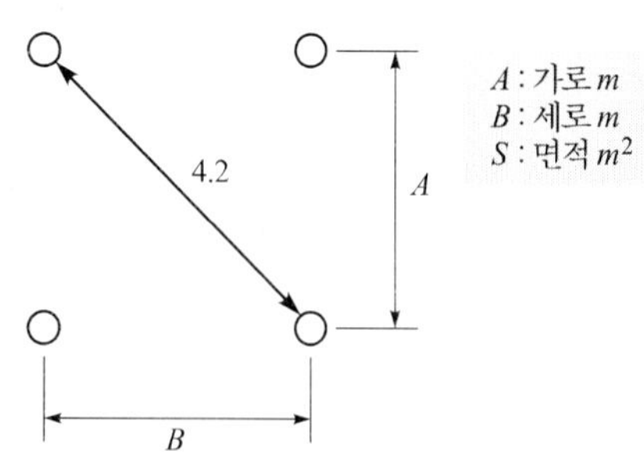

그림 3.10.39. 정방형 배치의 방호면적과 방호반경

포헤드의 간격

A	B	S	A	B	S
2.2	3.556	7.8232	3.0	2.928	8.7840
2.3	3.514	8.0822	3.1	2.834	8.7854
2.4	3.446	8.2704	3.2	2.720	8.7040
2.5	3.375	8.4375	3.3	2.598	8.5734
2.6	3.298	8.5748	3.4	2.464	8.3776
2.7	3.217	8.6859	3.5	2.322	8.1270
2.8	3.130	8.7640	3.6	2.162	7.7832
2.9	3.038	8.8102			

이 표에 의하면 방호면적이 최대가 되는 효율이 좋은 포헤드 간격은 정방형 배치의 경우이며 한방향의 포헤드 피치가 다른 방향보다 크게 되면 면적이 적어지는 것을 볼 수 있다.

따라서 정방형 이외의 배치에서 방호구획 면적만으로 폼헤드 수를 계산하는 것은 대단히 위험하므로 반드시 방호반경과 맞게 할 필요가 있다.

또한 방사구획 내의 폼헤드 수가 이미 계산된 값을 산출할 때에 방호면적으로 나누는 경우는 도면의 축척에 주의하여야 한다.

축척 1/50, 1/20은 폼헤드 1개당 8.8㎡, 1/100, 1/200은 8㎡로 계산한다. 방호구획의 형태에서 주의를 요하는 사항은 특별히 없으며 비교적 세부적인 방호구획의 경우는 폼헤드를 배치하는 것이 필요하다.

(3) 포헤드의 설치

포헤드 부착 방법은 스프링클러설비 준용 또는 포헤드의 부착을 참조하여야 한다. 다만, 스프링클러헤드의 부착 방법과 다른 점은 방사구획에 따라 다른 점이 있음으로 전체적으로 포헤드의 규칙적인 배열이 어려운 경우가 많다. 현실적으로 의장상의 제약이 있으므로, 배열을 가지런하게 설계하는 방법이 시공시 유익하고 향후 포헤드를 증설하고 설비용량 변경을 하지 못하도록 하는 차원에서 좋은 방법이라 생각된다. 이렇게 본래 기술적으로 필요한 포헤드 수보다도 많이 설치하게 되는 방사구획이 발생한다. 또한 다른 점은 하나의 방사구획 내의 포헤드에는 포수용액이 균등하게 분배되기 위한 배관형태를 생각한다. 본래 포헤드의 방사압력, 방사유량은 어떤 위치의 포헤드에 대해서도 동일한 것이 기본이다. 따라서 배관마찰저항이 동일하게 되기 위한 토너먼트식으로 포헤드를 좌우대칭으로 배열하는 방법을 고려하여도 된다.

1) **평면주차장의 경우**

① 평면적인 포헤드의 설치위치

이 방법에서 주차부분과 차로 부분에 포헤드를 설치할 때에는 특히 다음의 2점에 주의할 필요가 있다.

첫 번째는 기둥 및 벽면의 오목하고 돌출된 부분의 경우인데, 포헤드에서 방사되는 포가 닿지 않는 곳이 있음으로 주의를 요한다. 특히 주차부분에 발생하기 쉽다.

두 번째는 포헤드가 나란한 방향으로 규칙적이면서 똑바르지 않게 되는 부분이 있다. 보통은 4개의 기둥으로 둘러싸여진 부분을 한 개 단위(이하 방사구획 또는 간단히 구획이라 한다.)로 하여, 포헤드의 설치를 고려하지만, 이 크기가 주차장 전부에 걸쳐 동일하게 있는 경우는 문제가 없으나, 다를 경우는 각각의 방사구획에 설치되는 포헤드 수가 다르게 되어 결국 하나 구획 중의 포헤드는 정방형으로 설치되었어도 주차장 전체를 바라보면 한줄로 나란하지 않다. 보통 포헤드 및 배관은 노출상태가 되므로 의장상 문제가 되는 경우도 있다. 이것은 방사구획의 크기가 주차장 부분과 차로의 부분에서 다를 경우 또는 주차부분이 같은 부분과 차로 부분이 같은 부분에도 있는 경우가 있다. 이러한 경우의 대처방법으로는 후자의 경우는 가장 큰 면적을 가진 방사구획을 기준으로 하여 필요 포헤드 수를 설치하고 이 종과 횡의 연장선상으로 각 구획마다 포헤드를 설치하는 방법이 있다. 이렇게 하면 본래 8개의 포헤드가 9개로 되어 방사되는 포의 단위면적당 밀도가 높아지게 되어 각 구획마다 소화속도는 다르게 되지만 가장 끝의 포헤드 수에 증감이 되는 경우를 제외할 수 없다고 생각한다. 첫째의 경우는 포헤드의 설치 피치를 바꾸어 보는 것이지만 여기에 의해 해소되지 않는 경우는 그 부분만 전용 포헤드를 늘리기 쉬운 것으로 되어야 한다. 주위구획과 큰 차를 만들지 않는 것이 중요한 일이다.

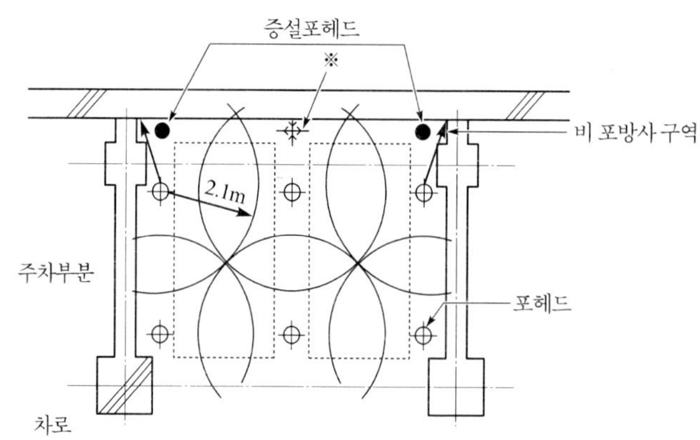

그림 3.10.40. 포헤드와 증설포헤드의 설치 예

② 입체적인 포헤드의 설치

포헤드에는 규격상 설치 높이 기준이 있어 이 수치로 설치하여야 한다. 다만, 높이에 관한 규정은 주차장에 관련된 법령에도 있으며, 이 기준은 주차장 내에 주행 및 주차 장애물이 있으면 위험하므로 제한하고 있다. 이 중 주차부분에 관해서는 2.1m 이하의 부분에 장애물이 없어야 한다. 차로 부분에서 2.3m 이하에 장애물이 있어서는 안된다. 따라서 포헤드는 규격 이내에서 주차장 관련법령에 저촉되지 아니하도록 설치할 필요가 있다. 규정높이 이내에 포헤드를 설치하는 것은 안전을 위해 반드시 멀리하여야 한다. 보통 2.5~2.6m정도 높이에 설치된 것이 많다. 이런 경우는 그 하부에 있는 닥트, 전선용 케이블 및 조명기구가 살수장해가 된다.

살수장해에 관한 것은 스프링클러설비를 참고한다. 스프링클러설비는 살수장해물에 대해 이하 2단으로 설치하는 등 방법이 있으나 포소화설비에서 이 방법은 기계식 주차장에서는 제외하여야 한다. 방사구획내의 포헤드 수가 많게 되면 포소화설비 전체 규모가 크게 되어 직접적인 영향이 발생한다. 다만, 앞에서 서술된 살수장해물이 주차장내 전면에 걸쳐 존재하는 것은 대부분 없고 부분적으로 고려하는 것에서 끝내는 경우가 많다. 따라서 이러한 부분의 바로 근처에 포헤드를 설치하는 경우는 살수장해물의 하부에 포헤드 스크린이 닿기 어려운 높이에 설정하도록 하여야 한다.

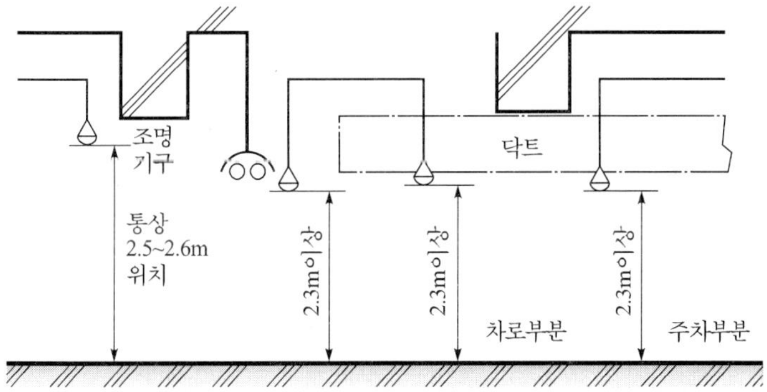

그림 3.10.41. 포헤드의 설치 높이

2) 기계식 주차장의 설치 경우

최근 주차공간 확보 차원에서 증가하고 있는 자주식 주차장으로서 주차장에서 파렛트(차를 받치는 강제 판)를 상하좌우로 이동시키면서 입체적으로 차를 수납하는 기구를 가진 기계를 설치하고 작은 주차장 면적에서 보다 많은 차를 주차할 수 있는 방식이다.

이러한 주차기계에 대한 포헤드의 설치는 평면적인 방사구획을 방호하기 위해 천장 면에 포헤드를 설치한 경우, 방사된 포는 상단 파렛트가 살수장해가 되어 하단 파렛트에 도달하지 않게 된다. 따라서 각 파렛트를 포헤드 방호반경 내에 포함되도록 파렛트마다 설치할 필요가 생긴다. 그리하여 파렛트가 2단 및 3단인 경우는 폼헤드도 평면적으로 필요한 수의 2배, 3배 더 필요하게 된다.

어떤 파렛트도 포헤드의 유효방호 반경 2.1 m이내에 포함되어야 하는 것은 위에서 설명한 바와 같다. 주의하여야 하는 것은 포헤드 설치위치가 제한되어 있다는 것이다. 파렛트 바로 윗부분은 적재되어 있는 차의 가장 높은 부위가 되도록 상부 슬라브 또는 파렛트 간의 사이가 작은 경우가 대부분이므로 배관 및 포헤드 설치가 불가능한 경우가 있다. 이러한 경우는 파렛트 위의 차와 인접하여 적재되어 있는 차와의 사이 위치에 포헤드를 설치하게 된다. 그러나 이 위치는 주차기계 등의 구조재가 있는 위치가 될 수 있으므로 다소 무리가 발생하는 경우가 있을 수 있다.

특히 기술적으로 곤란한 경우를 수반하는 것은 피트(pit)식 주차기계이다. 피트가 낮은 부분은 상단 파렛트에서 흘러내린 가솔린 등을 저유할 가능성이 높은 부분이므로 포헤드에서 확실하게 방호하여야 한다. 그러나 배관 및 포헤드 설치공간 확보에는 가장 장해가 많은 장소이다.

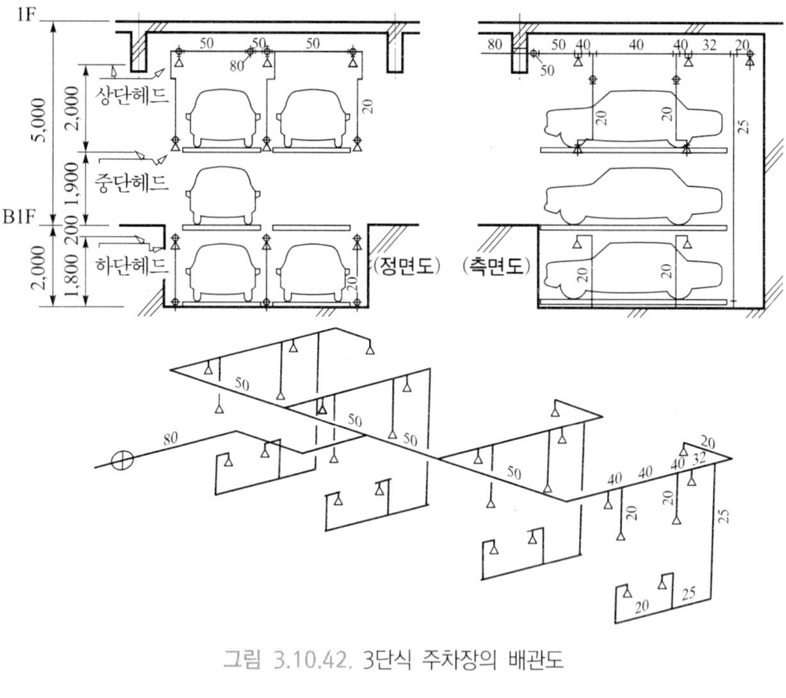

그림 3.10.42. 3단식 주차장의 배관도

3) 방사구획의 설정

방사구획에 관해서는 용량 등의 결정에 크게 영향을 주는 것에 관하여 설명을 서술하면 다음과 같다.

① 방사구획이란

가솔린 화재 등은 연소속도가 신속하므로 발화초기는 연소면적이 적지만 화재 열에 의해 가솔린의 증발량이 증가함과 아울러 연소면적은 급속하게 확대하는 경향을 가지고 있다.

따라서 발화초기에 연소범위를 예상하여 어느 정도 큰 면적으로 한번에 포방출 방향을 연소속도의 크기에 대응하여 방출하는 것이 가장 좋은 방법이다.

소방법령은 이 크기에 관하여 50 ㎡로 하고 있지만, 단서에서 50 ㎡이하의 경우에 관해 규정하고 있다. 즉 불연재료로 만들어진 벽 등으로 구획되어 화재가 일부분으로 한정된 경우만 인정된다.

방사구획의 상한에 관해서는 오히려 제한이 없는 것이 앞에 기술된 내용과 같이 연소의 효율적인 방지에 유효하다.

그러나 문제는 설비전체의 비용에 관한 것이다. 수원용량, 펌프토출량, 포소화약제 저장량, 배관구경 및 일제개방밸브, 기기의 구경 등이 모두 증가하는 것이다. 따라서 소화효과에 한계성을 가져와 경제적으로 타당한 설비의 크기가 당연히 있어 이것이 법령에서는 100 ㎡의 면적이 되도록 한다. 방사구획을 설정할 때에는 100 ㎡이하를 그다지 엄밀하게 고집할 필요는 없으며 큰 구획이 있는 경우도 일반 규모의 주차장은 약 110~120 ㎡정도로 할 수 있다.

② 동시방사구획이란

방사구획에서 하나의 방사구획과 이에 인접한 구획 2개의 방사구획의 합계면적에서 최대가 되는 구획을 동시방사구획이라 부른다.

동시방사구획을 설정하였을 때 수원용량, 포소화약제 저장량 및 펌프 토출량을 산출하는 경우 기본 수치로 한다. 결국 이 2개의 방사구획을 동시에 소화 가능한 능력을 가진 설비를 만들게 되어 이보다 적은 동시방사구획은 당연히 여력으로 소화 가능하도록 한다.

(4) 포헤드의 적응성

포소화설비는 소방대상물에 적응성을 가지도록 설비를 구성하는데 각각의 요소가 다음과 관련되어 설치되고 있다.

표 3.10.1. 소방대상물과 방출방식 등

소방대상물	사용소화약제	팽창비	설치방식	방출방식
위험물시설	고단백포 단백포 수성막포	저발포	고정식(자동) 반고정식(수동)	고정포방출구 포헤드 폼워터스프링클러헤드
			이동식(수동)	포노즐
주차장 등	단백포 수성막포 합성계면활성제포	저발포	고정식(자동)	포헤드
			이동식(수동)	포노즐
	합성계면활성제포	고발포	고정식(자동)	고발포방출구
항공기, 회전날개 항공기 격납고	단백포 수성막포 합성계면활성제포	저발포	고정식(자동)	폼워터스프링클러헤드
			이동식(수동)	포노즐
	합성계면활성제포	고발포	고정식(자동)	고발포방출구
지정가연물	단백포 수성막포 합성계면활성제포	저발포	고정식(자동)	폼워터스프링클러헤드 포헤드
			이동식(수동)	포노즐
	합성계면활성제포	고발포	고정식(자동)	고발포방출구

3.10.8 종합점검

(1) 고정식(포헤드 방식) 포소화설비

1) 저발포용 포소화약제 사용에 의한 고정식설비의 종합점검시 요점

분포, 방사압력의 확인은 전방사구획수 20% 이상의 수를 임의로 선정한 구획내에서 물에 의한 방사를 실시할 것. 이때 포소화약제는 혼합되지 않은 것이므로 그림 3.10.43과 같이 해당 밸브를 닫아두고 자동식기동장치의 작동 또는 수동식기동장치의 조작에 의해 일제개방밸브를 작동시키는 방법으로 점검을 실시하여야 한다. 또한 가장 먼 거리의 방사구획에서 포방사를 하는 경우에는 방수시험시 폐지한 밸브류는 정위치로 세트시켜 두고 하는 것이 중요하다. 점검대상구획은 매년 같은 구획을 선정해서는 안된다.

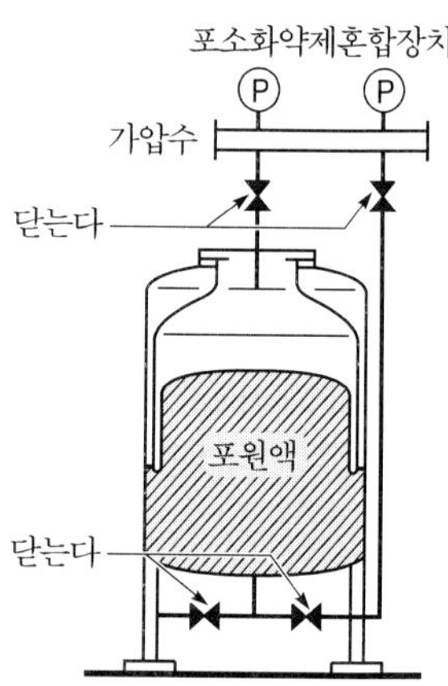

그림 3.10.43. 점검방법

① 설비의 작동확인

a. 포소화설비는 포소화약제 저장조 및 혼합장치의 회로가 있으므로 다른 물계통소화설비보다 계통이 복잡한 밸브의 부착 수도 많다. 따라서 설계도면을 점검하여

작동 및 정지기구를 파악하고 밸브에 부착되어 있는 상시개방 또는 상시 잠금의 표시를 확인한 후 점검을 실시하여야 한다.

b. 각 압력계, 연성계, 전압계등의 지시치를 확인하여야 한다.

c. 제어반에서 펌프기동스위치가 자동으로 설정되어 있는 지를 확인하여야 한다.

d. 펌프(하나의 유수검지장치를 맡고 있는 배관계의 펌프)로부터 가장 먼 포 방사구의 말단 폼헤드를 떼어내고 압력계를 부착하여야 한다.

e. d의 포방사구역 기동장치의 수동조작부(밸브)를 조작하여 포헤드군으로부터 포 방사를 실시하여 일제개방밸브의 개방상태를 확인하여야 한다.

f. 펌프가 기동하여 연속적으로 송수하는지와 포소화약제가 물과 혼합되어 포수용액상태가 되어 모든 대상 폼헤드로부터 똑같은 포방사가 얻어지는지를 확인하여야 한다.

g. d에서 준비한 압력계의 수치를 확인하고 설계도면에 기재되어 있는 방사압력의 범주에 있는 지를 확인하여야 한다.

h. g에서 확인한 포방사압력치는 방사시험후 유량계산식의 압력계산치로 취급하여야 한다.

i. 자동경보장치가 작동하고 화재표시의 점등 및 음향경보장치가 확실하게 작동하는지를 확인하여야 한다.

j. 압력계, 연성계, 전압계 및 전류계의 지시치와 펌프의 회전수를 확인하여야 한다.

k. 펌프기동에 기인하여 워터햄머 등으로 다른 포방사구역의 일제개방밸브가 반 작동 또는 작동하지 않는 지를 확인하여야 한다.

l. 포를 채취하여 팽창비, 25%환원시간, 포약제의 혼합농도를 측정하고 각각의 수치를 확인하여야 한다.

m. 일제개방밸브의 원격수동기동장치 조작부(밸브)를 조작하여 당해방사구역의 일제개방밸브를 폐지하여야 한다.

n. 자동경보장치의 수신부 복구조작을 하여 화재표시의 소등, 음향경보장치의 정지를 확인하여야 한다.

o. 기동용수압개폐장치가 열리고 수동정지장치의 조작에 의해 펌프가 정지하는 지를 확인하여야 한다.

p. 방출된 포의 후처리에는 배수장치에 의해 원활하게 이루어지는지를 확인하여야 한다. 특히 방사구역이 지반면보다 높은 위치에 있는 경우는 노면의 배수구로 포의 역유출 또는 인접건물의 배수장치로 포유입 등이 일어나지 않도록 유의하여야 한다.

q. 복수이상의 포방사구역이 있는 경우는 당해 포방사구역마다의 수동조작부와 일제개방밸브의 상관성을 나타내는 표시가 완전한지 어떤지를 확인하여야 한다.

r. 포방사 형상에 대해서 동일성을 갖지 않고 있는 헤드가 있는 경우는 이물질이 존재하지 않는지를 확인할 것. 그 경우 분해하지 않고 그 이물질을 제거할 수 없을 때는 메이커에 정비를 의뢰하여야 한다.

s. 포방사 후, 배관 등에 크리닝(세정)이 필요한 것은 세척하고 소화약제를 보충하여야 한다.

t. 설비를 화재대기 상태로 복구하고 확인하여야 한다.

② 포소화약제 혼합장치 등의 확인

a. 저장조, 혼합기 및 밸브류는 변형, 손상 등이 없는지를 확인하여야 한다.

b. 포소화설비는 다른 물계소화설비보다 혼합장치등의 계통이 부가되어 있으므로 설계도면 등에 의해 그 계통, 기능을 잘 조사한 후에 확인하여야 한다.

c. 저장탱크, 혼합기, 배관, 밸브 등으로부터 누수 또는 약제누설이 없는지를 확인한다. 특히 저장탱크의 다이아프램 외부 조임 부분으로부터 누설이 있는 경우는 더욱 조여서 정비하지만 다음과 같은 절차에 의한다. maintenance밸브를 닫은 후 배수밸브로부터 미량의 물을 탱크 밖으로 배수하고 탱크내의 압력은 충수, 충액 상태에서 낮추면서 더욱 조임을 실시한다. 이때 더욱 조임은 대각선방향으로 엇갈리게 실시하고 누설이 멈추면 반드시 maintenance밸브를 개방하고 평상 유지 상태로 복원한다.

d. 포방사를 실시한 경우는 소비한 약제량을 채워둘 것. 이때 사용한 포소화약제는 설계도서에 기재된 메이커의 것과 동형식의 것을 반드시 사용할 것. 또한 기록의 비고란에 충전년월일, 약제형식번호, 명칭, 충량을 기입하여야 한다.

e. 포소화약제의 노화, 변질 등의 시험은 점검현장에서는 무리이므로 약제메이커에 샘플(약 3ℓ 정도)을 보내 검사를 의뢰하여야 한다.

(2) 고정포방출구 시험법

1) 고정포 방출구 상부에 곡관을 붙이고 곡관에 슈트를 설치하여 포수용액을 방사하여 수집통(3 ㎥ 정도)에 수집, 방사량, 포의 팽창비 등을 측정한다.

2) 입상관의 스트레이너 출구 쪽에 압력계를 설치 유입압력을 측정한다.

3) 하나의 탱크에 2개 이상의 방출구가 설치된 경우 동시에 방출하고 수집통은 1개소만 설치한다.

4) 상기 시험방업이 곤란한 경우, 송액관 입상관 중 플렉시블죠인크 및 스트레이너 상부에 노

즐을 접속, 방수하여 방수압을 측정(피토게이지 측정)한다.

(3) 기타

1) 고발포를 사용하는 것은 발포시키지 않은 물로 방사를 실시하여야 한다.
2) 발포배율 및 25 % 환원시간 측정과 함께 당해 측정을 위해 채취한 수용액을 사용하여 糖度計法, 比色計法 또는 전기저항법에 의해 혼합률(희석용량농도)을 측정하여야 한다.

(4) 발포된 포의 팽창 및 환원시간 측정

1) 팽창비의 측정

채집된 포콘테이너를 저울(g 단위급)로 달아서 포의 팽창비를 확인한다. 확인 방업은 포콘테이너의 채집전 중량을 달아서 확인해 놓고 채집된 포는 콘테이너 전체를 달아서 중량을 확인하고 다음 식에 의하여 팽창비를 확인한다.

1,600/(총중량 - 순수 콘테이너중량) = 팽창비

참고로 단백포계통은 팽창비가 6배 이상, 수성막포는 5배이상, 합성계면활성제는 500배 이상이면 된다.

2) 25% 환원시간 측정

포콘테이너를 클램프에 설치하고 실린더를 라래로 설치하여 개폐밸브를 열어 놓고 실린더로 환원된 포수용액을 받아서 측정한다. 초시계를 2개 준비하여 포의 채집에서부터 즉시 실시하면서 시간을 측정한다. 이시험은 팽창비의 측정에 사용된 동일한 샘플에 대하여 실시한다. 채집된 포의 순중량을 4로 나누어서 포 내의 함유된 수용액의 25 % 부피를 ml 단위로 얻는다. 이렇게하여 25 %로 환원되는데 소요되는 시간을 측정하여 저발포약제의 경우에는 1분이상, 합성계면활성제포의 경우에는 3분 이상이면 정상상태이다.

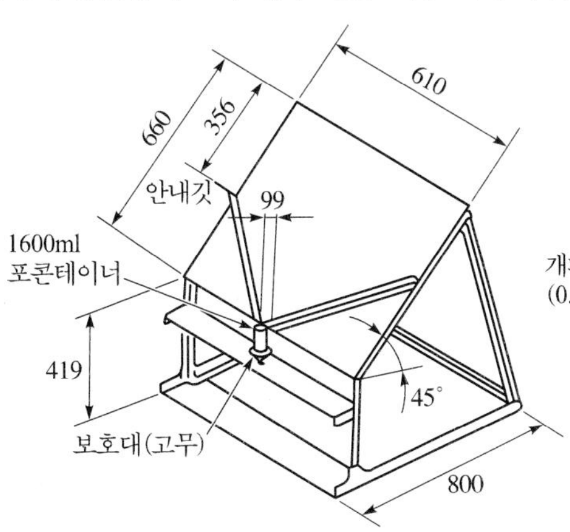

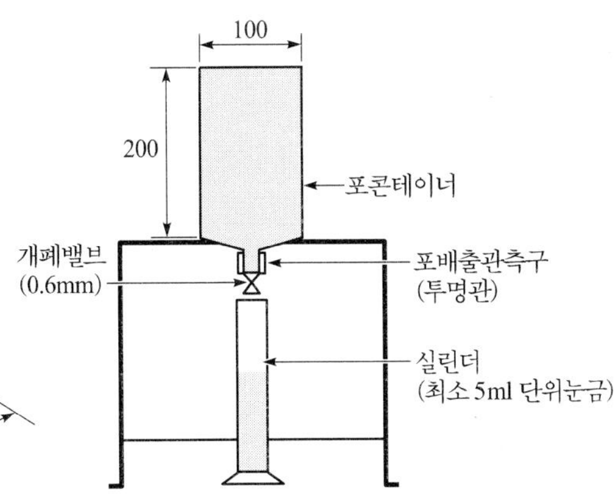

(5) 포소화약제의 점도 측정

포소화약제의 저장탱크에서 시료를 채취한 후 점도계를 사용하여 소화약제의 정상점도 여부를 측정하는 것으로, 점도계를 사용하여 측정한 결과는 사용온도 범위 내에서 측정한 값이 일반적으로 포소화약제는 200센티스토우크스, 단백포소화약제는 400센티스토우크스 이하, 알콜형 포소화약제는 3,500센티스토우크스 이하가 정사상태의 점도이다.

실 전 문 제

문제 1 포 소화설비에 있어서 혼합장치의 종류를 열거하고 이들을 설명하시오.

문제 2 포소화설비의 Subsurfce Injection Method와 Semi-Subsurface Injection Method에 대하여 설명하시오

문제 3 가압송수용 펌프와 소화원액 펌프가 별도로 설치되어 있어 소화약제 펌프를 가동시켜 송수관로에 소화원액을 강제로 유입시켜 주는 방식의 포 혼합장치는?

문제 4 분말소화설비의 소화효과를 포 소화설비와 비교하여 설명하고, 문제점에 대하여 설명하시오.

문제 5 포설비에서 혼합기에 혼합되는 포원액의 주입 방법은 원리적 압입식과 흡입식이 있다. 각각 원리를 기술하고 응용 예를 한가지씩 들어라

문제 6 고정식 포 소화설비에는 포원액과 물의 혼합과정이 필요하다. 혼합기에 포원액을 주입할 때 압압식과 흡입식 두가지 방식이 각각 이용되고 있는데 이 방식의 배경원리를 설명하고 각각 혼합방식의 실례를 한가지씩 설명하시오

문제 7 SSI(액면하 포주입)방식에 대하여 기술하시오.

3.11 이산화탄소소화설비

불연성가스인 CO_2가스를 고압가스용기에 저장해 두었다가 화재가 발생시 수동조작 및 자동기동에 의하여 배관을 통해 화재지점에 CO_2가스를 방출 분사시켜 질식 및 냉각작용으로 화재를 소화하는 고정소화설비로서 대기중의 산소를 차단(산소를 15 %이하로 감소)하여 소화한다. 소화약제의 저장에 따라 고압식과 저압식이 있지만 일반적으로 고압식이 주로 사용되고 있으며 따라서 유지관리상 소화약제의 오방출 등에 대한 사고방지책 등 특히 안전측면에서의 주의가 필요하다.

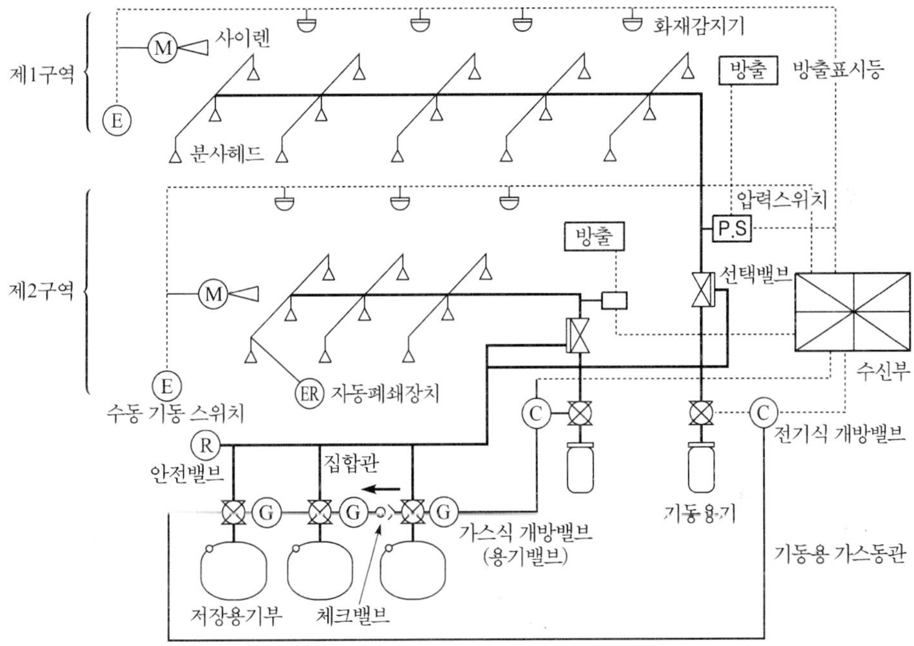

그림 3.11.1. 이산화탄소소화설비(전역방출방식)의 구성

3.11.1 이산화탄소 소화설비의 적용

이 설비는 특수한 위험이 있는 곳이나 고가의 장치가 있는 장소와 불활성비전도성 소화약제가 필수적이거나 장소 또는 다른 소화약제를 사용하기 어려운 곳에 많이 사용되고 있다.

(1) 적응대상

1) 인화성액체

2) 변압기, 스위치, 회로차단기, 회전기기, 발전기등의 전기설비

3) 일반가연물

4) 인화성액체를 사용하는 엔진

5) 고체 위험물 등

※ 이산화탄소소화설비는 A급 적응성이 있으나 이산화탄소소화기는 방사시 즉시 기화되어 재발화의 위험이 있음으로 A급 적응성이 없다.

(2) 비 적응대상

1) 금속수소화합물(SiH_4 등)을 저장한 장소

2) 나트륨(Na), 칼륨(K), 마그네슘(Mg), 티타늄(Ti) 및 지르코늄(Zr)등 반응성 금속을 저장한 장소

3) 사람의 수용인원이 많고 2분이내에 사람이 대피할 수 없는 장소

4) 니트로셀룰로오즈와 같은 내부연소(자기연소)성 물질을 취급하는 장소 등

3.11.2 설비의 종류

(1) 고압식

20℃에서 60kg/㎠의 압력으로 이산화탄소를 액상(68ℓ 용기)으로 저장하는 방식으로, 외부온도에 따라 내부압력이 변화된다. 밸브가 개방되면 기화되면서 방사된다. 이 방식은 방호구역이 다수 있는 장소로서 용기 저장실 설치에 제한이 없을 때 적합하다.

(2) 저압식

−18℃에서 21kg/㎠의 압력으로 이산화탄소를 액상으로 저장하는 방식으로 언제나 −18℃의 온도를 유지해야 함으로 단열조치 및 냉동기가 필요하며 약제용기는 대형 저장탱크 1개를 사용한다. 이 방식은 용기 저장실 설치가 제한되고 용기수가 다량으로 필요한 대단위의 소방대상물에 적합하다.

(3) 용어정의

1) 전역방출방식 : 고정식 이산화탄소 공급장치에 배관 및 분사헤드를 고정 설치하여 밀폐 방호구역 내에 이산화탄소를 방출하는 설비를 말한다.

2) 국소방출방식 : 고정식 이산화탄소 공급장치에 배관 및 분사헤드를 설치하여 직접 화점에 이산화탄소를 방출하는 설비로 화재발생부분에만 집중적으로 소화약제를 방출하도록 설치하는 방식을 말한다.

3) 호스릴방식 : 분사헤드가 배관에 고정되어 있지 않고 소화약제 저장용기에 호스를 연결하여 사람이 직접 화점에 소화약제를 방출하는 이동식 소화설비를 말한다.
4) 충전비 : 용기의 용적과 소화약제의 중량과의 비율을 말한다.
5) 심부화재 : 목재 또는 섬유류와 같은 고체가연물에서 발생하는 화재형태로서 가연물 내부에서 연소하는 화재를 말한다.
6) 표면화재 : 가연성물질의 표면에서 연소하는 화재를 말한다.
7) 교차회로방식 : 하나의 방호구역내에 2 이상의 화재감지기회로를 설치하고 인접한 2 이상의 화재감지기가 동시에 감지되는 때에는 이산화탄소소화설비가 작동하여 소화약제가 방출되는 방식을 말한다.
8) 방화문 : 「건축법 시행령」 제64조에 따른 갑종방화문 또는 을종방화문으로써 언제나 닫힌 상태를 유지하거나 화재로 인한 연기의 발생 또는 온도의 상승에 따라 자동적으로 닫히는 구조를 말한다.

3.11.3 방출방식

(1) 전역방출방식

하나의 방호구역을 방호대상물로하여 타부분과 구획하고 분사헤드를 이용하여 방호구역 전체에 이산화탄소를 방사하는 방식이다. 개구부에 대한 가산량이 방호구역 체적에 대한기본가스량 보다 많을 경우는 적용할 수 없다. 헤드는 방사된 소화약제가 방호구역의 전체에 균일하게 신속히 확산되는 위치에 설치하여야 하며 다음의 성능조건을 만족하여야 한다.

방 사 시 간		헤 드 방 사 압	
표면화재	심부화재	고압식	저압식
1분	7분	21(kg/㎠)	10.5(kg/㎠)

(2) 국소방출방식

방호대상물을 일정한 공간으로 구획할 수 없는 경우, 국소 부분에 한하여 이산화탄소를 방사하는 방식이다. 헤드는 소화약제의 방사에 의하여 가연물이 비산되지 않는 위치에 설치하고 다음의 성능조건을 만족하여야 한다.

방 사 시 간	헤 드 방 사 압	
	고압식	저압식
30초	21(kg/㎠)	10.5(kg/㎠)

(3) 호스릴 방식

이동식설비이며, 화재시 호스를 이용하여 사람이 조작하는 간이설비로서, 사용자가 화재시 직접 사용하는 수동식설비이다. 현저하게 연기가 찰 우려가 없는 장소로서 다음의 경우에 한하여 적용할 수 있다. 또한 필요로 하는 성능기준은 다음과 같다.

수평거리	노즐방사량	소화약제량(노즐당)	밸브개방
15m	60kg/min	90kg	수동개폐

① 1층(또는 피난층)으로서 지상에서 개방(수동 또는 원격조작)할 수 있는 개구부의 유효면적 합계가 바닥면적의 15%이상이 되는 부분

② 전기설비가 설치되어 있는 부분 또는 다량의 화기를 사용하는 부분(당해 설비의 주위 5m 이내 부분을 포함)의 바닥면적이 당해설비가 설치된 구획의 바닥면적 1/5 미만이 되는 경우

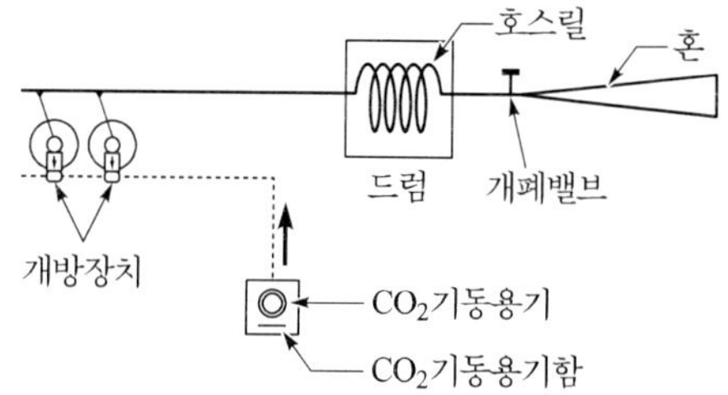

그림 3.11.2. 호스릴방식의 계통도

3.11.4 설비의 작동개요 등

(1) 기동

교차회로로 구성된 화재감지기 작동(A, B감지기의 AND 회로 구성) 또는 수동기동장치에 의해 화재신호가 수신기에 통보되면 경보장치가 작동되며 화재 지구표시등이 점등된다. 이때 타이머에 의해 일정시간이 지나면(60초 이하) 기동용기의 솔레노이드밸브가 작동하고 이로 인하여 기동용 이산화탄소가스가 방출된다.

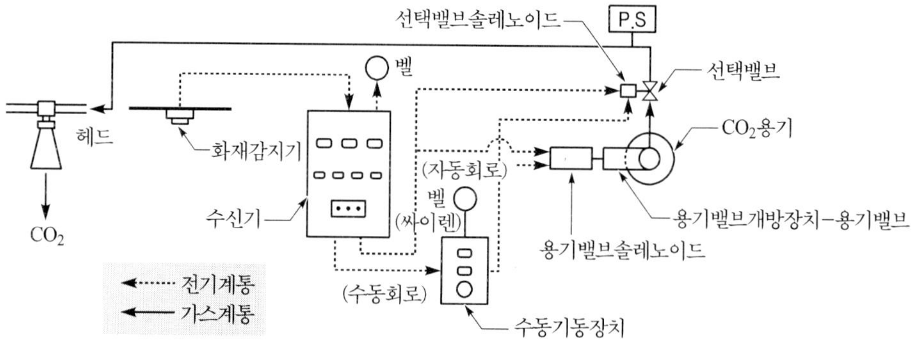

그림 3.11.3. 전기개방식의 회로구성

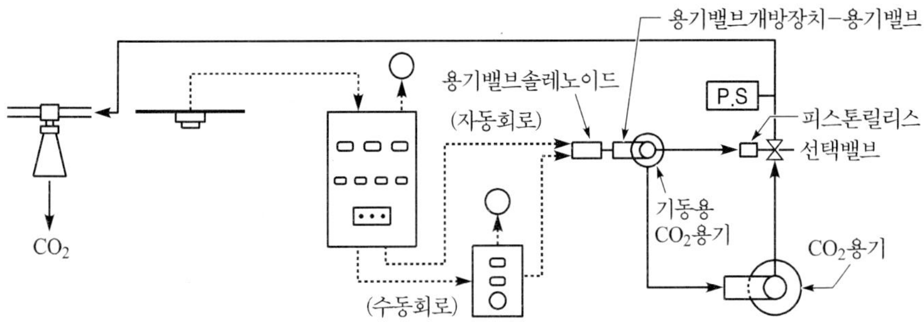

그림 3.11.4. 가스압력개방식의 회로구성

(2) 가스방출

방출된 기동용 이산화탄소가스가 선택밸브 및 저장용기 밸브를 개방시킨다. 이로 인하여 이산화탄소 가스가 방출되며, 이산화탄소가스가 선택밸브를 통과할때 압력스위치가 이를 감지하여 방출표시등이 점등된다. 선택밸브를 통과한 이산화탄소가스는 분사헤드를 통하여 방사된다.

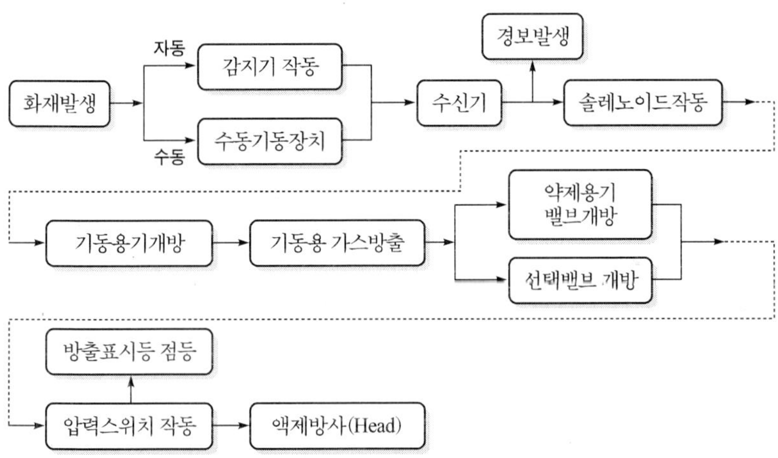

그림 3.11.5. 이산화소화설비 작동순서도

3.11.5 이산화탄소 소화설비의 주요 구성요소

이산화탄소소화설비의 구성은 소화약제저장용기, 소화약제, 화재감지장치, 분사헤드, 기동장치, 음향경보장치, 방호구역자동차단장치, 제어반, 비상전원, 선택밸브, 환기설비, 방출표시장치, 방송경보장치 등으로 되어 있다.

(1) 소화약제(이산화탄소)저장용기(고압식)

이산화탄소저장용기는 일반적으로 내용적이 68L형의 이음매 없는 용기이며 내부에 사이폰관이 있고 소화약제는 상온에서 용기에 저장되어 있다.

고압가스안전관법에 의하여 용기검사에 합격한 것을 사용하며, 충전비는 1.5 이상 1.9 이하이고 소화약제 저장량은 일반적으로 약 45㎏용이 많이 사용되고 있다.

1) 외형

용기는 규정수량이 설치되고 용기번호는 용기증명서 번호와 일치하여야 한다.

2) 충전비

용기의 충전비는 용기내용적(ℓ) ÷ 약제무게(kg) 로서, 용기체적에 대한 가스충전량이다. 충전비는 내용적이 일정할 때 약제 무게와 반비례한다. 고압식은 충전비가 1.5~1.9 이하이며, 저압식은 1.1~ 1.3의 값을 갖는다.

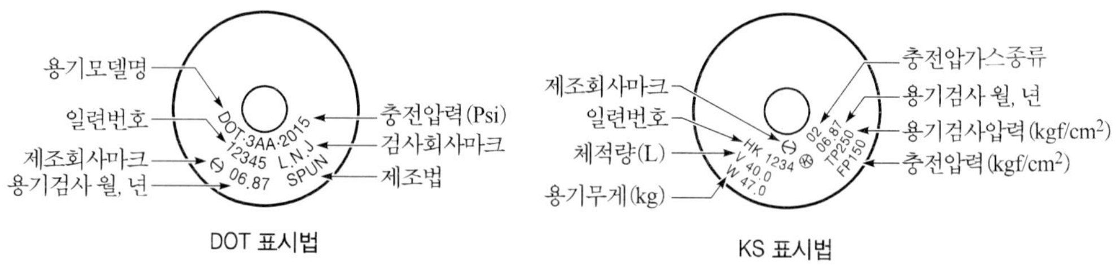

그림 3.11.6. 이산화탄소 저장용기의 표시

3) 용기내압

250kg/㎠의 내압시험에 합격된 용기가 사용된다.

4) 저장용기의 개방밸브

전기식, 가스압력식 또는 기계식에 의하여 자동으로 개방되고 수동으로도 개방될 수 있어야 한다. 아울러 개방밸브에는 안전장치(안전봉판)가 설치되어 있어야 한다.

① 수동개방

수동으로 개방하는 것으로서, 안전핀을 이탈시키고 수동용 누름단추를 눌러 밸브를 개방시킨다. 원리는 스핀들이 안쪽으로 밀려 들어가면서 피스톤을 가격하고 그에 의하여 파괴침이 봉판을 뚫어 기동용 가스에 의하여 개방된 것과 같은 순서로 약제가 방출되게 된다.

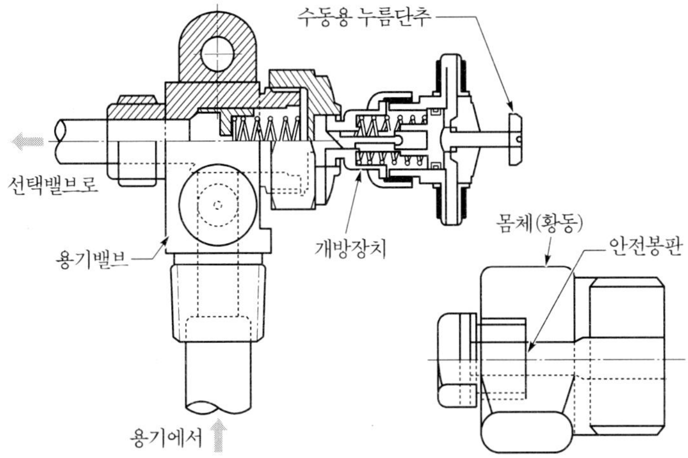

그림 3.11.7. 수동식용기밸브 및 안전밸브의 구조도

② 가스압력개방식(차압식)

기동용가스가 도달되면 가스의 압력에 의하여 실린더실에 있는 피스톤을 가압하게 되고, 피스톤과 연결된 파괴침이 압쪽으로 이동하면서 봉판을 뚫게 되며 이 봉판의 파괴된 구멍으로 약제가 배출된다.

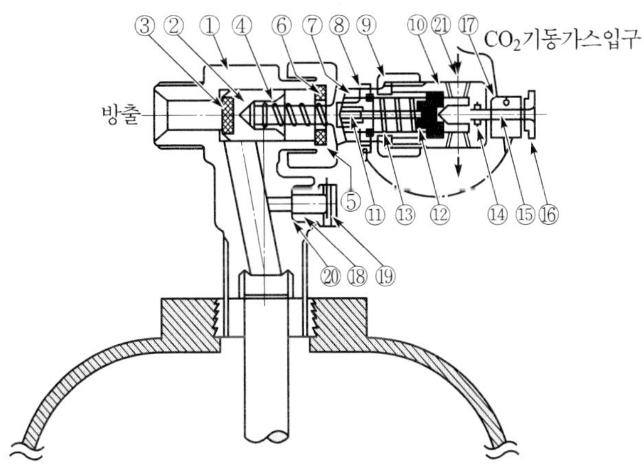

① 밸브본체	⑥ 패킹	⑪ 커터	⑯ 누름단추
② 케레프본체	⑦ 봉판누름너트	⑫ 피스톤	⑰ 안전클립
③ 케레프시트	⑧ 쇼윈도	⑬ 스프링	⑱ 안전너트
④ 스프링	⑨ 대너트	⑭ O링	⑲ 가스배출구
⑤ 봉판	⑩ 실린더	⑮ 스핀들	⑳ 안전패킹

그림 3.11.8. 가스압력개방식(차압식) 용기밸브의 구조도

③ 전기개방식

일반적으로 차압식 용기밸브에 가스압력식의 니들밸브를 부착하는 대신 전자밸브(솔레노이드밸브)를 부착하여 용기를 개방시킨다. 화재가 감지되면 수신부에서 기동전류가 솔레노이드밸브로 전달되고 파괴침이 용기밸브의 봉판을 뚫어서 용기 용기밸브를 개방시키게 되며, 가스개방식과의 차이점은 차압식용기밸브에 가스압력개방식의 니들밸브를 부착하는 대신 솔레노이드를 부착하는 점이 근본적인 차이점이다. 솔레노이드밸브는 저장용기마다 모든 저장용기마다 설치하는 것은 아니며, 7본 이상을 동시에 개방하는 설비의 경우는 2본 이상을 솔레노이드밸브로 설치하고 그 외의 저장용기는 가스압력개방식에 의한 니들밸브를 용기밸브에 부착하여 전기개방식의 밸브에서 동작되어 방출되는 가스의 일부를 니들밸브로 동관을 연결하여 방출가스의 압력에 의하여 개방되도록 설비를 구성한다.

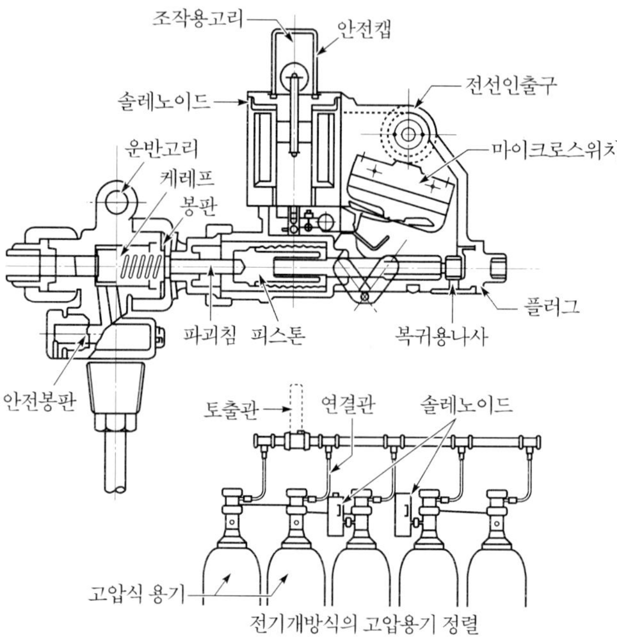

그림 3.11.9. 전기개방식 용기밸브의 구조도

5) 연결관 및 집합관

연결관은 저자용기의 용기밸브에서 집합관에 연결시키는 것으로 각각의 저장용기로부터 연결하여 집합관에 모여지면 이것이 개방된 선택밸브로 이어져서 해당방호구역으로 방출되게 된다.

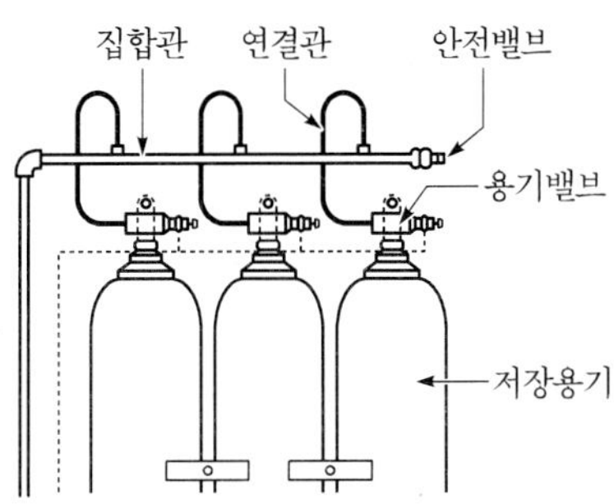

그림 3.11.10. 연결관 및 집합관의 배관구성도

(2) 저압식 소화약제(이산화탄소)저장용기

1) 내압시험압력의 0.64배 내지 0.8배 압력에서 작동하는 안전밸브를 설치하여야 한다.
2) 내압시험의 0.8배 내지 내압시험에서 작동하는 봉판을 설치하여야 한다.
3) 액면계 및 압력계를 설치하여야 한다.
4) 23kg/㎠ 이상 19kg/㎠ 이하의 압력에서 작동하는 압력경보장치를 설치하여야 한다.
5) 자동냉동장치를 설치하여 21 kg/㎠(-18 ℃) 이하의 압력을 유지하여야 한다.

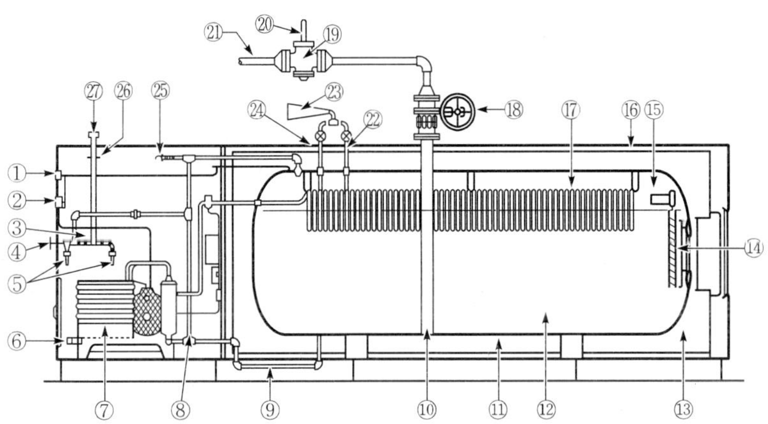

① 압력계	⑩ 사이폰관	⑲ 방출주밸브
② 액면계	⑪ 압력탱크	⑳ 방출조작용가스압력배관
③ 안전밸브(다이어후램식)	⑫ 액화 CO_2	㉑ 선택밸브측 CO_2공급관
④ 안전밸브 절환기	⑬ 단열재(인슐레이션)	㉒ 액화 CO_2충전량 90%검사관
⑤ 안전밸브(스프링식)	⑭ 맨홀뚜껑	㉓ CO_2방출검사구
⑥ CO_2보충구	⑮ CO_2 가스	㉔ 액화 CO_2충전량 100%검사관
⑦ 냉동기	⑯ 외장평철판	㉕ 방출조작용 CO_2가스압력배관
⑧ CO_2가스균형배관	⑰ 냉각코일	㉖ 안전밸브(파판식)
⑨ 액화 CO_2보충배관	⑱ 수동개폐밸브	㉗ 안전압통기구

그림 3.11.11. 저압식저장용기

(3) 선택밸브

선택밸브는 소화약제의 방사구역을 선택하기 위해서 각 구획마다 설치하는 밸브로 방호구획외의 장소에 설치한다. 내식성을 갖는 재질로서 고압력에 견디는 구조이며 작동방식은 전기 또는 가스압력에 의하여 해당 밸브를 작동시킨다. 기동용 가스압력을 받아 선택밸브만 개방시키는 것과 개방 후 다시 소화약제저장용기용 용기밸브 개방장치를 작동시키기 위한 가스유로를 갖는 구조가 있으므로 주의하여야 한다. 또한 선택밸브등(개폐밸브를 포함한다)을 설치한 경우에는 저장용기와 선택밸브등의 사이에 안전장치 또는 파괴판을 설치하도록 되어 있다.

1) 가스압력개방식(피스톤릴리즈 방식)

기동용가스용기가 개방되면 기동가스가 선택밸브의 피스톤릴리즈를 작동시키게 되고 이것이 레치구조로 된 폐쇄장치를 해제시켜 작동되는 방식이다.

2) 전기개방식(솔레노이드 방식)

전기개방식 기동용기밸브를 사용할 경우에 사용되는 것으로 화재가 감지되어 수신부에서 기동출력이 송출되면 선택밸브의 솔레노이드가 작동되어 누름레바를 헤제시키고 선택밸브를 개방시키는 구조이다. 작동원리는 가스압력개방식과 같으나 피스톤릴리즈 대신 솔레노이드밸브가 설치된다는 점에 근본적인 차이점이 있다.

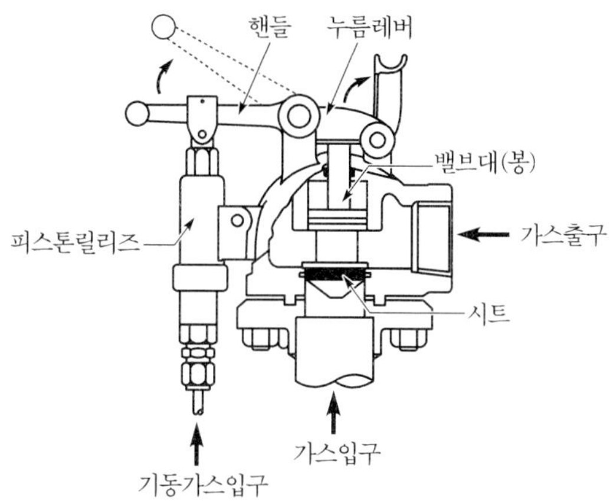

그림 3.11.12. 가스압력개방식 선택밸브

(4) 기동용기함 및 기동용기

기동용기함은 선택밸브와 같이 하나의 방호구역마다 1개씩 설치된다. 기동용기함 내부에는 기동용기, 기동용 솔레노이드밸브, 압력스위치가 설치된다. 압력스위치는 기동용기함 내에 설치되기도 하지만 선택밸브의 2차측 배관 상에 설치하는 경우도 통용된다.

1) 기동용기 및 솔레노이드 밸브

기동용기의 용기밸브는 저장용기밸브와 같은 차압식 밸브로 크기만 소형으로 축소

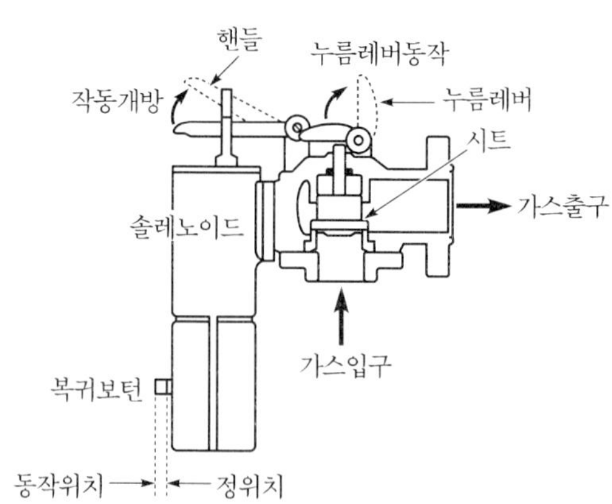

그림 3.11.13. 전기개방식 선택밸브

시킨 것으로서 내용적은 1ℓ 이상, 이산화탄소의 양은 0.6㎏ 이상을 충전시킨다. 기동용기의 개방은 화재감지기의 작동에 따라 수신부로부터의 기동전류에 의하여 솔레노이드밸브가 작동됨으로 파괴침이 봉판을 뚫음으로서 기동가스가 방출된다.

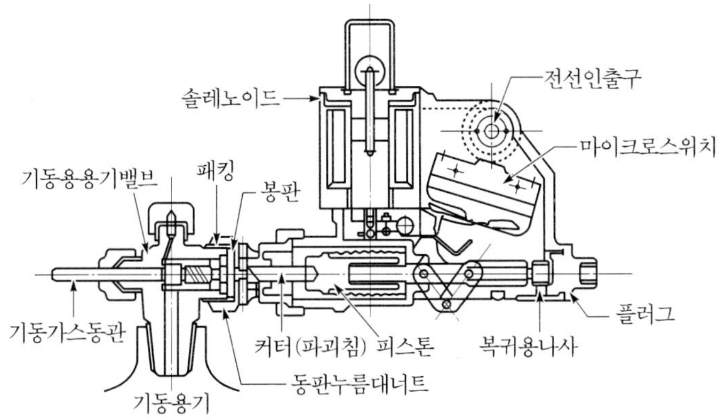

그림 3.11.14. 기동용기와 솔레노이드의 구조도

2) 기동용동관의 구성

소화약제저장용기밸브는 기동용 가스에 의하여 개방되지만 기동용가스의 압력이 손실되어 충분한 압력에 미치지 못하면 파괴침이 봉판을 완전하게 뚫지 못하고 저장가스의 방출이 장시간에 걸쳐서 진행됨으로 소화에 실패하는 원인이 될 수 있다. 따라서 선택밸브 2치측으로 공급된 방출가스의 압력을 다시 저장용기로 보내서 용기밸브를 완전하게 개방시키도록 동관의 회로를 구성한다.

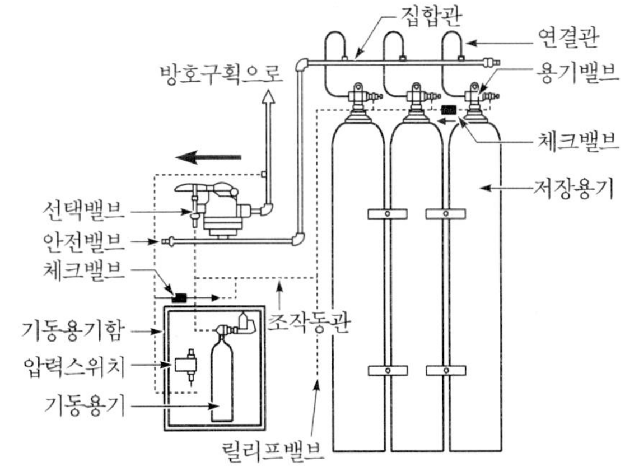

그림 3.11.15. 기동용동관의 구성도

(5) 분사헤드

분사헤드의 방사압력은 고압식은 21kg/㎠, 저압식은 10.5kg/㎠이상 이어야 한다. 또한 헤드의 수량은 다음의 기준에 의한 시간 내에 방사할 수 있는 크기 이상의 것으로 한다.

구분	전역방출방식		국소방출방식
	표면화재	심부화재	
방사시간	1분	7분	30초

(6) 배관 및 부속류

전용배관으로 설치하여야 하며, 강관 또는 동관을 사용한다.

1) 강관의 경우

압력배관용 탄소강관(KS D 3562)으로 이음이 없는 스케줄 80이상(저압식은 40 이상) 또는 동등 이상의 강도를 가진 것으로 하여야 하며, 아연도금 등으로 방식처리된 것을 사용하여야 한다.

2) 동관의 경우

이음매 없는 관으로 동 및 동 합금관(KS D 5301)으로 고압식은 내압 165kg/㎠, 저압식은 37.5kg/㎠ 이상의 사용압력으로 하여야 한다.

3) 부속류

고압식의 경우 개폐밸브 또는 선택밸브의 1차측 배관부속은 40kg/㎠ 이상, 개폐밸브 또는 선택밸브의 2차측 배관부속은 20kg/㎠ 이상의 사용압력 제품을 사용하여야 하며, 저압식의 경우 10kg/㎠ 이상의 사용압력에 적합한 제품을 사용하여야 한다.

(7) 화재감지기

화재감지기는 교차회로 방식으로 하고 A회로 감지기와 B회로 감지기가 동시에 작동하는 경우에 기동하는 AND회로를 구성한다.

복합형감지기, 불꽃감지기, 아날로그감지기, 다신호식감지기, 광전식분리형감지기는 신뢰도가 높은 감지기로 간주할 수 있음으로 교차회로를 구성하지 않는다. 만약 교차회로로 구성하는 경우라면 비축적형을 사용하여야 한다.

(8) 자동폐쇄장치

환기장치가 있을 경우는 이산화탄소가 방사되기 전에 환기장치를 자동 정지할 수 있도록 하고, 개구부 또는 통기구(천장으로부터 1m 이상의 아래 부분 또는 바닥으로부터 당해층 높이의 2/3 이내 부분)가 있어 이산화탄소의 유출에 의하여 소화효과를 감소시킬 우려가 있는 경우는 소화약제가 방출되기 전에 당해 개구부 또는 통기구를 자동 폐쇄할 수 있도록 하여야 한다.

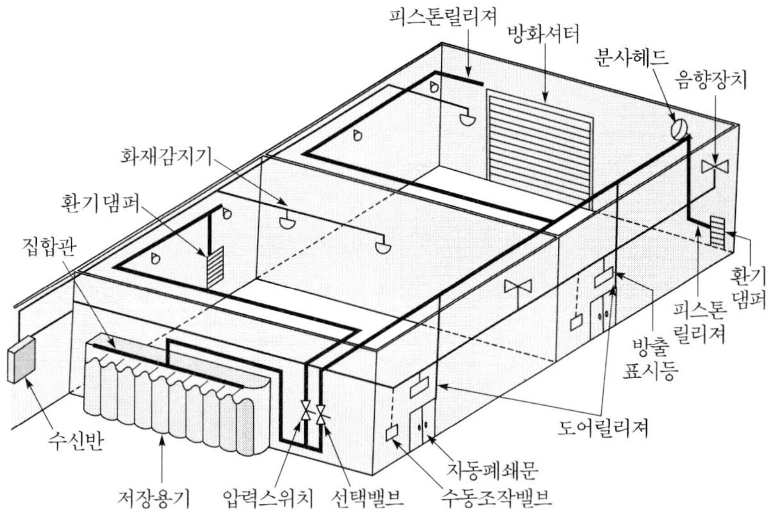

그림 3.11.16. 방호구역내 자동폐쇄장치의 설치위치의 예

이산화탄소의 방출에 따라 가스의 누출이 이루어 질 수 있는 곳에 댐퍼나 자동폐쇄문을 설치하여 가스의 방사와 동시에 자동적으로 개구부를 차단시키며, 이를 위한 기구로서는 피스톤 릴리즈 방식이 많이 사용된다.

피스톤릴리즈는 가스압력에 의하여 작동되는 것으로서 당해 방호구역의 선택밸브 2차측 배관에서 조작동관을 분기시켜 선택밸브를 통과하여 분사헤드에서 방사되는 가스의 압력이 그대로 동관을 따라 피스톤릴리즈를 작동시켜 개구부를 차단시킨다.

피스톤릴리즈가 작동된 후 복구는 댐퍼 수동복구함을 조작함으로 이루어지며, 댐퍼 수동복구함을 열고 함내의 밸브를 개방하거나 조작버튼을 눌러 배관내의 압력을 완전히 배출시키고 폐쇄된 댐퍼나 자동개폐문을 열린 상태로 복구시킨다.

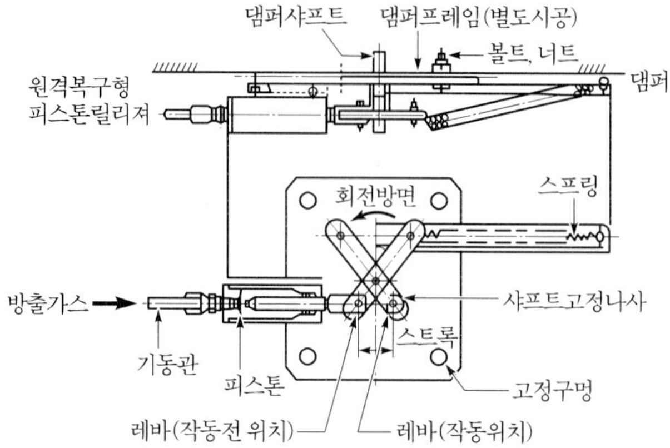

그림 3.11.17. 피스톤릴리즈의 구조

(9) 안전장치

저장용기와 선택밸브(또는 개폐장치) 사이에 설치하며(보통 집합관 말단에 설치) 170 ~ 200 kg/㎠에서 작동하여야 한다. 이는 저장용기로부터 가스누설이 있는 경우 배관내 압력상승으로 인한 과압을 방지하기 위한 장치이다.

(10) 옥외가스 주입구

1) 대상

공장 및 창고	특수가연물을 1,000배 이상 저장 · 취급하는 장소
전기실, 발전실, 변전실, 축전지실, 통신기기실, 전산실	바닥면적 900㎡ 이상
기계장치에 의한 주차시설	주차대수 50대 이상

※ 동일한 방화구획내 2이상의 실이 설치되어 있는 경우에는 이를 1개의 실로보아 바닥면적을 산정한다.

2) 위치

스프링크러설비의 송수구는 유수검지장치 1차측에서 분기하여 설치하나 옥외가스 주입구는 선택밸브 2차측에서 분기하여 설치하고 체크밸브를 설치한다.

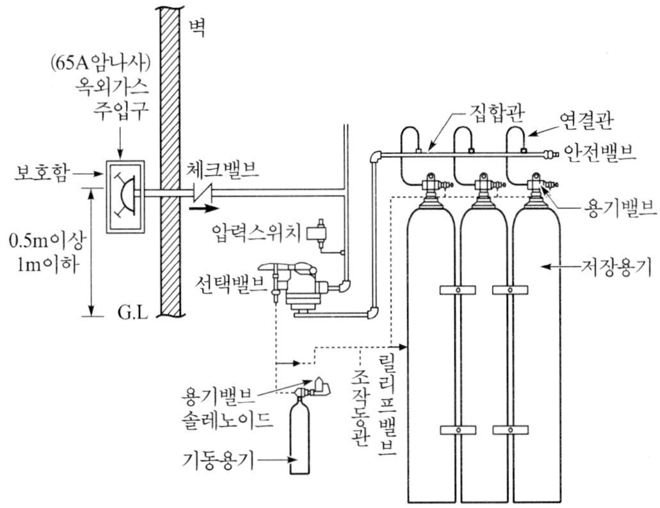

그림 3.11.18. 옥외가스주입구의 설치

3) 주입구의 규격

① 구조, 모양, 치수는 송수관의 형식승인 및 검정기술기준에 의한 송수구로 하여야 한다.

② 접결구는 65㎜ 이상의 암나사로 하여야 한다.

③ 높이는 지면에서 0.5m 이상 1m 이하로 하여야 한다.

④ 주입구는 보호캡과 적색보호함(가로, 세로 각 30㎝ 이상)을 설치하여야 한다.

4) 설치기준

① 주입구는 방호구역별로 설치하여야 한다.

② 소방차의 통행이 쉬운 곳에 노출하여 설치하여야 하며, 주입구가 2이상일 경우에는 같은 장소에 설치하여야 한다.

3.11.6 이산화탄소 소화약제량 계산

(1) 전역방출방식

1) 표면화재

가연성액체 또는 가연성가스등에 의한 표면화재의 경우에 적용하여야 한다.

① 일반방호대상물의 경우

$$Q = V \times K_1(\text{기본량}) + A \times K_2(\text{가산량})$$

여기서 Q(kg) : 소화약제량　　V(m^3) : 방호구역의 체적

A(m^2) : 방호구역의 개구부 면적　　K_1, K_2 : 방출계수

1. 기본량(=V × K_1=체적계수)

체적에 대한 기본가스량은 아래의 방출계수를 적용한다.

방호구역 체적(㎥)	방출계수 K_1 (㎥ 당)	최저한도의 양(kg)
45 미만	1.00 kg	45kg
45 이상 ~ 150 미만	0.90 kg	
150 이상 ~ 1,450 미만	0.80 kg	135kg
1,450 이상	0.75 kg	1,125kg

※ 1. 불연재료나 내열성의 밀폐된 구조물의 경우는 그 체적을 제외한다.
2. 산출한 양이 최저 한도의양 미만일 경우는 최저한도의 양으로 한다.

2. 가산량(=A × K_2=면적계수)

개구부에 자동폐쇄장치가 없는 경우에 누설되는 양을 보충하는 가스량으로 방출계수 K_2 는 개구부 면적(㎡)당 5kg으로 적용한다.

② 가연성액체 및 기체의 경우

최소설계농도가 34% 이하인 경우로서 방호대상물에 가연성가스 및 액체를 저장, 취급하는 경우는 다음 계산식에 의하여 산출한다.

$$Q = (V \times K_1) \times N + (A \times K_2)$$

여기서 Q(kg) : 소화약제량, V(㎥) : 방호구역의 체적

A(㎡) : 방호구역의 개구부 면적, K_1, K_2 : 방출계수

N : 보정계수

1. 기본량(=V × K_1=보정계수)

표면화재 일반방호대상물의 계산방법에 의하여 기본량을 구한 후 보정계수 그래프를 이용하여 보정계수를 구하고 이를 곱하여 산출한다.

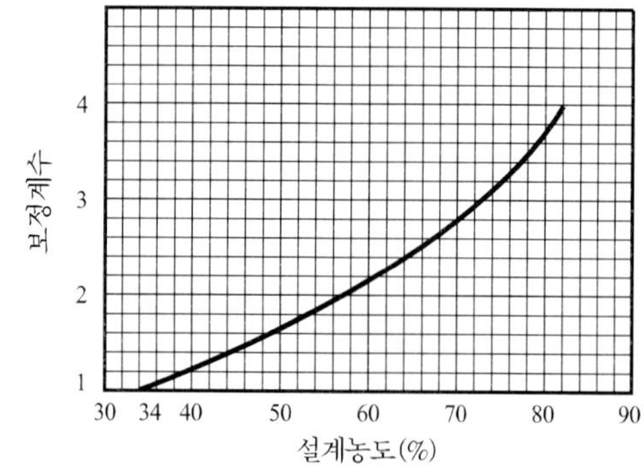

그림 3.11.19. 보정계수 그래프

2. 가산량(=A × K_2)

개구부에 자동폐쇄장치가 없는 경우에 누설되는 양을 보충하는 가스량으로 방출계수 K_2 는 개구부 면적(㎡)당 5kg으로 적용한다.

2) 심부화재

목재, 종이, 석탄, 섬유류, 합성수지 등과 같은 A급의 심부성화재일 경우에 적용한다.

$$Q = V \times K_1(\text{기본량}) + A \times K_2(\text{가산량})$$

여기서 Q(kg) : 소화약제량　　V(㎥) : 방호구역의 체적
A(㎡) : 방호구역의 개구부 면적　　K_1, K_2 : 방출계수

1. 기본량(=V × K_1)

방출계수 K_1.의 적용은 아래의 표를 이용하고 기본 소화약제량을 계산한다.

방호대상물	방출계수 K1(㎥)	설계농도(%)
유압기기를 제외한 전기설비, 케이블실	1.3 kg	50 %
55 ㎡미만의 전기설비	1.6 kg	50 %
서고, 전자제품 창고, 목재가공품창고, 박물관	2.0 kg	65 %
고무류, 면화류창고, 모피창고, 석탄창고, 집진설비	2.7 kg	75 %

2. 가산량(=A × K_2)

개구부에 자동폐쇄장치가 없는 경우에 누설되는 양을 보충하는 가스량으로 방출계수(K_2)는 개구부 면적(㎡)당 10kg으로 적용한다.

(2) 국소방출방식

1) 평면화재

화재의 연소면이 아래와 같이 평면일 경우에 적용

① 윗면이 개방된 용기에 4류 위험물, 특수가연물(1종 및 2종 가연물에 한함)을 저장할 때
② 화재시 연소면이 1면에 한정되고 가연물이 비산할 우려가 없는 경우

$$Q = S \times K(\text{기본량}) + h(\text{할증계수})$$

여기서 Q(kg) : 소화약제량　　S(㎡) : 방호대상물의 표면적
K : 방출계수(=13)　　h: 할증계수(고압식=1.4, 저압식=1.1)

2) 입면화재

화재시 연소면이 입면일 경우에 적용하며 1종 및 2종 가연물과 위험물의 2가지로 수분하여 적용

$$Q = V \times K(\text{기본량}) + h(\text{할증계수})$$

여기서 Q(kg) : 소화약제량　　V(㎥) : 방호대상물의 체적

K(kg/m³) : 방호공간 체적당 소화약제량

h: 할증계수(고압식=1.4, 저압식=1.1)

※ 1. 방호공간이란 방호대상물의 각 부분으로부터 0.6 m의 거리에 의하여 둘러싸인 공간을 말한다.
2. 방호공간에서 벽이 없는 경우에는 벽이 있는 것으로 가정하고 벽의 면적을 구한다.

① 방출계수의 적용

1. 1종가연물 및 2종 가연물

$K = 8 - 6(a/A)$

여기서 K(kg/m³) : 방호공간 체적당 소화약제량

a(m²) : 방호대상물 주위의 벽면의 합계

A(m²) : 방호공간의 벽면의 합계

2. 위험물의 경우

$K = 2[8 - 6(a/A)]$

여기서 K(kg/m³) : 방호공간 체적당 소화약제량

a(m²) : 방호대상물 주위의 벽면의 합계

A(m²) : 방호공간의 벽면의 합계

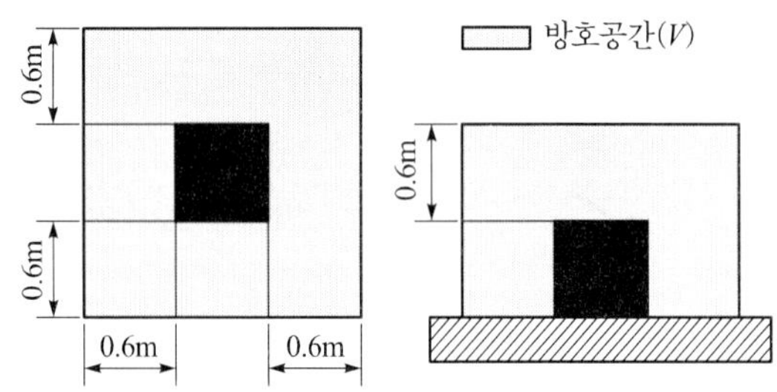

▶ 1, 2종 가연물 $Q = 8-6\,a/A$

▶ 위험물 $Q = 16-12\,a/A$

방호공간(V) : 0.6m 가상벽 내의 체적

a : 0.6m 이내의 실제 벽면적의 합계

A : 0.6m 가상 벽면적의 합계

그림 3.11.20. 방호공간의 예

3.11.7 종합점검 및 안전상 준수사항

(1) 종합점검 등

점검은 작업전·작업중·작업후 각각 순서가 있으며 그것을 정확하게 실시하지 아니하면 예기치 않는 소화설비의 오작동으로 불의의 사고를 초래하는 경우가 많이 있다.

일반적으로 많이 쓰이는 소화약제저장용기의 개방장치인 가스압식 용기밸브개방장치를 사용하고, 기동용가스용기의 개방을 전기식 용기밸브개방장치를 사용하는 경우의 아래 예를 참고로 하여 검검 현장에 따라 작업순서를 작성하고 안전 준수사항에 따른 점검작업에 의해 사고방지를 도모한다.

1) 점검전의 준비

① 점검실시전에 기존의 설치신고서등에 의한 대상설비의 기능·구조·성능 파악한다.

② 소화제의 성상을 항상 염두에 둔다.

③ 설비상의 system은 제조업체에 따라 큰 차이는 없지만 개개의 기기는 구조·작동원리가 다른 것이 많다. 따라서 이것에 대해 미리 숙지하여야 한다.

④ 점검에 사용하는 측정기·점검공구·소모품등을 사전에 준비하고 체크를 하여야 한다.

⑤ 점검개시에 앞서서 관계자와 점검작업의 범위·내용·시간에 관해서 충분히 협의를 하고 관내방송을 하여야 한다.

⑥ 점검중에는 그 소화설비를 사용할 수 없는 상태에 있으므로 자동화재탐지설비의 활용등 다른 설비로 화재를 감시하는 것에 대해 관계자와 충분히 협의하여야 한다.

2) 점검개시는 다음 순서에 의한다.

① 제어반의 전원스위치를 끈다.

유의사항

축전지설비가 있는 경우는 부하측 스위치도 끈다. 또 전원이 꺼진 것을 테스타(tester)·표시등으로 확인한다.

② 집합관 또는 연결관으로부터 저장용기에 연결되어 있는 조작관을 떼어낸다.

③ 전기식 용기밸브개방장치를 떼어 낸다.

유의사항

로크(lock)기구가 있는 설비는 먼저 로크를 하여 쏠레노이드를 뗀 후 로크기구를 떼어 낸다. 또한 기동용가스용기의 구조에 있어서 용기를 나사로 부착한 것은 용기지지기구로부터 용기를 분리하는 쪽이 용기밸브개방장치를 떼어 내는 것보다 용이하므로 기동용가스용기를 떼어낸다.

3) 가스방출시험은 다음 순서에 의한다.

① 방출구획의 출입구 또는 방출구역 주변의 보기 쉬운 곳에 점검 중을 가리키는 표식을 한다.

② 방출에 사용하는 소화약제저장용기 또는 시험용기(이하 「방출저장용기」 라 한다.)에 용기밸브개방장치 및 조작관을 부착하여 접속하여야 한다.

③ 방출 저장용기이외의 것은 집합관 또는 연결관중 저장용기에 연결하고 있는 조작관을 떼어낸다. 설비는 연결관을 떼어 집합관부를 캡등으로 막든지 또는 용기밸브개방장치를 떼어내고 용기밸브부를 플러그로 막는다.

④ 소화약제 배출조치와 배출과정에서의 안전측면은 확실한지 확인하여야 한다. 소화약제는 공기보다 무겁기 때문에 단지 개구부가 있다는 것만으로는 안전하다고 할 수 없다.

유의사항

방출구획에는 완전히 환기될 때까지 들어가지 말 것. 꼭 들어가야 할 경우에는 공기호흡기를 착용하여야 한다.

4) 설비복구 시에는 다음 순서에 의한다.

① 전기식 용기밸브개방장치를 용기에 부착한다. 기동용가스 용기를 떼어낸 경우는 기동용가스 용기를 용기지지기구에 장착한다.

유의사항

가. 전기식 용기밸브개방장치를 용기에 부착하는 것. 로크기구가 있는 설비는 로크하고 나서 부착하여 3)의 작업종료 후 뗀다.

나. 기동용가스용기를 용기지지기구에 장착하는 것, 작동핀(cutter)등이 정위치에 있는 것을 확인하고 나서 소량의 기름을 나사부에 주유하여 확실하게 조립한다.

② 제어반의 전원스위치를 투입한다.

유의사항

축전지설비가 있는 경우는 부하측 스위치도 켠다. 한편 전원이 들어 간 것을 테스터(tester)·표시등으로 확인한다.

③ Timer설정 시간경과 후에 전기식 용기밸브개방장치가 기동하지 않는 것을 확인한다.

④ 저장용기에 연결해야 할 조작관을 잇는다.

⑤ 소화설비를 복귀한 뒤 개개의 기기가 적정하고 확실하게 접속되어 있는지를 확인한다.

⑥ 점검결과를 관계자에게 알려 관내방송으로 점검이 끝났다는 것을 알리도록 한다.

5) 안전대책예

설비구성상 자동연동이 되는 것으로 점검상 관련기기에 대한 신중한 배려가 강하게 요구되며 기능, 종합점검 때의 점검업무를 안전하게 진행시키기 위한 안전대책예 및 기기처치의 예를 아래에 표시한다.

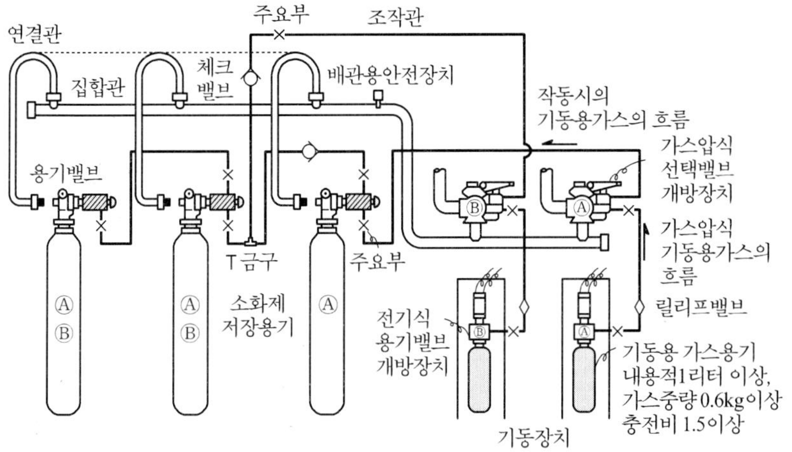

그림 3.11.21. 점검시 소화약제 오방출방지상의 관련기기등의안전 대책 예

■ 점검시의 소화약제 오방출방지를 위한 관련기기등의 안전대책예

① 아래 그림 3.11.21은 기동용가스(이산화탄소)에 의해 가스관선택밸브의 개방장치작동 후 해당가스에 의해 용기밸브개방장치를 작동시키기 위한 내용이다.

② 그림의 사선부분내 기기는 점검에 앞서서 우선 제어장치의 설비전원 차단후 기동용가스용기 및 소화약제저장용기용 용기밸브개방장치의 전수를 떼어내는 대상이다.

③ ×표는 조작관을 떼어내는 곳의 예

④ 연결관 끝의 흑색으로 진하게 칠해진부분은 소화약제저장용기용 용기밸브측의 연결관을 뺀 후 캡등에 의한 막는 조치를 취하는 것을 나타낸다.

⑤ 선택밸브개방장치의 점검 때는 용기밸브개방장치측 조작관을 떼어낸 곳에 캡등에 의한 막는 조치가 필요하다.

⑥ 연결관의 집합관측을 떼어낸 경우는 그 쌍방에 캡등에 의한 막는 조치등의 대책이 필요하다.

⑦ 용기밸브개방장치외에 연결관도 떼어낸 경우의 복원시에는 당해 저장용기용의 것을 사용

⑧ 설비전체의 복원은 최종단계에서 선택밸브개방장치·용기밸브개방장치·기동용가스용기장착 및 당해 기동용가스용기와 가까운 곳의 조작관접속 순으로 실시하고 안전을 확인한 다음 제어장치의 설비전원을 넣어 평상상태로 한다.

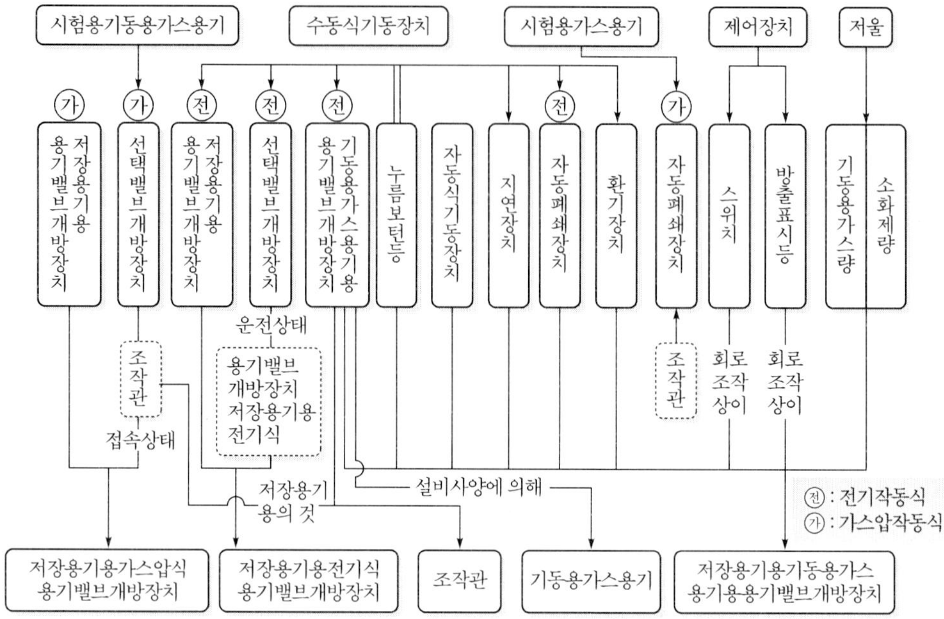

그림 3.11.22. 오방출방지상의 기기처치 예

(2) 세부 점검사항 등

1) 고정식

① 준비사항

1. 점검 후, 소화약제 재충전기간 동안 대체설치로 사용하는 저장용기는 방사저장용기와 동일한 사양과 본수를 준비하여야 한다.
2. 기동용가스 용기를 사용하는 설비는 1. 과 같이 필요수를 준비하여야 한다.
3. 집합관부, 용기밸브부 및 조작관부의 끝을 막기 위해 쓰는 플러그는 반드시 필요수로 준비하여야 한다.

② 점검전 작업

1. 제어반등의 설비전원을 반드시 일시적으로 차단하여야 한다.
2. 방사에 사용하는 저장용기에 용기밸브개방장치 및 조작관을 접속하여야 한다.
3. 방사저장용기이외의 것은 연결관을 떼어내어 집합관부를 캡 등으로 막거나 또는 용기밸브개방장치를 떼어내어 용기밸브부를 플러그로 막음을 하여야 한다.
4. 조작관은 방사용 이외의 부분을 막을 하여야 한다.
5. 저장용기부 이외는 평소의 설비상태인지를 확인을 하여야 한다.
6. 제어반등의 설비전원을 「on」으로 한다.

③ 기동조작

1. 수동식은 수동식기동장치를 조작하여 기동시켜야 한다.
2. 자동식은 자동·수동전환장치를 「자동」 쪽으로 전환한 후 감지기의 작동 또는 수신기 혹은 제어판의 감지기회로의 단자를 단락시키는 것에 의해 기동시켜야 한다.

2) 이동식

① 화재 때 연기가 현저히 충만하는 장소 이외의 장소에 설치되어 있는지를 확인한다.

② 호스접속구는 모든 방호대상물을 유효하게 포함할 수 있도록 방호대상물의 각 부분으로부터 하나의 호스접속구까지 수평거리가 15m 이하로 되어있는지를 확인한다.

③ 소화약제의 저장량은 하나의 노즐당 90㎏ 이상, 방사량은 60㎏/min 이상인지 확인한다.

④ 소화약제 방사는 unit 5개 이내마다 임의의 unit를 선정, 저장용기 1개의 이산화탄소를 방사하여 실시하여야 한다.

⑤ 점검 후 소화약제 재충전기간 동안 대체설치로 사용하는 저장용기는 방사저장용기와 동일한 사양으로 1개를 준비하여야 한다.

⑥ 방사에 쓰는 저장용기는 평소의 상태로 하고 다른 용기는 반드시 용기밸브부를 막는 등의 조치를 하여야 한다.

⑦ 수동으로 조작한 후, 호스를 꺼내어 방사상황이 정상인지를 확인하여야 한다.

유의사항

1. 소화약제를 방사하는 경우는 바람을 등지고 실시하고 시전에 바람이 불어가는 쪽의 안전을 충분히 확인하여야 한다.
2. 부득이 실내에서 실시하는 경우는 창문등의 개방과 필요에 따라 귀마개 사용 등 안전에 유의하여 실시하여야 한다.
3. 점검종료 후 점검 때에 사용한 저장용기는 대체용기로 바꾼다.
4. 점검종료 후는 모두 확실하게 원래대로 놓아두어야 한다.

(3) 부속 장치등의 점검사항 등

1) 조작관 및 체크밸브

① 손상등이 없고 확실히 접속되어 있는지를 육안으로 확인한다.

② 설치도면과 대조하여 체크밸브의 부착위치, 방향 및 조작관의 접속경로가 설치도면과 같은지를 확인한다.

③ 접속부의 풀림 등이 없는지를 스페너 등으로 확인한다.

④ 체크밸브를 떼어내어 시험용가스에 의해 체크기능이 정상인지를 확인한다.

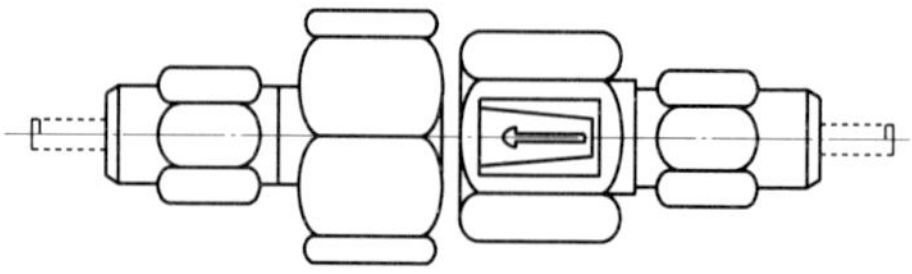

그림 3.11.23. 체크밸브

2) 용기밸브, 개방장치 등

① 가스압식의 용기밸브개방장치

1. 용기밸브에 장착되어 있는 용기밸브개방장치를 떼어내어, 피스톤 로드(rod) 및 파개침(cutter)이 구부러지고 무뎌져 있어 용기밸브를 파괴시키는데 지장이 있는지 등을 확인한다.
2. 수동조작 기능을 갖는 것은 안전핀 등을 뽑아내고 수동에 의해 작동시켜 파개침 또는 cutter 등의 작동, spring등에 의한 복원작동이 정상으로 이루어지는지 확인한다.
3. 가스압만으로 작동하는 것은 파개침부 또는 cutter등을 손으로 잡아당겨 그 작동, 복원상태가 정상인지를 확인한다.

② 전기식 용기밸브개방장치

1. 안전핀 또는 lock pin 등을 빼어내어 수동으로 조작해서 작동이 정상인지를 확인한다.
2. 작동 후 복원은 통전(通電)을 차단한 때 또는 복구조작한 때 정상으로 복구하는지를 확인한다.
3. 단자부분의 커버를 빼고 단자의 풀림 등이 없는지를 드라이버 등으로 확인한다.
4. 설계도면 등에 의해 정격전압치를 확인한다.

3) 선택밸브

① 가스압식 선택밸브개방장치

1. 시험용이산화탄소용기(내용적 1ℓ 이상, 이산화탄소량 0.6kg 이상, 충전비 1.5 이상)을 써서 개방장치의 조작관 접속부분부터 가압하여 작동이 정상인지를 확인한다.
2. 가압원을 제거할 때 선택밸브는 스프링작동 또는 누름레버(lever)등을 조작하여 원래대로 복귀하는지를 확인한다.

② 전기식 선택밸브개방장치

1. 단자부분의 커버를 빼고 단말처리 결선접속등의 상황이 적정한지를 확인한다.

2. 당해 선택밸브용의 기동장치를 조작하여 개방장치를 작동시킨다.
3. 기동장치를 복귀한 후 제어판 등에서 통전을 차단한 후 누름레버를 복귀시키는 등 개방장치를 원래대로 복귀시켜야 한다.
4. 개방장치(누름레버등)를 수동으로 조작하여 작동시킨 경우에도 3.과 같은 방법으로 복귀시킨다.

4) 소화약제저장량의 확인

① 용기밸브에 장착되어 있는 용기밸브개방장치, 연결관, 조작관을 떼어낸다.

② 20kg까지 측정할 수 있는 용수철저울 또는 계량저울을 이용하여 가스용기의 총중량을 측정한다.

1. 측정기의 후크(hook)를 용기지지 기구의 행가(hanger)에 부착시킨 다음 측정기 선단의 hook를 용기밸브에 확실하게 장착시킨다.

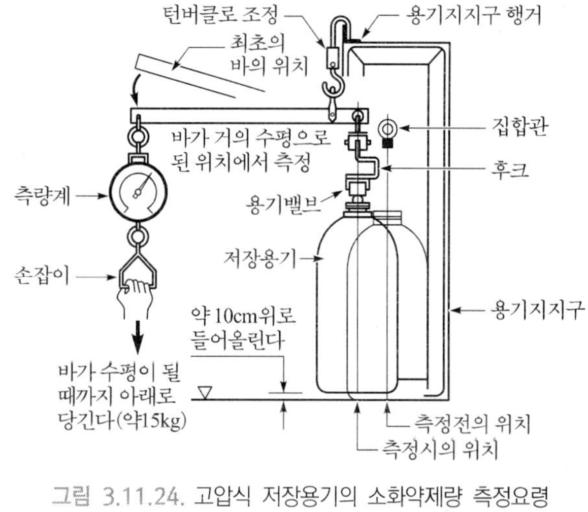

그림 3.11.24. 고압식 저장용기의 소화약제량 측정요령

2. 측정기의 쥐는곳을 천천히 아래로 당겨 측정기의 bar가 수평상태가 될 때 총중량을 측정한다.

③ 소화약제량은 측정치에서 용기밸브·사이폰관 및 용기중량 등을 뺀 값으로서 용기에 부착된 명판 또는 중량표의 기재중량과 대조하였을 때 그 차는 충전량의 10% 이내이어야 한다.

5) 수동식기동장치

① 조작함

문이 확실하게 개폐될 수 있는지 개폐조작에 의해 확인하여야 한다. 또한 조작함의 주위가 사용상의 장해가 없고, 당해 방호구획 내를 볼 수 있으며, 방호구획의 출입구 부근에서 조작한 사람이 조작 후 용이하게 대피할 수 있는 장소에 설치되어 있는지를 확인한다.

② 경보용스위치

조작함의 봉인을 떼어내고 문을 열어 경보용스위치에 변형, 손상 등이 없고 당해 계통의 경보장치가 정상으로 명동하는 지를 확인한다.

③ 누름보턴등

1. 저장용기용 또는 기동용가스용기용의 용기밸브개방장치를 용기밸브로부터 반드시 떼어낸 후에 조작함의 문을 열고 누름보턴 등에 변형, 손상 등이 없는지를 확인한다.
2. 당해 조작함의 방출용 누름보턴 또는 방출용 스위치를 조작하여 지연장치와 용기밸브개방장치의 작동상황을 확인한다.
3. 상기시험을 재시도하여 지연장치의 시한범위 내에서 비상정지장치(비상용의 것)를 조작한 때 용기밸브개방장치가 작동하지 않는지를 확인한다.

6) 자동식기동장치

기동장치는 자동화재탐지설비의 감지기 작동과 연동하여 기동하는 것이어야 하며 화재감지장치는 자동화재탐지설비의 점검요령에 준하여 확인한다.

유의사항

수신기 또는 전용의 제어판에 있는 자동·수동전환장치는 반드시 「수동」 측으로 하여야 한다.

① 자동수동전환장치는 용이하게 조작할 수 있는 장소에 설치되어 있는지 확인하며, 점검은 저장용기용 또는 기동용가스용기용의 용기밸브개방장치를 용기밸브로부터 반드시 전부 떼어내고 방호구획 또는 방호대상물마다의 기능을 확인한다.

② 자동수동의 전환은 열쇠 등이 아니면 실시할 수 없는 구조인지를 확인한다.

7) 전원표시등

점등하였을 때 그 표시가 방호구획명 혹은 방호대상물명 또는 백색표시로 되어있는 지를 확인한다.

8) 음향경보장치

소화약제 방사전의 기동장치 조작 또는 작동과 연동하여 작동과 함께 차단되지 않은 것이어야 한다. 벨, 사이렌외에 무인변전소등 항상 사람이 없는 방호대상물이거나 국소방출방식이외에는 음성(스피커)에 의한 경보장치인지를 확인한다. 또한 음성경보는 방호구획마다 감지기나 수동식기동장치의 경보조작을 행하여 기동할 때 사이렌음 등의 주의음이 발생한 다음 대피를 알리는 음성내용이 나오는가를 확인해 보아야 한다.

9) 분사헤드

주위에 방사의 장해가 되는 것이 없고 방호구역의 전역에 확산 또는 방호대상물을 유효하게 덮을 수 있도록 설치되어 있으며, 설치각도가 적정한지를 육안에 의해 확인한다.

10) 자동폐쇄장치

① 전기로 작동하는 것(셔터, motor damper등)

수동식기동장치를 조작하여 모든 자동폐쇄장치의 작동이 확실하게 이루어지고 지연장치의 작동시한 범위내에서 폐쇄상태로 되는지를 확인한다. 출입구에 설치되어 있는 셔터등으로 인하여 별도의 대피용 출입구가 없는 구조물에 있어서는 방출용 누름보턴 조작후 20초 이상 경과하여 설계 설정치 범위내에서 폐쇄완료하는 지연장치등이 설치되어 있고, 셔터 폐쇄완료후에 소화약제가 방출되는 구조인지를 확인한다.

유의사항

수동식기동장치를 조작할 때는 반드시 용기밸브개방장치를 떼어내어 실시하여야 한다.

② 가스압으로 작동하는 것(damper등)

1. 시험용가스를 사용하여 자동폐쇄장치의 폐쇄상태에 이상이 없는지를 확인하여야 한다.
2. 조작관, 자동폐쇄장치 등에서의 가스누설 유무를 확인하고 자동폐쇄장치의 복귀가 가압했던 압력을 빼는 것에 의해 자동적으로 이루어지는 것은 그 복귀상태에 이상이 없는지를 확인한다.

11) 환기장치

전역방출방식의 방호구획 환기장치는 소화약제 방사 전에 정지하는 구조이어야 함으로 수동식기동장치를 조작한 후 지연장치의 작동시한 범위 내에서 환기장치의 정지 상태에 이상이 없는지를 확인한다.

유의사항

환기장치가 소화후의 소화약제 배출용과 겸하고 있는 것은 방호구획 바깥부터 복귀운전을 하여야 한다.

실 전 문 제

문제 1 고정식 CO_2소롸설비(고압용기식)에서 소화약제 저장용기의 용기밸브 개방방식에는 기계식, 전기식, 뉴매틱식이 있다. 이 세 가지 방식을 용기밸브의 구조와 관련하여 각각 설명하시오

문제 2 CO_2소화설비에서 자동식 및 수동식의 경우 각각에 대하여 화재감지에서 가스방출하기 까지의 각종 부속기기의 동자순서를 기술하시오

문제 3 이산화탄소, 할로겐소화 차이점을 설명하시오

문제 4 이산화탄소가스의 성질, 독성에 대하여 기술하시오

문제 5 고정식 이산화탄소 설비에서 약제가 방사될 때 시야가 거의 차단될 정도로 흰생유무가 발생한다. 이러한 현상이 발생한 열역학적 이유를 이산화탄소의 물성과 관련하여 약술하시오

문제 6 저압식 이산화탄소시스템을 고압식과 비교하여 설명하시오.

문제 7 저압식 이산화탄소 소화설비의 개요, 적용대상, 시스템구성에 대하여 기술하시오.

문제 8 가로 20m, 세로 15m, 높이 5m인 전기실에 전역방출방식의 이산화탄소 소화설비를 설치하려고 한다. 다음 조건을 참조하여 물음에 답하시오.

가. 방사 후 실내의 O_2의 농도가 13vol%라면 실내의 이산화탄소 농도는 몇 vol% 인가?

나. 방사된 CO_2의 소비량은 몇 병인가?

다. CO_2소화설비의 설치제외 장소를 설명하시오.

라. 화재발생 시 이산화탄소 소화설비의 연동을 순서대로 설명하시오.

마. 감지기 작동 전에 실내거주자가 화재발견 시 설비의 작동과 조치방법을 설명하시오.

3.12 할로겐화합물소화설비

3.12.1 개요

할로겐화합물 소화약제는 불소, 염소, 브롬, 요오드와 같은 할로겐계 원소 중 하나 또는 몇 개의 원소를 함유하고 있으며 이것이 지방족탄화수소의 분자중에 존재하는 수소원자와 치환됨으로서 가연물과 산소의 연쇄화학반응을 억제하고, 냉각과 희석 작용으로 소화하는 설비이다. 소화약제로는 할론 1101, 할론 2402, 할론 1201, 할론 1301 등이 사용되며, 화학적으로 안정된 우수한 소화성능을 지니고 있어 제4류 위험물 또는 특수가연물이나 가연성 가스, 전기설비의 화재에 유효하다. 국내에서는 할론 1301 소화약제가 주로 사용된다. 할로겐화합물 소화약제는 최초에 항공기 엔진의 소화설비용으로 개발되어 점차 그 용도가 다양화되어 왔으나 사용후 대기중의 오존층을 파괴시키는 요인으로 작용함이 밝혀짐에 따라 연차적으로 사용이 제한되어 가고 있다. 소화설비의 구성은 소화약제의 탱크, 가압용가스용기, 기동장치(CO_2용기), 분사헤드, 화재감지장치, 음향경보장치, 배관, 전자개방장치 등으로 되어 있으며 설비방식은 이산화탄소소화설비와 비슷하다.

(1) 소화원리

연소의 4요소중 하나인 연쇄반응이란 화재시 지속적으로 OH^-, H^+의 활성기를 발생시키는 것으로서 억제효과란 이러한 연쇄반응을 차단하여 소화하는 것이다. 즉 일종의 부촉매 역할을 하는 것으로서, 할로겐소화약제의 주요 소화효과는 억제효과에 의한다.

(2) 장점 및 단점

1) 장점

① 저농도로 소화가 가능하므로 질식의 우려가 없다.

② 전기의 부도체로서 C급 화재에 매우 효과적이다.

③ 약제에 관련된 독성이나 부식성이 매우 낮다.

④ 소화약제는 물질의 내부까지 침투가 가능하며 소화후 잔존물이 없다.

2) 단점

① CFC 계열의 물질로서 오존층파괴를 일으키는 등 환경에 영향을 미친다.

② 가격이 이산화탄소 등에 비해 매우 고가이다.

(3) 적응성과 비적응성

1) 적응성

① 전기 및 전자시설 등의 화재위험지역

② 원격통신설비

③ 인화성, 가연성 액체나 기체

④ 기타 고가의 시설물, 장치 등

2) 비적응성

① 자체에서 산소를 공급하는 화합물

② 반응성 금속

③ 금속수소화합물

④ 자기반응성 물질

3.12.2 설비의 분류

방출방식에 따라 이산화탄소소화설비와 동일하게 전역방출방식과 국소방출방식 및 호스릴방식으로 구분할 수 있다. 또한 소화약제의 가압방식에 따라서는 가압식과 축압식으로, 조작방법에 따라서는 자동식과 수동식으로 분류된다. 상온에서 소화약제의 성상은 할론 1011, 할론 2402의 경우 액체임으로 가압식 또는 축압식이 가능하고, 할론 1211과 1301은 기체임으로 축압식으로 사용한다.

(1) 저장방식에 의한 분류

1) 가압식

별도의 가압용 질소탱크를 부설하고, 방사시 가압용기내의 질소를 이용하여 할론약제를 방사하는 방식이다 이는 할론 2402이 상온에서 액체상태이기 때문에 자체 증기압만으로는 방사할 수 없고 방사는 별도의 외부 가압원이 필요하다. 따라서 가압식의 경우 할론 2402 설비에만 적용한다.

2) 축압식

저장용기 내 할론소화약제를 질소로 축압하고 방사는 축압된 질소압을 이용하여 할론소화약제를 방사하는 방식이다.

※ 할론은 외부온도변화에 따라 기화현상의 발생으로 압력이 증가하거나 액화가 일어나 압력이 감소함으로 방사압이 균일하게 되지 않는다. 따라서 이를 방지하기 위하여 할론의 자체 증기압보다(상온에서 할론 1301은 14kg/㎠, 할론 1211은 2.5kg/㎠) 높은 압력(할론 1301은 42kg/㎠, 할론 1211은 25kg/㎠로 유지)으로 질소를 축압함으로서 이러한 압력변화를 방지한다. 질소는 약제와 반응하지 않는 안정된 물질이고 가압시 액화되지 않음으로 축압제로 유용하다.

1) 전역방출방식

하나의 방호구역을 방호대상물로 하여 타부분과 구획하며, 분사헤드를 이용하여 방호구역 전체 체적에 할론 소화약제를 방사하는 방식이다. 헤드는 방사된 소화 약제가 방호구역 전체에 균일하고 신속하게 확산될 수 있도록 설치하여야 하며, 방사압 및 방사시간은 아래와 같이 설정한다.

방사시간	헤드의 방사압		
	1301	1211	2402
30초	9kg/㎠	2kg/㎠	1kg/㎠

2) 국소방출방식

방호대상물을 일정한 공간으로 구획할 수 없을 경우 국소부분에 한하여 할론소화약제를 방사하는 방식이다. 헤드는 소화약제의 방사에 의하여 비산되지 않는 위치에 설치하여야 하며 방사압 및 시간을 아래와 같이 설정한다.

방사시간	헤드의 방사압		
	1301	1211	2402
30초	9kg/㎠	2kg/㎠	1kg/㎠

3) 호스릴방식(이동식)

이동식 설비로서 화재 시 사람이 호스를 이용하여 화재장소에 약제를 방사하는 수동식 설비이다. 이 방식의 할로겐소화설비는 화재 시 연기가 심하게 차서 소화활동이 곤란해질 우려가 없는 장소에만 설치할 수 있다.

① 적용

가. 1층(또는 피난층)에 있는 부분으로서 지상에서 개방(수동 또는 원격조작)할 수 있는 개구부 유효면적의 합계가 15%이상이 되는 부분

나. 전기설비가 설치되어 있는 부분 또는 다량의 화기를 사용하는 부분(당해 주위 5 m이내의 부분을 포함)의 바닥면적이 당해설비가 설치되어 있는 구획의 바닥면적에 1/5 미만이 되는 부분

② 성능조건

가. 호스릴을 설치할 경우는 모든 방호대상물에 대해서, 방호대상물 각 부분에서 호스이동식릴까지의 수평거리는 20m 이하가 되도록 한다.

나. 호스릴을 설치하는 위치마다 저장용기 또는 저장탱크를 설치한다.

다. 저장용기의 개방밸브는 호스 설치장소에서 수동으로 개폐할 수 있는 구조이어야 한다.

라. 방사량 및 소화약제량

수평거리	노즐방사량(kg/min)			노즐당 약제 소요량(kg)		
	1301	1211	2402	1301	1211	2402
20 m	35	40	45	45	50	50

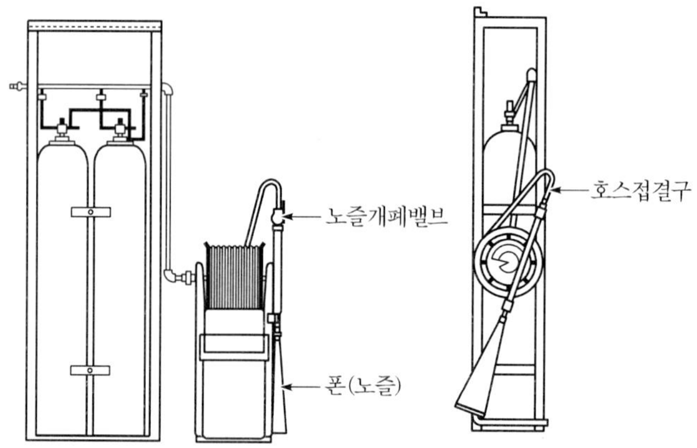

그림 3.12.1. 이동식 할로겐화물 소화설비의 모양

(3) 조작방식에 의한 분류

1) 수동식

소화설비의 기동을 사람이 직접 조작을 통하여 행하는 방식이다. 저장용밸브, 저장탱크밸브 또는 기동용기밸브 등을 직접 손으로 여는 직접조작식과, 전자밸브, 가스용작동밸브등의 누름보턴 조작에 의한 원격조작식이 있다.

2) 자동식

자동화재감지장치 작동과 연동해서 소화설비의 기동이 자동적으로 행해지고, 선택밸브의 개방, 개구부의 폐쇄 등 관련장치도 모두 자동으로 조작되는 방식이다.

3.12.3 할로겐화합물 소화설비 계통 및 작동

(1) 계통도

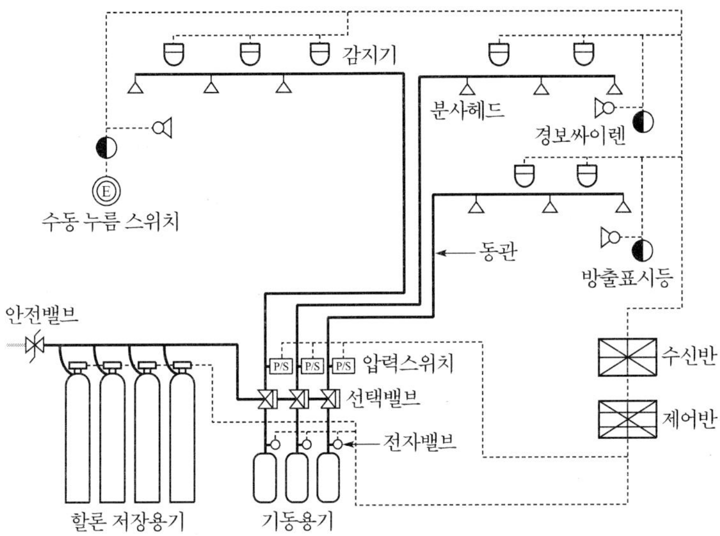

그림 3.12.2. 할로겐화합물 소화설비의 계통도(전역방출방식)

(2) 작동순서

할로겐화합물소화설비의 구성 및 작동원리는 이산화탄소소화설비의 구성 및 작동원리와 거의 동일하다. 다만, 가압식의 경우에는 기동용가스(기동용기에서 방출)가 가압용가스용기, 소화약제저장용 용기밸브를 동시에 개방시키고, 가압용 가스의 공급관에는 압력조정기가 설치되어 20 ㎏/㎠이하의 압력으로 소화약제 저장용기의 약제를 가압하여 방출하는 점이 다르다.

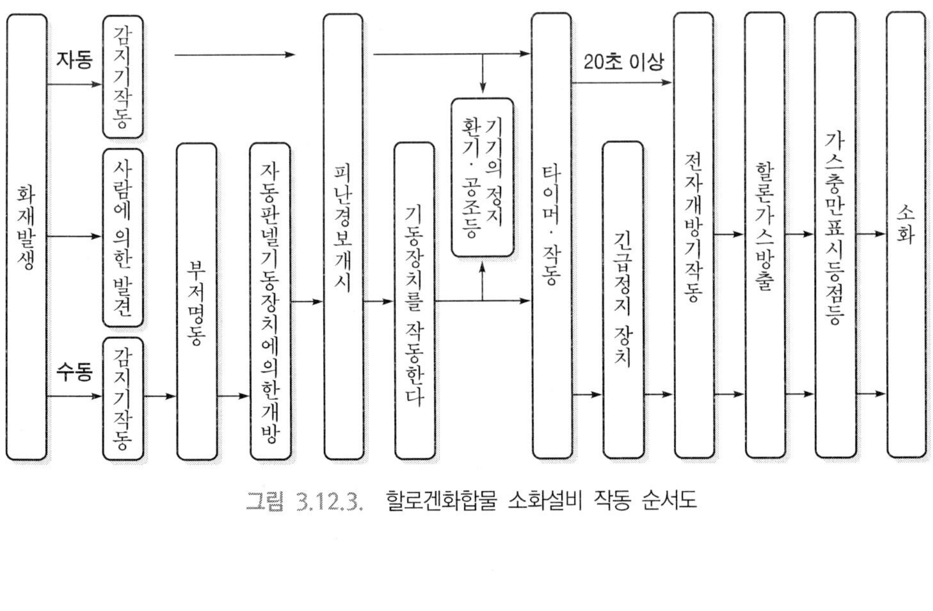

그림 3.12.3. 할로겐화합물 소화설비 작동 순서도

(3) 소화약제별 기본 구성 및 작동흐름

1) 할론 1301 및 할론 1211 소화설비

고압식 이산화탄소설비와 기본적인 구성이 같으며 작동흐름은 아래 그림과 같다.

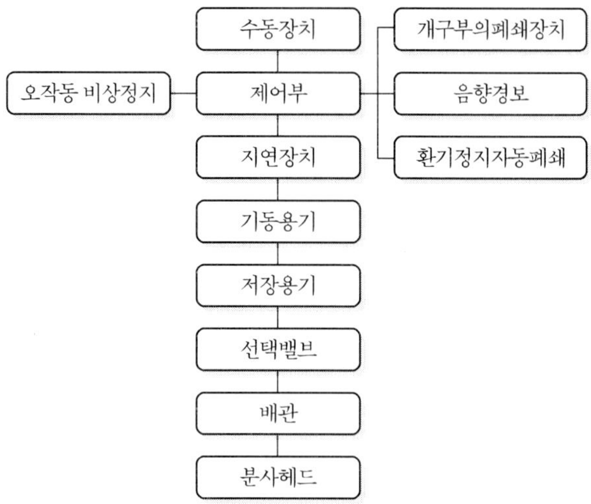

그림 3.12.4. 할론1301 및 할론 1211 소화설비 구성

2) 할론 2402 소화설비

가압용가스용기가 설치되고 여기에서 방출된 압력이 할론 소화약제를 가압하여 방출하는 점이 이산화탄소소화설비와 차이점이 있다.

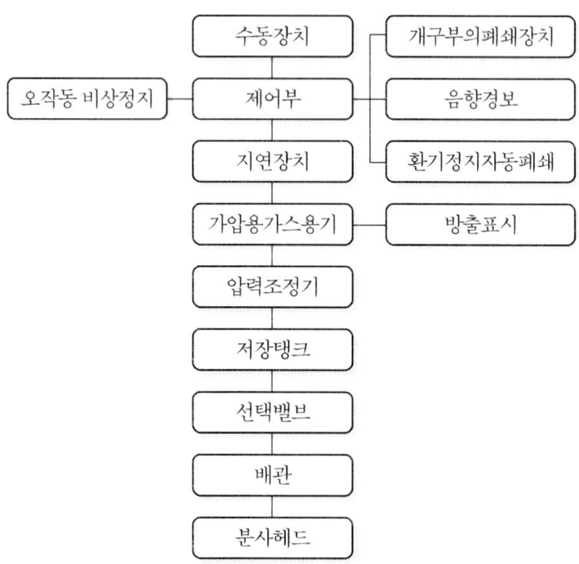

그림 3.12.5. 할론2402 소화설비 구성

3.12.4 할로겐화합물 소화설비의 주요구성부 및 기능 등

(1) 할로겐화합물소화약제의 저장용기

할로겐화합물 소화약제의 저장용기는 가압식과 축압식의 두 종류로 분류할 수 있으며, 축압식은 소화약제 저장용기 내를 질소로 충압하여 놓는 것이고, 가압식은 별도의 질소가압 용기를 설치하여 화재발생시 가압용기를 개방시켜 약제의 방출압력을 얻는 것이다. 할론1211 및 할론1301은 축압식을 할론 2402은 가압식을 이용한다. 가압식은 가압 용기내의 질소압력을 21℃에서 25kg/㎠ 또는 42kg/㎠, 축압식 소화약제저장용기 내압력은 20℃에서 할론 1211은 11 kg/㎠ 또는 25kg/㎠, 할론 1301은 25kg/㎠ 또는 42kg/㎠로 충전하여야 한다.

저장압력이 2가지로 적용되는 이유는 용기의 구조에 기인하는데 이음매가 있는 저장용기의 경우는 낮은 압력, 이음매가 없는 용기의 경우는 높은 압력을 적용한다. 일반적으로 할론 1301 소화설비의 경우 대부분 42 kg/㎠ 용을 사용한다.

할론 1211과 할론 1301은 고압가스안전관리법의 대상이 되는 액화가스이므로 그 저장 용기는 고압가스안전관리법에서 정하는 검사에 합격한 것이라야 한다.

1) 가압식 저장용기

할론 2402를 사용하는 설비에 한해서 채택되는 방식으로서 할론 2402이 상온 상압상태에서 액체이므로 자체증기압만으로 방사되지 않아 별도의 가압원을 사용하는 것이다. 방사를 하기 위한 압력원으로서 질소를 충전한 가압용기를 갖추고 있다.

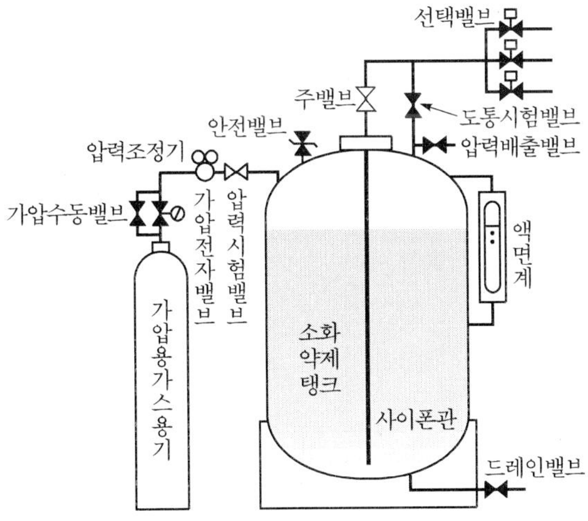

그림 3.12.6. 가압식 저장용기

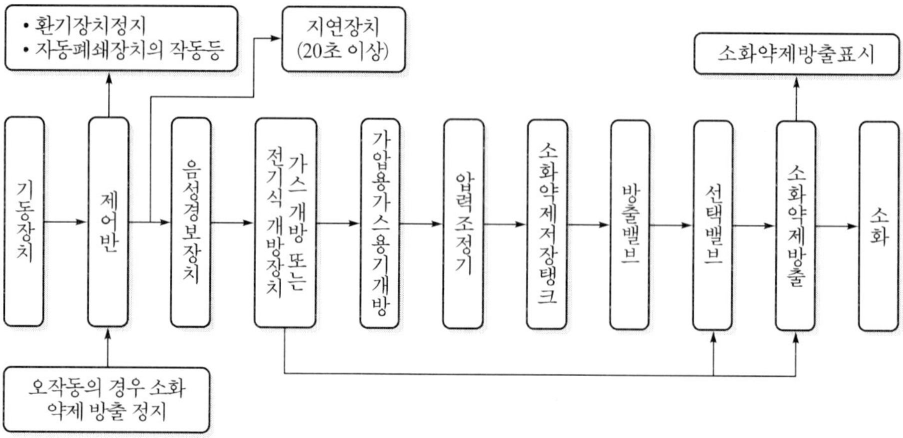

그림 3.12.7. 가압식 저장용기의 작동순서

2) 축압식 저장용기

소화약제 저장용기내에 약제를 질소가스가 상시가압(축압)되어 있는 것이다. 또한 할론 1211, 할론 1301은 상온, 상압에서 가스상태이고 저장용기에 액상으로 충전 되면 자체압을 갖기는 하지만 온도의 변화에 따라 방사압력이 일정하게 유지되지 않음으로 이를 방지하기 위하여 질소압을 가한다.

※ 축압식이란 이산화탄소설비에는 없으며 할로겐소화설비에만 적용된다. 이는 이산화탄소의 증기압이 높아 자체 증기압만으로도 충분한 방출력과 일정압력의 유지가 가능하기 때문이다.

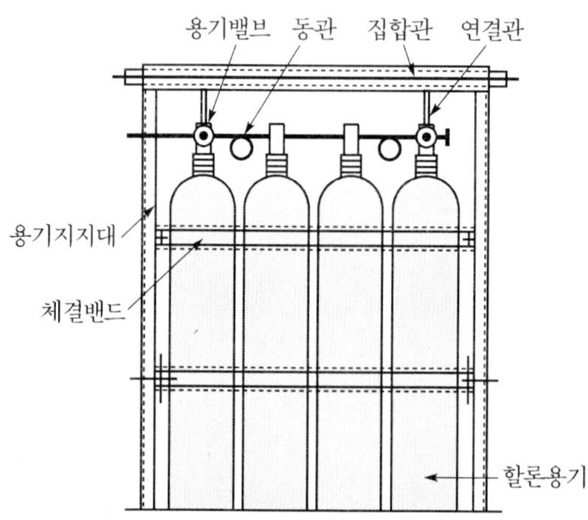

그림 3.12.8. 축압식 저장용기 구조

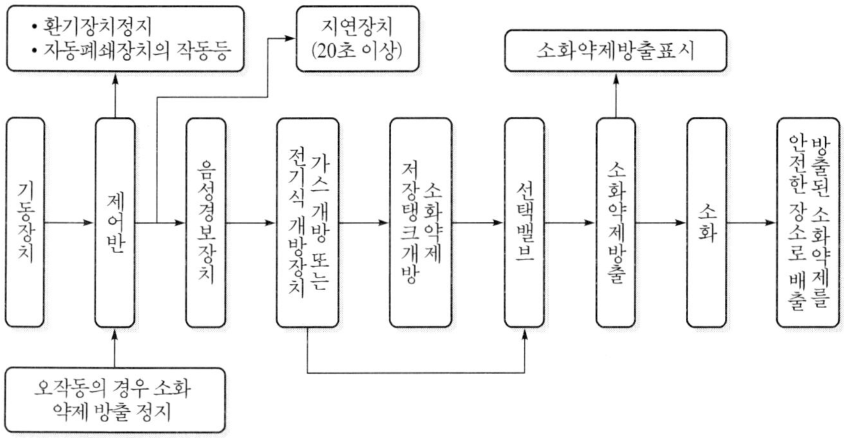

그림 3.12.9. 축압식 저장용기의 작동순서

3) 충전비

충전비란 용기내용적 대 약제중량으로서, C(충전비) = V(ℓ)/W(kg) 이다.

하나의 집합관에 접속되는 용기는 충전비가 동일하여야 하며 아래의 기준을 적용한다.

구 분	소화약제 종류	충전비
축압식	1301	0.9 이상 1.6 이하
	1211	0.7 이상 1.4 이하
	2402	0.67 이상 2.75 이하
가압식	2402	0.51 이상 0.67 이하

(2) 가압용가스용기 및 기타 부속장치 등

가압용가스용기 및 기동용가스용기는 고압가스안전관리법령에서 정하는 고압용기를 사용한다.

1) 가압용가스용기

가압식 할론2402소화설비용으로는 내용적 40ℓ 정도의 질소용기를 사용하고 설비규모에 따라 하나 또는 두개를 나열하여 접속해서 사용한다. 용기밸브, 전자식 솔레노이드 밸브 또는 가스압식의 피스톤밸브 등이 개폐와 기동을 위하여 함께 구성되어 사용된다. 질소 충전압은 통상 40℃에서 150kg/㎠로 하지만, 저장탱크를 가압할 경우에는 15kg/㎠ 정도로 감압하여 충전한다.

2) 기동용 가스용기

할로겐화물소화설비에 설치하는 기동용가스용기는 통상 이산화탄소를 충전한 용기를 사용한다. 이용기의 내용적은 1ℓ 이상으로 하고, 이산화탄소 충전량은 0.6kg 이상 충전비는 1.5 이상이어야 한다. 내압시험압력은 250kg/㎠, 안전밸브의 파괴압은 160~250kg/㎠ 범위의 것으로 한다.

3) 지연장치

전역방출방식의 경우 기동조작으로 인해 음향경보장치가 작동하고 경보와 함께 구획내의 인원이 대피할 시간적 여유가 필요하다. 이 때문에 기동회로중에 시한 계전기를 넣어 기동장치의 작동에서 저장용기의 용기밸브 또는 저장탱크의 방출밸브 개방까지를 20초 이상의 시간차를 두는 지연장치가 필요하다. 또한 실수로 기동장치를 작동시키는 경우 등에 있어서 신속히 소화약제 방출을 정지시키기 위해 수동기동장치에 복구보튼을 설치하고 지연시간 범위 내에서 정지조치를 할 수 있도록 한다. 할론1301 소화설비는 소화약제 자체의 독성이 적고 방사량도 적음으로 지연장치의 설치를 규제하고 있지는 않지만 자체적으로 설치하는 것이 바람직하다.

4) 압력조정기

가압용가스용기의 가스(100~150kg/㎠) 저장용기 또는 저장탱크에서 송출하기 전에 가스압력을 20 kg/㎠이하로 압력을 감압조정하여 유효하게 소화약제를 방사하게 하는 것이다.

5) 니들밸브(Needle Valve)

니들밸브는 용기밸브에 부착되어 화재 시에 니들 핀(Needle Pin)으로 용기밸브를 작동시키는 역할을 하며 이 니들밸브는 기동용기에서 방출된 탄산가스(CO_2)에 의하여 자동으로 작동되고, 만약 자동으로 작동되지 않을 때는 안전핀을 빼낸 후에 니들 핀을 안쪽으로 누르면 조작할 수 있는 것이다.

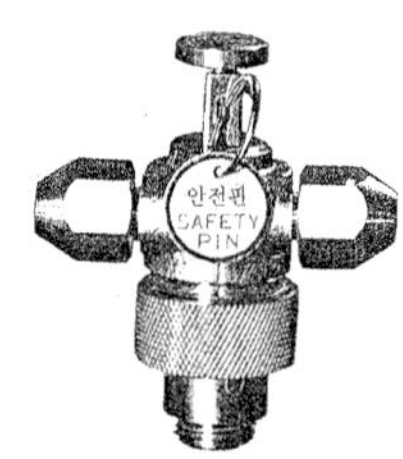

그림 3.12.10. 니들밸브

6) 체크밸브(Check Valve)

체크밸브는 할론용기, 선택밸브와 기동용기 라인 사이에 설치되며 기동용 탄산가스(CO_2)의 역류에 의하여 소화하고자 하는 방호구역 외 타 방호구역으로 할론가스가 방출되는 것을 방지할 목적으로 사용된다.

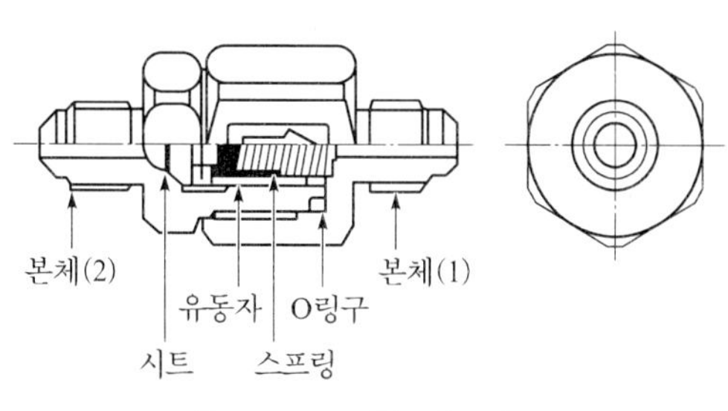

그림 3.12.11. 체크밸브의 구조

7) 릴리프밸브(Relief Valve)

릴리프밸브는 배관 내에서 발생한 응축수를 제거해 주는 기능을 하는 것으로서 밸브 입출구는 동관 연결될 수 있도록 되어 있고, 황동 단조품을 니켈-크롬 도금하여 내식성 향상시킨 제품 등이 사용된다.

8) 안전밸브(Safety Valve)

안전밸브는 과압방지 밸브로서, 돌발적으로 가스압력이 높아질 때 내부 동판이 파괴되도록 설계되어 있다. 안전밸브의 작동압력은 할론가스일 경우 55~80kg/㎠이며, 밸브의 접합부나사 규격은 PT 15A/ PT 20A의 두 종류가 사용된다.

9) 음향경보장치

할로겐화물소화설비의 음향경보장치는 수동기동조작 또는 자동기동 작동과 연동해서 자동으로 울리는 것으로서 이산화탄소소화설비의 음향경보장치와 같다.

10) 선택밸브

하나의 방호구역에 방호구획이 구분되거나 방호대상물이 둘 이상 존재하는 경우에 있어 저장용기 또는 저장탱크를 공용으로 할 때에는 방호구획 또는 방호대상물마다 선택밸브를 설치하여야 한다. 선택밸브의 구조 및 기능은 이산화탄소 소화설비에 사용되는 것과 같다.

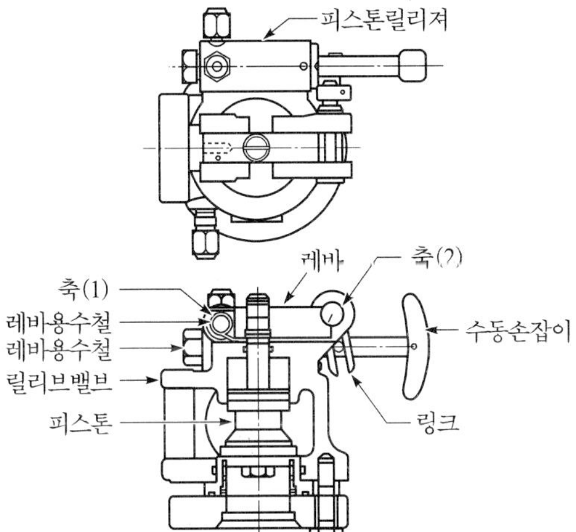

그림 3.12.12. 선택밸브(피스톤릴리즈방식)의 구조

11) 기동장치(Actuating Cylinder Unit)

할로겐화물소화설비의 기동장치는 원칙적으로 수동식으로 한다. 다만, 항상 사람이 없는 방화대상물 기타 수동식이 부적당한 장소에 설치하는 것은 자동식으로 할 수 있다. 기동장치의 구조 및 기능은 이산화탄소소화설비의 기동장치와 같다. 가압식할론 2402 소화설비인 경우도 기동용가스의 경로가 가압용가스용기밸브와 선택밸브를 여는 점이 다를 뿐 그 이외의 것은 같다.

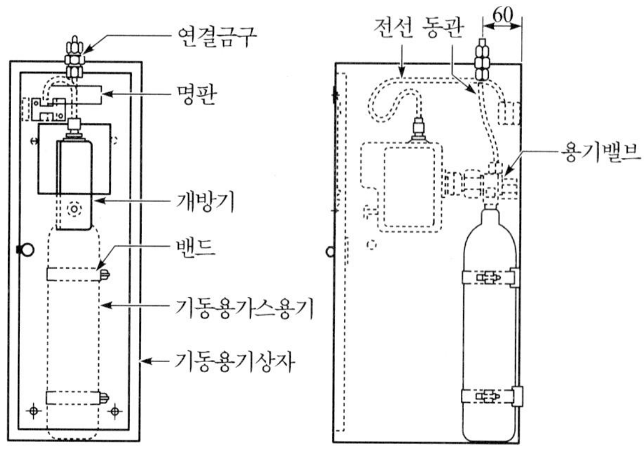

그림 3.12.13. 기동장치의 구조

저장용기 또는 저장탱크에서 할론소화약제를 분사헤드까지 보내는 할론소화약제배관과 가압가스 및 기동동가스를 보내는 가스배관이 있다. 어느 것이거나 다른 용도와 겸용하여 사용할 수 없고 전용배관으로 하여야 한다.

12) 분사헤드

① 전역방출방식

전역방출방식의 분사헤드는 할론소화약제배관에서 압송된 소화약제를 방호구획내의 전역에 걸쳐 균일하고 신속하게 확산하도록 방사한다. 분사헤드의 방사압력은 소화약제의 종별에 따라 그 최저치가 정해지며 할론 2402은 1kg/㎠, 할론1211은 2kg/㎠, 할론 1301은 9kg/㎠이다. 할로겐소화설비의 설계에 있어서는 이 압력 이상의 방사압력이 되도록 축압가압가스량, 배관직경, 배관길이, 분사헤드수 및 방사율을 정한다. 각 분사헤드는 설치위치에 따라 고유의 코드번호를 갖고 방사압력에 따라 일정한 방사율로 소화약재를 방출한다. 할론 2402은 상온·상압에서 액체이므로 확산을 신속하게 하기 위해 안개모양으로 방사하는 분사헤드를 사용한다.

② 국소방출방식

국소방출방식에 사용되는 분사헤드는 방호대상물의 전체면과 용적을 모두 유효사정범위 내에 포함하도록 설치한다.

분사헤드의 최저방사 압력은 ①과 같고, 각 헤드마다 방사압력에 따라 일정한 방사율과 유효사정을 갖는다.

방출방식	분사헤드형상	소방대상물
전역방출방식	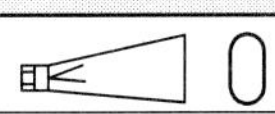	일반소방대상물
	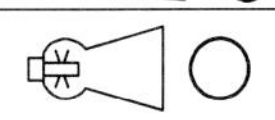	일반소방대상물 (이중천정)
		일반소방대상물 (천정)
		–
국소방출방식	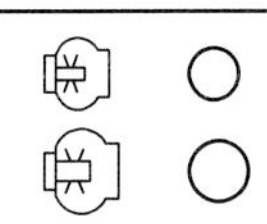	–
전역방출방식	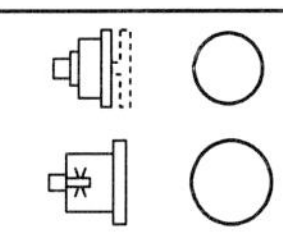	탱크류

그림 3.12.14. 분사헤드의 형상과 적용 소방대상물

13) 비상전원

할로겐화물소화설비의 비상전원 및 배선은 이산화탄소소화설비를 준용한다.

3.12.5 할로겐화물소화약제

화학식과 할론번호 등의 구분은 아래와 같다.

HALON 1 3 0 1 ⟶ CF_3Br

Br의 원자수
Cl의 원자수
F의 원자수
C의 원자수

(1) 소화약제의 종류 및 특성

1) 할론 1011(CH_2ClBr)

무색투명하며 특유한 냄새를 내는 불연성, 증발성 액체로서 비중은 1.94, 비점은 68℃, 유고점은 −88 ℃이다. 성분 중 할로겐원소는 부촉매효과를 나타내고 연소억제효과를 나타냄으로서 유류화재를 소화한다. 소화약제자체는 전기에 대하여 부전도체이기 때문에 전기화재에도 적합하다. 그러나 금속을 부식하는 성질이 있으며 수분이 함유되면 그 성질이 더욱 강해지기 때문에 혼입을 막을 필요가 있다. 특히 소화작업 중 열기에 의하여 발생되는 증기는 사염화탄소 보다는 약하지만 독성이 있고 두통·구토 등의 중독병상을 초래함으로 주의하여야 한다.

2) 할론 1301(CF_3Br)

할로겐화합물로서 소화약제로 사용되며 상온 상압에서는 기체이고 가열하면 분해되어 취소를 유리한다. 이것은 탄화수소의 반응에 대하여 부촉매(연소억제) 작용을 함으로서 소화한다. 열분해시 HF등의 일부 유독물이 발생한다.

3) 할론 1211(CF_2ClBr)

탄화할로겐화합물의 일종으로 상온, 상압에서 기체이다. 할론 1301보다 독성이 높으며 따라서 밀폐된 공간에서는 사용이 제한된다. 증기압이 낮아 낮은 압력에서도 액화상태로 저장이 가능하다. ABC급 소형소화기에 주로 사용된다.

(2) 할로겐화합물의 소화효과

할로겐소화약제의 소화작용은 할로겐원자의 억제작용에 의한 것이지만 그 효과는 F, Cl, Br 의 순으로 커진다. 따라서 Br 원자를 많이 갖는 것일수록 소화력이 크다. 할로겐소화약제의 소화최대농도(피크농도)를 비교하여 보면 아래의 표와 같다.(피크 농도가 작은 것일수록 소화효과가 큰 것으로 된다)

표 3.11.1. 할론소화약제 피크농도(용량 %)

소화약제 / 연료	(1) 할론 2402	(2) 할론 1211	(3) 할론1301
수 소	–	26.9	20.0
메 탄	0.8	4.0	2.0
프 로 판	–	5.9	6.5
헥 산	3.5	5.8	–
벤 젠	2.5	4.8	4.3
아 세 톤	2.4	4.9	5.3
초 산 에 틸	0.8	–	4.6
디에칠에테르	15.5	–	6.3
메 탄 올	16.0	24.7	–
에 탄 올	7.2	6.2	4.0

※ 1) NATIONAL FIRE CODE NFPA NO. 12A
2) NATIONAL FIRE CODE NFPA NO. 13A
3) MOTECA TINI EDISION REPORT

(3) 할론의 농도측정

고체물질의 화재는 표면화재 상태인 불꽃(Flame fire)화재와, 심부화재 상태인 훈소(Smoldering fire)로 나눌 수 있다. 할론은 대표적인 표면화재용 약제로서 심부화재의 소화에는 적응성이 낮으며, 적용시에는 약제를 고농도로 장시간 방사하여야하나 이는 경제성이(약제비용이 고가) 없어 적용하기 어렵다. 따라서 할론의 소화농도 기준 설정은 표준시료를 규격실내에 방사하여 소화가 될 때의 할론농도를 측정하여 기준을 정하는 것이다.

1) 절대적 농도 측정방법

실규모의(Full scale) 실제시험을 행하여 특정화재의 진화여부를 판단한다.

2) 상대적 농도측정방법

① 불활성시험

공기와 연료의 가연성혼합물을 불연성 혼합물로 만드는데 필요한 소화약제의 농도를 측정하여 이를 기준으로 하는 방법이다.

② 불꽃 소화시험

실험실내에서 컵버너(Cup-burner)장치를 이용하여 측정한다. 일정규모의 불꽃에 소화약제를 방사하여 소화에 필요한 약제의 농도를 측정하는 방식이다.

(4) 할론의 설계농도

1) 최소설계농도

상기의 불꽃농도 시험을 실시하여 소화농도를 측정하고 이를 최소 설계농도로 한다.

2) 최대 설계농도

최대 설계농도는 분해부산물을 최대한 억제하여 정상거주지역(Normally Occupied Area)에서 10 %를 초과하지 않도록 적용한다. 따라서 국내소방법상의 할론 방출계수 0.32~0.64kg/㎥는 5%~10% 농도를 의미하며 이때 5%가 최소설계농도, 10%가 최대설계농도가 된다.

(5) 하론의 소화약제량 계산

할론소화약제의 저량량은 전역방출방식과 국소방출방식, 이동식으로 나누어 각각의 기준에 의하여 저장량을 산출한다.

1) 전역방출방식

① 기본소화약제량

방호구역의 체적(불연재료나 내열성의 재료로 밀폐된 구조물이 있는 경우에는 그 체적을 제외) 1 ㎥에 대하여 다음의 양을 저장한다.

소방대상물		소화약제	소화약제량(㎥당)
차고, 주차장, 전기실, 통신기기실, 전산실 등		1301	0.32 kg ~ 0.64 kg
특수가연물	1종 또는 2종가연물의 저장, 취급	1301	0.32 kg ~ 0.64 kg
		1211	0.36 kg ~ 0.71 kg
		2402	0.40 kg ~ 1.10 kg
	고무류, 목재가공품, 톱밥, 면화류, 목모, 대패밥, 종이조각, 사류, 볏집류 등	1301	0.52 kg ~ 0.64 kg
		1211	0.60 kg ~ 0.71 kg
	합성수지류	1301	0.32 kg ~ 0.64 kg
		1211	0.36 kg ~ 0.71 kg

② 보충량 1

방호구역의 개구부에 자동폐쇄장치를 설치하지 아니한 경우에는 위의 기준량 외에 아래의 산출량을 가산하여 약제 저장량을 산출한다.

소방대상물		소화약제	소화약제 가산량(㎥당)
차고, 주차장, 전기실, 통신기기실, 전산실 등		1301	2.4 kg
특수가연물	1종 또는 2종가연물의 저장, 취급	1301	2.4 kg
		1211	2.7 kg
		2402	3.0 kg
	고무류, 목재가공품, 톱밥, 면화류, 목모, 대패밥, 종이조각, 사류, 볏집류 등	1301	3.9 kg
		1211	4.5 kg
	합성수지류	1301	2.4 kg
		1211	2.7 kg

③ 보충량 2

제4류 위험물중 아래의 위험물을 저장, 취급하는 소방대상물 또는 그 부분에 있어서는① 및 ②의 특수가연물에 해당하는 소화약제 저장량에다 아래의 표에 의한 기준수를 곱한 양을 저장량으로 한다.

저장, 취급대상 위험물	이황화탄소	에테르	에틸알콜	벤젠	헥산 및 펜탄
기준수	2.6	1.47	1.35	1.11	1.03

2) 국소방출방식

아래의 기준에 의하여 산출된 각각의 저장량에 할론 2402은 1.1, 1211 및 1301은 1.25를 곱하여 얻은 양 이상으로 한다.

① 제4류 위험물, 특수가연물(제1종가연물 또는 제2종 가연물에 한한다)을 윗면이 개방된 용기에 저장하는 경우와 화재시 연소면이 1면에 한정되고, 가연물이 비산할 우려가 없는 경우에는 다음표에 의한 양을 저장량으로 한다.

소화약제의 종별	방호대상물의 표면적 1 ㎡에 대한 소화약제의 양
할론 2402	8.8 kg
할론 1211	7.6 kg
하론 1301	6.8 kg

②①외 의 경우에는 방호공간 1 ㎥당 다음식에 의하여 산출된 양

Q = X − Y (a/A)

여기서 Q : 방호공간 1 ㎥에 대한 할로겐화합물 소화약제의 양(kg/㎥)

a : 방호공간(방호대상물의 각 부분으로부터 0.6 m의 거리에 둘러쌓인 공간)에 설치된 벽 면적의 합계(㎡)

A : 방호공간의 벽면적(벽이 없는 경우에는 벽이 있는 것으로 가정한 당해부분의 면적)의 합계(㎡)

X 및 Y :아래표에 의한 수치

소화약제의 종별	X의 수치	Y의 수치
할론 2402	5.2	3.9
할론 1211	4.4	3.3
할론 1301	4.0	3.0

3) 호스릴 방식

하나의 노즐에 대하여 할론 2402 또는 1211은 50kg, 할론 1301은 45kg이상으로 한다.

3.12.6 종합점검

(1) 고정식

1) 방사에 사용하는 시험용 가스의 양은 소화약제의 종별에 따라 점검대상, 방호구역 등의 소화약제 필요저장량 1 kg당 9 ~ 16 L로 산정한 양의 공기 또는 질소가스로 할 것. 다만, 할론 1301 소화설비로서 전 압력을 42 kg/㎠로 하는 것에 있어서는 소화약제 필요저장량 1 kg당 CO_2는 약 0.1 kg이면 된다.

2) 1)에서 정한 양의 시험용 가스를 충전한 시험용 가스용기(단, 공기 또는 질소가스를 충전한 것의 압력은 당해 설비의 저장용기 등)는 가압용가스용기의 충전압력과 거의 같은 압력으로 하여야 한다.

(2) 이동식

1) 방사에 사용하는 시험용가스의 양은 저장용기 5개 이내마다의 임의의 저장용기로서 저장

용기 1개 상당의 시험용 가스를 방사하여야 한다.

2) 저장용기를 호스릴로부터 떼어내어 시험용가스용기를 부착하여야 한다.

3) 수동조작으로 호스를 끌어내어 방사상황이 정상인지의 여부를 확인하여야 한다.

유의사항

점검시 사용한 시험용 가스용기는 종료 후, 설치된 저장용기 등에 교체, 복원하여야 한다.

실 전 문 제

문제 1 할로겐화합물 소화설비의 전역방출방식에 있어 농도 측정 방법과 시험기구에 관하여 논하시오.

문제 2 하론소화설비를 많이 이용하는 심부화재에 대하여 설명하시오.

문제 3 가스계소화설비의 소화능력에 영향을 미치는 Soaking Time과 Discharge Time에 대하여 각각 설명하시오.

3.13 청정소화약제소화설비

3.13.1 개요

가스계소화설비는 전기적으로 비전도성 소화약제가 요구되거나 소화약제 방출에 따른 장비 등의 피해를 최소화하고자 하는 목적으로 전기 및 전자시설, 통신시설, 인화성 및 가연성 액체나 기체, 고가시설물 등의 화재를 진압하기 위하여 주로 설치되는 소화설비이다. 최근 조사된 국내 가스계소화설비 소화약제량의 적용 실태를 살펴보면 이산화탄소 약 50%, 할론 40%, HCFC Blend A등 청정소화약제가 약 10%를 차지하고 있는 것으로 나타나고 있어 실제 국내 소방대상물에 설치되어 있는 가스계소화설비의 분포도 이와 비슷한 수준일 것으로 추정된다.

(1) 가스계소화설비의 구분

가스계소화설비의 종류는 방출방식에 따라 국소방출방식(Local Application System) 및 전역방출방식(Tatal Flooding System)으로 나누며 설계하는 방법에 따라 Pre-Engineered System 및 Engineered System으로 구분된다.

(2) 국소방출방식(Local Application System)

방호구역을 폐쇄할 수 없는 곳에 설치되어 있는 방호대상물에 소화약제를 직접 방사하여 화재를 진압하는 방식으로 주로 사용되는 소화약제는 휘발성 낮은 가스계소화약제가 적합한 것으로 나타나고 있다.

(3) 전역방출방식(Tatal Flooding System)

방호구역이 폐쇄되어 있는 장소의 화재를 방호구역의 전체에 소화약제를 방출하여 소화농도를 유지함으로서 화재를 진압하는 방식을 말한다.

(4) Pre-Engineered System

소화약제의 유량, 노즐압력, 소화약제의 저장량, 배관의 사용, 방출헤드 수와 종류, 방호대상 및 크기 등을 고려한 화재시험 등을 통하여 사전에 확인되어 있는 소화설비를 말한다.

(5) Engineered System

방호대상물의 특성 및 방호구역 크기 등의 조건에 맞게 유량, 소화약제량, 배관, 방출헤드의 수량·배치 등을 결정하기 위하여 공학적 계산과 설계가 필요한 소화설비를 말한다.

3.13.2 하론의 규제 및 하론대체물질 현황

"오존층보호를 위한 몬트리올의정서"가 1987년 9월 16일 조인됨에 따라 개도국 조항으로 가입한 우리나라는 1999년 7월 1일부터 하론 소화약제(하론 1301, 하론 1211)의 생산량이 동결되고 2005년부터는 이 량의 50%를 감축해야 하며 2010년부터는 하론 소화약제의 생산 및 수입이 필수용도를 제외하고는 금지될 예정에 있다. 따라서 국내 관련부처에서는 이에 대한 대비책으로 1994. 8. 18일 청정소화약제종류및기술기준(내무부고시 제1994-9호)를 고시하여 7종류의 청정소화약제를 사용할 수 있도록 하고 있다.

3.13.3 국내에서 적용되고 있는 대체물질의 문제점

하론대체물질인 청정소화약제 및 소화설비는 선진국에서 개발한 것을 그대로 국내에 도입·사용하고 있어 선진외국과 시스템 구성 등에 대한 상이함을 고려하지 않고 적용함에 따라 많은 문제점이 나타나고 있는 것이 사실이다.

미국 등 외국에서는 방호구역 마다 소화약제를 저장하는 독립배관방식으로 대부분 설치하나 국내에서는 다수의 방호구역에 대하여 소화약제를 공용하는 집합배관방식으로 설치함으로서 동일 설계프로그램 및 매뉴얼 적용에 대한 기술적인 검증이 요구되고 있다.

또한 청정소화약제소화설비의 특성상 설비자체의 문제점에 대한 발견이 곤란할 뿐만 아니라 소화설비의 정상작동 및 소화성능 등을 확인하기 위해서는 소화약제를 방출하는 시험을 실시하여야 하나, 소화약제의 가격이 고가로 실제 방출시험을 하는데 한계가 있어 소화설비의 성능을 효율적으로 확보할 수 없는 실정이므로 이러한 문제점을 해결하기 위해 2000. 10. 9일부터 한국소방검정공사에서 가스계소화설비의 성능에 관한 인정규정(FI인정)을 마련·운영하고 있다.

특히 대부분의 일반인들은 청정소화약제(Clean Agent)는 인체나 환경에 완전히 무해한 것으로 알고 있으나, NFPA 2001에 의하면 청정소화약제란 "전기적으로 비전도성이며, 휘발성이 있고, 휘발 후 잔여물이 남지 않는 소화약제"로 정의되어 있으며, 사람이 상주 가능한 소화농도를 유지하더라도 일정시간(3분 이내)내에 대피하도록 되어있어, 청정소화약제소화설비가 설치된 소방대상물을 사용하는 관계인에 대한 정확한 교육 및 홍보가 필요한 실정이다.

따라서, 청정소화설비에 사용되는 소화약제에 대한 특성과 소화약제 방출방식인 전역방출방식·Engineered System에 대한 기술적 사항과 청정소화약제소화설비의 인정기준에 대한 기술적 사항의 이해를 높이는 방향으로 살펴보고자 한다.

3.13.4 청정소화약제 특성

가) 청정소화약제의 종류

소화약제	분자식
FC-3-1-10(Perfluoropropane)	C_4H_{10}
HCFC Blend A HCFC-123(Dichlorotrifluoroethane) HCFC-22 (Chlorodifluoromethane) HCFC-124 (Chorotetrafluoroethane) Isopropenyl-methylcyclohexene	 $CHCl_2CF_3$: 4.75 % $CHClF_2$: 82 % $CHClFCF_3$: 9.5 % $C_{10}H_{16}$: 3.75 %
HCFC-124(Chlorotetrafluoroethane)	$CHClFCF_3$
HFC-125((Pentafluoroethane)	CHF_2CF_3
HFC-227ea(Heptafluoropropane)	CF_3CHFCF_3
HFC-23(Trifluorometane)	CHF_3
IG-541(Inert Gas)	CO_2: 8 %, N_2: 52 %, Ar: 40 %

나) 청정소화약제의 품질기준

① 국내의 품질기준

항목	소 화 약 제	기 준
함량	FC-3-1-10, HCFC-124 HFC-23, HFC-125 HFC-227ea	99.0 %이상
	HCFC Blend A	HCFC-123: 4.75 %±0.5 % HCFC-22: 82 %±0.8 % HCFC-124: 9.5 % ±0.9 % $C_{10}H_{16}$: 3.75 %±0.5 %
	IG-541	CO_2: 8 %±1 % N_2: 52 % ±4 % Ar: 40 % ±4 %

② NFPA 2001 품질기준

항목	소 화 약 제	기 준
순도	FC-3-1-10 ,HCFC-124 HFC-23, HFC-125 HFC-227ea, HCFC Blend A	99.0 %이상
	HCFC Blend A	HCFC-123: 4.75 %±0.5 % HCFC-22: 82 %±0.8 % HCFC-124 : 9.5 % ±0.9 % $C_{10}H_{16}$: 3.75 %±0.5 %
	IG-541	CO_2: 8 %+1 % - 0% N_2: 52 % ±4 % Ar: 40 % ±4 %
산도	FC-3-1-10, HCFC-124 HFC-23, HFC-125 HFC-227ea, HCFC Blend A	3.0 ppm이하
	IG-541	-
수분함유율	FC-3-1-10, HCFC-124 HFC-23, HFC-125 HFC-227ea, HCFC Blend A	0.001 %이하
	IG-541	0.005 %이하
비휘발성 잔여물	FC-3-1-10, HCFC-124 HFC-23, HFC-125 HFC-227ea, HCFC Blend A	0.05 g/100 ml이하
	IG-541	-

③ ISO/FDIS 품질기준

항목	소 화 약 제	기 준
순도	FC-3-1-10	99.0 %이상
	HFC-23	99.5 %이상
	HCFC-124, HFC-125 HFC-227ea, HCFC Blend A	99.6 %이상
	IG-541	CO_2: 99.5 %이상 N_2: 99.99 %이상 Ar: 99.997 %이상
혼합약제 구성	HCFC Blend A	HCFC-123: 4.75 %±0.5 % HCFC-22: 82 %±0.8 % HCFC-124 : 9.5 % ±0.9 % $C_{10}H_{16}$: 3.75 %±0.5 %
	IG-541	CO_2 : 8 %±0.4 % N_2: 52 % ±3.2 % Ar: 40 % ±2.8 %
산도	FC-3-1-10, HCFC-124 HFC-23 ,HFC-125 HFC-227ea HCFC Blend A	3×10-6 by mass 이하
	IG-541	–
수분함유율	FC-3-1-10, HCFC-124 HFC-23 ,HFC-125 HFC-227ea HCFC Blend A	3×10-5 by mass 이하
	HFC-23	2×10-5 by mass 이하
	IG-541	CO_2: 10×10-6by mass이하 N_2: 3×10-6 by mass 이하 Ar: 3×10-6 by mass 이하
비휘발성 잔여물	FC-3-1-10	100×10-6 by mass 이하
	HCFC-124, HFC-125 HFC-227ea HCFC Blend A	0.01% by mass 이하
	HFC-23	0.1% by mass 이하
	IG-541	–

다) 청정소화약제의 물리적 성질

성질	FC-3-1-10	HCFC -124	HCFC Blend A	HFC-23	HFC -125	HFC -227ea	IG-541
분자량	238	136.5	92.9	70	120.02	170	34.0
끓는점(1.013bar) [℃]	-2.0	-12.1	-38.3	-82.0	-48.50	-16.4	-196
어는점[℃]	-128.2	-198.9	〈-107.2	-155.2	-103	-131.1	-78.5
임계온도[℃]	113.2	122.6	125	25.9	66.25	101.7	-
임계압력[bar abs]	23.23	36.20	66.50	48.36	35.95	29.12	-
임계부피[㎤/mol]	376	243.0	170	133	210	274	-
임계밀도[kg/㎥]	633	560.7	580	525	571.9	621	-
증기압(20℃) [bar abs]	2.84	3.27	8.25	41.80	12.09	3.91	152
액체밀도(20℃) [kg/㎥]	1517	1372.9	1200	806.6	1218.0	1407	-
포화증기밀도 (20℃)[kg/㎥]	24.5	20.547	31	263.0	76.92	31.176	-
과열증기비체적 (1.013bar, 20℃) [㎥/kg]	0.186	0.1708	0.259	0.3409	0.1974	0.1373	0.697

라) 청정소화약제의 유해성

성질	FC-3-1 -10	HCFC -124	HCFC Blend A	HFC-23	HFC -125	HFC -227ea	IG-541
LC50 [% 농도] 4HR 기준	〉80 (20%O_2)	〉23	64	-	-	-	-
ALC [% 농도]	-	-	-	〉65	〉70	〉80 (20%O_2)	-
NOAEL [% 농도]	40	1.0	10	50	7.5	9.0	43
LOAEL [% 농도]	〉40	2.5	10	〉50	10	10.5	52

주) LC50 : 4시간동안 쥐에게 노출 시 쥐의 약 50 %가 치사하는 농도
ALC : 4시간동안 쥐에게 노출 시 쥐의 대부분이 치사하는 농도
NOAEL(No observed adverse effect level) : 생리적 또는 동물학적 해로운 효과가 관찰되지 않는 최고농도(산소농도 12 %이하와 상응)
LOAEL(Lowest observed adverse effect level) : 생리적 또는 동물학적 해로운 효과가 관찰되는 최저농도(산소농도 10 %이하와 상응)

3.11.5 청정소화약제소화설비의 구성

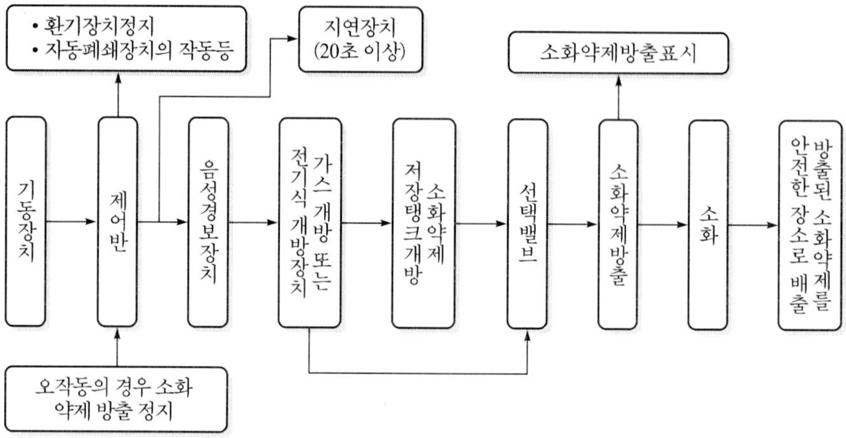

청정소화설비의 작동 계통 예

(1) 저장용기

가) 청정소화약제의 저장용기는 충전약제 및 충전압력 등에 적합하게 설계된 용기를 선택하여야 한다.

나) 청정소화약제의 저장용기에는 소화약제명, 용기중량, 전체중량, 충전일시, 충전압력 및 약제체적 등을 표시하여야 한다.

다) 청정소화약제의 저장용기 및 밸브가 고압가스안전관리법에 적용이 되는 경우에는 고압가스안전관리법에서 정하는 검사를 받은 것을 사용하여야 한다.

라) 집합관에 연결되는 저장용기는 동일한 내용적을 가진 것으로 충전량 및 충전압력, 충전비가 동일한 것을 사용하여야 한다.

마) 저장용기의 충전비, 충전압력 및, 최소사용설계압력

구분	FC-3-1-10	HCFC BLEND A	HCFC -124	HFC -125	HFC -227ea	HFC -23	IG -541
최대충전비(kg/m^3)	1,281.4	900.2	1,137.3	929.0	1,153.3	865.0	-
20℃충전압력 (kg/cm^2)	25.3	25.3 (42.3)	13.7	11.7	25.3	42.8	153.0
최소사용설계압력(kg/cm^2)	35.2	35.2	16.9	22.5	35.2	126.7	-

바) 저장용기와 부품은 점검, 시험, 재충전 및 유지관리가 용이한 장소에 설치하여야 하며 가능한 방호구역으로부터 가까운 장소에 설치하여야 한다.

사) 저장용기가 여러 개일 경우에는 체크밸브 등을 설치하여 용기의 보수나 재충전시 설비가 작동되어 소화약제가 방출되지 않도록 하여야 한다.

아) 저장용기는 개별적으로 수리와 충전 소화약제량을 계량할 수 있는 방식으로 고정하고 견고하게 설치하여야 한다.

(2) 배관

가) 배관은 전용으로 사용하여야 한다.

나) 강관을 사용하는 경우의 배관은 압력배관용 탄소강관(KS D 3562)중 이음이 없는 스케줄 40이상의 강도를 가지는 것으로 아연도금 등에 의하여 내식처리된 것을 사용하여야 한다.

다) 동관을 사용하는 경우에는 이음매가 없는 동 및 동합금관(KS D 5301)의 것으로서 고압식은 165 ㎏/㎠ 이상, 저압식은 37.5 ㎏/㎠이상의 압력에서 견딜 수 있는 것을 사용하여야 한다.

라) HFC-23 소화설비의 경우 배관의 직경이 25 ㎜이상은 스케줄 80이상의 것을 사용하여야 하며, IG-541 소화설비의 경우 감압장치 이전은 배관은 140 ㎏/㎠이상의 압력에 견딜 수 있는 것을 사용하여야 한다.

마) 배관과 배관, 배관과 배관부속 및 밸브류의 접속은 나사접합, 용접접합, 압축접합 또는 플랜지접합 등의 방법을 사용하여야 하고, 사용 배관과 동등이상의 강도 및 내식성이 있어야 하며, 방출압력에 견딜 수 있는 것을 사용하여야 한다.

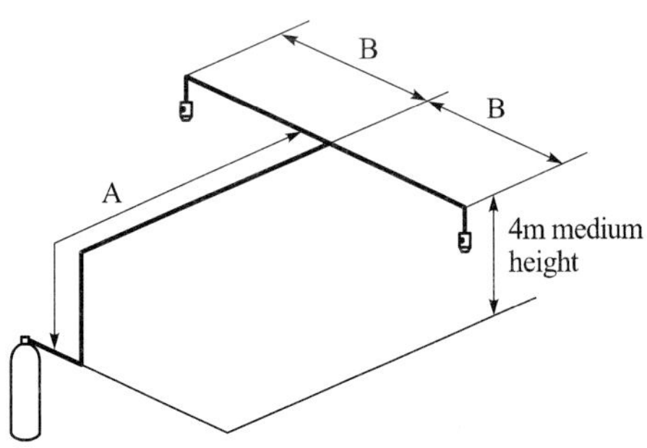

배관부속품의 방향과 높이의 등락을 고려

(3) 기동장치

가) 기동장치의 구조는 일반적으로 아래와 같다.

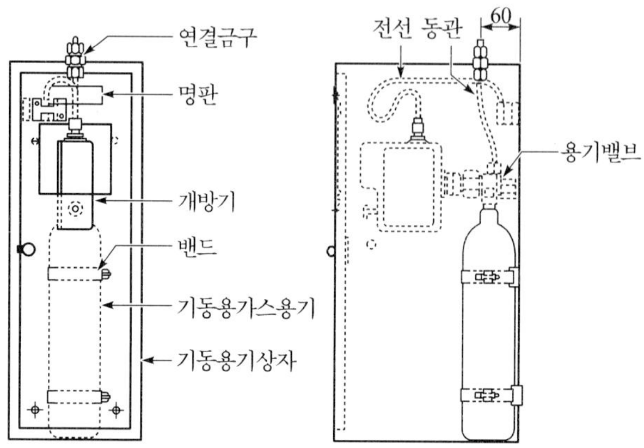

기동장치의 일반적 구조

나) 기동장치는 소화약제방출장치나 밸브, 방출제어 및 작동정지장치를 가지고 있으며 제어장치에서 발하여진 신호 또는 수동조작에 의하여 발하여진 신호를 수신하여 전기적인 작동장치에 의하여 기동용 가스용기의 밸브를 개방하므로 충전되어 있는 고압가스가 선택밸브를 개방하고 소화약제 저장용기밸브를 개방하여 소화약제를 방출하도록 하는 장치다.

다) 기동용 가스용기는 고압가스안전관리법령에서 정하는 고압용기를 사용한다.

라) 기동용 가스용기는 통상 이산화탄소 및 질소를 충전한 용기를 사용하며, 소화약제의 저장용기 및 선택밸브 등을 작동하는데 충분한 용량의 것을 사용하여야 한다.

바) 청정소화약제소화설비의 수동식기동장치는 다음과 같이 설치한다.

① 각각의 방호구역 설치

② 방호구역의 출입구 부근 등 조작 및 피난이 용이한 곳에 설치

③ 조작부는 바닥으로부터 0.8m 이상 1.5m 이하의 위치에 설치하고, 보호장치를 설치

④ 기동장치에는 가깝고 보기 쉬운 곳에 "청정소화약제 소화설비 기동장치"라는 표지를 설치

⑤ 기동장치에는 전원표시등을 설치

⑥ 방출용 스위치는 음향장치와 연동하여 조작될 수 있도록 설치

⑦ 18kg 이하의 힘을 가하여 기동할 수 있는 구조로 설치

사) 자동기동장치를 사용하는 경우에도 수동식기동장치를 설치하여야 하며, 수동식기동장

치는 자동적으로 작동되는 소화약제방출장치와 선택밸브를 동시에 작동시켜야 한다.

(4) 선택밸브

가) 하나의 소방대상물에 방호하여야할 구역이 둘 이상 존재하는 경우에는 가장 큰 방호구역에 해당하는 소화약제를 저장하므로 각각의 방호구역에 적절한 소화약제를 공급하기 위하여 소화약제가 이송하여야 하는 배관을 선택하기 위한 것으로 각각 방호구역 또는 방호대상물 마다 설치하여야 한다.

나) 선택밸브는 쉽게 작동될 수 있어야 하고 자동개방을 위하여 피스톤릴리스와 솔레노이드 밸브를 설치할 수 있으며 자동장치 고장 시에 수동으로 개방할 수 있는 장치를 설치하여야 한다.

다) 피스톤릴리스를 사용하는 경우에는 10 ㎏/㎠ 이하의 압력에서 작동되어야 하고 밸브시트를 확실하게 개방하여야 하며 볼 타입인 경우에는 25 ㎏/㎠이하의 압력에 작동되어야 한다.

라) 솔레노이드 밸브는 정격전압±25 %에서 작동되어야 하며 밸브시트를 확실하게 열 수 있어야 한다.

마) 소화약제가 통과하는 내부는 마찰손실을 최소화기 위하여 매끈하게 다듬질하여야 한다.

사) 선택밸브의 본체는 KS D 6002(청동주물)의 6종, KS D 6001(황동주물) 2종 이상 및 KS D 5101(동 및 동합금봉) 또는 내식처리한 KS D 4101(탄소주강품)의 SC49에 적합하거나 이와 동등이상의 강도 및 내식성이 있는 재료이어야 하며 내부 각 부품은 KS D 5101(동 및 동합금봉)에 적합하거나 이와 동등이상의 강도 및 내식성이 있는 재료를 사용하여야 한다.

아) 접합부는 쉽게 접속시킬 수 있는 관플랜지, 나사 또는 용접용 소케트 등을 사용하여야 하며 관플랜지는 KS D 3503(일반구조용 압연강재)의 제2종에 적합하거나 동등이상의 강도 및 내식성이 있는 것을 사용하여야 한다.

자) 선택밸브는 토출구의 안지름에 따라 호칭 15, 20, 32, 40, 50, 65, 80, 90, 100, 125, 150으로 구분하며 녹슬 염려가 있는 부분은 내식가공 또는 방청가공을 하여야 한다.

차) 선택밸브의 본체는 사용압력 최대값의 1.5배의 압력을 수압력으로 5분간 가하는 경우 물이 새거나 변형 등이 생기 아니하여야 하며, 밸브시트는 닫힌 상태에서 사용압력 최대값의 1.2배의 압력을 공기압 또는 질소압으로 5분간 가하는 경우에 누설되지 아니하여야 한다.

카) 선택밸브의 일반적인 구조는 다음과 같다.

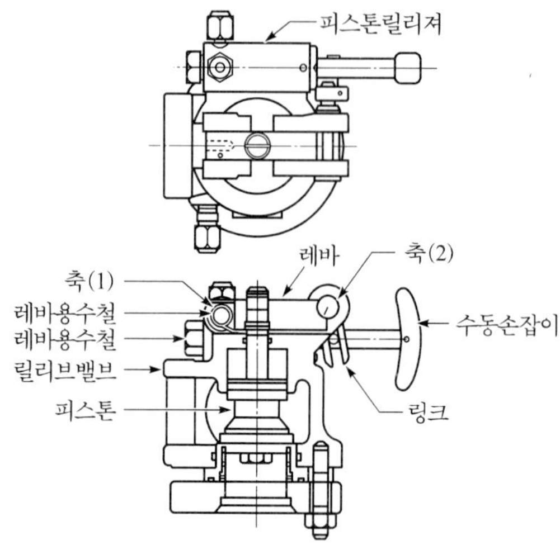

선택밸브의 구조

(5) 방출헤드

가) 방출헤드의 유형, 수 및 배치는 방출 후 10초 이내(IG-541은 60초 이내)에 방호구역 전체가 설계농도에 도달할 수 있도록 하여야 한다.

나) 분사헤드의 설치높이는 방호구역의 바닥으로부터 최소 0.2m 이상 최대 3.7m 이하에 설치하여야 하며 천장의 높이가 3.7 m를 초과하는 경우에는 추가로 다열의 방출헤드를 설치한다.

다) 방출헤드는 내식성재질을 사용하거나 부식방지를 위하여 코팅 등을 하여야 하고, 오리피스는 가능한 내식성 재질을 사용하며 방출헤드에는 오리피스 크기, 제조일자, 제조업체를 각인하여야 한다.

라) 오리피스의 면적은 방출헤드가 연결되는 배관구경면적의 70%를 초과하여서 아니되며 방출압력은 제조업체의 설계기준에서 정한 압력이상이 되어야 한다.

마) 외부물질에 의하여 방출헤드가 막힐 우려가 있는 경우에는 방출헤드에 깨지기 쉬운 디스크, 캡 또는 적절한 장치를 설치하여야 하며 이러한 장치는 소화설비 작동 시 소화약제의 방출에 영향을 주지 않아야 하고 사람에 피해를 주지 않도록 설치되어야 한다.

(6) 용기밸브(Cylinder Valve)

가) 용기밸브는 소화약제저장용기에 부착된 밸브로서 저장된 소화약제의 사용압력에 견

딜 수 있는 것으로 재질은 일반적으로 단조용 황동봉을 사용한다.

나) 용기밸브는 모양에 따라 F형, Y형 등으로 지칭하고 있으며, 액화가스소화약제인 경우에는 가스압식 또는 전자식의 작동핀이 동판을 파괴하면 유동자를 지지하고 있는 배압이 배출되어 유동자가 이동해서 밸브가 열리는 구조를 많이 사용한다.

다) 압축가스 소화약제의 경우에는 기동장치에서 1 이상의 용기밸브를 개방하면 소화약제의 방출압력에 의하여 자동적으로 개방되는 구조를 사용한다.

라) 용기밸브의 구경은 저장된 소화약제를 규정된 방출시간 이내에 충분히 방출할 수 있는 구조이어야 한다.

마) 일반적으로 용기밸브에는 저장용기의 압력상승에 따른 위험을 방지하기 위하여 안전밸브가 설치되어 있다.

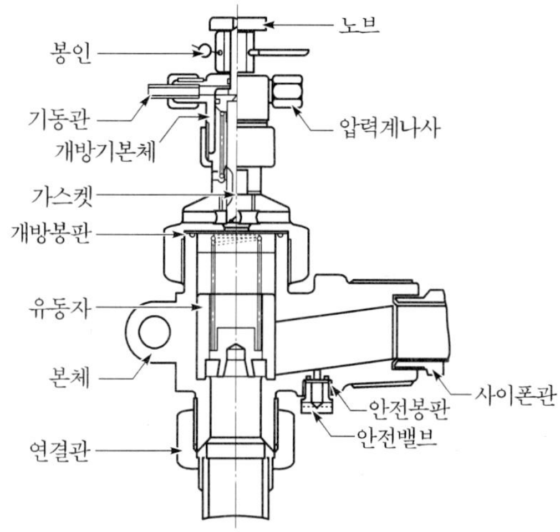

용기밸브 구조의 예

(7) 니들밸브(Needle Valve)

가) 니들밸브는 용기밸브에 부착되어 기동장치에서 공급되는 가스 압력으로 니들 핀(Needle Pin)이 용기밸브의 봉판을 파괴하여 용기밸브를 개방한다.

나) 니들밸브는 자동으로 작동되지 않을 때는 안전핀을 빼낸 후에 니들 핀을 안쪽으로 누르면 조작할 수 있는 수동기동장치가 설치되어 있다.

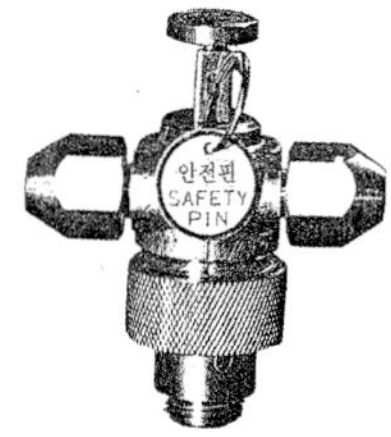

니들밸브

(8) 체크밸브(Check Vavle)

가) 체크밸브는 역류방지기능을 가지는 것으로 집합배관 및 기동용기라인에 설치되어 선택된 방호대상에만 소화약제를 방출하기 위하여 사용된다.

나) 체크밸브에는 여러 종류가 있으나 일반적으로 아래와 같은 구조로 되어 있다.

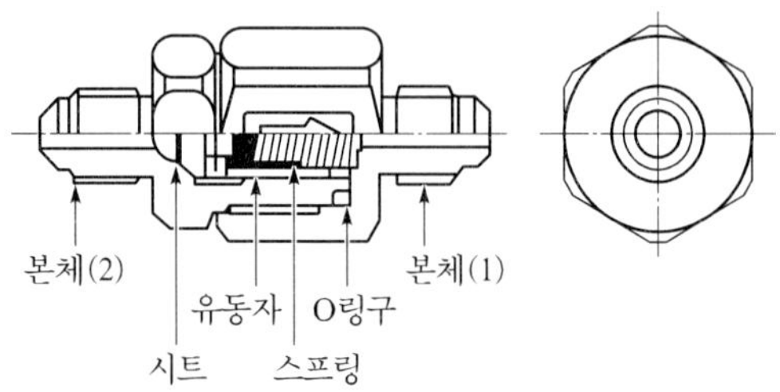

체크밸브의 구조

(9) 안전밸브(Safety Valve)

가) 안전밸브는 소화약제저장용기 또는 방출배관 등에 돌발적인 과압이 걸려 제품이 파괴되어 발생 할 수 있는 피해를 방지하기 위하여 사용된다.

나) 안전밸브에는 일반적으로 봉판식 및 용수철식이 있으며 가스압력이 높아지면 내부 동판이 파괴되거나 개방되도록 설계되어 있다.

(10) 릴리프밸브(Relife Valve)

가) 기동용기에 연결되어 있는 동관라인에 설치되며 기용용기에서 미세하게 누설되는 가스에 의한 오작동을 방지하기 위하여 설치한다.

나) 릴리프밸브는 미세하게 누설되는 가스는 외부 배출시키고 소화설비가 작동되어 많은 가스가 유입되면 폐쇄하는 기능을 가진다.

(11) 압력스위치(Pressure Switch)

가) 압력스위치는 선택밸브 이후의 배관에서 분기하여야 하며 일반적으로 설치는 기동장치함 내에 설치된다.

나) 압력스위치는 가스가 방출하면 가스압력에 의하여 동작하여 제어반에 방출신호를 발신하고 제어반은 방호구역 외부에 설치되어 있는 방출표시등을 점등시켜 소화약제가 방출하였다는 것을 표시한다.

(12) 화재감지기

가) 청정소화약제 소화설비의 자동식기동장치에는 화재감지기를 설치하여야 한다.

나) 화재감지기의 회로는 하나의 방호구역에 2이상의 화재감지기회로를 설치하고 인접한 2이상의 화재감지기가 동시에 감지되는 때에는 신호를 발하는 교차회로방식으로 하여야 한다.

다) 차동식스포트형·보상식스포트형, 정온식 감지기, 공기관식 차동식분포형감지기, 열반도체식 차동식분포형감지 및 연기감지기에 대하여 소방법령에서 정하는 바닥면적의 2분1하인 경우에는 1개의 감지기를 설치할 수 있다.

라) 화재감지기의 설치개수는 차동식스토트형·보상식스포트형, 정온식 감지기, 공기관식 차동식분포형감지기, 열반도체식 차동식분포형감지 및 연기감지기에 대하여 소방법령에서 정하는 바닥면적에 적합한 수량을 설치하여야 한다.

(13) 제어반 및 화재표시반

가) 제어반은 수동 및 자동기동장치로 화재감지기에서의 신호를 수신하여 음향경보장치의 작동, 소화약제의 방출 또는 지연 등의 기능을 한다.

나) 제어반의 지연장치는 직원대피 또는 위험지역에 방출준비를 위하여 사용하여야 한다.

다) 화재표시반에는 다음과 같이 표시등을 설치한다.

① 방호구역마다 음향경보장치의 조작 및 감지기의 작동을 명시하는 표시등과 이와 연동하여 작동하는 벨·부자 등의 경보기를 설치하며 음향경보장치의 조작 및 감시기의 작동을 표시는 표시등은 겸용힐 수 있다.

② 수동식기동장치에는 방출용 수동기동스위치의 작동을 알리는 표시등

③ 소화약제의 방출을 명시하는 표시등

④ 자동식기동장치에는 자동·수동변환을 명시하는 표시등

라) 제어반 및 화재표시반의 설치장소는 화재에 의한 영향, 진동 및 충격에 의한 영향 및 부식의 우려가 없고 점검이 편리한 장소에 설치하여야 하며 당해 회로도 및 취급설명서를 비치하여야 한다.

(14) 음향경보장치

가) 음향경보장치는 수동식기동장치의 조작과정 또는 자동식 기동장치에서는 화재감기와 연동하여 자동으로 경보를 발하여야 한다.

나) 음향경보장치는 소화약제 방사 후 1분 이상 경보하여야 하며 방호구역 또는 방호대

상물에 있는 사람에게 유효하게 경보를 할 수 있도록 하여야 한다.

다) 방송에 의한 경보장치인 경우 증폭기, 재생장치는 화재 시 연소의 우려가 없고 유지관리가 쉬운 장소에 설치하며 방호구역 또는 방호대상물이 있는 구획의 각 부분으로부터 하나의 확성기까지의 수평거리는 25m 이하가 되도록 하여야 한다.

라) 방송에 의한 경보장치는 제어반의 복구스위치를 작동하여도 경보를 계속할 수 있는 기능을 가져야 한다.

(15) 자동폐쇄장치

가) 환기장치를 설치한 것은 청정소화약제가 방출하기 전에 당해 환기장치를 정지할 수 있도록 하여야 한다.

나) 개구부가 있거나 천장으로부터 1m 이상의 아래 부분 또는 바닥으로부터 당해 층의 높이의 2/3이내의 부분에 통기구가 있어 소화약제의 유출에 의하여 소화효과가 감소시킬 우려가 있는 것에 있어서는 소화약제 방출 전에 당해 개구부 및 통기구를 폐쇄할 수 있어야 한다.

다) 자동폐쇄장치는 방호구역 또는 방호대상물이 있는 구획의 외부에서 복구할 수 있는 구조이어야 하며 그 위치를 표시하는 표지를 하여야 한다.

(16) 예비전원

가) 예비전원은 청정소화약제 소화설비를 유효하게 작동할 수 있도록 충분한 용량을 가져야 한다.

나) 사용전원으로부터 전력공급이 중단되었을 때는 자동으로 예비전원이 공급될 수 있는 기능이 있어야 한다.

다) 예비전원은 청정소화약제 소화설비의 제어반 내에 또는 그 부근에 설치하여야 한다.

3.13.6 청정소화약제소화설비의 성능

(1) 목적

전역방출방식 소화설비에 대한 소화약제 방출경로의 적정성을 확인하기 위하여 주요성능인 방출압력, 방출시간, 방출량 및 소화성능시험 등을 실시하여 소화설비의 성능을 효율적으로 유지하기 위한 요구사항을 정한다.

(2) 시험실의 구성

가) 표준시험실에는 면적이 4㎡ 이하의 출입문을 설치하며, 소화시험 시 밀폐 가능한 구조이어야 한다.

나) 표준시험실에는 A급 및 B급 소화시험 시 소화유무를 확인할 수 있도록 창을 상, 하 2개를 설치하여야 하며, 창은 소화약제의 방출로 인한 압력에 충분히 견딜 수 있는 재질을 사용하여야 한다.

다) 표준시험실 내부에는 두께 9.5㎜ 합판으로 마감하여야 하며, 교체가능 하도록 설치하여야 하고, 방출로 인한 압력에 충분히 견딜 수 있어야 한다.

라) 방출압력의 분산을 위하여 제조업체의 설계메뉴얼에서 정한 개구부를 설치한다.

마) 표준시험실의 가로×세로×높이의 내부치수는 제1표준시험실 3.048m × 3.048m × 3.048m, 제2표준시험실 5.5m × 5.5m × 3.8m, 제3표준시험실 9.1m × 5.5m × 3.8m이다.

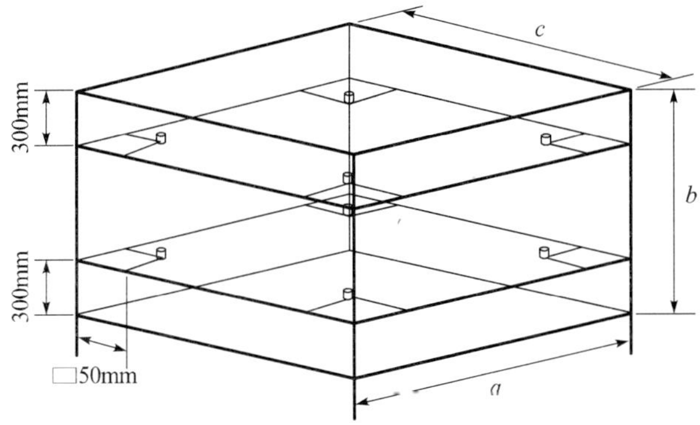

(3) 기밀시험

가) 소화약제 저장용기에서부터 방출헤드 이전의 설비 부품 및 배관 등에 대하여는 방출헤드가 설치되는 곳을 밀폐(가압된 공기 등의 배출방법을 고려하여야 함)한 후 공기 등으로 가압(1kg/㎠ 이상)하여 5분 동안 누설여부를 확인한다.

나) 표준시험실은 최대한 밀폐하고 공기 등으로 일정한 압력까지 가압한 다음 일정시간(10분 이내)이 경과한 후 압력차이를 측정하고, 측정된 결과를 설계프로그램 또는 계산식에 보정하여 시험하여야 한다.

다) 기밀시험은 설비가 설치된 상태에서 다른 시험에 앞서 실시한다.

(4) 방출시험

가) 소화설비는 제1모형의 최대배관 및 최소배관, 제2모형의 임의길이의 배관, 제3모형의 최대배관 및 최소배관에 대하여 소화약제의 량, 부품, 방출헤드 등에 설계(ISOMETRIC 및 유량계산서) 및 설치한다.

① 할로겐화합물소화약제는 다음의 공식에 의하여 산출한다.

$$W = \frac{V}{S} \times \left(\frac{C}{100 - C} \right)$$

W : 소화약제의 중량(kg)

V : 시험실의 체적(㎥)

S : 소화약제별 선형상수(K1+K2×T)

C : 소화약제 농도(%)

T : 시험장 온도(℃)

② 비활성기체는 다음의 공식에 의해서 산정 한다.

$$X = 2.303 \times \frac{V}{S} \times \left(\log \frac{100}{100 - C} \right) \times Vs$$

X: 방출된 소화약제의 부피(㎥)

V: 시험실의 체적(㎥)

S: 소화약제별 선형상수(0.649 + 0.00237×T)

C: 체적에 따른 소화약제의 소화농도(%)

Vs : 시험온도에서 소화약제의 비체적(㎥/kg)

T: 시험장 온도(℃)

나) 소화설비 및 표준시험실에는 다음의 지점에서 방출압력과 온도를 측정할 수 있는 압력센서 및 온도센서를 설치한다.

① 소화약제저장용기와 방출배관과의 연결부위

② 선택밸브이전 집합관내

③ 선택밸브 이후 방출헤드이전의 배관(배관의 길이 및 표준시험실의 분기배관을 고려하여 선택)

④ 방출헤드 선단

⑤ 시험실 내의 3지점(천장 · 바닥 · 측면의 중앙부분)

다) 압축가스인 경우 표준시험실 측면에 산소농도시험기를 추가로 설치하여야 한다.

라) 센서를 측정장비에 연결하여 이상유무를 확인한 후 소화약제를 방출하여 압력변화, 온도변화 및 산소농도변화를 1초 10회를 측정하고 기록한다.

마) 방출압력

① 방출헤드의 압력이 설계메뉴얼에서 정하는 최소압력이상이어야 한다.

② 측정한 각 지점의 방출압력이 설계프로그램에서 계산한 값의 ±10 %의 범위를 벗어나지 않아야 한다.

바) 방출시간

① 청정소화약제 소화설비중 할로겐화합물소화설비(FC-3-1-10, HCFC Blend A, HCFC-124, HFC-125, HFC-23, HFC-227ea)는 10초 이내에 방출하여야 한다.

② 청정소화약제 소화설비 중 비활성기체소화설비(IG-541)는 60초 이내에 방출하여야 한다.

3.13.7 소화시험

1) 소화시험에 사용하는 소화약제의 농도는 신청인의 설계 및 설치지침에 기술된 최종사용 설계농도의 83 %이어야 한다.

2) 소화시험은 시험실 2 및 시험실 3에 대하여 설비의 배관 길이를 최대로 설치한다.

3) B급은 30초 이내에 소화하여야 하고 A급은 600초 이내에 소화되어 재발화하지 아니하여야 한다.

4) A급 소화시험은 다음의 시험방법으로 실시한다.

가) 소화시험에 사용하는 목재는 수분 함유율이 9~13 %인 소나무 또는 가문비나무를 사용한다.

나) 소화시험에 사용하는 목재의 규격은 50mm × 50mm × 460mm크기로 그림과 같이 6개씩 교차 배열한다.

다) 소화모형은 점화용 연소대에 점화 후 360초 동안 예비연소후 설비를 작동하여 시험한다. 다만, A급 소화모형에 대한 예비연소는 표준시험실 밖에서 실시하고 예비연소 종료 15초 전부터 소화설비 작동 전까지의 사이에 시험실내에 넣어 시험한다.

라) 예비연소는 연소면적이 0.23 ㎡인 정방형 팬(Square Steel Pan)에 0.95 L의 n-헵탄을 사용하여 연소한다.

A급 화재모형을 시험실 중앙에 설치하는 상태][A급 화재모형이 소화약제 방출로 소화된 상태

4) B급 소화시험

가) B급 소화시험은 시험실 2, 3에 대하여 각각 1차, 2차 시험을 실시한다.

나) 제1차 시험은 다음 그림의 내경 77㎜×높이 153㎜의 원형(캔) 소화모형에 물 51㎜, n-헵탄 51㎜ 높이로 붓고 시험실의 구석에서 50㎜, 천장 또는 바닥에서 300㎜위치에 각각 1개씩 총 8개를 설치한다.

다) 제1차 시험은 소화모형의 n-헵탄에 점화하여 30초 동안 예비연소를 한 후 개구부를 닫고 즉시 소화약제를 방출시켜 소화여부를 확인한다.

B급 화재모형 CAN에 점화된 상태] [B급 화재모형CAN에 화재가 소화된 상태

라) 제2차 시험은 가로 483㎜×세로 483㎜×높이153㎜ 크기의 정방형소화모형에 물 51㎜, n-헵탄 51㎜ 높이로 붓고 시험실 중앙에 설치한다.

마) 제2차 시험은 소화모형의 n-헵탄에 점화하여 30초간 예비연소 후 개구부를 닫고 즉시 소화약제를 방출시켜 기준에 적합 여부를 확인한다.

B급 화재모형PAN에 점화된 상태][B급 화재모형PAN의 화재가 소화된 상태

5) 설비 작동 시 시험실 내의 산소농도는 20.0 %이상이어야 하며, 산소농도의 측정위치는 시험실 높이(H)에 대하여 A급 소화시험은 0.9H와 0.1H지점, B급 소화시험은 0.5H와 0.1H에서 측정한다.

3.13.8 종합

우리나라는 몬트리올의정서 규제조치의 시행 및 특정물질의 수급계획에 따라 할론의 사용이 제한되어, 신규건축물에는 기존에 사용되고 있던 이산화탄소 소화설비 또는 HCFC-227ea, IG-541, HCFC Blend A, HFC-23 등과 같은 신규소화약제와 이를 이용한 소화시스템으로 대체되어 설치되고 있는 상황이다. 국제적으로는 NPFA 2001 및 ISO14530-1에서 할로겐화합물 9종, 비활성기체 4종 등 총 13개 종류의 소화약제를 등재하여 적용하고 있으며, 앞으로 신규 소화약제의 연구·개발이 시급한 상황이다.

특히 청정소화약제소화설비는 폐쇄장치 또는 개구부 등 설비시스템의 조건을 조금만 간과하여도 소화성능에 막대한 지장을 초래하므로 설계 및 시공 시 충분한 기술적 검토 및 완벽한 시공이 요구된다. 따라서 청정소화약제 소화설비의 경우 그 적정성에 대한 정확한 검증이 반드시 필요하다.

그러나 청정소화약제소화설비의 성능인정시험은 국내에서 처음 실시하는 시험으로 각종 시험장비의 사양 및 설치에 따른 적정성 판단과 시험 DATA에 대한 적용기준 및 분석방법의 접근에 대한 상당한 문제점이 발견되었으며, 설비 공급사의 경우 시험 과정에서 발생하는 기술적 문제점에 대한 대응능력이 떨어져 FI인정시험을 통하여 확인·보완하는 등 시험 진행에 어려움이 있었던 것도 사실이다. 이러한 문제점은 청정소화약제 설비의 설계매뉴얼 및 설계프로그램을 해외에서 개발된 상태대로 사용함으로서 시스템에 대한 국내 제조업체의 기술축적이 빈약하고 국내설비와 서로 맞지 않는 상태임에 따라 발생하는 것으로 국내 자체 시스템의 개발 및 부품의 개발이 절실히 필요한 상황이다.

최근 실시된 FI인정시험을 통하여 인정을 획득한 업체의 경우 자신들이 사용하고 있는 시스템에 대한 많은 기술적인 사항의 습득 및 시스템에 대한 이해를 높이는 계기가 되었던 점이 부수적인 효과라 할 수 있으며, 일부 업체의 경우 자체 개발한 설계프로그램과 시스템으로 인정을 획득하여 국내 가스소화설비 기술의 진보를 확인할 수 있는 계기가 되었다.

시험의 기준 역시 현재의 단순히 3가지 모형 및 설계매뉴얼상에 기술된 부품을 제한적으로 사용하여 시험하고 있으나, 향후 시스템 전체에 대한 기술적인 검증과 설계매뉴얼상에 기술된 각 부품에 대한 성능시험(헤드의 방호면적, 및 분사각도, 부품의 등가길이 등) 등을 실시하여 인정에 대한 신뢰성을 높이고 제조업체의 자체기술 개발에 도움을 줄 수 있는 방향으로 발전되어야 할 것으로 판단된다.

예 제

25℃에서 68ℓ 용기에 IG-541 가스 10kg을 충전하면 압력은 얼마인가? N. Ar. C. O의 분자량은 14. 40. 12. 16이며, Gas 조성비는 52%, 40%, 8%이다. 0℃일 때 절대온도는 273.15K이다.

풀이 전체적 68l 중 각 기체의 체적은 조성비에 의하여

N_2: 68l × 52% = 35.36l

Ar: 68l × 40% = 27.2l

CO_2: 68l × 8% = 5.44l

표준상태(0℃, 1기압)를 가정하여 각 기체의 mole 수와 중량을 계산하면, 표준상태(0℃, 1기압)에서 기체 1 mole은 22.414l를 차지하므로

N_2: $\frac{35.36}{22.414}$ = 1.578 mole = 1.578×분자량 28g = 44.184g

Ar: $\frac{27.2}{22.414}$ = 1.214 mole = 1.214×분자량 40g = 48.560g

CO_2: $\frac{5.44}{22.414}$ = 0.243 mole = 0.243×분자량 44g = 10.692g

합계 103.436g → 0.103436kg

용기 내부가 표준상태(0℃, 1기압)일 때 gas 중량은0.103436kg이지만, 10kg을 압축하여 충전하고 온도를 25℃로 올렸다. 그러므로 압력은

$$1기압\times\frac{10kg}{0.103436kg}\times\frac{298.15K(=25℃)}{273.15K(=0℃)} = 105.53기압(atm = 1.0332kg/㎠)$$

실 전 문 제

문제 1 청정소화약제 소화설비 중 HFC-23 소화설비, HFC-227ea 소화설비, HFC-125 소화설비의 최대 충전밀도(kg/m^3), 최소사용설계압력(kPa), 최대 허용설계농도(%)에 대하여 기술하시오.

문제 2 청정소화약제 소화설비에서 소화약제의 방출시간에 대하여 설명하시오.

Ⅳ 소화활동설비

4.1 소화활동설비의 종류

4.2 소화활동설비의 종류에 따른 시스템 구조 및 작동원리

Ⅳ. 소화활동설비

소화활동설비는 화재진압활동상 필요한 보조설비를 말하며, 제연설비·연결송수관설비·연결살수설비·비상콘센트설비·무선통신보조설비로 분류한다.

4.1 소화활동설비의 종류

4.1.1 연결송수관설비 및 연결살수설비

일반적으로 연소가 확대된 화재에 대하여 소방대의 소화활동을 원활하게 하거나 일반 빌딩의 지하가 등 연기가 현저하게 채류하여 소화활동이 곤란한 장소 등에 설치하는 설비이다. 그리고 이 설비에 사용되는 송수관은 소방대가 도착하여 물을 공급하기 위해 소방호스를 사용하여 소방펌프자동차의 방수구와 연결시켜야 하므로 연결 부위인 나사부분 등은 호환성을 갖도록 규격이 표준화 되어있다.

4.1.2 연소방지설비

전력, 통신용의 전선이나 가스, 냉난방용 배관 또는 이와 동등한 것을 집합적으로 수용하기 위해 설치되는 공동구 등에서 발생한 화재진화와 연소를 미연에 예방하기 위하여 설치하는 설비로서 구성은 스프링클러설비와 유사하며 송수구, 배관, 헤드 등으로 구성되어 있다.

4.2 소화활동설비의 종류에 따른 시스템 구조 및 작동원리

4.2.1 연결살수설비

(1) 개요

연결살수설비는 소방활동상 필요한 시설로서 송수구, 살수헤드 및 이들을 연결하는 배관 등으로 구성되고 가압송수장치가 필요 없는 설비이다. 화재시 송수구에 연결되는 소방펌프자동차(송수능력은 소방펌프의형식승인및검정기술에서 정하는 B-1급 이상의 펌프로 한다)에서의 송수에 의하여 배관을 지나 해당 설비의 송수구역에 부착된 살수헤드에서 일정범위의 유량을 살수함에 따라 소방대의 유효한 소방작업 및 활동을 행할 수 있도록 설치된 연결살수설비이다.

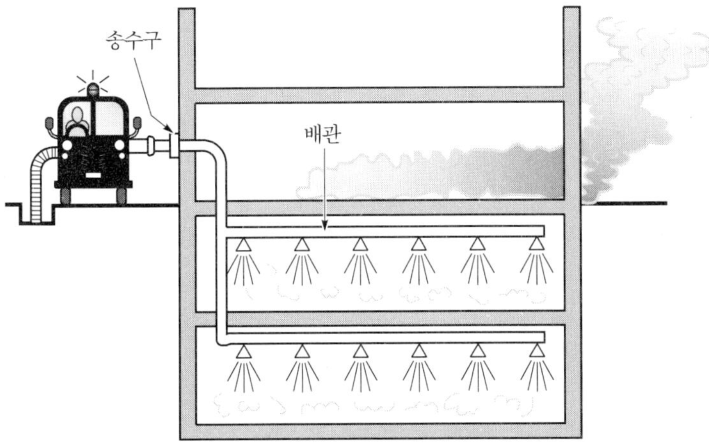

그림 4.2.1. 연결살수설비 구성도

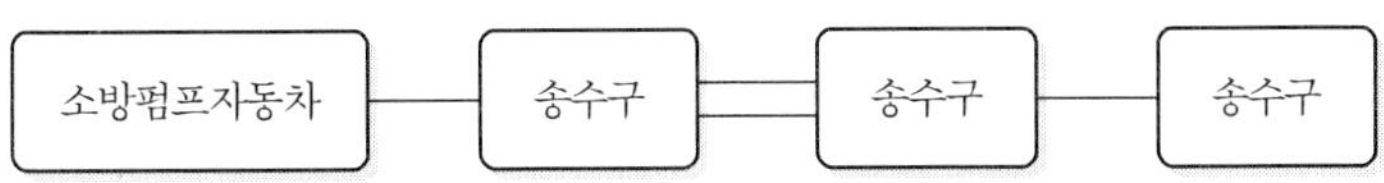

그림 4.2.2. 연결살수설비의 지층 개략도

따라서 설치장소는 지하가, 일반빌딩의 지하 등 연기가 현저하게 체류하고 있는 장소에서 소방활동이 곤란하게 될 것이 예상되는 장소에 설치한다. 종별로는 배관내에 평소 물이 들어있지 않은 건식(乾式)과 고가수조등을 설치해서 항상 배관내 충수(充水)되어 있는 습식(濕式) 등에 있다.

(2) 살수헤드의 기능과 구성 및 재질

1) 기능과 구성

살수헤드는 폐쇄형과 개방형헤드가 있고 개방형헤드에 관해서는 살수헤드의 성능시험기준에 적합한 제품을 사용하여야 한다. 개방형헤드는 개방형스프링클러헤드와 구조적으로 유사하지만 방수압력 5 kg/㎠에서 전 방수량이 169～194 ℓ /min의 범위내의 것으로 1,000 ℃의 시험조 안에서 10분간 가열하고 물속에 투입하였을 경우 성능에 영향이 없어야 한다.

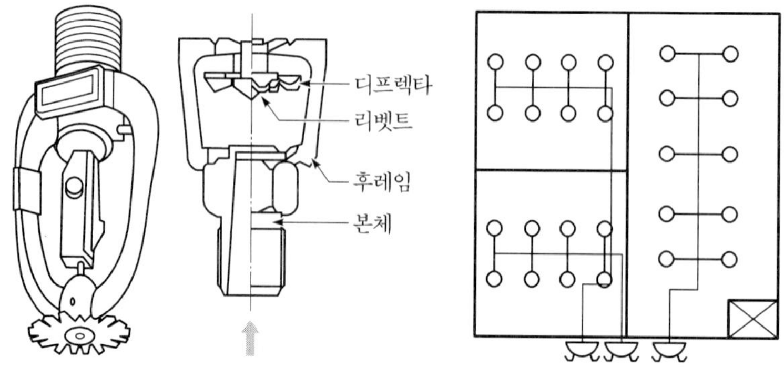

그림 4.2.3. 살수헤드수 송수구역의 구분

또한 살수헤드를 경사면에 부착하는 경우에는 경사면에 직각이 되도록(그림 4.2.3참조) 부착하여야 한다.

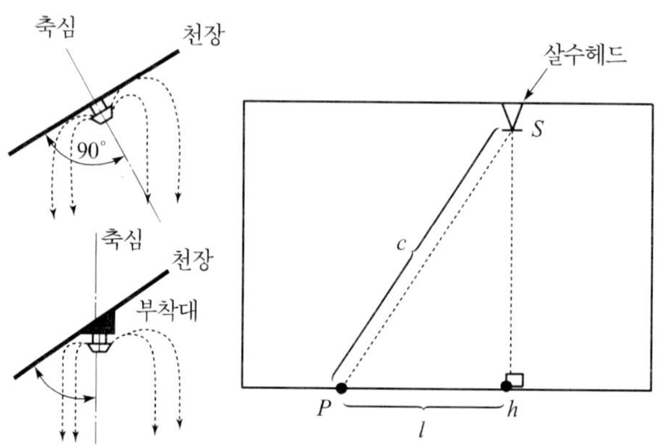

그림 4.2.4. 경사면에 살수헤드 부착방법

2) 재질

재질은 KS D 3503(일반구조용압연강재), KS D 3501(연간압연강판 및 강대) 또는 KS D 3710(탄소강 단강품)등의 내식성과 내열성이 있는 것이 사용되고 크롬도금등방청처리를 실시한 것을 사용하고 있다.

(3) 송수구

송수구는 쌍구형으로 접합부 호칭 65 ㎜것을 사용하여야 한다. 그러나 헤드의 부착 개수가 4개이하인 경우는 단구형을 사용하여도 된다. 또한 지상식과 지하식의 옥외소화전이 있지만 소방펌프자동차가 용이하게 접근할 수 있는 것을 전제하여 설치해야 한다.

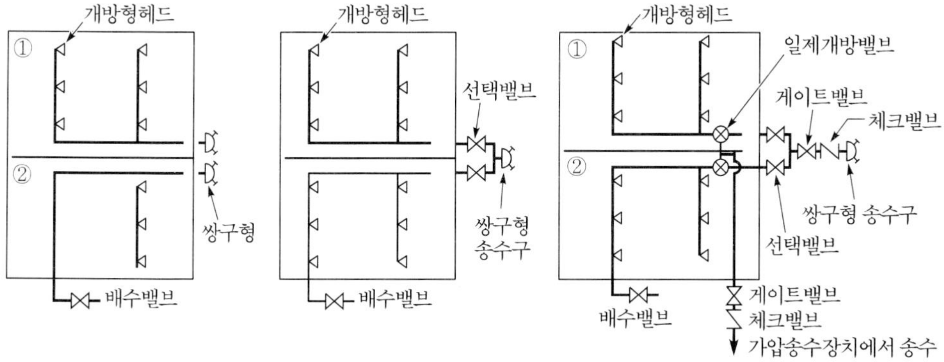

그림 4.2.5. 연결살수설비 송수구의 계통도

(4) 선택밸브

선택밸브는 송수구역을 선택하는 것으로 KS B 4301(회주철 밸브)이 사용되고 있으며 개폐상태를 용이하게 확인할 수 있는 것을 사용해야 한다. 또한 하나의 송수구에 접속할 수 있는 선택밸브의 갯수는 송수구의 구경을 고려하여 2개이하로 하여야 한다. 선택밸브는 방수구 근처로서 화재의 우려가 없는 장소에 설치한다. 선택밸브로서 일제개방밸브를 사용할 경우 조작부분은 송수구 가까이에 설치하고 일제개방밸브는 화재위험이 없는 장소에 설치해도 좋다. 그러나 일제개방밸브를 사용할 경우 고가수조등은 습식으로 설치하고 항시 개폐시험이 가능한 배관으로 한다.

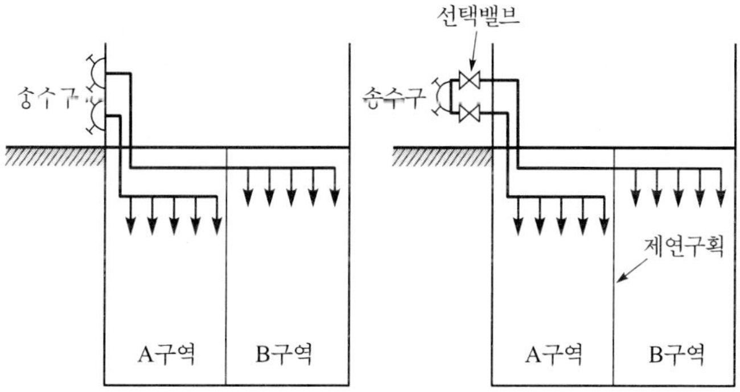

그림 4.2.6. 연결살수설비 송수구역에 따른 선택밸브 구성

(5) 배관

배관은 전용으로 하고 재질은 KS D 3507(배관용탄소강 강관), KS D 3562(압력배관용탄소강 강관)등에 적합한 것에 아연도금 기타의 내식조치를 강구한 것을 사용하며 관의 접속은 나사식으로 하여야 한다. 다만, 차입식, 용접식의 관이음 또는 내열조치를 강구한 플랜지 이음

을 사용할 때에는 그러하지 아니하다.

관이음 및 밸브류의 재질은 KS D 5101 또는 KS D 6002에 적합한 것을 사용하고, 회주철은 화재시 연소의 우려가 있는 장소에 설치하여서는 아니된다. 또한 가스켓트는 KS M 6614을 사용하다.

배관의 지름은 32 ㎜이상으로 하여야 하며, 하나의 송수구역에 접속하는 살수헤드의 수에 따라서 그 방수량 및 살수헤드에서의 속도수두, 실양정, 배관, 밸브류 또는 송수구의 모든 마찰손실 수두를 계산(C:120)해서 정하여야 한다. 그리고 배관중에서 물이 남아 고이는 경우에는 배수를 할 수 있는 조치를 강구하여야 한다.

지지대 금속구 및 매다는 금속구등은 배관중량, 유체중량, 열팽창 및 수격작용등을 고려하여 전단력 및 장력에 충분히 견디는 것을 사용하고 집중하중이 걸리는 장소에는 고정하여야 한다.

표 4.2.1. 부착장소와 배관의 호칭(개방형 헤드인 경우)

살수헤드의 설치개수	1개	2개	3개	4개 또는 5개	6개 이상 10개 이하
관의호칭	32㎜	40㎜	50㎜	65㎜	80㎜

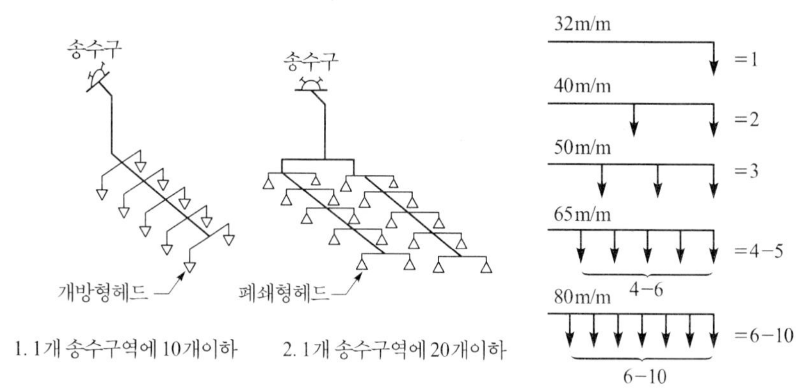

그림 4.2.7. 살수헤드수와 배관의 크기 관계

표 4.2.2. 지지(支持)간격

관의호칭(A)	32	40	50	65	80
지지간격(m)	1.5	2	3	2.5	2.5

(6) 표시

송수구 근처에는 보기 쉬운 부분에 연결살수설비의 송수구가 있는 표식을 설치하여야 하며 송수구역 선택밸브 및 송수구를 명시한 계통도를 설치하여야 한다.

4.2.2 연결송수관설비

(1) 개요

연결송수관설비는 일반적으로는 연소가 확대된 화재에 대해 소방대의 도착에 따라 소방활동을 용이하게 하기 위하여 설치하는 것이다. 연결송수관설비는 소방대상물의 외벽등에 설치되는 것으로서 쌍구형송수구와 배관 및 소방대상물의 소정의 위치에 설치된 방수구로 구성된다. 특히 송수구는 소방펌프자동차의 접근이 용이한 장소에 설치하여야 하며, 방수구는 그 층의 모든 부분에서 방수구까지의 수평거리가 50 m 반경의 원으로 포함할 수 있는 위치(아케이드 또는 도로용으로 공유되어 있는 부분은 25 m)에 설치하여야 한다. 또한 일반소방대상물에 설치한 방수구는 계단실, 비상용 엘리베이터 승강로비, 기타 이와 유사한 장소에서 소방대가 유효하게 소방활동을 할 수 있는 위치에 설치한다.

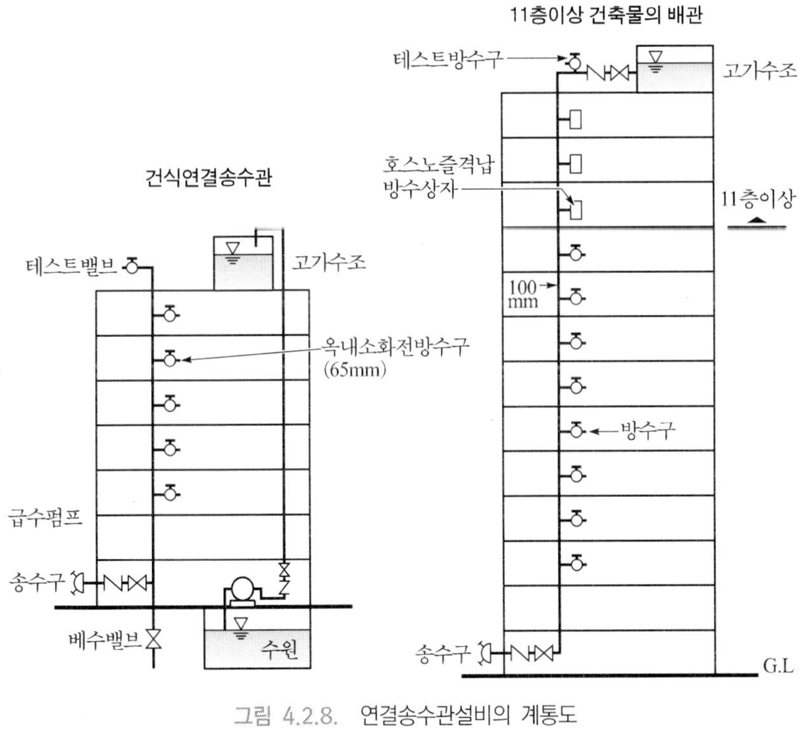

그림 4.2.8. 연결송수관설비의 계통도

또한 건식과 습식으로 구분하며 건식의 경우 평상시에는 배관내에 소화용수가 들어 있지 않으며 소방펌프자동차로부터 송수구에서 송수되는 것을 말한다.

습식의 경우 지면으로부터 높이 31 m이상의 건축물 또는 11층이상의 건축물에 설치되는 것으로서 당시 배관내에는 고가수조에 의하여 소화용수가 충만되어 있으며 소방펌프자동차로부터 송수시 생기는 수격작용을 방지하면서 방수구에서 즉시 방수가 가능하도록 하는 것이다.

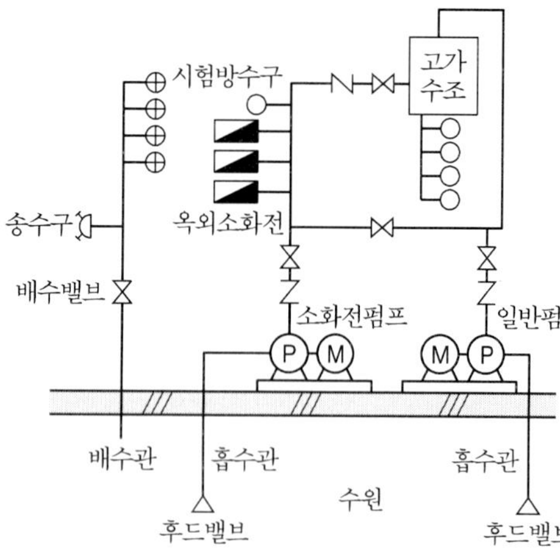

그림 4.2.9. 옥내소화전방수구와를 겸용하지 않는 건식의 경우

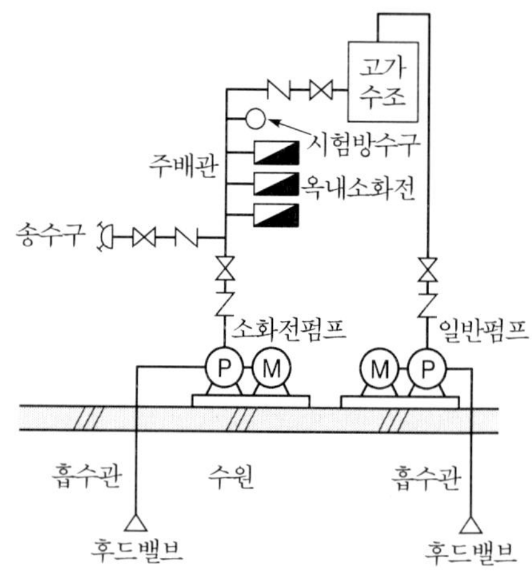

그림 4.2.10. 옥내소화전방수구와 겸용한 습식

(2) 송수구의 종류, 구조, 재질

송수구에는 그림과 같이 노출형, 매립형, 스텐드형 3종류가 있으며, 스프링클러설비의 전용송수구 또는 연결살수시설 송수구와 같은 형식의 것이 있다. 송수구 접속구의 재질은 KS D 6002(청동주물), 본체는 KS B 6002(청동주물) 또는 KS D 4301(회주철품)에 적합한 재질 또는 이것과 동등 이상의 강도, 내식성을 보유하는 것이다. 송수구의 소방호스용연결속구는 나사식과 차입식이 있다. 관할소방대의 소방호스용연결금속구와 정확하게 연결되어야 하므로 호칭크기와 접합부를 충분히 고려한 후 소방호스용연결금속구를 사용하여야 한다.

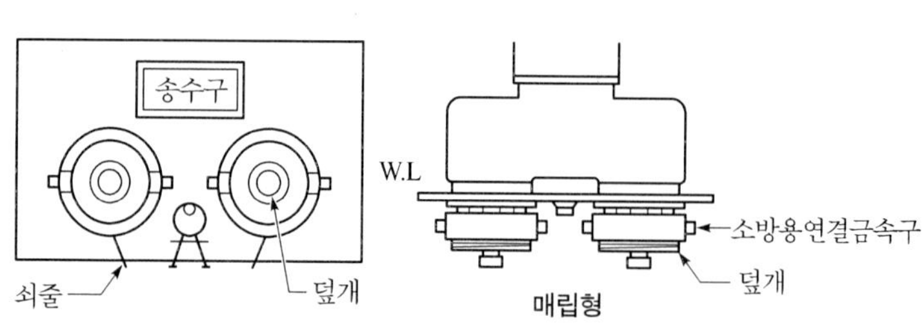

그림 4.2.11. 송수구의 종류

종류	접합부(개)	배관용나사(㎜)	용도
C형	1	80이상	매립형
D형	2	80	돌출형
E형	2	100	돌출형
F형	2이상	100이상	매립형

(3) 방수구, 방수용기구 등

1) 방수구

방수구는 종래 소방대가 사용하는 소화전용의 것으로서 방수구와 소방호스용연결금속구는 나사식 및 차입식의 것이 있다. 방수구의 호칭은 65 ㎜가 대부분이며 주 재질은 KS D 6002(청동주물), 또는 KS D 5101(황동주물)을 사용한다. 방수구는 옥내소화전방수구와 함께 옥내소화전함에 설치하거나 또는 단독으로 방수구함에 보관하는 방법으로 하며 노출해서 설치해도 지장은 없다. 또한 지하층을 제외한 층수가 11이상(조례에서 31 m이상)의 층에 설치할 경우에는 방수구를 쌍구형으로 하여야 한다. 보통은 단구형을 2개 부착하는 경우가 많다.

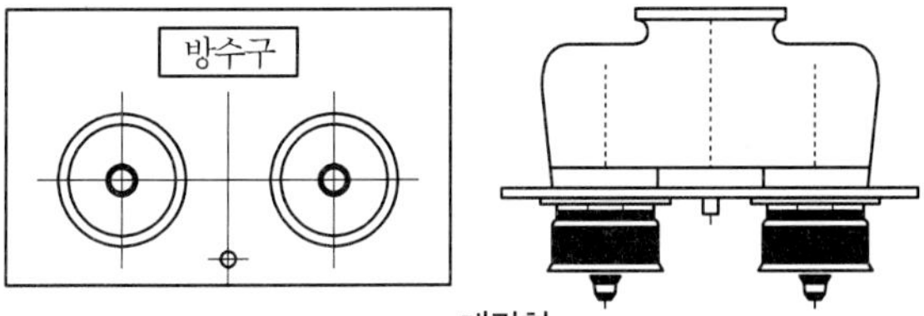

그림 4.2.12. 방수구의 종류

종류	접합부(개)	배관용나사(㎜)	용도
A형	1	65	돌출형
B형	2	100이상	매립형

2) 방수용기구함

지하층을 제외한 층수가 11이상의 층에 설치하는 방수용기구는 65 ㎜×20 m 소방호스 4개 및 노즐 둘 이상을 보관함에 보관하고, 하나의 직통계단에 대해서는 3층이내마다에 하나의 방수구로부터 보행거리 5 m이내에 설치한다.

또한 소방기술기준에 관한 규칙의 기준에 따라, 스프링클러설비가 설치되어 있고 방수구의 수가 2개소 이상 있는 층에 대하여는 방수구를 단구로 할 수 있다. 방사형 관창과 소방호스(20 m) 2개를 연결해 두어야 되므로 충분히 간격으로 하여야 한다.

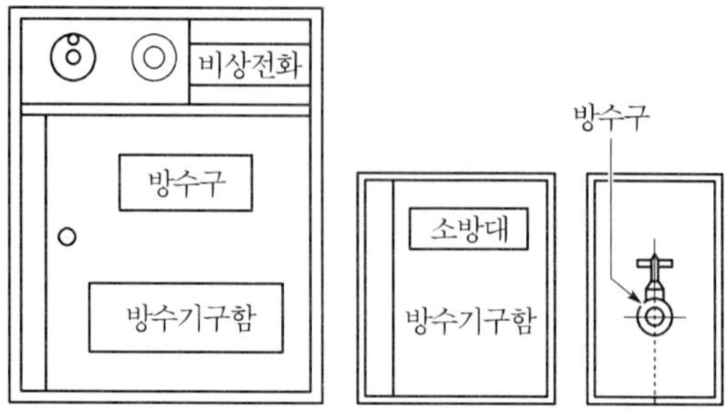

그림 4.2.13. 방수용기구함

(4) 배관

배관은 전용으로 하고 KS D 3507(배관용탄소강 강관), KS D 3562(압력배관용탄소강 강관)등에 적합한 재질에 아연도금이나 기타의 내식조치를 강구한 것을 사용하며 관의 접속은 나사식으로 하여야 한다. 다만, 차입식, 용접식의 관이음 또는 내열조치를 강구한 플랜지 이음을 사용할 때에는 그러하지 아니하다.

관이음 및 밸브류의 재질은 KS D 5101 또는 KS D 6002에 적합한 것을 사용하고, 회주철은 화재시 연소의 우려가 있는 장소에 설치해서는 안된다. 또한 가스켓트는 KS M 6614에 적합한 재료를 사용하다.

(5) 높이 70 m를 넘는 건축물에 설치하는 가압송수장치

높이가 70 m를 넘는 건축물의 가압송수장치는 화재 등의 재해로 인한 피해의 우려가 적은 장소에 송수상 지장이 없도록 설치하여야 한다. 구체적으로는 이 가압송수장치는 부스타펌프로서 소방펌프자동차의 송수압력을 보호하기 위해서 중간층에 설치하는 것이다. 부스타 펌프의 양정은 최상층에서 방수압력이 10 kg/㎠이상(※1)이고 최소 양수량은 2,400 ℓ/min이상(※2)이 필요하다.

※1. 포그건을 사용해서, 최상층에서 400 ℓ/min, 지하층에서 400 ℓ/min 동시 방수시
※2. 호크건 이외의 노즐을 사용하여 최상층에서 6 kg/㎠일 때 1,200 ℓ/min, 지하층에서 1,200 ℓ/min 동시 방수시

그림 4.2.14는 가압송수장치로서 부스타펌프를 사용했을 경우의 배관 예이다.

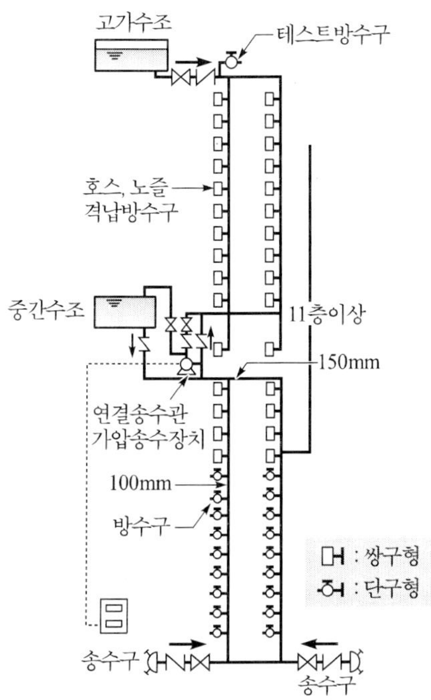

그림 4.2.14. 연결송수관설비의 배관 계통도

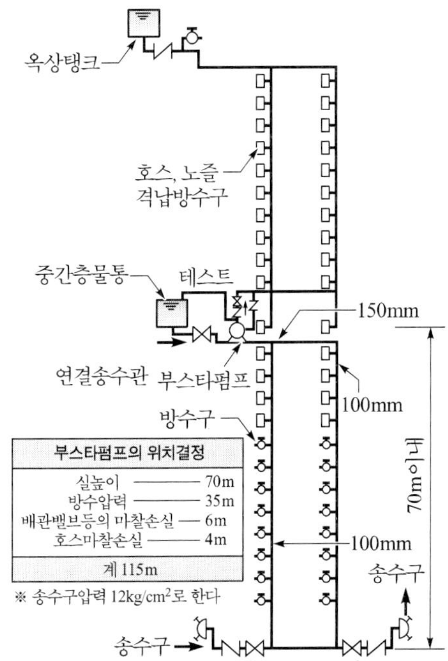

그림 4.2.15. 고층건축물에 설치하는 연결송수관의 예

4.2.3 연소방지설비

(1) 의의

연소방지설비는 창고지역, 기타 연소위험이 있는 장소에 접하는 경우 외부에서 개구부, 창 등을 통하여 화재가 확산하지 않도록 하는데 목적이 있다. 또한 아파트나 건축물 또는 인접상가지역에서의 화재발생시 개구부등을 방호하기 위한 것과 전력, 통신용의 전선이나 가스, 냉난방용 배관 또는 이와 동등한 것을 집합적으로 수용하기 위해 설치되는 공작물등의 화재 및 연소등을 미연에 예방하기 위하여 설치하는 설비로서 스프링클러설비와 유사하며 구성은 송수구, 배관, 헤드등으로 구성되어 있다.

(2) 연소방지

건물에 있는 가연물의 발화를 진화하거나 건물내에 있는 저장물등을 화재로부터 보호하기 위한 설비이다.

특히 연소방지를 위하여 사용되는 연소방지용헤드의 설치위치는 중요성을 지니고 있다.

1) 노출된 모든 저장물 및 가연물질을 방호할 수 있도록 설치되어야 한다.

2) 모든 유리면을 방사할 수 있도록 설치하여야 한다.

3) 복사열등을 약 60% 이상 흡수할 수 있도록 위치하여야 한다.

4) 연소방지설비의 말단압력은 0.49kg/㎠ 이상이어야 한다.

(3) 연소방지용헤드 설치

1) 가지관에 설치할 수 있는 최대헤드의 수는 다음 표 6.3.8과 같다.

표 4.2.3. 가지관에 설치할 수 있는 최대 헤드 수

배관크기(㎜)	오리피스의 크기(㎜)						
	0.4	0.8	10	12	13	13	20
25	4	3	2	2	1	1	1
32	8	6	4	3	2	2	1
40		9	6	4	3	3	2
50				5	4	4	2

2) 입상관에 1개에 설치할 수 있는 최대 헤드의 수는 다음 표 6.3.9와 같다.

표 4.2.4. 입상관에 설치할 수 있는 최대 헤드 수

배관크기(㎜)	연소방지용헤드설치수(개)		
	오리피스10 ㎜이하	오리피스 13 ㎜	오리피스 20 ㎜
40	6	3	2
50	10	5	4
65	18	9	7
80	32	16	12
90	48	24	17
100	65	33	24
125	120	60	43
150		100	70

V

소화설비 점검방법

V. 소화설비 점검방법

5.1 가압송수장치(소화펌프)

5.1.1 기본 구성요소

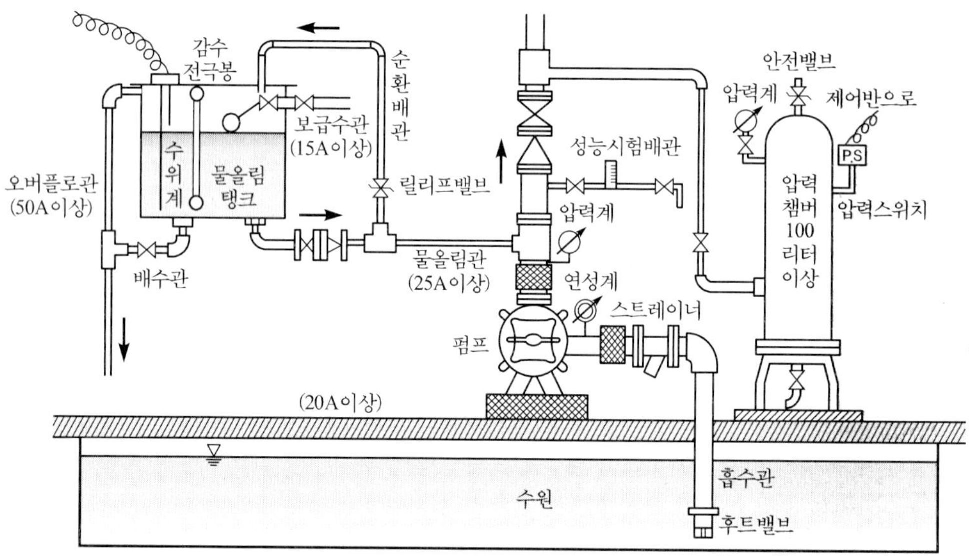

주펌프, 충압펌프, 물올림장치(호수조), 순환배관, 펌프성능시험배관, 기동용수압개폐장치,(압력챔버) 압력계, 연성계 또는 진공계(수조가 펌프보다 낮은 경우만 설치) 스트레너, 흡입측밸브, 체크밸브, 주밸브(개폐밸브), 후트밸브

그림 5.1.1. 펌프가압송수장치

5.1.2 주펌프

원심펌프를 사용하며 설비에 소화수를 공급하는 펌프를 말한다. 소화용으로 사용되는 펌프의 성능은 동시에 여러개의 소화전에서 압력수를 방출해야 하며 정격토출량의 150%로 운전시 정격토출압력의 65%이상이 되어야 한다.

펌프의 법정토출량

Q = 130리터/분 × 소화전수

예 소화전이 가장 많이 설치된 층의 소화전수가 5개인 경우 펌프토출량은

Q = 130 × 5 = 650리터/분

> ※ 정격토출량과 법정토출량의 의미
> 정격토출량은 펌프를 제작할 때 고유의 토출량을 말하며, 법정토출량은 특수장소의 소화설비에 필요한 토출량(기술기준에서 요구하는 토출량)을 의미한다.

5.1.3 충압펌프

자동기동방식의 옥내소화전설비는 배관내부에 일정압력의 압력수가 채워져 있고 이러한 일정압력을 유지하기 위해 압력이 떨어지면 펌프가 자동으로 기동하여 압력을 보충한다. 주펌프가 기동하게 되면 전력소모가 크며 배관등의 설비 시스템에 큰 힘이 전달되어 설비에 충격을 주게 된다. 특히 수격에 의한 충격은 심할 경우 설비가 파손되기도 한다. 이를 방지하기 위해 평상시 옥내소화전설비에서 발생되는 적은 양의 압력누수는 충격이 적은 충압펌프를 사용하여 보충하며 흔히 보조펌프라고 말하는 펌프이다.

> ※ 충압펌프와 보조펌프의 개념 차이
> 충압펌프는 배관내부의 적은 압력 누수를 보충하는 펌프를 말하며 보조펌프는 주펌프가 그 기능이 부족할 때 또는 주펌프의 고장을 대비하여 예비로 펌프를 하나 더 설치하는 경우의 펌프를 말한다.

흔히 일선에서는 충압펌프를 보조펌프로 말하는데 이는 주와 보조라는 개념으로 사용하는 것이며 보조펌프로 호칭하는 것에서 혼란이 없다면 상관없을 듯하다.

5.1.4 물올림장치(호수조)

수조의 위치가 펌프보다 낮은 경우 펌프 흡입측 배관에는 항상 물이 채워져 있어야 한다. 이유는 펌프가 기동될 때 흡입측배관에 물이 채워져 있지 않으면 수조의 물을 양수 하지 못한

다. 흔히 소방펌프차에서 저수지의 물을 양수할 때 진공펌프를 먼저 기동하여 흡입측배관(스트레너)에 물을 채운 뒤에 주펌프를 기동하여 물을 흡입하는 것과 같은 이유이다.

자동급수밸브를 통해 용량 100리터이상인 탱크에 자동으로 물을 공급하며 이 탱크의 물이 낙차에 의해 펌프와 흡입측배관 후트밸브까지 물을 항상 채워주도록 하고 있다.

5.1.5 순환배관

펌프의 체절운전시 체절압력미만에서 개방되어 펌프의 수온상승방지 역할을 하는 안전밸브로서 20mm이상의 배관을 체크밸브와 주펌프 사이에 설치한다.

5.1.6 펌프성능시험배관

펌프의 성능이 법정토출량(130×N)을 송출할 수 있는지 확인하기 위하여 성능시험밸브와 유량계를 주펌프와 주밸브 사이에 설치한다. 유량계는 펌프 정격토출량의 175%까지 측정할 수 있어야 한다.

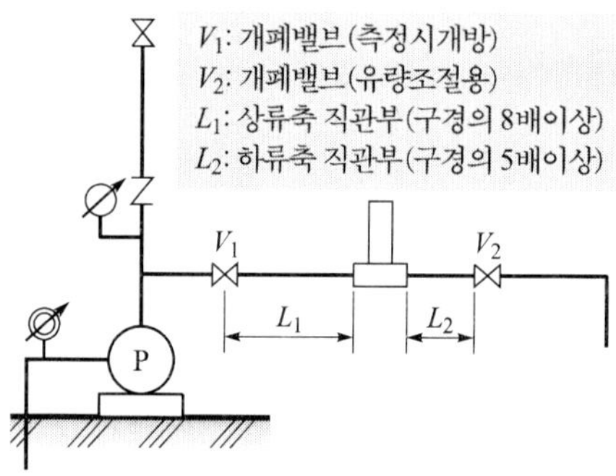

그림 5.1.2. 펌프성능시험배관

유량조절용 개폐밸브를 돌려 펌프의 토출량을 측정한다. 유량조절밸브(V_2)에 따라 유량계의 눈금은 다르게 된다. V_2가 폐쇄될 경우 체절운전이 되며 V_2가 완전 개방되었을 경우 정격토출량의 150%에 해당되는 토출량을 낸다. 다음표는 유량계의 규격에 따른 유량값을 나타낸 것이다.

표 5.1.1. 유량계 규격

구경(mm)	25	32	40	50	65	80	100	125	150
유량 (ℓ/min)	35 | 100	70 | 360	110 | 550	220 | 1,100	450 | 2,200	700 | 3,300	900 | 4,500	1,200 | 6,000	2,000 | 10,000

5.1.7 기동용수압개폐장치(압력챔버)

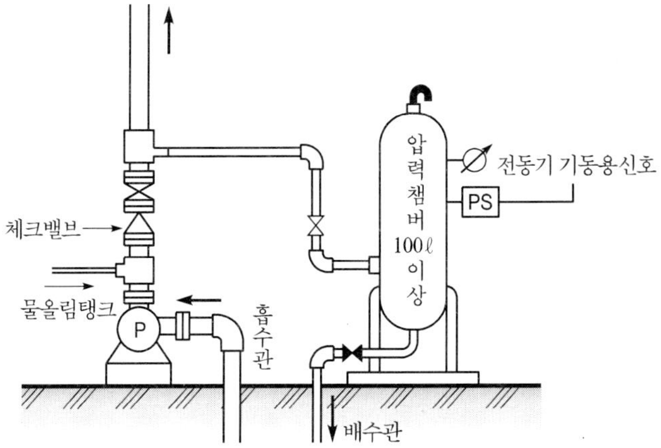

그림 5.1.3. 기동용수압개폐장치

펌프의 자동 기동과 정지 기능을 하는 부분으로 100리터 용량의 챔버가 있고 상단부에 안전밸브, 하단부에 배수밸브, 측면에 압력스위치 및 주배관과 연결되는 배관이 있다.

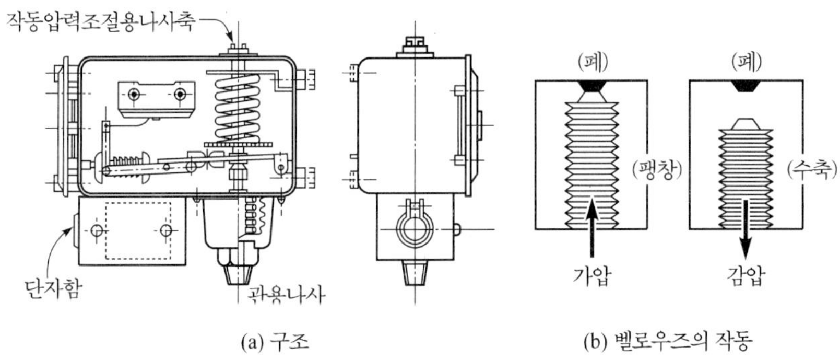

그림 5.1.4. 압력스위치의 구조

압력스위치는 제어반과 연결되어 압력의 상승과 저하를 감지하여 신호를 제어반에 보낸다.

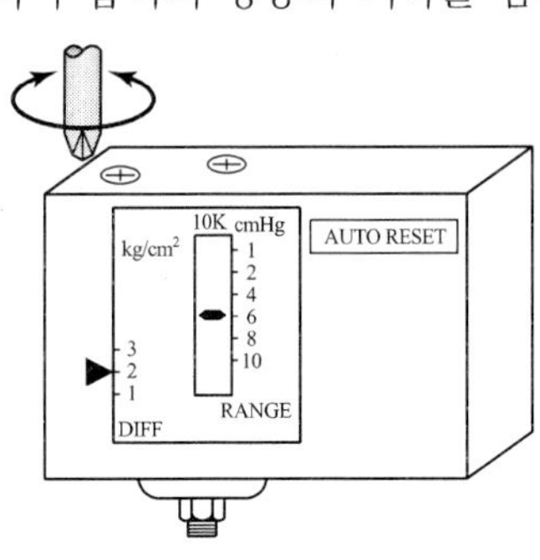

그림 5.1.5. 압력스위치 조정 예

압력스위치는 Range와 Diff가 있는데 Range는 펌프의 정지압력을 나타내고 Diff는 펌프의 정지압력과 기동압력의 차이를 의미한다.

예 압력스위치 판독

Range 10이고 Diff가 2일 경우 펌프 정지압력과 기동압력은?

펌프정지압력 = Range = 10kg/㎠

펌프기동압력 = Range − Diff = 10 − 2 = 8kg/㎠

즉 배관내부의 압력은 평상시에 8kg/㎠이상 10kg/㎠이하로 유지되며 소화전에서 밸브를 열었을 경우 압력이 8이하로 떨어지면 펌프가 자동으로 기동되고 소화전 밸브를 잠갔을 경우 10이상이 되면 펌프는 자동 정지된다.

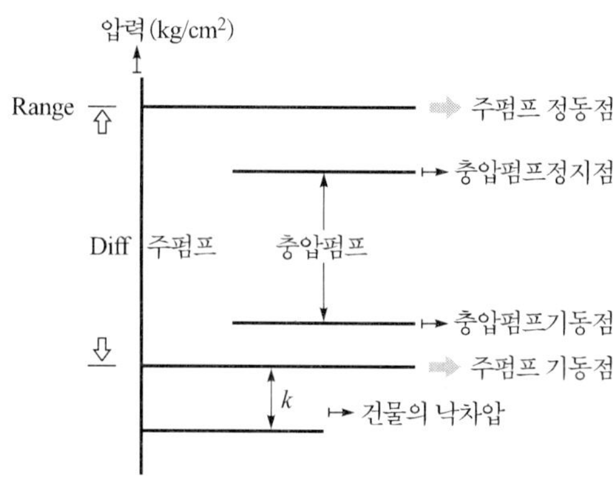

그림 5.1.6. 압력스위치의 셋팅 예

- 압력챔버의 공기교체(충전)

기동용 수압개폐장치의 압력챔버 상단에는 약간의 공기가 채워져 있어야 하는데 시공시(시공후 최초 급수 충전시)또는 사후관리 부주의 (펌프의 자동기동 점검시 상단에 설치된 안전밸브의 수동개방등)로 공기가 모두 배출되고 압력챔버에 물만 가득 채워지면 설비(압력스위치)가 너무 민감하게 작동하게 된다. 이때 나타나는 현상은 배관내의 압력이 누수 등에 의해 감압될 때 보조펌프가 조금씩 자주 반복해서 작동 및 정지를 계속한다(단속적 운전). 따라서 압력 변동의 여유를 주기위해서는 압력챔버 상단부에 2~3ℓ 정도(정형화 된 것은 아님)의 공기가 체류하는 것이 바람직하다. 이는 입상관 주체크밸브 2차측 배관상에 수격작용 발생시 이를 완충하여 설비를 보호하는 역할도 겸한다.

압력챔버의 공기교체(충전)요령은 다음과 같다.

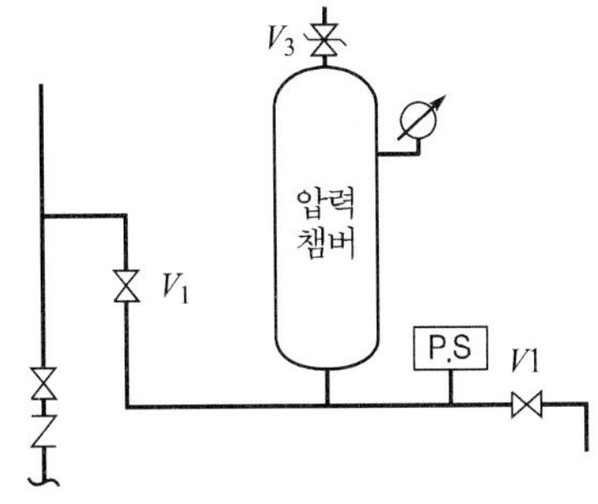

그림 5.1.7. 압력챔버 공기교체

① 펌프동력제어반(M.C.C)에서 주펌프 및 보조펌프의 조작 선택스위치를 "수동" 또는 " 정지" 위치로 한다(공기교체작업 도중 펌프의 자동기동 방지).
② V_1을 폐지한다.
③ V_2, V_3를 개방하고 탱크내의 물을 배수한다.
④ V_3에 의해서 탱크내에 신선한 공기가 취입되었다면 V_3를 폐지한다.
⑤ V_2를 폐지한다.
⑥ 펌프동력 제어반에서 주펌프 및 보조펌프의 조작 선택스위치를 "자동"위치로 한다(이때 소화펌프는 자동으로 기동한다).
⑦ V_1를 서서히 개방하고 탱크내를 가압한다(압력스위치 설정압력에 도달되면 소화펌프는 자동정지한다).

5.1.8 기타 구성요소

(1) 압력계 및 연성계

설비 시스템의 압력을 가시적으로 표현해주는 계기를 말한다. 이러한 게이지를 보고 설비의 유지상황을 확인한다. 압력계는 펌프 토출측에 설치하여 평상시 유지되는 배관내부의 압력과 펌프기동시의 압력을 확인할 수 있으며 연성계 또는 진공계는 수조의 위치가 펌프보다 낮은 경우 펌프 기동에 의한 양수시 흡입측배관 내부의 진공압력을 확인할 수 있다.

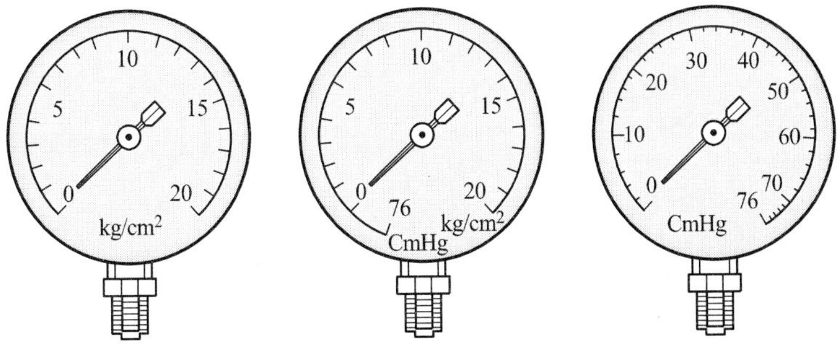

그림 5.1.8. 압력계 연성계 진공계

(2) 스트레너

흡입측 배관에 설치하여 수조에서 유입되는 소화수의 이물질을 제거하는 기능을 하는 여과장치이다.

Strainer(KS type) 스트레이너
- 규 격 : 40~300
- 사용압력 : $10kg/cm^2$

그림 5.1.9. 스트레너

(3) 흡입측밸브

펌프 흡입측 배관에 설치하며 펌프나 다른 부분을 수리하거나 교체할 경우 수조의 물을 차단하는 목적으로 설치하며 개폐표시형으로 설치하여 한다. 보통 OS&Y 밸브가 설치된다.

(4) 체크밸브

펌프에서 송출한 소화수가 다시 펌프로 역류하지 않도록 하기 위해 설치하며 스모렌스키형 체크밸브가 사용된다. 주밸브 이전에 설치한다.

(5) 주밸브(개폐밸브)

펌프 토출측에 설치하여 펌프에서 송출되는 소화수를 제어하는 밸브이다.

(6) 후트밸브

수조가 펌프보다 낮은 경우 흡입측배관에 채워진 물이 수조로 빠지지 않도록 하는 기능을 한다. 또한 수조내부의 이물질이 펌프에 유입되지 않도록 여과기능을 한다.

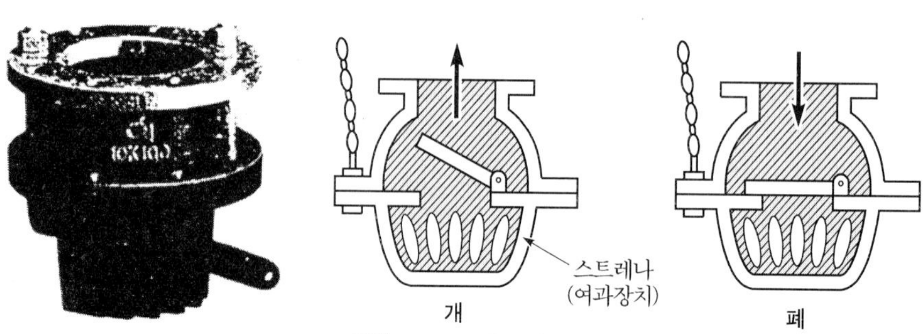

그림 5.1.10. 후트밸브

(7) 수격방지기

펌프가 기동하고 정지할 경우 펌프의 토출압력의 변화에 의해 수격현상이 발생한다. 이러한 수격은 소화설비 시스템에 진동을 발생시켜 시스템을 손상시키게 된다. 수격방지기는 진동과 충격을 흡수하여 설비를 안전하게 하는 역할을 한다.

Water Hammer Arrester
(수격방지기)
- 규격 : 40~150
- 사용압력 : 10kg/cm^2, 20kg/cm^2

그림 5.1.11. 수격방지기

5.2 옥내소화전설비

소방시설의 모든 점검 방법은 외관(육안)점검과 기능점검이 있다. 옥내소화전설비도 외관상 설비의 유지관리 상태를 확인하는 것과 실제 화재가 발생하였을 경우 본래의 기능을 발휘할 것인지 확인하는 기능점검이 있다.

5.2.1 외관점검

수원 가압송수장치 제어반 옥내소화전함 등

(1) 수원

- 수원이 설치된 수조의 기본 설비는 구비되어 있는가?
  표지, 사다리, 조명장치, 맨홀, 감수경보장치, 청소용 배수배관 및 배수밸브
- 수원의 수질 상태는 양호한가?
  이물질, 악취, 청결도 등을 맨홀부분에서 육안으로 확인
- 수원의 양은 유효수량 이상을 확보하는가?
  특히 일반급수펌프와 겸용할 경우 급수구 또는 후트밸브의 위치는 소화용이 더 낮은 위치에 있어야 한다.

(2) 가압송수장치

- 가압송수장치의 기본구성요소는 적정하게 설치되어 있는가?
- 흡입측밸브는 개폐표시형이어야 한다.
- 체크밸브와 주펌프 사이에 순환배관
- 주밸브와 주펌프 사이에 펌프성능시험배관
- 압력챔버와 그 셋팅상태
- 배관과 관부속품들의 부식 누수 청결 상태
- 표지
- 수조가 펌프보다 낮은 경우 설치되어야 하는 것은 후트밸브 연성계(또는 진공계) 물올림 장치이며 설치되어 있는가?
- 가압송수장치실에 동파방지 배수 조치 등을 확인

(3) 제어반

- 제어반에는 전원표시등만 점등되어 있어야 하며 기타 지구표시등 및 스위치 작동표시등이 점등되어 있으면 그 부분에 이상이 발생한 것임을 나타낸다.
- 조작버튼은 모두 정상상태로 있어야 한다. 특히 주경종과 지구경종이 눌러져 있는 상태로 있어 화재시 경보기능을 할 수 없는 경우가 많이 있으므로 확인한다.
- 펌프의 기동상태이다. 펌프가 정지 또는 수동으로 되어 있으면 안 되고 반드시 자동 상태로 되어 있어야 하며 수신기 및 동력반(MCC)에서 모두 자동 상태인지 확인한다.
- 기타 수신기 내부의 퓨즈의 상태 및 함 등의 부식 상태를 확인한다.

(4) 옥내소화전함 등

가) 옥내소화전함의 외관

- 위치표시등의 설치와 적색 점등 상태
- 펌프기동표시등 설치 유무
- 소화전 표지 및 소화전 사용설명서 부착 유무
- 소화전 주변에 적재물 등의 사용상 지장을 주는 장해물 유무

나) 비치물품

- 40mm 관창 1개 이상
- 유효하게 살수 가능한 호스의 수량과 사용하기 쉬운 형태의 비치(접는 수관 또는 호스걸이 사용)

- 방수구(앵글밸브)의 결합상태 및 누수 부식 확인

5.2.2 기능점검

(1) 펌프성능시험

가) 충압펌프 정지

- 실제 소화용으로 사용되는 펌프는 주펌프이므로 성능시험시 충압펌프는 정지시킨다.
- 또 다른 경우 즉 충압펌프의 자동 기동 및 정지 상태를 확인하고자 하는 경우는 충압펌프를 별도 정지 시키지 않아도 되나 이 경우는 별도 확인하는 것이 바람직하다.

나) 주밸브 폐쇄

- 주펌프에서 토출되는 소화수를 펌프성능시험배관을 통해 모두 내 보내지도록 폐쇄한다.

다) 펌프성능시험배관 개방

라) 펌프의 기동

펌프의 기동 방법은 여러 가지 있으며, 성능시험의 편의상 동력제어반에서의 펌프수동기동이 가장 바람직하다.

- 압력챔버의 배수밸브 개방에 의한 기동
- 옥내소화전 함에서 방수구(앵글밸브) 개방에 의한 기동
- 제어반(수신기)에서 펌프수동기동
- 동력반(MCC)에서 펌프수동기동

마) 유량 측정

- 펌프를 기동시키면 성능시험배관을 통해 소화수가 토출되면서 유량계(보통 로타미터형 유량계 설치)의 눈금을 읽어 펌프의 분당 토출량을 확인 하고 펌프의 흡입측과 토출측의 압력계를 읽어 펌프의 토출압력을 측정한다.

> ※ 유량계 눈금의 의미
> 유량계 눈금의 단위는 LPM(Liter Per Minute)은 1분당 토출량을 나타내며 펌프성능시험시 지시하는 눈금은 그 펌프의 1분당 토출량을 의미한다.
> 예를 들어 옥내소화전이 5개 설치된 특수장소에서 화재안전기준이 요구하는 펌프의 1분당 토출량은 130 × 5 = 650LPM이며 펌프성능시험 시 유량계의 측정값은 650 이상이면 정상이다.

바) 복구

- 주밸브개방 후 펌프성능시험밸브를 폐쇄하면 펌프의 자동정지
- 기타 펌프를 수동기동하였을 경우 그 기능으로 정지시킴

사) 충압펌프 기동정지 해제

- 충압펌프를 원래의 상태로 복구한다.

(2) 소화전에서 방수압 측정

가) 측정위치

- 층별 소화전수가 모두 동일할 경우 펌프를 기준으로 가장 높은 층에서 가장 먼 곳의 소화전에서 측정하며 그 층의 모든 소화전을 동시에 개방한 상태에서 측정한다. 측정값은 화재안전기준에서 요구하는 1.7kg/㎠이상 7kg/㎠이하가 되어야 한다.
- 층별 소화전수가 다른 경우 가장 많은 층과 가장 높고 먼 층의 소화전에서 모두 측정한다.

나) 측정 방법

- 봉상(직사)관창일 경우 피토게이지로 측정하며 관창 끝 구경의 1/2이 되는 거리에서 관창과 일직선상의 방향으로 피토게이지를 놓고 측정한다.
- 분무겸용관창일 경우 방수압력측정기를 호스 커플링 끝부분에 연결하여 측정

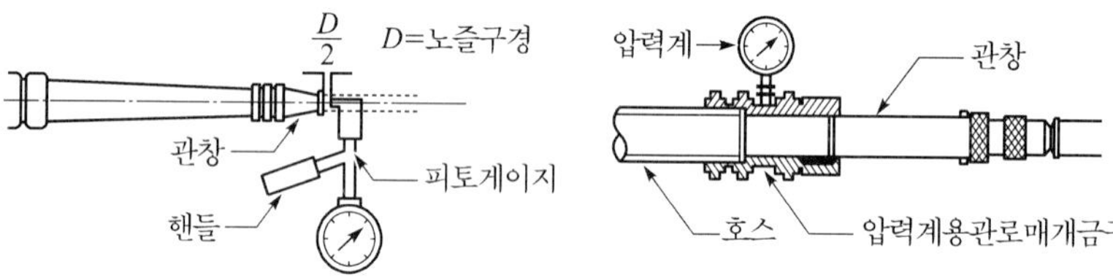

그림 5.2.1. pitot gage에 의한 수압측정

(3) 순환배관 기능 확인방법

가) 충압펌프기동중지

나) 주밸브폐쇄

다) 펌프기동

라) 순환배관(릴리프밸브)은 체절압력미만에서 압력수가 방출되는지 확인

- 체절압력 판단법 : 펌프의 전양정에 1.4배를 하면 된다.
  예를 들어 전양정이 70m라면 체절압력은 7kg/㎠×1.4 = 9.8kg/㎠이 된다.

※ 주의
체절운전은 펌프의 최대성능상태에서 운전을 말한다. 즉 체절운전에 의한 순환배관 기능 확인은 릴리프밸브의 기능이 원활하지 못한 경우 배관 펌프에 손상을 줄 수 있으므로 릴리프밸브를 반드시 확인하고 시험을 해야 한다.

마) 복구

(4) 수조 및 물올림장치 감수경보장치 기능 확인 방법

가) 공급배관상의 밸브를 폐쇄한다.
- (수조인 경우 수조에 급수되는 밸브) 폐쇄
- 물올림장치인 경우 자동급수밸브 폐쇄

나) 배수밸브 개방
- 수조인 경우 저수량이 많으므로 쉽게 확인할 수 있는 부분이 아니다.

다) 수조내의 수위가 1/2이상 저수위로 될 경우 경보음 확인

라) 복구

(5) 펌프의 체크기능 확인 방법

- 펌프시스템에서 체크기능을 하는 것 : 후트밸브, 스모렌스키체크밸브
- 확인 방법

가) 물올림관의 물올림밸브를 폐쇄한다.
나) 펌프를 정지시킨다.
다) 펌프의 물올림컵을 서서히 열어본다.
라) 물올림컵의 수위상태를 확인한다. 정상일 경우 수위변화가 없다.
- 물올림컵에서 물이 솟구치면 스모렌스키체크밸브에 이상이 있는 것이고,
- 물이 빨려 들어가면 후트밸브에 이상이 있어 체크기능을 하지 못하는 것이다.

- 옥내소화전의 점검 절차와 방법 요약정리

제1단계 제어반 확인
- 수신기에서 이상 표시등이 점등되어 있지 않아야 한다.
  저수위감시등 압력스위치감시등 화재표시등
- 자동기동방식인 경우 펌프의 기동상태는 자동상태로 되어 있어야 한다.

- 전원은 공급된 상태이어야 하고 전원표시등(보통 연두색등)으로 확인한다.
- MCC에서 전원은 공급 상태이고 Auto 상태로 되어 있어야 한다.

제2단계 소화전 시험방수

- 실제 화재가 발생 하였을 경우 즉시 대응할 수 있는 상태인지 확인하기 위해 펌프로부터 가장 멀고 높은 곳에 있는 소화전에서 수관을 연장하여 시험방수 한다.
- 시험방수시 펌프의 기동(자동 또는 수동)에 의해 방수압력 1.7kg/㎠ 이상이 되는지 확인한다.
- 펌프의 작동은 수동으로 하는 대상물(학교 공장 아파트 종교시설 전시시설 창고 업무시설)에서는 함에 기동스위치를 눌러 기동하고 그 외 장소는 모두 자동으로 기동된다.
- 방수압력은 피토게이지 또는 방수압력측정기로 확인한다.

제3단계 펌프가압송수장치 외관 및 기능점검

- 배관 관부속품(밸브 압력계 등) 펌프에서 누수 및 부식 파손 등이 없는지 확인한다.
- 펌프를 수동 및 자동으로 기동 시험을 한다.
- 펌프성능시험을 통해 유량을 측정한다.
- 체절운전을 통해 릴리프밸브가 체절압력미만에서 작동하는지 확인한다.
- 물올림장치의 감수경보 기능을 확인한다.
- 물올림컵을 통해 펌프토출측 체크밸브와 후트밸브의 누수(체크기능정상)를 확인한다.

제4단계 수조의 확인

- 유효수량이 확보되어 있는지 확인한다.
- 보온조치는 적절하고 사다리 조명장치 맨홀 감수경보장치 청소구 등이 적절하게 설치되어 있는지 확인한다.
- 수질은 깨끗한지 확인한다.

제5단계 각 층별 소화전 확인

- 소화전의 함에는 표지(소화전)가 되어 있고 사용법이 부착되어 있는지 확인한다.
- 함속에 40mm 이상의 관창 1개와 호스(유효하게 방수 가능한 수량)는 비치되어 있고 호스는 접는수관(아코디언식) 형태로 수납되어 있는지 확인
- 소화전 표시등은 점등되어 있으며 기동표시등은 펌프 기동시 점등되는가?
- 소화전 주변에 상품진열 등 사용상 지장이 없는지 확인한다.

5.3 스프링클러설비

(1) 수조 및 펌프가압송수장치는 옥내소화전에 준하여 검사한다. 다만, 수원의 양과 펌프의 토출량이 옥내소화전과 다르다.

(2) 스프링클러 점검은 설비의 방식에 따라 습식(유수검지장치), 건식 및 준비작동식(일제개방밸브)로 구분될 수 있다.

5.3.1 습식스프링클러설비

가) 알람밸브에서 점검

> ※ 알람밸브가 설치된 곳
> - 배관피트에 설치된 경우
> - 지하층인 경우 벽쪽에 노출형으로 설치된 경우

1) 1차측압력계와 2차측압력계가 일정압력이상을 지시하고 있어야 하며 둘의 압력은 거의 비슷해야 한다.

2) 1차측 개폐밸브는 항상 개방되어 있어야 하며 탬퍼스위치(Tamper Switch)가 설치되어 있고 밸브를 폐쇄하였을 경우 수신반에서 부저와 함께 밸브 닫힘 표시등이 점등되어야 한다.

> ※ 주의 : 탬퍼스위치는 급수배관에 설치된 모든 개폐밸브에 설치되어 있어야 한다.

3) 알람밸브에 부착된 배수밸브는 폐쇄되어야 하고 배수밸브를 개방하였을 경우 감압에 의한 펌프의 자동기동과 알람스위치의 유수검지에 의한 사이렌 경보 및 수신반 화재표시등이 점등되어야 한다.

4) 알람스위치(압력스위치, 프레샤스위치)가 설치되어 있어야 하고 알람스위치와 알람밸브 본체 사이에는 리타딩챔버와 경보시험밸브가 설치되어 있다. 리타딩챔버가 없는 경우는 오동작 방지기능을 하는 지연타이머가 수신반에 설치되어 있어야 하며 지연시간은 20초정도이다. 경보시험밸브를 개방하였을 경우 사이렌 경보 및 수신반 화재표시등이 점등되고 부저가 울려야 한다.

나) 말단시험장치에서 점검

※ 말단시험장치는 그 층의 화장실 출입구 쪽에 설치되어 있다.
※ 말단시험장치를 개방하는 것은 알람밸브에서 가장 먼 쪽의 스프링클러헤드 1개를 개방시키는 것과 같은 효과를 가지며 말단까지 규정방수압 1kg/㎠이상이 되고 원활한 방수가 이뤄지는 것을 점검하기 위함이다.

1) 말단시험장치의 표시는 "시험밸브함" "말단시험장치" "시험밸브함"으로 되어 있다.
2) 말단시험장치는 압력계 개폐밸브 개방형 스프링클러헤드 오리피스(노즐)로 구성되어 있고, 이때 주의해서 봐야 할 것은 헤드의 상태이다. 기술기준에는 개방형헤드중 반사판과 프레임이 제거된 오리피스를 설치하거나 통배수관식으로 설치한다. 폐쇄형헤드를 설치하거나 개방형이면서 반사판과 프레임이 제거되지 않은 상태일 경우는 바른 설치방법이 아니므로 반사판과 프레임을 제거한다.

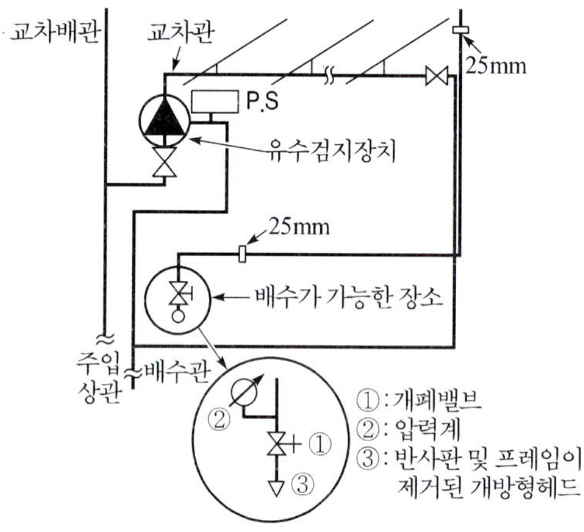

그림 5.3.1. 말단시험장치

말단시험장치에서 기능점검 절차
① 개폐밸브를 열면 물이 방출된다.
② 방호구역 사이렌이 울리고 수신반에서 화재표시등 점등과 부저가 울리며 펌프가 자동기동된다. 이때 사이렌은 리타딩챔버의 지연시간이 20초정도이고 지연타이머가 부착된 경우 지연타이머의 셋팅시간(20초정도)이 경과한 후에 경보가 울려야 한다.
③ 복구시킨다. 복구는 개폐밸브를 폐쇄하면 자동으로 복구된다.

다) 배관 및 헤드의 적정 설치여부 외관점검

1) 스프링클러헤드가 화재안전기준 각항에 적합한지 확인한다.
   ① 헤드의 설치위치
   ② 헤드의 작동온도
   ③ 상향형과 하향형의 정확한 설치

④ 개방형과 폐쇄형의 정확한 설치

⑤ 헤드의 이격거리와 살수장애물의 여부

⑥ 헤드의 설치제외 장소 적용 여부

2) 배관이 기술기준에 적합한지 확인한다.

(가) 배관 방식이 어떤 형태를 하고 있는지 먼저 파악한다.

- 토너먼트 방식이 아닐 것
- 신축배관인가
- 격자형배관인가

(나) 교차관에는 청소구가 설치되어 있는가

(다) 가지배관은 말단시험장치가 설치되어 있는가

(라) 전체 배관은 알람밸브나 준비작동밸브를 향하여 배수가 원활히 될 수 있는가 쉽게 배수되기 힘든 부분에 배수밸브는 설치했는가 확인한다.

(마) 급수배관상의 모든 개폐밸브에 탬퍼스위치는 부착되어 있고 개폐감시기능은 확실히 하는가

(바) 동파 우려가 없거나 확실한 동파방지 조치를 취하는가? 특히 준비작동식밸브가 있는 곳이 동파 우려가 높다 확실히 봐둔다.

(사) 연결송수구는 65mm 이상의 쌍구형으로 설치, 소방펌프차에 의해 쉽게 송수할 수 있는 구조와 위치설정, 송수압력표지, 송수구의 수량 등 모든 것이 적합한가

5.3.2 건식설비

그림 5.3.2를 참고하여 ①테스트밸브를 잠근 후 배수밸브 ③를 열어 배수를 시킨후 수신부의 자동복구, 복구스위치를 눌러 복구시키면 경보가 중지된다. 건식밸브를 작동시킬 때는 건식밸브 2차측의 주 밸브를 잠근 상태에서 하여야 한다. ②수위조절밸브(배수밸브)를 열면 클래퍼 2차측의 압축공기가 감압되면서 가압송수장치작동, 경보발령, 수신반에 화재표시등 점등, 에어콤프레셔 작동, 감압경보발령의 현상이 나타난다. 작동 후 복구는 가압송수장치의 작동을 중지시키고 건식밸브의 1차측 주 밸브를 잠그고 에어콤프레셔를 중지시킨 다음 ④배수밸브를 통해서 가압수를 완전히 배수시킨 후 잠그고 에어콤프레셔를 재작동시킨 다음 2차측의 압력계를 확인하여 정상압력이 충전되면 가압송수장치를 작동시킨 후 건식밸브 1차측 주 밸브를 서서히 열어 1차압력이 충전되고 건식밸브가 재작동되지 아니하면 건식밸브를 열어주면 된다.

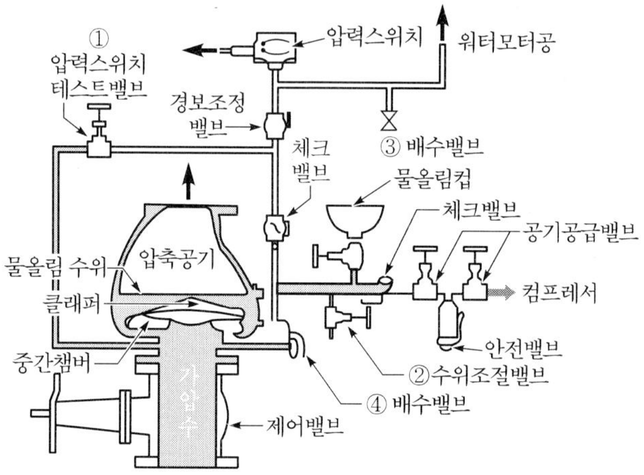

그림 5.3.2. 건식밸브 배관계통도

5.3.3 준비작동식설비

준비작동식설비는 동파 우려가 있는 장소에 설치하는 스프링클러설비이며 주요 설치장소는 특수장소의 주차장이다.

준비작동식설비는 프리액션밸브에서 기능점검과 외관점검을 실시하며 기타 배관 및 헤드에 관한 내용은 습식설비를 참고한다.

가) 감시제어반(복합형수신기) 프리액션밸브실 위치 확인

1) 감시제어반의 설치장소

주차장에 준비작동식설비가 되어 있는 특수장소는 건물의 규모가 상당히 크다. 이런 건물은 소방시설과 기타 시설을 방재실에서 제어하며 P형과 R형의 수신기가 있다. 방재실이 없는 경우 수신기는 관리실 경비실 기계실 등에 설치되어 있다.

2) 프리액션밸브 설치장소

프리액션밸브는 주차장 구역외의 장소에서 출입구에서 가까운 곳에 있으며 실내에 있는 경우 표지(프리액션밸브실)가 부착되어 있다.

나) 프리액션밸브 외관점검하기

1) 압력계 확인

프리액션밸브는 2차측이 대기압(무압)으로 유지된다. 압력계는 2차측압력계는 0을 지시하고 있어야 하며 1차측 압력계는 일정압력을 지시하고 있으면 된다.

2) 개폐밸브 개폐상태 확인

(가) 배수밸브 : 폐쇄

(나) 1차측개폐밸브 : 개방

(다) 2차측개폐밸브 : 개방

(라) 경보시험밸브 : 폐쇄

(마) 셋팅밸브 : 폐쇄

3) 프리액션밸브 관리 상태 확인

외관상 청결해야 하고 보온재가 손상되어 있지 않아야 한다. 또한 누수되고 있는 부분이 없어야 하며 동파 및 외부 충격등에 의해 파손된 부분은 없는지 확인한다.

4) 프리액션밸브의 기능(작동)점검 방법

프리액션밸브는 중간실(제3실)이 있는 수압방식이 가장 많이 설치되어 있으며 이 방식을 기준으로 기능 점검을 알아보도록 한다.

■ 기능점검 순서

① 2차측개폐밸브 폐쇄 : 준비작동식스프링클러설비의 특징이 동파우려가 있는 장소에 설치된다. 방호구역에 설치된 배관과 헤드에 소화수가 잔류될 경우 동파우려가 있으므로 기능점검시 2차측에 송수하지 않는 것이 바람직하다. 기술기준에서는 배수가 원활하도록 요구하고 있으나 실무에서는 간혹 그렇지 못한 경우가 있으므로 처음부터 송수시키지 않도록 한다.

② 배수밸브 개방 : 프리액션밸브에 부설된 배수밸브를 개방시켜 놓아야 작동했을 때 가압수가 외부로 토출된다.

③ 프리액션밸브의 작동 : 프리액션밸브를 작동시키는 방법은 여러 가지가 있다.

㉮ 방호구역내 교차회로 감지기 작동

㉯ 감시제어반에서 교차회로 동작시험

㉰ 감시제어반에서 솔레노이드밸브 기동버튼 조작

㉱ 슈퍼바이죠리판넬 기동버튼 조작

㉲ 긴급해제밸브(수동개방밸브) 개방

※ ㉮ ㉯ ㉰ ㉱는 솔레노이드밸브를 개방시켜 설비를 작동하는 방법이고, ㉲는 수동으로 개폐밸브를 개방시켜 작동하는 방법이다.

준비작동식밸브가 설치된 구역에 전원이 모두 차단될 경우 설비를 작동시키는 방법은 긴급해제밸브를 수동 개방하는 방법뿐이다.

④ 설비의 작동상황 확인 : 프리액션밸브를 작동시키면 다음과 같이 설비가 작동한다.

㉮ 감지기 또는 알람스위치에 의한 사이렌 경보와 화재구역표시등 점등

㉯ 솔레노이드밸브 및 긴급해제밸브 개방에 의한 프리액션밸브 개방과 펌프 자동기동

⑤ 설비의 복구

㉮ 1차측 개폐밸브를 폐쇄 : 밸브를 폐쇄하면 펌프는 자동으로 정지된다.

㉯ 프리액션밸브 2차측의 소화수를 배수시킨다.

㉰ 프리액션밸브를 작동시킨 방법에 따라 설비를 복구한다. 예를 들면 방호구역에 교차감지기를 작동시킨 경우 감지기가 복구되어야 프리액션밸브가 셋팅된다.

㉱ 프리액션밸브 셋팅 : 셋팅밸브를 개방하면 중간실에 가압수가 차면서 1차측압력계는 일정압력이 차고 2차측압력계는 0을 지시한 상태가 되면서 셋팅된다. 셋팅 후 셋팅밸브는 다시 폐쇄시킨다.

㉲ 1차측개폐밸브 개방

㉳ 2차측개폐밸브 개방

㉴ 배수밸브 폐쇄로 복구완료

※ 프리액션밸브 기능점검 순서 요약 : 2차밸브폐쇄 – 설비작동 – 확인 – 복구

5.4 가스계소화설비

(이산화탄소소화설비, 할로겐화합물 소화설비 및 청정소화약제 소화설비)

- 가스계 소화설비 설치기준(중점점검사항)
  - 화재감지기를 교차회로 방식으로 회로를 구성하지 않음
  - 적응성 없는 화재감지기 설치
  - 자동화재탐지설비의 음향장치와 연동되지 않고 당해 방호구역만 경보(사이렌)
  - 환기장치를 설치한 경우 Duct 내에 설치된 Fire Damper 만 작동하고 환기 장치(Fan)는 정지되지 않은 경우
  - 여러개의 방호구역이 있는 경우 화재감지기 설치된 구역과 소화약제 방출되는 구역이 바뀐 경우 비화재구역으로 소화약제 방출

1) 화재 감지기 설치기준

① 각 방호구역내의 화재감지기의 감지에 의해 작동되도록 한다.

② 화재감지기의 회로는 교차회로 방식으로 설치하여 하나의 화재감지기 작동시 경보를 발하고, 2이상의 화재감지기가 동시에 감지할 때 가스계 소화설비가 작동하여 소화약제가 방출되는 방식을 말한다. 다만, 화재감지기를 복합형 감지기, 불꽃 감지기, 아날로그 감지기, 다신호 감지기, 광전식 분리형 감지기 및 정온식 감지선형 감지기를 설치하는 경우 교차회로 방식을 하지 않아도 된다.

③ 교차회로내의 각 화재감지기는 회로별로 설치된 화재감지기가 담당할 바닥면적은 자동화재탐지설비의 감지기 설치 기준에 따른다.

④ 화재감지기의 교차회로 방식

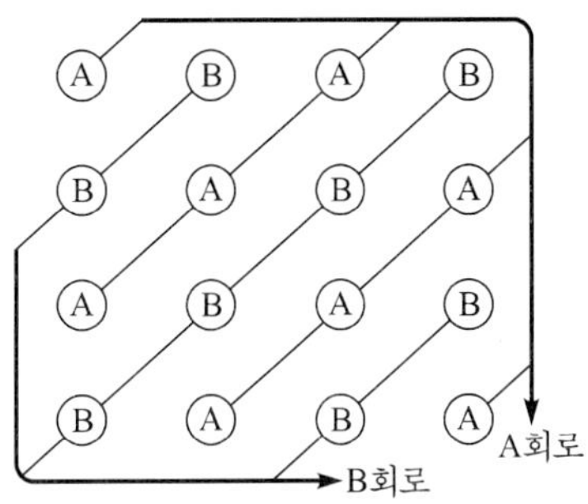

화재감지기의 교차회로방식

2) 음향경보장치 설치기준

① 수동식 기동장치 및 화재감지기와 연동하여 자동으로 경보를 발할 것.

② 소화약제의 방사 개시후 1분이상 계속 경보를 발할 것.

③ 방호구역 또는 방호대상물이 있는 구획 안에 있는 자에게 유효하게 경보 할 수 있는 것으로 할 것.

④ 방송에 의한 경보장치를 설치한 경우

- 증폭기의 재생장치는 화재시 연소우려가 없고 유지관리가 쉬운 장소에 설치
- 방호구역 또는 방호대상물이 있는 구획의 각 부분으로부터 하나의 확성기까지의 수평거리는 25m 이하가 되도록 할 것.
- 제어반의 복구 스위치를 조작하여도 경보를 계속 발할 것.

3) 자동폐쇄장치 설치기준

가스계소화설비를 설치한 소방대상물 또는 그 부분에 대하여는 다음기준에 의해 자동폐쇄

장치를 설치하여야 한다.

① 환기장치를 설치한 경우 가스소화약제가 방사되기 전에 당해 환기 장치가 정지 할 수 있도록 할 것.

② 개구부는 가스 소화약제가 방재되기 전에 당해 개구부 및 통기구를 폐쇄할 수 있도록 할 것.

③ 자동폐쇄장치는 방호구역 또는 방호대상물이 있는 구획의 밖에서 복구할 수 있는 구조로 하고, 그 위치를 표시하는 표지를 할 것.

4) 가스계 소화설비 Control Logic Diagram

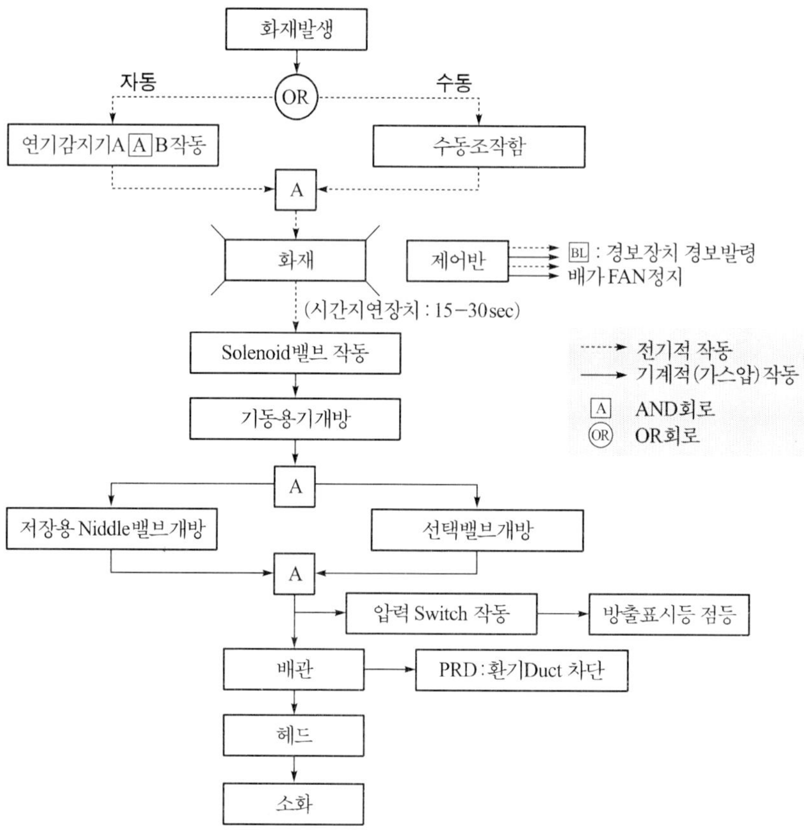

참고문헌

1. 화재예방, 소방시설 설치 · 유지 및 안전관리에 관한 법률 및 동법 시행령(2018년, 법제처)
2. 화재안전기준 중 소화분야에 해당하는 화재안전기준(2018년, 소방청)
3. 화재안전기준해설서 중 소화분야에 해당하는 화재안전기준 해설서(2016년, 소방청)
4. 스프링클러설비의 구조 원리 등(2001년)
5. 소방설비의 구조 및 원리(2003년, 한국소방검정공사)
6. 소방관계법규총해설집(상,하권) 백창선 공저 (1994, 도서출판 누리원)
7. NFC code 중 물 및 가스계 분야 (NFPA)

저자 소개

백 창 선

학　력 : 강원대학교 재해방재 (Ph D.)

근무처 : 세명대학교 소방방재학과 객원교수

학회 활동

- 한국화재소방학회 평생회원
- 한국화재소방학회 평의원
- 한국화재소방학회 재무이사

대외 활동

- 강원도 소방시설 등 성능위주설계확인·평가 위원 ('12.02 ~'18.현재)
- 한국소방산업기술원 기술사업이사 ('14.04 ~'16.04)
- 한국소방산업기술원 직원 ('83.03 ~'14.04)
- 중앙소방안전기술위원회 기술위원 ('09.06 ~'12.05)
- 방재 및 소화장비(국내 ISO/TC21)위원회 전문위원 ('08.07 ~'09.07)
- 국내 ISO/TC94/SC15위원회 심의위원 ('07.02 ~'11.05)
- 강원대학교 재난관리공학과 ('16.03 ~ '18.02 현재)
- 경북전문대학교 소방안전관리과 ('17.03 ~ '18.02 현재)

저서 등

- 소방실무문제집 공저 (1994)
- 소방관계법규총해설집(상,하권) 공저 (1994)
- 소방실무문제집 공저 (1994)
- 소방관계법규총해설집(상,하권) 공저 (1994)
- 화재안전기준해설서(스프링클러소화설비) 집필 (2007)
- 화재안전기준해설서(가스계소화설비) 감수 (2008)
- 소방장비 공저 (1판-2010, 2판-2015)
- 생활용품 화재안전성능 등급분류에 관한 연구(박사) (2015)

소화설비론 정가 23,000원

저자 : 백창선

발행인 : 임정대
발행처 : 도서출판 화수목

인쇄 : 2018년 2월 14일
발행 : 2018년 2월 23일

등록 : 제2014-000166호

주소 : 서울시 마포구 신촌로 2길 5-15
전화 : 02-338-9119
팩스 : 02-335-2201

ISBN 979-11-86290-90-3 (93530)